计算机技术开发与应用丛书

大前端三剑客
Vue+React+Flutter

徐礼文 ◎ 著

清华大学出版社
北京

内 容 简 介

随着前端技术的迅猛发展,传统的网页开发技术已经延伸到了万物互联开发及服务器端开发,以 HTML5 和新一代 JavaScript 语言为代表的大前端技术正在渗透到技术的各个环节,这也对前端工程师提出了新的要求和新的机遇。本书选择目前最为流行的三大前端框架,带读者全面学习大前端开发相关的核心技术,从大前端主流开发语言(ECMAScript 6、TypeScript、Dart)讲起,在基础篇中全面介绍大前端打包构建流程及工程化体系,然后从框架基础、框架原理和开发实战三个纬度全面介绍 Vue、React、Flutter 三大框架的基础语法、实现原理、源码编译、核心算法及企业级组件库项目的搭建。通过学习三大框架及生态体系,读者可全面掌握从移动互联应用开发到万物互联应用开发的技术和实战技巧。

本书共 4 篇 15 章。第 1 篇为基础篇(第 1~6 章),主要介绍大前端的发展趋势、大前端的基础开发语言(ECMAScript 6、TypeScript、Dart)、前端构建工具和前端工程化体系,以及大前端的包管理和如何搭建一个企业级的脚手架工具。第 2~4 篇(第 7~15 章)分别介绍 Vue、React 和 Flutter 三大主流框架,帮助开发者学习和掌握最新的框架用法和生态体系。

学习本书内容,需要具备一定的 HTML、CSS、JS 基础知识,本书可以作为前端开发者提升技能的工具书,也可以作为前端开发者搭建企业级前端产品体系的参考书,还可作为普通开发者从网页开发过渡到万物互联开发的参考书。

本书封面贴有清华大学出版社防伪标签,无标签者不得销售。
版权所有,侵权必究。举报: 010-62782989, beiqinquan@tup.tsinghua.edu.cn。

图书在版编目(CIP)数据

大前端三剑客: Vue+React+Flutter/徐礼文著. —北京: 清华大学出版社,2022.10
(计算机技术开发与应用丛书)
ISBN 978-7-302-61474-6

Ⅰ.①大… Ⅱ.①徐… Ⅲ.①移动终端-应用程序-程序设计 Ⅳ.①TN929.53

中国版本图书馆 CIP 数据核字(2022)第 137380 号

责任编辑: 赵佳霓
封面设计: 吴 刚
责任校对: 郝美丽
责任印制: 丛怀宇

出版发行: 清华大学出版社
网　址: http://www.tup.com.cn, http://www.wqbook.com
地　址: 北京清华大学学研大厦 A 座　　　邮　编: 100084
社 总 机: 010-83470000　　　邮　购: 010-62786544
投稿与读者服务: 010-62776969, c-service@tup.tsinghua.edu.cn
质量反馈: 010-62772015, zhiliang@tup.tsinghua.edu.cn
课件下载: http://www.tup.com.cn, 010-83470236

印 装 者: 三河市君旺印务有限公司
经　销: 全国新华书店
开　本: 186mm×240mm　　印　张: 56.25　　字　数: 1263 千字
版　次: 2022 年 11 月第 1 版　　印　次: 2022 年 11 月第 1 次印刷
印　数: 1~2000
定　价: 209.00 元

产品编号: 097478-01

前言
FOREWORD

随着 Web 技术的迅猛发展,以 Electron、ReactNative、ArkUI 等为代表的新的混合式开发模式日趋成为与 Qt、Android、iOS 原生开发并肩的开发模式之一。随着 WebVR、WebAR、WebAssembly 等一系列技术的日趋成熟,原本前端之间的隔阂会逐渐消失,逐步进入大前端开发的时代。

近几年,随着新硬件和新商业模式的兴起,传统的前端技术得到了新的应用和发展空间,特别是以 HTML5 和新一代 JavaScript 语言为代表的大前端技术正在渗透到技术的各个环节,这也对前端工程师提出了新的要求并带来了新的机遇。

HTML5 和新一代 JavaScript 语言以其自身的广泛适配性和良好的运行效率已经不简单地只作为网页开发专用技术了,它们可以很好地和其他底层语言进行调用和连接,已经可以广泛适用于万物互联的场景应用开发。如华为公司在 2021 年推出了自己的下一代物联网操作系统(HarmonyOS)后,推出了自己的操作系统应用开发框架 ArkUI,该框架就是基于 JavaScript 语言实现的一套跨终端的应用开发框架,它通过前端的 JavaScript 语言与底层的 C++语言进行相互高效调用,实现了一套代码多端运行的目标。

2021 年,全球第一社交平台 Facebook 正式更名为 Meta,该名字源自 Metaverse,中文翻译为元宇宙,意思是新型社会体系的数字生活空间。元宇宙是整合多种新技术产生的下一代三维化的互联网应用形态。它基于扩展现实技术和数字孪生技术实现从现实到虚拟的空间拓展;借助人工智能和物联网实现虚拟人、自然人和机器人的融合共生;借助区块链、Web 3.0、数字藏品/NFT 等实现经济价值的增值。

这一新的模式必将带来重大的技术突破和新技术的创新,元宇宙时代的大前端开发将是一个突破传统前端局限而面向一体化的时代。

在新模式、新技术和新硬件的加持下,大前端未来可能进入下一个领域——元宇宙前端。可以看到目前 WebVR、WebAR、WebGL 等新的 Web 视觉和 Web 3D 技术正在兴起,未来必定成为前端的主流技术。

本书特色

本书通过介绍目前广为流行的三大前端框架及生态体系,带领读者全面掌握从移动互联应用开发到万物互联应用开发技术和实战技巧。本书共 4 篇 15 章,由浅入深,带领读者从学习移动互联开发(Vue、React)框架入手再到物联网开发(Flutter)框架开发。本书第 1 篇先从大前端主流开发语言(ECMAScript 6、TypeScript、Dart)讲起,在基础篇中全面介绍大前端打包构建流程及工程化体系。再从基础、原理和实战的三个纬度出发全面介绍 Vue、React、Flutter 三大框架的基础语法、实现原理、源码编译、核心算法及企业级组件库项目搭建。本书提供了大量的代码示例，读者可以通过这些例子理解知识点，也可以直接在开发实战中稍加修改而应用这些代码。另外，提供了书中所有案例所涉及的源码，以便于读者高效地学习。

本书内容

本书 4 篇 15 章的主要内容如下：

第 1 篇，开发基础篇(第 1～6 章)。第 1 章介绍大前端的发展过程和发展趋势；第 2 章介绍 ECMAScript 6 语法及用法；第 3 章介绍前端构建工具，详细介绍 Webpack、Rollup、ESBuild 和 Vite 的原理及使用；第 4 章介绍 TypeScript 的语法及用法；第 5 章介绍 Dart 的语法及用法；第 6 章介绍 MonoRepo 管理模式及如何设计一个企业级脚手架工具。

第 2 篇，Vue 3 框架篇(第 7～9 章)。第 7 章全面介绍 Vue 3 框架语法和使用；第 8 章介绍 Vue 3 框架原理、Vue 3 源码下载和编译、Vue 3 的双向数据绑定和 Vue 3 Diff 算法原理；第 9 章介绍如何构建一个基于 Vue 3 的组件库。

第 3 篇，React 框架篇(第 10～12 章)。第 10 章介绍 React 框架语法和使用；第 11 章介绍 React 框架原理、React 源码下载和源码测试；第 12 章介绍如何构建一个基于 React 的组件库。

第 4 篇，Flutter 2 框架篇(第 13～15 章)。第 13 章介绍 Flutter 2 的语法和使用；第 14 章介绍 Flutter Web 和桌面应用开发；第 15 章介绍 Flutter 插件库开发与发布。

本书读者对象

学习本书内容需要具备一定的 HTML、CSS、JS 基础知识，本书可以作为前端开发者提升技能的工具书，也可以作为前端开发者搭建企业级前端产品体系的参考书，还可以作为普通开发者从网页开发过渡到万物互联开发的参考书。恳请读者批评指正。

致谢

感谢清华大学出版社赵佳霓编辑在写作本书过程中提出的宝贵意见，以及我的家人在写作过程中提供的支持与帮助。

徐礼文
2022 年 8 月

本书源码下载

目 录
CONTENTS

第1篇 基 础 篇

第1章 大前端发展趋势 3
1.1 大前端的发展过程 3
1.2 Node.js 引领 JavaScript 进入全栈时代 5
1.3 小程序、轻应用开启前端新模式 6
1.4 Flutter 引领跨平台开发 6
1.5 华为 ArkUI 探索物联网全场景开发 7
1.6 大前端的革命与未来 7

第2章 ECMAScript 6 9
2.1 ECMAScript 6 介绍 9
2.2 Babel 转码器 10
2.3 let 和 const 12
2.4 解构赋值 14
2.5 字符串的扩展 16
    2.5.1 字符串新增方法 16
    2.5.2 字符串模板 18
2.6 数组的扩展 20
    2.6.1 扩展运算符 20
    2.6.2 Array.from() 22
    2.6.3 Array.of() 24
    2.6.4 Array.find() 和 Array.findIndex() 24
    2.6.5 Array.includes() 25
    2.6.6 Array.copyWithin() 25
    2.6.7 Array.entries()/.keys()/.values() 25
    2.6.8 Array.fill() 26

2.7 对象的扩展 28
2.7.1 对象字面量 28
2.7.2 属性名表达式 29
2.7.3 super 关键字 31
2.7.4 对象的扩展运算符 33
2.8 Symbol 37
2.9 Set 和 Map 数据结构 41
2.9.1 Map 对象 41
2.9.2 Set 对象 44
2.10 Proxy 45
2.11 Reflect 49
2.11.1 Reflect()静态方法 49
2.11.2 Reflect 与 Proxy 组合使用 53
2.12 异步编程 53
2.12.1 Promise 53
2.12.2 Generator 58
2.12.3 async/await 61
2.13 类的用法 63
2.13.1 类的定义 63
2.13.2 类的构造函数与实例 65
2.13.3 类的属性和方法 65
2.13.4 类的继承 68
2.14 模块化 Module 70
2.14.1 ECMAScript 6 的模块化特点 70
2.14.2 模块化开发的优缺点 70
2.14.3 模块的定义 70
2.14.4 模块的导出 71
2.14.5 模块的导入 75

第 3 章 前端构建工具 78
3.1 前端构建工具介绍 78
3.1.1 为什么需要构建工具 78
3.1.2 构建工具的功能需求 79
3.1.3 前端构建工具演变 80
3.1.4 NPM 与 Yarn、PNPM 81

3.2	Webpack	83
	3.2.1 Webpack 介绍	84
	3.2.2 Webpack 安装与配置	85
	3.2.3 Webpack 基础	87
	3.2.4 Webpack 进阶	106
3.3	Rollup	119
	3.3.1 Rollup 介绍	119
	3.3.2 Rollup 安装与配置	121
	3.3.3 Rollup 基础	121
3.4	ESBuild	127
3.5	Vite	129
	3.5.1 Vite 介绍	129
	3.5.2 Vite 基本使用	129
	3.5.3 Vite 原理	131

第 4 章 TypeScript 134

4.1	TypeScript 介绍	134
4.2	TypeScript 安装与配置	136
4.3	TypeScript 基础数据类型	136
4.4	TypeScript 高级数据类型	141
	4.4.1 泛型	141
	4.4.2 交叉类型	144
	4.4.3 联合类型	145
4.5	TypeScript 面向对象特性	145
	4.5.1 类	145
	4.5.2 接口	149
4.6	TypeScript 装饰器	153
	4.6.1 属性装饰器	153
	4.6.2 方法装饰器	154
	4.6.3 参数装饰器	155
	4.6.4 类装饰器	155
4.7	TypeScript 模块与命名空间	156
	4.7.1 模块	156
	4.7.2 命名空间	158

第 5 章 Dart 语言 · 160

- 5.1 Dart 语言介绍 · 160
- 5.2 安装与配置 · 161
- 5.3 第 1 个 Dart 程序 · 162
- 5.4 变量与常量 · 162
- 5.5 内置类型 · 164
- 5.6 函数 · 167
- 5.7 运算符 · 172
- 5.8 分支与循环 · 173
- 5.9 异常处理 · 175
- 5.10 面向对象编程 · 177
  - 5.10.1 类与对象 · 177
  - 5.10.2 类的继承 · 183
  - 5.10.3 抽象类 · 183
  - 5.10.4 多态 · 185
  - 5.10.5 隐式接口 · 186
  - 5.10.6 扩展类 · 189
- 5.11 泛型 · 191
- 5.12 异步支持 · 193
  - 5.12.1 Future 对象 · 194
  - 5.12.2 async 函数与 await 表达式 · 195
- 5.13 库和库包 · 197
  - 5.13.1 库 · 197
  - 5.13.2 自定义库包 · 199
  - 5.13.3 系统库 · 203
  - 5.13.4 第三方库 · 204

第 6 章 包管理与脚手架 · 206

- 6.1 MonoRepo 包管理 · 206
  - 6.1.1 单仓与多仓库管理 · 206
  - 6.1.2 Lerna 包管理工具介绍 · 207
  - 6.1.3 Lerna 包组织结构 · 207
  - 6.1.4 Lerna 安装与配置 · 208
  - 6.1.5 Lerna 操作流程演示 · 209
  - 6.1.6 Yarn Workspace · 212

  6.1.7 Yarn Workspace 与 Lerna ·· 215
6.2 设计一个企业级脚手架工具 ·· 215
  6.2.1 脚手架作用 ·· 215
  6.2.2 常见的脚手架工具 ·· 216
  6.2.3 脚手架思路 ·· 216
  6.2.4 第三方依赖介绍 ·· 216
  6.2.5 脚手架架构图 ·· 217
  6.2.6 创建脚手架工程与测试发布 ·· 218
  6.2.7 脚手架命令行开发 ·· 221

第 2 篇 Vue 3 框架篇

第 7 章 Vue 3 语法基础 ·· 229

7.1 Vue 3 框架介绍 ·· 229
  7.1.1 Vue 3 框架核心思想 ·· 230
  7.1.2 Vue 3 框架的新特征 ·· 232
7.2 Vue 3 开发环境搭建 ·· 233
  7.2.1 Visual Code 安装与配置 ·· 233
  7.2.2 安装 Vue DevTools ·· 234
  7.2.3 编写第 1 个 Vue 3 程序 ·· 235
7.3 Vue 3 项目搭建方法 ·· 237
  7.3.1 手动搭建 Vue 3 项目 ·· 237
  7.3.2 通过脚手架工具搭建 Vue 3 项目 ·· 245
  7.3.3 Vue 3 项目目录结构 ·· 247
7.4 Vue 3 应用创建 ·· 248
  7.4.1 createApp()方法 ·· 248
  7.4.2 数据属性和方法 ·· 251
  7.4.3 计算属性和监听器 ·· 253
  7.4.4 模板和 render()函数 ·· 261
7.5 Vue 3 模板语法 ·· 263
  7.5.1 插值表达式 ·· 263
  7.5.2 什么是指令 ·· 264
  7.5.3 数据绑定指令 ·· 264
  7.5.4 class 与 style 绑定 ·· 267
  7.5.5 条件指令 ·· 270
  7.5.6 循环指令 ·· 272

7.5.7 事件绑定指令 ……275
7.5.8 表单绑定指令 ……279
7.5.9 案例：省市区多级联动效果 ……284

7.6 Vue 3 组件开发 ……287
　7.6.1 组件定义 ……288
　7.6.2 组件的命名规则 ……292
　7.6.3 组件的结构 ……293
　7.6.4 组件的接口属性 ……296
　7.6.5 组件的生命周期方法 ……301
　7.6.6 组件的插槽 ……306
　7.6.7 提供/注入模式 ……309
　7.6.8 动态组件与异步组件 ……312
　7.6.9 混入 ……314

7.7 响应性 API ……318
　7.7.1 setup() ……318
　7.7.2 ref() ……321
　7.7.3 reactive() ……323
　7.7.4 toRef ……326
　7.7.5 toRefs() ……328
　7.7.6 computed() ……329
　7.7.7 watch() ……329
　7.7.8 watchEffect ……333
　7.7.9 setup()生命周期函数 ……334
　7.7.10 单页面组件 ……337
　7.7.11 Provide 与 Inject ……343

7.8 Vue 3 过渡和动画 ……343
　7.8.1 过渡与动画 ……344
　7.8.2 Transition 和 TransitionGroup 组件 ……346
　7.8.3 进入过渡与离开过渡 ……347
　7.8.4 案例：飞到购物车动画 ……354

7.9 Vue 3 复用与组合 ……359
　7.9.1 自定义指令 ……359
　7.9.2 Teleport ……364
　7.9.3 插件 ……365

7.10 Vue 3 路由 ……367
　7.10.1 路由入门 ……367

  7.10.2　路由参数传递 ······ 371
  7.10.3　嵌套模式路由 ······ 372
  7.10.4　命名视图 ······ 375
  7.10.5　路由守卫 ······ 376
  7.10.6　数据获取 ······ 376
 7.11　Vue 3 状态管理（Vuex） ······ 379
  7.11.1　状态管理模式 ······ 379
  7.11.2　Vuex 和全局变量的概念区别 ······ 379
  7.11.3　Vuex 中的 5 个重要属性 ······ 380
  7.11.4　Vuex 开发入门基础 ······ 381
  7.11.5　Vuex 开发实践 ······ 383
  7.11.6　Vuex 中组合式 API 的用法 ······ 388
 7.12　Vue 3 状态管理（Pinia） ······ 389
  7.12.1　Pinia 与 Vuex 写法比较 ······ 389
  7.12.2　Pinia 安装和集成 ······ 392
  7.12.3　Pinia 核心概念 ······ 392

第 8 章　Vue 3 进阶原理 ······ 399

 8.1　Vue 3 源码安装编译与调试 ······ 399
  8.1.1　Vue 3 源码包介绍 ······ 399
  8.1.2　Vue 3 源码下载与编译 ······ 400
 8.2　Vue 3 响应式数据系统核心原理 ······ 401
  8.2.1　reactivity 模块介绍 ······ 401
  8.2.2　reactivity 模块使用 ······ 402
  8.2.3　reactive 实现原理 ······ 403
  8.2.4　依赖收集与派发更新 ······ 407
  8.2.5　Vue 3 响应式原理总结 ······ 411
 8.3　Vue 2 Diff 算法（双端 Diff 算法） ······ 411
  8.3.1　双端 Diff 算法原理 ······ 411
  8.3.2　非理性状态的处理方式 ······ 420
 8.4　Vue 3 Diff 算法（快速 Diff 算法） ······ 422

第 9 章　Vue 3 组件库开发实战 ······ 425

 9.1　如何设计一个组件库 ······ 425
  9.1.1　组件库设计方法论 ······ 426
  9.1.2　组件库的设计原则 ······ 428

9.1.3　组件库开发的技术选型 ……………………………………………… 429
9.1.4　组件框架样式主题设计 ……………………………………………… 430
9.2　搭建组件库项目 …………………………………………………………… 433
9.2.1　搭建 MonoRepo 项目结构 …………………………………………… 433
9.2.2　搭建基础组件库（packages/vueui3） ………………………………… 434
9.2.3　搭建主题样式项目 ……………………………………………………… 436
9.3　组件库详细设计 …………………………………………………………… 445
9.3.1　Icon 图标组件 …………………………………………………………… 446
9.3.2　Button 组件 ……………………………………………………………… 448
9.4　搭建 Playgrounds 项目 …………………………………………………… 452
9.4.1　创建 Playgrounds 项目 ………………………………………………… 452
9.4.2　测试 Playgrounds 项目 ………………………………………………… 452
9.5　组件库发布与集成 ………………………………………………………… 453
9.5.1　添加 publishConfig 配置 ……………………………………………… 453
9.5.2　设置发布包的文件或者目录 …………………………………………… 454
9.5.3　提交代码到 Git 仓库 …………………………………………………… 454
9.5.4　使用 Commitizen 规范的 commit message …………………………… 454
9.5.5　使用 Lint＋Husky 规范的 commit message …………………………… 457
9.5.6　使用 Lerna 生成 changelogs …………………………………………… 459
9.5.7　将库发布到 npmjs 网站 ………………………………………………… 459

第 3 篇　React 框架篇

第 10 章　React 语法基础 …………………………………………………… 463

10.1　框架介绍 ………………………………………………………………… 463
　　10.1.1　React 框架由来 ……………………………………………………… 463
　　10.1.2　React 框架特点 ……………………………………………………… 464
10.2　开发准备 ………………………………………………………………… 467
　　10.2.1　手动搭建 React 项目 ……………………………………………… 467
　　10.2.2　通过脚手架工具搭建 React 项目 ………………………………… 472
　　10.2.3　安装 React 调试工具 ……………………………………………… 472
10.3　JSX 与虚拟 DOM ………………………………………………………… 474
　　10.3.1　JSX 语法介绍 ……………………………………………………… 474
　　10.3.2　React.createElement 和虚拟 DOM ………………………………… 479
　　10.3.3　事件处理 …………………………………………………………… 482
　　10.3.4　条件渲染 …………………………………………………………… 485

	10.3.5 列表与 Key	486
10.4	元素渲染	489
	10.4.1 客户端渲染	489
	10.4.2 服务器端渲染	491
10.5	组件	491
	10.5.1 React 元素与组件的区别	492
	10.5.2 创建组件	494
	10.5.3 组件的输入接口	495
	10.5.4 组件的状态	504
	10.5.5 组件中函数处理	509
	10.5.6 组件的生命周期	514
	10.5.7 组件的引用	517
10.6	组件设计与优化	520
	10.6.1 高阶组件	520
	10.6.2 Context 模式	524
	10.6.3 Component 与 PureComponent	528
	10.6.4 React.memo	528
	10.6.5 组件懒加载	530
	10.6.6 Portals	531
10.7	React Hook	534
	10.7.1 React Hook 介绍	535
	10.7.2 useState()	535
	10.7.3 useEffect()	538
	10.7.4 useLayoutEffect()	542
	10.7.5 useRef()	543
	10.7.6 useCallback()与 useMemo()	547
	10.7.7 useContext()	553
	10.7.8 useReducer()	554
	10.7.9 自定义 Hook	556
10.8	路由(React Router)	561
	10.8.1 安装 React Router	562
	10.8.2 两种模式的路由	562
	10.8.3 简单路由	564
	10.8.4 嵌套模式路由	566
	10.8.5 路由参数	567
	10.8.6 编程式路由导航	568

10.8.7 多个＜Routes/＞ …… 569
10.9 状态管理(Redux) …… 569
　10.9.1 Redux 介绍 …… 570
　10.9.2 Redux 基本用法 …… 571
　10.9.3 Redux 核心对象 …… 574
　10.9.4 Redux 中间件介绍 …… 576
　10.9.5 Redux 中间件(redux-thunk) …… 577
　10.9.6 Redux 中间件(redux-saga) …… 581
　10.9.7 Redux Toolkit 简化 Redux 代码 …… 588
10.10 状态管理(Recoil) …… 594
　10.10.1 Recoil 介绍 …… 594
　10.10.2 Recoil 核心概念 …… 594
　10.10.3 Recoil 核心 API …… 595
10.11 React 移动端开发(React Native) …… 597
　10.11.1 React Native 优点 …… 598
　10.11.2 React Native 安装与配置 …… 599

第 11 章　React 进阶原理 …… 602

11.1 React 源码调试 …… 602
　11.1.1 React 源码下载与编译 …… 602
　11.1.2 React 源码包介绍 …… 604
11.2 React 架构原理 …… 606
　11.2.1 React 15 版架构 …… 608
　11.2.2 React 16 版架构 …… 609
　11.2.3 React Scheduler 实现 …… 618

第 12 章　React 组件库开发实战 …… 623

12.1 React 组件库设计准备 …… 623
　12.1.1 组件库设计基本目标 …… 624
　12.1.2 组件库技术选型 …… 624
12.2 搭建 React 组件库(MonoRepo) …… 624
　12.2.1 初始化 Lerna 项目 …… 625
　12.2.2 创建 React 组件库(Package) …… 626
　12.2.3 创建一个 Button 组件 …… 627
　12.2.4 使用 Rollup 进行组件库打包 …… 628
12.3 创建 Playgrounds …… 630

12.4 通过 Jest 搭建组件库测试 ································· 633
 12.4.1 安装配置测试框架 ································· 633
 12.4.2 编写组件测试代码 ································· 634
 12.4.3 启动单元测试 ····································· 635
12.5 使用 Storybook 搭建组件文档 ···························· 635
12.6 将组件库发布到 NPM ···································· 637

第 4 篇　Flutter 2 框架篇

第 13 章　Flutter 语法基础 ································· 643

13.1 Flutter 介绍 ·· 643
13.2 开发环境搭建 ··· 647
 13.2.1 Windows 安装配置 Flutter SDK ···················· 647
 13.2.2 macOS 安装配置 Flutter SDK ······················ 654
 13.2.3 配置 VS Code 开发 Flutter ························ 657
13.3 第 1 个 Flutter 应用 ····································· 660
 13.3.1 创建 Flutter App 项目 ···························· 660
 13.3.2 编写 Flutter App 界面 ···························· 661
 13.3.3 添加交互逻辑 ····································· 664
13.4 组件 ··· 664
13.5 包管理 ··· 677
 13.5.1 pubspec.yaml 文件 ································ 678
 13.5.2 通过 pub 仓库管理包 ····························· 679
 13.5.3 以其他方式管理包 ································· 681
13.6 资源管理 ··· 682
 13.6.1 图片资源管理 ····································· 682
 13.6.2 多像素密度的图片管理 ···························· 683
 13.6.3 字体资源的声明 ··································· 684
 13.6.4 原生平台的资源设置 ······························ 686
13.7 组件设计风格 ··· 688
 13.7.1 Material(Android) 风格组件 ······················· 688
 13.7.2 Cupertino(iOS) 风格组件 ························· 717
13.8 尺寸单位与适配 ··· 721
13.9 基础组件 ··· 725
 13.9.1 基础组件介绍 ····································· 726
 13.9.2 构建布局 ··· 732

- 13.9.3 列表与可滚动组件 …… 750
- 13.9.4 表单组件 …… 766
- 13.10 路由管理 …… 781
  - 13.10.1 路由的基础用法 …… 781
  - 13.10.2 路由传值 …… 784
  - 13.10.3 命名路由 …… 789
  - 13.10.4 路由拦截 …… 790
  - 13.10.5 嵌套模式路由 …… 791
- 13.11 事件处理与通知 …… 793
  - 13.11.1 原始指针事件 …… 793
  - 13.11.2 手势识别 …… 795
  - 13.11.3 全局事件总线 …… 801
  - 13.11.4 事件通知 …… 804
- 13.12 网络 …… 805
  - 13.12.1 HttpClient …… 805
  - 13.12.2 HTTP 库 …… 808
  - 13.12.3 Dio 库 …… 809
  - 13.12.4 WebSocket …… 813
  - 13.12.5 Isolate …… 817
- 13.13 状态管理 …… 825
  - 13.13.1 InheritedWidget …… 825
  - 13.13.2 scoped_model …… 828
- 13.14 Stream 与 BLoC 模式 …… 831
  - 13.14.1 Stream …… 831
  - 13.14.2 RxDart …… 839
  - 13.14.3 BLoC 模式 …… 843

第 14 章 Flutter Web 和桌面应用 …… 850

- 14.1 Flutter Web 介绍 …… 850
  - 14.1.1 Flutter Web 框架架构 …… 850
  - 14.1.2 Flutter Web 的两种编译器 …… 851
  - 14.1.3 Flutter Web 支持的两种渲染模式 …… 852
  - 14.1.4 创建一个 Flutter Web 项目 …… 852
- 14.2 Flutter Desktop 介绍 …… 853
- 14.3 Flutter Desktop 开发案例 …… 857

第 15 章　Flutter 插件库开发实战 ·· 866

15.1　Flutter 插件库开发介绍 ·· 866
15.2　Flutter 自定义组件库的 3 种方式 ·································· 866
15.3　Flutter 自定义插件（Plugin） ······································ 871
15.4　在 Pub 上发布自己的 Package ····································· 875

第 1 篇

基 础 篇

第 1 章　大前端发展趋势

第 2 章　ECMAScript 6

第 3 章　前端构建工具

第 4 章　TypeScript

第 5 章　Dart 语言

第 6 章　包管理与脚手架

第 1 章 大前端发展趋势

随着 Web 技术的迅猛发展,以 Electron、ReactNative、ArkUI 等为代表的新的混合式开发模式日趋成为与 Qt、Android、iOS 原生开发并肩的开发模式之一。随着 WebVR、WebAR、WebAssembly 等一系列技术的日趋成熟,原本前端之间的隔阂会逐渐消失,逐步进入大前端开发的时代。

1.1 大前端的发展过程

传统意义上的前端,主要是指基于浏览器的网页开发,但是随着移动互联的高速发展,前端开发的范畴又延伸到移动端设备,最初只是为了解决移动设备上网页的开发,但是随着 HTML5 技术的迅猛发展,随即出现了基于 JavaScript 与 Android 和 iOS 的混合开发框架,使传统意义上的前端和移动端出现融合,之前移动端开发主要以原生平台开发语言为主,如 Android 使用 Java 和 iOS 使用 Objective C,现在在很多移动端场景中,开发者更加趋向于选择 JavaScript 作为首选开发语言。

2009 年,Node.js 风靡全球,作为前端开发者标配的开发语言 JavaScript,被引入传统的后端领域,也就是服务器端。于是一大批基于 Node.js 平台的框架随即出现,比较典型的就是 MEAN(MongoDB+Express+AngularJS+Node.js)模式,基本成为企业信息化产品的基础架构模式。随后又出现了很多基于 Node.js 平台的微服务框架和区块链框架。JavaScript 语言成为首个可以同时解决前端和后端应用开发的开发语言,由于开源 NoSQL 数据库(MongoDB)也采用 JavaScript 语言作为数据库查询操作语言,JavaScript 甚至进入了数据库查询语言中。

在传统的桌面端应用开发中,普遍基于 C++ 或 C# 等开发语言进行开发,但是基于 JavaScript 语言的 NW.js 和 Electron 技术迅速应用于桌面应用开发场景中,成为程序员首选技术。Electron 桌面开发框架,让开发者用最轻的技术栈完成较为复杂的桌面端开发,JavaScript 这个传统意义上的前端开发语言由此进入了桌面端开发。

随着Web Assembly技术及WebGL技术的快速发展,JavaScript语言也在逐步进入VR、AR、3D游戏等领域。

在物联网(Internet of Things,IoT)领域,也逐步引入了JavaScript语言作为首选的开发语言,如华为最新研发的ArkUI就是一款使用JavaScript语言来开发物联网应用程序的跨端开发框架。

由此可见,前端的概念已经从传统的网页开发发展到了所有能够使用JavaScript语言开发的应用领域,这就是所谓大前端的由来。

大前端的概念可以从不同的角度来理解,可以分为广义的"大前端"和狭义的"大前端"。广义的"大前端"是从前端技术(JavaScript语言)能解决问题的领域范围来定义的,有些领域并非传统意义上的前端领域范围,如桌面开发,但是Electron框架使用JavaScript语言进行开发,所以桌面开发也被包含在广义的"大前端"范围内。也就是说只要是使用前端技术去解决的领域都可以定义为"大前端",如图1-1所示。图中深色的部分与后端,以及桌面端、移动端和页面端都有交集,这些交集组成了现在意义上的大前端。

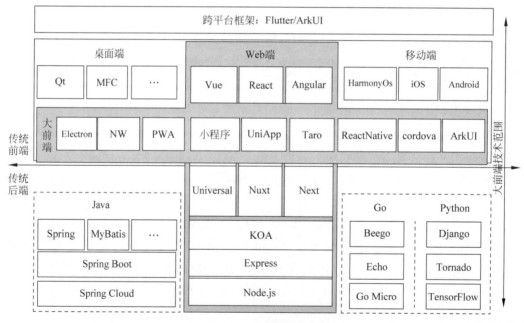

图 1-1 大前端体系图

而狭义的"大前端"是从全栈(传统前端＋传统后端)的角度定义的,指从传统前端延伸到传统后端领域的整个全栈范围,如图1-2所示。

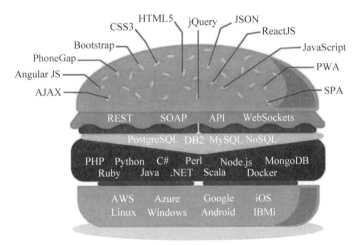

图 1-2 狭义意义上的全栈(大前端)体系图

1.2 Node.js 引领 JavaScript 进入全栈时代

2009 年,一个美国软件工程师 Ryan Dahl 为解决高性能 Web 服务器开发了 Node.js，Node.js 是一个基于 Google V8 引擎的服务器端 JavaScript 运行环境,类似于一个 JavaScript 虚拟机。由于 Node.js 出色的性能和简单易用的特性,Node.js 获得了全球开发者的喜爱,这也让仅用于网页开发的 JavaScript 在服务器端语言中有了一席之地。这意味着 JavaScript 从此走出了浏览器的藩篱,迈向了全端化的第一步。

如今,Node.js 广泛地应用于许多企业级的应用场景中,图 1-3 中列出了 Node.js 的使用场景,其中包括数据流、服务器端代理、大数据分析、无线连接、云平台、实时数据、消息队列、聊天机器人、Web 爬虫和应用 API 等领域。

图 1-3 Node.js 全场景使用

Node.js 极大地推动了 JavaScript 语言的发展，特别是 Node.js 附带的 NPM(Node 模块管理器)为开发者提供了 JavaScript 库的管理和下载能力，NPM 也因此成为全球最大的代码仓库。

1.3 小程序、轻应用开启前端新模式

随着手机 App 市场的饱和，并且大部分用户已经养成了特定 App 的使用习惯，因此，中小型企业投入较高的成本开发一款 App，但后期的运营和推广通常并不能达到预期的效果。

在此背景下，腾讯于 2017 年 1 月 9 日推出了微信小程序，小程序(Mini Program)是一种不需要下载并安装即可使用的应用，其理念是应用"触手可及""用完即走"。其优势是用户不用再关心应用安装太多的问题，也避免了频繁地切换应用。

微信小程序推出后，迅速火爆全网，小程序依靠微信成为 2017 年度最热门的技术之一，其他的互联网公司也陆续推出了自己的小程序或者轻应用，由此开启了前端开发的新模式，也就是使用 JavaScript 或者 TypeScript 就可以完成一个小程序的开发，微信甚至推出了云函数支持 JavaScript 全栈开发，这种开发模式既简单又高效，成为前端开发的一种新的体验，这也进一步把前端的范围推到 Serverless 云平台开发范畴。

1.4 Flutter 引领跨平台开发

2018 年，谷歌发布了一款新的跨平台移动 UI 框架：Flutter。该框架是构建谷歌下一代物联网操作系统 Fuchsia OS 的 SDK，主打跨平台、高保真、高性能。开发者可以通过 Dart 语言开发 App，可以实现一套代码同时运行在 iOS、Android、浏览器、Windows、Mac 等 7 个平台，如图 1-4 所示。Flutter 使用 Native 引擎渲染视图，并提供了丰富的组件和接口，这无疑为开发者和用户提供了良好的体验。

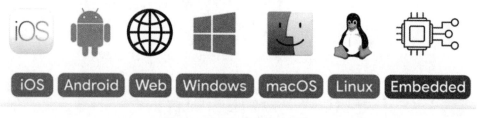

图 1-4　Flutter 支持 7 大平台

Flutter 借助先进的工具链和编译器，成为少数同时支持 JIT 和 AOT 的语言之一，开发期调试效率高，发布期运行速度快，执行性能好，在代码执行效率上可以媲美原生 App，也成了目前最受业界关注的框架之一。

1.5 华为 ArkUI 探索物联网全场景开发

2021年华为推出了自主研发的面向物联网的开源操作系统 HarmonyOS 2.0,该操作系统是首个国产基于分布式多核架构的物联网操作系统,它填补了国产操作系统的空白。

2021年10月,华为为 HarmonyOS 应用开发者提供了一套极简声明式 UI 范式的开发框架 ArkUI,如图 1-5 所示,ArkUI 是基于 JavaScript/TypeScript 语言的开发能力集合,旨在帮助应用开发者高效开发跨端应用 UI 界面,自动适配多种不同的屏幕形态,开发者无须关心框架如何实现 UI 绘制和渲染,只需聚焦应用开发,从而实现极简及高效开发。

图 1-5　ArkUI 实现一套代码多端部署

随着新操作系统和新硬件的发展,前端开发无疑进入了整个物联网生态体系中,解决多屏多端的应用开发成为一种趋势,如何实现一套代码实现多端兼容成为下一代框架需要解决的问题,目前 Flutter 和 ArkUI 都是为了多端开发而诞生的。

1.6　大前端的革命与未来

2021年,全球第一社交平台 Facebook 正式更名为 Meta,该名字源自 Metaverse,中文翻译为元宇宙,意思是新型社会体系的数字生活空间。元宇宙是整合多种新技术产生的下一代三维化的互联网应用形态。它基于扩展现实技术和数字孪生技术实现从现实到虚拟的空间拓展;借助人工智能和物联网实现虚拟人、自然人和机器人的融合共生;借助区块链、Web 3.0、数字藏品/NFT 等实现经济价值的增值。

这一新的模式必将带来重大的技术突破和新技术的创新,元宇宙时代的大前端开发将是一个突破传统前端局限而面向一体化的时代。

元宇宙描绘的下一代互联网的新形态,需要整合包括 AR、VR、5G、云计算、区块链等软硬件技术,构建一个去中心化的、不受单一控制的、永续的、不会终止的互联网世界,如图1-6所示。

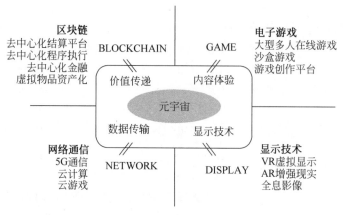

图1-6 物联网(IoT)时代

在新模式、新技术和新硬件的加持下,大前端未来可能进入下一个领域:元宇宙前端。可以看到目前WebVR、WebAR、WebGL等新的Web视觉和Web 3D技术正在兴起,未来或许成为前端的主流技术。

2019年,万维网联盟(W3C)发布了WebXR规范草案。WebXR Device API旨在为开发者提供用于开发沉浸式应用程序的接口,可以通过这些接口开发出基于Web的沉浸式应用程序。

WebXR包括了增强现实(WebAR)、虚拟现实(WebVR)和混合现实(WebMR)等沉浸式技术,如图1-7所示,WebXR构建在WebVR之上,它的目标是帮助开发者使用JavaScript来开发VR、AR和其他沉浸式应用程序。

图1-7 VR、AR和MR

随着WebGL等技术的发展,我们看到的2D网页技术也会逐步发展到3D网站。通过3D网站技术可以实现用户交互游戏化,从而提高用户的参与度,在营销和销售领域具有巨大潜力,但是制作一个3D网站需要对WebGL和Three.js等库有广泛了解。随着元宇宙的推出,3D网站行业将会蓬勃发展。

第 2 章 ECMAScript 6

随着大前端时代的到来,移动互联网颠覆了 PC 互联网。HTML5 以其优良的跨平台,兼容 PC 端与移动端的特性成为移动互联时代最流行的网页技术,同时作为 HTML5 专用开发语言 JavaScript 也成开发者必备的开发语言,但是因为 JavaScript 设计上的一些缺陷,一直有所诟病,虽然针对 JavaScript 的改进一直在进行中,直到 2015 年 ECMAScript 6 推出,JavaScript 终于迈入了新时代,到目前为止,ECMAScript 6 已经成为 JavaScript 开发的主要标准。

2.1 ECMAScript 6 介绍

ECMAScript 6(以下简称 ES6)如图 2-1 所示,是 JavaScript 语言的下一代标准,已经在 2015 年 6 月正式发布了。它的目标是使 JavaScript 语言可以用来编写复杂的大型应用程序,成为企业级开发语言。

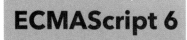

图 2-1 ECMAScript 6

1. ES6 相比 ES5 有哪些改进

(1) 解决原有语法上的一些问题或者不足。
(2) 对原有语法进行增强。
(3) 新的对象、新的方法、新的功能。
(4) 全新的数据类型和数据结构。

2. ECMAScript 6 新增的特性

ES6(ECMAScript 6)的出现,无疑给前端开发人员带来了新的惊喜,它包含了一些很棒的新特性,可以更加方便地实现很多复杂的操作,提高开发人员的效率。下面列举了 ES6 部分新增加的功能,ES6 标准是 JavaScript 语言迈向企业级语言的重要一步。

(1) 新增变量声明关键字 let、const,多了块级作用域概念。
(2) 变量的解构赋值,扩展运算符。
(3) 字符串、数组、对象、正则、数值、函数等都进行了扩展,增强了操作的简便性。
(4) 新增了一个数据类型 Symbol,可以解决名称冲突问题。

(5) 新增 Set 和 Map 数据结构。

(6) 增加了 Proxy 和 Reflect，对语言本身进行了规范和扩展。

(7) 标准化了异步解决方案 Promise，统一了语法，原生提供了 Promise 对象。

(8) 提供了迭代器、生成器及可迭代协议，可以用来实现数据结构的迭代。生成器与异步操作结合，可以使用同步代码的书写方式实现异步功能。

(9) 在语言标准层面上，实现了模块功能，使它成为浏览器端和服务器端通用的模块解决方案。

随着 ES 的发布，标准委员会决定在每年都会发布一个 ES 的新版本。

2.2 Babel 转码器

目前大部分浏览器已经很好地支持了 ES6，但是仍然存在一些浏览器支持及兼容性问题，目前，各大浏览器对 ES6 的支持可以查看 kangax.github.io/compat-table/es6/。

为了让开发人员使用 ES6 标准开发的代码能够在各种浏览器端进行运行，可以使用 Babel 工具把 ES6＋代码降级到 ES5 版本，这样在 ES6 过渡阶段可以完美地兼容各种浏览器。

Babel 是一个工具链，主要用于将采用 ECMAScript 6＋语法编写的代码转换为向后兼容的 JavaScript 语法，以便能够运行在当前和旧版本的浏览器或其他环境中。下面列出了 Babel 能做的事情。

(1) 语法转换。

(2) 通过 Polyfill 方式在目标环境中添加缺失的特性(通过引入第三方 Polyfill 模块，例如 core-js)。

(3) 源码转换(codemods)。

代码示例 2-1 中的原始代码用了箭头函数，Babel 将其转换为普通函数，这样就能在不支持箭头函数的 JavaScript 环境执行了。

代码示例 2-1

```
//Babel 输入: ES6 箭头函数
[1, 2, 3].map(n => n + 1);

//Babel 输出: ES5 语法实现的同等功能
[1, 2, 3].map(function(n) {
  return n + 1;
});
```

1. 命令行转码

Babel 提供了命令行工具@babel/cli，用于命令行转码。它的安装命令如下：

```
$ npm install --save-dev @babel/cli
# 在目录下查看安装的版本
$ npx babel --version
```

基本用法如下:

```
# --out-file 或 -o 参数指定输出文件
$ npx babel example.js --out-file compiled.js
# 或者
$ npx babel example.js -o compiled.js

# --out-dir 或 -d 参数指定输出目录
$ npx babel src --out-dir lib
# 或者
$ npx babel src -d lib
```

注意：npx 可以在项目中直接运行指令,当直接运行 node_modules 中的某个指令时,不需要输入文件路径 ./node_modules/.bin/babel --version,可以直接执行 npx babel --version 指令。

2. Node 环境支持 ES6

@babel/node 模块的 babel-node 命令提供了一个支持 ES6 的 REPL 环境。它支持 Node 的 REPL 环境的所有功能,而且可以直接运行 ES6 代码。

首先安装这个模块,命令如下:

```
$ npm install --save-dev @babel/core @babel/cli @babel/preset-env
$ npm install --save-dev @babel/node
$ npm install --save @babel/polyfill
```

在项目根目录创建文件 babel.config.js,文件内容如下:

```
{
  "devDependencies": {
    "@babel/cli": "^7.17.6",
    "@babel/core": "^7.17.8",
    "@babel/node": "^7.16.8",
    "@babel/preset-env": "^7.16.11"
  },
  "dependencies": {
    "@babel/polyfill": "^7.12.1"
  }
}
```

然后执行 babel-node 就可进入 REPL 环境。命令如下:

```
$ npx babel-node index.js
```

使用 babel-node 替代 node，这样 ES6 脚本本身就不用进行任何转码处理了，但是 babel-node 仅用于测试，不要在生成环境中使用。

2.3 let 和 const

ES5 没有块级作用域，只有全局作用域和函数作用域，由于一旦进入函数就要马上将它创建出来，这就造成了所谓的变量提升。

由于 ES6 是向后兼容的，所以 var 创建的变量其作用域依旧是全局作用域和函数作用域。这样，即使拥有了块级作用域，也无法解决 ES5 的"变量提升"问题，所以这里 ES6 新增了两个新关键词：let 和 const。

1. let

let 声明的变量只在 let 命令所在的代码块内有效，let 不存在变量提升，但 var 存在变量提升，如代码示例 2-2 所示。

代码示例 2-2

```
var x = 1;
window.x //1
let y = 1;
window.y //undefined
```

不能重复声明，let 只能声明一次，但 var 可以声明多次，如代码示例 2-3 所示。

代码示例 2-3

```
let x = 1;
let x = 2;
var y = 3;
var y = 4;
x //Identifier 'x' has already been declared
y //4
```

for 循环计数器很适合用 let 声明，如代码示例 2-4 所示。

代码示例 2-4

```
for (var i = 0; i < 10; i++) {
  setTimeout(function(){
    console.log(i);
  })
}
//输出十个 10
```

```
for (let j = 0; j < 10; j++) {
  setTimeout(function(){
    console.log(j);
  })
}
//输出 0123456789
```

2. const

const 用于声明一个只读的常量。声明后,常量的值就不能改变了,但 const 声明的对象可以有属性变化,如代码示例 2-5 所示。

代码示例 2-5

```
const x = [];
x.push('Hello');                    //可执行
x = ['World'];                      //报错
```

也可以使用 Object.freeze 将对象冻结,如代码示例 2-6 所示。

代码示例 2-6

```
//常规模式时,下面一行不起作用
//严格模式时,该行会报错
const obj = Object.freeze({});
obj.x = 123;
```

当去改变用 const 声明的常量时,如代码示例 2-7 所示,浏览器就会报错。

代码示例 2-7

```
const PI = Math.PI
PI = 3.14 //Uncaught TypeError: Assignment to constant variable
```

const 有一个很好的应用场景,就是当引用第三方库的时候声明变量,用 const 声明可以避免未来不小心重命名而导致出现 Bug,如代码示例 2-8 所示。

代码示例 2-8

```
const moment = require('moment')
```

使用 let 和 const 的规则如下:
(1) 变量只在声明所在的块级作用域内有效。
(2) 变量声明后方可使用(暂时性死区)。
(3) 不能重复定义变量。
(4) 声明的全局变量不属于全局对象的属性。

变量声明关键字对比,如表 2-1 所示。

表 2-1　变量声明关键字对比

	var	let	const
变量提升	√	×	×
全局变量	√	×	×
重复声明	√	×	×
重新赋值	√	×	×
暂时死区	×	√	√
块作用域	×	√	√
只声明不初始化	√	√	×

2.4　解构赋值

经常需要定义许多对象和数组,然后需要从中提取相关的一部分。在 ES6 中添加了可以简化这种任务的新特性:解构赋值。解构赋值是一种打破数据结构,将其拆分为更小部分的过程。

1. 数组模型的解构(Array)

基本用法,如代码示例 2-9 所示。

代码示例 2-9

```
let [a, b, c] = [1, 2, 3];
//a = 1
//b = 2
//c = 3
```

可嵌套解构数组中的值,如代码示例 2-10 所示。

代码示例 2-10

```
let [a, [[b], c]] = [1, [[2], 3]];
//a = 1
//b = 2
//c = 3
```

可忽略解构数组中的某些值,如代码示例 2-11 所示。

代码示例 2-11

```
let [a, , b] = [1, 2, 3];
//a = 1
//b = 3
```

不完全解构，如代码示例 2-12 所示。

代码示例 2-12

```
let [a = 1, b] = []; //a = 1, b = undefined
```

剩余运算符，如代码示例 2-13 所示。

代码示例 2-13

```
let [a, ...b] = [1, 2, 3];
//a = 1
//b = [2, 3]
```

字符串等，如代码示例 2-14 所示。

在数组的解构中，解构的目标若为可遍历对象，则皆可进行解构赋值。可遍历对象即实现 Iterator 接口的数据。

代码示例 2-14

```
let [a, b, c, d, e] = 'hello';
//a = 'h'
//b = 'e'
//c = 'l'
//d = 'l'
//e = 'o'
```

解构默认值，如代码示例 2-15 所示。

代码示例 2-15

```
let [a = 2] = [undefined]; //a = 2
```

2. 对象模型的解构（Object）

对象的解构赋值和数组的解构赋值其实类似，但是数组的数组成员是有序的，而对象的属性则是无序的，所以对象的解构赋值可简单地理解为等号的左边和右边的结构相同。

基本用法，如代码示例 2-16 所示。

代码示例 2-16

```
let { foo, bar } = { foo: 'aaa', bar: 'bbb' };
//foo = 'aaa'
//bar = 'bbb'
#对象的解构赋值是根据 key 值进行匹配的
let { baz : foo } = { baz : 'ddd' };
//foo = 'ddd'
```

可嵌套可忽略,如代码示例 2-17 所示。

代码示例 2-17

```
let obj = {p: ['hello', {y: 'world'}] };
let {p: [x, { y }] } = obj;
//x = 'hello'
//y = 'world'
let obj = {p: ['hello', {y: 'world'}] };
let {p: [x, { }] } = obj;
//x = 'hello'
```

不完全解构,如代码示例 2-18 所示。

代码示例 2-18

```
let obj = {p: [{y: 'world'}] };
let {p: [{ y }, x ] } = obj;
//x = undefined
//y = 'world'
```

剩余运算符,如代码示例 2-19 所示。

代码示例 2-19

```
let {a, b, ...rest} = {a: 10, b: 20, c: 30, d: 40};
//a = 10
//b = 20
//rest = {c: 30, d: 40}
```

2.5 字符串的扩展

ES6 对字符串进行了改造和增强,下面介绍好用的字符串操作方法和字符串模板。

2.5.1 字符串新增方法

下面介绍几种常见的字符串新增加的方法。

1. 字符串查找(includes)

(1) 旧方法:查找字符串中是否存在 react,如代码示例 2-20 所示。

代码示例 2-20

```
let str = "vue react angular";
if (str.indexof('react')!= -1) {
    alert(true);
```

```
}else{
    alert(false);
}
```

（2）新方法：string.includes()方法可查找字符串，如代码示例 2-21 所示。

代码示例 2-21

```
let str = "vue react angular";
alert(str.includes('react'));
-->true
```

2. 字符串是否是以某个字符开头

在字符串中查询是否以某个字符串开头，如代码示例 2-22 所示。

代码示例 2-22

```
let str = "https://www.baidu.com/";
str.startsWith('http');
-->true
```

3. 重复字符串

重复字符串，如代码示例 2-23 所示。

代码示例 2-23

```
let str = "Hello";
console.log(str.repeat(3));
-->打印 3 次 Hello
```

4. 填充字符串

ES6 引入了字符串补全长度的功能，如果某个字符串不够指定长度，则会在头部和尾部补全。padStart()用于头部补全，padEnd()用于尾部补全。

如代码示例 2-24 所示，padStart()和 padEnd()一共接收两个参数，第 1 个参数用来指定字符串的最小长度，第 2 个参数用来补全字符串的长度。

代码示例 2-24

```
'x'.padStart(5, 'ab')      //'ababx'
'x'.padStart(4, 'ab')      //'abax'
'x'.padEnd(5, 'ab')        //'xabab'
'x'.padEnd(4, 'ab')        //'xaba'
```

如果原字符串长度等于或大于指定的最小长度，则返回原字符串，如代码示例 2-25 所示。

代码示例 2-25

```
'xxx'.padStart(2, 'ab')    //'xxx'
'xxx'.padEnd(2, 'ab')      //'xxx'
```

如果用来补齐的字符串与原字符串两者的长度之和超过了指定的最小长度,则会截取超过位数的补全字符串,如代码示例 2-26 所示。

代码示例 2-26

```
'abc'.padStart(5, '123')    //12abc
'abc'.padEnd(5, '123')      //abc12
```

padStart()常见的用途是为数值补全指定位数,如代码示例 2-27 所示。

代码示例 2-27

```
'1'.padStart(10, '0')         //"0000000001"
'12'.padStart(10, '0')        //"0000000012"
'123456'.padStart(10, '0')    //"0000123456"
```

2.5.2 字符串模板

ES6 中提供了模板字符串,用`(反引号:Windows 键盘英文输入法下 Tab 键上面那个键)标识,用 ${}将变量括起来。

1. 字符串模板基本用法

普通字符串,如代码示例 2-28 所示。

代码示例 2-28

```
let string = 'Hello'\n'world';
console.log(string);
//"Hello'
//'world"
```

多行字符串,如代码示例 2-29 所示。

代码示例 2-29

```
let string1 = 'Hey,
How are you today?';
console.log(string1);
//Hey,
//How are you today?
```

注意:模板字符串中的换行和空格都会被保留。

2. 在字符串中嵌入变量

在字符串中插入变量和表达式，变量名写在 `${}` 中，`${}` 中可以放入 JavaScript 表达式，如代码示例 2-30 所示。

代码示例 2-30

```
let name = '张三';
let age = 29;
let str = '我的名字叫'${name}'我今年${age}岁了'
console.log(str)
```

3. 带标签的模板字符串

标签模板是一个函数的调用，其中调用的参数是模板字符串，如代码示例 2-31 所示。

代码示例 2-31

```
alert'Hello world!';
//等价于
alert('Hello world!');
```

当模板字符串中带有变量时，会将模板字符串参数处理成多个参数，如代码示例 2-32 所示。

代码示例 2-32

```
function f(stringArr, ...values) {
    let result = "";
    for (let i = 0; i < stringArr.length; i++) {
        result += stringArr[i];
        if (values[i]) {
            result += values[i];
        }
    }
    return result;
}
let nickName = '王大锤';
let age = 27;
console.log(f'我叫${nickName},我明年就${age + 1}岁了');
//"我叫王大锤,我明年就28岁了"

f'我叫${nickName},我明年就${age + 1}岁了';
//等价于
f(['我叫', ',我明年就 ', '岁了'], '王大锤', 28);
```

2.6 数组的扩展

ECMAScript 6 对数组进行了扩展，为数组 Array 构造函数添加了 from()、of() 等静态方法，也为数组实例添加了 find()、findIndex() 等方法。下面一起来看一下这些方法的用法。

2.6.1 扩展运算符

扩展运算符"..."用于将数组转化为逗号分隔的参数序列。

1. 用于函数调用

可以在函数参数传递的时候，使用扩展运算符，如代码示例 2-33 所示。

代码示例 2-33　参数使用扩展运算符

```
function add(x, y) {
  return x + y;
}
const numbers = [2, 6];
add(...numbers) //8
```

2. 实现数组的操作

下面介绍通过扩展运算符实现求最大值、拼接数组、复制数组、合并数组、将字符串转化为真正的数组。

例如在 Math.max() 中使用数组的扩展运算符求最大值，如代码示例 2-34 所示。

代码示例 2-34　Math.max

```
var arr = [14,3,77]
console.log(Math.max(...arr))
//77
```

（1）拼接数组，通过 push() 将一个数组添加到另一个数组的尾部，如代码示例 2-35 所示。

代码示例 2-35　拼接数组

```
var arr1 = [1,2,3]
var arr2 = [4,5,6]
arr1.push(...arr2);
console.log(arr1)//[1, 2, 3, 4, 5, 6]
```

（2）复制数组（arr2 复制 arr1，该 arr2 不改变 arr1），如代码示例 2-36 所示。

代码示例 2-36　复制数组

```
var arr1 = [1,2,3]
var arr2 = [...arr1]
console.log(arr1)   //[1, 2, 3]
console.log(arr2)   //[1, 2, 3]

arr2[0] = 0
console.log(arr1)   //[1, 2, 3]
console.log(arr2)   //[0, 2, 3]
```

当数组是一维数组时,扩展运算符可以深复制一个数组(对象同理),如代码示例 2-37 所示。

代码示例 2-37

```
let arr = [1, 2, 3, 4, 5, 6];
let arr1 = [...arr];

arr == arr1   //false
```

当数组为多维时,数组中的数组变成浅复制(对象同理),如代码示例 2-38 所示。

代码示例 2-38　当数组为多维数组时,变成浅复制

```
let arr = [1, 2, 3, 4, 5, 6, [1, 2, 3]];
let arr1 = [...arr];
arr1.push(7);
arr1[arr1.length - 2][0] = 100;
console.log(arr);
//[1, 2, 3, 4, 5, 6,[100, 2, 3]]
console.log(arr1);
//[1, 2, 3, 4, 5, 6, [100, 2, 3],7]
```

合并数组(多个),如代码示例 2-39 所示。

代码示例 2-39　合并多数组

```
const arr1 = ['1', '2'];
const arr2 = ['3'];
const arr3 = ['4', '5'];
var arr4 = [...arr1, ...arr2, ...arr3]
console.log(arr4)
//["1", "2", "3", "4", "5"]
```

结合解构赋值,生成剩余数组(扩展运算符只能置于参数的最后面),如代码示例 2-40 所示。

代码示例 2-40

```
let [one,...rest] = [1,2,3,4,5];
one      //1
rest     //[2,3,4,5]
```

将字符串扩展成数组,如代码示例 2-41 所示。

代码示例 2-41

```
[...'babe']
//["b", "a", "b", "e"]
```

可以把类数组对象转换为真正的数组,如代码示例 2-42 所示。

代码示例 2-42

```
function convert2Arr(){
    return [...arguments];
}
let result = convert2Arr(1,2,3,4,5);
//[1,2,3,4,5]
```

2.6.2 Array.from()

Array.from()函数用于将类数组对象、可遍历的对象转换为真正的数组,如代码示例 2-43 所示。

代码示例 2-43

```
//类数组对象
let obj = {
    0: 'hello',
    1: 'world',
    4: 'out of bounds data',
    length: 3
}

Array.from(obj);
//根据属性名对应到数组的 index,将超过 length 的部分舍弃。没有对应的属性,置为 undefined
//["hello", "world", undefined]
```

下面的例子,查询所有的 div 元素,如代码示例 2-44 所示。

代码示例 2-44

```
var divs = document.querySelectorAll("div");
[].slice.call(divs).forEach(function (node) {
    console.log(node);
})
```

使用 Array.from()还可以这样写，如代码示例 2-45 所示。

代码示例 2-45

```
var divs = document.querySelectorAll("div");
Array.from(divs).forEach(function (node) {
  console.log(node);
})
```

Array.from()也可以将 ES6 中新增的 Set、Map 等结构转化为数组，如代码示例 2-46 所示。

代码示例 2-46

```
//将 Set 结构转化为数组
Array.from(new Set([1, 2, 3, 4])); //[1, 2, 3, 4]
//将 Map 结构转化为数组
Array.from(new Map(["name", "haha"])); //["name", "haha"]
```

Array.from()可接收第 2 个参数，用于对数组的每一项进行处理并返回，如代码示例 2-47 所示。

代码示例 2-47

```
Array.from([1,2,3],x => x * x)
    //[1, 4, 9]
    Array.from([1,2,3],x =>{x * x})
    //[undefined, undefined, undefined],切记处理函数中一定要返回
```

Array.from()还可接收第 3 个参数，这样在处理函数中就可以使用传进去的对象域中的值，如代码示例 2-48 所示。

代码示例 2-48

```
let that = {
   user:'lisa'
}
let obj = {
   0:'lisa',
   1:'zhangsan',
   2:'lisi',
   length:3
}
let result = Array.from(obj,(user) =>{
   if(user == that.user){
      return user;
   }
```

```
        return 0;
},that);
result  //["lisa", 0, 0]
```

2.6.3　Array.of()

用于将一组值转换为数组,存在的意义是替代以构造函数的形式创建数组,修复数组创建因参数不一致而导致表现形式不同的伪Bug,如代码示例2-49所示。

代码示例2-49　Array.of()

```
//原始方式
new Array()           //[]
new Array(2)          //[empty × 2]
new Array(1,2,3,4,5)  //[1, 2, 3, 4, 5]

//改良后的方式
Array.of();           //[]
Array.of(2);          //[2]
Array.of(1,2,3,4,5);  //[1, 2, 3, 4, 5]
```

2.6.4　Array.find()和Array.findIndex()

find()方法用于查找第一条符合要求的数据,找到后返回该数据,否则返回undefined。参数包括一个回调函数和一个可选参数(执行环境上下文)。回调函数会遍历数组的所有元素,直到找到符合条件的元素,然后find()方法返回该元素,如代码示例2-50所示。

代码示例2-50　Array.find()

```
[1, 2, 3, 4].find(function(el, index, arr) {
  return el > 2;
}) //3

[1, 2, 3, 4].find(function(el, index, arr) {
  return el > 4;
}) //undefined
```

findIndex()方法与find()方法的用法类似,返回的是第1个符合条件的元素的索引,如果没有,则返回-1,如代码示例2-51所示。

代码示例2-51　Array.findIndex()

```
[1, 2, 3, 4].findIndex(function(el, index, arr) {
  return el > 2;
```

```
}) //2

[1, 2, 3, 4].findIndex(function(el, index, arr) {
    return el > 4;
}) //-1
```

2.6.5　Array.includes()

Array.includes()函数用于检查数组中是否包含某个元素,如代码示例2-52所示。

代码示例 2-52

```
[1,2,NaN].includes(NaN)
```

2.6.6　Array.copyWithin()

Array增加了copyWithin()函数,用于操作当前数组自身,用来把某些位置的元素复制并覆盖到其他位置上去。copyWithin()方法的语法如下:

代码示例 2-53

```
array.copyWithin(target, start, end = this.length)
```

最后一个参数为可选参数,如果省略,则为数组长度。该方法在数组内复制从start(包含start)位置到end(不包含end)位置的一组元素覆盖以target为开始位置的地方,如代码示例2-54所示。

代码示例 2-54　copyWithin

```
[1, 2, 3, 4].copyWithin(0, 1)    //[2, 3, 4, 4]
[1, 2, 3, 4].copyWithin(0, 1, 2) //[2, 2, 3, 4]
```

如果start、end参数是负数,则用数组长度加上该参数来确定相应的位置,如代码示例2-55所示。

代码示例 2-55

```
[1, 2, 3, 4].copyWithin(0, -2, -1) //[3, 2, 3, 4]
```

需要注意copyWithin()改变的是数组本身,并返回改变后的数组,而不是返回原数组的副本。

2.6.7　Array.entries()/.keys()/.values()

entries()、keys()与values()都返回一个数组迭代器对象,如代码示例2-56所示。

代码示例 2-56

```
var entries = [1, 2, 3].entries();
console.log(entries.next().value);      //[0, 1]
console.log(entries.next().value);      //[1, 2]
console.log(entries.next().value);      //[2, 3]

var keys = [1, 2, 3].keys();
console.log(keys.next().value);         //0
console.log(keys.next().value);         //1
console.log(keys.next().value);         //2

var values = [1, 2, 3].values();
console.log(values.next().value);       //1
console.log(values.next().value);       //2
console.log(values.next().value);       //3
```

迭代器的 next() 方法返回的是一个包含 value 属性与 done 属性的对象，而 value 属性是当前遍历位置的值，done 属性是一个布尔值，表示遍历是否结束。

也可以用 for…of 来遍历迭代器，如代码示例 2-57 所示。

代码示例 2-57

```
for (let i of entries) {
  console.log(i)
} //[0, 1]、[1, 2]、[2, 3]
for (let [index, value] of entries) {
  console.log(index, value)
} //0 1、1 2、2 3

for (let key of keys) {
  console.log(key)
} //0, 1, 2
for (let value of values) {
  console.log(value)
} //1, 2, 3
```

2.6.8　Array.fill()

Array.fill() 方法用一个固定值填充一个数组中从起始索引到终止索引内的全部元素。不包括终止索引，语法如下：

```
fill(value, start, end)
```

参数 start、end 是填充区间，包含 start 位置，但不包含 end 位置。如果省略，则 start 的默认值为 0，end 的默认值为数组长度。如果两个可选参数中有一个是负数，则用数组长度加上该数来确定相应的位置,如代码示例 2-58 所示。

代码示例 2-58

```
[1, 2, 3].fill(4)          //[4, 4, 4]
[1, 2, 3].fill(4, 1, 2)    //[1, 4, 3]
[1, 2, 3].fill(4, -3, -2) //[4, 2, 3]
```

2.6.9　flat()、flatMap()

flat()和 flatMap()函数可以实现将嵌套数组转为一维数组。

1. flat()

把多维数组转换成一维数组,如代码示例 2-59 所示。

代码示例 2-59

```
console.log([1,[2, 3]].flat());
//[1, 2, 3]
```

指定转换的嵌套层数,如代码示例 2-60 所示。

代码示例 2-60

```
console.log([1, 2, [3, [4, 5]]].flat(2));
//[1, 2, 3, [4, 5]]
```

不管嵌套多少层,如代码示例 2-61 所示。

代码示例 2-61

```
console.log([1, [2, [3, [4, 5]]]].flat(Infinity)); /
/ [1, 2, 3, 4, 5]
```

自动跳过空位,如代码示例 2-62 所示。

代码示例 2-62

```
console.log([1, [2, , 3]].flat());
//[1, 2, 3]
```

2. flatMap()

先对数组中的每个元素进行处理,再对数组执行 flat()方法,如代码示例 2-63 所示。

代码示例 2-63

```
//参数 1:遍历函数,该遍历函数可接收 3 个参数,即当前元素、当前元素索引、原数组
//参数 2:指定遍历函数中 this 的指向
console.log([1, 2, 3].flatMap(n => [n * 2]));
//[2, 4, 6]
```

2.7 对象的扩展

对象(object)是 JavaScript 中最重要的数据结构。ES6 对它进行了重大升级。

2.7.1 对象字面量

ES6 允许在大括号里面直接写入变量和函数,作为对象的属性和方法。这样的书写方式可使代码更加简洁,如代码示例 2-64 所示。

代码示例 2-64

```
const foo = 'bar';
const baz = {foo};
baz //{foo: "bar"}
//等同于
const baz = {foo: foo};
```

在上面的代码中,变量 foo 直接写在大括号里面。这时,属性名就是变量名,属性值就是变量值。下面是另一个例子,如代码示例 2-65 所示。

代码示例 2-65

```
function f(x, y) {
 return {x, y};
}
//等同于
function f(x, y) {
 return {x: x, y: y};
}
f(1, 2)   //Object {x: 1, y: 2}
```

除了属性可以简写,方法也可以简写,如代码示例 2-66 所示。

代码示例 2-66

```
const o = {
 method() {
  return "Hello!";
 }
};
//等同于
const o = {
 method: function() {
  return "Hello!";
 }
};
```

一个实际的例子，如代码示例 2-67 所示。

代码示例 2-67

```
let birth = '2000/01/01';
const Person = {
 name: '张三',
 //等同于 birth: birth
 birth,
 //等同于 hello: function ()...
 hello() { console.log('我的名字是', this.name); }
};
```

属性的赋值器(setter)和取值器(getter)事实上也采用了这种写法，如代码示例 2-68 所示。

代码示例 2-68

```
const cart = {
 _wheels: 4,
 get wheels () {
  return this._wheels;
 },
 set wheels (value) {
  if (value < this._wheels) {
   throw new Error('数值太小了!');
  }
  this._wheels = value;
 }
}
```

2.7.2 属性名表达式

JavaScript 定义对象的属性有两种方法，如代码示例 2-69 所示。

代码示例 2-69

```
//方法一
obj.foo = true;
//方法二
obj['a' + 'bc'] = 123;
```

上面代码的方法一直接用标识符作为属性名，方法二则用表达式作为属性名，这时要将表达式放在方括号之内。

但是，如果使用字面量的方式定义对象(使用大括号)，则在 ES5 中只能使用方法一(标识符)定义属性，如代码示例 2-70 所示。

代码示例 2-70

```
var obj = {
  foo: true,
  abc: 123
};
```

当 ES6 允许使用字面量定义对象时，用方法二（表达式）作为对象的属性名，即把表达式放在方括号内，如代码示例 2-71 所示。

代码示例 2-71

```
let propKey = 'foo';

let obj = {
  [propKey]: true,
  ['a' + 'bc']: 123
};
```

下面是另一个例子，如代码示例 2-72 所示。

代码示例 2-72

```
let lastWord = 'last word';
const a = {
  'first word': 'hello',
  [lastWord]: 'world'
};
a['first word']      //"hello"
a[lastWord]          //"world"
a['last word']       //"world"
```

表达式还可以用于定义方法名，如代码示例 2-73 所示。

代码示例 2-73

```
let obj = {
  ['h' + 'ello']() {
    return 'hi';
  }
};

obj.hello() //hi
```

注意，属性名表达式与简洁表示法不能同时使用，否则会报错，如代码示例 2-74 所示。

代码示例 2-74

```
//报错
const foo = 'bar';
const bar = 'abc';
const baz = { [foo] };
//正确
const foo = 'bar';
const baz = { [foo]: 'abc'};
```

注意，属性名表达式如果是一个对象，默认情况下会自动将对象转换为字符串[object Object]，这一点要特别注意，如代码示例 2-75 所示。

代码示例 2-75

```
const keyA = {a: 1};
const keyB = {b: 2};
const myObject = {
  [keyA]: 'valueA',
  [keyB]: 'valueB'
};
myObject //Object {[object Object]: "valueB"}
```

在上面的代码中，[keyA]和[keyB]得到的都是[object Object]，所以[keyB]会把[keyA]覆盖掉，而 myObject 最后只有一个[object Object]属性。

2.7.3 super 关键字

我们知道，this 关键字总是指向函数所在的当前对象，ES6 又新增了另一个类似的关键字 super，用于指向当前对象的原型对象。

在代码示例 2-76 中，对象 obj.find()方法通过 super.foo 引用了原型对象 proto 的 foo 属性。

代码示例 2-76

```
const proto = {
  foo: 'hello'
};

const obj = {
  foo: 'world',
  find() {
    return super.foo;
  }
};
```

```
Object.setPrototypeOf(obj, proto);
obj.find() //"hello"
```

注意,当 super 关键字表示原型对象时,只能用在对象的方法之中,而用在其他地方都会报错,如代码示例 2-77 所示。

代码示例 2-77

```
//报错
const obj = {
  foo: super.foo
}

//报错
const obj = {
  foo: () => super.foo
}

//报错
const obj = {
  foo: function () {
    return super.foo
  }
}
```

上面 3 种 super 的用法都会报错,因为对于 JavaScript 引擎来讲,这里的 super 都没有用在对象的方法之中。第 1 种写法将 super 用在属性里面,第 2 种和第 3 种写法将 super 用在一个函数里面,然后赋值给 foo 属性。目前,只有对象方法的简写法可以让 JavaScript 引擎确认所定义的是对象的方法。

JavaScript 引擎内部,super.foo 等同于 Object.getPrototypeOf(this).foo(属性),如代码示例 2-78 所示。

代码示例 2-78

```
Object.getPrototypeOf(this).foo.call(this)(方法)
const proto = {
  x: 'hello',
  foo() {
    console.log(this.x);
  },
};

const obj = {
  x: 'world',
```

```
  foo() {
    super.foo();
  }
}

Object.setPrototypeOf(obj, proto);

obj.foo() //"world"
```

在上面的代码中,super.foo 指向了原型对象 proto 的 foo 方法,但是绑定的 this 还是当前对象 obj,因此输出的是 world。

2.7.4 对象的扩展运算符

前面介绍过扩展运算符,ES2018 将这个运算符引入了对象。

1. 解构赋值

对象的解构赋值用于从一个对象取值,相当于将目标对象自身的所有可遍历的、但尚未被读取的属性分配到指定的对象上面。所有的键和它们的值,都会复制到新对象上面,如代码示例 2-79 所示。

代码示例 2-79

```
let { x, y, ...z } = { x: 1, y: 2, a: 3, b: 4 };
x //1
y //2
z //{ a: 3, b: 4 }
```

在上面的代码中,变量 z 是解构赋值所在的对象。它获取等号右边的所有尚未读取的键(a 和 b),将它们连同值一起复制过来。

由于解构赋值要求等号右边是一个对象,所以如果等号右边是 undefined 或 null,就会报错,因为它们无法转换为对象,如代码示例 2-80 所示。

代码示例 2-80

```
let { ...z } = null;         //运行时会报错
let { ...z } = undefined;    //运行时会报错
```

解构赋值必须是最后一个参数,否则会报错,如代码示例 2-81 所示。

代码示例 2-81

```
let { ...x, y, z } = someObject;        //句法错误
let { x, ...y, ...z } = someObject;     //句法错误
```

在上面的代码中,解构赋值不是最后一个参数,所以会报错。

注意,解构赋值的复制是浅复制,即如果一个键的值是复合类型的值(数组、对象、函数),则解构赋值复制的是这个值的引用,而不是这个值的副本,如代码示例 2-82 所示。

代码示例 2-82

```
let obj = { a: { b: 1 } };
let { ...x } = obj;
obj.a.b = 2;
x.a.b //2
```

在上面的代码中,x 是解构赋值所在的对象,复制了对象 obj 的 a 属性。a 属性引用了一个对象,修改这个对象的值会影响解构赋值对它的引用。

另外,扩展运算符的解构赋值不能复制继承自原型对象的属性,如代码示例 2-83 所示。

代码示例 2-83

```
let o1 = { a: 1 };
let o2 = { b: 2 };
o2.__proto__ = o1;
let { ...o3 } = o2;
o3    //{ b: 2 }
o3.a //undefined
```

在上面的代码中,对象 o3 复制了 o2,但是只复制了 o2 自身的属性,而没有复制它的原型对象 o1 的属性。

下面是另一个例子,如代码示例 2-84 所示。

代码示例 2-84

```
const o = Object.create({ x: 1, y: 2 });
o.z = 3;

let { x, ...newObj } = o;
let { y, z } = newObj;
x //1
y //undefined
z //3
```

在上面的代码中,变量 x 是单纯的解构赋值,所以可以读取对象 o 继承的属性;变量 y 和 z 是扩展运算符的解构赋值,只能读取对象 o 自身的属性,所以变量 z 可以赋值成功,变量 y 却取不到值。ES6 规定,在变量声明语句之中,如果使用解构赋值,则扩展运算符后面必须是一个变量名,而不能是一个解构赋值表达式,所以上面代码引入了中间变量 newObj,如果写成下面这种形式就会报错。

代码示例 2-85

```
let { x, ...{ y, z } } = o;
//SyntaxError: ... must be followed by an identifier in declaration contexts
```

解构赋值的一个用处是扩展某个函数的参数，引入其他操作，如代码示例 2-86 所示。

代码示例 2-86

```
function baseFunction({ a, b }) {
  //...
}
function HigerFunction({ x, y, ...restConfig }) {
  //使用 x 和 y 参数进行操作
  //其余参数传给原始函数
  return baseFunction(restConfig);
}
```

在上面的代码中，原始函数 baseFunction() 接收 a 和 b 作为参数，函数 HigerFunction() 在 baseFunction() 的基础上进行了扩展，能够接收多余的参数，并且保留原始函数的行为。

2. 扩展运算符

对象的扩展运算符用于取出参数对象的所有可遍历属性，然后复制到当前对象之中，如代码示例 2-87 所示。

代码示例 2-87

```
let z = { a: 3, b: 4 };
let n = { ...z };
n //{ a: 3, b: 4 }
```

由于数组是特殊的对象，所以对象的扩展运算符也可以用于数组，如代码示例 2-88 所示。

代码示例 2-88

```
let foo = { ...['a', 'b', 'c'] };
foo
//{0: "a", 1: "b", 2: "c"}
```

如果扩展运算符的后面是一个空对象，则没有任何效果，如代码示例 2-89 所示。

代码示例 2-89

```
{...{}, a: 1}
//{ a: 1 }
```

如果扩展运算符后面不是对象,则会自动将其转换为对象,如代码示例 2-90 所示。

代码示例 2-90

```
//等同于 {...Object(1)}
{...1} //{}
```

在上面的代码中,扩展运算符后面是整数 1,会自动转换为数值的包装对象 Number{1}。由于该对象没有自身属性,所以返回一个空对象。

但是,如果扩展运算符后面是字符串,则它会自动转换成一个类似数组的对象,因此返回的不是空对象,如代码示例 2-91 所示。

代码示例 2-91

```
{...'hello'}
//{0: "h", 1: "e", 2: "l", 3: "l", 4: "o"}
```

对象的扩展运算符等同于使用 Object.assign() 方法,如代码示例 2-92 所示。

代码示例 2-92

```
let aClone = { ...a };
//等同于
let aClone = Object.assign({}, a);
```

上面的例子只是复制了对象实例的属性,如果想完整克隆一个对象,并且复制对象原型的属性,则可以采用下面的写法,如代码示例 2-93 所示。

代码示例 2-93

```
//写法一
const clone1 = {
    __proto__: Object.getPrototypeOf(obj),
    ...obj
};
//写法二
const clone2 = Object.assign(
    Object.create(Object.getPrototypeOf(obj)),
    obj
);
//写法三
const clone3 = Object.create(
    Object.getPrototypeOf(obj),
    Object.getOwnPropertyDescriptors(obj)
)
```

在上面的代码中,写法一的 __proto__ 属性在非浏览器的环境中不一定可部署,因此推荐使用写法二和写法三。

扩展运算符可以用于合并两个对象,如代码示例 2-94 所示。

代码示例 2-94

```
let ab = { ...a, ...b };
//等同于
let ab = Object.assign({}, a, b);
```

2.8　Symbol

ES6 引入了一种新的原始数据类型 Symbol,表示独一无二的值。它是 JavaScript 语言的第 7 种数据类型,前 6 种是 undefined、null、布尔值(Boolean)、字符串(String)、数值(Number)、对象(Object)。

Symbol 值通过 Symbol()函数生成。这就是说,对象的属性名现在可以有两种类型,一种是原来就有的字符串类型;另一种是新增的 Symbol 类型。凡是属性名属于 Symbol 类型,就都是独一无二的,可以保证不会与其他属性名产生冲突,如代码示例 2-95 所示。

代码示例 2-95

```
let s = Symbol();
typeof s
//"symbol"
```

在上面的代码中,变量 s 就是一个独一无二的值。typeof 运算符的结果,表明变量 s 是 Symbol 数据类型,而不是字符串之类的其他类型。

注意:Symbol 函数前不能使用 new 命令,否则会报错。这是因为生成的 Symbol 是一个原始类型的值,而不是对象。也就是说,由于 Symbol 值不是对象,所以不能添加属性。基本上,它是一种类似于字符串的数据类型。

Symbol()函数可以接收一个字符串作为参数,表示对 Symbol 实例的描述,主要是为了在控制台显示,或者当转换为字符串时比较容易区分,如代码示例 2-96 所示。

代码示例 2-96

```
let s1 = Symbol('foo');
let s2 = Symbol('bar');
s1 //Symbol(foo)
s2 //Symbol(bar)
s1.toString() //"Symbol(foo)"
s2.toString() //"Symbol(bar)"
```

在上面的代码中,s1 和 s2 是两个 Symbol 值。如果不加参数,则它们在控制台的输出都是 Symbol(), 不利于区分。有了参数以后, 就等于为它们加上了描述, 输出的时候就能够分清到底是哪一个值。

如果 Symbol 的参数是一个对象, 就会调用该对象的 toString() 方法, 将其转换为字符串, 然后才生成一个 Symbol 值, 如代码示例 2-97 所示。

代码示例 2-97

```
const obj = {
 toString() {
  return '123';
 }
};
const sym = Symbol(obj);
sym //Symbol(123)
```

注意: Symbol() 函数的参数只是表示对当前 Symbol 值的描述, 因此相同参数的 Symbol() 函数的返回值是不相等的。

代码示例 2-98

```
//没有参数的情况
let s1 = Symbol();
let s2 = Symbol();
s1 === s2 //false
//有参数的情况
let s1 = Symbol('foo');
let s2 = Symbol('foo');
s1 === s2 //false
```

在上面的代码中, s1 和 s2 都是 Symbol() 函数的返回值, 而且参数相同, 但是它们却是不相等的。

Symbol 值不能与其他类型的值进行运算, 否则会报错, 如代码示例 2-99 所示。

代码示例 2-99

```
let sym = Symbol('My symbol');
"symbol is " + sym
//TypeError: can't convert symbol to string
'symbol is ${sym}'
//TypeError: can't convert symbol to string
```

但是, Symbol 值可以显式地转换为字符串, 如代码示例 2-100 所示。

代码示例 2-100

```
let sym = Symbol('My symbol');
String(sym) //'Symbol(My symbol)'
```

```
sym.toString()        //'Symbol(My symbol)'
//Symbol 值也可以转换为布尔值,但是不能转换为数值
let sym = Symbol();
Boolean(sym)          //true
!sym                  //false
if (sym) {
  //...
}
Number(sym)           //TypeError
sym + 2               //TypeError
```

1. Symbol.prototype.description

创建 Symbol 的时候,可以添加一个描述,如代码示例 2-101 所示。

代码示例 2-101

```
const bol = Symbol('bar');
```

在上面代的码中,bol 的描述就是字符串 bar,但是,读取这个描述需要将 Symbol 显式地转换为字符串,如代码示例 2-102 所示。

代码示例 2-102

```
const bol = Symbol('bar');
String(bol)           //"Symbol(bar)"
bol.toString()        //"Symbol(bar)"
```

上面的用法不是很方便。ES2019 提供了一个实例属性 description,直接返回 Symbol 的描述,如代码示例 2-103 所示。

代码示例 2-103

```
const sym = Symbol('bar');
sym.description       //"bar"
```

2. 作为属性名的 Symbol

由于每个 Symbol 值都是不相等的,所以这意味着 Symbol 值可以作为标识符,用于对象的属性名,这样就能保证不会出现同名的属性。这对于一个对象由多个模块构成的情况非常有用,能防止某一个键被不小心改写或覆盖,如代码示例 2-104 所示。

代码示例 2-104

```
let mySymbol = Symbol();
//第1种写法
let a = {};
```

```
a[mySymbol] = 'Hello';
//第 2 种写法
  let a = {
  [mySymbol]: 'Hello'
};
//第 3 种写法
let a = {};
Object.defineProperty(a, mySymbol, { value: 'Hello' });
//以上写法都可得到同样的结果
a[mySymbol] //"Hello!"
```

上面代码通过方括号结构和 Object.defineProperty 将对象的属性名指定为一个 Symbol 值。注意，当 Symbol 值作为对象属性名时，不能用点运算符，如代码示例 2-105 所示。

代码示例 2-105

```
const mySymbol = Symbol();
const a = {};
a.mySymbol = 'Hello';
a[mySymbol]        //undefined
a['mySymbol']      //"Hello"
```

在上面的代码中，因为点运算符后面总是字符串，所以不会读取 mySymbol 作为标识名所指代的那个值，导致 a 的属性名实际上是一个字符串，而不是一个 Symbol 值。

同样在对象的内部，当使用 Symbol 值定义属性时，Symbol 值必须放在方括号之中，如代码示例 2-106 所示。

代码示例 2-106

```
let s = Symbol();
let obj = {
  [s]: function (arg) { ... }
};

obj[s](123);
```

在上面的代码中，如果 s 不放在方括号中，则该属性的键名就是字符串 s，而不是 s 所代表的那个 Symbol 值。采用增强的对象写法，上面代码的 obj 对象可以写得更简洁一些，如代码示例 2-107 所示。

代码示例 2-107

```
let obj = {
  [s](arg) { ... }
};
```

Symbol 类型还可以用于定义一组常量,保证这组常量的值都是不相等的,如代码示例 2-108 所示。

代码示例 2-108

```javascript
const log = {};
log.levels = {
  DEBUG: Symbol('deBug'),
  INFO: Symbol('info'),
  WARN: Symbol('warn')
};
console.log(log.levels.DEBUG, 'deBug message');
console.log(log.levels.INFO, 'info message');
```

下面是另外一个例子,如代码示例 2-109 所示。

代码示例 2-109

```javascript
const COLOR_RED = Symbol();
const COLOR_GREEN = Symbol();
function getComplement(color) {
  switch (color) {
    case COLOR_RED:
      return COLOR_GREEN;
    case COLOR_GREEN:
      return COLOR_RED;
    default:
      throw new Error('Undefined color');
  }
}
```

常量使用 Symbol 值最大的好处就是其他任何值都不可能有相同的值了,因此可以保证上面的 switch 语句按设计的方式工作。

2.9 Set 和 Map 数据结构

Set 和 Map 是 ES6 中非常重要的两个数据结构,本节详细介绍 Set 和 Map 的用法。

2.9.1 Map 对象

Map 对象用于保存键-值对。任何值(对象或者原始值)都可以作为一个键或一个值。

1. Map 中的 key

Map 的 key 是字符串,如代码示例 2-110 所示。

代码示例 2-110

```
var myMap = new Map();
var keyString = "a string";
myMap.set(keyString, "和键'a string'关联的值");

myMap.get(keyString);           //"和键'a string'关联的值"
myMap.get("a string");          //"和键'a string'关联的值"
//上面能够获取的原因是因为 keyString === 'a string'
```

Map 的 key 可以设置为对象，如代码示例 2-111 所示。

代码示例 2-111

```
var myMap = new Map();
var keyObj = {},
myMap.set(keyObj, "和键 keyObj 关联的值");
myMap.get(keyObj);              //"和键 keyObj 关联的值"
myMap.get({});                  //undefined,因为 keyObj !== {}
```

Map 的 key 可以设置为函数，如代码示例 2-112 所示。

代码示例 2-112

```
var myMap = new Map();
var keyFunc = function () {},   //函数
myMap.set(keyFunc, "和键 keyFunc 关联的值");
myMap.get(keyFunc);             //"和键 keyFunc 关联的值"
myMap.get(function() {})        //undefined,因为 keyFunc !== function () {}
```

key 也可以是 NaN，如代码示例 2-113 所示。

代码示例 2-113

```
var myMap = new Map();
myMap.set(NaN, "not a number");
myMap.get(NaN);         //"not a number"
var otherNaN = Number("foo");
myMap.get(otherNaN);    //"not a number"
```

虽然 NaN 和任何值，甚至和自己都不相等（NaN！==NaN 返回值为 true），但是 NaN 作为 Map 的键来讲是没有区别的。

2. Map 的迭代

对 Map 进行遍历，下面介绍两种遍历 Map 的方法。

（1）for…of 遍历，如代码示例 2-114 所示。

代码示例 2-114　for…of 遍历

```
var myMap = new Map();
myMap.set(0, "zero");
myMap.set(1, "one");

for (var [key, value] of myMap) {
  console.log(key + " = " + value);
}
for (var [key, value] of myMap.entries()) {
  console.log(key + " = " + value);
}

for (var key of myMap.keys()) {
  console.log(key);
}

for (var value of myMap.values()) {
  console.log(value);
}
```

（2）forEach()遍历，如代码示例 2-115 所示。

代码示例 2-115　forEach 遍历

```
var myMap = new Map();
myMap.set(0, "zero");
myMap.set(1, "one");

myMap.forEach(function(value, key) {
  console.log(key + " = " + value);
}, myMap);
```

3. Map 对象的操作

Map 与 Array 的转换，如代码示例 2-116 所示。

代码示例 2-116

```
var kvArray = [["key1", "value1"], ["key2", "value2"]];
//Map() 构造函数可以将一个二维键-值对数组转换成一个 Map 对象
var myMap = new Map(kvArray);
//使用 Array.from (0)函数可以将一个 Map 对象转换成一个二维键-值对数组
var outArray = Array.from(myMap);
```

Map 的克隆，如代码示例 2-117 所示。

代码示例 2-117

```
var myMap1 = new Map([["key1", "value1"], ["key2", "value2"]]);
var myMap2 = new Map(myMap1);
console.log(original === clone);
//打印 false。Map 对象构造函数生成实例,迭代出新的对象
```

Map 的合并,如代码示例 2-118 所示。

代码示例 2-118

```
var first = new Map([[1, 'one'], [2, 'two'], [3, 'three'],]);
var second = new Map([[1, 'hello'], [2, 'hi']]);
//当合并两个 Map 对象时,如果有重复的键-值对,则后面的会覆盖前面的,对应值即 hello、
//hi、three
var merged = new Map([...first, ...second]);
```

2.9.2 Set 对象

Set 是 ES6 提供的一种新的数据结构,类似于数组,但是成员的值都是唯一的,没有重复的值。Set 本身是一个构造函数,用来生成 Set 数据结构。

Set 对象的特点如下:

(1) Set 对象允许存储任何类型的唯一值,无论是原始值还是对象引用。

(2) Set 中的元素只会出现一次,即 Set 中的元素是唯一的。

(3) NaN 和 undefined 都可以被存储在 Set 中,NaN 之间被视为相同的值(尽管 NaN !==NaN)。

(4) Set() 函数可以接收一个数组(或者具有 iterable 接口的其他数据结构)作为参数,用来初始化。

Set 对象的用法,如代码示例 2-119 所示。

代码示例 2-119

```
let mySet = new Set();

mySet.add(1); //Set(1) {1}
mySet.add(5); //Set(2) {1, 5}
mySet.add(5); //Set(2) {1, 5}        # Set 中的元素是唯一的
mySet.add("some text");
//Set(3) {1, 5, "some text"}         # set 值的类型的多样性
var o = {a: 1, b: 2};
mySet.add(o);
mySet.add({a: 1, b: 2});
//Set(5) {1, 5, "some text", {...}, {...}}
//这里体现了对象之间引用不同不恒等,即使值相同,Set 也能存储
```

Set 类型可以和其他类型进行转换，如代码示例 2-120 所示。

代码示例 2-120

```
//Array 转 Set
var mySet = new Set(["value1", "value2", "value3"]);
//用...操作符,将 Set 转为 Array
var myArray = [...mySet];
String
//String 转 Set
var mySet = new Set('hello');    //Set(4) {"h", "e", "l", "o"}
//注: Set 中 toString()方法不能将 Set 转换成 String
```

利用 Set 中的元素的唯一性实现数组去重，如代码示例 2-121 所示。

代码示例 2-121

```
var mySet = new Set([1, 2, 3, 4, 4]);
[...mySet]; //[1, 2, 3, 4]
```

通过 Set 进行交集、并集、差集计算，如代码示例 2-122 所示。

代码示例 2-122

```
#并集
var a = new Set([1, 2, 3]);
var b = new Set([4, 3, 2]);
var union = new Set([...a, ...b]);                      //{1, 2, 3, 4}
#交集
var a = new Set([1, 2, 3]);
var b = new Set([4, 3, 2]);
var intersect = new Set([...a].filter(x => b.has(x)));  //{2, 3}
#差集
var a = new Set([1, 2, 3]);
var b = new Set([4, 3, 2]);
var difference = new Set([...a].filter(x => !b.has(x))); //{1}
```

2.10 Proxy

Proxy 是 ES6 中新增的一个特性。Proxy 可以监听对象本身发生了什么事情，并在这些事情发生后执行一些相应的操作。利用 Proxy 可以对一个对象有很强的追踪能力，同时在数据绑定方面也非常有用。前端流行框架 Vue 在 3.0 版本中一个重要改变就是数据绑定的实现方式由 Object.defineProperty 改为了 Proxy。

1. Proxy 语法格式

Proxy 构造函数用来生成 Proxy，语法格式如下：

```
let proxy = new Proxy(target,handler);
```

new Proxy()：表示生成一个 Proxy 实例。target 参数表示所要拦截的目标对象，handler 参数也是一个对象，用来定制拦截行为。

2. Proxy 的监听方法

Proxy 中提供了 13 种拦截监听的方法，这里重点介绍 Proxy 拦截方法中最重要的 set() 和 get() 方法的用法。

1) get() 方法

get() 只能对已知的属性键进行监听，无法对所有属性的读取行为进行拦截，get() 监听方法可以拦截和干涉目标对象的所有属性的读取行为。

get() 方法的用法，如代码示例 2-123 所示。

代码示例 2-123　chapter02\es6_demo\10-proxy\02_get.js

```
var book = {
  name:"大前端"
};

var proxy = new Proxy(book, {
  get: function(target, propKey) {
    if (propKey in target) {
      return target[propKey];
    } else {
      throw new ReferenceError("Prop name \"" + propKey + "\" does not exist.");
    }
  }
});

proxy.name        //输出 "大前端"
proxy.age         //抛出一个错误 ReferenceError: Prop name "age" does not exist
```

2) set() 方法

set() 方法用来拦截某个属性的赋值操作，可以接收 4 个参数，依次为目标对象、属性名、属性值和 Proxy 实例本身，其中最后一个参数可选，如代码示例 2-124 所示。

set() 方法用来拦截某个属性的赋值操作，可以接收 4 个参数，如表 2-2 所示。

表 2-2　set() 方法的参数说明

参　　数	参　数　说　明
target	目标值
Key	目标的 key 值
value	要改变的值
receiver	改变前的原始值

set()方法的使用方法,如代码示例 2-124 所示。

代码示例 2-124   chapter02\es6_demo\10-proxy\03_set.js

```js
let target = {
   name:"es6"
}

const proxy = new Proxy(target,{
    set(target, property, value) {
        console.log('target's ${property} change to ${value}');
        target[property] = value;
        return true;
     }
})

proxy.name = "vue"
console.log(proxy.name)

//target's name change to vue
//vue
```

3. Proxy 的优势

Proxy 相比较 Object.defineProperty 具备的优势如下：

(1) Proxy 可以直接监听整个对象而非属性。

(2) Proxy 可以直接监听数组的变化。

(3) Proxy 有 13 种拦截方法,如 ownKeys、deleteProperty、has 等。

(4) Proxy 返回的是一个新对象,只操作新的对象达到目的,而 Object.defineProperty 只能遍历对象属性进行直接修改；有属性,也无法监听动态新增的属性,但 Proxy 可以。

下面通过几个案例介绍 Proxy 的作用。

1) 支持数组

Proxy 不需要对数组的方法进行重载,就可以监听对对象的操作,如代码示例 2-125 所示。

代码示例 2-125   chapter02\es6_demo\10-proxy\04.js

```js
let arr = [1,2,3]
let proxy = new Proxy(arr, {
    get (target, key, receiver) {
        console.log('get', key)
        return Reflect.get(target, key, receiver)
    },
    set (target, key, value, receiver) {
        console.log('set', key, value)
```

```
      return Reflect.set(target, key, value, receiver)
    }
})
proxy.push(4)
```

输出结果如下：

```
//get push          (寻找 proxy.push() 方法)
//get length        (获取当前的 length)
//set 3 4           (设置 proxy[3] = 4)
//set length 4      (设置 proxy.length = 4)
```

2）针对对象

在数据劫持这个问题上，Proxy 可以被认为是 Object.defineProperty() 的升级版。外界对某个对象的访问都必须经过这层拦截，因此它是针对整个对象的，而不是对象的某个属性，所以也就不需要对 keys 进行遍历了，如代码示例 2-126 所示。

代码示例 2-126   chapter02\es6_demo\10-proxy\05.js

```
let obj = {
    name: 'xx',
    age: 30
}
let handler = {
    get (target, key, receiver) {
        console.log('get', key)
        return Reflect.get(target, key, receiver)
    },
    set (target, key, value, receiver) {
        console.log('set', key, value)
        return Reflect.set(target, key, value, receiver)
    }
}
let proxy = new Proxy(obj, handler)
proxy.name = '王大锤'          //set name 王大锤
proxy.age = 28                //set age 28
```

3）嵌套支持

本质上，Proxy 也不支持嵌套，这点和 Object.defineProperty() 是一样的，因此也需要通过逐层遍历来解决。Proxy 的写法是在 get() 里面递归调用 Proxy 并返回，如代码示例 2-127 所示。

代码示例 2-127   chapter02\es6_demo\10-proxy\06.js

```
let obj = {
    info: {
```

```
      name: 'c1',
      blogs: ['webpack', 'babel', 'cache']
    }
  }
  let handler = {
    get (target, key, receiver) {
      console.log('get', key)
      //递归创建并返回
      if (typeof target[key] === 'object' && target[key] !== null) {
        return new Proxy(target[key], handler)
      }
      return Reflect.get(target, key, receiver)
    },
    set (target, key, value, receiver) {
      console.log('set', key, value)
      return Reflect.set(target, key, value, receiver)
    }
  }
  let proxy = new Proxy(obj, handler)
  proxy.info.name = 'c2'
  proxy.info.blogs.push('proxy')
```

2.11 Reflect

Reflect 是 ES6 为操作对象而提供的新 API，Reflect 设计的目的有以下几点：

（1）主要是优化了语言内部的方法，把 Object 对象的一些内部方法放在 Reflect 上，例如 Object.defineProperty()。

（2）修改 Object 方法的返回值，例如：Object.definePropery(obj,name,desc)无法定义属性时报错，而 Reflect.definedProperty(obj,name,desc)的返回值为 false。

（3）让 Object 变成函数的行为，如以前的 name in obj 和 delete obj[name]使用新方法 Reflect.has(name)和 Reflect.deleteProperty(obj,name)替代。

（4）Reflect 方法和 Proxy 方法一一对应。主要是为了实现本体和代理的接口一致性，方便用户通过代理操作本体。

Reflect 一共有 13 个静态方法，这些方法的作用大部分与 Object 对象的同名方法相同，而且与 Proxy 对象的方法一一对应。

2.11.1 Reflect()静态方法

Reflect 对象一共有 13 个静态方法，下面对其中的 10 个对象用老写法和新写法做对比演示其区别。

1. Reflect.get()

Reflect.get()方法用于获取对象中对应 key 的值,如代码示例 2-128 所示。

代码示例 2-128 chapter02\es6_demo\11_reflect\01.js

```js
const my = {
    name: '桃花',
    age: 18,
    get sum() {
        return this.a + this.b
    }
}
console.log(my['age']);                              //老写法
console.log(Reflect.get(my, 'age'));
console.log(Reflect.get(my, 'sum', { a: 1, b: 2 })); //可以指定this指向
```

2. Reflect.set()

Reflect.set()函数用来设置对象中 key 对应的值,如代码示例 2-129 所示。

代码示例 2-129 chapter02\es6_demo\11_reflect\02.js

```js
const my = {
  name: "老王",
  age: 58,
  set setVal(val) {
    this.value = val;
  }
};
let data = { value: 0 };
my.setVal = 100;                    //老写法
Reflect.set(my, "setVal", 100);
Reflect.set(my, "setVal", 100, data);
//给对象设置属性,并且传递this
console.log(data);                  //{value:100}
```

3. Reflect.has()

判断某个 key 是否属于这个对象,如代码示例 2-130 所示。

代码示例 2-130 chapter02\es6_demo\11_reflect\03.js

```js
const my = {
    name: 'leo'
}
console.log('name' in my);
console.log(Reflect.has(my, 'name'));
```

4. Reflect.defineProperty()

定义对象的属性和值等价于 Object.defineProperty(),如代码示例 2-131 所示。

代码示例 2-131 chapter02\es6_demo\11_reflect\04.js

```
const person = {};
Object.defineProperty(person, 'name', {
    configurable: false,
    value: '老王'
});
console.log(person.name);           //老写法,后续会被废弃
Reflect.defineProperty(person, 'name', {
    configurable: false,
    value: '老王'
})
console.log(person.name);
```

5. Reflect.deleteProperty()

删除对象中的某个属性,如代码示例 2-132 所示。

代码示例 2-132 chapter02\es6_demo\11_reflect\05.js

```
const person = {};
Reflect.defineProperty(person,'name',{
    configurable:false,
    value:'老王'
});
//delete person.name; 无返回值
const flag = Reflect.deleteProperty(person,'name');
console.log(flag);                  //返回是否删除成功
```

6. Reflect.construct()

实例化类等价于 new,如代码示例 2-133 所示。

代码示例 2-133 chapter02\es6_demo\11_reflect\06.js

```
class Person {
    constructor(sex) {
        console.log(sex);
    }
}
new Person('女');                    //老写法
Reflect.construct(Person, ['男']);
```

7. Reflect.getPrototypeOf()

读取 proto 等价于 Object.getPrototypeOf(),不同的是如果方法传递的不是对象,则会

报错,如代码示例 2-134 所示。

代码示例 2-134　　chapter02\es6_demo\11_reflect\07.js

```js
class Person {}
//老写法
console.log(Object.getPrototypeOf(Person) === Reflect.getPrototypeOf(Person));
```

8. Reflect.setPrototypeOf()

设置 proto 等价于 Object.setPrototypeOf(),不同的是返回一个 boolean 类型表示是否设置成功,如代码示例 2-135 所示。

代码示例 2-135　　chapter02\es6_demo\11_reflect\08.js

```js
let person = {name:'老王'};
let obj = {age:58};
//Object.setPrototypeOf(person,obj);        //老写法
Reflect.setPrototypeOf(person,obj);
console.log(person.age);
```

9. Reflect.apply()

想必 apply() 方法大家都很了解了,Reflect.apply() 等价于 Function.prototype.apply.call(),如代码清单 2-136 所示。

代码示例 2-136　　chapter02\es6_demo\11_reflect\09.js

```js
const func = function(a,b){
    console.log(this,a,b);
}
func.apply = () =>{
    console.log('apply')
}
//func.apply({name:'leo'},[1,2]);                          //调用的是自己的方法
Function.prototype.apply.call(func,{name:'leo'},[1,2]);    //老写法
Reflect.apply(func,{name:'leo'},[1,2]);
```

10. Reflect.getOwnPropertyDescriptor()

等价于 Object.getOwnPropertyDescriptor(),用于获取属性描述的对象,如代码示例 2-137 所示。

代码示例 2-137　　chapter02\es6_demo\11_reflect\10.js

```js
const obj = {name:1};
//const descriptor = Object.getOwnPropertyDescriptor(obj,'name');    //老写法
const descriptor = Reflect.getOwnPropertyDescriptor(obj,'name');
console.log(descriptor);
```

2.11.2　Reflect 与 Proxy 组合使用

通过 Reflect 和 Proxy 组合实现观察者模式，如代码示例 2-138 所示。

代码示例 2-138　chapter02\es6_demo\11_reflect\11_observer.js

```javascript
var queuedObservers = new Set();
var observe = fn => queuedObservers.add(fn);
var observable = obj => new Proxy(obj,{set});
var o = observable({
    "name":"老王",
    "age": 1
})
function set(target,key,value,receiver){
    console.log(target)
    console.log(key)
    console.log(value)
    console.log(receiver)
    Reflect.set(target,key,value,receiver);
    queuedObservers.forEach(observe => observe())
}
var f1 = () =>{
    console.log(o.name + "第一观察者" + o.age)
}

var f2 = () =>{
    console.log( o.name + "第二观察者" + o.age)
}
observe(f1);
o.name = "xlw"
observe(f2);
o.age = 2
```

2.12　异步编程

ES6 为异步操作带来了 3 种新的解决方案，分别是 Promise、Generator、async/await。规避了异步编程中回调地狱问题，解决了异步编程中异常难以处理、编程代码复杂等问题。

下面分别介绍这 3 种方案的详细用法。

2.12.1　Promise

Promise 是异步编程的一种解决方案，比传统的以回调函数和事件方式处理异步操作更合理和更强大。它由社区最早提出和实现，ES6 将其写进了语言标准，统一了用法，原生提供了 Promise 对象。

Promise 是一个对象,用来表述一个异步任务执行之后是成功还是失败。

1. Promise 的语法格式

Promise 的语法格式,如代码示例 2-139 所示。

代码示例 2-139

```
//创建一个 Promise 对象
//构造函数,回调函数是同步的回调
let promise = new Promise((resolve, reject) => {
    reject("error")
})

//then 接收 resolve 和 reject 函数的处理结果
promise.then((data) => {
    console.log(data)
}, (error) => {
    console.log(error)
}).catch(error => {
    console.log(error)
}).finally(() => {
    console.log('执行完成')
})
```

在上面的代码中,new Promise(fn) 返回一个 Promise 对象,在 fn 函数中定义异步操作,resolve 和 reject 分别是两个函数,如果该异步处理的结果正常,则调用 resolve(处理结果值),返回处理的结果。如果处理的结果错误,则调用 reject(Error 对象),返回错误信息。

接下来通过一个异步请求的例子,进一步了解 Promise 的用法,如代码示例 2-140 所示。

代码示例 2-140

```
let promise = new Promise( (resolve, reject) => {
    $.get('/remoteUrl', (data, status) => {
        if(status === 'success') {
            resolve({msg:data});
        } else {
            reject({error:data});
        }
    })
})
```

2. Promise 的状态

Promise 的实例对象有 3 种状态:pending、fulfilled、rejected。Promise 对象根据状态来确定执行哪种方法。Promise 在实例化的时候默认状态为 pending。

(1) pending：等待状态，如正在进行网络请求时，或者定时器没有到时间，此时 Promise 的状态就是 pending 状态。

(2) fulfilled：完成状态，当主动回调了 resolve 时，就处于该状态，并且会回调 .then() 方法。

(3) rejected：拒绝状态，当主动回调了 reject 时，就处于该状态，并且会回调 .catch() 方法。这里需要注意，Promise 的状态无论修改为哪种状态，之后都是不可改变的。

3. Promise 链式调用

Promise 的链式调用的方法尽可能地保证异步任务的扁平化。链式调用如代码示例 2-141 所示。

代码示例 2-141

```javascript
new Promise((resolve, reject) => {
    //第1次异步处理的代码
    setTimeout(() => {
        resolve()
    }, 1000)
}).then(() => {
    //第1次得到结果的处理代码
    console.log('Hello World');
    return new Promise((resolve, reject) => {
        //第2次异步处理的代码
        setTimeout(() => {
            resolve()
        }, 1000)
    })
}).then(() => {
    //第2次处理的代码
    console.log('Hello Promise');
    return new Promise((resolve, reject) => {
        //第3次异步处理的代码
        setTimeout(() => {
            resolve()
        })
    })
}).then(() => {
    //第3处理的代码
    console.log('Hello ES6');
})
```

在上面的代码中，promise 对象的 then() 方法返回了全新的 promise 对象。可以再继续调用 then() 方法，如果 return 的不是 promise 对象，而是一个值，则这个值会作为 resolve 的值传递，如果没有值，则默认为 undefined。

(1) 后面的 .then() 方法就是在为上一个 .then() 返回的 Promise 注册回调。

(2) 前面.then()方法中回调函数的返回值会作为后面.then()方法回调的参数。

(3) 如果回调中返回的是 Promise,则后面.then()方法的回调会等待它的结束。

4. Promise 异常处理

Promise 对异常处理做了很好的设计,让错误处理变得轻松和方便。

错误机制的 API 就是 reject()方法和.catch()方法,前者负责发起一个错误并往下游传递,后者负责捕获从上游传递下来的错误。可以说,它们共同担当了错误机制的建设,如代码示例 2-142 所示。

代码示例 2-142

```
let promise = new Promise((resolve, reject) => {
    //setup a async operation
    reject('error');
})
.then(resolve, reject)
.catch((error) => {
    //handle the error
})
```

在上面的代码中,如果出现错误,则会依次经过.then()和.catch(),其中错误经过.then(resolve,reject)时,可能出现 3 种情况:

(1).then()只提供了 reject 方法处理回调逻辑,没有提供 reject 方法处理错误。

(2).then()提供 reject 方法处理了错误。

(3).then()中的代码执行时本身又出了新的错误。

总体来讲:只要错误被提供的 reject 方法处理了,下游将不会出现这个错误;只要存在错误,并且不曾被方法处理,最终都会被.catch()捕获。

catch 是 promise 原型链上的方法,用来捕获 reject 抛出的异常,进行统一的错误处理,使用.catch()方法更为常见,因为更加符合链式调用。

5. 批量异步操作

Promise 提供了两个批量异常操作的 API:promise.all 和 promise.race。

Promise.all 可以将多个 Promise 实例包装成一个新的 Promise 实例。同时,成功和失败的返回值是不同的,成功的时候返回的是一个结果数组,而失败的时候则返回最先被 reject 方法处理的失败状态的值,如代码示例 2-143 所示。

代码示例 2-143

```
let p1 = new Promise((resolve, reject) => {
    resolve('成功了')
})

let p2 = new Promise((resolve, reject) => {
    resolve('我也成功了')
```

```
})

let p3 = new Promise((resolve, reject) => {
    reject('失败')
})

Promise.all([p1, p2]).then((result) => {
    console.log(result)            //['成功了', '我也成功了']
}).catch((error) => {
    console.log(error)
})

Promise.all([p1, p3, p2]).then((result) => {
    console.log(result)
}).catch((error) => {
    console.log(error)             //失败了,打印 '失败'
})
```

Promise.race 是赛跑的意思,意思就是 Promise.race([p1,p2,p3])里面哪个结果获得得快,就返回哪个结果,不管结果本身是成功状态还是失败状态,如代码示例 2-144 所示。

代码示例 2-144

```
let p1 = new Promise((resolve, reject) => {
  setTimeout(() => {
    resolve('success')
  },1000)
})
let p2 = new Promise((resolve, reject) => {
  setTimeout(() => {
    reject('failed')
  }, 500)
})
Promise.race([p1, p2]).then((result) => {
  console.log(result)
}).catch((error) => {
  console.log(error)         //打开的是 'failed'
})
```

6. Promise 的优缺点

Promise 有以下两个优点:

(1) Promise 将异步操作以同步操作的流程表达出来,避免了层层嵌套的回调函数。

(2) Promise 对象提供统一的接口,使控制异步操作更加容易。

Promise 的缺点如下:

(1) 无法取消 Promise,一旦新建它就会立即执行,无法中途取消。

(2) 如果不设置回调函数,则 Promise 内部抛出的错误不会反映到外部。

(3) 当处于 Pending 状态时,无法得知目前进展到哪一个阶段(刚刚开始还是即将完成)。

2.12.2 Generator

为了解决 Promise 的问题,ES6 中提供了另外一种异步编程解决方案(Generator)。Generator()函数的优点是可以随心所欲地交出和恢复函数的执行权,yield 用于交出执行权,next()用于恢复执行权。

Generator()函数返回一个 Iterator 接口的遍历器对象,用来操作内部指针。每次调用遍历器对象的 next()方法时,会返回一个有着 value 和 done 两个属性的对象。value 属性表示当前的内部状态的值,是 yield 语句后面那个表达式的值;done 属性是一个布尔值,表示是否遍历结束。

1. yield 关键字

yield 关键字使生成器函数暂停执行,并返回跟在它后面的表达式的当前值。可以把它想成是 return 关键字的一个基于生成器的版本,但其并非退出函数体,而是切出当前函数的运行时,与此同时可以将一个值带到主线程中。yield 语句是暂停执行的标记,而 next()方法可以恢复执行,如代码示例 2-145 所示。

代码示例 2-145

```
function * helloWorldGenerator(){
   yield 'hello';
   yield 'world';
   return 'ending';
}

var gen = helloWorldGenerator();
```

输出结果如下:

```
console.log(gen.next());
console.log(gen.next());
console.log(gen.next());

{ value: 'hello', done: false }
{ value: 'world', done: false }
{ value: 'ending', done: true }
```

上面代码的说明如下:

(1) 当遇到 yield 语句时暂停执行后面的操作,并将紧跟在 yield 后面的那个表达式的值作为返回的对象的 value 属性值。

(2) 下一次调用 next()方法时,再继续往下执行,直到遇到下一个 yield 语句。

（3）如果没有再遇到新的 yield 语句,就一直运行到函数结束,直到 return 语句为止,并将 return 语句后面的表达式的值作为返回的对象的 value 属性值。

（4）如果该函数没有 return 语句,则返回的对象的 value 属性值为 undefined。

注意：yield 语句后面的表达式,只有当调用 next()方法、内部指针指向该语句时才会执行,因此等于为 JavaScript 提供了手动的"惰性求值"(Lazy Evaluation)的语法功能。

在代码示例 2-146 中,yield 后面的表达式 123+456 不会立即求值,只会在 next()方法将指针移到下一句时才会求值,如代码示例 2-147 所示。Generator()函数也可以不用 yield 语句,这时就变成了一个单纯的暂缓执行函数。

代码示例 2-146

```
function * gen() {
  yield  123 + 456;
}
```

代码示例 2-147

```
function * f() {
  console.log('执行了!')
}
let gen = f();
setTimeout(function () {
  gen.next()
}, 2000);
```

2. next()方法的参数

注意：yield 句本身没有返回值(返回 undefined)。next()方法可以带一个参数,该参数会被当作上一个 yield 语句的返回值,如代码示例 2-148 所示。

代码示例 2-148

```
function * foo(x) {
  var y = 2 * (yield (x + 1));
  var z = yield (y / 3);
  return (x + y + z);
}

var a = foo(5);
a.next();      //Object{value:6, done:false}
a.next();      //Object{value:NaN, done:false}
a.next();      //Object{value:NaN, done:true}

var b = foo(5);
```

```
b.next();       //{ value:6, done:false }
b.next(12);     //{ value:8, done:false }
b.next(13);     //{ value:42, done:true }
```

next()方法不带参数,导致 y 的值等于 2 * undefined(NaN),除以 3 以后还是 NaN;next()方法提供参数,第一次调用 b 的 next()方法时,返回 x+1 的值 6;第二次调用 next()方法,将上一次 yield 语句的值设为 12,因此 y 等于 24,返回 y/3 的值 8。

3. for…of 循环

for…of 循环可以自动遍历 Generator()函数生成的 Iterator 对象,并且此时不再需要调用 next()方法,如代码示例 2-149 所示。

代码示例 2-149

```
function * foo() {
  yield 1;
  yield 2;
  return 3;
}
for (let v of foo()) {
  console.log(v);
}
```

利用 Generator()函数和 for…of 循环实现斐波那契数列,如代码示例 2-150 所示。

代码示例 2-150

```
function * fibonacci() {
  let [prev, curr] = [0, 1];
  while (true) {
    [prev, curr] = [curr, prev + curr];
    yield curr;
  }
}
for (let n of fibonacci()) {
  if (n > 1000) break;
  console.log(n);
}
```

4. yield *

yield * 一个可迭代对象,相当于把这个可迭代对象的所有迭代值分次 yield 出去。表达式本身的值就是当前可迭代对象迭代完毕(当 done 为 true 时)时的返回值,如代码示例 2-151 所示。

代码示例 2-151

```
function * gen(){
  yield [1, 2];
  yield * [3, 4];
}
var g = gen();
g.next(); //{value: Array[2], done: false}
g.next(); //{value: 3, done: false}
g.next(); //{value: 4, done: false}
g.next(); //{value: undefined, done: true}
```

判断是否为 Generator() 函数，如代码示例 2-152 所示。

代码示例 2-152

```
function isGenerator(fn){
  //生成器示例必带@@toStringTag 属性
  if(Symbol && Symbol.toStringTag) {
    return fn[Symbol.toStringTag] === 'GeneratorFunction';
  }
}
```

2.12.3 async/await

async 函数是 ES7 提出的一种新的异步解决方案，它与 Generator() 函数并无大的不同。语法上只是把 Generator() 函数里的 * 换成了 async，将 yield 换成了 await，它是目前为止最佳的异步解决方案。

与 Generator() 函数比较起来，async/await 具有以下优点：

（1）内置执行器。这表示它不需要不停地使用 next 来使程序继续向下进行。

（2）更好的语义。async 代表异步，await 代表等待。

（3）更广的适用性。await 命令后面可以跟 Promise 对象，也可以是原始类型的值。

（4）返回的是 Promise。

async() 函数返回一个 Promise 对象，可以使用 then() 方法添加回调函数。当函数执行时，一旦遇到 await 就会先返回，等到异步操作完成，再接着执行函数体内后面的语句，如代码示例 2-153 所示。

代码示例 2-153

```
async function gen(x) {
    var y = await x + 2;
    var z = await y + 2;
    return z;
```

```
}
gen(1).then(
result => console.log(result),
    error => console.log(error)
);
```

await 关键字必须出现在 async() 函数中，一般来讲 await 命令后面是一个 Promise 对象，返回该对象的结果，如果不是 Promise 对象就直接返回对应的值，如代码示例 2-154 所示。

代码示例 2-154

```
async function fn1() {
    console.log('a');
    return 'b';
}
async function fn2() {
    const result = await fn1();
    console.log(result);
}

fn2();
```

等同于代码示例 2-155 中的代码。

代码示例 2-155

```
function fn1() {
    return new Promise((resolve, reject) => {
        console.log('a');
        resolve('b');
    })
}
function fn2() {
    return new Promise((resolve, reject) => {
        fn1().then(data => {
            const result = data;
            console.log(result);
            resolve()
        })
    })
}
fn2();
```

任何一个 await 语句后面的 Promise 对象变成 reject 状态，整个 async() 函数都会中断执行。如果希望前一个异步操作失败，则不要中断后面的异步操作，这时可以将 await 放在

try…catch 结构里，如代码示例 2-156 所示。

代码示例 2-156

```
async function fn() {
    try {
        await Promise.reject('error')
    } catch (e) { }
    return await Promise.resolve('hello')
}
fn().then(v => {
    console.log(v);
})
```

2.13 类的用法

JavaScript 实现的面向对象编程是建立在函数原型上的面向对象编程，和大多数传统的面向对象语言（C++、Java、C♯等）有很大的差别，ES6 中提供了类似于 Java 中的类的写法，引入了类（class）的概念，通过 class 关键字定义类。

2.13.1 类的定义

ES6 引入了传统的面向对象语言中的类概念。类的写法让对象原型的写法更加清晰、更像面向对象编程的语法，也更加通俗易懂。

下面对比 ES6 和 ES5 的类的写法，如代码示例 2-157 所示。

代码示例 2-157

```
//ES5 写法
function Person(name) {
    this.name = name;
}
Person.prototype.sayName = function () {
    return this.name;
};
const p1 = new Person('xlw');
console.log(p1.sayName());


//ES6 面向对象的写法
class Person {
//构造方法是默认方法，new 时会自动调用，如果没有显式定义，则会自动添加
//constructor():
    //1.适合做初始化数据
```

```
    //2.constructor 可以指定返回的对象
    constructor(name, age) {
        this.name = name;
        this.age = age;
    }
    getInfo() {
        console.log('你是${this.name},${this.age}岁');
    }
}
//示例化类
var c1 = new Person("leo", 20);
//调用类中的示例方法
c1.getInfo();
```

ES6 的类可以看作 ES5 的一种新的语法糖,ES6 类的本质还是一个函数,类本身指向构造函数,示例代码如下:

```
typeof Person                              //function
Person === Person.prototype.constructor    //true
```

ES6 类还有另外一种定义方式,也就是类的表达式写法,如代码示例 2-158 所示。

代码示例 2-158 类表达式写法

```
const MyPerson = class Person{
    constructor(name, job) {
        this.name = name;
        this.jog = job;
    }
    getInfo() {
        console.log('name is ${this.name},job is a ${this.job}');
    }
}
var obj1 = new MyPerson("leo", "programmer");
obj1.getInfo();
```

在上面的代码中,Person 没有作用,类名是 const 修饰的 MyPerson。

需要注意的是,与 ES5 中的函数不同的是,ES6 中类是不存在变量提升的,示例代码如下:

```
new Person(); //ReferenceError
class Person{}
```

在上面的代码中,Person 类使用在前,定义在后,这样会报错,因为 ES6 不会把类的声明提升到代码头部。这种规定的原因与继承有关,必须保证子类在父类之后定义。

说明：ES6 类和模块的内部默认采用严格模式,所以不需要使用 use strict 指定运行模式。只要将代码写在类或模块中,就只有严格模式可用。编写的所有代码其实都运行在模块中,所以 ES6 实际上把整个语言升级到了严格模式。

2.13.2 类的构造函数与实例

下面了解类的构造函数和类的实例的创建。

1. constructor()方法

constructor()方法是类的构造函数,用于传递参数,返回实例对象。当通过 new 命令生成对象实例时,会自动调用该方法。如果没有显式定义,则类内部会自动创建一个 constructor(),如代码示例 2-159 所示。

代码示例 2-159　构造函数

```
class Person {
  constructor(name,age) {         //constructor 构造方法或者构造函数
    this.name = name;
    this.age = age;
  }
}
```

和 Java 语言不一样,ES6 中的构造函数是不支持构造函数重载的。

2. 类的实例

类虽然也是函数,但是和 ES5 中的函数不同,如果不通过 new 关键字,而直接调用类,则会导致类型错误,下面创建一个 Person 类的实例,代码如下：

```
var p1 = new Person('张三', 28);
console.log(p1.name)
```

2.13.3 类的属性和方法

在传统的面向对象语言中,类包含属性和方法,ES6 中的属性只有公有的属性,无法和其他语言一样定义私有和静态的属性,但是可以通过其他的方式实现与私有属性和静态属性相同的效果。

1. 实例属性和实例方法

实例属性和方法都是通过类的实例访问的,下面通过一个 Animal 类看一看实例属性和方法的定义,如代码示例 2-160 所示。

代码示例 2-160

```
class Animal {
    constructor(name = 'anonymous', legs = 4, noise = 'nothing') {
```

```
        this.type = 'animal';
        this.name = name;
        this.legs = legs;
        this.noise = noise;
    }
    speak() {
        console.log('${this.name} says "${this.noise}"');
    }
    walk() {
        console.log('${this.name} walks on ${this.legs} legs');
    }
}
```

在上面的例子中，Animal 类中 this 引用的属性就是实例属性，speak() 和 walk() 方法是实例方法。在使用 Animal 的对象时，实例属性和方法通过对象来引用，代码如下：

```
const cat = new Animal("cat");
cat.noise = "miao miao"
cat.speak()
```

如果类的方法内部含有 this，则它默认指向类的实例，但是必须非常小心，一旦单独使用该方法，就很可能会报错。

上面的方法在调用时，如果通过实例对象访问 speak()，则 speak() 中的 this 指向当前类的实例对象，但是如果单独使用，this 则会指向该方法运行时所在的环境，此时 this 的值为 undefined，代码如下：

```
//通过对象绑定的方法
cat.speak()
//如果单独使用 speak() 方法，则会造成 speak() 方法中的 this 为 undefined
let {speak} = cat;
speak();
```

一个比较简单的解决方法是，在构造方法中绑定 this，这样就不会找不到 this 了，如代码示例 2-161 所示。

代码示例 2-161

```
class Animal {
    constructor(name = 'anonymous', legs = 4, noise = 'nothing') {
        ...
        this.speak = this.speak.bind(this)
    }
    ...
}
```

另一种解决方法是使用箭头函数，如代码示例 2-162 所示。

代码示例 2-162

```javascript
class Animal {
  constructor(name = 'anonymous', legs = 4, noise = 'nothing') {
    ...
    this.speak = () => {
      console.log('${this.name} says "${this.noise}"');
    }
  }
  ...
}
```

2. 静态属性和静态方法

静态属性或者方法，又被叫作类属性或者类方法，使用 static 关键字修饰属性或者方法就是类属性或者类方法，静态的属性或方法需要通过类直接调用，不能通过实例进行调用，如代码示例 2-163 所示。

代码示例 2-163

```javascript
class Foo {
  static prop = 2                    //类的静态属性 prop
  static classMethod() {             //类的静态方法 classMethod()
    return 'hello';
  }
}

Foo.classMethod()                    //'hello'
Foo.prop                             //2
var foo = new Foo();
foo.classMethod()                    //TypeError: foo.classMethod is not a function
```

3. 可计算成员名称

可计算成员指使用方括号包裹一个表达式，如下面定义了一个变量 methodName，然后使用［methodName］设置为类 Person 的原型方法，如代码示例 2-164 所示。

代码示例 2-164

```javascript
const methodName = 'sayName';
class Person {
  constructor(name) {
    this.name = name;
  }
  [methodName]() {
    return this.name
```

```
    }
}
const p1 = new Person('李大锤')
P1.sayName();
```

4. 属性存储器(setter()/getter()方法)

与 ES5 一样,在 Class 内部可以使用 get 和 set 关键字,以此对某个属性设置存值函数和取值函数,以便拦截该属性的存取行为,如代码示例 2-165 所示。

代码示例 2-165

```
class MyClass {
  constructor() {
    //...
  }
  get prop() {
    return 'getter';
  }
  set prop(value) {
    console.log('setter: ' + value);
  }
}
let c1 = new MyClass();
c1.prop = 100;        //setter: 100
c1.prop               //'getter'
```

在上面的代码中,prop 属性有对应的存值函数和取值函数,因此赋值和读取行为都被自定义了。存值函数和取值函数设置在属性的 descriptor 对象上,如代码示例 2-166 所示。

代码示例 2-166

```
var descriptor = Object.getOwnPropertyDescriptor(
  MyClass.prototype, "prop");

"get" in descriptor  //true
"set" in descriptor  //true
```

在上面的代码中,存值函数和取值函数定义在 prop 属性的描述对象上,这与 ES5 完全一致。

2.13.4 类的继承

ES6 中的类通过 extends 关键字实现继承,这和 ES5 通过修改原型链实现继承不同。

```
classCat extends Animal{}
```

子类必须在 constructor() 方法中调用 super() 方法,否则新建实例时会报错。这是因为子类没有自己的 this 对象,而是继承父类的 this 对象,然后对其进行加工。如果不调用 super() 方法,子类就得不到 this 对象,如代码示例 2-167 所示。

代码示例 2-167

```javascript
class Animal {
    constructor(name = 'anonymous', legs = 4, noise = 'nothing') {
        this.type = 'animal';
        this.name = name;
        this.legs = legs;
        this.noise = noise;
    }
    speak() {
        console.log('${this.name} says "${this.noise}"');
    }

    walk() {
        console.log('${this.name} walks on ${this.legs} legs');
    }
}
class Cat extends Animal {
    constructor(){
        super();
        //this 一定要在 super 之后
        this.name = "cat"
        this.type = "Cat"
        this.noise = "miaomiao"
    }
    //如果子类与父类有相同的方法名,则子类覆盖父类方法
    speak() {
        console.log('cat 子类的 speak,覆盖了父类 Animal speak');
    }
}
let littleCat = new Cat()
littleCat.speak()
```

super 指的是父类,通常在 constructor() 中调用。在此示例中,littleCat.speak() 方法会覆盖在 Animal 类中定义的方法。

super 这个关键字,既可以当作函数使用,也可以当作对象使用。第 1 种情况,super() 作为函数调用时,代表父类的构造函数,只能用在子类的构造函数中。ES6 要求,子类的构造函数必须执行一次 super() 函数。第 2 种情况,super 作为对象时,指代父类的原型对象。

2.14 模块化 Module

ECMA 组织参考了众多社区模块化标准,在 2015 年发布了官方的模块化标准。这也是 JS 首次在语言标准的层面上实现了模块功能,逐步取代了之前的 CommonJS 和 AMD 规范,成为浏览器通用的解决方案。

2.14.1 ECMAScript 6 的模块化特点

ECMAScript 6 模块的设计思想是尽量静态化,使编译时就能确定模块的依赖关系,以及输入和输出的变量。CommonJS 和 AMD 模块都只能在运行时确定这些依赖关系及变量。例如 CommonJS 模块就是对象,输入时必须查找对象属性。

ECMAScript 6 模块化的特点如下:
(1) 一个 ECMAScript 6 的模块就是一个 JS 文件。
(2) 模块只会加载和执行一次,如果下次再加载同一个文件,则直接从内存中读取。
(3) 一个模块就是一个单例对象。
(4) 模块内声明的变量都是局部变量,不会污染全局作用域。
(5) 模块内部的变量或者函数可以通过 export 导出。
(6) 模块与模块直接可以相互依赖和相互引用。

2.14.2 模块化开发的优缺点

模块化实现了把一个复杂的系统分成各个独立的功能单元,每个单元可以独立设计和自由组合,模块化的优点如下:
(1) 减少命名冲突。
(2) 避免引入时的层层依赖。
(3) 可以提升执行效率。
(4) 架构清晰,可灵活开发。
(5) 降低耦合,可维护性高。
(6) 方便模块功能调试、升级及模块间的组合拆分。

模块化也存在一些缺点:
(1) 损耗性能。
(2) 系统分层,调用链长。
(3) 目前浏览器无法使用 import 导入模块,需要第三方打包工具的支持。

2.14.3 模块的定义

一个模块就是一个独立的文件,该文件内部的所有变量,外部无法获取,如果希望外部能够读取模块内部的某个变量,就必须使用关键字 export 输出该变量。

(1) export：用于规定模块的对外接口。

(2) import：用于输入其他模块提供的功能。

2.14.4 模块的导出

当定义好一个模块后，默认情况下，模块内部的内容在模块外不能直接访问，因此需要在模块中通过 export 关键字指定哪些内容是对外的，没有添加 export 关键字的内容是私有的，ES6 中提供了多种模块内容的导出方式。

1. 导出每个函数/变量

导出多个函数或者变量，一般使用场景例如 utils、tools、common 之类的工具类函数集，或者全站统一变量等。

导出时只需要在变量或函数前面加 export 关键字，如代码示例 2-168 所示。

代码示例 2-168　chapter02\es6_demo\14-module\main.js

```
//------ libs.js ------
export const sqrt = Math.sqrt;
export function square(x) {
    return x * x;
}
export function diag(x, y) {
    return sqrt(square(x) + square(y));
}

//------ main.js 使用方式 1 ------
import { square, diag } from './libs';
console.log(square(10)); //100
console.log(diag(5, 5)); //7.07

//------ main.js 使用方式 2 ------
import * as lib from './libs';
console.log(lib.square(10)); //100
console.log(lib.diag(5, 5)); //7.07

//执行:npx babel-node main.js
```

调用模块，执行后的输出结果如图 2-2 所示。

```
100
7.0710678118654755
```

图 2-2　调用 libs.js 模块的执行结果

也可以直接导出一个列表，例如上面的 libs.js 可以改写，如代码示例 2-169 所示。

代码示例2-169　chapter02\es6_demo\14-module\libs.js

```js
//------ libs.js ------
const sqrt = Math.sqrt;
function square(x) {
return x * x;
}
function add (x, y) {
return x + y;
}
export {sqrt, square, add};
```

2. 导出一个默认函数/类

导出一个默认函数或者类，这种方式比较简单，一般用于一个类文件，或者功能比较单一的函数文件。一个模块中只能有一个 export default 默认输出。

export default 与 export 的主要区别有两个：

（1）不需要知道导出的具体变量名。

（2）导入（import）时不需要{}。

如代码示例2-170所示。

代码示例2-170　myFunc.js

```js
//------ myFunc.js ------
export default function () { ... };

//------ main.js ------
import myFunc from 'myFunc';
myFunc();
```

导出一个类，如代码示例2-171所示。

代码示例2-171　MyClass.js

```js
//------ MyClass.js ------
class MyClass{
  constructor() {}
}
export default MyClass;

//------ Main.js ------
import MyClass from 'MyClass';
```

注意这里的默认导出不需要用{}。

3. 混合导出

混合导出，也就是前面介绍的第1种和第2种方式结合在一起的情况。例如 Lodash 之类的库采用这种组合方式,如代码示例 2-172 所示。

代码示例 2-172　common.js

```js
export var myVar = ...;
export let myVar = ...;
export const MY_CONST = ...;

export function myFunc() {
  ...
}
export function * myGeneratorFunc() {
  ...
}
export default class MyClass {
  ...
}

//------ main.js ------
import MyClass, {myFunc} from './common.js';
```

再例如 lodash 例子,如代码示例 2-173 所示。

代码示例 2-173　lodash.js

```js
//------ lodash.js ------
export default function (obj) {
   ...
};
export function each(obj, iterator, context) {
   ...
}
export { each as forEach };

//------ main.js ------
import _, { each } from 'lodash';
```

4. 别名导出

一般情况下,export 输出的变量就是在原文件中定义的名字,但也可以用 as 关键字来指定别名,这样做一般是为了简化或者语义化 export 的函数名,如代码示例 2-174 所示。

代码示例 2-174　num.js

```js
export function getNum(){
   ...
};
```

```javascript
export function setNum(){
  ...
};

//输出别名,在 import 时可以同时使用原始函数名和别名
export {
  getNum as get,          //允许使用不同的名字输出两次
  getNum as getNum2,
  getNum as set
}
```

5. 中转模块导出

有时候为了避免上层模块导入太多的模块,可能使用底层模块作为中转,直接导出另一个模块的内容,如代码示例 2-175 所示。

代码示例 2-175　myFunc.js

```javascript
/ ------ myFunc.js ------
export default function() {...};

// ------ libs.js ------
export * from 'myFunc';
export function each() {...};

// ------ main.js ------
import myFunc,{ each } from './libs';
```

6. 几种错误的 export 用法

export 只支持在最外层静态导出,并且只支持导出变量、函数、类,如下的几种用法都是错误的,如代码示例 2-176 所示。

代码示例 2-176

```javascript
//直接输出变量的值
export 'hello';

//未使用中括号或未加 default
//当只有一个导出数时,需加 default,或者使用中括号
var name = 'melo';
export name;

//export 不要输出块作用域内的变量
function(){
  var name = 'melo';
  export {name};
}
```

2.14.5 模块的导入

import 的用法和 export 的用法是一一对应的，但是 import 支持静态导入和动态导入两种方式，动态导入在兼容性上要差一些，目前仅 Chrome 浏览器和 Safari 浏览器支持。

1. 导入整个模块

当 export 有多个函数或变量时，如导出多个内容，可以使用 * as 关键字来导出所有函数及变量，同时 as 后面跟着的名称作为该模块的命名空间，如代码示例 2-177 所示。

代码示例 2-177

```
//导出 libs 的所有函数及变量
import * as libs from './libs';

//以 libs 作为命名空间进行调用，类似于 object 的方式
console.log(libs.square(10));   //100
```

2. 按需导入单个或多个函数

从模块文件中导入单个或多个函数，与 * as namepage 方式不同，这个是按需导入。如代码示例 2-178 所示。

代码示例 2-178

```
//导入 square 和 diag 两个函数
import {square, diag} from './libs';

//只导入 square 一个函数
import {square} from 'lib';

//导入默认模块
import _ from 'lodash';

//导入默认模块和单个函数,这样做主要是简化单个函数的调用
import _, { each } from 'lodash';
```

3. 使用 as 重设导入模块的名字

和 export 一样，也可以用 as 关键字设置别名，当导入的两个类的名字一样时，可以使用 as 来重设导入模块的名字，也可以用 as 来简化名称。如代码示例 2-179 所示。

代码示例 2-179

```
//用 as 来简化函数名称
import {
  reallyReallyLongModuleExportName as shortName,
  anotherLongModuleName as short
```

```
} from '/modules/my-module.js';

//避免重名
import { lib as UserLib} from "ulib";
import { lib as GlobalLib } from "glib";
```

4. 为某些副作用导入库

有时候只想导入进来，不需要调用，这种情况很常见，例如在用 Webpack 构建时，经常导入 .css 文件，或者导入一个类库，如代码示例 2-180 所示。

代码示例 2-180

```
//导入.css文件
import './app.css';

//导入类库
import 'axios';
```

5. 动态 import

静态 import 在首次加载时会把全部模块资源下载下来，但是，在实际开发时，有时候需要动态导入(dynamic import)，例如当单击某个选项卡时才去加载某些新的模块，这个动态导入的特性浏览器也是支持的，如代码示例 2-181 所示。

代码示例 2-181

```
//当动态导入时，返回的是一个promise
import('/modules/my-module.js')
  .then((module) => {
    //Do something with the module.
  });

//上面这部分代码实际等同于
let module = await import('/modules/my-module.js');
```

ES 7 的新用法，如代码示例 2-182 所示。

代码示例 2-182

```
async function main() {
    const myModule = await import('./myModule.js');
    const {export1, export2} = await import('./myModule.js');
    const [module1, module2, module3] =
        await Promise.all([
            import('./module1.js'),
            import('./module2.js'),
```

```
        import('./module3.js'),
    ]);
}
```

6. 浏览器加载 ES 6 模块

当浏览器加载 ES 6 模块时也使用<script>标签,但是需要加入 type="module"属性,代码如下:

```
<script type = "module" src = "./utils.js"></script>
```

上面的代码用于在网页中插入一个模块 utils.js,由于 type 属性被设为 module,所以浏览器才可以识别出是 ES 6 模块。浏览器对于带有 type=module 的脚本采用异步加载,不会堵塞浏览器,即等到整个页面渲染完,再执行模块脚本,等同于打开了 script 标签的 defer 属性,代码如下:

```
<script type = "module" src = "./utils.js"></script>
<!-- 等同于 -->
<script type = "module" src = "./utils.js" defer></script>
```

如果网页有多个<script type="module">,则它们会按照在页面出现的顺序依次执行。
<script>标签的 async 属性也可以打开,这时只要加载完成,渲染引擎就会中断渲染而立即执行。执行完成后,再恢复渲染,代码如下:

```
<script type = "module" src = "./utils.js" async></script>
```

一旦使用了 async 属性,<script type="module">就不会按照在页面出现的顺序执行,而是只要该模块加载完成就执行该模块。
ES 6 模块也允许内嵌在网页中,语法行为与加载外部脚本完全一致,代码如下:

```
<script type = "module">
  import utils from "./utils.js";
  //....
</script>
```

第 3 章 前端构建工具

本章全面介绍前端开发中最流行和最常见的模块化构建工具，包括 Webpack、Rollup、Lerna、Vite 工具的原理和开发实践。通过本章读者可以全面掌握各种构建工具的使用场景、优缺点和用法。

3.1 前端构建工具介绍

前端构建工具能帮助前端开发人员把编写的 Less、SASS 等代码编译成原生 CSS，也可以将多个 JavaScript 文件合并及压缩成一个 JavaScript 文件，对前端不同的资源文件进行打包，它的作用就是通过将代码编译、压缩、合并等操作，来减少代码体积，减少网络请求，方便在服务器上运行。

3.1.1 为什么需要构建工具

随着前端开发项目的规模越来越大，业务模块和代码模块也越来越复杂，因此在项目开发过程中需要高效的构建工具帮助开发者解决项目中的痛点问题。下面列举几个企业项目开发中的痛点问题：

（1）在大型的前端项目中，浏览器端的模块化存在两个主要问题，第一是效率问题，精细的模块化（更多的 JS 文件）带来大量的网络请求，从而降低了页面访问效率；第二是兼容性问题，浏览器端不支持 CommonJS 模块化，而很多第三方库使用了 CommonJS 模块化。

（2）在大型前端项目开发中，需要考虑很多非业务问题，如执行效率、兼容性、代码的可维护性、可拓展性、团队协作、测试等工程问题。

（3）在浏览器端，开发环境和线上环境的侧重点完全不一样。

开发环境：

■ 模块划分得越精细越好；

■ 不需要考虑兼容性问题；

■ 支持多种模块化标准；

■ 支持 NPM 和其他包管理器下载的模块；

- 能解决其他工程化的问题。

线上环境：
- 文件越少越好，减少网络请求；
- 文件体积越小越好，传输速度快；
- 兼容所有浏览器；
- 代码内容越乱越好；
- 执行效率越高越好。

开发环境和线上环境面临的情况有较大差异，因此需要一个工具能够让开发者专心地书写开发环境的代码，然后利用这个工具将开发时编写的所有代码转化为运行时所需要的资源文件。这样的工具称为构建工具，如图3-1所示。

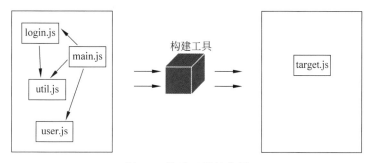

图3-1 构建工具的作用

3.1.2 构建工具的功能需求

前端构建工具的本质是要解决前端整体资源文件的模块化，并不单指JS模块化，随着JavaScript在企业中大规模应用，复杂的前端项目越来越需要通过构建工具来帮助实现以下几方面的功能要求。

1. 模块打包器（Module Bundler）

（1）解决模块JS打包问题。

（2）可以将零散的JS代码整合到一个JS文件中。

2. 模块加载器（Loader）

（1）对于存在兼容问题的代码，可以通过引入对应的解析编译模块进行编译。

（2）对各种代码进行编译前的预处理。

3. 代码拆分（Code Splitting）

（1）将应用中的代码按需求进行打包，避免因将所有的代码打包成一个文件而使文件过大的问题。

（2）可以将应用加载初期所需代码打包在一起，而其余的代码在后续执行中按需加载，实现增量加载或渐进加载。

（3）可以避免出现文件过大或文件太碎的问题。

4. 支持不同类型的资源模块

解决前端各种静态资源的打包。

3.1.3 前端构建工具演变

随着前端开发规模的增大，也不断推动前端构建工具链的向前发展，这里可以形象地总结为了以下几个阶段：石器时代、青铜时代、白银时代、黄金时代。

石器时代（纯手工）：需要纯手工打包构建、预览文件、刷新文件；代表是 Ant 脚本＋YUI Compressor，如图 3-2 所示，由 Yahoo 所发展的一套 JavaScript 与 CSS 压缩工具，可以协助网页开发者生成最小化的网页。

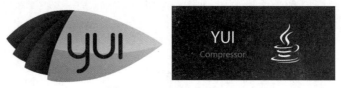

图 3-2　YUI Compressor

青铜时代（脚本式）：通过编写 bash 或 Node.js 任务脚本，实现命令式的热更新（HMR）和自动打包，代表为 Grunt、Gulp，如图 3-3 所示。

图 3-3　Grunt 和 Gulp

白银时代（Bundle）：通过集成式构建工具完成热更新（HMR），处理兼容和编译打包。打包代表为 Babel、Webpack、Rollup、Parcel，如图 3-4 所示。

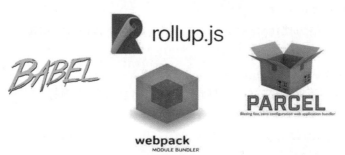

图 3-4　白银时代的打包工具代表

黄金时代(Bundleless)：通过浏览器解析原生 ESM 模块实现 Bundleless 的开发预览及热更新(HMR)，不打包发布或采用 Webpack 等集成式工具兼容打包，以保证兼容性，代表为 ESBuild、Snowpack、Vite，如图 3-5 所示。

图 3-5　黄金时代的打包工具代表

说明：ESBuild 是采用 Go 语言编写的 bundler，对标 tsc 和 Babel，只负责 ts 和 js 文件的转换。

3.1.4　NPM 与 Yarn、PNPM

NPM 是随同 Node 一起安装的包管理工具，用于 Node 模块管理(包括安装、卸载、管理依赖等)。

Yarn 是由 Facebook、Google、Exponent 和 Tilde 联合推出的一个新的 JS 包管理工具，用来代替 NPM 及其他模块管理器现有的工作流程，并且保持了对 NPM 代理的兼容性。它在与现有工作流程功能相同的情况下保证了操作更快、更安全和更可靠。

PNPM 是一个速度快、磁盘空间高效的软件包管理器。PNPM 使用内容可寻址文件系统将所有模块目录中的所有文件存储在磁盘上。当使用 NPM 或 Yarn 时，如果有 100 个项目使用 lodash，则磁盘上将有 100 个 lodash 副本。当使用 PNPM 时，lodash 将存储在内容可寻址的存储中。

这 3 个主流包管理器的图标如图 3-6 所示。

PNPM 官方网站为 https://pnpm.io/。Yarn 官方网站为 https://yarnpkg.com/，中文网站为 http://yarnpkg.cn/zh-Hans/。

1. 安装方式

Yarn 的安装方式，命令如下：

```
# 全局安装 Yarn
npm install --global yarn
# 全局安装 PNPM
npm install -g pnpm
```

图 3-6　主流包管理器

PNPM 的安装方法，命令如下：

```
# 通过 NPM 安装
npm install -g pnpm
# 通过 NPX 安装
npx pnpm add -g pnpm
# 升级
# 一旦安装了 PNPM，就无须再使用其他软件包管理器进行升级，可以使用 PNPM 升级自己
pnpm add -g pnpm
```

2. 常用命令比较

NPM、Yarn、PNPM 的操作命令差别不大，具体可以参考表 3-1。

表 3-1　NPM、Yarn、PNPM 命令对比

功能说明	NPM	Yarn	PNPM
创建 package.json	npm init	yarn init	pnpm init
安装本地依赖包	npm install、npm i	yarn	pnpm install、pnpm i
安装并运行依赖包，保存至 package.json 文件中	npm install --save	yarn add	pnpm add
安装开发依赖包，并保存至 package.json 文件中	npm install --save-dev	yarn add --dev	pnpm add -D
更新本地依赖包	npm update	yarn upgrade	pnpm up pnpm upgrade
卸载本地依赖包	npm uninstall	yarn remove	pnpm remove

续表

功能说明	NPM	Yarn	PNPM
安装全局依赖包	npm install -g	yarn global add	pnpm add -g
更新全局依赖	npm update -g	yarn global upgrade	pnpm upgrade --global
查看全局依赖包	npm ls -g	yarn global list	pnpm list
卸载全局依赖包	yarn global remove	npm uninstall -g	pnpm remove --global
清除缓存	npm cache clean	yarn cache clean	—

3. 选择哪个包管理器

如何选择合适的包管理器,表 3-2 列举了部分内容的对比情况,供大家选择。

表 3-2 NPM 和 Yarn、PNPM 功能对比

功能说明	NPM	Yarn	PNPM
团队	Node.js 官方	Facebook	Zoltan Kochan Full stack web developer
工作流	完整	完整	完整
包下载速度	NPM 5.0 版本后快	并行下载,快	快
monorepo	NPM v7.x 以上版本支持	支持	支持

3.2 Webpack

Webpack 是由德国开发者 Tobias Koppers 开发的模块加载器,如图 3-7 所示。Webpack 最初主要想解决代码拆分的问题,而这也是 Webpack 今天受欢迎的主要原因。随着 Web 应用规模越写越大,移动设备越来越普及,拆分代码的需求与日俱增。如果不拆分代码,就很难实现期望的性能。

图 3-7 Webpack 框架 Logo

2014年,Facebook的Instagram的前端团队分享了他们在对前端页面加载进行性能优化时用到了Webpack的Code Splitting(代码拆分)功能。随即Webpack被广泛传播使用,同时开发者也给Webpack社区贡献了大量的Plugin(插件)和Loader(转换器)。

3.2.1 Webpack介绍

Webpack是一个现代JavaScript应用程序的静态模块打包器(Module Bundler)。当Webpack处理应用程序时,它会递归地构建一个依赖关系图(Dependency Graph),其中包含应用程序需要的每个模块,然后将所有这些模块打包成一个或多个包。

1. Webpack的优点

Webpack相比较其他构建工具,具有以下几个优点。

(1) 智能解析:对CommonJS、AMD、CMD等支持得很好。

(2) 代码拆分:创建项目依赖树,每个依赖都可拆分成一个模块,从而可以按需加载。

(3) Loader:Webpack核心模块之一,主要处理各类型文件编译转换及Babel语法转换。

(4) Plugin(插件系统):强大的插件系统,可实现对代码压缩、分包chunk、模块热替换等,也可实现自定义模块、对图片进行base64编码等,文档非常全面,自动化工作都有直接的解决方案。

(5) 快速高效:开发配置可以选择不同环境的配置模式,可选择打包文件使用异步I/O和多级缓存提高运行效率。

(6) 微前端支持:Module Federation也对项目中如何使用微型前端应用提供了一种解决方案。

(7) 功能全面:最主流的前端模块打包工具,支持流行的框架打包,如React、Vue、Angular等,社区全面。

2. Webpack的工作方式

Webpack的工作方式是把项目当作一个整体,通过一个给定的主文件(如index.js),Webpack将从这个主文件开始找到项目的所有依赖文件,使用Loader处理它们,最后打包为一个(或多个)浏览器可识别的JavaScript文件,如图3-8所示。

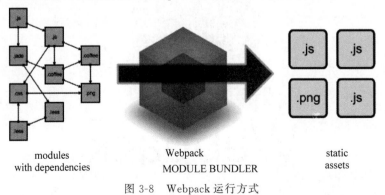

图3-8 Webpack运行方式

3.2.2 Webpack 安装与配置

接下来,详细介绍如何安装和配置 Webpack 工具。

1. 安装 Node.js

推荐到 Node.js 官网下载 stable 版本。NPM 作为 Node.js 包管理工具在安装 Node.js 时已经顺带安装好了。

注意:保持 Node.js 和 Webpack 的版本尽量新,可以提升 Webpack 打包速度。

2. 更新 Node.js

如果想更新 Node.js 版本,则可以使用 n 模块,命令如下:

```
node -v                 #首先查看当前 Node 版本
npm info node           #可以查看 Node 版本信息
npm install -g n        #安装 n 模块
sudo n stable           #安装稳定版本
sudo n latest           #或者安装最新版本
```

3. 更新 NPM

如果需要更新 NPM,则可以执行的命令如下:

```
sudo npm install npm@latest -g
```

4. 项目创建及初始化

初始化一个 Webpack 编译的项目,命令如下:

```
mkdir webpack-demo      #首先创建一个文件夹
cd webpack-demo         #进入文件夹
npm init                #初始化项目,使项目符合 Node.js 的规范,也可以用 npm init -y
                        #这一步会在文件夹中生成 package.json 文件,这个文件描述了
                        #Node 项目的一些信息
```

目录结构如下:

```
webpack-demo/
├── node_modules/
├── src/
│   └── main.js                 #entry 入口文件
├── webpack.config.js           #Webpack 配置文件
├── package-lock.json
└── package.json                #已安装 Webpack、Webpack-cli
```

5. Webpack 安装与卸载

注意:Webpack 安装需要同时安装 Webpack 和 Webpack-cli 这两个模块。

```
npm install webpack webpack-cli -g                              #全局安装
npm uninstall webpack webpack-cli -g                            #全局卸载
npm install webpack webpack-cli -D                              #在项目中安装
webpack npm install webpack@4.46.0 webpack-cli -D               #安装指定版本
npx webpack -v                                                  #在项目中安装查看Webpack版本号
npm info webpack                                                #查看Webpack历史版本
```

6. 通过配置文件使用 Webpack

配置文件规定了 Webpack 该如何打包，而执行 npx webpack ./main.js 进行打包使用的则是 Webpack 提供的默认配置文件。

配置 webpack.config.js 文件，配置如下：

```
//webpack.config.js
const path = require('path');
module.exports = {
  mode: 'production',
  entry: './src/main.js',
  output: {
    filename: 'bundle.js',
    path: path.resolve(__dirname, 'dist')
  }
}
```

默认模式为 mode:production，如果 mode 被配置为 production，则打包出的文件会被压缩，如果 mode 被配置为 development，则不会被压缩。

entry 的意思是这个项目要打包，以及从哪一个文件开始打包。打包输出中 Chunk Names 配置的 main 就是 entry 中的 main。简写模式如下：

```
entry: {
  main: './main.js'
}
```

output 的意思是打包后的文件放在哪里：

（1）output.filename 指打包后的文件名。

（2）output.path 指打包后的文件放到哪一个文件夹下，是一个绝对路径。需要引入 Node 中的 path 模块，然后调用这个模块的 resolve 方法。

Webpack 配置文件的作用是设置配置的参数，提供给 Webpack-cli，Webpack 从 main.js 文件开始打包，打包生成的文件放到 bundle 文件夹下，生成的文件名叫作 bundle.js。如果运行 npx webpack 命令，则会按照配置文件进行打包。

Webpack 默认的配置文件名为 webpack.config.js，如果要使用自定义名字（例如 my.webpack.js 作为配置文件名），则可以用指令 npx webpack --config my.webpack.js 实现。

7. 配置 package.json

NPM scripts 原理：当执行 npm run xx 命令时，实际上运行的是 package.json 文件中的 xx 命令。在 scripts 标签中使用 Webpack，会优先到当前项目的 node_modules 中查找是否安装了 Webpack(和直接使用 Webpack 命令时到全局查找是否安装 Webpack 不同)，命令如下：

```
"scripts": {
  "dev": "npx webpack"
},
```

如果运行 dev 命令，则会自动执行 webpack 命令。最后可以直接运行 npm run dev 命令进行 Webpack 打包。

执行 npm run dev 命令后，在命令行中会输出编译完成后的提示信息，效果如图 3-9 所示。

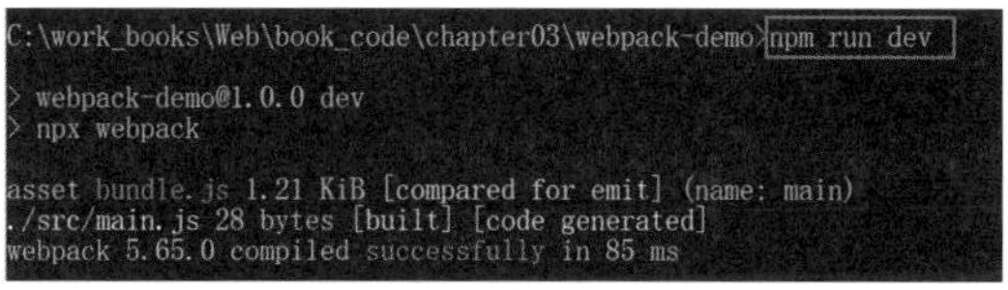

图 3-9　Webpack 编译提示

3.2.3　Webpack 基础

Webpack 的模块打包工具通过分析模块之间的依赖，最终将所有模块打包成一份或者多份代码包，供 HTML 直接引用。

1. 核心概念

Webpack 最核心的概念如下。

（1）Entry：入口文件，Webpack 会从该文件开始进行分析与编译。

（2）Output：出口路径，打包后创建包的文件路径及文件名。

（3）Module：模块，在 Webpack 中任何文件都可以作为一个模块，会根据配置使用不同的 Loader 进行加载和打包。

（4）Chunk：代码块，可以根据配置将所有模块代码合并成一个或多个代码块，以便按需加载，提高性能。

（5）Loader：模块加载器，进行各种文件类型的加载与转换。通过不同的 Loader，Webpack 有能力调用外部的脚本或工具，实现对不同格式文件的处理，例如分析及将 scss 转换为 css，或者把 ES6+文件(ES6 和 ES7)转换为现代浏览器兼容的 JS 文件，对 React 的开发而言，合适的 Loader 可以把 React 中用到的 JSX 文件转换为 JS 文件。

（6）Plugin：拓展插件，可以通过 Webpack 相应的事件钩子，介入打包过程中的任意环节,从而对代码按需修改。

2. 常见加载器(Loader)

Webpack 仅仅提供了打包功能和一套文件处理机制,然后通过生态中的各种 Loader 和 Plugin 对代码进行预编译和打包。

Loader 的作用:

(1) Loader 让 Webpack 能够去处理那些非 JavaScript 文件。

(2) Loader 专注实现资源模块加载从而实现模块的打包。

将常用的加载器分成以下三类。

(1) 编译转换类:将资源模块转换为 JS 代码。以 JS 形式工作的模块,如 css-loader。

(2) 文件操作类:将资源模块复制到输出目录,同时将文件的访问路径向外导出,如 file-loader。

(3) 代码检查类:对加载的资源文件(一般是代码)进行校验,以便统一代码风格,提高代码质量,一般不会修改生产环境的代码。

下面介绍最常用的几种加载器:解析 ES6+、处理 JSX、CSS/Less/SASS 样式、图片与字体。

3. 解析 ES6+

在 Webpack 中解析 ES6 需要使用 Babel,Babel 是一个 JavaScript 编译器,可以实现将 ES6+ 转换成浏览器能够识别的代码。

Babel 在执行编译时,可以依赖 .babelrc 文件,当设置依赖文件时,会从项目的根目录下读取 .babelrc 的配置项,.babelrc 配置文件主要是对预设(presets)和插件(plugins)进行配置。

下面介绍如何在 Webpack 中使用 Babel。

安装依赖,命令如下:

```
npm i @babel/core @babel/preset-env babel-loader -D
```

注意:Babel 7 推荐使用 @babel/preset-env 套件来处理转译需求。顾名思义,preset 即"预制套件",包含了各种可能用到的转译工具。之前的以年份为准的 preset 已经废弃了,现在统一用这个总包。同时,Babel 已经放弃开发 stage-* 包,以后的转译组件都只会放进 preset-env 包里。

配置 webpack.config.js 文件的 Loader,配置如下:

```
"scripts":{
module:{
    rules:[
        {
            test:/.js$/,
            use:'babel-loader'
```

```
        }
    ]
}
```

在根目录创建.babelrc，并配置 preset-env 对 ES6+语法特性进行转换，配置如下：

```
{
  "presets": [
    [
      "@babel/preset-env",
      {
//对 ES6 模块文件不进行转化，以便使用 Tree Shaking、sideEffects 等
        "modules": false,
      }
    ]
  ],
  "plugins": []
}
```

注意：Babel 默认只转换新的 JavaScript 句法(syntax)，而不转换新的 API，例如 Iterator、Generator、Set、Maps、Proxy、Reflect、Symbol、Promise 等全局对象，以及一些定义在全局对象上的方法(例如 Object.assign)都不会转码。

转译新的 API，需要借助 polyfill 方案去解决，可使用@babel/polyfill 或@babel/plugin-transform-runtime，二选一即可。

4. @babel/polyfill

本质上@babel/polyfill 是 core-js 库的别名，随着 core-js@3 的更新，@babel/polyfill 无法从 2 过渡到 3，所以@babel/polyfill 已经被放弃，可查看 corejs 3 的更新。

安装依赖包，命令如下：

```
npm i @babel/polyfill -D
```

.babelrc 文件需写入配置，而@babel/polyfill 不用写入配置，会根据 useBuiltIns 参数去决定如何被调用，配置如下：

```
{
  "presets": [
    [
      "@babel/preset-env",
      {
        "useBuiltIns": "entry",
        "modules": false,
```

```
            "corejs": 2,    //新版本的@babel/polyfill 包含了 core-js@2 和 core-js@3 版本，
                            //所以需要声明版本，否则 Webpack 运行时会报 warning，此处暂时使用
                            //core-js@2 版本(末尾会附上@core-js@3 怎么用)
          }
        ]
      ]
    }
```

配置参数说明如下。

(1) Modules："amd"|"umd"|"systemjs"|"commonjs"|"cjs"|"auto"|false。

默认值为 auto。用来转换 ES6 的模块语法。如果使用 false，则不会对文件的模块语法进行转换。

如果要使用 Webpack 中的一些新特性，例如，Tree Shaking 和 sideEffects，就需要设置为 false，对 ES6 的模块文件不进行转换，因为这些特性只对 ES6 模块有效。

(2) useBuiltIns："usage"|"entry"|false，默认值为 false。

false：需要在 JS 代码的第一行主动通过 import'@babel/polyfill'语句将@babel/polyfill 整个包导入(不推荐，能覆盖到所有 API 的转译，但体积最大)。

entry：需要在 JS 代码的第一行主动通过 import'@babel/polyfill'语句将 browserslist 环境不支持的所有垫片导入(能够覆盖到'hello'.includes('h')这种句法，足够安全且代码体积不是特别大)。

usage：项目里不用主动通过 import 导入，会自动将代码里已用到的且 browserslist 环境不支持的垫片导入(但是检测不到'hello'.includes('h')这种句法，对这类原型链上的句法问题不会进行转译，书写代码需注意)。

(3) targets 用来配置需要支持的环境，不仅支持浏览器，还支持 Node。如果没有配置 targets 选项，就会读取项目中的 browserslist 配置项。

(4) loose 的默认值为 false，如果 preset-env 中包含的 Plugin 支持 loose 的设置，则可以通过这个字段来统一设置。

5. 解析 React JSX

JSX 是 React 框架中引入的一种 JavaScript XML 扩展语法，它能够支持在 JS 中编写类似 HTML 的标签，本质上来讲 JSX 就是 JS，所以需要 Babel 和 JSX 的插件 preset-react 支持解析。

安装 React 及@babel/preset-react，命令如下：

```
npm i react react-dom @babel/preset-react -D
```

配置解析 React 的 presets，配置如下：

```
module.exports = {
    entry: {},
```

```
        output: {},
        resolve: {
    //要解析的文件的扩展名
            extensions: [".js", ".jsx", ".json"],
    //解析目录时要使用的文件名
            mainFiles: ["index"],
        },
        module: {
            rules: [
                {
                    test: /\.(js|jsx)$/,
                    exclude: /(node_modules|bower_components)/,
                    use: {
                        loader: 'babel-loader',
                        options: {
                            presets: ['@babel/preset-env', '@babel/preset-react']
                        }
                    }
                },
            ]
        },
    };
```

6. 解析 CSS

传统上会在 HTML 文件中引入 CSS 代码，借助 webpack style-loader 和 css-loader 可以在 .js 文件中引入 CSS 文件并让样式生效，如果需要使用预处理脚本，如 LESS，则需要安装 less-loader。

(1) css-loader：用于加载 .css 文件并转换成 commonJS 对象。

(2) style-loader：将样式通过 style 标签插入 head 中。

安装依赖 css-loader 和 style-loader，命令如下：

```
npm i style-loader css-loader -D
```

Webpack 配置项添加 Loader 配置，其中由于 Loader 的执行顺序是从右向左执行的，所以会先进行 CSS 的样式解析后执行 style 标签的插入，配置如下：

```
{
    test:/.css$/,
    use:[
        'style-loader',
        'css-loader'
    ]
}
```

less-loader 将 .less 转换成 .css。安装 less-loader 依赖并添加 Webpack 配置,配置如下:

```
npm i less less-loader -D
{
    test:/.less$/,
    use: [
        'style-loader',
        'css-loader',
        'less-loader'
    ]
}
```

7. 解析图片和字体

Webpack 提供了两个 Loader 来处理二进制格式的文件,如图片和字体等,url-loader 允许有条件地将文件转换为内联的 base-64 URL(当文件小于给定的阈值时),这会减少小文件的 HTTP 请求数。如果文件大于该阈值,则会自动交给 file-loader 处理。

1) file-loader

file-loader 用于处理文件及字体。安装 file-loader 依赖并配置,配置如下:

```
#安装 file-loader
npm i file-loader -D
#webapck.config 配置
{
  test:/\.(png|svg|jpg|jpeg|gif)$/,
  use: 'file-loader'},{
   test:/\.(woff|woff2|eot|ttf|otf|svg)/,
use:'file-loader'
}
```

2) url-loader

url-loader 也可以处理文件及字体,对比 file-loader 的优势是可以通过配置,将小资源自动转换为 base64。

安装 url-loader 依赖并配置 Webpack,配置如下:

```
{
    test:/\.(png|svg|jpg|jpeg|gif)$/,
    use: [
        {
            loader:'url-loader',
            options: {
                limit:10240
            }
        }
    ]
}
```

8. 常见插件（Plugin）

插件的目的是为了增强 Webpack 的自动化能力，Plugin 可解决其他自动化工作，如清除 dist 目录、将静态文件复制至输出代码、压缩输出代码，常见的场景如下：

（1）实现自动在打包之前清除 dist 目录（上次的打包结果）。

（2）自动生成应用所需要的 HTML 文件。

（3）根据不同环境为代码注入类似 API 地址这种可能变化的部分。

（4）将不需要参与打包的资源文件复制到输出目录。

（5）压缩 Webpack 打包完成后输出的文件。

（6）自动将打包结果发布到服务器以实现自动部署。

9. 文件指纹

文件指纹的作用：

（1）在前端发布体系中，为了实现增量发布，一般会对静态资源加上 md5 文件后缀，保证每次发布的文件都没有缓存，同时对于未修改的文件不会受发布的影响，最大限度地利用缓存。

（2）简单地来讲"文件指纹"的应用场景是在项目打包时使用（上线），在项目开发阶段用不到。

这里简单介绍一下 3 种不同的 hash 表示方式。

（1）hash：与整个项目的构建相关，当有文件修改时，整个项目构建的 hash 值就会更新。

（2）chunkhash：和 Webpack 打包的 chunk 相关，不同的 entry 会生成不同的 chunkhash，一般用于.js 文件的打包。

（3）contenthash：根据文件内容来定义 hash，如果文件内容不变，则 contenthash 不变。例如.css 文件的打包，当修改了.js 或.html 文件但没有修改引入的.css 样式时，文件不需要生成新的 hash 值，所以可适用于.css 文件的打包。

注意：文件指纹不能和热更新一起使用。

1）.js 文件指纹设置：chunkhash

代码如下：

```
#webpack.dev.js
module.export = {
    entry: {
        index: './src/demo.js',
        search: './src/search.js'
    },
    output: {
        path: path.resolve(__dirname,'dist'),
        filename: '[name][chunkhash:8].js'
    },
}
```

2）.css 文件指纹：contenthash

由于上面方式通过 style 标签将 css 插入 head 中并没有生成单独的.css 文件，因此可以通过 min-css-extract-plugin 插件将 css 提取成单独的.css 文件，并添加文件指纹。

安装依赖 mini-css-extract-plugin，命令如下：

```
npm i mini-css-extract-plugin -D
```

配置.css 文件指纹，配置如下：

```
const MiniCssExtractPlugin = require('mini-css-extract-plugin')
module.export = {
  module: {
    rules: [
      {
        test:/\.css$/,
        use: [
          MiniCssExtractPlugin.loader,
          'css-loader',
        ]
      },
    ]
  },
   plugins: [
     new MiniCssExtractPlugin({
       filename: '[name][contenthash:8].css'
     })
   ]
}
```

3）图片文件指纹设置：hash

其中，hash 对应的是文件内容的 hash 值，默认由 md5 生成，不同于前面所讲的 hash 值，配置如下：

```
module.export = {
  module:{
    rules: [
      {
             test: /\.(png|svg|jpg|jpeg|gif)$/,
             use: [{
               loader:'file-loader',
               options: {
                    name: 'img/[name][hash:8].[ext]'
                }
             }],
```

```
            }
        ]
    }
}
```

代码压缩,这里介绍两个插件:.css 文件压缩和.html 文件压缩。

(1).css 文件压缩:optimize-css-assets-webpack-plugin。

安装 optimize-css-assets-webpack-plugin 和预处理器 cssnano,命令如下:

```
npm i optimize-css-assets-webpack-plugin cssnano -D
```

配置 Webpack,配置如下:

```
const OptimizeCssAssetsPlugin = require('optimize-css-assets-webpack-plugin')
module.export = {
    plugins: [
        new OptimizeCssAssetsPlugin({
            assetNameRegExp: /\.css$/g,
            cssProcessor: require('cssnano')
        })
    ]
}
```

(2).html 文件压缩:html-webpack-plugin。

安装 html-webpack-plugin 插件,命令如下:

```
npm i html-webpack-plugin -D
```

配置 Webpack,配置如下:

```
const HtmlWebpackPlugin = require('html-webpack-plugin')
module.export = {
    plugins: [
        new HtmlWebpackPlugin({
            template: path.join(__dirname,'src/search.html'),  //使用模板
            filename: 'search.html',                            //打包后的文件名
            chunks: ['search'],                                 //打包后需要使用的 chunk(文件)
            inject: true,                                       //默认注入所有静态资源
            minify: {
                html5:true,
                collapsableWhitespace: true,
                preserveLineBreaks: false,
                minifyCSS: true,
                minifyJS: true,
```

```
                    removeComments: false
                }
            }),
    ]
}
```

10. 跨应用代码共享（Module Federation）

Module Federation 使 JavaScript 应用得以在客户端或服务器上动态运行另一个包的代码。Module Federation 主要用来解决多个应用之间代码共享的问题，可以更加优雅地实现跨应用的代码共享。

1）三个概念

首先，要理解三个重要的概念，如表 3-3 所示。

表 3-3 三个重要的概念

模块名称	属性描述
webpack	一个独立项目通过 Webpack 打包编译而产生资源包
remote	一个暴露模块供其他 Webpack 构建消费的 Webpack 构建
host	一个消费其他 remote 模块的 Webpack 构建

一个 Webpack 构建可以是 remote（服务的提供方），也可以是 host（服务的消费方），还可以同时扮演服务提供者和服务消费者的角色，这完全看项目的架构。

2）host 与 remote 两个角色的依赖关系

任何一个 Webpack 构建既可以作为 host 消费方，也可以作为 remote 提供方，区别在于职责和 Webpack 配置的不同。

3）案例讲解

一共有三个微应用：lib-app、component-app、main-app，角色分别如表 3-4 所示。

表 3-4 三个微应用的关系

模块名称	属性描述
lib-app	作为 remote，暴露了两个模块 react 和 react-dom
component-app	作为 remote 和 host，依赖 lib-app 暴露了一些组件供 main-app 消费
main-app	作为 host，依赖 lib-app 和 component-app

图 3-10 lib-app 模块目录结构

下面分别创建三个微应用的项目：

lib-app 模块提供其他模块所依赖的核心库，如 lib-app 对外提供 react 和 react-dom 两个类库模块。

步骤 1：创建 lib-app 模块的项目，目录结构如图 3-10 所示。

该模块需要安装两个类库，即 react 和 react-dom，命令如下：

```
#安装核心模块
npm i react react-dom -S
#安装开发依赖模块
npm install concurrently serve webpack webpack-cli -D
```

步骤 2：配置 Webpack 编译配置，配置如下：

```
const {ModuleFederationPlugin} = require('webpack').container
const path = require('path');
module.exports = {
    entry: "./index.js",
    mode: "development",
    devtool:"hidden-source-map",
    output: {
        publicPath: "http://localhost:3000/",
        clean:true
    },
    module: {
    },
    plugins: [
        new ModuleFederationPlugin({
            name: "lib_app",
            filename: "remoteEntry.js",
            exposes: {
                "./react":"react",
                "./react-dom":"react-dom"
            }
        })
    ],
};
```

这里通过 ModuleFederationPlugin 插件设置暴露的库，详细信息如表 3-5 所示。

表 3-5　ModuleFederationPlugin 属性

属性名称	属性描述
name	必选，唯一 ID，作为输出的模块名，使用时通过 ${name}/${expose}的方式使用
library	必选，这里的 library.name 作为 umd 的 library.name
remotes	可选，表示作为 host 时，去消费哪些 remote
exposes	可选，表示作为 remote 时，export 哪些属性被消费
shared	可选，优先用 host 的依赖，如果 host 没有，则再用自己的

步骤 3：配置 package.json 文件中的运行脚本，脚本如下：

```
"scripts": {
  "webpack": "webpack -- watch",
  "serve": "serve dist -p 3000",
  "start": "concurrently \"npm run webpack\" \"npm run serve\""
},
```

步骤4：除去生成的 map 文件，有4个文件，如图 3-11 所示，输出具体的编译文件如下：

```
main.js
remoteEntry.js
react_index.js
react-dom_index.js
```

步骤5：在命令行中，输入 npm serve 命令启动 lib-app 项目，启动后在 3000 端口浏览。

```
http://localhost:3000/
```

component-app 模块对外提供组件库，如 Button、Dialog、Logo 基础组件。

步骤1：创建 component-app 模块，目录结构如图 3-12 所示。

图 3-11　lib-app 模块打包输出目录

图 3-12　component-app 模块目录

步骤2：创建 Button、Dialog、Logo 三个 React 组件。
Button.jsx 组件，代码如下：

```
//Button.jsx
import React from 'lib-app/react';
export default function(){
    return <button style={{color:"#fff",backgroundColor:"#f00",borderColor:"#fcc"}}>
按钮组件</button>
}
```

Dialog.jsx 组件，代码如下：

```jsx
//Dialog.jsx
import React from 'lib-app/react';
export default class Dialog extends React.Component {
    constructor(props) {
        super(props);
    }
    render() {
        if(this.props.visible){
            return (
                <div style = {{ position:"fixed", left: 0, right: 0, top: 0, bottom: 0, backgroundColor:"rgba(0,0,0,.3)"}}>
                    <button onClick = {() => this.props.switchVisible(false)} style = {{position:"absolute",top:"10px",right:"10px"}}>X</button>
                    <div style = {{ marginTop:"20%",textAlign:"center"}}>
                        <h1>
                            输入你的昵称：
                        </h1>
                        <input style = {{fontSize:"18px",lineHeight:2}} type = "text" />
                    </div>

                </div>
            );
        }else{
            return null;
        }
    }
}
```

Logo.jsx 组件，代码如下：

```jsx
//Logo.jsx
import React from 'lib-app/react';
import pictureData from './girl.jpg'
export default function(){
    return <img src = {pictureData} style = {{width:"100px",borderRadius:"10px"}}/>
}
```

步骤3：需要以异步的方式导入 index.js 模块，所以这里创建了 bootstrap.js 模块，在 index.js 文件中通过 import 导入 bootstrap.js 文件，代码如下：

```js
# Bootstrap.js
import App from "./App";
import ReactDOM from 'lib-app/react-dom';
import React from 'lib-app/react'
ReactDOM.render(<App />, document.getElementById("app"));
```

在index.js文件中导入bootstrap.js文件,代码如下:

```js
import("./bootstrap.js")
```

步骤4:webpack.config文件的配置如下:

```js
const {ModuleFederationPlugin} = require('webpack').container;
const HtmlWebpackPlugin = require("html-webpack-plugin");
const path = require('path');
module.exports = {
    entry: "./index.js",
    mode: "development",
    devtool:"hidden-source-map",
    output: {
        publicPath: "http://localhost:3001/",
        clean:true
    },
    resolve:{
        extensions: ['.jsx', '.js', '.json','.css','.scss','.jpg','jpeg','png',],
    },
    module: {
        rules: [
            {
                test:/\.(jpg|png|gif|jpeg)$/,
                loader:'url-loader'
            },
            {
                test: /\.css$/i,
                use: ["style-loader", "css-loader"],
            },
            {
                test: /\.jsx?$/,
                loader: "babel-loader",
                exclude: /node_modules/,
                options: {
                    presets: ["@babel/preset-react"],
                },
            },
        ],
    },
    plugins: [
        new ModuleFederationPlugin({
            name: "component_app",
            filename: "remoteEntry.js",
            exposes: {
                "./Button":"./src/Button.jsx",
```

```
            "./Dialog":"./src/Dialog.jsx",
            "./Logo":"./src/Logo.jsx"
        },
        remotes:{
            "lib-app":"lib_app@http://localhost:3000/remoteEntry.js"
        }
    }),
    new HtmlWebpackPlugin({
        template: "./public/index.html",
    })
  ],
};
```

步骤5：启动模块。

在该子项目下运行npm run start 命令打开浏览器：localhost：3001，可以看到组件正常工作。

main-app 模块为三个模块中的主模块,该模块依赖 component-app 模块的基础组件,同时也依赖 lib-app 模块。

步骤1：创建 main-app 模块,目录结构如图 3-13 所示。

步骤2：创建 App.jsx 文件,编写界面,代码如下：

图 3-13　创建 main-app 模块

```
#App.jsx
import React from 'lib-app/react';
import Button from 'component-app/Button'
import Dialog from 'component-app/Dialog'
import Logo from 'component-app/Logo'

export default class App extends React.Component{
    constructor(props) {
        super(props)
        this.state = {
            dialogVisible:false
        }
        this.handleClick = this.handleClick.bind(this);
        this.HanldeSwitchVisible = this.HanldeSwitchVisible.bind(this);
    }
    handleClick(ev){
        console.log(ev);
        this.setState({
            dialogVisible:true
```

```
    })
  }
  HanldeSwitchVisible(visible){
    this.setState({
      dialogVisible:visible
    })
  }
  render(){
    return (<div>
      <Logo></Logo>
      <h4>
        Buttons:
      </h4>
      <Button type = "primary"/>
      <Button type = "warning"/>
      <h4>
        Dialog:
      </h4>
      <button onClick = {this.handleClick}>打开对话框</button>
      <Dialog switchVisible = {this.HanldeSwitchVisible} visible = {this.state.dialogVisible}/>
    </div>)
  }
}
```

步骤 3：配置 Webpack，配置如下：

```
const {ModuleFederationPlugin} = require('webpack').container
const HtmlWebpackPlugin = require("html-webpack-plugin");
const path = require('path');
module.exports = {
  entry: "./index.js",
  mode: "development",
  devtool:"hidden-source-map",
  output: {
    publicPath: "http://localhost:3002/",
    clean:true
  },
  resolve:{
    extensions: ['.jsx','.js','.json','.css','.scss','.jpg','jpeg','png',],
  },
  module: {
    rules: [
      {
        test:/\.(jpg|png|gif|jpeg)$/,
```

```
          loader:'url-loader'
        },
        {
          test: /\.jsx?$/,
          loader: "babel-loader",
          exclude: /node_modules/,
          options: {
            presets: ["@babel/preset-react"],
          },
        },
      ],
    },
    plugins: [
      new ModuleFederationPlugin({
        name: "main_app",
        remotes:{
          "lib-app":"lib_app@http://localhost:3000/remoteEntry.js",
          "component-app":"component_app@http://localhost:3001/remoteEntry.js"
        },
      }),
      new HtmlWebpackPlugin({
        template: "./public/index.html",
      })
    ],
};
```

步骤4：启动编译器后，通过 localhost：3002 端口查看，效果如图 3-14 所示。

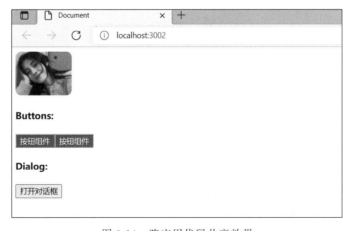

图 3-14　跨应用代码共享效果

11. 开发运行构建

使用 Webpack 的 Webpack-dev-server 插件可以帮助开发者快速搭建一个代码运行环

境，Webpack-dev-server 提供的热更新功能极大地方便了代码编译后进行预览。

1）文件监听：watch

在 Webpack-cli 中提供了 watch 工作模式，这种模式下项目中的文件会被监视，一旦这些文件发生变化就会自动重新运行打包任务。

Webpack 开启监听模式有以下两种方式：

（1）启动 Webpack 命令时带上--watch 参数。

（2）在配置 webpack.config.js 文件中设置 watch：true。

缺点是每次都需要手动刷新浏览器，需要自己使用一些 http 服务，例如使用 http-server 轮询判断文件的最后编辑时间是否发生变化，一开始有个文件的修改时间，这个修改时间先存储起来，下次再有修改时就会和上次修改时间进行比对，发现不一致时不会立即告诉监听者，而是把文件缓存起来，等待一段时间，等待期间内如果有其他变化，则会把变化列表一起构建，并生成到 bundle 文件夹。

可通过 Webpack 添加配置或者 CLI 添加配置的方式开启监听模式，该方式在源码变化时需要每次手动刷新浏览器。

Webpack 配置的代码如下：

```
module.export = {
watch: true
}
```

除了可通过 watch 参数的配置方式开启监听外，也可通过定制 watch 模式选项的形式 watchOptions 来定制监听配置，配置如下：

```
module.export = {
    watch: true,
    //只有开启了监听模式才有效
    watchOptions: {
        ignored: /node_modules/,        //默认为空，设置不监听的文件或文件夹
        aggregateTimeout: 300,          //默认为300ms，即监听变化后需要等待的执行时间
        poll:1000                       //默认为1000ms，通过轮询的方式询问系统指定文件
                                        //是否发生变化
    }
}
```

Webpack-dev-server 是 Webpack 官方推出的一个开发工具，它提供了一个开发服务器，并且集成了自动编译和自动刷新浏览器等一系列功能的安装指令，如图 3-15 所示。

Webpack Compiler 将 JavaScript 编译成输出的 bundle.js 文件。

HMR Server 将热更新的文件输出到 HMR Runtime。

Bundle Server 通过提供服务器的形式，提供浏览器对文件的访问。

HMR Runtime 在开发打包阶段将构建输出文件注入浏览器，更新文件的变化。

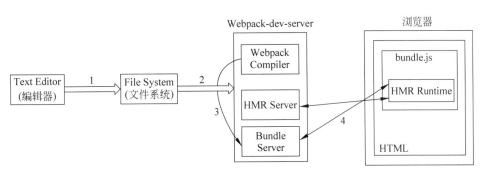

图 3-15 热更新的大概流程

当启动 Webpack-dev-server 阶段时,将源码在文件系统进行编译,通过 Webpack Compiler 编译器打包,并将编译好的文件提交给 Bundle Server 服务器,Bundle Server 即可以服务器的方式供浏览器访问。

当监听到源码发生变化时,经过 Webpack Compiler 的编译后提交给 HMR Server,一般通过 websocket 实现监听源码的变化,并通过 JSON 数据的格式通知 HMR Runtime,HMR Runtime 对 bundle.js 文件进行改变并刷新浏览器。

相比于 watch 不能自动刷新浏览器,Webpack-dev-server 的优势就明显了。Webpack-dev-server 构建的内容会存放在内存中,所以构建速度更快,并且可自动地实现浏览器的自动识别并做出变化,其中 Webpack-dev-server 需要配合 Webpack 内置的 HotModuleReplacementPlugin 插件一起使用。

安装依赖 Webpack-dev-server 并配置启动项,命令如下:

```
#安装
npm i webpack-dev-server -D
//package.json
"scripts": {
"dev": "webpack-dev-server --open"
}
```

配置 Webpack,其中 Webpack-dev-server 一般在开发环境中使用,所以需将 mode 模式设置为 development,配置如下:

```
const webpack = require('webpack')
plugins: [
   new webpack.HotModuleReplacementPlugin()
  ],
  devServer: {
     contentBase: path.join(__dirname,'dist'),   //监听 dist 文件夹下的内容
     hot: true                                    //启动热更新
}
```

2) 清理构建目录：clean-webpack-plugin

由于每次构建项目前并不会自动地清理目录，会造成输出文件越来越多。这时就得手动清理输出目录的文件。

借助 clean-webpack-plugin 插件清除构建目录，默认会执行删除 output 值的输出目录。

安装 clean-webpack-plugin 插件并配置，命令如下：

```
npm i clean-webpack-plugin -D
```

在 webpack.config.js 文件中配置，代码如下：

```
const { CleanWebpackPlugin } = require('clean-webpack-plugin')
module.export = {
  plugins: [
    new CleanWebpackPlugin()
  ]
}
```

3.2.4　Webpack 进阶

可以通过 Webpack 插件进行打包内容分析，优化编译速度，减少构建包体积，同时通过接口编写自己的 Loader 和 Plugin 插件。

1. 项目分析

通过 Webpack-bundle-analyzer 可以看到项目各模块的大小，对各模块可以按需优化。

该插件通过读取输出文件夹（通常是 dist）中的 stats.json 文件，把该文件可视化展现。便于直观地比较各个包文件的大小，以达到优化性能的目的。

安装 Webpack-bundle-analyzer，命令如下：

```
npm install --save-dev webpack-bundle-analyzer
```

在 webpack.config.js 文件中导入 Webpack-bundle-analyzer 模块，在 plugins 数组中实例化插件，配置如下：

```
const path = require("path")
var BundleAnalyzerPlugin = require('webpack-bundle-analyzer').BundleAnalyzerPlugin

module.exports = {
  mode: "development",
  entry: "./src/main.js",
  output: {
    filename: "bundle.js",
    path: path.resolve(__dirname, "dist")
```

```
    },
    plugins:[
        new BundleAnalyzerPlugin()
    ]
}
```

2. 编译阶段提速

编译模块阶段的效率提升,下面的操作都是在 Webpack 编译阶段实现的。

1) **IgnorePlugin：忽略第三方包指定目录**

IgnorePlugin 是 Webpack 的内置插件,其作用是忽略第三方包指定目录。

有的依赖包,除了项目所需的模块内容外,还会附带一些多余的模块,例如 moment 模块会将所有本地化内容和核心功能一起打包。

下面案例通过配置的 Webpack-bundle-analyzer 来查看使用 IgnorePlugin 后对 moment 模块的影响,Webpack 的配置如下:

```
const webpack = require('webpack')
//webpack.config.js
module.exports = {
    //...
    plugins: [
        //忽略 moment 模块下的 ./locale 目录
        new webpack.IgnorePlugin({
            resourceRegExp: /^\.\/locale$/,
            contextRegExp: /moment$/,
        }),
    ]
}
```

2) **DllPlugin 和 DllReferencePlugin 提高构建速度**

在使用 Webpack 进行打包时,对于依赖的第三方库,例如 React、Redux 等不会修改的依赖,可以让它和自己编写的代码分开打包,这样做的好处是每次更改本地代码文件时,Webpack 只需打包项目本身的文件代码,而不会再去编译第三方库,第三方库在第一次打包时只打包一次,以后只要不升级第三方包,Webpack 就不会对这些库打包,这样可以快速地提高打包速度,因此为了解决这个问题,DllPlugin 和 DllReferencePlugin 插件就产生了。

DLLPlugin 能把第三方库与自己的代码分离开,并且每次文件更改时,它只会打包该项目自身的代码,所以打包速度会更快。

DLLPlugin 插件在一个额外独立的 Webpack 设置中创建一个只有 dll 的 bundle,也就是说,在项目根目录下除了有 webpack.config.js 文件,还会新建一个 webpack.dll.config.js 文件。webpack.dll.config.js 的作用是除了把所有的第三方库依赖打包到一个 bundle 的 dll 文件里面,还会生成一个名为 manifest.json 的文件。该 manifest.json 文件的作用是让 DllReferencePlugin 映射到相关的依赖上去。

DllReferencePlugin 插件在 webpack.config.js 文件中使用,该插件的作用是把刚刚在 webpack.dll.config.js 文件中打包生成的 dll 文件引用到需要的预编译的依赖上来。什么意思呢? 就是说在 webpack.dll.config.js 文件中打包后会生成 vendor.dll.js 文件和 vendor-manifest.json 文件,vendor.dll.js 文件包含所有的第三方库文件,vendor-manifest.json 文件会包含所有库代码的一个索引,当在使用 webpack.config.js 文件打包 DllReferencePlugin 插件时,会使用该 DllReferencePlugin 插件读取 vendor-manifest.json 文件,看一看是否有该第三方库。vendor-manifest.json 文件只有一个第三方库的一个映射。

第一次使用 webpack.dll.config.js 文件时会对第三方库打包,打包完成后就不会再打包它了,然后每次运行 webpack.config.js 文件时,都会打包项目中本身的文件代码,当需要使用第三方依赖时,会使用 DllReferencePlugin 插件去读取第三方依赖库,所以说它的打包速度会得到一个很大的提升。

在项目中使用 DllPlugin 和 DllReferencePlugin,其使用步骤如下。

在使用之前,首先看一下项目现在的整个目录架构,架构如下:

```
Demo                                    #工程名
|   |--- dist                           #打包后生成的目录文件
|   |--- node_modules                   #所有的依赖包
|   |--- js                             #存放所有的js文件
|   | |-- main.js                       #js入口文件
|   |--- webpack.config.js              #Webpack配置文件
|   |--- webpack.dll.config.js          #打包第三方依赖的库文件
|   |--- index.html                     #html文件
|   |--- package.json
```

因此需要在项目根目录下创建一个 webpack.dll.config.js 文件,配置的代码如下:

```
const path = require('path');
const webpack = require('webpack');

module.exports = {
    entry: {
        //library 中配置要处理的第三方库的名称
        library: [
            'react',
            'react-dom'
        ]
    },
    output: {
```

```
        filename: '[name]_[chunkhash].dll.js',        //library.dll.js 文件中暴露出的库的名称
        path: path.join(__dirname, 'build/library'),  //打包后文件输出的位置
        library: '[name]_[hash]'                       //库暴露出来的名字,可以参考打包组件和
                                                       //基础库
    },
    plugins: [
        new webpack.DllPlugin({
            name: '[name]_[hash]',                     //生成一个文件映射 json 名字
            path: path.join(__dirname, 'build/library/[name].json')    //保存的位置
        })
    ]};
```

切换到 webpack.config.js 配置,引入文件,代码如下:

```
//引入 DllReferencePlugin
const DllReferencePlugin = require('webpack/lib/DllReferencePlugin');
```

然后在插件中使用该插件,代码如下:

```
plugins: [
    new webpack.DllReferencePlugin({
        context: __dirname,
        manifest: require('./build/library/')
    })
],
```

最后一步就是构建代码了,先生成第三方库文件,运行命令如下:

```
webpack -- config webpack.dll.config.js
```

3. 优化构建体积

1) 摇树优化(Tree Shaking)

Webpack 4.0 后通过开启 mode:production 即可开启摇树优化功能。

Tree Shaking 摇掉代码中未引用部分(dead-code),production 模式下会自动在使用 Tree Shaking 打包时除去未引用的代码,其作用是优化项目代码。

2) 删除无效的 CSS

PurgeCSS 是一个能够通过字符串对比来决定移除不需要的 CSS 的工具。PurgeCSS 通过分析内容和 CSS 文件,首先将 CSS 文件中使用的选择器与内容文件中的选择器进行匹配,然后会从 CSS 中删除未使用的选择器,从而生成更小的 CSS 文件。对于 PurgeCSS 的配置因项目的不同而不同,它不仅可以作为 Webpack 的插件,还可以作为 postcss 的插件。一般与 glob、glob-all 配合使用。

安装 purgecss-webpack-plugin,命令如下:

```
npm i purgecss-webpack-plugin -D
```

配置 Webpack，配置如下：

```
//webpack.prod.js
const glob = require('glob')
const MiniCssExtractPlugin = require('mini-css-extract-plugin');
const PurgecssPlugin = require('purgecss-webpack-plugin')
const PATHS = {
    src: path.join(__dirname,'src')}
module.exports = {
  module:{
    rules: [
      {
         test: /.css$/,
         use: [
           MiniCssExtractPlugin.loader,
           'css-loader'
         ]
      },
    ]
  },
  plugins: [
    new MiniCssExtractPlugin({
        filename: '[name]_[contenthash:8].css'
    }),
    new PurgecssPlugin({
        path: glob.sync('${PATHS.src}/**/*', {nodir:true})      //绝对路径
    }),
  ]}
```

4. 编写自定义 Loader

Loader 是一种打包的方案。可以定义一种规则，告诉 Webpack 当它遇到某种格式的文件后，去求助相应的 Loader。有些时候需要一些特殊的处理方式，这就需要自定义一些 Loader。

一个简单的 Loader 通过编写一个简单的 JavaScript 模块，并将模块导出即可。接收一个 source 当前源码，并返回新的源码即可。

Loader 分为同步 Loader 和异步 Loader。如果单个处理，则可以直接使用同步模式处理后直接返回，但如果需要多个处理，就必须在异步 Loader 中使用 this.async()告诉当前的上下文 context，这是一个异步的 Loader，需要 Loader Runner 等待异步处理的结果，在异步处理完之后再调用 this.callback()传递给下一个 Loader 执行。

编写同步 Loader，代码如下：

```
//同步 Loader
module.exports = function(source, sourceMap, meta) {
  return source
}
```

对于异步 Loader,使用 this.async 获取 callback()函数。

编写异步 Loader,代码如下:

```
//异步 Loader
module.exports = function(source) {
  const callback = this.async();
  setTimeout(() => {
    const output = source.replace(/World/g, 'Webpack5');
    callback(null, output);
  }, 1000);
}
```

执行构建,Webpack 会等待一秒,然后输出构建内容,通过 Node.js 执行构建后的文件,输出如下:

```
Webpack5
```

1）编写一个简单的 Loader

Webpack 默认只能识别 JavaScript 模块,在实际项目中会有.css、less、.scss、.txt、.jpg、.vue 等文件,这些都是 Webpack 无法直接识别打包的文件,都需要使用 Loader 来直接或者间接地进行转换成可以供 Webpack 识别的 JavaScript 文件。

创建一个简单的 Loader,命名为 hello-loader。hello-loader 的作用是让 Webpack 识别.hello 扩展名的模块,并进行转换打包。

第1步：创建目录 loader-demo。创建文件如图 3-16 所示,这里创建一个 test.hello 自定义文件,hello-loader 需要能够识别该模块,并进行打包。

图 3-16　自定义 loader 目录

第2步：编写 hello-loader,代码如下:

```
module.exports = function loader(source) {
  source = "hello loader!"
  return 'export default ${ JSON.stringify(source) }'; //返回值
};
```

第3步：编写 main.js 打包入口代码。main.js 是打包的入口文件,因为要尽可能简单,所以这个文件只做一件事,即加载.hello 文件,并显示到页面,代码如下:

```
# main.js
import data from './test.hello';
function test() {
    let element = document.getElementById('app');
    console.log(data);
    element.innerText = data;
}
test();
```

第 4 步：编写 index.html 文件。main.js 文件的代码逻辑很简单，就是获取页面中的一个 id 为 app 的元素，并将 .hello 中的值显示在元素中，代码如下：

```
# index.html
<!DOCTYPE html>
<html lang="en">
<head>
    <meta charset="UTF-8">
    <title>自定义 hello-loader</title>
</head>
<body>
    <div id="app">
        <script src="./output/bundle.js"></script>
    </div>
</body>
</html>
```

第 5 步：这里暂时不对 test.hello 文件进行特殊处理，所以 test.hello 文件里面的代码可以随便写，输出如下：

```
//里面随便写
```

第 6 步：在 webpack.config.js 文件中配置规则，完整的打包配置如下：

```
const path = require('path');

module.exports = {
    entry: "./main.js",
    mode: "development",
    output: {
        filename: "bundle.js",
        path: path.resolve(__dirname, "output")
    },
    module: {
        rules: [
```

```
                {
                    test: /\.hello$/,           //需要加载的文件类型,正则匹配
                    use: [path.resolve(__dirname, './loader/hello-loader.js'),]
                                                //我们的 loader 文件
                }
            ]
        }
}
```

第 7 步：编译打包。在项目目录下直接执行 webpack 命令，如图 3-17 所示，打包的文件输出在 output 目录下，输出如下：

```
webpack
```

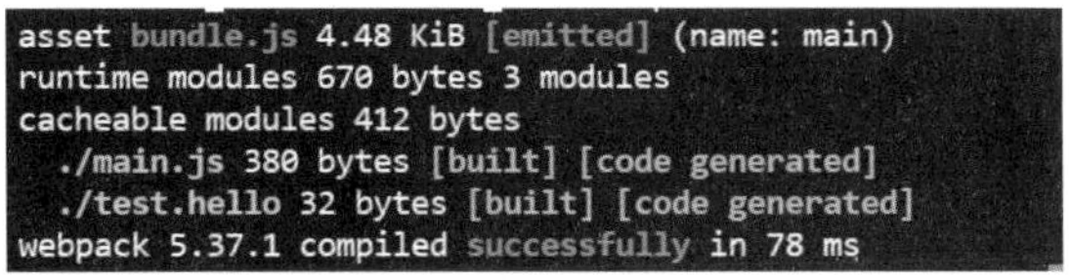

图 3-17　编译自定义 Loader

第 8 步：在浏览器中运行 index.html 文件，效果如图 3-18 所示。

图 3-18　Loader 的运行效果

2）编写一个自定义的 less-loader

下面自定义一个 less-loader 和 style-loader。将编写的 less 经过这两个 Loader 处理之后使用 style 标签插入页面的 head 标签内。

为了测试自定义 Loader，创建测试目录，结构如图 3-19 所示。

第 1 步：定义一个 .less 文件，这里命名为 index.less，代码如下：

图 3-19　自定义 style-loadert 和 less-loader

```
@red:red;
@yellow:yellow;
@baseSize:20px;
body{
 background-color:@red;
 color:@yellow;
 font-size:@baseSize;
}
```

第2步：新建一个 less-loader.js 文件，用于处理 .less 文件，代码如下：

```
let less = require('less');
function loader(source) {
    const callback = this.async();
    less.render(source)
      .then((output)=>{
          callback(null, output.css);
      }, (err)=>{
          //handler err
      })
}
module.exports = loader;
```

这里处理的业务很简单，就是获得原始的 .less 文件的内容，将 .less 文件通过 less.render 编译为 .css 文件并传递给下一个 Loader 即可。

注意：这里需要安装 less 模块，命令为 npm install less -D。

关键的代码如下：

this.async 告诉当前上下文这是一个异步的 Loader，需要 loader runner 等待 less.render 异步处理的结果。

less.render 接收 less 源码，并返回一个 promise，在返回的 promise 中等待 less.render 处理完 .less 文件之后，使用 callback 将处理的结果返给下一个 Loader。

第3步：新建一个 style-loader.js 文件，代码如下：

```
//Webpack 自定义 Loader
function loader(source) {
    source = JSON.stringify(source);
    const root = process.cwd();
    const resourcePath = this.resource;
    const origin = resourcePath.replace(root, '');
    let style = `
        let style = document.createElement('style');
        style.innerHTML = ${source};
```

```
            style.setAttribute('data-origin', '${origin}');
            document.head.appendChild(style);
    ';
    return style
}
module.exports = loader
```

使用 JSON.stringify 将接收到的 .css 文件变为一个可编辑字符串。process.cwd 文件用于获取当前工程根目录。this.resource 通过 this 上的该属性可获取当前处理的源文件的绝对路径。

之后创建一个 style 标签，将编译完之后的 .css 代码插入 style 标签内，并自定义一个 data-origin 属性，用来标记当前文件在工程中的相对路径。

最后返回一个可执行的 JS 字符串给 bundle.js。

第 4 步：新建 index.html 文件，引用 bundle.js 文件，代码如下：

```
<!DOCTYPE html>
<html lang="en">
<head>
    <meta charset="UTF-8">
    <meta http-equiv="X-UA-Compatible" content="IE=edge">
    <meta name="viewport" content="width=device-width, initial-scale=1.0">
    <title>自定义 less-loader</title>
    <script src="./dist/bundle.js"></script>
</head>
<body>
</body>
</html>
```

第 5 步：编译并运行。在项目目录下直接执行 webpack 命令，如图 3-20 所示，打包的文件输出在 dist 目录下。

```
webpack

asset bundle.js 2.73 KiB [emitted] (name: main)
./src/index.js 54 bytes [built] [code generated]
./src/index.less 266 bytes [built] [code generated]
webpack 5.37.1 compiled successfully in 193 ms
```

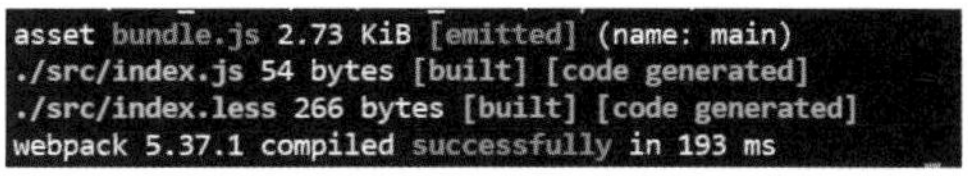

图 3-20 编译输出

通过浏览器查看效果，如图 3-21 所示。

5. 编写自定义插件 Plugin

插件伴随 Webpack 构建的初始化到最后文件生成的整个生命周期，插件的目的是解决

图 3-21 使用自定义 style-loader 的效果

Loader 无法实现的其他事情。另外，插件没有像 Loader 那样的独立运行环境，所以插件只能在 Webpack 里面运行。

Webpack 通过 Plugin 机制让其更加灵活，以适应各种应用场景。在 Webpack 运行的生命周期中会广播出许多事件，Plugin 可以监听这些事件，在合适的时机通过 Webpack 提供的 API 改变输出结果。

(1) 创建一个最基础的 Plugin，代码如下：

```
//采用 ES6
class ExamplePlugin {
  constructor(option) {
    this.option = option
  }
  apply(compiler) {}
}
```

以上就是一个最基本的 Plugin 结构。Webpack Plugin 最为核心的便是这个 apply() 方法。

Webpack 执行时，首先会生成插件的实例对象，之后会调用插件上的 apply() 方法，并将 compiler 对象（Webpack 实例对象，包含 Webpack 的各种配置信息等）作为参数传递给 apply() 方法。

之后便可以在 apply() 方法中使用 compiler 对象去监听 Webpack 在不同时刻触发的各种事件进行想要的操作了。

接下来看一个简单的示例，代码如下：

```
class plugin1 {
    constructor(option) {
      this.option = option
      console.log(option.name + '初始化')
    }
    apply(compiler) {
```

```
      console.log(this.option.name + 'apply 被调用')
      //在 Webpack 的 emit 生命周期上添加一种方法
      compiler.hooks.emit.tap('plugin1', (compilation) => {
        console.log('生成资源到 output 目录之前执行的生命周期')
      })
    }
  }

  class plugin2 {
    constructor(option) {
      this.option = option
      console.log(option.name + '初始化')
    }
    apply(compiler) {
      console.log(this.option.name + 'apply 被调用')

      //在 Webpack 的 afterPlugins 生命周期上添加一种方法
      compiler.hooks.afterPlugins.tap('plugin2', (compilation) => {
        console.log('Webpack 设置完初始插件之后执行的生命周期')
      })
    }
  }
  module.exports = {
      plugin1,
      plugin2
  }
```

定义 Webpack 配置文件，代码如下：

```
const path = require("path");
const {plugin1,plugin2} = require("./plugins/plugin1")

module.exports = {
  mode:"development",
  entry: {
    lib: "./src/index.js",
  },
  output: {
    path: path.join(__dirname, "build"),
    filename: "[name].js",
  },
  plugins: [
    new plugin1({ name: 'plugin1' }),
    new plugin2({ name: 'plugin2' })
  ],
};
```

编译后输出的结果如下:

```
//执行 Webpack 命令后输出的结果如下/*
plugin1 初始化
plugin2 初始化
plugin1 apply 被调用
plugin2 apply 被调用
Webpack 设置完初始插件之后执行的生命周期
生成资源到 output 目录之前执行的生命周期
*/
```

首先 Webpack 会按顺序实例化 plugin 对象,之后再依次调用 plugin 对象上的 apply() 方法。

也就是对应输出:plugin1 初始化、plugin2 初始化、plugin1 apply 被调用、plugin2 apply 被调用。

Webpack 在运行过程中会触发各种事件,而在 apply() 方法中能接收一个 compiler 对象,可以通过这个对象监听到 Webpack 触发各种事件的时刻,然后执行对应的操作函数。这套机制类似于 Node.js 的 EventEmitter,总体来讲就是一个发布订阅模式。

在 compiler.hooks 中定义了各式各样的事件钩子,这些钩子会在不同的时机被执行,而上面代码中的 compiler.hooks.emit 和 compiler.hooks.afterPlugin 这两个生命周期钩子,分别对应了设置完初始插件及生成资源到 output 目录之前这两个时间节点,afterPlugin 是在 emit 之前被触发的,所以输出的顺序更靠前。

(2)编写一个输出所有打包目录文件列表的插件,这个插件在构建完相关的文件后,会输出一个记录所有构建文件名的 list.md 文件,代码如下:

```
class myPlugin {
  constructor(option) {
    this.option = option
  }
  apply(compiler) {
    compiler.hooks.emit.tap('myPlugin', compilation => {
      let filelist = '构建后的文件:\n'
      for (var filename in compilation.assets) {
        filelist += '- ' + filename + '\n';
      }
      compilation.assets[list.md'] = {
        source: function() {
          return filelist
        },
        size: function() {
          return filelist.length
```

```
            }
          }
       })
    }
}
```

在 Webpack 的 emit 事件被触发之后,插件会执行指定的工作,并将包含了编译生成资源的 compilation 作为参数传入函数。可以通过 compilation.assets 获得生成的文件,并获取其中的 filename 值。

(3) Compiler 和 Compilation。上面在开发 Plugin 时最常用的两个对象就是 Compiler 和 Compilation,它们是 Plugin 和 Webpack 之间的桥梁。

Compiler 和 Compilation 的含义如下:

- Compiler 对象包含了 Webpack 环境所有的配置信息,包含 options、loaders、plugins 信息,这个对象在 Webpack 启动时被实例化,它是全局唯一的,可以简单地把它理解为 Webpack 实例;
- Compilation 对象包含了当前的模块资源、编译生成资源、变化的文件等。当 Webpack 以开发模式运行时,每当检测到一个文件变化,一次新的 Compilation 将被创建。Compilation 对象也提供了很多事件回调供插件进行扩展。通过 Compilation 也能读取 Compiler 对象。

Compiler 和 Compilation 的区别在于:Compiler 代表整个 Webpack 从启动到关闭的生命周期,而 Compilation 只代表一次新的编译。

3.3 Rollup

Rollup 是下一代 ES6 模块化工具,它最大的亮点是利用 ES6 模块设计,生成更简洁、更简单的代码。Rollup 更适合构建 JavaScript 库,如图 3-22 所示。

图 3-22 Rollup 框架 Logo

3.3.1 Rollup 介绍

Rollup 是一个 JavaScript 模块打包器,可以将小块代码编译成大块复杂的代码,例如

library 或应用程序。

Rollup 对代码模块使用新的标准化格式，这些标准都包含在 JavaScript 的 ES6 版本中，而不是以前的特殊解决方案，如 CommonJS 和 AMD。ES6 模块可以使开发者自由、无缝地使用最喜爱的 library 中的那些最有用的独立函数，而项目不必携带其他未使用的代码。ES6 模块最终还是要由浏览器原生实现，但当前 Rollup 可以使开发者提前体验。

1. Rollup 的优缺点

Rollup 将所有资源放到同一个地方，一次性加载，利用 Tree Shaking 特性来剔除未使用的代码，减少冗余。它有以下优点：

（1）配置简单，打包速度快。

（2）自动移除未引用的代码（内置 Tree Shaking）。

但是它也有以下几个不可忽视的缺点：

（1）开发服务器不能实现模块热更新，调试烦琐。

（2）浏览器环境的代码分割时依赖 AMD。

（3）加载第三方模块比较复杂。

2. Rollup 与 Webpack 及 Parcel 的区别

Rollup 的主要功能是对 JS 进行编译打包，这和 Webpack 有本质区别。Webpack 是一个通用的前端资源打包工具，它不仅可以处理 JS，也可以通过 Loader 来处理 CSS、图片、字体等各种前端资源，还提供了 Hot Reload 等方便前端项目开发的功能。如果不是开发一个 JS 框架，则 Webpack 显然会是一个更好的选择，Parcel 更适于开发和测试环境，开发者无须任何配置就可以使用 Parcel 进行打包，如表 3-6 所示。

表 3-6 Rollup 与 Webpack 及 Parcel 的区别

	Webpack	Rollup	Parcel
文件类型	JS/CSS/HTML 等多种类型的文件（配置 Loader）	主要是 JS 文件	JS/CSS/HTML 等多种类型的文件
多入口	支持（只能是 JS 文件）	支持（配置 Plugin）	支持 .html
Library 类型	不支持 ESM	支持 ESM	不支持 ESM
Code Splitting	支持	支持	支持
Tree Shaking	支持	支持	支持
HMR	支持（需要配置）	支持（需要配置）	支持（开发环境自动启动）
TypeScript	支持	支持	支持
构建体积	Rollup＜Webpack＜Parcel		
构建耗时	长	一般	短
配置文件	复杂	复杂	零配置
官方文档	详细但复杂	清晰	不够详细
生态	非常丰富	丰富	一般
通用性	大型项目	JS 库	中小型项目

3.3.2 Rollup 安装与配置

安装 Rollup 的命令如下：

```
# yarn 安装
yarn global add rollup
# NPM 安装
npm install rollup -g
```

3.3.3 Rollup 基础

当 Rollup 不包含任何插件时只是一个模块语法的转换工具，它可以把 ES6 的模块语法编译成不同的模块标准输出，如表 3-7 所示。

表 3-7 支持编译的模块化标准

模块化标准	描述
cjs	CommonJS，适用于 Node 和 Browserify/Webpack
iife	IIFE(Immediately Invoked Function Expression)即立即执行函数表达式，所谓立即执行，就是声明一个函数时，声明完了立即执行。自执行模块，适用于浏览器环境 script 标签
amd	异步模块定义，用于像 RequireJS 这样的模块加载器
umd	通用模块定义，以 amd、cjs 和 iife 为一体
es	ES 模块文件

在下面的例子中，用 ES6 语法编写的模块代码需要运行在 Node 中，代码如下：

```
# foo.js
export default 'Hello World!'
```

main.js 入口，代码如下：

```
# main.js
import foo from './foo.js'
export default function () {
  console.log(foo)
}
```

这里 ES6 的模块语法无法在 Node 中运行，可使用 Rollup 进行打包，代码如下：

```
# 针对浏览器环境打包
rollup ./src/main.js -- file bundle.js -- format iife
# 针对 Node.js 环境打包
rollup ./src/main.js -- file bundle.js -- format cjs
# 这里的 -- format 是指定输出格式
# iife 是指浏览器中常用的自调用函数
```

打包后输出的结果如下:

```
'use strict';
var foo = 'Hello world!';
function main () {
  console.log(foo);
}
module.exports = main;
```

可以看到 Rollup 做了两件事:
(1) 把 ES6 模块语法编译成了 Node 的语法。
(2) 把两个文件的代码打包成了一份。
下面详细讲解 Rollup 编译配置及打包的流程和插件的使用。

1. 配置文件

创建一个 rollup.config.js 文件,配置文件格式如下:

```
export default {
    input:'src/main.js',
    output:{
        file:'dist/bundle.cjs.js',          //输出文件的路径和名称
        format:'cjs',                        //5 种输出格式:amd/es6/iife/umd/cjs
        name:'bundleName',                   //当 format 为 iife 和 umd 时必须提供,将作为全
                                             //局变量挂在 window 下
        sourcemap:true,
        globals:{
            lodash:'_',                      //告诉 Rollup 全局变量'_'即是 lodash
            jquery:'$'                       //告诉 Rollup 全局变量'$'即是 jquery
        }
    }
}
```

有了配置文件执行命令,便可使用 --config 参数,表明使用配置文件,命令如下:

```
yarn rollup -- config
yarn rollup -- config rollup.config.js          #指明使用的配置文件
```

2. rollup.config.js 配置文件包含选项

Rollup 的详细配置文件如下:

```
export default {
  //核心选项
  input,                   //必选
  external,
  plugins,
```

```
    //额外选项
    onwarn,
    //高危选项
    acorn,
    context,
    moduleContext,
    legacy
    //必选(如果要输出多个,可以是一个数组)
    output: {
        //核心选项
        file,           //必选
        format,         //必选
        name,
        globals,
        //额外选项
        paths,
        banner,
        footer,
        intro,
        outro,
        sourcemap,
        sourcemapFile,
        interop,
        //高危选项
        exports,
        amd,
        indent
        strict
    },
};
```

这里 input、output.file 和 output.format 都是必选的,因此,一个基础配置文件如下:

```
//rollup.config.js
export default {
    input: "main.js",
    output: {
        file: "bundle.js",
        format: "cjs",
    },
};
```

这里的 format 字段有 5 种选项,如表 3-8 所示。

表 3-8 支持编译的模块化标准

模块化标准	描述
cjs	CommonJS，适用于 Node 和 Browserify/Webpack
iife	自执行模块，适用于浏览器环境 script 标签
amd	异步模块定义，用于像 RequireJS 这样的模块加载器
umd	通用模块定义，以 amd、cjs 和 iife 为一体
es	ES 模块文件

3. 使用插件

如果需要加载其他类型资源模块或者在代码中导入 CommonJS 模块，就需要使用 Rollup 插件。

插件拓展了 Rollup 处理其他类型文件的能力，它的功能有点类似于 Webpack 的 Loader 和 Plugin 的组合。不过配置比 Webpack 中要简单很多，不用逐个声明哪个文件用哪个插件处理，只需要在 Plugin 中声明，在引入对应文件类型时就会自动加载。接下来看几个常用的插件。

1）rollup-plugin-json 插件

rollup-plugin-json 插件让 Rollup 从 JSON 文件中读取数据，代码如下：

```
//在 main.js 文件中导入 json 中的值
import { name, version } from '../package.json'
console.log(name)
console.log(version)
```

配置如下：

```
# 安装
yarn add rollup-plugin-json -D

# rollup.config.js
import json from 'rollup-plugin-json'
export default {
  input: 'src/index.js',
  output: {
    file: 'dist/bundle.js',
    format: 'iife'
  },
  plugins: [
    json()
  ]
}
```

package.json 文件的打包命令如下：

```
"build": "rollup -c -- environment NODE_ENV:production && rollup -c",
"dev": "rollup -c  -- watch",
```

2）rollup-plugin-commonjs 插件

Rollup 默认只能加载 ES6 模块的 JS，但是项目中通常也会用到 CommonJS 的模块，这样 Rollup 解析时就会出现问题，代码如下：

```
//add.js
let count = 1;
let add = () => {
  return count + 1;
};
module.exports = {
  count,
  add,
};

//main.js
//报错
import add from "./add";
console.log("foo", add.count);
```

由于 ES6 模块导入时默认会去找 default，因此这里打包会报错，这时就需要用到 rollup-plugin-commonjs 插件进行转换，配置如下：

```
import commonjs from "rollup-plugin-commonjs";

export default {
  input: "./main.js",
  output: {
    file: "bundle.js",
    format: "iife",
  },
  plugins: [commonjs()],
};
```

4．模块热更新

Rollup 本身不支持启动开发服务器，可以通过 rollup-plugin-serve 第三方插件来启动一个静态资源服务器，代码如下：

```
import serve from "rollup-plugin-serve";
export default {
  input: "./main.js",
```

```
    output: {
      file: "dist/bundle.js",
      format: "iife",
    },
    plugins: [serve("dist")],
};
```

不过由于其本质上是一个静态资源的服务器，因此不支持模块热更新。

5. Tree Shaking

由于 Rollup 本身支持 ES6 模块化规范，因此不需要额外配置即可进行 Tree Shaking。

6. 代码分割

Rollup 代码分割和 Parcel 一样，也是通过按需导入的方式，但是输出的格式不能使用 iife，因为 iife 自执行函数会把所有模块放到一个文件中，可以通过 amd 或者 cjs 等其他规范，代码如下：

```
export default {
  input: "./main.js",
  output: {
     //输出文件夹
     dir: "dist",
     format: "amd",
  },
};
```

这样通过 import() 动态导入的代码就会单独分割到独立的 JS 中，在调用时按需引入。不过对于这种 amd 模块的文件，不能直接在浏览器中引用，必须通过实现 AMD 标准的库加载，例如 Require.js。

7. 多入口打包

多入口打包默认会提取公共模块，意味着会执行代码拆分，所以格式不能是 iife 格式，需要使用多入口打包方式，配置如下：

```
export default {
  //这两种方式都可以
  //input: ['src/index.js', 'src/album.js'],
  input: {
     foo: 'src/index.js',
     bar: 'src/album.js'
  },
  output: {
     dir: 'dist',
     format: 'amd'
  }
}
```

```
}
<! -- 在浏览器端使用打包好的 dist 目录文件 -->
<! -- 需要引入 require.js --><script src = "https://unpkg.com/requirejs@2.3.6/require.
js" data - main = "foo.js"></script>
```

3.4 ESBuild

ESBuild 是一个用 Go 语言编写的 JavaScrip、TypeScript 打包工具,如图 3-23 所示。ESBuild 有两大功能,分别是 bundler 与 minifier,其中 bundler 用于代码编译,类似 babel-loader、ts-loader;minifier 用于代码压缩,类似 terser。

图 3-23　ESBuild 构建工具 Logo

大多数前端打包工具是基于 JavaScript 实现的,而 ESBuild 则选择使用 Go 语言编写,两种语言各自有其擅长的场景,但是在资源打包这种 CPU 密集型场景下,Go 语言天生具有多线程运行能力,因此更具性能优势。

ESBuild 官方网址为 https://esbuild.github.io/。

1. ESBuild 介绍

ESBuild 是由 Figma 的 CTO(Evan Wallace)基于 Go 语言开发的一款打包工具,相比传统的打包工具,主打性能优势在于构建速度上可以快 10~100 倍。

说明:Figma 是一个基于浏览器的协作式 UI 设计工具。Figma Inc.创立于 2012 年 10 月 1 日,总部位于美国加州旧金山,开发了多人协作界面设计工具,可使整个团队的设计过程在一个在线工具中进行。

ESBuild 项目的主要目标是:开辟一个构建工具性能的新时代,创建一个易用的现代打包器。现在很多工具内置了它,例如熟知的 Vite、Snowpack。借助 ESBuild 优异的性能,Vite 更如虎添翼,编译打包速度显著提升。

ESBuild 的主要特征有以下几点:

(1) 打包时极致的速度,不需要缓存。

(2) 支持 Source Maps。

(3) 支持压缩、支持插件。

(4) 支持 ES6 和 CommonJS 模块。

(5) 支持 ES6 模块的 Tree Shaking。

(6) 提供 JavaScript 和 Go 的 API。

（7）支持 TypeScript 和 JSX 的语法。

2. ESBuild 使用场景

1）代码压缩工具

ESBuild 的代码压缩功能非常优秀，其性能比传统的压缩工具高一个量级以上。Vite 在 2.6 版本也官宣在生产环境中直接使用 ESBuild 来压缩 JS 和 CSS 代码。

2）第三方库 Bundler

Vite 在开发阶段使用 ESBuild 进行依赖的预打包，将所有用到的第三方依赖转换成 ESM 格式 Bundler 产物，并且未来有用到生产环境的打算。

3）小程序编译

对于小程序的编译场景，也可以使用 ESBuild 来代替 Webpack，大大提升编译速度，对于 AST 的转换则通过 ESBuild 插件嵌入 SWC 实现，从而实现快速编译。

4）Web 构建

Web 场景就显得比较复杂了，对于兼容性和周边工具生态的要求比较高，例如低浏览器语法降级、CSS 预编译器、HMR 等，如果要用纯 ESBuild 来做，则还需要补充很多能力。

3. ESBuild 安装与配置

```
#本地安装,或者全局安装
npm install esbuild
#查看版本
.\node_modules\.bin\esbuild --version
```

4. ESBuild 快速上手

下面通过一个简单的 Demo 演示 ESBuild 如何编译打包 React 项目。

首先需要安装 React、ReactDOM 库，命令如下：

```
npm install react react-dom -S
```

创建一个 App.jsx 组件页面，代码如下：

```
import React from 'react'
import ReactDOM from 'react-dom'
let Greet = () => <h1>Hello, ESBuild!</h1>
ReactDOM.render(<Greet />, document.querySelector("#app"))
```

在 package.json 文件中添加一个编译命令，命令如下：

```
"scripts": {
    "build": "esbuild App.jsx --bundle --outfile=out.js"
  },
```

执行脚本命令，命令如下：

```
npm run build
```

3.5 Vite

Vite 是 Vue 框架的作者尤雨溪为 Vue 3 开发的新的构建工具，目的是替代 Webpack，其原理是利用现代浏览器已经支持 ES6 的动态 import，当遇到 import 时会发送一个 HTTP 请求去加载文件，Vite 会拦截这些请求，进行预编译，省去了 Webpack 冗长的打包时间，提升开发体验。Vite 构建工具的 Logo 如图 3-24 所示。

图 3-24 Vite 构建工具 Logo

Vite 借鉴了 Snowpack，在生产环境使用 Rollup 打包。相比 Snowpack，它支持多页面、库模式、动态导入、自动 polyfill 等。

Vite 开源网址为 https://github.com/vitejs/vite，Vite 官方网址为 https://vitejs.dev/。

3.5.1 Vite 介绍

Vite 解决了 Webpack 开发阶段 Dev Server 冷启动时间过长，HMR（热更新）反应速度慢的问题。早期的浏览器基本上不支持 ES Module，这个时候需要使用 Webpack、Rollup、Parcel 等打包构建工具来提取、处理、连接和打包源码，但是当项目变得越来越复杂，模块数量越来越多时，特别是在开发过程中，启动一个 Dev Server 所需要的时间也会变得越来越长，当编辑代码、保存、使有 HRM 功能时，可能也要花费几秒才能反映到页面中。这种开发体验是非常耗时的，同时体验也非常差，而 Vite 就是为解决这种开发体验上的问题的。总体来讲 Vite 有以下优点：

（1）去掉打包步骤，快速地冷启动。
（2）及时进行模块热更新，不会随着模块变多而使热更新变慢。
（3）真正按需编译。

3.5.2 Vite 基本使用

Vite 不仅支持 Vue 3 项目构建，同时也支持其他的前端流行框架的项目构建，目前支持的框架有 vanilla、vanilla-ts、vue、vue-ts、react、react-ts、preact、preact-ts、lit、lit-ts、svelte、svelte-ts。

注意：Vite 需要 Node.js 版本不低于 12.0.0 版，然而，有些模板需要依赖更高的 Node 版本才能正常运行，当包管理器发出警告时，需要注意升级 Node 版本。

1. Vite 构建 Vue 项目

安装 Vite，同时使用 Vue 3 模板构建项目，命令如下：

```
# npm 6.x
npm create vite@latest my-vue-app --template vue
# npm 7+, extra double-dash is needed
npm create vite@latest my-vue-app -- --template vue
# yarn
yarn create vite my-vue-app --template vue
# pnpm
pnpm create vite my-vue-app -- --template vue
```

命令执行的结果如图 3-25 所示。

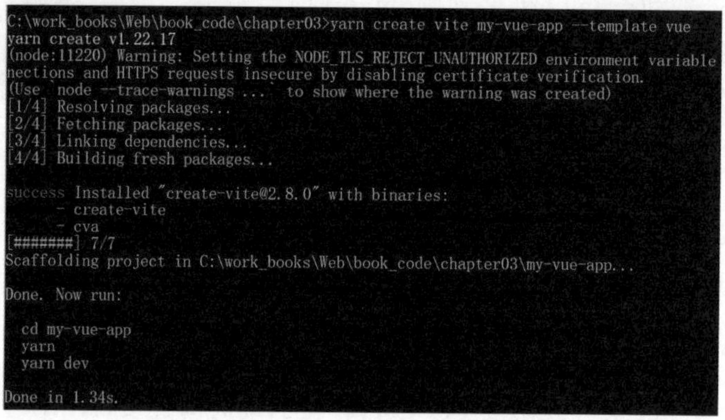

图 3-25 创建项目成功提示

接下来,进入 my-vue-app 目录,执行 yarn 命令安装依赖包,再执行 yarn dev 命令启动项目,如图 3-26 所示。

在浏览器中预览的效果如图 3-27 所示。

图 3-26 执行 yarn dev 命令启动项目　　图 3-27 预览 Vue 3+Vite 项目效果

2. Vite 构建 React 项目

安装 Vite,同时使用 React 模板构建项目,命令如下：

```
# npm 6.x
npm create vite@latest my-vue-app -- template react
# npm 7+, extra double-dash is needed
npm create vite@latest my-vue-app -- --template react
# yarn
yarn create vite my-vue-app --template react
# pnpm
pnpm create vite my-vue-app -- --template react
```

创建的项目结构如图 3-28 所示。

在项目目录下,执行 yarn dev 命令,启动项目,在浏览器中预览效果,如图 3-29 所示。

图 3-28　Vite+React 项目的目录结构　　图 3-29　预览 Vite+React 项目效果

3.5.3　Vite 原理

在介绍 Vite 原理之前,需要先了解打包模式(Bundle)和无打包模式(Bundleless)。Vite 借鉴了 Snowpack,采用无打包模式。无打包模式只会编译代码,不会打包,因此构建速度极快,与打包模式相比时间缩短了 90% 以上。

1. 打包 vs 无打包构建

2015 年之前,前端开发需要打包工具来解决前端工程化构建的问题,主要原因在于网络协议 HTTP 1.1 标准有并行连接限制,浏览器方面也不支持模块系统(如 CommonJS 包不能直接在浏览器运行),同时存在代码依赖关系与顺序管理问题。

但随着 2015 年 ESM 标准发布后,网络通信协议也发展到多路并用的 HTTP 2 标准,目前大部分浏览器已经支持了 HTTP 2 标准和浏览器的 ES Module,与此同时,随着前端工程体积的日益增长与亟待提升的构建性能之间的矛盾越来越突出,无打包模式逐渐发展兴起。

打包模式与无打包模式对比如表 3-9 所示。

表 3-9 打包模式与无打包模式对比

	Bundle(Webpack)	Bundleless(Vite/Snowpack)
启动时间	长,需要完成打包项目	短,只启动 Server 按需加载
构建时间	随项目体积线性增长	构建时间复杂度 $O(1)$
加载性能	打包后加载对应的 Bundle	请求映射至本地文件
缓存能力	缓存利用率一般,受 split 方式影响	缓存利用率近乎完美
文件更新	重新打包	重新请求单个文件
调试体验	通常需要 SourceMap 进行调试	不强依赖 SourceMap,可单文件调试
生态	非常完善	目前相对不成熟,但是发展很快

2. Vite 分为开发模式和生产模式

开发模式:Vite 提供了一个开发服务器,然后结合原生的 ESM,当代码中出现 import 时,发送一个资源请求,Vite 开发服务器拦截请求,根据不同的文件类型,在服务器端完成模块的改写(例如单文件的解析、编译等)和请求处理,实现真正的按需编译,然后返回浏览器。请求的资源在服务器端按需编译返回,完全跳过了打包这个概念,不需要生成一个大的包。服务器随启随用,所以开发环境下的初次启动是非常快的,而且热更新的速度不会随着模块增多而变慢,因为代码改动后,并不会有打包的过程。

Vite 本地开发服务器所有逻辑基本依赖中间件实现,如图 3-30 所示,中间件拦截请求之后,主要负责以下内容:

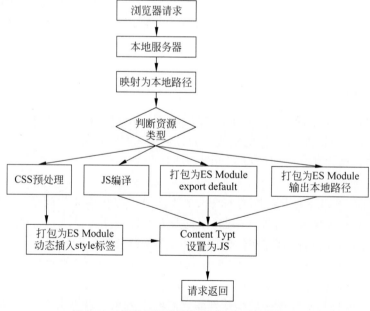

图 3-30 拦截不同的资源请求,实时编译转换

（1）处理 ESM 语法，例如将业务代码中的 import 第三方依赖路径转换为浏览器可识别的依赖路径。

（2）对 .ts、.vue 等文件进行即时编译。

（3）对 Sass/Less 等需要预编译的模块进行编译。

（4）和浏览器端建立 socket 连接，实现 HMR。

生产模式：利用 Rollup 来构建源码，Vite 将需要处理的代码分为以下两大类。

第三方依赖：这类代码大部分是纯 JavaScript 代码，而且不会经常变化，Vite 会通过 pre-bundle 的方式来处理这部分代码。Vite 2 使用 ESBulid 来构建这部分代码，ESBuild 是基于 Go 语言实现的，处理速度会比用 JavaScript 写的打包器快 10～100 倍，这也是 Vite 为什么在开发阶段处理代码很快的一个原因。

业务代码：通常这部分代码不是纯的 JavaScript（例如 JSX、Vue 等）代码，经常会被修改，而且也不需要一次性全部加载（可以根据路由进行代码分割后加载）。

由于 Vite 使用了原生的 ESM，所以 Vite 本身只要按需编译代码，然后启动静态服务器就可以了。只有当浏览器请求这些模块时，这些模块才会被编译，以便动态加载到当前页面中。

第 4 章 TypeScript

随着越来越多的前端知名项目选择使用 TypeScript 语言作为其新版本的开发语言，对于大规模的前端项目开发，TypeScript 已经成为首选开发语言，TypeScript 也因此成为前端开发者必备的开发语言之一。

本章系统介绍 TypeScript 的语法特性及其用法，通过本章的学习，读者可以全面掌握 TypeScript 的面向对象编程、泛型编程及模块化设计与开发。

4.1 TypeScript 介绍

TypeScript 是微软开发的一个开源的编程语言，如图 4-1 所示，通过在 JavaScript 的基础上添加静态类型定义构建而成。TypeScript 可通过 TypeScript 编译器或 Babel 转译为 JavaScript 代码，可运行在任何浏览器及任何操作系统上。

图 4-1　TypeScript Logo

TypeScript 起源于使用 JavaScript 开发的大型项目。由于 JavaScript 语言本身的局限性，造成其难以胜任和维护大型项目开发，因此微软开发了 TypeScript，使其能够满足开发大型项目的要求。

TypeScript 的作者是安德斯·海尔斯伯格，C♯ 的首席架构师。他为微软开发和设计出 Visual J++、.NET 平台及 C♯ 语言，可以说他开发出的软件和语言影响了全世界整整一代程序员。

TypeScript 是开源和跨平台的编程语言。它是 JavaScript 的一个超集，它为 JavaScript 语言添加了可选的静态类型和基于类的面向对象编程。

TypeScript 扩展了 JavaScript 的语法，所以任何现有的 JavaScript 程序都可以运行在

TypeScript 环境中。TypeScript 是为大型应用开发而设计的,并且可以编译为 JavaScript。

中文官网网址为 https://www.tslang.cn/index.html,Git 源码网址为 https://github.com/Microsoft/TypeScript。

1. TypeScript 设计目标

TypeScript 从一开始就提出了自己的设计目标,主要目标如下:

(1) 遵循当前及未来出现的 ECMAScript 规范。

(2) 为大型项目提供构建机制(通过 Class、接口和模块等支撑)。

(3) 兼容现存的 JavaScript 代码,即任何合法的 JavaScript 程序都是合法的 TypeScript 程序。

(4) 对于发行版本的代码没有运行开销。使用过程可以简单划分为程序设计阶段和执行阶段。

(5) 成为跨平台的开发工具,TypeScript 使用 Apache 的开源协议作为开源协议,并且能够在所有主流的操作系统上安装和执行。

2. TypeScript 的优势

TypeScript 语言的优势如下:

(1) 拥有活跃的社区支持和生态。

(2) 增加了代码的可读性和可维护性。

(3) 拥抱 ES6 规范,也支持 ES7 草案的规范。

(4) TypeScript 本身非常包容,兼容所有现行的 JavaScript 代码。

3. TypeScript 的劣势

除了上面介绍的优势外,当然 TypeScript 语言也存在一些劣势,主要劣势如下:

(1) 短期投入到工作中可能会增加开发成本。

(2) 集成到自动构建流程中需要额外的工作量。

(3) 学习需要成本,需要理解接口、Class、泛型等知识。

4. TypeScript 内部结构

TypeScript 语言内部被划分为三层,如图 4-2 所示,每层又被划分为子层或者组件。

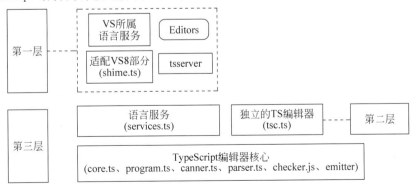

图 4-2 TypeScript 内部结构图

TypeScript 语言内部的每一层都有自己不同的用途。

(1) 语言层：实现所有 TypeScript 的语言特性。

(2) 编译层：执行编译和类型检查操作，并把代码转换为 JavaScript。

(3) 语言服务层：生成信息以向编辑器或其他开发工具提供更好的辅助特性。

4.2 TypeScript 安装与配置

TypeScript 安装依赖 Node.js，命令行的 TypeScript 编译器可以使用 Node.js 包来安装，所以在安装 TypeScript 之前，应先安装好 Node.js。

以命令行工具安装，命令如下：

```
$ npm install -g typescript
```

-g 表示全局安装，上面的命令执行后会在全局环境下安装 tsc 命令。

查看版本信息，命令如下：

```
$ tsc --version
```

安装成功后可以在任何地方执行 tsc 命令。

TypeScript 文件的后缀为 .ts，可以在命令行中输入编译命令，命令如下：

```
$ tsc xxx.ts
```

此命令可把文件编译为 JavaScript 文件，上述命令中 xxx 为对应文件的文件名，编译完成后将得到 xxx.js 文件。

4.3 TypeScript 基础数据类型

TypeScript 支持数据类型声明，TypeScript 编译器在代码编写过程中会帮助开发者检查类型或者语法错误，TypeScript 支持与 JavaScript 几乎相同的数据类型，此外还提供了实用的枚举、元组等类型方便开发者使用。

1. 布尔值

最基本的数据类型为布尔型，其值为 true/false，在 JavaScript 和 TypeScript 里叫作 boolean（其他语言中也一样），布尔类型的定义如代码示例 4-1 所示。

代码示例 4-1

```
let isDone: boolean = false;
```

2. 数字

和 JavaScript 一样，TypeScript 里的所有数字都是浮点数。这些浮点数的类型是 number。除了支持十进制和十六进制字面量外，TypeScript 还支持 ECMAScript 2015 中引入的二进制和八进制字面量，如代码示例 4-2 所示。

代码示例 4-2

```
let decLiteral: number = 6;
let hexLiteral: number = 0xf00d;
let binaryLiteral: number = 0b1010;
let octalLiteral: number = 0o744;
```

3. 字符串

JavaScript 程序的另一项基本操作是处理网页或服务器端的文本数据。像其他语言一样，使用 string 表示文本数据类型。和 JavaScript 一样，可以使用双引号(")或单引号(')表示字符串，如代码示例 4-3 所示。

代码示例 4-3

```
let name: string = "HarmonyOS";
name = "OpenHarmony";
```

还可以使用模板字符串，它可以定义多行文本和内嵌表达式。这种字符串是被反引号包围"`"的，并且以 ${expr} 这种形式嵌入表达式，如代码示例 4-4 所示。

代码示例 4-4

```
let name: string = 'Gene';
let age: number = 37;
let sentence: string = 'Hello, my name is ${ name }.
I'll be ${ age + 1 } years old next month.';
```

这与下面定义 sentence 的方式效果相同，如代码示例 4-5 所示。

代码示例 4-5

```
let sentence: string = "Hello, my name is " + name + ".\n\n" +
    "I'll be " + (age + 1) + " years old next month.";
```

4. 数组

TypeScript 像 JavaScript 一样可以操作数组元素。有两种方式可以定义数组。第 1 种方式，可以在元素类型后面接上 [ ]，表示由此类型元素组成的一个数组，如代码示例 4-6 所示。

代码示例 4-6

```
let list: number[] = [1, 2, 3];
```

第2种方式是使用数组泛型，Array<元素类型>，如代码示例 4-7 所示。

代码示例 4-7

```
let list: Array<number> = [1, 2, 3];
```

5. 元组 tuple

元组类型允许表示一个已知元素数量和类型的数组，各元素的类型不必相同。例如，可以定义一对值分别为 string 和 number 类型的元组，如代码示例 4-8 所示。

代码示例 4-8

```
//声明一个元组类型
let x: [string, number];
//初始化
x = ['hello', 10];          //正确
//初始化不正确
x = [10, 'hello'];          //错误
```

当访问一个已知索引的元素时会得到正确的类型，如代码示例 4-9 所示。

代码示例 4-9

```
console.log(x[0].substr(1)); //OK
console.log(x[1].substr(1)); //Error, 'number' does not have 'substr'
```

当访问一个越界的元素时会使用联合类型替代，如代码示例 4-10 所示。

代码示例 4-10

```
x[3] = 'world';                      //正确,字符串可以赋值给(string | number)类型
console.log(x[5].toString());        //正确,'string' 和 'number' 都有 toString
x[6] = true;                         //错误,布尔不是(string | number)类型
```

6. 枚举

enum 类型是对 JavaScript 标准数据类型的一个补充。像 C♯ 等其他语言一样，使用枚举类型可以为一组数值赋予友好的名字，如代码示例 4-11 所示。

代码示例 4-11

```
enum Color {Red, Green, Blue}
let c: Color = Color.Green;
```

默认情况下,从 0 开始为元素编号。也可以手动地指定成员的数值。例如,将上面的例子改成从 1 开始编号,如代码示例 4-12 所示。

代码示例 4-12

```
enum Color {Red = 1, Green, Blue}
let c: Color = Color.Green;
```

或者,全部采用手动赋值,如代码示例 4-13 所示。

代码示例 4-13

```
enum Color {Red = 1, Green = 2, Blue = 4}
let c: Color = Color.Green;
```

枚举类型提供的一个便利是可以由枚举的值得到它的名字。例如,已经知道数值为 2,但是不确定它映射到 Color 里的哪个名字,此时可以查找相应的名字,如代码示例 4-14 所示。

代码示例 4-14

```
enum Color {Red = 1, Green, Blue}
let colorName: string = Color[2];
console.log(colorName);        //显示'Green',因为上面代码中它的值是 2
```

7. any

有时需要为那些在编程阶段还不清楚类型的变量指定一种类型。这些值可能来自于动态的内容,例如来自用户输入或第三方代码库。这种情况下,不希望类型检查器对这些值进行检查而是直接让它们通过编译阶段的检查,此时可以使用 any 类型来标记这些变量,如代码示例 4-15 所示。

代码示例 4-15

```
let notSure: any = 4;
notSure = "maybe a string instead";
notSure = false;           //正确,notSure 可以再设置为 false
```

在对现有代码进行改写时,any 类型是十分有用的,它允许在编译时可选择性地包含或移除类型检查。可能会认为 Object 有相似的作用,就像它在其他语言中那样。但是 Object 类型的变量只允许给它赋任意值,而不能够在它上面调用任意的方法,即便它真的有这些方法,如代码示例 4-16 所示。

代码示例 4-16

```
let notSure: any = 4;
notSure.ifItExists();          //正确,ifItExists 方法可通过编译器检查
notSure.toFixed();             //正确,toFixed 方法可通过编译器检查

let prettySure: Object = 4;
prettySure.toFixed();          //错误,toFixed 方法不存在'Object'
```

当只知道一部分数据的类型时,any 类型也是有用的。例如,有一个数组,它包含了不同类型的数据,如代码示例 4-17 所示。

代码示例 4-17

```
let list: any[] = [1, true, "free"];
list[1] = 100;
```

8. void

某种程度上来讲,void 类型像是与 any 类型相反,它表示没有任何类型。当一个函数没有返回值时,通常会见到其返回值的类型是 void,如代码示例 4-18 所示。

代码示例 4-18

```
function warnUser(): void {
    console.log("This is my warning message");
}
```

声明一个 void 类型的变量没有什么大用,因为只能为它赋予 undefined 和 null,如代码示例 4-19 所示。

代码示例 4-19

```
let unusable: void = undefined;
```

9. null 和 undefined

在 TypeScript 里,undefined 和 null 两者各自有自己的类型,分别叫作 undefined 和 null。和 void 相似,它们本身的类型用处不是很大,如代码示例 4-20 所示。

代码示例 4-20

```
//除了可以赋值为自身外,不可以赋其他值
let u: undefined = undefined;
let n: null = null;
```

默认情况下 null 和 undefined 是所有类型的子类型。就是说可以把 null 和 undefined 赋值给 number 类型的变量。

当指定了--strictNullChecks 标记时,null 和 undefined 只能赋值给 void 和它们自身。这能避免很多常见的问题。想传入一个 string、null 或 undefined,可以使用联合类型 string | null | undefined。

注意:应尽可能地使用--strictNullChecks,但在本手册里假设这个标记是关闭的。

10. never

never 类型表示的是那些永不存在的值的类型。例如,never 类型是那些总会抛出异常或根本就不会有返回值的函数表达式或箭头函数表达式的返回值类型;变量也可能是 never 类型,即当它们被永不为真的类型保护所约束时。

never 类型是任何类型的子类型,也可以赋值给任何类型,然而,没有类型是 never 的子类型或可以赋值给 never 类型(除了 never 本身之外)。即使 any 也不可以赋值给 never。

下面是一些返回 never 类型的函数,如代码示例 4-21 所示。

代码示例 4-21

```
//返回 never 的函数必须存在无法达到的终点
function error(message: string): never {
    throw new Error(message);
}
//推断的返回值类型为 never
function fail() {
    return error("Something failed");
}
//返回 never 的函数必须存在无法达到的终点
function infiniteLoop(): never {
    while (true) {
    }
}
```

4.4 TypeScript 高级数据类型

除了上面所介绍的基础数据类型外,TypeScript 中还可以使用一些高级数据类型,如泛型、交叉类型、联合类型。

4.4.1 泛型

TypeScript 中引入了 C♯ 中的泛型(Generic),泛型解决类、接口、方法的复用性及对不特定数据类型的支持。

1. 泛型类

泛型类可以支持不特定的数据类型,要求传入的参数和返回的参数必须一致,T 表示泛型,具体是什么类型在调用这种方法时才决定,如代码示例 4-22 所示。

代码示例 4-22

```typescript
//类的泛型
class MyClas<T>{
    public list: T[] = [];
    add(value: T): void {
        this.list.push(value);
    }
    min(): T {
        var minNum = this.list[0];
        for (var i = 0; i < this.list.length; i++) {
            if (minNum > this.list[i]) {
                minNum = this.list[i];
            }
        }
        return minNum;
    }
}
//实例化类并且制定了类的 T,代表的类型是 number
var m1 = new MyClas<number>();
m1.add(1);
m1.add(2);
m1.add(3);
console.log(m1.min());
//实例化类并且制定了类的 T,代表的类型是 string
var m2 = new MyClas<string>();
m2.add('a');
m2.add('b');
m2.add('c');
console.log(m2.min());
```

2. 泛型接口

泛型接口如代码示例 4-23 所示。

代码示例 4-23

```typescript
//泛型接口
interface IConfigFn<T> {
    (value: T): T;
}

function getData<T>(value: T): T {
    return value;
}

var myData: IConfigFn<string> = getData;
console.log(myData('20'));
```

3. 泛型类

通过泛型类可以定义一个操作数据库的库，支持 MySQL、MS-SQL、MongoDB，要求 MySQL、MS-SQL、MongoDB 功能一样，都有 add、update、delete、get 方法，如代码示例 4-24 所示。

代码示例 4-24

```typescript
//定义操作数据库的泛型类
class MysqlAccess<T>{
    add(info: T): boolean {
        console.log(info);
        return true;
    }
}
class MongoAccess<T>{
    add(info: T): boolean {
        console.log(info);
        return true;
    }
}
//想给 User 表增加数据,定义一个 User 类和数据库进行映射
class User {
    username: string | undefined;
    password: string | undefined;
}
var user = new User();
user.username = "张三";
user.password = "123456";
var md1 = new MysqlAccess<User>();
md1.add(user);

//想给 Article 增加数据,定义一个 Article 类和数据库进行映射
class Article {
    title: string | undefined;
    desc: string | undefined;
    status: number | undefined;
    constructor(params: {
        title: string | undefined,
        desc: string | undefined,
        status?: number | undefined
    }) {
        this.title = params.title;
        this.desc = params.desc;
        this.status = params.status;
    }
```

```
}
var article = new Article({
    title: "这是文章标题",
    desc: "这是文章描述",
    status: 1
});
var md2 = new MongoAccess<Article>();
md2.add(article);
```

4.4.2 交叉类型

交叉类型(Intersection Types)是将多种类型合并为一种类型。这可以把现有的多种类型叠加到一起而成为一种类型,它包含了所需的所有类型的特性。交叉类型包含 A 的特点,也包含 B 的特点,伪代码表示就是 A&B。

下面定义了两种类型:Person 和 Student,变量 student 的类型是 Person 和 Student 的交叉类型,student 的类型必须满足两种类型的交叉组合体要求,如代码示例 4-25 所示。

代码示例 4-25

```
interface Person {
    name: string
    age: number
}
interface Student {
    school: string
}
const student: Person & Student = {
    name: 'Gavin',
    age: 26,
    school: '清华大学',
}
```

同时 Person & Student 可以使用类型别名,下面代码中定义的 StudentInfo 就是 Person&Student 的类型别名,如代码示例 4-26 所示。

代码示例 4-26

```
interface Person {
    name: string
    age: number
}
interface Student {
    school: string
```

```
}
type StudentInfo = Person & Student
const student: StudentInfo = {
    name: 'Gavin',
    age: 26,
    school: '清华大学',
}
```

4.4.3 联合类型

联合类型(Union Types)既可以是 A,也可以是 B,伪代码表示就是 A|B,如代码示例 4-27 所示。

代码示例 4-27

```
var type:string | number | boolean = '1'
type = 12;
type = true;
```

上面的 type 的类型就是 number 和 boolean 的联合类型,type 的值是这两种类型中的一种,下面定义了一种由字面量类型组合成的一个新的联合类型,如代码示例 4-28 所示。

代码示例 4-28

```
type WorkDays = 1 | 2 | 3 | 4 | 5;

let day: WorkDays = 1;          //正确
day = 5;                        //正确
day = 6;                        //错误,6 不能赋值给 WorkDays
```

字面量联合类型的形式与枚举类型有些类似,所以,如果仅使用数字,则可以考虑是否使用具有表达性的枚举类型。

4.5 TypeScript 面向对象特性

TypeScript 增加了类似于 C#语言的面向对象编程,提供了类、接口、抽象类、泛型的支持。

4.5.1 类

JavaScript 编程更多还是面向函数编程,在面向对象编程方面支持较弱,虽然在 ES6 后提供了类似 C#或者 Java 的面向对象编程的特征,但是与 C#或者 Java 中的面向对象特征差距较大,因此 TypeScript 在语法中加入了完整的面向对象的支持,让熟悉面向对象的开发者可以通过 TypeScript 实现最终的 JavaScript 面向对象的编程体验。

类是对业务领域对象的抽象，类是一张蓝图或一个原型，它定义了特定一类对象共有的变量/属性和方法/函数，对象是面向对象编程中基本的运行实体，类与对象的关系如图 4-3 所示。

房子设计图(抽象的)　　　　　　真正的房子(具体的)

图 4-3　类与对象的关系

1. 定义类

TypeScript 定义类的方式和 ES6 定义类的方式是一样的，在下面代码中的属性和方法前面比 ES6 的类多了一个访问修饰符 private，这里表示该属性和方法是私有的，如代码示例 4-29 所示。

代码示例 4-29

```
class Phone {
    private brandName:string;
    private cpu: string;
    private width : number;
    private height: number;

    constructor(brandName:string,width:number,height:number){
        this.brandName = brandName;
        this.width = width;
        this.height = height;
    }
    private takeCall():void{
        console.log("打电话给……")
    }
}
```

2. 访问修饰符

TypeScript 和 Java 类似，可以为类中的属性和方法添加访问修饰符，TypeScript 可以使用 3 种访问修饰符（Access Modifiers），分别是 public、private 和 protected。

(1) public：公有类型，在当前类里面、子类、类外面都可以访问。

（2）protected：保护类型，在当前类里面、子类里面可以访问，但在类外部没法访问。

（3）private：私有类型，在当前类里面可以访问，但在子类、类外部都没法访问。

注意：如果属性不加修饰符，则默认为公有(public)。

3. 存取器

TypeScript 支持通过 getters/setters 来截取对对象成员的访问。它能帮助开发者有效地控制对对象成员的访问。在下面的例子中对成员变量 fullName 的访问是通过存储器访问的，可以在 set() 方法中添加与权限相关的逻辑来控制对内部成员变量的操作，如代码示例 4-30 所示。

代码示例 4-30

```typescript
let passcode = 'password';
class Employee {
    private _fullName: string;
    get fullName(): string {
        return this._fullName;
    }
    set fullName(name: string) {
        if (passcode && passcode === 'password') {
            this._fullName = name;
        } else {
            console.log('授权失败');
        }
    }
}
let employee = new Employee();
employee.fullName = "Gavin Xu";
if (employee.fullName) {
    console.log(employee.fullName)
}
```

4. 类的继承

在 TypeScript 中实现继承时可使用 extends 关键字，一旦实现了继承关系，子类中就拥有了父类的属性和方法，而在执行方法过程中，首先从子类开始查找，如果有，就使用，如果没有，就去父类中查找。类的继承只能单向继承，如代码示例 4-31 所示。

代码示例 4-31

```typescript
class Person {
    name: string;                      //父类属性,前面省略了 public 关键字
    constructor(n: string) {           //构造函数,实例化父类时触发的方法
        this.name = n;                 //使用 this 关键字为当前类的 name 属性赋值
    }
    run(): void {                      //父类方法
        console.log(this.name + "在跑步");
    }
```

```typescript
}
class Chinese extends Person {
    age: number;                            //子类属性

    constructor(n: string, a: number) {     //构造函数,实例化子类时触发的方法
        super(n);                           //使用 super 关键字调用父类中的构造方法
        this.age = a;                       //使用 this 关键字为当前类的 age 属性赋值
    }

    speak(): void {                         //子类方法
        super.run();                        //使用 super 关键字调用父类中的方法
        console.log(this.name + "说中文");
    }
}
var c = new Chinese("张三", 28);
c.speak();
```

5. 抽象类

TypeScript 中的抽象类：它是提供其他类继承的基类,不能直接被实例化。

用 abstract 关键字定义抽象类和抽象方法,抽象类中的抽象方法不包含具体实现并且必须在派生类(也就是其子类)中实现,abstract 抽象方法只能放在抽象类里。

通常使用抽象类和抽象方法来定义标准,如代码示例 4-32 所示。

代码示例 4-32

```typescript
//动物抽象类,所有动物都会跑(假设),但是吃的东西不一样,所以把吃的方法定义成抽象方法
abstract class Animal {
    name: string;
    constructor(name: string) {
        this.name = name;
    }
    abstract eat(): any;                    //抽象方法不包含具体实现并且必须在派生类中实现
    run() {
        console.log(this.name + "会跑")
    }
}

class Dog extends Animal {
    constructor(name: string) {
        super(name);
    }
    eat(): any {                            //抽象类的子类必须实现抽象类里面的抽象方法
        console.log(this.name + "啃骨头");
    }
}
```

```
var d: Dog = new Dog("小狗");
d.eat();

class Cat extends Animal {
    constructor(name: string) {
        super(name);
    }
    eat(): any {                          //抽象类的子类必须实现抽象类里的抽象方法
        console.log(this.name + "吃老鼠");
    }
}

var c: Cat = new Cat("小猫");
c.eat();
```

4.5.2 接口

在面向对象的编程中,接口是一种规范的定义,它定义了行为和动作的规范,在程序设计里,接口起到一种限制和规范的作用,编程接口和计算机的各种接口的作用类似,接口定义好后,插头必须完全满足接口标准,这样才可以连接,如图4-4所示。

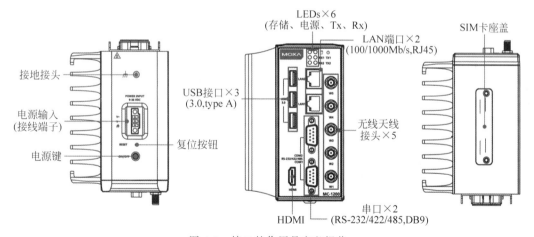

图 4-4 接口的作用是定义规范

接口定义了某一组类所需要遵守的规范,接口不关心这些类的内部状态数据,也不关心这些类里方法的实现细节,它只规定这批类里必须提供某些方法,提供这些方法的类就可以满足实际需要。TypeScript 中的接口类似于 C♯ 和 Java 语言中的接口概念,同时还增加了更灵活的接口类型,包括属性、函数、可索引和类等。

在 TypeScript 中定义函数形参{x,y},如代码示例 4-33 所示。

代码示例 4-33

```
function sum ({x, y}: { x: number, y: number}): number {
  return x + y;
}
```

但是在上面的代码中,当参数对象的属性比较多时,代码就非常不适合阅读了,此时可以使用接口来定义参数的类型,如代码示例 4-34 所示。

代码示例 4-34

```
interface ISum {
  x: number;
  y: number;
}
function sum ({ x, y }: ISum): number {
  return x + y;
}
```

上面的代码使用接口定义后,可读性得到很好的增强,这就是使用接口带来的好处。除此之外,接口在定义上有非常丰富的用法,下面进行详细介绍。

1. 可选属性

接口中的属性或者方法可以标记为可选实现的,和 C♯ 中的可选属性一致,在一个属性后面跟着一个问号(?),标记这个属性为可选的,如代码示例 4-35 所示。

代码示例 4-35

```
Interface ISum{
  x: number;
  y?: number;
}
ISum({ x: 0 });
```

2. readonly 属性

接口中的属性可以添加只读标记 readonly,添加只读属性后,表示该属性不可以再赋值了,如代码示例 4-36 所示。

代码示例 4-36

```
interface IReadonlySum {
  readonly x: number;
  readonly y: number;
}
let p: IReadonlySum = { x: 0, y: 1};
//p.x = 1;
```

如果赋值,则编译器将提示一个错误。

3. 属性检查

接口的作用:限制接口实现对象严格按照接口中定义的规则进行赋值,所以使用接口可以帮助开发者进行属性检查,如代码示例 4-37 所示。

代码示例 4-37

```
interface ISum{
  x: number;
  y: number;
}
function create(config: ISum): void {
}
create({ z: 0, x: 0, y: 1 } as ISum)
```

在 JavaScript 中这段代码并不会有错,因为对于对象当传进一个未知的属性时并不是错误,虽然可能会引发潜在的 Bug,但在 TypeScript 中这个错误是非常明显的,编译器并不会通过编译,除非显式地使用类型断言。

4. 接口继承

接口可以继承其他接口,与类的继承使用了相同的关键字,同时支持多重继承,如代码示例 4-38 所示。

代码示例 4-38

```
interface Shape {
    color: string;
}
interface Stroke {
    width: number;
}
interface Square extends Shape, Stroke {
    length: number;
}
var square = <Square>{};
square.color = "blue";
square.length = 10;
square.width = 5.0;
```

在上面的代码中,变量 square 并不是实现了该接口的类,所以不能使用 new 实现,而是使用< Square >{}的写法来创建。

5. 函数类型

接口能够描述 JavaScript 中对象拥有的各种各样的外形。除了可以描述带有属性的普通对象外,接口也可以描述函数类型。

为了使用接口表示函数类型,需要给接口定义一个调用签名。它就像是一个只有参数列表和返回值类型的函数定义。参数列表里的每个参数都需要名字和类型,如代码示例4-39所示。

代码示例4-39

```typescript
interface IInfo {
  (name: string, age: number): string;
}
let getName1: IInfo = function(name: string, age: number): string {
    return '${name}----${age}';
};
console.log(getName1("me", 50)); //me----50
```

6. 索引类型

索引类型具有一个索引签名,它描述了对象索引的类型,还有相应的索引返回值类型,如代码示例4-40所示。

代码示例4-40

```typescript
interface SomeArray {
    [index: number]: string;
}
let someArray: SomeArray;
someArray = ["string1", "string2"];
let str: string = someArray[0];
console.log(str);
```

7. 类实现(implements)接口

与Java或C#中的接口规则一致,TypeScript能够实现类实现来明确地强制一个类去符合某种契约,如代码示例4-41所示。

代码示例4-41

```typescript
interface Animal {
  name: string;
  eat():void;
}
class Cat implements Animal{
  name: string;
  constructor(name:string){
    this.name = name;
  }
  eat():void{
    console.log('${this.name}在吃鱼')
```

```
    }
}
class Dog implements Animal{
    name: string;
    constructor(name:string){
        this.name = name;
    }
    eat():void{
        console.log('${this.name}在啃骨头')
    }
}
let c = new Cat("小花猫");
c.eat();                        //小花猫在吃鱼
let d = new Dog("小狗");
d.eat();                        //小狗在啃骨头
```

4.6 TypeScript 装饰器

装饰器是一种特殊类型的声明,它能够被附加到类、方法、属性或参数上,可以修改类的行为,通俗地讲装饰器就是一种方法,可以注入类、方法、属性或参数来扩展类、方法、属性或参数的功能。常见的装饰器有属性装饰器、方法装饰器、参数装饰器、类装饰器。

装饰器的写法:普通装饰器(无法传参)、装饰器工厂(可传参),装饰器是 ES7 的标准特性之一。

装饰器的执行顺序:属性>方法>方法参数>类。

4.6.1 属性装饰器

属性装饰器会被应用到属性描述上,可以用来监视、修改或者替换属性的值。

属性装饰器会在运行时传入下列两个参数:

(1) 对于静态成员来讲是类的构造函数,对于实例成员来讲是类的原型对象。

(2) 成员的名字。

属性装饰器如代码示例 4-42 所示。

代码示例 4-42

```
//属性装饰器
function log(params: any) {           //params 是当前类传递进来的参数
    return function (target: any, attr: any) {
        console.log(target);
        console.log(attr);
        target[attr] = params;
    }
```

```
}

class HttpTool {
    @log("http://www.baidu.com")
    public url: any | undefined;

    getData() {
        console.log(this.url);
    }
}

var http = new HttpTool();
http.getData();
```

4.6.2 方法装饰器

方法装饰器会被应用到方法描述上,可以用来监视、修改或者替换方法定义。
方法装饰器会在运行时传入下列 3 个参数:
(1) 对于静态成员来讲是类的构造函数,对于实例成员来讲是类的原型对象。
(2) 成员的名字。
(3) 成员的属性描述符。
方法装饰器如代码示例 4-43 所示。

代码示例 4-43

```
function get(params: any) {                    //params 是当前类传递进来的参数
    return function (target: any, methodName: any, desc: any) {
        console.log(target);
        console.log(methodName);
        console.log(desc);
        target.apiUrl = params;
        target.run = function () {
            console.log("run");
        }
    }
}

class HttpTool {
    public url: any | undefined;
    constructor() {
    }
    @get("http://www.harmonyos-ui.com")
    getData() {
        console.log(this.url);
```

```
        }
    }
    var http: any = new HttpTool();
    console.log(http.apiUrl);
    http.run();
```

4.6.3 参数装饰器

参数装饰器表达式会在运行时当作函数被调用,可以使用参数装饰器为类的原型增加一些元素数据,传入下列3个参数：

(1) 对于静态成员来讲是类的构造函数,对于实例成员来讲是类的原型对象。
(2) 方法的名字。
(3) 参数在函数参数列表中的索引。

参数修饰器如代码示例4-44所示。

代码示例 4-44

```
function logParams(params: any) {
    return function (target: any, methodName: any, paramsIndex: any) {
        console.log(target);
        console.log(methodName);
        console.log(paramsIndex);
        target.apiUrl = params;
    }
}

class HttpTool {
    getData(@logParams("1000") uuid: any) {
        console.log(uuid);
    }
}

var http: any = new HttpTool();
http.getData(123);
console.log(http.apiUrl);
```

4.6.4 类装饰器

类装饰器：普通装饰器(无法传参),如代码示例4-45所示。

代码示例 4-45

```
function logClass(params: any) {
    console.log(params);                    //params 是当前类
```

```
        params.prototype.apiUrl = "apiUrl 是动态扩展的属性";
        params.prototype.run = function () {
            console.log("run 是动态扩展的方法");
        }
    }

    @logClass
    class HttpTool {

    }

    var http: any = new HttpTool();
    console.log(http.apiUrl);
    http.run();
```

类装饰器：装饰器工厂（可传参），如代码示例 4-46 所示。

代码示例 4-46

```
function logClass(params: string) {
    return function (target: any) {
        console.log(target);              //target 是当前类
        console.log(params);              //params 是当前类传递进来的参数
        target.prototype.apiUrl = params;
    }
}
@logClass("http://www.harmonyos-ui.com")
class HttpTool{
}
var http: any = new HttpTool();
console.log(http.apiUrl);
```

4.7 TypeScript 模块与命名空间

对于大型项目开发来讲，重要的是如何组织和管理代码，TypeScript 使用模块和命名空间来组织代码。

4.7.1 模块

模块化是指将一个大的程序文件拆分成许多小的文件，然后将小文件组合起来。模块化的好处是防止命名冲突、代码可复用和高可维护性。

1. 模块化的语法

模块功能主要由两个命令构成：export 和 import。export 命令用于规定模块的对外接口,import 命令用于输入,并以此向其他模块提供相应的功能。

2. 模块化的暴露

方式一:分别暴露,如代码示例 4-47 所示。

代码示例 4-47

```
//方式一:分别暴露
export let school = "北京大学";
export function study() {
    console.log("学习 TypeScript");
}
```

方式二:统一暴露,如代码示例 4-48 所示。

代码示例 4-48

```
let school = "北京大学";
function search() {
    console.log("研究技术");
}
export {school, search};
```

方式三:默认暴露,如代码示例 4-49 所示。

代码示例 4-49

```
export default {
    school: "北京大学",
    search: function () {
        console.log("研究技术");
    }
}
```

3. 模块的导入

模块导入的方式与 ES6 中模块导入的方式相同,如代码示例 4-50 所示。

代码示例 4-50

```
//引入 m1.js 模块
import * as m1 from "./model/m1";
//引入 m2.js 模块
import * as m2 from "./model/m2";
//引入 m3.js 模块
import * as m3 from "./model/m3";

m1.study();
m2.search();
m3.default.play();
```

4. 解构赋值形式

在导入模块时,通过解构赋值的方式获取对象,如代码示例 4-51 所示。

代码示例 4-51

```
//引入 m1.js 模块
import {school, study} from "./model/m1";
//引入 m2.js 模块
import {school as s, search} from "./model/m2";
//引入 m3.js 模块
import {default as m3} from "./model/m3";

console.log(school);
study();

console.log(s);
search();

console.log(m3);
m3.play();
```

注意:针对默认暴露还可以直接采用语句 import m3 from "./model/m3" 导入。

4.7.2　命名空间

命名空间:在代码量较大的情况下,为了避免各种变量命名相冲突,可将相似功能的函数、类、接口等放置到命名空间内,同 Java 的包、.Net 的命名空间一样,TypeScript 的命名空间可以将代码包裹起来,只对外暴露需要在外部访问的对象,命名空间内的对象通过 export 关键字对外暴露。

命名空间和模块的区别:命名空间是内部模块,主要用于组织代码,避免命名冲突;模块 ts 是外部模块的简称,侧重代码的复用,一个模块里可能会有多个命名空间。

命名空间如代码示例 4-52 所示。

代码示例 4-52

```
namespace A {
    interfaceAnimal {
        name: string;
        eat(): void;
    }
    export class Dog implements Animal {
        name: string;
        constructor(theName: string) {
            this.name = theName;
        }
```

```typescript
        eat(): void {
            console.log('${this.name} 吃狗粮。');
        }
    }
    export class Cat implements Animal {
        name: string;
        constructor(theName: string) {
            this.name = theName;
        }
        eat(): void {
            console.log('${this.name} 吃猫粮。');
        }
    }
}

namespace B {
    interfaceAnimal {
        name: string;
        eat(): void;
    }
    export class Dog implements Animal {
        name: string;
        constructor(theName: string) {
            this.name = theName;
        }
        eat(): void {
            console.log('${this.name} 吃狗粮。');
        }
    }
    export class Cat implements Animal {
        name: string;
        constructor(theName: string) {
            this.name = theName;
        }
        eat(): void {
            console.log('${this.name} 吃猫粮。');
        }
    }
}
var cat = new A.Cat("小花");
cat.eat();

var cat2 = new B.Cat("小花");
cat2.eat();
```

第 5 章 Dart 语言

2011 年 10 月,在丹麦召开的 GOTO 大会上,谷歌发布了一种新的编程语言 Dart。Dart 语言的诞生主要是要解决 JavaScript 存在的、在语言设计层面上无法修复的缺陷。

但是,Dart 语言由于缺少顶级项目的使用,一直并没有流行起来。2015 年,在听取了大量开发者的反馈后,谷歌决定将内置的 Dart VM 引擎从 Chrome 移除。

2018 年 12 月,谷歌正式发布了跨平台开发框架 Flutter 1.0 版本。Flutter 随即成为全球开发者最受欢迎的跨平台开发框架,Flutter 在众多谷歌内部研发的语言中选择了 Dart 语言作为开发语言。

同时,谷歌在全新研发的下一代操作系统 Fuchsia OS 中,Dart 被指定为官方的开发语言。

5.1 Dart 语言介绍

Dart 语言是谷歌开发的计算机编程语言,Logo 如图 5-1 所示,被广泛应用于 Web、服务器、移动应用和物联网等领域的开发。Dart 是面向对象、类定义的、单继承的语言。它的语法类似 Java 语言,可以转译为 JavaScript,支持接口(interfaces)、混入(mixins)、抽象类(abstract classes)、具体化泛型(reified generics)、可选类型(optional typing)和 sound type system。

图 5-1 Dart 语言 Logo

1. Dart 的特性

Dart 的特性主要有以下几点:

(1) 执行速度快,Dart 是采用 AOT(Ahead Of Time)编译的,可以编译成快速的、可预测的本地代码,也可以采用 JIT(Just In Time)编译。

(2) 易于移植，Dart 可编译成 ARM 和 x86 代码，这样 Dart 可以在 Android、iOS 和其他系统运行。

(3) 容易上手，Dart 充分吸收了高级语言的特性，如果开发者已经熟悉 C++、C、Java 等其中的一种开发语言，基本上就可以快速上手 Dart 开发。

(4) 易于阅读，Dart 使 Flutter 不需要单独的声明式布局语言(XML 或 JSX)，或者单独的可视化界面构建器，这是因为 Dart 的声明式编程布局易于阅读。

(5) 避免抢占式调度，Dart 可以在没有锁的情况下进行对象分配和垃圾回收，和 JavaScript 一样，Dart 避免了抢占式调度和共享内存，因此不需要锁。

2. Dart 的重要概念

Dart 的重要概念有以下几点：

(1) 在 Dart 中，一切都是对象，每个对象都是一个类的实例，所有对象都继承自 Object。

(2) Dart 在运行前解析所有的代码，指定数据类型和编译时常量，可以使代码运行得更快。

(3) 与 Java 不同，Dart 不具备关键字 public、protected、private。如果一个标识符以下画线开始，则它和它的库都是私有的。

(4) Dart 支持顶级的函数，如 main()，也支持类或对象的静态和实例方法，还可以在函数内部创建函数。

(5) Dart 支持顶级的变量，也支持类或对象的静态变量和实例变量，实例变量有时称为字段或属性。

(6) Dart 支持泛型类型，如 List<int>(整数列表)或 List<dynamic>(任何类型的对象列表)。

(7) Dart 工具可以报告两种问题：警告和错误。警告只是说明代码可能无法正常工作，但不会阻止程序执行。错误可以是编译时或运行时的。编译时错误会阻止代码执行；运行时错误会导致代码执行时报出异常。

5.2 安装与配置

Dart SDK 包含开发 Web、命令行和服务器端应用所需要的库和命令行工具。

从 Flutter 1.21 版本开始，Flutter SDK 会同时包含完整的 Dart SDK，因此如果已经安装了 Flutter，就无须再特别下载 Dart SDK 了。

这里推荐安装时先安装 Flutter，学习 Dart 语言的主要目的还是使用 Flutter 框架开发可以跨平台的应用 App。

Flutter 的安装配置可参考本书 13.2 节，详细介绍了安装 Flutter 的步骤，在这里不进行介绍。

5.3 第 1 个 Dart 程序

Dart 文件名以.dart 结尾，文件名使用英文小写加下画线的命名方式。

新建文件，命名为 hello_world.dart，如代码示例 5-1 所示。

代码示例 5-1

```dart
main() {
    print("Hello Dart!");
}
```

main()方法是 Dart 语言预定义的方法，此方法作为程序的入口方法。print()方法能够将字符串输出到标准输出流上(终端)。

Dart 语言中的语句以分号结尾。Dart 语言会忽略程序中出现的空格、制表符和换行符，因此可以在程序中自由使用空格、制表符和换行符，并且可以自由地以简洁一致的方式格式化和缩进程序，使代码易于阅读和理解。

上述代码的输出结果如下：

```
Hello Dart!
```

5.4 变量与常量

和其他语言一样，Dart 语言有变量和常量，下面介绍 Dart 的变量和常量的定义和用法。

1. 变量

变量可以分为不指定类型和指定类型。前者就像用 JavaScript 一样，后者则像用 Java 一样。

不指定类型有两种方法，如代码示例 5-2 所示。

代码示例 5-2　不指定类型

```dart
//1. 用关键字 var 定义并且没有初始值
var a;
a = 'a is string';
a = 123;
print(a);

//2. 用关键字 dynamic 或者 Object 定义，无所谓有没有初始值
dynamic b;
b = 'test';
```

```
b = 123;
print(b);

Object c = 'test';
c = 123;
print(c);
```

不指定类型的变量只是一个容器,什么数据都可以往里面装,因此用于存储一些过渡的临时值非常方便。

指定类型也有两种方案,需要注意的是采用关键字 var 定义变量时是否在初始化时赋值,这会导致在后续能不能修改这个变量的类型。

代码示例 5-3　指定类型

```
//类似传统 Java 的定义方式
String d;
d = "test";
//d = 1;              //错误,string 类型不能赋值 int
print(d);

//采用关键字 var 定义并且有初始值:自动推断类型
var e = "test";
//e = 1;              //错误,string 类型不能赋值 int
print(d);
```

和其他语言的初始值不一样,Dart 语言中的所有变量的默认值都是 null。例如一个 bool,在其他语言中初始值一般是 false,而在 Dart 语言中,它是 null。所幸的是,最新版本会有 non-nullable 功能,没赋值时会告诉开发者需要去初始化。

2. 常量

如果不打算更改变量的值,则可以使用 final 或者 const 定义。一个 final 变量只能被设置一次,而 const 变量是编译时常量,定义时必须赋值。

1) const

如果之前使用 JavaScript 进行开发,对于 const 还是有些需要注意的地方,因为它是真正的不变,如代码示例 5-4 所示。

代码示例 5-4　chapter05/01/const.dart

```
//const String a;
const String a = 'test';
//a = "test2";              //常量不能再改变它的值
print(a);
const List list = [1, 2, 3];
//和 JavaScript 不一样,常量的数组也是不能修改的
//list[1] = 2;              //编辑器不会报错,但是运行时会报错
```

```
print(list);

//同值的常量指向同一块内存
const String b = "test";
print(identical(a, b)); //是否指向同一块内存位置,true
```

2) final

final 相对来讲就比较简单了,除了只能赋值一次的要求,它更像 JavaScript 下的 const,而且比它还宽松(没有强制要求定义时赋值),如代码示例 5-5 所示。

代码示例 5-5 chapter05/01/final.dart

```
final String c;
c = "test";
//c = "test2";
print(c);

//list 元素可以修改
final list2 = [1, 2, 3];
list2[1] = 2;
print(list2);
```

5.5 内置类型

Dart 的内置类型包括数组、字符串、布尔、列表、Set、Map、Runes、Symbols 类型。

Dart 是一门强类型编程语言,但是可以使用 var 进行变量类型推断。如果要明确说明不需要任何类型,则需要使用特殊类型 dynamic。dynamic 修饰定义的变量可以赋值任何类型,在运行中也可以随时赋值任何类型的变量值。

1. Numbers 数值

Numbers 数值类型包含 int 和 double 两种类型,没有像 Java 中的 float 类型,int 和 double 都是 num 的子类型,如代码示例 5-6 所示。

代码示例 5-6 chapter05/02/00_int.dart

```
int x = 10;
int y = 0xFFEEAA;
double z = 0.1;
var m = 5;
```

2. Strings 字符串

字符串代表了一系列的字符。Dart 字符串是一系列 UTF-16 代码单元。Dart 中的字符串变量使用 String 修饰定义。单引号或双引号包裹的字符组合表示字符串字面量,如代码示例 5-7 所示。

代码示例 5-7　chapter05/02/01_string.dart

```dart
void main() {
  String a = "Hello";
  String b = 'Dart';
  var c = "Hello Dart";
}
```

3. Booleans 布尔值

要表示布尔值，可使用 Dart 中的 bool 类型。布尔类型只有两个值：true 和 false，它们都是编译时常量，如代码示例 5-8 所示。

代码示例 5-8　chapter05/02/02_bool.dart

```dart
void main() {
  bool d = false;
  bool e = true;
  var f = 10 > 15;  //f = false
}
```

4. Lists 列表

Dart 语言中的数组被称作列表（List 对象）。Dart 语言中的列表类型的定义如代码示例 5-9 所示。

代码示例 5-9　chapter05/02/03_list.dart

```dart
void main() {
  List<int> list = [1, 2];
  List<String> list2 = ['hello', 'dart'];
  var list3 = [3, 4];

  list3[0] = 8;

  List<int> list4 = [];                   //未初始化,不定长列表
  List<int> list5 = List.filled(2, 5);    //未初始化,定长列表

  list4.add(7);                           //向列表添加元素
  #list5 的长度为 2,超出时会报错
  list5[0] = 1;                           //将列表的 0 号元素赋值为 1
  list5[1] = 2;                           //将列表的 1 号元素赋值为 2
  print(list3[0]);                        //打印数字 8
}
```

Dart 语言中的列表是有序的，像其他强类型编程语言中的有序集合，列表的类型定义

使用了泛型。

5. Set 集合

Dart 语言中的集合是指无序集合(Set)，集合的创建如代码示例 5-10 所示。

代码示例 5-10   chapter05/02/04_set.dart

```dart
void main() {
  var dynamicSet = Set();
  dynamicSet.add('dart');
  dynamicSet.add('flutter');
  dynamicSet.add(1);
  dynamicSet.add(1);
  print('dynamicSet : ${dynamicSet}');
  //常用属性与 list 类似

  //常用方法,如增、删、改、查与 list 类似
  var set1 = {'dart', 'flutter'};
  print('set1 : ${set1}');
  var set2 = {'go', 'kotlin', 'dart'};
  print('set2 : ${set2}');
  var difference12 = set1.difference(set2);
  var difference21 = set2.difference(set1);
  print('set1 difference set2 : ${difference12}');
                                              //返回 set1 集合里有但 set2 里没有的元素集合
  print('set2 difference set1 : ${difference21}');
                                              //返回 set2 集合里有但 set1 里没有的元素集合
  var intersection = set1.intersection(set2);
  print('set1 set2 交集 : ${intersection}');        //返回 set1 和 set2 的交集
  var union = set1.union(set2);
  print('set1 set2 并集 : ${union}');               //返回 set1 和 set2 的并集
  set2.retainAll(['dart', 'flutter']);              //只保留(要保留的元素需在原 set 中存在)
  print('set2 只保留 dart flutter : ${set2}');
}
```

6. Map 集合

Dart 语言中的映射类型相当于 Python 中的字典类型,其中的元素都是以键-值对的形式存在的,映射的创建如代码示例 5-11 所示。

代码示例 5-11   chapter05/02/05_map.dart

```dart
void main() {
  //动态类型
  var dynamicMap = Map();
  dynamicMap['name'] = 'dart';
  dynamicMap[1] = 'android';
  print('dynamicMap : ${dynamicMap}');
```

```
  //强类型
  var map = Map<int, String>();
  map[1] = 'android';
  map[2] = 'flutter';
  print('map : ${map}');
  //也可以这样声明
  var map1 = {'name': 'dart', 1: 'android'};
  map1.addAll({'name': 'kotlin'});
  print('map1 : ${map1}');
  //常用属性
//print(map.isEmpty);                    //是否为空
//print(map.isNotEmpty);                 //是否不为空
//print(map.length);                     //键-值对的个数
//print(map.keys);                       //key 集合
//print(map.values);                     //value 集合
}
```

7. Runes 符号字符

在 Dart 中，符号是字符串的 UTF-32 代码单元，如代码示例 5-12 所示。

代码示例 5-12　chapter05/02/06_map.dart

```
void main() {
  Runes runes = new Runes('\u{1f605} \u6211');
  var str1 = String.fromCharCodes(runes);
  print(str1);
}
```

输出结果如图 5-2 所示。

图 5-2　输出结果

5.6　函数

Dart 是一种真正的面向对象语言，因此既是函数也是对象并且具有类型 Function。这意味着函数可以分配给变量或作为参数传递给其他函数。

1. 定义方法

和绝大多数编程语言一样，Dart 函数通常的定义方式如代码示例 5-13 所示。

代码示例 5-13　chapter05/03/01_func.dart

```dart
//函数定义
String getHello() {
  return "hello dart!";
}

void main() {
  //函数调用
  var str = getHello();
  print(str);
}
```

如果函数体中只包含一个表达式，则可以使用简写语法，代码如下。

```dart
String getHello() => "hello dart!";
```

2. 可选参数

Dart 函数可以设置可选参数，可以使用命名参数，也可以使用位置参数。

命名参数，定义格式如 {param1, param2, ...}，如代码示例 5-14 所示。

代码示例 5-14　chapter05/03/02_func_param1.dart

```dart
//函数定义
void showPerson({var name, var age}) {
  if (name != null) {
    print("name = $name");
  }
  if (age != null) {
    print("age = $age");
  }
}

void main() {
//函数调用
  showPerson(name: "leo");
}
```

位置参数，使用[]来标记可选参数，如代码示例 5-15 所示。

代码示例 5-15　chapter05/03/03_func_param2.dart

```dart
//函数定义
void showHello(var name, [var age]) {
  print("name = $name");
```

```dart
  if (age != null) {
    print("age = $age");
  }
}

//参数给定类型
String sayHello(String from, String msg, [String? device]) {
  var result = 'from dart';
  if (device != null) {
    result = 'result with a device';
  }
  return result;
}

void main(List<String> args) {
  //函数调用
  showHello("dart");
  showHello("dart", 18);
  sayHello("bj","hi","dart");
}
```

3. 默认值

函数的可选参数也可以使用等号(=)设置默认值,如代码示例 5-16 所示。

代码示例 5-16　chapter05/03/04_func_param4.dart

```dart
//函数定义
void showHello(var name, [var age = 18]) {
  print("name = $name");

  if (age != null) {
    print("age = $age");
  }
}

void main(List<String> args) {
  //函数调用
  showHello("dart");
}
```

4. main()函数

和其他编程语言一样,Dart 中每个应用程序都必须有一个顶级 main()函数,该函数作为应用程序的入口,代码如下:

```dart
void main() {
  print('Hello, World!');
}
void main(List<String> arguments) {
  print(arguments);
}
```

5. 函数作为参数

Dart 中的函数可以作为另一个函数的参数，如代码示例 5-17 所示。

代码示例 5-17　chapter05/03/05_func_fn.dart

```dart
//函数定义
void println(String name) {
  print("name = $name");
}

void showSomething(var name, Function log) {
  log(name);
}

void main(List<String> args) {
  //函数调用
  showSomething("leo", println);
}
```

6. 匿名函数

在 Dart 中可以创建一个没有函数名称的函数，这种函数称为匿名函数，或者称为 lambda 函数、闭包函数，但是和其他函数一样，它也有形参列表，可以有可选参数，如代码示例 5-18 所示。

代码示例 5-18　chapter05/03/06_func_lambda.dart

```dart
//函数定义
void showLog(var name, Function log) {
  log(name);
}

void main(List<String> args) {
  //函数调用,匿名函数作为参数
  showLog("leo", (name) {
    print("name = $name");
  });
}
```

匿名函数就是没有名字的函数，代码如下：

```
([[Type] param1[, ...]]) {
  codeBlock;
};
```

匿名函数通常用在不需要被其他场景调用的情况,例如遍历一个list,代码如下:

```
const list = ['apples', 'bananas', 'oranges'];
list.forEach((item) {
  print('{list.indexOf(item)}:item');
});
```

其他的用法如下:

```
((num x) => x;                              //没有函数名,有必选的位置参数 x
(num x) {return x;}                         //等价于上面的形式
(int x, [int step]) => x + step;            //没有函数名,有可选的位置参数 step
(int x, {int step1, int step2}) => x + step1 + step2;
                                            //没有函数名,有可选的命名参数 step1、step2
```

7. 嵌套函数

Dart 支持嵌套函数,也就是函数中可以定义函数,如代码示例 5-19 所示。

代码示例 5-19   chapter05/03/07_func_loop.dart

```
//函数定义
void showLog(var name) {
  print("That is a nested function!");

  //函数中定义函数
  void println(var name) {
    print("name = $name");
  }
  println(name);
}

void main(List<String> args) {
  //函数调用
  showLog("leo");
}
```

8. 函数闭包

闭包是一种方法(对象),它定义在其他方法内部,闭包能够访问外部方法中的局部变量,并持有其状态,如代码示例 5-20 所示。

代码示例 5-20   chapter05/03/08_func_closer.dart

```dart
test() {
  int count = 0;
  return () {
    print(count++);
  };
}

void main(List<String> args) {
  var func = test();
  func();
  func();
  func();
  func();
}
```

5.7 运算符

Dart 中用到的运算符如表 5-1 所示。

表 5-1　Dart 运算符列表

操作符名称	描　　述
一元后缀	expr++ expr-- ()[] . ?.
一元前缀	-expr ! expr ~expr ++expr --expr
乘除操作	* / % ~/
加减操作	+ -
移位	<< >>
按位与	&
按位异或	^
按位或	|
比较关系和类型判断	>= > <= < as is is!
等判断	== !=
逻辑与	&&
逻辑或	||
是否 null	??
条件语句操作	expr1 ? expr2：expr3
级联操作	..
分配赋值操作	= *= /= ~/= %= += -= <<= >>= &= ^= |= ??=

1. 级联

级联".."可以实现对同一对象执行一系列操作。除了函数调用,还可以访问同一对象上的字段。这通常会省去创建临时变量的步骤，并允许编写更多的级联代码。

如代码示例 5-21 所示。

代码示例 5-21　级联运算符

```
querySelector('#confirm')                    //获取一个对象
  ..text = '确认操作'                          //使用它的成员
  ..classes.add('confirm')
  ..onClick.listen((e) => window.alert('Confirmed!'));
```

第 1 种方法调用 querySelector()，返回一个 selector 对象。遵循级联符号的代码对这个 selector 对象进行操作，忽略任何可能返回的后续值。

上面的例子相当于下面的写法，如代码示例 5-22 所示。

代码示例 5-22

```
var button = querySelector('#confirm');
button.text = '确认操作';
button.classes.add('confirm');
button.onClick.listen((e) => window.alert('Confirmed!'));
```

注意：严格来讲，级联的"双点"符号不是运算符，这只是 Dart 语法的一部分。

2. 类型测试操作符

as、is 和 is! 操作符在运行时用于检查类型非常方便。使用 as 操作符可以把一个对象转换为特定类型。一般来讲，如果在 is 测试之后还有一些关于对象的表达式，则可以把 as 当作 is 测试的一种简写，代码如下：

```
if (emp is Person) {
  //Type check
  emp.firstName = 'Leo';
}
```

也可以通过 as 来简化代码，代码如下：

```
(emp as Person).firstName = 'Leo';
```

5.8　分支与循环

Dart 中的控制流语句和其他语言一样，包含以下方式：

（1）if 和 else。

（2）for 循环。

（3）while 和 do-while 循环。

(4) break 和 continue。
(5) switch…case 语句。

1. for 循环

可以使用循环的标准迭代，如代码示例 5-23 所示。

代码示例 5-23

```
void main() {
  var list = [1, 2, 3, 4, 5];
  //for 循环
  for (var index = 0; index < list.length; index++) {
    print(list[index]);
  }
  //当不需要使用下标时可以使用这种方法遍历列表的元素
  for (var item in list) {
    print(item);
  }
}
```

如果要迭代的对象是可迭代的，则可以使用 forEach() 方法。如果不需要知道当前迭代计数器，则使用 forEach() 是一个很好的选择，代码如下：

```
candidates.forEach((candidate) => candidate.interview());
```

2. switch…case 语句

以上控制流语句和其他编程语言的用法一样，switch…case 有一个特殊的用法，可以使用 continue 语句和标签来执行指定的 case 语句，如代码示例 5-24 所示。

代码示例 5-24　switch…case

```
void main() {
  String lan = 'Java';
  //switch…case,每个 case 后面要跟一个 break,默认为 default
  switch (lan) {
    case 'dart':
      print('dart is my fav');
      break;
    case 'Java':
      print('Java is my fav');
      break;
    default:
      print('none');
  }
  switch (lan) {
    D:
    case 'dart':
```

```
      print('dart is my fav');
      break;
    case 'Java':
      print('Java is my fav');
      //先执行当前 case 中的代码,然后跳转到 D 中的 case 继续执行
      continue D;
      //break;
    default:
      print('none');
  }
}
```

5.9 异常处理

Dart 异常与传统原生平台异常很不一样,原生平台的任务采用多线程调度,当一个线程出现未捕获的异常时,会导致整个进程退出,而在 Dart 中是单线程的,任务采用事件循环调度,Dart 异常并不会导致应用程序崩溃,取而代之的是当前事件后续的代码不会被执行了。

这样带来的好处是一些无关紧要的异常不会导致闪退,用户还可以继续使用核心功能。坏处是这些异常可能没有明显的提示和异常表现,从而导致问题容易被隐藏,如果此时恰好是在核心流程上且链路较长的异常,则可能导致问题排查极难下手。

1. 抛出异常

使用 throw 抛出异常,异常可以是 Exception 或者 Error 类型的,也可以是其他类型的,但是不建议这么用。另外,throw 语句在 Dart 2 中也是一个表达式,因此可以是 =>。

非 Exception 或者 Error 类型是可以抛出的,但是不建议这么用,代码如下:

```
testException(){
    throw "this is exception";
}
testException2(){
    throw Exception("this is exception");
}
```

也可以用 => 箭头函数的用法,代码如下:

```
void testException3() => throw Exception("test exception");
```

2. 捕获异常

on 可以捕获到某一类的异常,但是无法获取异常对象;catch 可以捕获到异常对象。这两个关键字可以组合使用;rethrow 可以重新抛出捕获的异常,如代码示例 5-25 所示。

代码示例 5-25

```
testException(){
   throw FormatException("this is exception");
}

main(List<String> args) {
  try{
     testException();
   } on FormatException catch(e){        //如果匹配不到 FormatException,则会继续匹配
      print("catch format exception");
      print(e);
      rethrow;                            //重新抛出异常
   } on Exception{                        //匹配不到 Exception,会继续匹配
      print("catch exception") ;
   }catch(e, r){                          //匹配所有类型的异常。e 是异常对象,r 是 StackTrace
      print(e);                           //对象,异常的堆栈信息
   }
}
```

3. finally

finally 内部的语句,无论是否有异常,都会执行,如代码示例 5-26 所示。

代码示例 5-26　finally

```
testException(){
   throw FormatException("this is exception");
}

main(List<String> args) {
  try{
     testException();
   } on FormatException catch(e){
      print("catch format exception");
      print(e);
      rethrow;
   } on Exception{
      print("catch exception") ;
   }catch(e, r){
      print(e);
   }finally{
      print("this is finally");           //在 rethrow 之前执行
   }
}
```

5.10 面向对象编程

面向对象编程包括以下特性。

(1) 封装：封装是将数据和代码捆绑到一起，避免外界的干扰和不确定性。对象的某些数据和代码是私有的，不能被外界访问，以此实现对数据和代码不同级别的访问权限。

(2) 继承：继承是让某种类型的对象获得另一种类型的对象的特征。通过继承可以实现代码的重用，从已存在的类派生出的一个新类将自动具有原来那个类的特性，同时，它还可以拥有自己的新特性。

(3) 多态：多态是指不同事物具有不同表现形式的能力。多态机制使具有不同内部结构的对象可以共享相同的外部接口，通过这种方式减少代码的复杂度。

Dart 是一种面向对象的语言，具有类和基于 mixin 的继承。同 Java 一样，Dart 的所有类也都继承自 Object。

5.10.1 类与对象

类是具有相同类型的对象的抽象。一个对象所包含的所有数据和代码可以通过类来构造。

对象是运行期的基本实体，也是一个包括数据和操作这些数据的代码的逻辑实体，如图 5-3 所示。

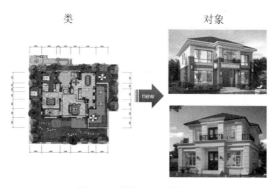

图 5-3 类与对象的关系

1. 类的定义

类可以看成创建具体对象的模板，一个类模板包括类的实例属性和方法，以及类属性和类方法。

Dart 的类与其他语言都有很大的区别，例如在 Dart 的类中可以有无数个构造函数，可以重写类中的操作符，有默认的构造函数，由于 Dart 没有接口，所以 Dart 的类也是接口，因此可以将类作为接口来重新实现。

下面介绍类的定义，如代码示例 5-27 所示。

代码示例 5-27   chapter05/04/01_class.dart

```dart
class Person {
  //实例属性
  String name;
  int age;
  //私有属性
  String _address;

  //构造函数:与类同名,不支持构造方法重载
  Person(this.name, this.age, this._address);
}
```

创建类的实例对象,代码如下:

代码示例 5-28

```dart
void main(List<String> args) {
  var p = new Person("leo", 20, "beijing");
}
```

注意:从 Dart 2 开始,new 关键字是可选的。

2. 构造函数

可以使用构造函数来创建一个对象。构造函数的命名方式可以为类名(ClassName)或类名.标识符(ClassName.identifier)的形式,例如下述代码分别使用 Person()和 Person.fromJson()两种构造器创建了 Person 对象。

```dart
var p1 = Person("leo", 20, "beijing");
var p2 = Person.fromJson();
```

Dart 中不支持构造函数的重载,所有采用 ClassName.构造方法名的方法实现构造方法的重载。

如果没有声明构造函数,则默认有构造函数,默认的构造函数没有参数,可调用父类的无参构造函数。子类不能继承父类的构造函数。

构造函数就是一个与类同名的函数,关键字 this 是指当前的,只有在命名冲突时有效,否则 Dart 会忽略处理。

1) 常量构造函数

想让类生成的对象永远不会改变,可以让这些对象变成编译时常量,定义一个 const 构造函数并确保所有实例变量是 final 的,如代码示例 5-29 所示。

代码示例 5-29

```dart
void main() {
  const point = Point(7, 8);
```

```
}
class Point {
  final int x;
  final int y;
  const Point(this.x, this.y);
}
```

常量构造函数有以下几点特性：
（1）常量构造函数需以 const 关键字修饰。
（2）const 构造函数必须用于成员变量都是 final 的类。
（3）构建常量实例必须使用定义的常量构造函数。
（4）如果实例化时不加 const 修饰符，则即使调用的是常量构造函数，实例化的对象也不是常量实例。

2）工厂构造函数

使用 factory 关键字实现构造函数时不一定要创建一个类的新实例，例如，一个工厂的构造函数可能从缓存中返回一个实例，或者返回一个子类的实例，如代码示例 5-30 所示。

代码示例 5-30　工厂构造函数

```
void main(){
   var logger = new Logger("Button");
   logger.log("单击了按钮!");
}

class Logger {
   final String name;
   bool mute = false;

   static final Map<String, Logger> _cache = <String, Logger>{};

   factory Logger(String name) {
      if (_cache.containsKey(name)) {
         return _cache[name];
      } else {
         final logger = new Logger._internal(name);
         _cache[name] = logger;
         return logger;
      }
   }

   Logger._internal(this.name);

   void log(String msg) {
```

```
      if (!mute) {
        print(msg);
      }
    }
}
```

3. 实例变量和方法

实例对象可以访问实例变量和方法,如代码示例5-31所示。

代码示例5-31

```
class Person {
  //实例属性
  String name;
  int age;
  String job;
  //私有属性
  String _address;

  //构造函数:与类同名,不支持构造方法重载
  Person(this.name, this.age, this.job, this._address);

  //实例方法
  void say() {
    print(" $name say");
  }

  void study() {
    print(" $name study");
  }

  //私有实例方法
  void _run() {
    print(" $name run");
  }
}
void main(List< String > args) {
  var p = Person("leo", 20, "worker", "beijing");
  p.study();
}
```

4. getter 和 setter

getter 和 setter(也称为访问器和更改器)允许程序分别初始化和检索类字段的值。使用 get 关键字定义 getter(访问器)。setter(更改器)是使用 set 关键字定义的。默认的

getter/setter 与每个类相关联，但是，可以通过显式定义 setter/getter 来覆盖默认值。getter 没有参数并返回一个值，setter 只有一个参数但不返回值，如代码示例 5-32 所示。

代码示例 5-32　chapter05\04\02_class.dart

```dart
class Person {
  //实例属性
  String name;
  int age;
  //私有属性
  String _address;

  //setter,getter
  String get address => this._address;
  set address(String addr) => _address = addr;
}
```

5. 重写运算符

在软件开发过程中，运算符重载（Operator Overloading）是多态的一种。运算符重载通常只是一种语法糖，这种语法对语言的功能没有影响，但是更方便程序员使用。让程序更加简洁，有更高的可读性。

可以覆盖的运算符：<、+、|、[]、>、/、^、[]=、<=、~/、&、~、>=、*、<<、==、-、%、>>，如代码示例 5-33 所示。

代码示例 5-33　chapter05\04\03_class.dart

```dart
class Role {
  final String name;
  final int _accessLevel;

  const Role(this.name, this._accessLevel);
  bool operator >(Role Other) {
    return this._accessLevel > Other._accessLevel;
  }

  bool operator <(Role Other) {
    return this._accessLevel < Other._accessLevel;
  }
}

main() {
  var adminRole = new Role('管理员', 3);
  var editorRole = new Role('编辑', 2);
  var userRole = new Role('用户', 1);
  if (adminRole > editorRole ) {
    print("管理员的权限大于编辑");
```

```dart
    }
    if (editorRole > userRole) {
      print("编辑的权限大于用户");
    }
}
```

6. 类的变量和方法

使用 static 关键字实现类的变量和方法。静态变量在其首次被使用时才被初始化。静态方法(类方法)不能被一个类的实例访问,同样地,静态方法内也不可以使用关键字 this,如代码示例 5-34 所示。

代码示例 5-34　chapter05\04\04_class_static.dart

```dart
class Person {
  //实例属性
  String name;
  int age;

  //类属性[类型属性]
  static String language = "han";

  //类方法[类型方法]
  static void work() {
    print("说 $language 的是中国人");
    print("人类需要工作!");
  }

  //构造函数
  Person(this.name, this.age);

  //实例方法
  void say() {
    print(" $name say");
  }

  void study() {
    print(" $name study");
  }
}

void main(List<String> args) {
  //类变量和类方法只能通过类名访问
  Person.language = "中文";
  Person.work();
}
```

5.10.2 类的继承

继承格式和 Java 的类似,使用 extends 关键字。继承是复用的一种手段,当子类继承父类时,子类会继承父类的所有公开属性和公开方法(包括计算属性),而私有的属性和方法则不会被继承。子类可以覆写父类的公开方法,如代码示例 5-35 所示。

代码示例 5-35　chapter05\04\05_extends.dart

```dart
class People {
  say() {
    print("people can say!");
  }
}

class Man extends People {
  @override
  say() {
    print("我是中国男人");
  }
}

class Woman extends People {
  @override
  say() {
    print("我是中国女人");
  }
}

void main(List<String> args) {
  var man = Man();
  man.say();
  var women = Woman();
  women.say();
}
```

Dart 中的类的继承特点如下:
(1) 子类使用 extends 关键字来继承父类。
(2) 子类会继承父类里可见的属性和方法,但是不会继承构造函数。
(3) 子类能复写父类的方法 getter 和 setter。

5.10.3 抽象类

使用 abstract 修饰符定义的抽象类不能被实例化,抽象类用于定义接口,常用于实现,抽象类里通常有抽象方法,但有抽象方法的不一定是抽象类。

Dart 中的抽象类主要用于定义标准，子类可以继承抽象类，也可以实现抽象类接口：

(1) 抽象类用 abstract 关键字声明。

(2) 抽象类中没有方法体的方法是抽象方法。

(3) 抽象类中可以定义普通方法。

(4) 抽象方法不能使用 abstract 关键字。

(5) 抽象类作为接口使用时必须实现所有的属性和方法。

(6) 抽象类不能被实例化。

(7) 继承抽象类的子类可以实例化。

(8) Dart 中没有 interface 关键字。

抽象类的作用是定义标准，子类继承并实现标准，如代码示例 5-36 所示。

代码示例 5-36　chapter05\04\06_class_abstract.dart

```dart
abstract class Animal {
  //抽象方法,只有方法声明
  //不需要实现,由子类重写实现
  eat();
  run();
  //普通方法,子类可以选择性地实现
  showInfo() {
    print('我是一个抽象类里的普通方法');
  }
}

class Dog extends Animal {
  @override
  eat() {
    print('小狗在啃骨头');
  }

  @override
  run() {
    //TODO: implement run
    print('小狗在跑');
  }
}

class Cat extends Animal {
  @override
  eat() {
    //TODO: implement eat
    print('小猫在吃老鼠');
  }
```

```dart
  @override
  run() {
    //TODO: implement run
    print('小猫在跑');
  }
}

main() {
  //Animal a = new Animal();              //和Java类似,抽象类无法直接被实例化
  Dog d = Dog();
  d.eat();
  d.showInfo();

  Cat c = Cat();
  c.eat();
  c.showInfo();
}
```

5.10.4 多态

Dart 中多态的特征如下:

(1) 子类实例化赋值给父类引用。

(2) 多态就是父类定义一种方法,让继承的子类实现其方法,并且每个子类都有自己独有的方法。

(3) 父类引用无法调用子类独有的方法。

多态如代码示例 5-37 所示。

代码示例 5-37　chapter05\04\07_duotai.dart

```dart
class Animal {
  eat() {
    print('Animal eat');
  }
}

class Dog extends Animal {
  @override
  eat() {
    print("小狗吃");
  }
}

class Cat extends Animal {
  @override
```

```dart
  eat() {
    print("小猫吃");
  }
}

main(List<String> args) {
  Animal a1 = Dog();
  a1.eat();              //小狗吃

  Animal a2 = Cat();
  a2.eat();              //小猫吃
}
```

5.10.5 隐式接口

Dart 中没有 interface 关键字来定义接口,但是普通类和抽象类都可以作为接口被实现,使用 implements 关键字进行实现。

如果实现的类是普通类,则需要将普通类和抽象类中的属性及方法全重写。抽象类可以定义抽象方法,而普通类则不可以,所以如果要实现接口方式,则一般使用抽象类定义接口。

隐式接口如代码示例 5-38 所示。

代码示例 5-38   chapter05\04\08_interface1.dart

```dart
abstract class DoSomething {
  start() {
    print("这里是常规开始");
  }

  step1();
  step2();
  step3();
  end() {
    print("这里是常规结束");
  }
}

class DoSubject implements DoSomething {
  @override
  end() {
    //TODO: implement end
    throw UnimplementedError();
  }
```

```dart
  @override
  start() {
    //TODO: implement start
    throw UnimplementedError();
  }

  @override
  step1() {
    //TODO: implement step1
    throw UnimplementedError();
  }

  @override
  step2() {
    //TODO: implement step2
    throw UnimplementedError();
  }

  @override
  step3() {
    //TODO: implement step3
    throw UnimplementedError();
  }
}
```

下面有一个操作数据库的需求,需要开发一个数据库操作库,要求能够支持 MySQL、MS-SQL、MongoDB 三个数据库的操作,未来可能需要支持更多的数据库。

这里数据库的操作方式基本一样,但是不同数据库有不同的操作处理方式,而且需要考虑可扩展性,这里可以使用接口实现模式,如代码示例 5-39 所示。

代码示例 5-39　chapter05\04\09_interface2.dart

```dart
abstract class Db {
  String? uri;                    //数据库的链接地址
  add(String data);
  save();
  delete();
}

class Mysql implements Db {
  @override
  String? uri;

  Mysql(this.uri);
```

```dart
  @override
  add(data) {
    print('这是 MySQL 的 add 方法' + data);
  }

  @override
  delete() {
    return null;
  }

  @override
  save() {
    return null;
  }

  remove() {}
}

class MsSql implements Db {
  @override
  String? uri;

  MsSql(this.uri);

  @override
  add(String data) {
    print('这是 MS-SQL 的 add 方法' + data);
  }

  @override
  delete() {
    return null;
  }

  @override
  save() {
    return null;
  }
}

main() {
  Mysql mysql = new Mysql('MySQL:192.168.0.1');
  mysql.add('dart');
}
```

5.10.6 扩展类

在 Dart 中,扩展类(mixins)可以把自己的方法提供给其他类使用,但不需要成为其他类的父类。

因为 mixins 使用的条件随着 Dart 版本的变化一直在变,这里讲的是 Dart 2 中使用 mixins 的条件:

(1) 作为 mixins 的类只能继承自 Object,不能继承自其他类。
(2) 作为 mixins 的类不能有构造函数。
(3) 一个类可以混入多个 mixins 类。
(4) mixins 绝不是继承,也不是接口,而是一种全新的特性。

1. mixins 通过非继承的方式复用类中的代码

类 A 有一种方法 a(),类 B 需要使用 A 类中的 a() 方法,而且不能用继承方式,这时就需要用到 mixins。类 A 就是 mixins 类(混入类),类 B 就是要被混入的类,如代码示例 5-40 所示。

代码示例 5-40 chapter05\04\10_mixins.dart

```dart
class A {
  String content = 'A Class';

  void a() {
    print("a");
  }
}

class B with A {}

void main(List<String> args) {
  B b = new B();
  print(b.content);
  b.a();
}
```

2. 一个类可以混入多个 mixins 类

虽然 Dart 不支持多重继承,但是可以使用 mixin 实现类似多重继承的功能,如代码示例 5-41 所示。

代码示例 5-41 chapter05\04\11_mixins.dart

```dart
class A {
  void a() {
    print("a");
  }
}
```

```
}

class A1 {
  void a1() {
    print("a1");
  }
}

class B with A, A1 {}

void main(List<String> args) {
  B b = new B();
  b.a();
  b.a1();
}
```

3. on 关键字

on 只能用于被 mixins 标记的类，例如 mixin X on A，意思是要 mixins X，得先通过接口实现或者继承 A。这里 A 可以是类，也可以是接口，但是在混入时用法有区别。

on 一个类，用于继承，如代码示例 5-42 所示。

代码示例 5-42　chapter05\04\12_mixins_on. dart

```
class A {
  void a() {
    print("a");
  }
}

mixin X on A {
  void x() {
    print("x");
  }
}

class MixinsX extends A with X {}

void main(List<String> args) {
  var m = MixinsX();
  m.a();
}
```

on 一个接口，首先实现这个接口，然后用 mixin，如代码示例 5-43 所示。

代码示例 5-43 chapter05\04\13_mixins_on.dart

```dart
class A {
  void a() {
    print("a");
  }
}

mixin X on A {
  void x() {
    print("x");
  }
}

class implA implements A {
  @override
  void a() {
    print("implA a");
  }
}

class MixinsX2 extends implA with X { }

void main(List<String> args) {
  var m = MixinsX2();
  m.a();
}
```

5.11 泛型

泛型是程序设计语言的一种特性。允许程序员在强类型程序设计语言中编写代码时定义一些可变部分,这些可变部分在使用前必须进行指明。

1. 泛型方法

泛型方法可以约束一种方法使用同类型的参数、返回同类型的值,可以约束里面的变量类型,如代码示例 5-44 所示。

代码示例 5-44 chapter05\05\01_generic.dart

```dart
void setData<T>(String key, T value) {
  print("key = ${key}" + " value = ${value}");
}

T getData<T>(T value) {
```

```dart
    return value;
}

main(List<String> args) {
  setData("name", "hello dart!");           //string 类型
  setData("name", 123);                     //int 类型

  print(getData("name"));                   //string 类型
  print(getData(123));                      //int 类型
  print(getData<bool>("hello"));            //错误,约束类型是 bool,但是传入了 String 所
                                            //以编译器会报错
}
```

2. 泛型类

声明泛型类,例如声明一个 Array 类,实际上就是 List 的别名,而 List 本身也支持泛型的实现,如代码示例 5-45 所示。

代码示例 5-45 chapter05\05\02_generic.dart

```dart
class Array<T> {
  List _list = [];
  Array();
  void add<T>(T value) {
    this._list.add(value);
  }

  get value {
    return this._list;
  }
}

main(List<String> args) {
  List l1 = [];
  l1.add("aa");
  l1.add("bb");
  print(l1);                  //[aa, bb]

  Array arr = new Array<String>();
  arr.add("cc");
  arr.add("dd");
  print(arr.value);           //[cc, dd]

  Array arr2 = new Array<int>();
  arr2.add(1);
  arr2.add(2);
  print(arr2.value);          //[1, 2]
}
```

3. 泛型接口

下面声明一个 Storage 接口，然后 Cache 实现了此接口，能够约束存储的 value 的类型，如代码示例 5-46 所示。

代码示例 5-46 chapter05\05\03_generic.dart

```dart
abstract class Storage<T> {
  Map m = new Map();
  void set(String key, T value);
  void get(String key);
}

class Cache<T> implements Storage<T> {
  @override
  Map m = new Map();

  @override
  void get(String key) {
    print(m[key]);
  }

  @override
  void set(String key, T value) {
    m[key] = value;
    print("set success!");
  }
}

main(List<String> args) {
  Cache ch = new Cache<String>();
  ch.set("name", "123");
  ch.get("name");
  //ch.set("name", 1232); //type 'int' is not a subtype of type 'String' of 'value'x

  Cache ch2 = new Cache<Map>();
  ch2.set("hello", {"name": "dart", "age": 20});
  ch2.get("hello");
}
```

5.12 异步支持

Dart 和 JavaScript 都是单线程的，并且都提供了一些相似的特性来支持异步编程。在 Dart 中的异步函数返回 Future 或 Stream 对象，await 和 async 关键字用于异步编程，使编写异步代码就像同步代码一样。

5.12.1 Future 对象

Future 和 ECMAScript 6 的 Promise 的特性相似，它们是异步编程的解决方案，Future 是基于观察者模式的，它有 3 种状态：pending（进行中）、fulfilled（已成功）和 rejected（已失败）。

可以使用构造函数来实例化一个 Future 对象，如代码示例 5-47 所示。

代码示例 5-47 chapter05\06\01_future.dart

```dart
void main() {
  final request = Future<String>(() => 'request success');
  print(request);    //Instance of 'Future<String>'
}
```

Future 构造函数接收一个函数作为参数，泛型参数决定了返回值的类型，在上面的例子中，Future 返回值被规定为 String。

Future 实例生成后，可以用 then() 方法指定成功状态的回调函数，如代码示例 5-48 所示。

代码示例 5-48

```dart
void main() {
  final request = Future<String>(() => 'request success');
  print(request);                        //Instance of 'Future<String>'
  request.then((e) => print(e));         //output: request success
}
```

then() 方法还可以接收一个可选命名参数，参数的名称是 onError，即失败状态的回调函数，如代码示例 5-49 所示。

代码示例 5-49

```dart
void main() {
  final request = Future<String>(() {
    throw new FormatException('Expected at least 1 section');
  });
  final then = request.then((e) => print('success'), onError: (e) => print(e));
  print(then);

  /**
   * output:
   * Instance of 'Future<void>'
   * FormatException: Expected at least 1 section
   */
}
```

在上面的代码中，Future 实例的函数中抛出了异常，被 onError 回调函数捕获到，并且可以看出 then()方法返回的还是一个 Future 对象，所以还可以利用 Future 对象的 catchError 进行链式调用从而捕获异常，用法如代码示例 5-50 所示。

代码示例 5-50

```
void main() {
  final request = Future<String>(() {
    throw new FormatException('Expected at least 1 section');
  });
  request.then((e) => print('success'))
      .catchError((e) => print(e));   //output: FormatException: Expected at least 1 section
}
```

Dart 中也内置了很多方法会返回 Future 对象，例如，File 对象的 readAsString()方法，此方法是异步的，它用于读取文件，调用此方法将返回一个 Future 对象。

5.12.2　async 函数与 await 表达式

使用 async 关键字可以声明一个异步方法，并且该方法会返回一个 Future，如代码示例 5-51 所示。

代码示例 5-51

```
Future<String> getVersion() async {
  return 'v1.0';
}

checkVersion() async => true;

void main() {
  print(getVersion());      //output: Instance of 'Future<String>'
  print(checkVersion());    //output: Instance of 'Future<dynamic>'
}
```

await 表达式必须放入 async 函数体内才能使用，await 表达式会对代码造成阻塞，直至异步操作完成，如代码示例 5-52 所示。

代码示例 5-52

```
void main() async {
  await Future(() => print('request success'));
  print('test');

  /**
   * output:
```

```
 * request success
 * test
 */
}
```

await 表达式能够使异步操作变得更加方便，之前使用 Future 对象进行连续的异步操作时，类似代码示例 5-53 所示。

代码示例 5-53

```
void main() {
  Future<String>(() => 'request1')
    .then((res) {
      print(res);
      return Future<String>(() => 'request2');
    })
    .then((res) {
      print(res);
      return Future<String>(() => 'request3');
    })
    .then(print);

  /**
   * output:
   * request1
   * request2
   * request3
   */
}
```

在上面的代码中，每个异步操作都需要等待上个异步操作完成后才可进行，异步回调 then()方法是个链式操作，如果使用 await 表达式，则可以让这些连续的异步操作变得更加可读，看来起来就像是同步操作，并且拥有相同的效果，如代码示例 5-54 所示。

代码示例 5-54

```
void main() async {
  final res1 = await Future<String>(() => 'request1');
  print(res1);            //output: request1

  final res2 = await Future<String>(() => 'request2');
  print(res2);            //output: request2

  final res3 = await Future<String>(() => 'request3');
  print(res3);            //output: request3
}
```

因为 await 表达式后面是一个 Future 对象,所以可以使用 catchError 来捕获 Future 的异常,如代码示例 5-55 所示。

代码示例 5-55

```
void main() async {
  final res1 = await Future<String>(() => throw 'is error').catchError(print);
  print(res1);

  /**
   * output:
   * is error
   * null
   */
}
```

或者直接使用 try、catch 和 finally 来处理异常,如代码示例 5-56 所示。

代码示例 5-56

```
void main() async {
  try {
    final res = await Future<String>(() => throw 'is error');
  } catch(e) {
    print(e);      //output: is error
  }
}
```

5.13 库和库包

在 Dart 中,library 指令可以创建库,每个 Dart 文件都是一个库,库包(Library Package)是一组库(Library)文件的集合。

Dart 中的库主要有 3 种:自定义的库、系统内置库和 Pub 包管理系统中的库。

5.13.1 库

在 Dart 中,library 指令可以创建库(Library),每个 Dart 文件都是一个库,即使没有使用 library 指令来指定,库在使用时也可通过 import 关键字引入。

1. 库创建与导出

Library 不仅可以提供 API,也是一个私有单元:以下画线开始的标识符仅仅在所在的 Library 中可见。每个 Dart 程序都是一个 Library,即使它没有使用 library 指令。

创建一个 Dart 文件,该 Dart 文件的名称就是库的名称,在库中编写业务代码,在库中定义的各种方法、变量、类等无须导出命令,其他库通过 import 导入后即可访问使用。

下面创建一个库模块：hello.dart，如代码示例 5-57 所示。

代码示例 5-57

```dart
//公开的方法,外部导入可用
void showHello() {
  print("hello lib ");
}

//私有方法,外部导入不可用
void _func1() {
  print("func1");
}
```

2. 库引用

模块引用的关键字是 import，import 模块的路径可以是相对路径，用于将其他文件导入当前文件中使用，避免多次复制。导入模块后，可用 show 关键字只对外提供某种方法，如 show log。

在 main.dart 模块中通过 import 导入这个模块，如代码示例 5-58 所示。

代码示例 5-58

```dart
import '../lib/hello.dart';

void main(List<String> args) {
  showHello();
}
```

3. 导入指定库的前缀

如果要导入两个有标识符冲突的库，则可以为其中一个或者两个指定前缀。例如：如果 hello.dart 和 world.dart 都有一个 showHello() 方法，为了不冲突，如代码示例 5-59 所示。

代码示例 5-59

```dart
mport '../lib/hello.dart' as lib1;
import '../lib/world.dart' as lib2;

void main(List<String> args) {
  lib1.showHello();
  lib2.showHello();
}
```

4. 仅仅导入库的一部分

如果想要使用一个库的一部分，则可以有选择地导入一个库。这里需要使用 show 和

hide 关键字,多个变量用逗号隔开,如代码示例 5-60 所示。

代码示例 5-60

```
//只导入 foo 和 bar
import '../lib1.dart' show foo,bar;

//除了 foo 不导入,其他的都导入
import '../lib2.dart' hide foo;
```

5. 懒加载一个库

延迟加载(也称为懒加载)库允许一个应用程序在需要时才去加载一个库。这里是一些可能使用延迟加载的场景:要减少一个 App 的初始启动时间、A/B 测试和加载很少使用的功能。

要懒加载一个库,必须在第一次导入时使用 deferred as,代码如下:

```
import '../hello.dart' deferred as hello;
```

当需要使用延迟加载的库时,使用库的标识符调用 loadLibrary(),如代码示例 5-61 所示。

代码示例 5-61

```
Future greet() async {
  await hello.loadLibrary();
  hello.showHello();
}
```

可以在一个库上多次调用 loadLibrary(),这是不会有问题的,但该库仅仅会被加载一次。

5.13.2 自定义库包

在 Dart 中,有 pubspec.yaml 文件的应用可以被称为一个 Package,而自定义库包 (Library Package)是一类特殊的 Package,这种包可以被其他的项目所依赖,也就是通常所讲的库包。

如果想把自己编写的 Dart 程序上传到 pub.dev 上,或者提供给别人使用,就需要创建库包。

1. 创建 Library Package

在项目工程目录下,使用如下命令创建自定义库包,命令如代码示例 5-62 所示。

代码示例 5-62 创建自定义包的命令

```
flutter create -- template = package PACKAGENAME
```

命令执行后,自动创建一个自定义包目录,这里创建一个 hello 的库包,结构如图 5-4 所示。

图 5-4 创建一个自定义包目录

2. Library Package 的结构

先看一下 Library Package 的结构,如代码示例 5-63 所示。

代码示例 5-63

```
PackageName
├── lib
│   └── main.dart
└── pubspce.yaml
```

上面是一个最简单的 Library Package 的结构,在 PackageName 目录下面创建一个 pubspce.yaml 文件。lib 目录存放的是 library 的代码。

lib 中的库可以供外部进行引用。如果是 Library 内部的文件,则可以放到 lib/src 目录下面,这里的文件表示是 private 的,不应该被别的程序引入。

如果想要将 src 中的包导出供外部使用,则可以在 lib 下面的 Dart 文件中使用 export,将需要用到的 lib 导出。这样其他用户只需导入这个文件。

3. library 指令

每个 Dart 应用程序默认都是一个 Library,只是没有使用 library 指令显式声明。如 main()方法所在的包,实际上默认隐藏了一个 main 的 library 的声明,如代码示例 5-64 所示。

代码示例 5-64

```
//main.dart
main() {            //此 main 函数就是 main.dart 库中的顶层函数
```

```
   print('hello dart');
}

//实际上相当于
library main;              //默认隐藏了一个 main 的 library 的声明
main() {
   print('hello dart');
}
```

创建一个自定义的 Library Package，需要在库文件上面添加 library 声明，如图 5-5 所示。

4. export 指令

和 JavaScript 中的模块导出不同的是，export 指令用于在包库中导出公开的单个 Dart 库文件。export 后面跟上需要导出的库的相对路径，代码如下：

```
library hello;

/// A Calculator.
class Calculator {
  /// Returns [value] plus 1.
  int addOne(int value) => value + 1;
}
```

图 5-5 创建一个自定义的 Library Package

```
export 'src/adapter.dart';
```

如开源 dio 库，在 dio 库的 lib 目录下的 dio.dart 文件中定义需要导出的公开库，当其他库需要引用这个库时，只需导入这个文件就可以调用所有导出的库了，如代码示例 5-65 所示。

代码示例 5-65

```
library dio;

export 'src/adapter.dart';
export 'src/cancel_token.dart';
export 'src/dio.dart';
export 'src/dio_error.dart';
export 'src/dio_mixin.dart' hide InterceptorState, InterceptorResultType;
export 'src/form_data.dart';
export 'src/headers.dart';
export 'src/interceptors/log.dart';
export 'src/multipart_file.dart';
export 'src/options.dart';
export 'src/parameter.dart';
export 'src/redirect_record.dart';
export 'src/response.dart';
export 'src/transformer.dart';
```

5. part 指令

Dart 中，通过 part、part of、library 指令实现拆分库，这样就可以将一个庞大的库拆分成各种小库，只要引用主库即可，用法如下：

这里需要创建 3 个 Dart 文件，包括两个子库（calculator 和 logger）和一个主库（util）。子库 calculator.dart 的代码如代码示例 5-66 所示。

代码示例 5-66

```dart
//和主库建立连接
part of util;

int add(int i, int j) {
  return i + j;
}

int sub(int i, int j) {
  return i - j;
}

int random(int no) {
  return Random().nextInt(no);
}
```

子库 logger.dart 的代码如代码示例 5-67 所示。

代码示例 5-67

```dart
//和主库建立连接
part of util;

class Logger {
  String _app_name;
  Logger(this._app_name);
  void error(error) {
    print('${_app_name}Error: ${error}');
  }

  void warn(msg) {
    print('${_app_name}Error: ${msg}');
  }

  void deBug(msg) {
    print('${_app_name}Error: ${msg}');
  }
}
```

主库 util.dart 的代码如代码示例 5-68 所示。

代码示例 5-68

```
//给库命名
library util;

//导入 math,子库会用到
import 'dart:math';

//和子库建立联系
part 'logger.dart';
part 'calculator.dart';
```

在 main 中使用,如代码示例 5-69 所示。

代码示例 5-69

```
import './util.dart';

void main() {
  //使用 logger 库定义的类
  Logger logger = Logger('Demo');
  logger.deBug('这是 deBug 信息');

  //使用 calculator 库定义的方法
  print(add(1, 2));
}
```

5.13.3 系统库

Dart 为开发者提供了大量的基础库,这些基础库是开发者在开发中所需的一些基础开发库,如 I/O 操作、数据处理、网络请求、异步处理、文件操作等。

1. io、math 库

dart:math 库中提供了基础的数学函数的调用,如代码示例 5-70 所示。

代码示例 5-70

```
import 'dart:io';
import "dart:math";
main(){
    print(min(122,222));
    print(max(65,89));
}
```

2. 网络库(实现网络请求)

网络库的使用步骤如代码示例 5-71 所示。

代码示例 5-71

```dart
import 'dart:io';
import 'dart:convert';
void main() async{
  var result = await getInfoListApi();
  print(result);
}
//API:
getInfoListApi() async{
  //1. 创建 HttpClient 对象
  var httpClient = new HttpClient();
  //2. 创建 Uri 对象
  var uri = new Uri.http('www.51itcto.com','/api/3');
  //3. 发起请求,等待请求
  var request = await httpClient.getUrl(uri);
  //4. 关闭请求,等待响应
  var response = await request.close();
  //5. 解码响应的内容
  return await response.transform(utf8.decoder).join();
}
```

5.13.4 第三方库

如果开发应用的过程中需要某些特殊功能的库,但是系统库没有提供,此时就可以试着到第三方库市场搜索、安装及使用,下面介绍查找和安装第三方库的详细步骤。

1. 从下面网址找到要用的库

https://pub.dev/packages

https://pub.flutter-io.cn/packages

https://pub.dartlang.org/flutter/

pub.dev 是谷歌官方维护的一个 Dart 和 Flutter 的第三方代码库的上传下载网站,Dart 提供上传包和下载包的工具供开发者使用。

如需要使用一个强大的 HTTP 访问库,在 pub.dev 上就可以搜索,选择使用人数和排名高的库,如 dio 库,如图 5-6 所示。

2. 创建一个 pubspec.yaml 文件

pubspec.yaml 文件的 dependencies 用来配置需要下载的包名和版本号,然后在配置文件所在的目录命令行中执行 pub get 命令就可以获取远程库。

在 Visual Code 中保存该文件后就会自动把 dependencies 中配置的库包文件下载到本地 Flutter 安装目录下,如 C:\Flutter\.pub-cache\hosted\pub.flutter-io.cn。

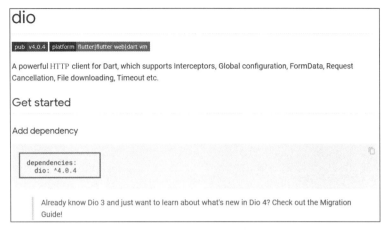

图 5-6 DIO 库介绍

```
name: xxx
description: A new flutter module project.
dependencies:
  dio: ^4.0.4
  flutter:
    sdk: flutter
```

3. 查看引入库的使用文档

每个库的介绍页面都有简单的使用入门介绍,通过查看文档,在自己的项目中引用和使用,如获取 dio 库的文档使用说明,如代码示例 5-72 所示。

代码示例 5-72

```
import 'package:dio/dio.dart';
void getHttp() async {
  try {
    var response = await Dio().get('http://www.google.com');
    print(response);
  } catch (e) {
    print(e);
  }
}
```

第 6 章 包管理与脚手架

随着大前端工程化越来越复杂，代码仓的管理也变得复杂起来，高效地管理大量的前端模块需要有好的包管理工具和优秀的脚手架工具，以此帮助开发人员高效地完成开发任务。本章讲解大型 JavaScript 项目的模块管理的工具和演示如何开发一个企业级的 CLI 脚手架工具。

6.1 MonoRepo 包管理

MonoRepo（Monolithic Repository，单体式仓库）并不是一个新的概念。从软件开发早期，就已经广泛使用这种模式了。这种模式的一个核心就是用一个 Git 仓库来管理所有的源码。除了这种模式以外，另一个比较受推崇的模式就是 MultiRepo（Multiple Repository），也就是用多个 Git 仓库来管理自己的源码。

目前诸如 Babel、React、Angular、Ember、Meteor、Jest 等都采用了 MonoRepo 方式进行源码的管理。

MonoRepo 的最终目标：将所有相关 module 都放到一个 Repo 里，每个 module 独立发布，issue 和 PR 都集中到该 Repo 中。不需要手动去维护每个包的依赖关系，当发布时，会自动更新相关包的版本号，并自动发布。

6.1.1 单仓与多仓库管理

MonoRepo 意味着把所有项目的所有代码统一维护在一个单一的代码版本库中，如图 6-1 所示，和多代码库方案相比，两者各有优劣，下面简单对比两者之间的差异。

MultiRepo：划分为多个模块，一个模块即一个 Git 仓库。

（1）优点：模块划分清晰，每个模块都是独立的 Repo，利于团队协作。

（2）缺点：代码管理难度增加。例如：①某个模块出现 Bug 相应模块都需要编译、上线，涉及手动控制版本，非常烦琐；②issue 管理十分麻烦。

MonoRepo：划分为多个模块，所有模块放在一个 Git 仓库。

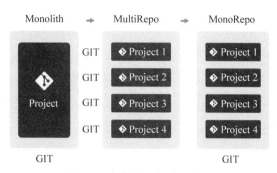

图 6-1　多仓管理与单仓管理

（1）优点：代码结构清晰，利于团队协作，同时一个库降低了项目管理、代码管理及代码调试难度。

（2）缺点：项目变得庞大，模块变多后同样会遇到各种问题，所以需要有更好的构建工具支持。

MonoRepo 模式的多包管理工具比较多，目前比较流行的有以下两个。

（1）Lerna：单一代码库管理器，Lerna 是由 Babel 团队推出的一个多包管理工具。

（2）Yarn Workspace：用一个命令在多个地方安装和更新 Node.js 的依赖项。

6.1.2　Lerna 包管理工具介绍

Lerna 是由 Babel 团队推出的一个多包管理工具，如图 6-2 所示，因为 Babel 包含很多子包，以前都放在多个仓库里，管理比较困难，特别是在调用系统内包时，发布比较麻烦，所以为了能更好、更快地跨包管理，Babel 推出了 Lerna，使用了 MonoRepo 的概念，现在 React、Babel、Angular、Jest 都在使用这个工具来管理包。

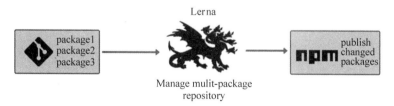

图 6-2　Lerna 多包管理工具

6.1.3　Lerna 包组织结构

按照 Lerna 文件组织结构，所有的 package 包都在 packages 目录里，外部只保留 package.json 配置文件即可。package 包是个完整的 NPM 项目结构，完整结构如下所示。

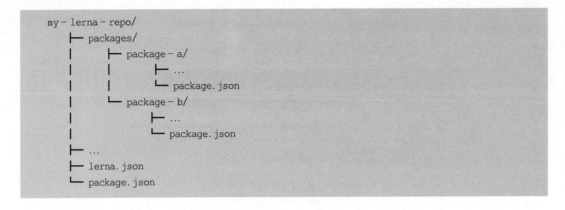

6.1.4 Lerna 安装与配置

接下来,介绍如何安装和配置 Lerna。

1. 安装 Lerna

命令如下:

```
npm install lerna  -g              #全局安装
npm install lerna  --save-dev      #局部安装
```

2. 初始化 Lerna 项目

创建一个 Lerna 项目或把已存在的 Git 仓库升级为 Lerna 项目,命令如下:

```
lerna init
```

Lerna 会完成下面两件事情:

(1) 在 package.json 文件里的 devDependency 中加入 Lerna。

(3) 创建 lerna.json 配置文件,存储当前 Lerna 项目的版本号。

3. Lerna 常用命令

Lerna 常用命令如表 6-1 所示。

表 6-1 Lerna 常用命令

命　　令	描　　述
lerna init	创建新的 Lerna 库
lerna create	新建 package
lerna list	显示 package 列表
lerna bootstrap	安装依赖
lerna clean	删除各个包下的 node_modules
lerna changed	显示自上次 release tag 以来所有修改的包,选项同 list
lerna diff	显示自上次 release tag 以来所有修改的包的差异,执行 git diff 命令

续表

命　令	描　述
lerna exec	在每个包目录下执行任意命令
lerna run	执行每个包 package.json 文件中的脚本命令
lerna import	引入 package
lerna link	链接互相引用的库
lerna publish	发布

4. lerna.json 配置文件说明

lerna.json 配置文件介绍如下：

```
{
    "useWorkspaces": true,          //使用 workspaces 配置。此项为 true,将使用 package.json 的
                                    //"workspaces",下面的 "packages" 字段将不生效
    "version": "0.1.0",             //所有包版本号,独立模式-"independent"
    "npmClient": "cnpm",            //npm client,可设置为 cnpm、yarn 等
    "packages": [                   //包所在目录,可指定多个
        "packages/*"
    ],
    "command": {                    //Lerna 命令相关配置
        "publish": {                //发布相关
            "ignoreChanges": [      //指定文件或目录的变更,不触发 publish
                ".gitignore",
                "*.log",
                "*.md"
            ]
        },
        "bootstrap": {              //bootstrap 相关
            "ignore": "npm-*",      //不受 bootstrap 影响的包
            "npmClientArgs": [      //bootstrap 执行参数
                "--no-package-lock"
            ]
        }
    }
}
```

6.1.5　Lerna 操作流程演示

接下来,从一个 Demo 出发,了解基于 Lerna 的开发流程。

1. 项目初始化

这里开发一个组件库,其包含两个组件,分别为 Car(车子)和 Wheel(车轮)组件,其中 Car 组件依赖于 Wheel 组件。

首先,初始化 Lerna 项目,命令如下：

```
lerna init
```

2. 增加 Packages

初始化 Lerna 项目后,在项目里新建两个 Package,执行命令如下:

```
lerna create car
lerna create wheel
```

增加 Package 后目录结构如下:

```
Root
├── lerna.json
├── package.json
└── packages
    ├── car
    │   ├── index.js
    │   ├── node_modules
    │   └── package.json
    └── wheel
        ├── index.js
        ├── node_modules
        └── package.json
```

3. 分别给相应的 Package 增加依赖模块

接下来,为组件增加依赖,首先 Car 组件不能只由 Wheel 构成,还需要添加一些外部依赖(在这里假定为 lodash),执行命令如下:

```
lerna add lodash -- scope = car
```

上面的命令会将 lodash 增添到 Car 的 dependencies 属性里,此时可以去看一看 package.json 文件是不是发生变更了。

接下来,还需要将 Wheel 添加到 Car 的依赖里,执行命令如下:

```
lerna add wheel -- scope = car
```

上面的操作会自动检测到 Wheel 隶属于当前项目,直接采用 symlink 的方式关联。

symlink:符号链接,也就是平常所讲的建立超链接,此时 Car 的 node_modules 里的 Wheel 直接连接至项目里的 Wheel 组件,而不会再重新拉取一份,这个对本地开发非常有用。

4. 发布 Packages

接下来只需简单地执行 lerna publish 命令,确认升级的版本号,就可以批量地将所有的

package 发布到远程。

```
lerna publish
```

默认情况下会推送到系统目前 NPM 对应的 registry 里，实际项目里可以根据配置 lerna.json 文件切换所使用的 NPM 客户端。

5. 安装依赖包 & 清理依赖包

完成 1~4 步意味着已经完成了 Lerna 整个生命周期的过程，但当维护这个项目时，新拉下来仓库的代码后，需要为各个 package 安装依赖包。

在第 3 步执行 lerna add 命令时会发现，对于多个 package 都依赖的包，需要被安装多次，并且每个 package 下都维护自己的 node_modules。此时使用--hoist 把每个 package 下的依赖包都提升到工程根目录，来降低安装及管理的成本，代码如下：

```
lerna bootstrap -- hoist
```

为了省去每次都输入 --hoist 参数的麻烦，可以在 lerna.json 文件中配置，代码如下：

```
{
  "packages": [
    "packages/*"
  ],
  "command": {
    "bootstrap": {
      "hoist": true
    }
  },
  "version": "0.0.1-alpha.0"
}
```

配置好后，对于之前依赖包已经被安装到各个 package 下的情况，只需清理一下安装的依赖，命令如下：

```
lerna clean
```

然后执行 lerna bootstrap 命令即可看到 package 的依赖都被安装到根目录下的 node_modules 中了。

```
lerna bootstrap
```

6. 更新模块

在后面的开发过程中修改了 Wheel 组件，此时可以执行 lerna updated 命令，查看有哪些组件发生了变更，代码如下：

```
info cli using local version of lerna
lerna notice cli v4.0.0
lerna info Assuming all packages changed
car
wheel
```

此时,虽然只变更了 Wheel 组件,但是 Lerna 能够帮助我们检查到所有依赖于它的组件,对于没有关联的组件,是不会出现在更新列表里的,这比之前人工维护版本依赖的更新高效。

7. 集中版本号或独立版本号

现在已经发布了两个 package,如果需要再新增一个 Engine(发动机)组件,它和其他两个 package 保持独立,随后执行 lerna publish 命令,它会提示 Engine 组件的版本号将会从 0.0.0 升级至 1.0.0,但是事实上 Engine 组件是刚创建的,这点不利于版本号的语义化,Lerna 已经考虑到了这一点,它包含的两种版本号管理机制如下:

(1) 在 fixed 模式下,模块发布新版本时都会升级到 lerna.json 文件里编写的 version 字段。

(2) 在 independent 模式下,模块发布新版本时,会逐个询问需要升级的版本号,基准版本为它自身的 package.json 文件的版本,这样就避免了上述问题。

如果需要各个组件维护自身的版本号,就需要使用 independent 模式,此时只需配置 lerna.json 文件。

6.1.6　Yarn Workspace

Yarn Workspace(工作区)是 Yarn 提供的 MonoRepo 的依赖管理机制,从 Yarn 1.0 开始默认支持,用于在代码仓库的根目录下管理多个 package 的依赖。

Workspace 能更好地统一管理多个项目的仓库,既可在每个项目下使用独立的 package.json 文件管理依赖,又可便利地享受一条 yarn 命令安装或者升级所有依赖等。更重要的是可以使多个项目共享同一个 node_modules 目录,提升开发效率和降低磁盘空间的占用。

1. 使用 Yarn Workspace 的好处

(1) 当开发多个互相依赖的 package 时,Workspace 会自动对 package 的引用来设置软链接(symlink),比 yarn link 命令更加方便,并且链接仅局限在当前 Workspace 中,不会对整个系统造成影响。

(2) 所有 package 的依赖会安装在最根目录下的 node_modules 下,节省磁盘空间,并且给了 Yarn 更大的依赖优化空间。

(3) 所有 package 使用同一个 yarn.lock 文件,更少造成冲突且易于审查。

2. Yarn Workspace 操作流程演示

下面通过一个 Demo,演示如何使用 Yarn Workspace,假设项目中有 common 和 server

两个 package，目录结构如下：

```
./
|-- package.json
|-- packages/
|   |-- common/
|   |   |-- package.json
|   |-- server/
|   |   |-- package.json
```

初始化项目，命令如下：

```
$ mkdir yarn-workspace-demo
$ cd yarn-workspace-demo
$ yarn init
```

修改项目的 package.json 文件，添加 private 和 workspaces 配置，代码如下：

```
{
  ...
  "private": true,
  "workspaces": [
    "packages/*"
  ]
  ...
}
```

这里 private 和 workspaces 是需要配置的，分别表示的意义如下。

（1）private：根目录一般是项目的脚手架，无须发布，"private"：true 会确保根目录不被发布出去。

（2）workspaces：声明 Workspace 中 package 的路径。值是一个字符串数组，支持 Glob 通配符，其中 packages/* 是社区的常见写法，也可以枚举所有 package："workspaces"：["package-a","package-b"]。

添加两个 package：Common 和 Server 模块，Server 模块依赖 Common 模块，代码如下：

```
$ cd yarn-workspace-demo
$ mkdir packages          //该目录用来编写所有的库，与上面的 Workspace 配置一致
$ cd packages
$ mkdir common,server
```

Common 模块，代码如下：

```
module.exports = {
    name:"common",
    description:"通用模块"
}
```

Server 模块,Server 依赖 Common 模块,代码如下:

```
//index.js
const common = require("common");
console.log(common);
//package.json
//Server 依赖 Common 模块
  "dependencies": {
    "common": "1.0.0"
  }
```

目录结构如图 6-3 所示。

图 6-3　Yarn Workspace 项目目录结构

在项目目录下执行安装命令,命令如下:

```
yarn install
```

其他的操作命令,如下所示。
(1) 在指定的 package 中运行指定的命令。

```
# 在 server 中添加 react,react-dom 作为 devDependencies
yarn workspace server add react react-dom --dev
# 移除 common 中的 lodash 依赖
yarn workspace common remove lodash
# 运行 server 中 package.json 文件的 scripts.test 命令
yarn workspace server run test
```

(2) yarn workspaces run < command >：在所有 package 中运行指定的命令，若某个 package 中没有对应的命令，则会报错，命令如下：

```
# 运行所有 package(common、server)中 package.json 文件的 scripts.build 命令
yarn workspaces run build
```

（3）yarn workspaces info [--json]：查看项目中的 Workspace 依赖树。
（4）yarn < add | remove > < package > -W：-W：--ignore-workspace-root-check，允许依赖被安装在 Workspace 的根目录，以便管理根目录的依赖。

```
# 安装 eslint 作为根目录的 devDependencies
yarn add eslint - D - W
```

6.1.7 Yarn Workspace 与 Lerna

Lerna 的依赖管理基于 Yarn/NPM，但是安装依赖的方式和 Yarn Workspace 有些差异：

Yarn Workspace 只会在根目录安装一个 node_modules，这有利于提升依赖的安装效率和不同 package 间的版本复用，而 Lerna 默认会进入每个 package 中运行 Yarn/NPM install，并在每个 package 中创建一个 node_modules。

目前社区中最主流的方案，也是 Yarn 官方推荐的方案，则集成 Yarn Workspace 和 Lerna。使用 Yarn Workspace 来管理依赖，使用 Lerna 来管理 NPM 包的版本发布。

6.2 设计一个企业级脚手架工具

脚手架(Scaffold)原本是建筑工程术语，指为了保证施工过程顺利而搭建的工作平台，它为工人们在各层施工提供了基础的功能保障。

在软件开发领域，脚手架是伴随着业务复杂度提升而来提效的工具，是一个集成项目初始化、调试、构建、测试、部署等流程，能够让使用者专注于编写代码的工具。简单来讲，一个项目已经搭好架子，只需不断地加入相关功能就行了。

6.2.1 脚手架作用

前端脚手架，主要解决以下几个主要问题：
（1）统一团队开发风格，降低新人上手成本。
（2）规范项目开发流程，减少重复性工作。
（3）提供一键实现项目的创建、配置、开发、插件等，让开发者将更多时间专注于业务。

随着前端工程化的发展，越来越多的企业选择脚手架来从零到一搭建自己的项目。

6.2.2 常见的脚手架工具

脚手架可以分为通用型和专用型，通用型是用来进行二次开发的，专用型主要是给特殊框架提供的创建和构建工具，如表 6-2 所示。

表 6-2 大前端脚手架分类

名 称	分 类	说 明
yeoman	通用型	依照模板生成特定的项目结构
plop	通用型	搭建特定类型的脚手架
create-react-app	React 框架专用	搭建 React 项目
Vite	通用型	搭建现代流行框架项目，包括（Vue、React 等）
@angular/cli	Angular 专用	搭建 Angular 项目
Koa-generator	Node Koa 专用	Node.js Koa 脚手架

6.2.3 脚手架思路

业界比较流行的几个脚手架，它们的功能丰富但复杂程度不一样，总体来讲会包含以下几个基本功能。

1. 搭建项目

（1）根据用户输入生成配置文件。

（2）下载指定项目模板。

（3）在目标目录生成新项目。

2. 运行项目

（1）本地启动预览。

（2）热更新。

（3）语法、代码规范检测。

3. 部署项目

（1）将代码推送至仓库。

（2）前端部署的管理到后台进行发布。

（3）以 NPM 包的方式发布到了 NPM 市场，使用时直接安装。

（4）清晰和良好格式的日志输出。

6.2.4 第三方依赖介绍

搭建自己的脚手架，可以根据需要引入依赖，如表 6-3 所示。

表 6-3　第三方依赖包安装

名　　称	说　　明
commander	命令行工具，有了它就可以读取命令行中的命令了，知道用户想要做什么
inquirer	交互式命令行工具，向用户提供一个漂亮的界面和提出问题流的方式
download-git-repo	下载远程模板工具，负责下载远程仓库的模板项目
chalk	颜色插件，用来修改命令行输出样式，通过颜色区分 info、error 日志，清晰直观
ora	用于显示加载中的效果，类似于前端页面的 loading 效果，像下载模板这种耗时的操作，有了 loading 效果可以提示用户正在进行中，请耐心等待
log-symbols	日志彩色符号，用来显示√或×等的图标
clear	清空终端屏幕
clui	绘制命令行中的表格、仪表盘、加载指示器等
figlet	生成基于 ASCII 的艺术字
minimist	解析命令行参数
configstore	轻松地加载和保存配置信息
semver	版本比较
minimist	解析参数选项
@octokit/rest	基于 Node.js 的 GitHub REST API 工具
@octokit/auth-basic	GitHub 身份验证策略的一种实现
simple-git	在 Node.js 文件中执行 Git 命令的工具
touch	实现 UNIX touch 命令的工具

6.2.5　脚手架架构图

先通过架构图了解脚手架的大致工作流程，如图 6-4 所示。

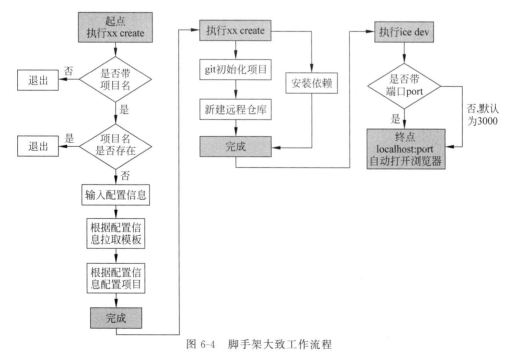

图 6-4　脚手架大致工作流程

6.2.6　创建脚手架工程与测试发布

下面逐步介绍,如何创建一个脚手架并发布到线上仓库。

1. 创建脚手架 Lerna 工程项目

创建命令如下:

```
mkdir hello-scallfold
lerna init                    #初始化 Lerna 工程项目
```

执行 lerna init 命令后会默认执行 git init 命令,创建.gitignore,忽略以下文件:

```
**/node_modules
.vscode
.DS_Store
lerna-deBug.log
```

添加到本地暂存,并查看状态,代码如下:

```
git add . && git status
```

提交到本地仓库,代码如下:

```
git commit -m 'init'
```

2. 创建包 & 测试发布

创建 core 核心包和工具包 utils,输入 lerna create core,根据创建包向导提示设置 package name:(core) @hello-cli/core。core 包的 package.json 文件如下:

```json
{
  "name": "@hello-cli/core",
  "version": "1.0.0",
  "description": "> TODO: description",
  "author": "xlwcode <624026015@qq.com>",
  "homepage": "",
  "license": "ISC",
  "main": "lib/core.js",
  "directories": {
    "lib": "lib",
    "test": "__tests__"
  },
  "files": [
    "lib"
```

```
  ],
  "publishConfig": {
    "registry": "https://registry.npmjs.org"
  },
  "scripts": {
    "test": "echo \"Error: run tests from root\" && exit 1"
  }
}
```

创建完成 core 和 utils 模块后，工程结构目录如图 6-5 所示。

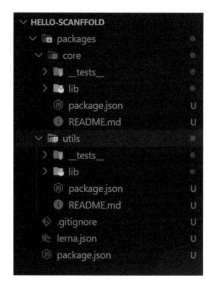

图 6-5　Lerna 项目目录图

3. 修改模块中的 publicConfig

在 publicConfig 配置中添加 "access"："public"，代码如下：

```
"publishConfig": {
  "access": "public",
  "registry": "https://registry.npmjs.org"
},
```

4. 提交代码到 Git 仓库

这里使用 git 命令创建一个公开库，并将工程代码提交到仓库中，命令如下：

```
git remote add origin https://gitee.com/xxx/xx-cli.git
git push -u origin master
```

5. 将库发布到 npmjs 网站

首先登录 npmjs 网站，进入创建组织页面(https://www.npmjs.com/org/create)，如图 6-6 所示。

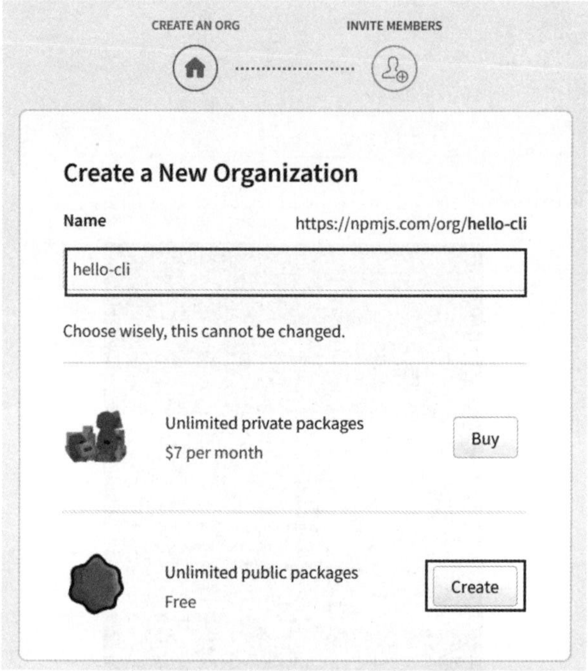

图 6-6　npmjs 网站

创建成功后，单击 npmjs→个人头像→Packages 页面查看即可。

接下来，在工程目录中执行 lerna publish 命令，如图 6-7 所示。

```
lerna notice cli v4.0.0
lerna info current version 1.0.0
lerna info Assuming all packages changed
? Select a new version (currently 1.0.0) (Use arrow keys)
> Patch (1.0.1)
  Minor (1.1.0)
  Major (2.0.0)
  Prepatch (1.0.1-alpha.0)
  Preminor (1.1.0-alpha.0)
  Premajor (2.0.0-alpha.0)
  Custom Prerelease
  Custom Version
```

图 6-7　Lerna 发布工程项目

发布过程中，需要选择版本，每发布一次，版本号会自动递增，回车后开始上传，效果如图 6-8 所示。

在 npmjs.com 网站查看，如图 6-9 所示。

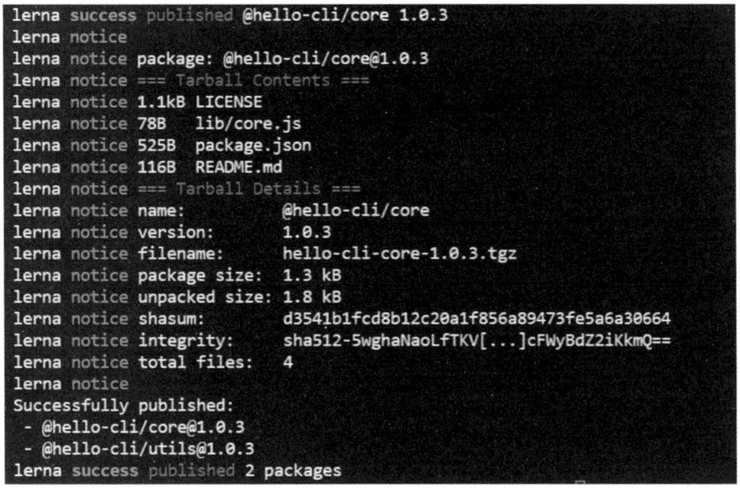

图 6-8　Lerna 发布成功提示

图 6-9　在 npmjs 网站查看上传成功的包

6.2.7　脚手架命令行开发

通过 Lerna 添加一个 cli 模块，该模块将作为 cli 入口，代码如下：

```
lerna add cli
```

在 cli 模块中新增文件 bin/index.js，代码如下：

```
#!/usr/bin/env node
require('../lib/index');
```

在写 NPM 包时需要在脚本的第一行写上 ♯！/usr/bin/env node，用于指明该脚本文件要使用 Node 来执行。

/usr/bin/env 用来告诉用户到 path 目录下去寻找 Node，♯！/usr/bin/env node 可以让系统动态地去查找 Node，以解决不同机器不同用户设置不一致的问题。

注意：♯！/usr/bin/env node 该命令必须放在第一行，否则不会生效。

lib/index.js，这里简单测试一下，添加一个打印的代码，代码如下：

```
console.log('hello world!');
```

1. 自定义脚手架的执行命令名称（hello-cli）

在 package.json 文件中添加 bin 字段，当使用 npm 或者 yarn 命令安装包时，如果该包的 package.json 文件有 bin 字段，就会在 node_modules 文件夹下面的 .bin 目录中复制 bin 字段连接的执行文件。在调用执行文件时，可以不带路径，直接使用命令名来执行相对应的执行文件。这里将 bin 的命令设置为 hello-cli，代码如下：

```
"bin": {
  "hello-cli": "bin/index.js"
},
```

在 cli 根目录下执行 npm link 命令，把当前 cli 路径安装到全局，这样全局就可以执行 hello-cli 命令了。

打开终端测试 hello-cli，测试成功，可正常打印，输出如下：

```
hello world!
```

2. 添加版本号、欢迎语功能

当执行 hello-cli 命令时，首先打印 hello-cli 和库的版本号，如图 6-10 所示，这里的版本号通过 packeg.json 文件获取，欢迎语使用 figlet 包，代码如下：

```
const packageJson = require('../package');
```

图 6-10　输出欢迎语和版本号

figlet 包的作用是在 JavaScript 中贯彻 FIGFont 规范。可以在浏览器和 Node.js 中使用。这个项目就是输出一些特殊的文字，这些文字只包含 ANSI 对应的字符。

将 figlet 添加到 cli 模块中,代码如下:

```
Lerna add figlet -- scope=@hello-cli/cli
```

如代码示例 6-1 所示:
代码示例 6-1　chapter06\hello-scanffold\packages\cli

```
const packageJson = require('../package');
const figlet = require('figlet');

console.log('欢迎使用');
console.log('${figlet.textSync('Hello-cli', {
    horizontalLayout: 'full'
})}Version ${packageJson.version}'
);
```

3. 分包开发日志打印功能

上面的 console.log('欢迎使用')语句所输出的内容无法设置字体的颜色,需要开发一个日志模块,用于输出有颜色的文字,这里采用分包的方式开发这个工具模块,如图 6-11 所示。

图 6-11　输出彩色文字

utils 包用来组织工程中的工具模块,这里需要在 cli 中导入该模块,代码如下:

```
const { log } = require('@hello-cli/utils');
```

首先在 cli 模块中修改 package.json 文件,添加对 utils 的依赖,代码如下:

```
"dependencies": {
"@hello-cli/utils": "^1.0.0"
},
```

修改完成 cli 模块的依赖,在 cli 模块中执行 lerna link 命令,代码如下:

```
lerna link
```

现在就可以用 packages/utils 包的方法了。

接下来，切换到 packages/utils 模块，日志用的是 npmlog。修改 packages/utils/package.json，代码如下：

```
"main": "lib/index.js",
```

lib/index.js 文件引用 log.js，如代码示例 6-2 所示。

代码示例 6-2　chapter06\hello-scanffold\packages\utils\lib\index.js

```
'use strict';
const log = require('./log');
//统一导出，后面还有很多工具
module.exports = {
  log
};
```

lib/log.js 文件，如代码示例 6-3 所示。

代码示例 6-3　chapter06\hello-scanffold\packages\utils\lib\log.js

```
const log = require('npmlog')

log.level = 'info'

log.heading = 'hello-cli'                                    //自定义头部
log.addLevel('success', 2000, { fg: 'green', bold: true })   //自定义 success 日志
log.addLevel('notice', 2000, { fg: 'blue', bg: 'black' })    //自定义 notice 日志
module.exports = log
```

再回到 packages/cli/lib/index.js 文件，如代码示例 6-4 所示。

代码示例 6-4　chapter06\hello-scanffold\packages\cli\lib\index.js

```
const packageJson = require('../package');
const figlet = require('figlet');
const { log } = require("@hello-cli/utils");

console.log(`${figlet.textSync('Hello-cli', {
  horizontalLayout: 'full'
})}Version ${packageJson.version}`
);
//使用有色彩的字体输出
log.info('欢迎使用');
```

4. 判断 Node.js 最低版本

因为 cli 用到了一些第三方库，这些库需要 Node.js 的版本是 14＋，所以首先需要检查

当前 Node.js 的版本。这里需要比较版本号,需要安装 semver 包,semver 是语义化版本 (Semantic Versioning)规范的一个实现,目前由 NPM 团队维护,实现了版本和版本范围的解析、计算、比较。

下面的代码通过设置的版本号和当前使用的 Node.js 版本进行比较,如果低于设置的版本,就打印错误提醒,并退出,如代码示例 6-5 所示。

代码示例 6-5　chapter06\hello-scanffold\packages\cli\lib\index.js

```
const semver = require("semver");
const MINIMUM_NODE.JS_VERSION = "17.0.0";

if (semver.lte(process.version, MINIMUM_NODE.JS_VERSION)) {
  log.error('hello - cli 最低要求 Node.js 版本 v${MINIMUM_NODE.JS_VERSION}');
  process.exit();
}
```

5. 注册命令

脚手架命令行可接收不同的命令,脚手架根据不同的命令执行对应的操作,命令行输出使用 commander 包,安装命令如下:

```
lerna add  commander   -- scope = @hello - cli/cli
```

commander 的简单用法如下:

```
const program = require("commander");
//设置版本号、自定义用法说明
program.version(packageJson.version).usage("< command > [options] 其他说明");
//可以在这里添加命令
//…
//注册命令
program.parse(process.argv);
```

注意:依赖错误或未知错误,清理所有依赖的命令为 lerna clean,重装依赖的命令为 lerna bootstrap。

第 2 篇

Vue 3 框架篇

第 7 章　Vue 3 语法基础

第 8 章　Vue 3 进阶原理

第 9 章　Vue 3 组件库开发实战

第 7 章 Vue 3 语法基础

在前端三大框架(React、Vue、Angular)中,Vue 框架一直是前端开发工程师非常喜爱的一个 JavaScript 框架,除了对开发者友好的语法糖,极易上手外,还有媲美 React 框架的性能和比肩 Angular 框架的设计。Vue 框架是由前谷歌工程师尤雨溪开发并开源的,自 2014 年推出以来后,在较短时间内,它已成为全球开发者的最热门选择。

2021 年,Vue 成功发布了 Vue 3 版本,该版本在 Vue 2 版本的基础上做了较大的改动,除了优化了框架中的核心部分性能,同时带来全新的脚手架工具 Vite。毫无疑问,Vue 3 已经成为目前 Vue 版本中最受欢迎的一个版本,也是前端开发人员必备的一个开发利器。

本章从 Vue 3 基础语法开始,详细介绍框架的语法和使用技巧,同时深入介绍框架的原理,最后通过对案例的讲解,读者可以更加深入地掌握 Vue 3。

7.1 Vue 3 框架介绍

2013 年,前谷歌工程师尤雨溪在使用 Angular 框架开发项目的过程中,借鉴 Angular 的思想,开发了一款语法更加简单,性能更加优异的类 Angular 1.x 的框架,开源后广受开发者欢迎。Logo 如图 7-1 所示。

Vue 框架并没有像 Angular 一样功能庞大,采用渐进式的框架设计思路,采用插件式的模式,保证该框架的核心部分非常简单和高效。

2016 年,尤雨溪在借鉴了 React 框架的虚拟 DOM 和组件化的思想后,推出了性能更加优异的 Vue 2 版本,该框架推出后,一度成为年度最受欢迎的前端开发框架,该版本保留了 Vue 1.0 版本中双向数据绑定机制,同时融入了更加高效的基于虚拟 DOM 的组件化开发思想,成为兼具 Angular 和 React 特性的框架,同时 Vue 2 提供的简单极易

图 7-1 Vue 框架 Logo

上手的 API 设计,让开发者通过简单的学习就可以上手开发项目,所以广受欢迎。

2021年，Vue 3借鉴React Hook思想，推出了Composition API(Vue Hook)，该版本采用TypeScript语言开发，重新优化了双向绑定机制和组件化开发模式，极大地提高了性能，同时提供了功能强大的Vite脚手架工具，Vite是为了解决Webpack在大型项目打包和编译上的一些性能缺陷，随即成为企业开发者的首选版本。

Vue框架的版本名称通常来自漫画和动漫，其中大部分属于科幻小说类型，如表7-1所示，目前使用广泛的版本是Vue 2和Vue 3，未来Vue 3肯定是最主流的开发版本。

表 7-1　Vue 发布的版本

版 本 号	发 布 日 期	版 本 名 称
3.2	2021年8月5日	Quintessential Quintuplets
3.1	2021年6月7日	Pluto
3.0	2020年9月18日	One Piece
2.6	2019年2月4日	Macross
2.5	2017年10月13日	Level E
2.4	2017年7月13日	Kill la Kill
2.3	2017年4月27日	JoJo's Bizarre Adventure
2.2	2017年2月26日	Initial D
2.1	2016年11月22日	Hunter X Hunter
1.0	2015年10月27日	Evangelion
0.9	2014年2月25日	Animatrix
0.6	2013年12月8日	VueJS

Vue官方网址为https://v3.vuejs.org/，中文文档的网址为https://v3.cn.vuejs.org/guide/introduction.html。

7.1.1　Vue 3框架核心思想

Vue借鉴Angular和React框架核心思想，取其精华去其糟粕。Angular框架核心思想是MVVM模式，React框架核心思想是基于虚拟DOM的组件化，而Vue的核心思想为数据驱动和组件化。

1. 数据驱动

Vue是一种基于MVVM设计模式的前端框架。在Vue中，DOM是数据的一个自然映射，Directives对View进行了封装，当Model里的数据发生变化时，Vue就会通过Directives指令去修改DOM。

同时也通过DOM Listener实现对视图View的监听，当DOM改变时，就会被监听到，实现Model的改变，从而实现数据的双向绑定，如图7-2所示。

数据(model)改变驱动视图(view)自动更新，如图7-3所示。

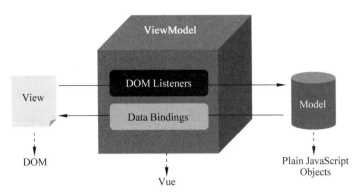

图 7-2　Vue 数据驱动设计（MVVM）

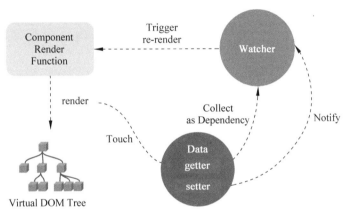

图 7-3　组件响应式原理

2. 组件化

组件化实现了 HTML 元素的扩展，以便封装可用的代码。页面上每个独立的可视/可交互区域视为一个组件；每个组件对应一个工程目录，组件所需要的各种资源在这个目录下就近维护；页面不过是组件的容器，组件可以嵌套并可以自由组合成完整的页面，如图 7-4 所示。

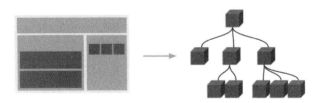

图 7-4　Vue 组件化开发

组件树：每个组件都会对应一个 ViewModel，最终就会生成一棵 ViewModel 树，其实和 DOM 节点树是一一对应的。

7.1.2　Vue 3 框架的新特征

Vue 3 在代码结构上采用 MonoRepo 模式，源码更加模块化，更有利于阅读和维护，同时 Vue 3 还有以下特性。

1. 更优化的双向绑定机制

Vue 2 采用 Object.defineProperty 实现双向绑定，这个属性本身就存在一些不足的地方：

（1）Object.defineProperty 无法监控到数组下标的变化，导致直接通过数组的下标给数组设置值时不能实时响应。为了解决这个问题，Vue 2 使用几种方法来监听数组，如 push()、pop()、shift()、unshift()、splice()、sort()、reverse()；由于只针对以上方法进行了 hack 处理，所以其他数组的属性无法检测到，还是具有一定的局限性。

（2）Object.defineProperty 只能劫持对象的属性，因此需要对每个对象的每个属性进行遍历。在 Vue 2.x 里，通过递归＋遍历 data 对象实现对数据的监控，如果属性值也是对象，则需要深度遍历，显然如果能劫持一个完整的对象才是更好的选择，新增的属性还是通过 set() 方法来添加监听，有一定的局限性。

Vue 3 采用 ES6 的 Proxy 代替 ES5 的 Object.defineProperty，Proxy 有以下优点：

（1）可以劫持整个对象，并返回一个新的对象。

（2）Proxy 支持 13 种劫持操作，对象劫持操作更加方便。

2. TypeScript 编写

Vue 3 使用 TypeScript 语言编写，TypeScript 语言除了补充了很多面向对象的语言特性外，还提供了 TypeScript 编译器，可以很好地帮助开发者进行语法检查，避免了 JavaScript 语言只有在代码运行时才能发现错误。

另外，目前最流行的 Visual Code 对 TypeScript 进行深度支持，有利于源码的检查和编译测试。

3. 新虚拟 DOM 算法（快速 Diff 算法）

Vue 3 借鉴和扩展了 ivi 和 inferno 框架中的快速 Diff 算法，该算法的性能优于 Vue 2 所采用的双端 Diff 算法，Vue 3.x 的 Diff 算法通过和最长升序子序列的对比，将节点移动操作最小化，大大提升了效率。

4. Composition API

Composition API 是 Vue 3 中新增的一个功能，它的灵感来自于 React Hook，可以提高代码逻辑的可复用性，从而实现与模板的无关性；同时使代码的可压缩性更强。另外，把 Reactivity 模块独立开来，意味着 Vue 3 的响应式模块可以与其他框架相组合。

5. Custom Renderer API

自定义渲染器，实现用 DOM 的方式进行 WebGL 编程。

6. Fragments

不再限制 template 只有一个根节点。render() 函数也可以返回数组了，有点像 React.Fragments。

7.2 Vue 3 开发环境搭建

这里推荐使用 Visual Code 开发 Vue 程序，Visual Code 有配套的 Vue 语法支持的社区插件，可以辅助快速开发 Vue 程序。Vue 框架也提供了配套版本的浏览器插件（Vue DevTools），方便开发者使用浏览器调试 Vue 程序。

7.2.1 Visual Code 安装与配置

下载最新的 Visual Code，下载网址为 http://code.visualstudio.com，如图 7-5 所示。

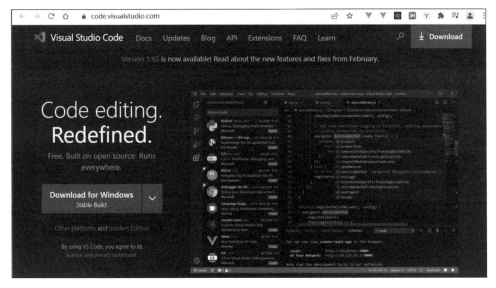

图 7-5 下载最新版本的 Visual Code

安装 Visual Code 后，可以在插件市场安装 Vue 3 语法支持的插件，如图 7-6 所示。

图 7-6 安装 Vue 3 语法支持的插件

7.2.2 安装 Vue DevTools

Vue DevTools 是一款基于浏览器的插件,支持 Chrome 和 Firefox 浏览器,用于调试 Vue 应用。使用它可以极大地提高程序的开发、调试效率。下面介绍如何安装及使用这个插件。

1. 插件的安装

安装 Vue DevTools,最方便的方式是通过谷歌插件网站下载后安装,具体的步骤如下:
(1) 打开 Chrome 浏览器商店。
(2) 目前需要同时安装 Vue 3 DevTools,搜索 Vue 3,如图 7-7 所示,并安装。

图 7-7 安装 Vue 3.x DevTools

安装完毕后浏览器的右上角会出现一个 V 字的插件图标(如果当前访问的是 Vue 项目页面,则该图标会变成绿色),如图 7-8 所示。

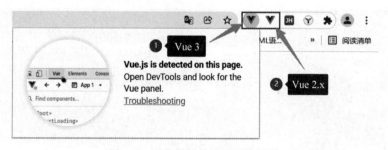

图 7-8 浏览器插件检测浏览网页

2. 插件使用说明

(1) Vue DevTools 扩展程序添加完毕后。当打开 Vue 应用页面时,在 Chrome 开发者工具(F12)中会看到一个 Vue 栏目。单击后默认显示的第 1 个选项卡中显示的是当前页面中的组件、Vue 对象等相关信息,如图 7-9 所示。

图 7-9　调试 Vue 相关信息

(2) 由于 Vue 是数据驱动的,所以可以直接修改调试面板中的数据值,修改的结果会实时地反映到界面上,如图 7-10 所示。

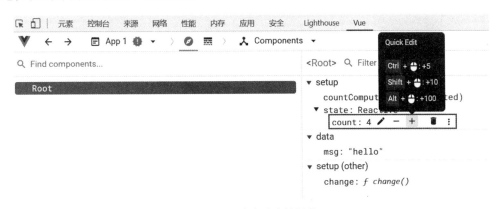

图 7-10　手动测试数据值

7.2.3　编写第 1 个 Vue 3 程序

刚开始学习 Vue 3 语法基础时不推荐使用脚手架工具来创建项目,脚手架创建的项目采用标准的企业级组件化开发模式,涉及组件的拆分和组合,对初学者来讲较为复杂,所以更简单的方式是直接在页面引入 vue.global.js 文件来测试。

Vue 3 中的应用是通过 createApp() 函数来创建的,语法格式如下:

```
const app = Vue.createApp({
/* 选项 */
})
```

在下面的例子中,把一个 JS 变量 msg 的值绑定到 h1 标签内,如代码示例 7-1 所示。

代码示例 7-1　chapter07\01-Vue3_basic\01\hello.html

```
<div id="app">
    <h1>{{msg}}</h1>
</div>
<script>
    //创建一个 JS 对象 HelloApp
    const HelloApp = {
        //在 data 中定义需要绑定到页面的变量
        data(){
            return {
                //变量,用于绑定到页面
                msg:"Hello Vue 3"
            }
        }
    }
    //根据 HelloApp 对象创建 Vue 对象的实例
    //用 Vue 实例来绑定        #app 的视图
    Vue.createApp(HelloApp).mount('#app')
</script>
```

接下来,在页面中直接引入 Vue 3 的 JS 文件,代码如下:

```
#上节下载的 Vue 3 文件
<script src="../01/vue3/dist/vue.global.js"></script>
```

在当前页面中创建一个 div 元素,为 div 设置属性 id="app",Vue 的实例通过 mount 方法与 id 所在的视图进行绑定,代码如下:

```
<div id="app">
  <h1>{{msg}}</h1>
</div>
```

{{ }}用于输出对象属性和函数返回值,{{ msg }}: 对应 HelloApp 对象中 msg 的值。
在浏览器中运行页面,效果如图 7-11 所示。

图 7-11　Vue 3 为视图绑定数据变量

7.3　Vue 3 项目搭建方法

本节介绍两种搭建 Vue 项目的方式：手动搭建和脚手架搭建。手动搭建 Vue 项目对开发者要求较高，但是比较灵活，可以根据需要进行配置；通过官方脚手架创建项目，适用于中小型项目快速搭建，对开发者要求较低，推荐直接使用脚手架创建项目，如果需要进行特殊配置，则可以在脚手架创建的项目基础上进行个性化修改。

7.3.1　手动搭建 Vue 3 项目

下面介绍 3 种手动创建 Vue 项目的方式，手动创建项目需要开发者熟悉打包工具的使用，如 Webpack 或者 Rollup 等工具的熟练使用。

1. 下载 Vue 3 构建文件直接使用

通过 NPM 下载构建好的 Vue 3 版本，这些都是根据不同的环境构建好的 Vue 版本，可以直接在浏览器或者 Node.js 环境中运行。

首先需要通过 NPM 命令下载最新稳定版本，安装完成后，在 node_modules 目录中 Vue 目录下的 dist 文件夹中可以找到所有 Vue 最新构建版本。Vue 的各个构建版本适用情况如表 7-2 所示。

表 7-2　Vue 各种构建版本介绍

构建版本名称	使用的运行环境	是否包含编译器	说　　明
vue.global.js	浏览器	运行时＋编译器	包含编译器和运行时的完整构建版本，因此它支持动态编译模板
vue.global.prod.js	浏览器	运行时＋编译器	
vue.esm-browser.js	浏览器	运行时＋编译器	用于通过原生 ES 模块导入使用(在浏览器中通过＜script type＝"module"＞来使用)。
vue.esm-browser.prod.js	浏览器	运行时＋编译器	与全局构建版本共享相同的运行时编译、依赖内联和硬编码的 prod/dev 行为
vue.runtime.global.js	浏览器	仅运行时	只包含运行时，并且需要在构建期间预编译模板
vue.runtime.global.prod.js	浏览器	仅运行时	
vue.runtime.esm-browser.js	浏览器	仅运行时	仅运行时，并要求所有模板都要预先编译。这是构建工具的默认入口(通过 package.json 文件中的 module 字段)，因为在使用构建工具时，模板通常是预先编译的(例如在 *.vue 文件中)
vue.runtime.esm-browser.prod.js	浏览器	仅运行时	

续表

构建版本名称	使用的运行环境	是否包含编译器	说　　明
vue.runtime.esm-bundler.js	浏览器	仅运行时	包含运行时编译器。如果使用了一个构建工具，但仍然想要运行时的模板编译（例如，DOM 内模板或通过内联 JavaScript 字符串的模板），则可使用这个文件。需要配置构建工具，将 Vue 设置为这个文件
vue.cjs.js	Node	运行时＋编译器	通过 require() 在 Node.js 服务器端渲染使用
vue.cjs.prod.js	Node	运行时＋编译器	

1）运行时＋编译器 vs 仅运行时的区别

如果需要在客户端上编译模板（将字符串传递给 template 选项，或者使用元素的 DOM 内 HTML 作为模板挂载到元素），将需要编译器，因此需要完整的构建版本，如代码示例 7-2 所示。

代码示例 7-2　运行时＋编译器

```
//需要编译器
Vue.createApp({
 template: '<div>{{ hi }}</div>'}
)
//不需要
Vue.createApp({
    render() {
        return Vue.h('div', {}, this.hi)
    }}
)
```

2）直接在浏览器运行第 1 个 Hello Vue 3 程序

第 1 步：下载 Vue 3，下载命令如下：

```
npm install vue
```

第 2 步：在页面中直接引用 vue.global.js 文件，如代码示例 7-3 所示。

代码示例 7-3　直接引用 vue.global.js 文件

```
<!DOCTYPE html>
<html lang = "en">
<head>
    <meta charset = "UTF-8">
    <title>在页面中直接使用 Vue 3</title>
```

```
    <script src="./node_modules/vue/dist/vue.global.js"></script>
</head>

<body>
    <div id="app">
        <h1>{{msg}}</h1>
    </div>
    <script>
        Vue.createApp({
            data(){
                return {
                    msg:"Hello Vue 3"
                }
            }
        }).mount('#app')
    </script>
</body>
</html>
```

2. 使用 Webpack 搭建 Vue 3 项目

创建 Vue 3 项目目录，在该目录打开命令行，执行 npm init -y 命令创建一个项目，完成后会自动生成一个 package.json 文件，目录结构如图 7-12 所示。

第 1 步：安装开发依赖模块，命令如下，模块清单如表 7-3 所示。

图 7-12　Vue 3 目录结构

```
npm install --save-dev css-loader html-webpack-plugin style-loader vue-loader@next
@vue/compiler-sfc webpack webpack-cli webpack-dev-server
```

表 7-3　Vue 3 开发依赖模块

模 块 名 称	说　　明
webpack	Webpack 核心
webpack-cli	Webpack-cli 命令行工具
webpack-dev-server	Webpack 开发服务器
vue-loader@next	vue-loader@next 当前需要自行指定版本。VueLoaderPlugin 的导入方式改变了
@vue/compiler-sfc	新增了 @vue/compiler-sfc 替换原来的 vue-template-compiler
html-webpack-plugin	HTML 页面生成插件
css-loader	css 处理 loader
style-loader	生成 style 标签的 loader

第2步：安装Vue核心库，代码如下：

```
npm install -- save vue
```

第3步：配置Webpack配置文件。这里采用组件化的开发，因此需要使用vue-loader对.vue扩展名模块进行转换编译，如代码示例7-4所示。

代码示例7-4　chapter07\01-Vue3_basic\01\vue3-webpack-demo

```
const path = require('path')
const HtmlWebpackPlugin = require('html-webpack-plugin')
const { VueLoaderPlugin } = require('vue-loader')

module.exports = {
  mode: 'development',
  entry: './src/index.js',
  output: {
    filename: 'index.js',
    path: path.resolve(__dirname, 'dist'),
    assetModuleFilename: 'images/[name][ext]'
  },
  resolve: {
    alias: {
      '@': path.join(__dirname, 'src')
    }
  },
  module: {
    rules: [
      {
        test: /\.vue$/,
        use: [
          {
            loader: 'vue-loader'
          }
        ]
      },
      {
        test: /\.css$/,
        use: [
          {
            loader: 'style-loader'
          },
          {
            loader: 'css-loader'
          }
        ]
```

```
      },
      {
        test: /\.(png|jpe?g|gif)$/i,
        type: 'asset/resource'
      }
    ]
  },
  plugins: [
    new HtmlWebpackPlugin({
      filename: 'index.html',
      template: './index.html'
    }),
    new VueLoaderPlugin()
  ],
  devServer: {
    compress: true,
    port: 8088
  }
}
```

第4步：创建 index.html 模板，如代码示例 7-5 所示。

代码示例 7-5　chapter07\01-Vue3_basic\01\vue3-webpack-demo

```
<!DOCTYPE html>
<html lang="en">
<head>
    <meta charset="UTF-8">
    <title>webpack+vue</title>
</head>
<body>
    <div id="app"></div>
</body>
</html>
```

第5步：创建单页面组件 App.vue，如代码示例 7-6 所示。

代码示例 7-6　chapter07\01-Vue3_basic\01\vue3-webpack-demo

```
<script>
export default {
  data() {
    return {
      greeting: 'Hello Vue 3!'
    }
  }
}
```

```
</script>

<template>
  <p class = "greeting">{{ greeting }}</p>
</template>

<style>
.greeting {
  color: red;
  font-weight: bold;
}
</style>
```

第6步：启动本地服务。在 package.json 文件对应的 scripts 处新增命令，Webpack-dev-server 默认启动后，会监听文件变化并进行代码编译，如代码示例 7-7 所示。

代码示例 7-7　webpack serve

```
package.json
{
  "scripts": {
    "dev": "webpack serve"
  }
}
```

执行 npm run dev 命令访问 localhost：8088。

第7步：在项目目录中，打开命令行工具，输入的命令如下（查看效果）：

```
npm run dev
```

上面的7个步骤是手动搭建 Vue 3 项目的基本步骤，这里需要注意 Vue 3 使用了 ES6 的很多新特性，在低版本浏览器中运行时需要考虑兼容问题。

3. 使用 Rollup 搭建 Vue 3 项目

下面使用 Rollup 搭建 Vue 的开发环境，在之前的章节中，详细讲解了 Rollup 的用法，Rollup 是一个 JavaScript 模块打包器，可以将小块代码编译成大块复杂的代码，在打包模块过程中，通过 Tree Shaking 的方式，利用 ES6 模块能够静态分析语法树的特性，剔除各模块中最终未被引用的方法，通过仅保留被调用的代码块来减小 bundle 文件的大小。一般情况下，开发应用时使用 Webpack，开发库时使用 Rollup。

图 7-13　Rollup 打包 Vue 项目

第1步：创建项目。在命令行中输入 npm init -y 命令，创建 package.json 文件，初始化项目，代码结构如图 7-13 所示。

第 2 步：安装开发依赖模块，安装命令如下，模块清单如表 7-4 所示。

```
npm install @babel/preset-env @babel/core rollup rollup-plugin-babel rollup-plugin-
serve cross-env rollup-plugin-vue vue -D
```

表 7-4 使用 Rollup 安装开发依赖模块

模 块 名 称	说　　　明
rollup	Rollup 打包工具
rollup-plugin-vue	打包 Vue 文件
@babel/core	Babel 编译器
@babel/preset-env	@babel/preset-env 可以利用指定的任何目标环境，然后检查它们对应的插件并传给 Babel 进行转译
rollup-plugin-babel	ES6 转 ES5，以便可以使用 ES6 新特性来编写代码
rollup-plugin-serve	使用 serve 插件可以让我们启动一个 Server
cross-env	cross-env 能跨平台地设置及使用环境变量
Vue	Vue 框架代码，默认为 Vue 3

第 3 步：配置 Rollup 配置文件。这里采用组件化的开发方式，因此需要使用 rollup-plugin-vue 插件对 .vue 扩展名模块进行转换编译，配置文件如代码示例 7-8 所示。

代码示例 7-8　chapter07\01-Vue3_basic\01\vue3_rollup_demo\rollup.config.js

```js
import babel from 'rollup-plugin-babel';
import serve from 'rollup-plugin-serve';
import vuePlugin from 'rollup-plugin-vue';

export default {
    input: './src/index.js',
    output: {
        format: 'umd',                          //输出的打包格式
        file: 'dist/Vue.js',                    //打包文件路径
        name: 'Vue',                            //global.Vue
        sourcemap: true                         //生成 sourcemap
    },
    plugins: [
        vuePlugin(/* options */),               //使用插件转换 .vue 组件
        babel({
            exclude: "node_modules/**"
        }),
        serve({                                 //启动服务器
            open: true,
            openPage: '/public/index.html',
            port: 3000,
            contentBase: ''
```

```
      })
    ]
}
```

第 4 步：在 public 目录下创建 index.html 模板。对于 Vue 框架代码，不使用 Rollup 再进行打包，单独引入即可，这里只打包自己编写的代码文件，如代码示例 7-9 所示。

代码示例 7-9　index.html

```html
<!DOCTYPE html>
<html lang="en">
<head>
    <meta charset="UTF-8">
    <title>Vue 3 + Rollup</title>
</head>
<body>
    <div id="app"></div>
    <script src="../node_modules/vue/dist/vue.global.js"></script>
    <script src="../dist/Vue.js"></script>
</body>
</html>
```

第 5 步：创建单页面组件 App.vue，如代码示例 7-10 所示。

代码示例 7-10　App.vue

```vue
<template>
    <div>
        <h1>Hello Rollup Vue 3</h1>
        <h1>{{ double }}</h1>
        <button @click="add">count++</button>
    </div>
</template>

<script setup>
import { ref, unref, computed } from 'vue';
const count = ref(1);
const double = computed(() => unref(count) * 2);
function add() {
    count.value++;
}
</script>
```

第 6 步：启动本地服务。在 package.json 文件对应的 scripts 处新增命令 rollup-c-w，Rollup 启动后会监听文件变化进行代码编译，配置如下：

```
"scripts": {
  "serve": "rollup - c - w"
},
```

执行 npm run serve 命令访问 localhost：3000。

第 7 步：在项目目录中，打开命令行工具，输入的命令如下（查看效果）：

```
npm run serve
```

打开浏览器运行效果，如图 7-14 所示。

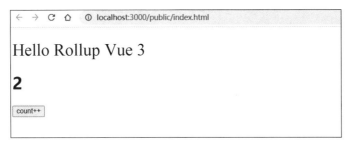

图 7-14　Rollup 打包 Vue 项目运行效果

7.3.2　通过脚手架工具搭建 Vue 3 项目

为了方便开发者快速搭建复杂的单页面应用（SPA），Vue 提供了两个官方的脚手架构建：@vue/cli 和 Vite。只需几分钟就可以运行起来并带有热重载、保存时通过 lint 校验，以及生产环境可用的构建版本。

1. @vue/cli

注意：Vue CLI 4.x 需要 Node.js v8.9 或更高版本（推荐 v10 以上）。可以使用 n、nvm 或 nvm-windows 同一台计算机中管理多个 Node 版本。

对于 Vue 3 版本，需要全局重新安装最新版本的@vue/cli，命令如下：

```
# 修改 registry
npm config set registry http://registry.cnpmjs.org/
# 安装
npm install - g @vue/cli
# 或
yarn global add @vue/cli
```

安装之后，就可以在命令行中访问 Vue 命令了。可以通过运行 Vue，看看是否可展示出一份所有可用命令的帮助信息，以此来验证它是否安装成功，命令如下：

```
@vue/cli 4.5.15
```

运行以下命令来创建一个新项目：

```
vue create hello-world
```

创建完成后在 Visual Code 中打开项目，执行 yarn serve 命令启动项目，效果如图 7-15 所示。

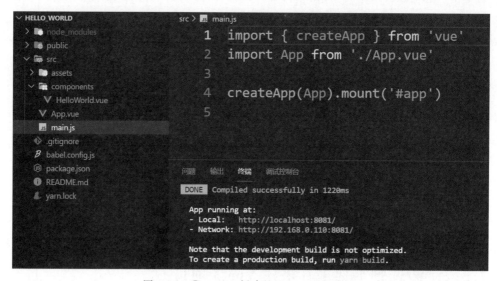

图 7-15　@vue/cli 创建的 Vue 3 项目目录

2. Vite

Vite 是一个 Web 开发构建工具，由于其支持原生 ES 模块导入方式，所以可以实现闪电般的冷服务器启动。通过在终端中运行相关命令，可以使用 Vite 快速构建 Vue 项目。

注意：Vite 需要 Node.js 版本不低于 12.0.0。Windows 系统可以安装 NVM，这是一个 Node.js 的版本管理工具，可以通过 NVM 安装和切换不同版本的 Node.js，注意获得管理员权限后使用。

NPM 安装，注意兼容性，代码如下：

```
# npm 6.x
$ npm init vite@latest <project-name> --template vue
# npm 7+,需要加上额外的双短横线
$ npm init vite@latest <project-name> -- --template vue

$ cd <project-name>
$ npm install
$ npm run dev
```

Yarn 安装，代码如下：

```
$ yarn create vite <project-name> -- template vue
$ cd <project-name>
$ yarn
$ yarn dev
```

7.3.3 Vue 3 项目目录结构

使用 NPM 安装项目(@vue/cli 和 Vite),在 VS Code 中打开该目录,结构如图 7-16 所示。

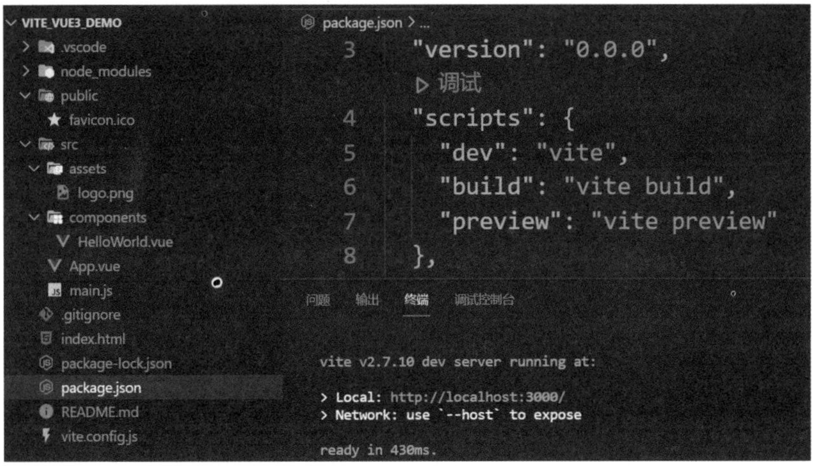

图 7-16 Vite 创建的 Vue 3 工程结构

Vite 脚手架创建的 Vue 3 项目工程目录如表 7-5 所示。

表 7-5 Vue 3 目录解析

文件夹名称	文件夹说明
node_modules	NPM 加载的项目依赖模块
src	这里是要开发的目录,基本上要做的事情都在这个目录里。里面包含了以下几个目录及文件。 (1) assets:放置一些图片,如 Logo 等。 (2) components:目录里面放置了一个组件文件,可以不用。 (3) App.vue:项目入口文件,也可以直接将组件写在这里,而不使用 components 目录。 (4) main.js:项目的核心文件。 (5) index.css:样式文件
public	公共资源目录
dist	使用 npm run build 命令打包后会生成该目录
index.html	首页入口文件,作为页面模板

续表

文件夹名称	文件夹说明
.gitignore	node_modules .DS_Store dist dist-ssr *.local
vite.config.js	Vite 编译配置文件
package.json	项目配置文件

7.4　Vue 3 应用创建

7.3 节使用 createApp() 方法生成一个 Vue 类的实例对象,Vue 的应用开发是围绕 Vue 这个类来展开的,例如 mount() 方法就是 Vue 的一个实例方法,用于把编译好的组件 DOM 树插入指定的 DOM 节点中。

Vue 框架巧妙地把所有的操作封装到了一个 Vue 的类中,该类的构造方法接收一个有特定规格的对象作为构造参数,根据该对象生成 Vue 的实例,然后就可以使用 Vue 的实例方法完成其他操作,这就是一个完整的 Vue 的开发逻辑。

从开发者的角度就是合理使用 Vue 类的实例方法或者全局方法来完成自己的业务,Vue 的整体设计是基于数据驱动的开发模式,Vue 框架为开发者提供了一个开发应用的公式,这个公式只需开发者把自己设计好的数据对象代入公式中,Vue 框架会完成剩下的事情。Vue 的开发公式如下:

```
const app = createApp(x)
app.mount(y)
```

7.4.1　createApp() 方法

上面把 createApp() 当作一个公式名,该公式得到的结果就是一个响应式的 Vue 类的示例对象,开发者只需关注 createApp() 方法的参数,这样的设计就是一种约定胜任配置的做法,使用者的重点在于参数的设计,Vue 框架好比一个生成应用的工厂,开发者只需设计好自己的规格清单,例如 Logo、配方等,交给 createApp() 后,剩下的事情是等着在指定 mount 位置接货即可。

1. 方法介绍

当然还要深入了解一下 createApp() 方法在接到开发者的"开发清单"后做了些什么,以及 Vue 工厂的处理流程。

createApp() 方法是 Vue 类的一个静态全局方法,可以直接使用 Vue.createApp 访问,

通过解构的方式获取 createApp(),代码如下:

```
const { createApp } = Vue
```

如果使用的是 ES 模块,则它们可以直接导入,代码如下:

```
import { createApp } from 'vue'
```

createApp()方法返回一个提供应用上下文的 Vue 应用实例。应用实例挂载的整个组件树共享同一个上下文,代码如下:

```
const app = createApp({
  /* options */
})
```

2. 方法参数

该函数接收一个根组件选项对象作为第 1 个参数,代码如下:

注意:根组件是作为 Vue 应用的根节点创建的组件,一般一个 Vue 示例只创建一个。组件是一个可以复用的前端模块,关于组件将在后面章节中详细介绍。

```
const app = createApp({
  data() {
    return {
      ...
    }
  },
  methods: {...},
  computed: {...}
  ...
})
```

使用第 2 个参数,可以将根 props 传递给应用程序,createApp()方法的第 1 个参数是根组件名,第 2 个参数是这个根组件的输入接口(props)数据,代码如下:

```
const app = createApp(
  {
    props: ['username']
  },
  { username: 'Leo' }
)
app.mount('#app')
```

prop 的值可以直接绑定到视图,这里指 mount 指定的 DOM 节点位置,代码如下:

```
<div id="app">
  <!-- 会显示 'Evan' -->
```

```
    {{ username }}
</div>
```

根 pro 是原始的 props，就像那些通过 h 创建的 VNode。除了组件 props，它们也包含应用于根组件的 attributes 和事件监听器。根组件对象的部分属性如表 7-6 所示。

表 7-6 根组件对象的部分属性介绍

属性名称	格　式	说　明

data	类型：Function 格式：
	``
	data() {
	    return {
	        //数据结构
	    }
	}
	``
		该函数返回组件实例的 data 对象。在 data 中，不建议观察具有自身状态行为的对象，如浏览器 API 对象和原型 property。一个好的主意是这里只有一个表示组件 data 的普通对象。一旦被侦听后，就无法在根数据对象上添加响应式 property，因此推荐在创建实例之前，就声明所有的根级响应式 property

props	类型：Array＜string＞ | Object 格式：
	``
	props: {
	    //类型检查
	    height: Number,
	    //类型检查 + 其他验证
	    age: {
	        type: Number,
	        default: 0,
	        required: true,
	        validator: value => {
	            return value >= 0
	        }
	    }
	}
	``
		一个用于从父组件接收数据的数组或对象。它可以是基于数组的简单语法，也可以是基于对象的支持诸如类型检测、自定义验证和设置默认值等高阶配置的语法

computed	类型：{ [key: string]: Function | { get: Function, set: Function } } 格式：
	``
	computed: {
	    //仅读取
	    aDouble() {
	        return this.a * 2
	    },
	    //读取和设置
	    aPlus: {
	        get() {
	            return this.a + 1
	        },
	        set(v) {
	            this.a = v - 1
	        }
	    }
	}
	``
		计算属性将被混入组件实例中。所有 getter 和 setter 的 this 上下文自动地绑定为组件实例

续表

属性名称	格式	说明
methods	类型:{ [key: string]: Function }	methods将被混入组件实例中。可以直接通过VM实例访问这些方法,或者在指令表达式中使用。方法中的this自动绑定为组件实例
watch	{ [key: string]: string | Function | Object | Array}	一个对象,键是要侦听的响应式property,包含了data或computed property,而值是对应的回调函数。值也可以是方法名,或者包含额外选项的对象
emits	类型:Array<string> | Object	emits可以是数组或对象,从组件触发自定义事件,emits可以是简单的数组,也可以是对象,后者允许配置事件验证
expose 3.2+	类型:Array<string>	一个将暴露在公共组件实例上的property列表。 默认情况下,通过\$refs、\$parent或\$root访问的公共实例与模板使用的组件内部的实例是一样的。expose选项将限制公共实例可以访问的property

7.4.2 数据属性和方法

从开发实践的角度,Vue的核心思想是数据驱动,在构建任何组件时,首先需要确定该组件中的数据对象,以及组件中的交互事件等,Vue组件在创建过程中会重新代理这些属性和方法,如对数据对象进行劫持和添加监听机制,以及对方法进行模板绑定等。

1. 数据(data)属性

组件的data选项是一个函数。Vue在创建新组件实例的过程中调用此函数。它应该返回一个对象,Vue会通过响应式系统将其重新包装,并以\$data的形式存储在组件实例中,如代码示例7-11所示。

代码示例7-11 数据属性

```
<div id="app">
    <h1>x的值:{{x}}</h1>
    <h1>y的值:{{y}}</h1>
</div>
<script>
    const app = Vue.createApp({
        data() {
            return {
```

```
                    x: 1,
                    y: 2
                }
            }
        })

        const vm = app.mount('#app')
        console.log(vm.$data)

        //$data 是内部实例属性,数据属性
        //$data 修改 x
        vm.$data.x = 2
        console.log(vm.x)           //2
        //直接修改 x
        vm.x = 200
        console.log(vm.$data.x)     //200
    </script>
```

这些实例属性仅在实例首次创建时被添加,所以需要确保它们都在 data 函数返回的对象中。可以对尚未提供所需值的属性使用 null、undefined 或其他占位的值。

data 属性会被重新包装,通过 ES6 Proxy 方法把对象中的每个对象绑定监听机制,当修改了 data 的对象的值时,会通过内置指令更新界面,如图 7-17 所示。

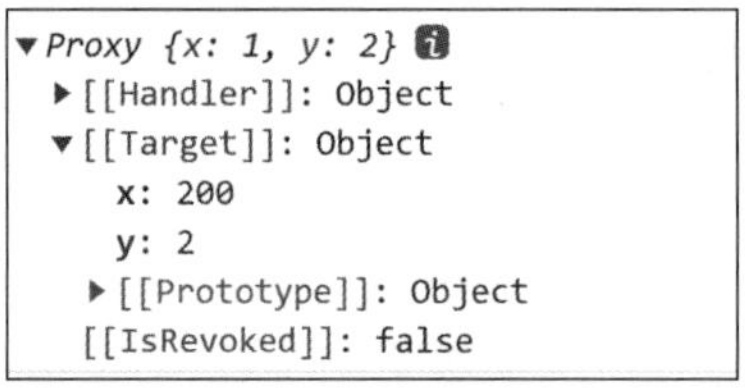

```
▼ Proxy {x: 1, y: 2} 
  ▶ [[Handler]]: Object
  ▼ [[Target]]: Object
      x: 200
      y: 2
    ▶ [[Prototype]]: Object
    [[IsRevoked]]: false
```

图 7-17 vm.$data 是被拦截的响应式对象

Vue 使用 $ 前缀通过组件实例暴露自己的内置 API。它还为内部属性保留_前缀。应该避免使用这两个字符开头的顶级 data 属性名称。

2. 方法(methods)

methods 选项是一个包含组件所需方法的对象,Vue 组件的所有方法必须定义在 mehtods 对象里,这些方法会被重新处理并绑定到 HTML 模板上,如代码示例 7.12 所示。

代码示例 7-12   methods 用法

```
<div id="app">
    <h1>{{num}}</h1>
    <button @click="updateNum">+</button>
</div>
<script>
```

```
    const app = Vue.createApp({
        data() {
            return {
                num: 0
            }
        },
        methods: {
            updateNum() {
                this.num++
            }
        }
    })
    const vm = app.mount('#app')
    console.log(vm.num)
    vm.updateNum()
    console.log(vm.num)
</script>
```

Vue 自动为 methods 绑定 this,以便它始终指向组件实例。这将确保方法在用作事件监听或回调时保持正确的 this 指向。

注意:在定义 methods 时应避免使用箭头函数,因为这样会阻止 Vue 绑定恰当的 this 指向。

methods 和 data 属性一样可以在组件的模板中访问。在模板中,通常被当作事件监听使用:

```
<button @click="updateNum">+</button>
```

@click 是 Vue 里定义的一个语法糖,会被映射到 onclick 事件上,当单击<button>按钮时,会调用 updateNum()方法。

也可以直接从模板中调用方法,即在模板支持 JavaScript 表达式的任何地方调用方法:

```
<div @click="updateNum">
    {{updateNum()}}
</div>
```

这种情况比较少用,一般可以使用计算属性或者过滤器。

注意:一般不要直接在模板表达式中调用方法,在模板表达式中可以使用计算属性代替方法调用。

7.4.3 计算属性和监听器

对于比较复杂的页面逻辑,Vue 为我们提供了非常好用的计算属性和监听器。

1. 计算属性（computed）

计算属性类似 ES6 中类属性的 setter、getter 方法，当需要对 data 中的属性进行计算输出时，可以用计算属性。当然计算属性并不依赖 data 属性。例如：在 data 属性中有一个用华氏温度的数字，但是在页面上显示时需要按照摄氏温度显示，这里应如何处理呢？如代码示例 7-13 所示。

代码示例 7-13

```
<div id="app">
    <h1>今天的温度是摄氏:{{ (fahrenheit - 32) * 5 / 9 }} ℃ </h1>
</div>
<script>
    const app = Vue.createApp({
        data() {
            return {
                fahrenheit:100          //华氏温度
            }
        }
    })
    const vm = app.mount('#app')
</script>
```

在上面的代码中，在模板表达式中把 data 中的华氏温度 100°F 转换成页面显示的摄氏温度，这里的换算公式：摄氏温度＝（华氏温度－32）×5/9。

这种在模板表达式中计算看起来非常便利，但是设计它们的初衷是用于简单运算。在模板中放入太多的逻辑会让模板过重且难以维护。

如果在模板中多次包含此计算，则问题会变得更糟。对于任何包含响应式数据的复杂逻辑，可以使用计算属性，如代码示例 7-14 所示。

代码示例 7-14　computed 用法

```
<div id="app">
    <h1>今天温度是摄氏:{{ celsius }}</h1>
</div>
<script>
    const app = Vue.createApp({
        data() {
            return {
                fahrenheit:100          //华氏温度
            }
        },
        computed:{
            //摄氏温度 = (华氏温度 - 32) × 5/9
            celsius(){
```

```
          return (this.fahrenheit - 32) * 5/9
        }
      }
    })
    const vm = app.mount('#app')
</script>
```

在上面的代码中 celsius 是定义在 computed 中的一种方法，但是这种方法可以直接在页面模板中引用，与 ES6 的类的 setter、getter 方法类似，当然计算属性也可以添加 set 和 get 方法。

2. 计算属性 vs 方法

可以使用 methods 来替代 computed，效果上都是一样的，但是 computed 基于它的依赖缓存，只有相关依赖发生改变时才会重新取值，而使用 methods 在重新渲染时，函数总会重新调用执行。

为什么需要缓存？假设有一个性能开销比较大的计算属性 list，它需要遍历一个巨大的数组并做大量的计算。可能有其他的计算属性依赖于 list。如果没有缓存，则将不可避免地多次执行 list 的 getter，如果不希望有缓存，则应用 methods 来替代。

3. 计算属性的 setter

计算属性默认只有 getter，不过在需要时可以提供一个 setter，如代码示例 7-15 所示。

代码示例 7-15　计算属性的 setter

```
computed: {
  fullName: {
    //getter
    get() {
      return this.firstName + ' ' + this.lastName
    },
    //setter
    set(newValue) {
      const names = newValue.split(' ')
      this.firstName = names[0]
      this.lastName = names[names.length - 1]
    }
  }
}
```

现在再运行 vm.fullName='Leo' 时，setter 会被调用，vm.firstName 和 vm.lastName 也会相应地被更新。

4. 监听器（watch）

可以通过 watch 来响应数据的变化。当需要在数据变化时执行异步或开销较大的操作时，这种方式非常有用。

watch 监听器，有以下两种用法：
(1) 在组件对象中添加 watch 属性。
(2) 通过组件实例的实例方法 $watch 来监听。

当在输入框中输入一个问题时，可通过 Ajax 请求接口获取问题的答案，这里只有在输入框有新问题时才发起 Ajax 请求，如代码示例 7-16 所示。

代码示例 7-16

```html
<div id="app">
  <p>
    提一个只用回答 Yes|No 的问题：
    <input v-model="question" />
  </p>
  <p>{{ answer }}</p>
</div>
```

使用 input 接收输入，此处提前使用 v-model 指令，用于获取输入数据，如代码示例 7-17 所示。

注意：v-model 是一个表单指令，用于双向数据绑定和监听 input 的输入事件，当监听到输入事件时，通知 data 中的数据更新。

代码示例 7-17　watch 用法

```html
<script>
  const vm = Vue.createApp({
    data() {
      return {
        question: '',
        answer: '问题要以问号结尾？;-)'
      }
    },
    watch: {
      //每当 question 发生变化时，该函数将会执行
      question(newQuestion, oldQuestion) {
        if (newQuestion.indexOf('?') > -1) {
          this.getAnswer()
        }
      }
    },
    methods: {
      getAnswer() {
        this.answer = 'Thinking...'
        axios
          .get('https://yesno.wtf/api')
          .then(response => {
```

```
            this.answer = response.data.answer
        })
        .catch(error => {
            this.answer = 'Error! Could not reach the API. ' + error
        })
      }
    }
  }).mount('#app')
</script>
```

watch 定义在组件构造方法参数中，watch 监听的值需要和监听的 data 属性名一致，如代码示例 7-18 所示。

代码示例 7-18

```
watch: {
        //每当 question 发生变化时,该函数将被执行
        question(newQuestion, oldQuestion) {
          if (newQuestion.indexOf('?') > -1) {
            this.getAnswer()
          }
        }
    }
```

下面的例子使用 $watch 方法监听 data 数据的变化，如代码示例 7-19 所示。

代码示例 7-19 $watch 监听数据变化

```
<div id = "app">
    <p style = "font - size:30px;">计数器: {{ counter }}</p>
    <button @click = "counter++" style = "font - size:30px;"> + </button>
</div>

<script>
const app = {
  data() {
    return {
      counter: 1
    }
  }
}
vm = Vue.createApp(app).mount('#app')
vm.$watch('counter', function(nval, oval) {
    console.log('计数器值的变化 :' + oval + '变为 ' + nval + '!');
});
</script>
```

vm.$watch 方法用于侦听组件实例上的响应式属性或函数计算结果的变化。回调函数得到的参数为新值和旧值。只能使用 data、props 或 computed 属性名作为字符串传递。对于更复杂的表达式,用一个函数取代,如代码示例 7-20 所示。

代码示例 7-20

```
const app = createApp({
  data() {
    return {
      a: 1,
      b: 2,
      c: {
        d: 3,
        e: 4
      }
    }
  },
  created() {
    //顶层 property 名
    this.$watch('a', (newVal, oldVal) => {
      //做点什么
    })

    //用于监视单个嵌套 property 的函数
    this.$watch(
      () => this.c.d,
      (newVal, oldVal) => {
        ...
      }
    )

    //用于监视复杂表达式的函数
    this.$watch(
      //表达式 'this.a + this.b' 每次得出一个不同的结果时
      //处理函数都会被调用
      //这就像监听一个未被定义的计算属性
      () => this.a + this.b,
      (newVal, oldVal) => {
        //做点什么
      }
    )
  }
})
```

当侦听的值是一个对象或者数组时,对其属性或元素的任何更改都不会触发侦听器,因为它们引用了相同的对象/数组,如代码示例 7-21 所示。

代码示例 7-21

```
const app = createApp({
  data() {
    return {
      article: {
        text: 'Vue is awesome!'
      },
      comments: ['Indeed!', 'I agree']
    }
  },
  created() {
    this.$watch('article', () => {
      console.log('Article changed!')
    })

    this.$watch('comments', () => {
      console.log('Comments changed!')
    })
  },
  methods: {
    //这些方法不会触发侦听器,因为只更改了 Object/Array 的一个 property
    //不是对象/数组本身
    changeArticleText() {
      this.article.text = 'Vue 3 is awesome'
    },
    addComment() {
      this.comments.push('New comment')
    },

    //这些方法将触发侦听器,因为完全替换了对象/数组
    changeWholeArticle() {
      this.article = { text: 'Vue 3 is awesome' }
    },
    clearComments() {
      this.comments = []
    }
  }
})
```

$watch 返回一个取消侦听函数,用来停止触发回调,如代码示例 7-22 所示。

代码示例 7-22 取消监听函数

```
const app = createApp({
  data() {
```

```
      return {
        a: 1
      }
    }
})

const vm = app.mount('#app')

const unwatch = vm.$watch('a', cb)
//later, teardown the watcher
unwatch()
```

为了发现对象内部值的变化,可以在选项参数中指定 deep：true。这个选项同样适用于监听数组变更,如代码示例 7-23 所示。

注意：当变更(不是替换)对象或数组并使用 deep 选项时,旧值将与新值相同,因为它们的引用指向同一个对象/数组。Vue 不会保留变更之前值的副本。

代码示例 7-23　deep 监听数组变更

```
const app = {
    data() {
      return {
        user:{
          name:"",
          age:20
        }
      }
    },
    watch:{
      //监听对象中的属性变化,需要使用 deep
      user:{
        handler:function(newVal,oldVal) {
          console.log("change" + newVal + " - " + oldVal)
        },
        deep:true
      }
    }
}
```

同样可以使用 $watch 方法监听,如代码示例 7-24 所示。

代码示例 7-24

```
vm.$watch("user", (newVal, oldVal) => {
  console.log(" $watch change" + newVal + " - " + oldVal)
```

```
}, {
  deep: true
})
```

7.4.4 模板和 render() 函数

Vue 中组件的视图定义有 3 种模式：第一，在挂载点指定的位置内创建视图；第二，通过 template 选项创建视图；第三，通过 render() 函数，使用 h() 方法创建虚拟 DOM 树。

1. 直接在 DOM 内创建视图

组件的视图直接定义在 id="app" 的挂载点中，这种做法不利于视图的复用，如代码示例 7-25 所示。

代码示例 7-25

```
<div id="app">
    <div class="user-card">
        <h1>用户名:{{user.name}}</h1>
    </div>
</div>

<script>
    const app = {
        data() {
            return {
                user: {
                    name: "张飒",
                    age: 20
                }
            }
        }
    }
    vm = Vue.createApp(app).mount('#app')
</script>
```

2. template 选项定义

template 选项用来定义组件的视图，template 中的 html 标签最终需要转换成 VNode 虚拟 DOM 树，如代码示例 7-26 所示。

代码示例 7-26　template 定义视图

```
    //挂载点
<div id="app"></div>

    <script>
```

```
const app = {
  //通过template模板定义视图
    template: '
    <div class="user-card">
      <h1>用户名:{{user.name}}</h1>
    </div>
    ',
    data() {
      return {
        user: {
          name: "张飒",
          age: 20
        }
      }
    }
  }
  vm = Vue.createApp(app).mount('#app')
</script>
```

3. render()函数(虚拟 DOM)

render()函数定义视图的方式性能最高,这种方法不需要模板编译的过程,这里使用h()方法创建虚拟 DOM 树,用法与 document.createElement 类似,如代码示例 7-27 所示。

代码示例 7-27 使用 render()函数创建视图

```
const app = {
    render(h) {
      return Vue.h('div',
        { class: "user-card", style: "font-size:60px" },
        Vue.h('h1', {}, '用户名:${this.user.name}')
      )
    },
    data() {
      return {
        user: {
          name: "张飒",
          age: 20
        }
      }
    }
  }
  vm = Vue.createApp(app).mount('#app')
```

注意:template 和 render()函数不要同时定义,如果同时定义,则 template 选项会被忽略,优先渲染 render 中定义的 VNode 视图。

7.5　Vue 3 模板语法

Vue 的视图可以直接使用 HTML 模板编写，极大地方便了开发者编写组件的视图部分。

其实，在底层的实现上，Vue 将模板编译成虚拟 DOM 渲染函数。结合响应式系统，Vue 能够智能地计算出最少需要重新渲染多少组件，并把 DOM 操作次数减到最少。

7.5.1　插值表达式

插值表达式是 Vue 框架提供的一种在 HTML 模板中绑定数据的方式，使用{{变量名}}方式绑定 Vue 实例中 data 中的数据变量会将绑定的数据实时地显示出来。

插值表达式支持的写法有以下 4 种：变量、JS 表达式、三目运算符、方法调用，如代码示例 7-28 所示。

注意：{{}}括起来的区域就是一个 JS 语法区域，在里面可以写受限的 JS 语法。不能写 var a=10；分支语句或循环语句。

代码示例 7-28　插值表达式

```
<div id="app">
    <h3>{{name}}</h3>
    <h3>{{name + '-- 好的'}}</h3>
    <h3>{{ 1 + 1 }}</h3>
    <!-- 使用函数 -->
    <h3>{{title.substr(0,6)}}</h3>
    <!-- 三目运算 -->
    <h3>{{ age>18 ? '成年':'未成年'}}</h3>
</div>

<script>
    const app = Vue.createApp({
        data() {
            return {
                title: '我是一个标题',
                name: '张三',
                age: 20
            }
        }
    })
    const vm = app.mount('#app')
</script>
```

{{...}}标签的内容将被替代为对应组件实例中 name 属性的值，如果 name 属性的值发生了改变，则{{...}}标签内容也会更新。

如果不想改变标签的内容，则可以通过v-once指令一次性地插值，当数据改变时，插值处的内容不会更新，代码如下：

```
<span v-once>这个将不会改变：{{ name }}</span>
```

7.5.2 什么是指令

指令(Directive)是Vue对HTML标签新增加的、拓展的属性(也称为特性)，这些属性不属于标准的HTML属性，只有Vue认为是有效的，能够处理它。

指令的职责是当表达式的值改变时，将其产生的连带影响响应式(Reactive)地作用于DOM，也就是双向数据绑定。

指令以"v-"作为前缀，Vue提供的指令有v-model、v-if、v-else、v-else-if、v-show、v-for、v-bind、v-on、v-text、v-html、v-pre、v-cloak、v-once等，指令也可以自定义。

指令既可以用于普通标签也可以用在<template>标签上。

指令的值是表达式，指令的值和文本插值表达式{undefined{ }}的写法是一样的。

7.5.3 数据绑定指令

数据绑定指令可以分为以下几种：

1. v-text(绑定字符串)

v-text指令的作用是设置标签的文本值(textContent)。

下面案例用于输出当前的年月，如代码示例7-29所示。

代码示例7-29　v-tex

```
<div id="app">
    <h1 v-text = "'今天是' + year + '年' + month + '月'"></h1>
</div>
<script>
    const app = Vue.createApp({
        data() {
            return {
                year: new Date().getFullYear(),
                month: new Date().getMonth() + 1
            }
        }
    })
    const vm = app.mount('#app')
</script>
```

上面的写法等同于：<h1>今天是{{year}}年{{month}}月</h1>。

(1) v-text="",双引号并不代表字符串,而是 Vue 自定义的划定界限的符号。如果要在里边输出字符串,就要在里边再添加一对单引号。也就是说,要想输出字符串,必须添加单引号,否则会报错。

(2) month 默认为从 0 开始,所以要+1。

(3) {{}}代表的就是"",所以在 v-text=""中,在内容里边就不需要再写{{}}了,即直接写 data 值就可以了。

2. v-html(绑定 HTML)

v-html 的作用是操作元素中的 HTML 标签。v-text 会将元素当成纯文本输出,v-html 会将元素当成 HTML 标签解析后输出,如代码示例 7-30 所示。

代码示例 7-30　v-html

```
<div id="app">
    <div v-html="pic"></div>
    <div v-html="rawHtml"></div>
</div>
<script>
    const app = Vue.createApp({
        data() {
            return {
                rawHtml:"<h1>Hello Vue 3</h1>",
                pic: "<img src='./img/1.jpg'/>"
            }
        }
    })
    const vm = app.mount('#app')
</script>
```

效果如图 7-18 所示。

3. v-bind(属性绑定)

v-bind 用于绑定一个或多个属性值,或者向另一个组件传递 props 值。在开发中,需要动态进行绑定的属性包括图片的 src 属性、a 链接 href 属性、动态绑定一些类、样式等。Vue 官方提供了一个简写方式：src(冒号+属性名),例如：

```
<!-- 完整语法 -->
<a v-bind:href="url"></a>

<!-- 缩写语法 -->
<a :href="url"></a>
```

在 Vue 中给 HTML 标签的标准属性绑定值时不能直接使用{{}}双括号语法,如代码示例 7-31 所示,否则会直接把双括号当字符串输出。

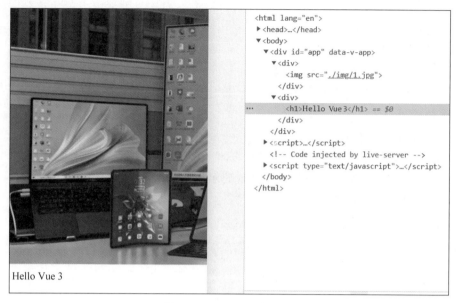

图 7-18 v-html 指令效果

代码示例 7-31   v-bind

```
<div id="app">
    <img src="{{pic}}" />
</div>
<script>
    const app = Vue.createApp({
        data() {
            return {
                pic: "./img/1.jpg"
            }
        }
    })
    const vm = app.mount('#app')
</script>
```

对于标准 HTML 标签属性的值绑定,需要使用 v-bind：src 或者：src,如代码示例 7-32 所示。

代码示例 7-32   v-bind：src 用法

```
<div id="app">
    <img v-bind:src="pic" />
<img :src="pic" />
</div>
```

```
<script>
   const app = Vue.createApp({
      data() {
         return {
            pic: "./img/1.jpg"
         }
      }
   })
   const vm = app.mount('#app')
</script>
```

7.5.4 class 与 style 绑定

操作元素时可用 class 列表和 style 内联样式的方式,因为它们都是 attribute,所以可以用 v-bind 处理。在将 v-bind 用于 class 和 style 时,Vue 做了专门的增强。表达式结果的类型除了字符串之外,还可以是对象或数组。

1. class 样式名绑定

1) class 动态绑定对象

实例中将 isActive 设置为 true,以便显示一个红色的 div 块,如果设置为 false,则不显示,代码如下:

```
<div :class="{ 'active': isActive }"></div>
```

以上实例 div class 渲染的结果为

```
<div class="active"></div>
```

也可以在对象中传入更多属性用来动态切换多个 class。此外,:class 指令也可以与普通的 class 属性共存。bg-blue 类背景颜色覆盖了 active 类的背景色,代码如下:

```
<div class="static" :class="{ 'active': isActive, 'bg-blue': hasError }"></div>
```

当 isActive=false 且 hasError=true 时,以上实例 div class 渲染的结果如下:

```
<div class="static bg-blue"></div>
```

2) class 动态绑定 Object

class 可动态绑定一个计算属性值 classObject,计算属性随着 data 属性值的变化而变化,如代码示例 7-33 所示。

代码示例 7-33　class 动态绑定 object

```html
<div id = "app">
    <div class = "static" :class = "classObject"></div>
</div>
<script>
    const app = Vue.createApp({
        data() {
            return {
                isActive: true,
                error: {type:"fatal"}
            }
        },
        computed: {
            classObject() {
                return {
                    'active': this.isActive && !this.error,
                    'bg-blue': this.error && this.error.type === 'fatal'
                }
            }
        }
    })
    const vm = app.mount('#app')
</script>
```

3）class 动态绑定数组

可以把一个数组传给 v-bind:class，如代码示例 7-34 所示。

代码示例 7-34　class 动态绑定数组

```html
<div id = "app">
    <div class = "static" :class = "[activeClass, errorClass]"></div>
</div>
<script>
    const app = Vue.createApp({
        data() {
            return {
                activeClass: 'active',
                errorClass: 'bg-blue'
            }
        }
    })
    const vm = app.mount('#app')
</script>
```

以上实例 div class 渲染的结果如下：

```html
<div class="static active bg-blue"></div>
```

还可以使用三元表达式来切换列表中的 class。

在下面的例子中 errorClass 始终存在，isActive 为 true 时添加 activeClass 类，如代码示例 7-35 所示。

代码示例 7-35　三元表达式切换 class

```html
<div id="app">
    <div class="static" :class="[activeClass, errorClass]"></div>
</div>
<script>
    const app = Vue.createApp({
        data() {
            return {
                isActive: false,
                activeClass: 'active',
                errorClass: 'bg-blue'
            }
        }
    })
    const vm = app.mount('#app')
</script>
```

以上实例 div class 渲染的结果如下：

```html
<div class="static bg-blue"></div>
```

2. style 绑定

:style 指令绑定的是一个 JavaScript 对象，不能直接使用字符串。CSS 属性名可以用驼峰式(camelCase)或短横线分隔(kebab-case，需用引号括起来)来命名，如代码示例 7-36 所示。

代码示例 7-36　style 绑定

```html
<div :style="{ color: activeColor, fontSize: fontSize + 'px' }"></div>
//数据对象
data() {
  return {
    activeColor: 'red',
    fontSize: 30
  }
}
```

直接绑定到一个样式对象通常更好，这会让模板更清晰，如代码示例 7-37 所示。

代码示例 7-37

```
<div :style = "styleObject"></div>
data() {
  return {
    styleObject: {
      color: 'red',
      fontSize: '13px'
    }
  }
}
```

同样地,对象语法常常结合返回对象的计算属性使用。

1) 数组语法

:style 的数组语法可以将多个样式对象应用到同一个元素上,代码如下:

```
<div :style = "[baseStyles, overridingStyles]"></div>
```

2) 自动添加前缀

在 :style 中使用需要(浏览器引擎前缀)vendor prefixes 的 CSS 属性时,如 transform,Vue 将自动侦测并添加相应的前缀。

3) 多重值

可以为 style 绑定中的 property 提供一个包含多个值的数组,常用于提供多个带前缀的值,代码如下:

```
<div :style = "{ display: ['-webkit-box', '-ms-flexbox', 'flex'] }"></div>
```

这样写只会渲染数组中最后一个被浏览器支持的值。在本例中,如果浏览器支持不带浏览器前缀的 flexbox,就只会渲染 display: flex。

7.5.5 条件指令

条件绑定指令,可以实现在模板中很方便地进行虚拟 DOM 的判断。

1. v-if

条件判断使用 v-if 指令,当指令的表达式返回 true 时才会显示,代码如下:

```
<h1 v-if = "true">Hello Vue 3!</h1>
```

也可以用 v-else 添加一个 else 块,代码如下:

```
<h1 v-if = "false">Hello Vue 3!</h1>
<h1 v-else>Hello World!</h1>
```

v-else-if,顾名思义,充当 v-if 的 else-if 块,可以连续使用,如代码示例 7-38 所示。

代码示例 7-38　v-if 用法

```
<div v-if="type === 'A'">
  A
</div>
<div v-else-if="type === 'B'">
  B
</div>
<div v-else-if="type === 'C'">
  C
</div>
<div v-else>
  Not A/B/C
</div>
```

类似于 v-else,v-else-if 也必须紧跟在带 v-if 或者 v-else-if 的元素之后。在<template>元素上使用 v-if 条件渲染分组。因为 v-if 是一个指令,所以必须将它添加到一个元素上,但是当想切换多个元素时该如何添加呢? 此时可以把一个<template>元素当作不可见的包裹元素,并在上面使用 v-if。最终的渲染结果将不包含<template>元素,如代码示例 7-39 所示。

代码示例 7-39

```
<template v-if="ok">
  <h1>Title</h1>
  <p>Paragraph 1</p>
  <p>Paragraph 2</p>
</template>
```

2. v-show

另一个用于根据条件展示元素的指令是 v-show。用法大致一样,代码如下:

```
<h1 v-show="ok">Hello!</h1>
```

不同的是带有 v-show 的元素始终会被渲染并保留在 DOM 中。v-show 只是简单地切换元素的 CSS property display。

注意:v-show 不支持<template>元素,也不支持 v-else。

3. v-if vs v-show

v-if 是"真正"的条件渲染,因为它会确保在切换过程中条件块内的事件监听器和子组件适当地被销毁和重建。

v-if 是惰性的:如果在初始渲染时条件为假,则什么也不做,直到条件第一次变为真时,才会开始渲染条件块。

相比之下，v-show 就简单得多了，不管初始条件是什么，元素总会被渲染，并且只是简单地基于 CSS 进行切换。

一般来讲，v-if 有更高的切换开销，而 v-show 有更高的初始渲染开销，因此，如果需要非常频繁地切换，则使用 v-show 较好；如果在运行时条件很少改变，则使用 v-if 较好。

7.5.6 循环指令

v-for 指令用于基于数据源来渲染项目列表。

1. v-for

v-for 指令需要使用 item in items 形式的语法，其中 items 是源数据数组，而 item 则是被迭代的数组元素的别名，如代码示例 7-40 所示。

代码示例 7-40　v-for 指令

```
<div id="app">
    <ul class="list">
        <li v-for="c in cources">{{c.title}}</li>
    </ul>
</div>
<script>
    const app = Vue.createApp({
        data() {
            return {
                cources:[
                    {
                        title:"vue"
                    },
                    {
                        title:"angular"
                    },
                    {
                        title:"react"
                    }
                ]
            }
        }
    })
    const vm = app.mount('#app')
```

v-for 还支持一个可选的第 2 个参数，即当前项的索引，如代码示例 7-41 所示。

代码示例 7-41　v-for 遍历

```
<div id="app">
    <ul class="list">
```

```
    <li v-for = "(item, index) in cources">{{c.title}}</li>
  </ul>
</div>
```

也可以用 of 替代 in 作为分隔符,因为它更接近 JavaScript 迭代器的语法,代码如下:

```
<div v-for = "item of items"></div>
```

1) 在 v-for 里使用对象

可以用 v-for 来遍历一个对象的 property,如代码示例 7-42 所示。

代码示例 7-42

```
<ul class = "list">
  <li v-for = "value in book">
    {{ value }}
  </li>
</ul>
Vue.createApp({
  data() {
    return {
      book: {
        title: 'Vue 3',
        author: 'Gavin Xu,
        publishedAt: '2022 - 04 - 10'
      }
    }
  }
}).mount('#app')
```

也可以提供第 2 个参数的 property 名称(也就是键名 key),如代码示例 7-43 所示。

代码示例 7-43

```
<li v-for = "(value, name) in book">
  {{ name }}: {{ value }}
</li>
```

2) 维护状态

当 Vue 正在更新使用 v-for 渲染的元素列表时,它默认使用"就地更新"的策略。如果数据项的顺序被改变,则 Vue 将不会移动 DOM 元素来匹配数据项的顺序,而是就地更新每个元素,并且确保它们在每个索引位置被正确渲染。

这个默认的模式是高效的,但是只适用于不依赖子组件状态或临时 DOM 状态(例如:表单输入值)的列表渲染输出。

为了给 Vue 一个提示，以便它能跟踪每个节点的身份，从而重用和重新排序现有元素，需要为每项提供一个唯一的 Key Attribute，如代码示例 7-44 所示。

代码示例 7-44

```html
<div v-for="item in items" :key="item.id">
  <!-- content -->
</div>
```

建议尽可能地在使用 v-for 时提供 Key Attribute，除非遍历输出的 DOM 内容非常简单，或者刻意依赖默认行为以获取性能上的提升。

因为它是 Vue 识别节点的一个通用机制，key 并不仅与 v-for 特别关联。后面将在指南中看到，它还具有其他用途。

注意：不要使用对象或数组之类的非基本类型值作为 v-for 的 key。应用字符串或数值类型的值。

3）v-for 与 v-if 一同使用

注意：不推荐在同一元素上使用 v-if 和 v-for。

当它们处于同一节点时，v-if 的优先级比 v-for 更高，这意味着 v-if 将没有权限访问 v-for 里的变量，如代码示例 7-45 所示。

代码示例 7-45

```html
<!-- 这将抛出一个错误，因为"todo" property 没有在实例上定义 -->
<li v-for="todo in todos" v-if="!todo.isComplete">
  {{ todo.name }}
</li>
```

可以把 v-for 移动到 <template> 标签中来修正，如代码示例 7-46 所示。

代码示例 7-46

```html
<template v-for="todo in todos" :key="todo.name">
  <li v-if="!todo.isComplete">
    {{ todo.name }}
  </li>
</template>
```

2. v-memo

记住一个模板的子树，在元素和组件上都可以使用。该指令接收一个固定长度的数组作为依赖值进行记忆比对。如果数组中的每个值都和上次渲染时相同，则整个该子树的更新会被跳过，如代码示例 7-47 所示。

代码示例 7-47 v-memo 指令

```
<div v-memo = "[valueA, valueB]">
    ...
</div>
```

组件重新渲染时，如果 valueA 与 valueB 都维持不变，则对这个 <div> 及它的所有子节点的更新都将被跳过。事实上，即使是虚拟 DOM 的 VNode 创建也将被跳过，因为子树的记忆副本可以被重用。

正确地声明记忆数组很重要，否则某些事实上需要被应用的更新也可能会被跳过。带有空依赖数组的 v-memo(v-memo＝"[]")在功能上等效于 v-once。

v-memo 仅在对性能敏感场景中进行针对性优化时使用，用到的场景应该很少。渲染 v-for 长列表(长度大于 1000)可能是它最有用的场景，如代码示例 7-48 所示。

代码示例 7-48

```
<div v-for = "item in list" :key = "item.id" v-memo = "[item.id === selected]">
    <p>ID: {{ item.id }} - selected: {{ item.id === selected }}</p>
    <p>...more child nodes </p>
</div>
```

当组件的 selected 状态发生变化时，即使绝大多数 item 没有发生任何变化，大量的 VNode 仍将被创建。此处使用的 v-memo 本质上代表着"仅在 item 从未选中变为选中时更新它，反之亦然"。这允许每个未受影响的 item 重用之前的 VNode，并完全跳过差异比较。注意，不需要把 item.id 包含在记忆依赖数组里，因为 Vue 可以自动从 item 的 :key 中把它推断出来。

注意：在 v-for 中使用 v-memo 时，确保它们被用在同一个元素上。v-memo 在 v-for 内部是无效的。

7.5.7 事件绑定指令

使用 v-on 指令（通常缩写为 @ 符号）来监听 DOM 事件，并在触发事件时执行一些 JavaScript 代码。用法为 v-on：click＝"methodName"或使用快捷方式 @click＝"methodName"，如代码示例 7-49 所示。

代码示例 7-49 v-on 指令

```
<div id = "app">
    <button @click = "counter += 1"> +1 </button>
    <p>单击了{{ counter }}次数</p>
</div>

<script>
```

```
        const app = Vue.createApp({
            data() {
                return {
                    counter: 0
                }
            }
        })
        const vm = app.mount('#app')
</script>
```

1. 多事件处理器

事件处理程序中可以有多种方法,这些方法由逗号运算符分隔,如代码示例7-50所示。

代码示例7-50

```
<!-- 这两个方法 one()和 two()将执行按钮单击事件 -->
<button @click = "one($event), two($event)">
  Submit
</button>
//...
methods: {
    one(event) {
      //第1个事件处理器逻辑……
    },
    two(event) {
      //第2个事件处理器逻辑……
    }
}
```

2. 事件修饰符

在事件处理程序中调用 event.preventDefault()或 event.stopPropagation()方法是非常常见的需求。尽管可以在方法中轻松实现这点,但更好的方式是在方法中只纯粹的数据逻辑,而不是去处理DOM事件细节。

为了解决这个问题,Vue.js 为 v-on 提供了事件修饰符。之前提过,修饰符是由点开头的指令后缀来表示的,示例如下:

```
.stop
.prevent
.capture
.self
.once
.passive
```

如代码示例7-51所示。

代码示例 7-51　事件修饰符

```html
<!-- 阻止单击事件继续冒泡 -->
<a @click.stop = "doThis"></a>

<!-- 提交事件不再重载页面 -->
<form @submit.prevent = "onSubmit"></form>

<!-- 修饰符可以串联 -->
<a @click.stop.prevent = "doThat"></a>

<!-- 只有修饰符 -->
<form @submit.prevent></form>

<!-- 添加事件监听器时使用事件捕获模式 -->
<!-- 即内部元素触发的事件先在此处理,然后才交由内部元素进行处理 -->
<div @click.capture = "doThis">...</div>

<!-- 只当 event.target 是当前元素自身时触发处理函数 -->
<!-- 即事件不是从内部元素触发的 -->
<div @click.self = "doThat">...</div>
```

注意：使用修饰符时,顺序很重要；相应的代码会以同样的顺序产生,因此,用 @click.prevent.self 会阻止元素本身及其子元素的单击的默认行为,而 @click.self.prevent 只会阻止对元素自身的单击的默认行为。

示例代码如下：

```html
<!-- 单击事件将只会触发一次 -->
<a @click.once = "doThis"></a>
```

不像其他只能对原生的 DOM 事件起作用的修饰符,.once 修饰符还能被用到自定义的组件事件上。如果还没有阅读关于组件的文档,则现在大可不必担心。

Vue 还对应 addEventListener 中的 passive 选项提供了 .passive 修饰符,代码如下：

```html
<!-- 滚动事件的默认行为 (滚动行为) 将会立即触发     -->
<!-- 而不会等待 'onScroll' 完成                    -->
<!-- 以防止其中包含 'event.preventDefault()' 的情况 -->
<div @scroll.passive = "onScroll">...</div>
```

这个 .passive 修饰符尤其能够提升移动端的性能。

注意：不要把 .passive 和 .prevent 一起使用,因为 .prevent 将会被忽略,同时浏览器可能会展示一个警告。需要记住,.passive 会告诉浏览器开发者不想阻止事件的默认行为。

3. 按键别名

Vue 为最常用的键提供了别名，代码如下：

```
.enter
.tab
.delete (捕获"删除"和"退格"键)
.esc
.space
.up
.down
.left
.right
```

4. 按键修饰符

在监听键盘事件时，经常需要检查特定的按键。Vue 允许为 v-on 或者@在监听键盘事件时添加按键修饰符，代码如下：

```
<!-- 只有在 key 是 Enter 时调用 vm.submit() -->
<input @keyup.enter = "submit" />
```

可以直接将 KeyboardEvent.key 暴露的任意有效按键名转换为 kebab-case 来作为修饰符，代码如下：

```
<input @keyup.page-down = "onPageDown" />
```

在上述示例中，处理函数只会在 $event.key 等于 PageDown 时被调用。

5. 系统修饰键

可以用修饰符实现仅在按下相应按键时才触发鼠标或键盘事件的监听器。

在 Mac 系统的键盘上，meta 对应 command 键（⌘）。在 Windows 系统的键盘上，meta 对应 Windows 徽标键（⊞）。在 Sun 操作系统的键盘上，meta 对应实心宝石键（◆）。在其他特定键盘上，尤其在 MIT 和 Lisp 机器的键盘及其后继产品中，例如 Knight 键盘、space-cadet 键盘，meta 被标记为 META。在 Symbolics 键盘上，meta 被标记为 META 或者 Meta，示例代码如下：

```
.Ctrl
.alt
.shift
.meta
```

需要注意修饰键与常规按键不同，在和 keyup 事件一起使用时，事件触发时修饰键必须处于按下状态。换句话说，只有在按住 Ctrl 键的情况下释放其他按键，才能触发 keyup.Ctrl，而单单释放 Ctrl 键不会触发事件，代码如下：

```
<!-- Alt + Enter -->
<input @keyup.alt.enter = "clear" />
<!-- Ctrl + Click -->
<div @click.Ctrl = "doSomething">Do something</div>
```

6. exact 修饰符

exact 修饰符允许控制由精确的系统修饰符组合触发的事件，代码如下：

```
<!-- 即使 Alt 或 Shift 被一同按下时也会触发 -->
<button @click.Ctrl = "onClick">A</button>
<!-- 有且只有 Ctrl 被按下时才触发 -->
<button @click.Ctrl.exact = "onCtrlClick">A</button>
<!-- 没有任何系统修饰符被按下时才触发 -->
<button @click.exact = "onClick">A</button>
```

7. 鼠标按钮修饰符

```
.left
.right
.middle
```

这些修饰符会限制处理函数仅响应特定的鼠标按钮。

7.5.8 表单绑定指令

v-model 指令在表单<input>、<textarea>及<select>元素上创建双向数据绑定。它会根据控件类型自动选取正确的方法来更新元素。尽管有些神奇，但 v-model 本质上不过是语法糖。它负责监听用户的输入事件来更新数据，并在某种极端场景下进行一些特殊处理。

v-model 在内部为不同的输入元素使用不同的属性并抛出不同的事件：

（1）text 和 textarea 元素使用 value 属性和 input 事件。

（2）checkbox 和 radio 使用 checked 属性和 change 事件。

（3）select 字段将 value 作为 props 并将 change 作为事件。

1. 修饰符

1）.lazy

在默认情况下，v-model 在每次 input 事件触发后将输入框的值与数据进行同步（除了上述输入法组织文字时）。可以添加 lazy 修饰符，从而转换为在 change 事件之后进行同步，代码如下：

```
<!-- 在 change 时而非 input 时更新 -->
<input v-model.lazy = "msg" />
```

2）. number

如果想自动将用户的输入值转换为数值类型，则可以给 v-model 添加 number 修饰符，代码如下：

```
< input v-model.number = "age" type = "text" />
```

当输入类型为 text 时通常很有用。如果输入类型是 number，则 Vue 能够自动将原始字符串转换为数字，无须为 v-model 添加. number 修饰符。如果这个值无法被 parseFloat()解析，则返回原始的值。

3）. trim

如果要自动过滤用户输入的首尾空白字符，则可以给 v-model 添加 trim 修饰符，代码如下：

```
< input v-model.trim = "msg" />
```

2. 表单案例

下面从一个注册表单开始，介绍如何使用指令对表单元素进行操作，Vue 框架中并没有提供完善的表单处理模块，这里主要使用 v-model 实现，如图 7-19 所示。

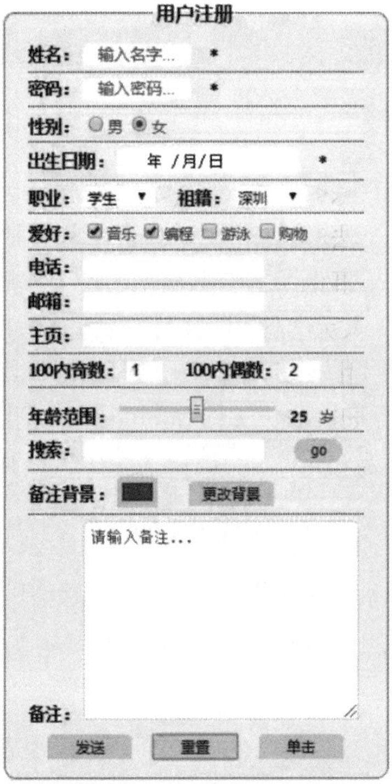

图 7-19　Vue 3 实现表单

1）文本（Text）

如果需要操作文本框，只需在文本输入框上添加 v-model 指令，该指令监听文本框的 input 事件并把文本框的值绑定给数据对象。下面的例子中在 v-model 后面使用修饰符 lazy，用来把 input 事件转成 change 事件，如代码示例 7-52 所示。

代码示例 7-52　v-model

```
<div id = "app">
    <div>
        <label>用户名</label>:<input type = "text" v-model.lazy = "formData.userName" />
    </div>
    <div>
        <label>年龄</label>:<input type = "text" v-model.number = "formData.age" />
    </div>
    <p>{{formData}}</p>
</div>
```

如果需要验证数字类型，可以使用 v-model.number。

2）多行文本（Textarea）

在文本区域插值不起作用，应该使用 v-model 来代替，如代码示例 7-53 所示。

代码示例 7-53　textarea

```
<!-- bad -->
<textarea>{{ text }}</textarea>
<!-- good -->
<textarea v-model = "text"></textarea>
```

3）复选框（Checkbox）

单个复选框，绑定到布尔值，如代码示例 7-54 所示。

代码示例 7-54　checkbox

```
<input type = "checkbox" id = "checkbox" v-model = "checked" />
<label for = "checkbox">{{ checked }}</label>
```

多个复选框，绑定到同一个数组，如代码示例 7-55 所示。

代码示例 7-55

```
<div id = "app">
    <input type = "checkbox" id = "jack" value = "Jack" v-model = "checkedNames" />
    <label for = "jack">Jack</label>
    <input type = "checkbox" id = "john" value = "John" v-model = "checkedNames" />
    <label for = "john">John</label>
```

```
    <input type="checkbox" id="mike" value="Mike" v-model="checkedNames" />
    <label for="mike">Mike</label>
    <br />
    <span>Checked names: {{ checkedNames }}</span>
</div>
```

上面代码中，checkedNames 必须初始化为空数组，这样才能接收多个 checkbox 中选中的值，如代码示例 7-56 所示。

代码示例 7-56

```
Vue.createApp({
  data() {
    return {
      checkedNames: []
    }
  }
}).mount('#app')
```

4）单选框（Radio）

单选框中使用 v-model 获取单选值，下面的例子中，picked 的值就是选中的单选框的 value 值，如代码示例 7-57 所示。

代码示例 7-57

```
<div id="app">
    <input type="radio" id="one" value="One" v-model="picked" />
    <label for="one">One</label>
    <br />
    <input type="radio" id="two" value="Two" v-model="picked" />
    <label for="two">Two</label>
    <br />
    <span>Picked: {{ picked }}</span>
</div>
```

picked 初始化值为空字符串，如代码示例 7-58 所示。

代码示例 7-58

```
Vue.createApp({
  data() {
    return {
      picked: ''
    }
  }
}).mount('#app')
```

5) 选择框（Select）

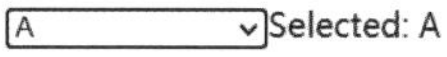

Select 默认单选，效果如图 7-20 所示。

在选择框 Select 中使用 v-model 指令可以监听 change 事件，并把选中的 option 的值绑定给指定的变量 selected，如代码示例 7-59 所示。

图 7-20 运行效果

代码示例 7-59 select

```
<div id="app" class="demo">
  <select v-model="selected">
    <option disabled value="">Please select one</option>
    <option>A</option>
    <option>B</option>
    <option>C</option>
  </select>
  <span>Selected: {{ selected }}</span>
</div>
Vue.createApp({
  data() {
    return {
      selected: ''
    }
  }
}).mount('#app')
```

用 v-for 渲染的动态选项，如代码示例 7-60 所示。

代码示例 7-60 select 动态选项

```
<div id="app" class="demo">
  <select v-model="selected">
    <option v-for="option in options" :value="option.value">
      {{ option.text }}
    </option>
  </select>
  <span>Selected: {{ selected }}</span>
</div>

//代码实现
Vue.createApp({
  data() {
    return {
      selected: 'A',
      options: [
        { text: 'One', value: 'A' },
        { text: 'Two', value: 'B' },
        { text: 'Three', value: 'C' }
```

```
            ]
        }
    }
}).mount('#app')
```

7.5.9 案例：省市区多级联动效果

下面介绍如何实现一个省市区多级联动的例子，利用 v-for 实现省市区的列表效果，当选择省时，第 2 个选择框列出所选省对应市的列表，当选择市后，第 3 个列表框列出所在市的所有区列表，效果如图 7-21 所示。

图 7-21 省市区多级联动效果

本案例中需要使用另外一个指令 v-model，用于获取 select 选择框中选中的 option 选项，v-model 指令可以监听 select 选择框的 change 事件，当 change 变化时，v-model 更新绑定的数据模型，视图代码如代码示例 7-61 所示。

代码示例 7-61　三级联动

```
<div id="app">
    <ul class="list">
        <select class="addr" v-model="selAddrs.p">
            <option>请选择所在省</option>
            <option :value="p" v-for="p in addrs">{{p.provinceName}}</option>
        </select>
        <select class="addr" v-model="selAddrs.c">
            <option>请选择所在市</option>
            <option :value="c" v-for="c in selAddrs.p.cities">{{c.cityName}}</option>
        </select>
        <select class="addr" :value="selAddrs.d">
            <option>请选择所在区</option>
            <option :value="d" v-for="d in selAddrs.c.counties">{{d}}</option>
        </select>
    </ul>
</div>
```

在上面代码中，定义了 3 个 select 选择框，第 1 个 option 循环列出数组 addrs(省列表数组)，value 的值需要动态绑定，所以 value 前面使用 v-bind(简写：)指令，value 为选中项的省数据 p(p 为循环变量)。

select 列表框使用 v-model 指令监听获取选中 option 的 value 值，绑定到数据模型

selAddrs.p 上，这里用一个对象保存选中的值，代码如下：

```
selAddrs: {
    p: {},                    //选中的省对象
    c: {},                    //选中的省对应的市列表
    d: {}                     //选中的市对应的区列表
},
```

select 框绑定的省市区的数组，需要设计成树状结构，这样有利于动态查找，下面是省市区的数据结构，如代码示例 7-62 所示。

代码示例 7-62　省市区数组结构

```
[
    {
        "provinceName": "陕西省",
        "cities": [
            {
                "cityName": "西安市",
                "counties": [
                    "高新区",
                    "雁塔区"
                ]
            },
            {
                "cityName": "咸阳市",
                "counties": [
                    "咸阳市区 1",
                    "咸阳市区 2"
                ]
            }
        ]
    },
    {
        "provinceName": "河北省",
        "cities": [
            {
                "cityName": "石家庄市",
                "counties": [
                    "石家庄市区 1",
                    "石家庄市区 2"
                ]
            },
            {
                "cityName": "衡水市",
                "counties": [
```

```
                    "衡水市区 1",
                    "衡水市区 2"
                ]
            }
        ]
    }
]
```

Vue 实现，如代码示例 7-63 所示。

代码示例 7-63

```
const app = Vue.createApp({
    data() {
        return {
            selAddrs: {
                p: {},
                c: {},
                d: {}
            },
            addrs: [
                {
                    provinceName: "陕西省",
                    cities: [
                        {
                            cityName: "西安市",
                            counties: [
                                "高新区",
                                "雁塔区"
                            ]
                        },
                        {
                            cityName: "咸阳市",
                            counties: [
                                "咸阳市区 1",
                                "咸阳市区 2"
                            ]
                        }
                    ]
                },
                {
                    provinceName: "河北省",
                    cities: [
                        {
                            cityName: "石家庄市",
                            counties: [
```

```
                            "石家庄市区 1",
                            "石家庄市区 2"
                        ]
                    },
                    {
                        cityName: "衡水市",
                        counties: [
                            "衡水市区 1",
                            "衡水市区 2"
                        ]
                    }
                ]
            }
        ]
    }
})
const vm = app.mount('#app')
```

从上面的代码可以看出,通过数据驱动的方法实现多级 DOM 联动,代码量非常少,也不需要通过复杂的 DOM 监听就可以实现联动的效果。

7.6　Vue 3 组件开发

组件(Component)是 Vue 最强大的功能之一。

在浏览器还不能完全支持原生 Web Component 开发之前,组件化框架极大地填补了 HTML 标签功能的不足,开发者可以按照自己的业务需要封装类似标签一样的复用性高的代码,使前端快速进入高速发展期。

组件系统可以用独立可复用的小组件来构建大型应用,大部分类型的应用界面可以抽象为一棵组件树,如图 7-22 所示。

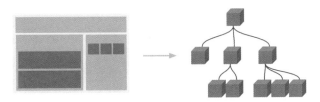

图 7-22　组件化开发

createApp()方法接收一个根组件作为参数。根组件类似于 HTML 文档里的 HTML 元素,一个标准的页面是从 HTML 标签声明开始。组件和 HTML 页面结构一样,Vue 组件化开发也是首先从根组件创建开始的,代码如下:

```
const RootComponent = {
  /* 选项 */
}
const app = Vue.createApp(RootComponent)
const vm = app.mount('#app')
```

7.6.1 组件定义

自定义组件可以分为全局组件和局部组件,全局组件可以在 Vue 应用作用域的任何地方使用,局部组件只能在组件注册的应用作用域下使用。

1. 全局组件

注册一个全局组件的语法格式如下:

```
const app = Vue.createApp({})
//创建一个全局组件,组件名为 my-component
app.component("my-component",{
  template: 'hello my-component'
  /* ... */
})
const vm = app.mount('#app')
```

my-component 为组件名,/* ... */部分为配置选项。注册后可以使用以下方式来调用组件,代码如下:

```
<div id="app">
    <my-component></my-component>
</div>
```

接下来注册一个 my-counter 组件,在每次单击后,计数器会加 1,如代码示例 7-64 所示。

代码示例 7-64

```
//创建一个 Vue 应用
const app = Vue.createApp({})

//定义一个名为 my-counter 的新全局组件
app.component('my-counter', {
    data() {
        return {
            num: 0
        }
```

```
    },
    template: '
      < button @click = "num++">
          单击了 {{ num}} 次!
      </button>'
})
app.mount('#app')
```

可以将组件进行任意次数的复用,代码如下:

```
< div id = "app">
    < my - counter ></my - counter >
    < my - counter ></my - counter >
    < my - counter ></my - counter >
</div >
```

注意当单击按钮时,每个组件都会各自独立地维护它的 num。因为每用一次组件,就会有一个新的实例被创建。

注意:通常把一些公共性的页面部分封装成公共组件。

2. 局部组件

局部组件只能在所注册的组件模板中使用,创建 3 个组件:A、B、C,这 3 个组件需要先注册后才能使用,代码如下:

```
const A = {
    /* ... */
}
const B = {
    /* ... */
}
const C = {
    /* ... */
}
```

这里是在根组件下注册,在 components 选项中注册想要使用的组件,代码如下:

```
const app = Vue.createApp({
    components: {
        'comp - a': A,
        'comp - b': B
    }
})
```

components 对象中的每个属性,其属性名就是自定义元素的名字(comp-a、comp-b),

其属性值就是这个组件的选项对象(A、B)。

局部组件可以任意注册到想要注册的子组件中,如在上面定义的my-counter组件中注册一个标题的子组件,代码如下:

```
const MyTitle = {
    template:'< h1 >这是子组件的标题</h1 >'
}
```

定义好组件后,先在my-counter中通过components对象注册,my-header是MyTitle组件对象的标签名,标签名可以随便定义,一般使用连线的写法,代码如下:

```
//注册子组件
components: {
    //组件的标签名:组件对象
    'my - header': MyTitle
},
```

上面注册组件的写法也可以换成下面的写法,代码如下:

```
//注册子组件
components: {
    MyTitle
},
```

在ES 2015+中,在对象中放一个类似MyTitle的变量名,此变量名其实是MyTitle:MyTitle的缩写。

现在就可以在my-counter组件的模板中使用了,如代码示例7-65所示。

代码示例7-65　my-counter组件

```
//局部组件,需要先注册,后使用
const MyTitle = {
    template: '< h1 >只是子组件的标题</h1 >'
}

const app = Vue.createApp({})
app.component("my - counter", {
    data() {
        return {
            num: 1
        }
    },
    //注册子组件
```

```
    components: {
        //组件的标签名:组件对象
        'my-header': MyTitle
    },
    template: '
        <my-header></my-header>
        <button @click = 'num++'>
            单击了{{num}}次
        </button>
    '
})
const vm = app.mount('#app')
```

效果如图 7-23 所示。

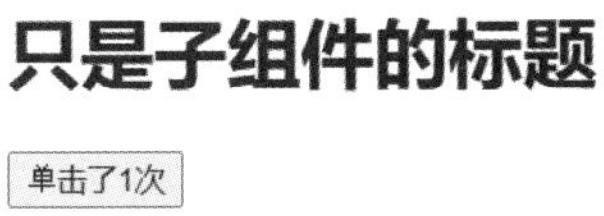

只是子组件的标题

单击了1次

图 7-23 父子组件嵌套用法

3. 模块化组件

单模块组件的特点是一个 .vue 文件就是一个组件,组件中包括三部分:template 用来组织组件的视图部分,script 标签用来编写组件的逻辑代码,style 用来定义组件中的样式,如代码示例 7-66 所示。

代码示例 7-66 单模块组件

```
#定义组件视图
<template>
    <div class = "hello"></div>
</template>

#定义组件的逻辑代码
<script>
export default {
    name:"hello",
    data(){
        return {}
    }
}
</script>

#定义组件的样式
<style scoped>
    .hello {
```

```
        background-color: #f00;
    }
</style>

#样式可以使用 sass、less、stylus 等
<style lang = "scss">
    $ color:red;
    .hello {
        background-color: $ color;
    }
</style>
```

单模块组件不能直接运行,需要配合 Webpack 和 Vue-loader 进行转换,转换成 ES 模块后才能运行。

7.6.2 组件的命名规则

组件的命名包括标签名命名和对象名命名,下面详细介绍与组件相关的命名规则。

1. 标签名命名

在字符串模板或单个文件组件中定义组件时,定义组件名的方式有两种。

1) 使用 kebab-case

当使用 kebab-case(短横线分隔命名)定义一个组件时,必须在引用这个自定义元素时使用 kebab-case,例如<my-component-name>,代码如下:

```
app.component('my-component-name', {
    /* ... */
})
```

为了避免和当前及未来的 HTML 元素相冲突,强烈推荐遵循 W3C 规范中的自定义组件名(字母全小写且必须包含一个连字符)。

(1) 全部小写。

(2) 包含连字符(有多个单词与连字符符号连接)。

2) 使用 PascalCase

当使用 PascalCase(首字母大写命名)定义一个组件时,在引用这个自定义元素时两种命名法都可以使用。也就是说,<my-component-name>和< MyComponentName >都可以。注意,尽管如此,直接在 DOM(非字符串的模板)中使用时只有 kebab-case 有效,代码如下:

```
app.component('MyComponentName', {
    /* ... */
})
```

2. 对象名命名

定义组件的对象名应使用 PascalCase（首字母大写命名）定义，代码如下：

```
const MyTitle = {
    template: '<h1>只是子组件的标题</h1>'
}
```

3. *.vue 文件命名规范

除 index.vue 之外，其他 .vue 文件统一用 PascalBase（首字母大写命名）风格，如代码示例 7-67 所示。

代码示例 7-67　vue 项目目录结构

```
- [src]
  - [views]
    - [layout]
      - [components]
        - [Sidebar]
          - index.vue
          - Item.vue
          - SidebarItem.vue
        - AppMain.vue
        - index.js
        - Navbar.vue'
```

在 index.js 中导出组件的方式如下：

```
export { default as AppMain } from './AppMain'
export { default as Navbar } from './Navbar'
export { default as Sidebar } from './Sidebar'
```

7.6.3　组件的结构

1. 选项式 API 组件（兼容 Vue 2）

基于选项式（Options-based API）组件，即通过 options 选项定义一个组件结构的方式来创建组件，这种方式非常简单，只需定义成一个对象就可以了，代码如下：

```
const ComponentName = {
    /* options 选项 */
}
```

完整的选项式组件结构如代码示例 7-68 所示。

代码示例 7-68　选项式组件的结构

```javascript
const HelloComponent = {
    //定义组件输入接口
    Props:[],
    //定义组件的输出事件
    emits:[],
    //定义视图
    //以模板的方式创建视图
    template:"< h1 > hello component",
    //以虚拟 DOM 的方式创建视图
        render(h){
            return h("h1",{},"hello")
        },
        //定义数据
        data(){
            return {}
        },
        //定义计算属性
        computed:{},
        //定义方法
        methods:{},
        //定义监听器
        watch:{},
        //定义子组件
        components:{},

        //定义生命周期钩子方法
        //1. 实例化
        beforeCreate() {
            console.log("")
        },
        created(){},
        //2. 挂载 DOM
        beforeMount(){},
        mounted(){},
        //3. 更新
        beforeUpdate(){},
        updated(){},
        //4. 卸载
        beforeUnmount(){},
        unmounted(){},
        //5. 被 keep-alive 缓存的组件在激活时调用
        activated(){},
        deactived(){},
        //6. 在捕获一个来自后代组件的错误时被调用
        errorCaptured(){}
}
```

2. 组合式组件(Vue 3)

Vue Composition API 是一种新的编写 Vue 组件的方式,实现了类似于 React Hook 的逻辑组成与复用。使用方式灵活简单,并且增强了类型推断能力,让 Vue 在构建大型应用时也有了用武之地。

Vue Composition API 围绕一个新的组件选项 setup 而创建。setup()为 Vue 组件提供了状态、计算值、watcher 和生命周期钩子。

完整的组合式(Composition)组件结构如代码示例 7-69 所示。

代码示例 7-69　组合式组件的结构

```
const HelloComponent = {
//定义组件输入接口
Props:[],
//定义组件的输出事件
emits:[],
    //定义组件的视图
    template:'
    < h1 @click = "change">{{state.count}}</h1 >
    ',

    //render(h){
    //return h("h1",{},"hello")
//},

    //setup [data,methods,computed,watch]
    setup() {

        //定义数据和方法
        let state = reactive({ count: 0 })
        let change = () => state.count++;

        //添加监听器
        watch(() => state.count, (oldVlaue, newValue) => {
            console.log(oldVlaue, newValue, '改变')
        })

        //计算属性
        let countComputed = computed(() => {
            //计算属性初始化加 10
            return state.count + 10;
        });

        return {
            state,
            countComputed,
```

```
                change
            }
        }
        
        //生命周期方法
        /**
         * onBeforeMount
         * onMounted
         * onBeforeUpdate
         * onUpdated
         * onBeforeUnmount
         * onUnmounted
         * onErrorCaptured
         * onRenderTracked
         * onRenderTriggered
         * onActivated
         * onDeactivated
         **/
}
```

7.6.4 组件的接口属性

组件是一个封装的、可复用的业务模块,组件通过输入和输出接口进行交互,对于开发者来讲,无须关注组件的内部结构,只需根据组件的输入和输出接口进行操作,如图7-24所示。

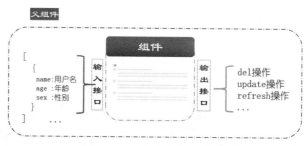

图7-24 组件的输入和输出

1. 组件的输入(props)

prop是子组件用来接收父组件传递过来的数据的一个自定义属性。

父组件的数据需要通过props把数据传给子组件,子组件需要显式地使用props选项声明"prop",如代码示例7-70所示。

代码示例7-70　props的用法

```
<div id = "app">
    <list-title title = "新闻标题1"></list-title>
```

```
    <list-title title="新闻标题2"></list-title>
    <list-title title="新闻标题3"></list-title>
</div>

<script>
const app = Vue.createApp({})
app.component('list-title', {
  props: ['title'],
  template: '<h3>{{ title }}</h3>'
})
app.mount('#app')
</script>
```

一个组件默认可以拥有任意数量的 prop，任何值都可以传递给任何 prop。

1）动态 prop

类似于用 v-bind 将 HTML 特性绑定到一个表达式，也可以用 v-bind 动态地将 prop 的值绑定到父组件的数据中。每当父组件的数据变化时，该变化也会传导给子组件，如代码示例 7-71 所示。

代码示例 7-71　动态 prop

```
<div id="app">
    <user-item
    v-for="user in usersList"
    :id="user.id"
    :title="user.userName">
    </user-item>
</div>

<script>
    const UserItem = {
        data() {
            return {
                usersList: [
                    { id: 1, userName: '张三' },
                    { id: 2, userName: '李四' },
                    { id: 3, userName: '王五' }
                ]
            }
        }
    }

    const app = Vue.createApp(UserItem)

    app.component('user-item', {
```

```
        props: ['id', 'title'],
        template: '<h4>{{ id }} - {{ title }}</h4>'
      })

      app.mount('#app')
</script>
```

2) Prop 验证

组件可以为 prop 指定验证要求。为了定制 prop 的验证方式，可以为 prop 中的值提供一个带有验证需求的对象，而不是一个字符串数组，如代码示例 7-72 所示。

代码示例 7-72　prop 验证

```
Vue.component('my-component', {
  props: {
    //基础的类型检查（null 和 undefined 会通过任何类型验证）
    propA: Number,
    //多个可能的类型
    propB: [String, Number],
    //必填的字符串
    propC: {
      type: String,
      required: true
    },
    //带有默认值的数字
    propD: {
      type: Number,
      default: 100
    },
    //带有默认值的对象
    propE: {
      type: Object,
      //对象或数组的默认值必须从一个工厂函数获取
      default: function () {
        return { message: 'hello' }
      }
    },
    //自定义验证函数
    propF: {
      validator: function (value) {
        //这个值必须匹配下列字符串中的一个
        return ['success', 'warning', 'danger'].indexOf(value) !== -1
      }
    }
  }
})
```

当 prop 验证失败时,(开发环境构建版本的) Vue 将会产生一个控制台警告。

type 可以是 String、Number、Boolean、Array、Object、Date、Function、Symbol 原生构造器,也可以是一个自定义构造器,使用 instanceof 检测。

2. 组件的输出(emits)

组件的输出通过自定义的事件绑定实现,在组件的标签上绑定组件的自定义事件名,如在 my-component 的标签上定义的@my-event 是一个自定义的事件绑定,当在组件内部调用 $emit("my-event")时会触发该事件的回调方法,$emit("my-event",{a:1,b:2})可以将参数传递给绑定的回调方法,doSomething 是这个事件的回调方法,代码如下:

```
<my-component @my-event="doSomething"></my-component>
```

注意:不同于 prop,事件名不存在任何自动化的大小写转换,而是触发的事件名需要完全匹配监听这个事件所用的名称。

v-on 事件监听器在 DOM 模板中会被自动转换为全小写,因为 HTML 是大小写不敏感的,所以@myEvent 将会变成@myevent——导致 myEvent 不可能被监听到。

因此,推荐始终使用 kebab-case 的事件名。

1)定义自定义事件

emits 选项和现有的 props 选项类似。这个选项可以用来定义一个组件,也可以向其父组件触发事件,代码如下:

```
app.component('my-comp', {
  emits: ['del', 'update']
})
```

当在 emits 选项中定义了原生事件(如 click)时,将使用组件中的事件替代原生事件侦听器。

说明:建议定义所有发出的事件,以便更好地记录组件应该如何工作。

2)验证抛出的事件

与 prop 类型验证类似,如果使用对象语法而不是数组语法定义发出的事件,则可以验证它。

要添加验证,为事件分配一个函数,该函数接收传递给 $emit 调用的参数,并返回一个布尔值以指示事件是否有效,如代码示例 7-73 所示。

代码示例 7-73

```
app.component('my-comp', {
  emits: {
    //没有验证
    click: null,
```

```
    //验证 submit 事件
    submit: ({ email, password }) => {
      if (email && password) {
        return true
      } else {
        console.warn('非法提交!')
        return false
      }
    }
  },
  methods: {
    submitForm() {
      this.$emit('submit', { email, password })
    }
  }
})
```

验证效果如图 7-25 所示。

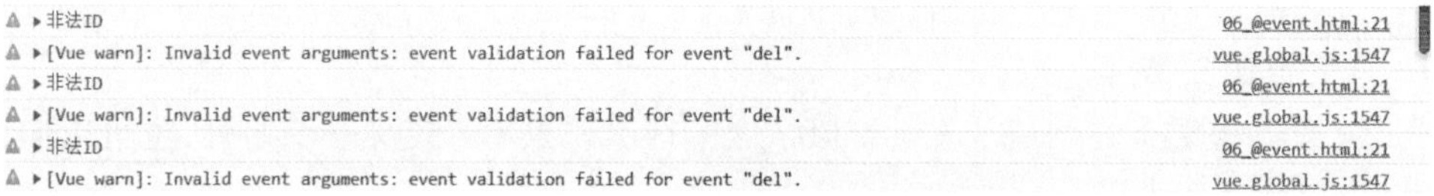

图 7-25 验证抛出的事件

3）v-model

在 Vue 3 中，自定义组件上的 v-model 相当于传递了 modelValue prop 并接收抛出的 update：modelValue 事件，代码如下：

```
<ChildComponent v-model="pageTitle" />
<!-- 是以下代码的简写 -->
<ChildComponent
  :modelValue="pageTitle"
  @update:modelValue="pageTitle = $event"
/>
```

若需要更改 model 的名称，如图 7-26 所示，可以为 v-model 传递一个参数，以作为组件内 model 选项的替代，代码如下：

```
<ChildComponent v-model:title="pageTitle" />
<!-- 是以下代码的简写： -->
<ChildComponent :title="pageTitle" @update:title="pageTitle = $event" />
```

这也可以作为 .sync 修饰符的替代，而且允许在自定义组件上使用多个 v-model，代码

图 7-26　v-model 传值

如下：

```
<ChildComponent v-model:title = "pageTitle" v-model:content = "pageContent" />
<!-- 是以下代码的简写: -->
<ChildComponent
  :title = "pageTitle"
  @update:title = "pageTitle = $event"
  :content = "pageContent"
  @update:content = "pageContent = $event"
/>
```

7.6.5　组件的生命周期方法

Vue 3 中提供了两套生命周期函数：Options 式生命周期和组合式生命周期，这两种生命周期函数在不同的组件定义中使用，其本质上没有什么不同。

本节介绍的组件生命周期方法是 Options 式组件的生命周期方法，组合式生命周期方法详细介绍如下。

1. 什么是生命周期

每个组件在被创建时都要经过一系列的初始化过程，例如需要设置数据监听、编译模板、将实例挂载到 DOM 并在数据变化时更新 DOM 等。同时在这个过程中也会运行一些叫作生命周期钩子的函数，这给了用户在不同阶段添加自己代码的机会。

例如，created 钩子可以用来在一个实例被创建之后执行代码，如代码示例 7-74 所示。

代码示例 7-74

```
Vue.createApp({
  data() {
    return { count: 1 }
  },
  created() {
    //this 指向 vm 实例
    console.log('count is: ' + this.count) // => "count is: 1"
  }})
```

也有一些其他的钩子，在实例生命周期的不同阶段被调用，如 mounted、updated 和 unmounted。生命周期钩子的 this 上下文指向调用它的当前活动实例。

2. 生命周期图示

图 7-27 展示了传统组件实例的生命周期，除了销毁期的生命周期方法名有改动外，其他和 Vue 2 是一致的。

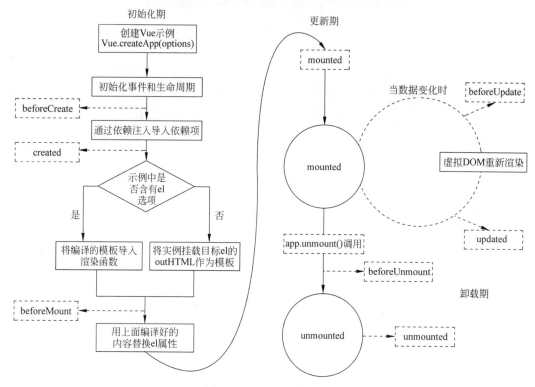

图 7-27　Vue 3 生命周期

3. 生命周期钩子函数触发时间

图 7-27 展示了生命周期函数的调用时机，接下来详细介绍生命周期函数的作用和用法。

1）beforeCreate

在实例初始化之后，数据观测（Data Observer）和 event/watcher 事件配置之前被调用。

2）created

实例已经创建完成之后被调用。在这一步，实例已完成以下的配置：数据观测、属性和方法的运算、watch/event 事件回调，然而，挂载阶段还没开始，$el 属性目前不可见。

3）beforeMount

在挂载开始之前被调用：相关的 render() 函数首次被调用。

4) mounted

el 被新创建的 vm.$el 替换,并挂载到实例上之后调用该钩子。

5) beforeUpdate

数据更新时调用,发生在虚拟 DOM 重新渲染和打补丁之前。可以在这个钩子中进一步地更改状态,这不会触发附加的重渲染过程。

6) updated

由于数据更改导致的虚拟 DOM 重新渲染和打补丁,在这之后会调用该钩子。

当这个钩子被调用时,组件 DOM 已经更新,所以现在可以执行依赖于 DOM 的操作,然而在大多数情况下,应该避免在此期间更改状态,因为这可能会导致更新无限循环。

该钩子在服务器端渲染期间不被调用。

7) beforeUnmount

实例销毁之前调用。在这一步,实例仍然完全可用。

8) unmounted

Vue 实例销毁后调用。调用后,Vue 实例指示的所有东西都会解绑定,所有的事件监听器会被移除,所有的子实例也会被销毁。该钩子在服务器端渲染期间不被调用。

9) renderTracked

将在跟踪虚拟 DOM 重新渲染时调用,此事件告诉开发者哪个操作跟踪了组件及该操作的目标对象和键。

10) renderTriggered

与 renderTraced 功能类似,它将告诉开发者是什么操作触发了重新渲染,以及该操作的目标对象和键。

renderTracked 和 renderTriggered 是 Vue 3 新增加的两个生命周期方法,用法如代码示例 7-75 所示。

代码示例 7-75

```
<div id="app">
  <button v-on:click="addToCart">添加到购物车</button>
  <p>Cart({{ cart }})</p>
</div>
```

跟踪测试代码如代码示例 7-76 所示,运行后 renderTracked 首次运行时会打印一次,renderTriggered 在页面上的按钮被单击时会触发,如图 7-28 所示。

代码示例 7-76　renderTracked 生命周期

```
const app = Vue.createApp({
  data() {
    return {
      cart: 0
```

```
    }
  },
  renderTracked({ key, target, type }) {
    console.log('renderTracked =>', { key, target, type })
    /* 当组件第一次渲染时,这将被记录下来
    {
      key: "cart",                    //目标键
      target: {                       //目标对象
        cart: 0
      },
      type: "get"                     //什么操作
    }
    */
  },
  renderTriggered({ key, target, type }) {
    console.log('renderTriggered =>', { key, target, type })
  },
  methods: {
    addToCart() {
      this.cart += 1
    }
  }
})

app.mount('#app')
```

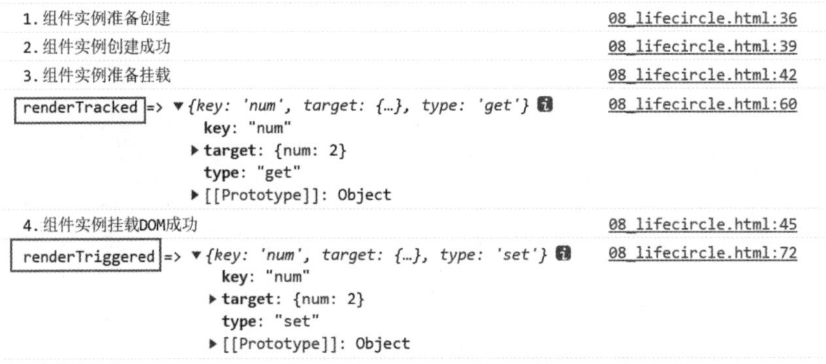

```
1. 组件实例准备创建                                          08_lifecircle.html:36
2. 组件实例创建成功                                          08_lifecircle.html:39
3. 组件实例准备挂载                                          08_lifecircle.html:42
renderTracked => ▼{key: 'num', target: {...}, type: 'get'}    08_lifecircle.html:60
                  key: "num"
                ▶ target: {num: 2}
                  type: "get"
                ▶ [[Prototype]]: Object
4. 组件实例挂载DOM成功                                        08_lifecircle.html:45
renderTriggered => ▼{key: 'num', target: {...}, type: 'set'}  08_lifecircle.html:72
                    key: "num"
                  ▶ target: {num: 2}
                    type: "set"
                  ▶ [[Prototype]]: Object
```

图 7-28 触发跟踪生命周期函数

4. 生命周期钩子案例

下面通过一个例子,介绍生命周期的调用时间,通过手动卸载应用,了解卸载的生命周期的过程,如代码示例 7-77 所示。

代码示例 7-77　生命周期案例

```html
<div id="app">
  <h1>{{num}}</h1>
  <button @click="updateNum">+</button>
  <button @click="unmountComponent">卸载</button>
</div>

<script>
  const app = Vue.createApp({
    data() {
      return {
        num: 1
      }
    },
    methods: {
      updateNum() {
        this.num++
      },
      //手动销毁应用示例
      unmountComponent() {
        setTimeout(() => app.unmount(), 1000)
      }
    },
    beforeCreate() {
      console.log("1.组件实例准备创建")
    },
    created() {
      console.log("2.组件实例创建成功")
    },
    beforeMount() {
      console.log("3.组件实例准备挂载")
    },
    mounted() {
      console.log("4.组件实例挂载 DOM 成功")
    },
    beforeUpdate() {
      console.log("5.组件实例准备更新")
    },
    updated() {
      console.log("6.组件实例更新成功")
    },
    beforeUnmount() {
      console.log("7.组件实例准备卸载")
    },
    unmounted() {
```

```
      console.log("8.组件实例卸载成功")
    },
  })

  const vm = app.mount('#app')
</script>
```

7.6.6 组件的插槽

组件的插槽的主要作用是让用户可以拓展组件，去更好地复用组件和对其做定制化处理。

1. 普通插槽

Slot 指令放在组件模板中，Slot 指令会被组件标签内的内容替换，如代码示例 7-78 所示。

代码示例 7-78

```
<div id="app">
  <hello>
       大家好,打个招呼!
  </hello>
</div>
```

默认情况下，hello 标签只是一个占位符号，hello 最终的 DOM 会覆盖这个标签位置，如果希望保留标签内部的内容，则可使用 Vue 提供的 Slot 指令，用于把标签中的内容放到组件模板的 Slot 指令位置，如代码示例 7-79 所示。

代码示例 7-79　slot 用法

```
<script>
  const app = Vue.createApp({
  })
  app.component("hello", {
    template: '
        <div>
           <slot></slot>
        </div>
      ',
  })
  const vm = app.mount('#app')
</script>
```

2. 命名插槽

在下面的例子中，hello 组件有 3 个插槽，Slot 指令上有 name 属性，用来标记不同位置的插槽,这种有名字的插槽就是命名插槽,命名插槽可以有多个,但是一个模板中只能有一个没有 name 的插槽,如图 7-29 所示。

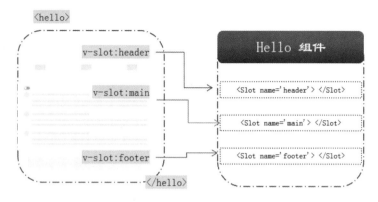

图 7-29 命名插槽

命名插槽,如代码示例 7-80 所示。

代码示例 7-80 命名插槽

```
<script>
  const app = Vue.createApp({
  })
  app.component("hello", {
    template: '
        <div>
          <slot name = "header"></slot>
          <slot></slot>
          <slot name = "footer"></slot>
        </div>
    ',
  })
  const vm = app.mount('#app')
</script>
```

在向命名插槽提供内容时,可以在一个<template>元素上使用 v-slot 指令,并以 v-slot 的参数的形式提供其名称,如代码示例 7-81 所示。

代码示例 7-81

```
<div id = "app">
  <hello>
    <template v-slot:header>
      <h1>插槽标题</h1>
    </template>
```

```
        <template v-slot:default>
            <h1>插槽内容</h1>
        </template>
        <template v-slot:footer>
            <h1>插槽底部</h1>
        </template>
    </hello>
</div>
```

3. 作用域插槽

作用域插槽允许在自定义组件的组件模板内定义的 Slot 插槽中给 Slot 添加属性,用来把组件内的值传递到组件声明的标签内。这是一种非常好的用法,可以在组件外部定义一些 DOM 元素,以便很好地扩展组件的模板视图,如图 7-30 所示。

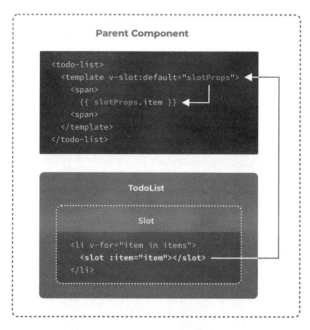

图 7-30 作用域插槽

例如,有一个组件,此组件包含一个待办项目列表,如代码示例 7-82 所示。

代码示例 7-82 作用域插槽

```
app.component('todo-list', {
    data() {
        return {
            items: ['学习 Vue', '完成 Vue 项目']
        }
```

```
        },
        template: '
        <ul>
            <li v-for = "( item, index ) in items">
                <slot :item = "item" :index = "index"></slot>
            </li>
        </ul>
        '
})
```

在上面的代码中,<slot>插槽上的 item 被称为插槽 prop。现在,在父级作用域中,可以使用插槽提供的 prop 的名字,代码如下:

```
<todo-list>
    <template v-slot:default = "slotProps">
        <i class = "i-check"></i>
        <span class = "green">{{ slotProps.item }}</span>
    </template>
</todo-list>
```

运行效果如图 7-31 所示。

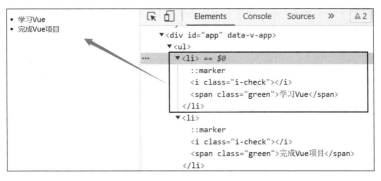

图 7-31　作用域插槽效果

7.6.7　提供/注入模式

前面的章节中,已经了解了组件的 props,props 是父组件向子组件传递数据的接口,但是有一些深度嵌套的组件,其深层的子组件只需父组件的部分内容。在这种情况下,如果仍然将 prop 沿着组件链逐级传递下去,则可能会很麻烦。

对于这种情况,Vue 提供了一种提供(Provide)/注入(Inject)模式,这种模式有两部分:父组件有一个 Provide 选项来提供数据,子组件有一个 Inject 选项来开始使用这些数据,如图 7-32 所示。

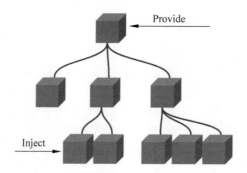

图 7-32 组件传递 Provide/Inject 模式

例如,有这样的层次结构,代码如下:

```
Root
└── TodoList
    ├── List
    │   └── Item
    │       └── ButtonList
```

如果要将 todo-list 的长度和当前用户的名称直接传递给 ButtonList,则要将 prop 逐级传递下去:TodoList→List→Item →ButtonList。通过 Provide/Inject 模式,可以直接执行以下操作,如代码示例 7-83 所示。

代码示例 7-83　ToDoList 组件

```
const ToDoList = {
  data() {
    return {
      todos: ['喂猫', '买票', "扫地"]
    }
  },
  provide() {
    return {
      user: 'Leo',
      todoLength: this.todos.length
    }
  },
  template: '
< div class = "card">
  < List :list = "todos" />
</div >
',
  components: {
    List
  }
}
```

List 组件包含 Item 组件，如代码示例 7-84 所示。

代码示例 7-84　Item 组件

```
//Item 组件包含 ButtonList 子组件
const Item = {
  props: ["item"],
  template: '
<li class = "item">
        <h2>{{ item }}</h2>
       <ButtonList />
</li>
',
  components: {
    ButtonList
  }
}

//List 组件包含 Item 子组件
const List = {
  props: ["list"],
  template: '
<ul class = "list">
       <Item :item = "t" :key = "index" v-for = "(t,index) in list"/>
</ul>
',
  components: {
    Item
  }
}
```

ButtonList 组件是整个 ToDoList 组件的最低层的子组件，如果在 ButtonList 组件中获取最外层组件的值，则需要通过组件的 props 一层层地传递，非常烦琐，这里就可以直接使用 Provide/Inject 模式，在 ButtonList 组件中，通过 inject 属性注入 provide 提供的两个属性，这样就可以直接访问最外层组件提供的值了，代码如下：

```
const ButtonList = {
  inject: ['user', 'todoLength'],
  template: '
<div class = "buttons">
       {{ todoLength }} - <a>{{ user }}</a>: <a>确认</a>
</div>
'
}
```

效果如图 7-33 所示。

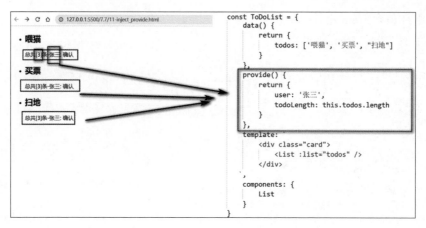

图 7-33　ToDoList 组件中使用 Provide/Inject 模式

7.6.8　动态组件与异步组件

动态组件可以实现根据动态的变量值动态地渲染不同的组件,异步组件以一种按需加载的方式加载组件,可以极大地提高应用的性能。

1. 动态绑定组件指令(:is)

当在这些组件之间切换时,有时需要保持这些组件的状态,以避免反复渲染导致的性能问题。

例如,在进行多页的数据填写时,当填写一页注册信息后,切换到第二页中继续填写,如果在没有提交保存的情况下,又切换到了前一页,则此时上一页的数据就没有了。这是因为每次切换新标签时,Vue 都创建了一个新的组件实例。

重新创建动态组件的行为通常非常有用,但是在这个案例中,更希望那些标签的组件实例能够被在第一次被创建时缓存下来。为了解决这个问题,可以用一个< keep-alive >元素将其动态组件包裹起来。

如何实现多个组件的切换,如图 7-34 所示,单击"登录"或者"注册"按钮,实现登录组件和注册组件的切换,实现动态切换的方式有多种,例如使用 v-if 或者 v-show 指令动态判断显示,这里介绍组件 is 属性,此属性可更简单地实现这个效果。

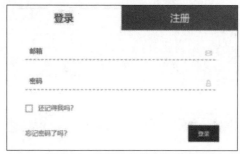

图 7-34　动态组件绑定属性 is

component 组件提供的 is 属性可以实现组件的动态绑定,代码如下:

```
<!-- 当 currentView 改变时组件就改变 -->
<component :is = "currentView"></component>
```

Tab 切换实现,如代码示例 7-85 所示。

代码示例 7-85　:is 动态绑定

```
<div id = "app">
  <a @click = "changeTab('tab1')"> tab1 </a>
  <a @click = "changeTab('tab2')"> tab2 </a>

  <!-- 失活的组件将会被缓存! -->
  <component class = "page" :is = "tab"></component>
</div>

<script>
  const Tab1 = {
    template: "<h1> tab1 </h1>"
  }
  const Tab2 = {
    template: "<h1> tab2 </h1>"
  }
  const app = Vue.createApp({
    data() {
      return {
        tab: "tab1"
      }
    },
    methods: {
      changeTab(tabName) {
        this.tab = tabName
      }
    },
    components: {
      Tab1,
      Tab2
    }
  })
  const vm = app.mount('#app')
</script>
```

2. 异步组件

在大型应用中,可能需要将应用分割成小一些的代码块,并且只在需要时才从服务器加载一个模块。

Vue 3.x 提供了一个函数 defineAsyncComponent,以此来简化使用异步组件。组件内使用异步组件,代码如下:

```
import { defineAsyncComponent } from 'vue'
components: {
  AsyncComponent: defineAsyncComponent(() =>
import('@/components/AsyncComponent.vue'))
}
```

全局引入异步组件,如代码示例 7-86 所示。

代码示例 7-86 defineAsyncComponent

```
import { defineAsyncComponent } from 'vue'
const AsyncComp = defineAsyncComponent(() =>
  import('@/components/AsyncComponent.vue')
)
app.component('async-component', AsyncComp)
```

除了上面的简单用法外,异步加载组件支持延迟、超时、加载中、加载出错等设置,可以解决在实际使用过程中文件丢失,以及文件更新等问题,如代码示例 7-87 所示。

代码示例 7-87

```
const asyncComp = {
  loader: () => import('@/components/AsyncComponent.vue'),
  delay: 1000,
  timeout: 3000,
  error: ErrorComponent,              //加载报错展示组件
  loading: LoadingComponent,          //加载过程中展示组件
}
```

7.6.9 混入

对于 Vue 组件来讲,混入(Mixins)是一种灵活分发可复用功能的方式。一个混入对象可以包含任意组件选项(options)。当组件使用混入对象时,所有混入对象的选项将被"混进"该组件本身的选项中,如代码示例 7-88 所示。

代码示例 7-88 mixins 用法

```
//定义一个 mixin 对象
const myMixin = {
  created() {
    this.hello()
  },
  methods: {
```

```
    hello() {
      console.log('hello from mixin!')
    }
  }
}

//定义一个使用了该 mixin 对象的应用
const app = Vue.createApp({
  mixins: [myMixin]
})

app.mount('#app') // => "hello from mixin!"
```

组件混入策略如下。

1. 选项合并

当混入对象和组件本身含有重复选项时,这些选项将以合适的策略进行"合并",数据对象在内部会进行递归合并,并在发生冲突时以组件数据优先,如代码示例 7-89 所示。

代码示例 7-89

```
const myMixin = {
  data() {
    return {
      message: 'hello',
      foo: 'abc'
    }
  }
}

const app = Vue.createApp({
  mixins: [myMixin],
  data() {
    return {
      message: 'goodbye',
      bar: 'def'
    }
  },
  created() {
    console.log(this.$data) // => { message: "goodbye", foo: "abc", bar: "def" }
  }
})
```

同名钩子函数将被合并进一个数组里,以便它们都能被调用。另外,混入对象的钩子函数会在组件自身钩子函数之前被调用,如代码示例 7-90 所示。

代码示例 7-90

```
const myMixin = {
  created() {
    console.log('mixin hook called')
  }
}

const app = Vue.createApp({
  mixins: [myMixin],
  created() {
    console.log('component hook called')
  }
})

// => "mixin hook called"
// => "component hook called"
```

值为对象的选项,例如 methods、components 和 directives,将被合并为同一个对象。当两个对象的键名冲突时,取组件对象的键-值对,代码示例 7-91 所示。

代码示例 7-91

```
const myMixin = {
  methods: {
    foo() {
      console.log('foo')
    },
    conflicting() {
      console.log('from mixin')
    }
  }
}

const app = Vue.createApp({
  mixins: [myMixin],
  methods: {
    bar() {
      console.log('bar')
    },
    conflicting() {
      console.log('from self')
    }
  }
})
```

```
const vm = app.mount('#app')

vm.foo()              // => "foo"
vm.bar()              // => "bar"
vm.conflicting()      // => "from self"
```

2. 全局混入

还可以为 Vue 应用申请一个全局 mixin，用法如代码示例 7-92 所示。

代码示例 7-92

```
const app = Vue.createApp({
  myOption: 'hello!'
})

//为自定义的选项 'myOption' 注入一个处理器
app.mixin({
  created() {
    const myOption = this.$options.myOption
    if (myOption) {
      console.log(myOption)
    }
  }
})

app.mount('#mixins-global') // => "hello!"
```

需要特别注意的是，一旦使用全局混入，它将影响每个之后在应用内部创建的组件实例（例如，每个子组件），如代码示例 7-93 所示。

代码示例 7-93

```
const app = Vue.createApp({
  myOption: 'hello!'
})

//为自定义的选项 'myOption' 注入一个处理器
app.mixin({
  created() {
    const myOption = this.$options.myOption
    if (myOption) {
      console.log(myOption)
    }
  }
})
```

```
//将 myOption 也添加到子组件
app.component('test-component', {
  myOption: 'hello from component!'
})

app.mount('#app')

// => "hello!"
// => "hello from component!"
```

大多数情况下，应该像上述实例中一样只在自定义选项处理中使用混入。将这个准则作为插件发布，以避免重复地应用混入。

7.7 响应性 API

Composition API 是借鉴 React Hook 推出的一种低侵入式的、函数式的 API，使我们能够更灵活地组合组件的逻辑。

在 Vue 2 框架中，用选项式（Options）选项来组织组件的逻辑很有效，但是，随着组件变大，逻辑变得更复杂，从而导致组件难以阅读和维护，特别是接手别人代码时，往往需要来回跳转阅读。基于此 Composition API 应运而生。

Composition API 的优点如下：

（1）提供了更完善的 TS 支持。

（2）组件拥有了更加良好的代码组织结构。

（3）相同的代码逻辑在不同的组件中进行了完整复用。

Composition API 提供了以下几个函数。

（1）setup：组合 API 的方法都写在这里面。

（2）ref：定义响应式数据字符串 bool。

（3）reactive：定义响应式数据对象。

（4）watchEffect：监听数据变化。

（5）watch：监听数据变化。

（6）computed：计算属性。

（7）toRefs：解构响应式对象数据。

（8）新的生命周期的 Hook。

7.7.1 setup()

setup()函数是 Vue 3 中专门为组件提供的新属性。它为使用 Vue 3 的 Composition API 新特性提供了统一的入口。

1. 执行时机

setup()函数会在 beforeCreate()之后且在 created()之前执行。

2. 接收 props 数据

在 props 中定义当前组件允许外界传递过来的参数名称，代码如下：

```
props: {
    p1: String
}
```

通过 setup()函数的第 1 个形参接收 props 数据，代码如下：

```
setup(props) {
    console.log(props.p1)
}
```

3. context

setup()函数的第 2 个形参是一个上下文对象，这个上下文对象中包含了一些有用的属性，这些属性在 Vue 2 中需要通过 this 才能访问，在 Vue 3 中，它们的访问方式更加简单，代码如下：

```
const MyComponent = {
  setup(props, context) {
    context.attrs
    context.slots
    context.parent
    context.root
    context.emit
    context.refs
  }
}
```

注意：setup 中应避免使用 this，因为无法获取组件实例；同理，setup 的调用发生在 data、property、computed property、methods 被解析之前，同样在 setup 中无法获取。

setup()函数的用法如代码示例 7-94 所示。

代码示例 7-94　setup()函数

```
props: {
  name: String,
  age: Number
},
setup(props,context){
  console.log(props)
  //Attribute (非响应式对象)
```

```
  console.log(context.attrs)
  //插槽（非响应式对象）
  console.log(context.slots)
  //触发事件（方法）
  console.log(context.emit)
}
```

4. setup()函数的两种返回值

如果 setup()函数返回一个对象,则对象中的属性、方法在模板中均可以直接使用。若返回一个渲染函数,则可以自定义渲染内容,如代码示例 7-95 所示。

代码示例 7-95　setup()两种返回值

```
<template>
  <h1>用户的信息</h1>
  <h2>姓名:{{name}}</h2>
  <h2>年龄:{{age}}</h2>
  <h2>性别:{{gender}}</h2>
  <button @click="showInfo">显示信息</button>
</template>

<script>
//import {h} from 'vue'
export default {
  name: "App",
  //下面的测试暂时不考虑响应式
  setup(){
    //数据
    let name = "Leo"
    let age = 18
    let gender = "男"

    //方法
    function showInfo(){
      alert('你好 ${name}')
    }
    return {
      name,age,gender,showInfo
    }
    //return () => h('h1','Vue 3 setup')
  }
};
</script>
```

setup()函数返回一个渲染函数,显示的是渲染函数定义的视图,如图 7-35 所示,代码如下:

```
export default {
  //...
  setup(){
    return () => h('h1','Vue 3 setup')
  }
};
</script>
```

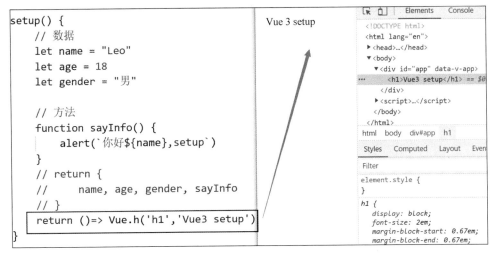

图 7-35　setup()函数返回渲染函数 h()

7.7.2　ref()

ref()函数用来根据给定的值创建一个响应式的数据对象,ref()函数调用的返回值是一个对象,这个对象只包含一个.value 属性。

1. 基本语法

这里实现一个简单的计数器,如代码示例 7-96 所示。

代码示例 7-96　ref()

```
import { ref,computed } from 'Vue'
setup() {
    const count = ref(0);
    const increase = () => {
        count.value++;
    };
    //computed 计算属性
```

```
        const doubleCount = computed(() => {
            return count.value * 2;
        });
        return {
            count,
            increase,
            doubleCount,
        };
    }
```

2. 访问 ref() 创建的响应式数据

在 template 中访问响应式数据,如代码示例 7-97 所示。

代码示例 7-97

```
<div>
    计数器:{{ count }}
    <br />
    double:{{ doubleCount }}
    <br />
    <button @click = "increase">count++</button>
</div>
```

这时每单击一次按钮,count 的 value 值都会+1。

3. ref() 用法详细讲解

ref() 后的数据会生成一个 RefImpl 实例对象,它的响应式原理是通过 object.defineProperty 实现数据劫持的,通过里面的 get() 和 set() 实现响应式。如果复杂数据类型使用 ref() 绑定成响应式数据,则在第一层会生成 RefImpl 实例对象,但是它的 value 是一个 Proxy 实例对象。

ref() 适用于定义一些需要响应式的基本数据类型的数据,如 number 和 string 等,reactive 用于定义复杂的数据类型,如数组和字典,如图 7-36 所示,如代码示例 7-98 所示。

代码示例 7-98

```
//对对象进行响应式操作
const user = ref({name:"xx"})
console.log(user)
function setUser() {
    user.value.name = "yy"
}

//对数组进行响应式操作
const arr = ref([1,2,3])
function setArr() {
```

```
    arr.value.push(3)
}
```

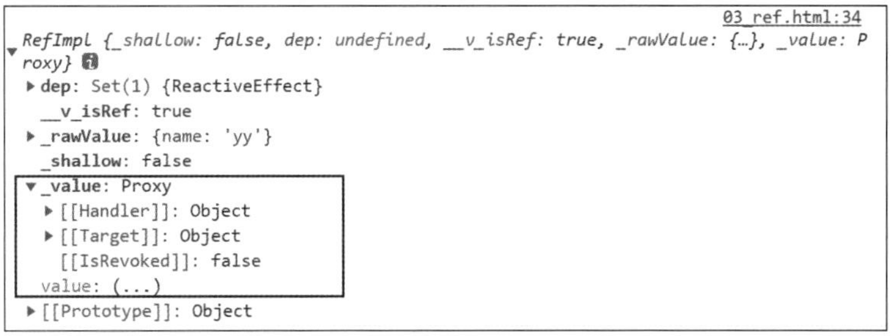

```
                                                                    03_ref.html:34
▼ RefImpl {_shallow: false, dep: undefined, __v_isRef: true, _rawValue: {…}, _value: P
  roxy} 🛈
    ▶ dep: Set(1) {ReactiveEffect}
      __v_isRef: true
    ▶ _rawValue: {name: 'yy'}
      _shallow: false
    ▼ _value: Proxy
      ▶ [[Handler]]: Object
      ▶ [[Target]]: Object
        [[IsRevoked]]: false
      value: (...)
    ▶ [[Prototype]]: Object
```

图 7-36　ref 包装复杂类型数据

7.7.3　reactive()

reactive()函数可接收一个普通对象，返回一个响应式的数据对象。reactive()用于定义复杂的数据类型，如数组和字典。reactive()函数处理后的数据会生成一个 proxy 实例对象（代理对象），它通过 proxy 对象实现数据的响应。

1. 基本语法

reactive()的用法与 ref()的用法相似，也是将数据变成响应式数据，当数据发生变化时 UI 也会自动更新。不同的是 ref()用于基本数据类型，而 reactive()用于复杂数据类型，例如对象和数组。

在 setup()函数中调用 reactive()函数，创建响应式数据对象，如代码示例 7-99 所示。

代码示例 7-99　reactive()用法

```
<template>
  <div>
    <p>{{ user }}</p>
    <button @click="increase">18 +</button>
  </div>
</template>

<script>
import { reactive } from "vue";
export default {
  name: "reactive",
  setup() {
    const user = reactive({ name: "XLW", age: 18 });
    function increase() {
      ++user.age
    }
```

```
      return { user, increase };
    },
};
</script>
```

当单击按钮时,让数据 user.age 加 1,当数据发生更改时,UI 会自动更新。reactive() 将传递的对象包装成 proxy 对象。

如果传递基本数据类型,则应如何实现呢?如代码示例 7-100 所示。

代码示例 7-100

```
<template>
  <div>
    <p>{{ age }}</p>
    <button @click="increase">18 + </button>
  </div>
</template>

<script>
import { reactive } from "vue";
export default {
  name: "reactive",
  setup() {
    let age = reactive(16);
    function increase() {
      console.log(age);
      ++age;
    }
    return { age, increase };
  },
};
</script>
```

在上面的代码中,把基本数据传递给 reactive(),reactive() 并不会将它包装成 porxy 对象,并且当数据变化时,界面也不会变化。

注意:reactive() 中传递的参数必须是 JSON 对象或者数组,如果传递了其他对象,如 new Date(),则可以使用 ref() 函数处理基本数据,变成响应式数据。

2. 在 reactive 对象中访问 ref 创建的响应式数据

当把 ref() 创建出来的响应式数据对象挂载到 reactive() 上时,会自动把响应式数据对象展开为原始的值,不需通过 .value 就可以直接被访问,如代码示例 7-101 所示。

代码示例 7-101

```
const count = ref(0)
const state = reactive({
```

```
    count
})
console.log(state.count)            //输出 0
state.count++                       //此处不需要通过.value 就能直接访问原始值
console.log(count)                  //输出 1
```

这里需要注意的是,新的 ref() 会覆盖旧的 ref(),如代码示例 7-102 所示。

代码示例 7-102

```
//创建 ref 并挂载到 reactive 中
const c1 = ref(0)
const state = reactive({
    c1
})

//再次创建 ref,命名为 c2
const c2 = ref(9)
//将旧 ref c1 替换为新的 ref c2
state.c1 = c2
state.c1++

console.log(state.c1)           //输出 10
console.log(c2.value)           //输出 10
console.log(c1.value)           //输出 0
```

这里再次以实现一个简单的计数器为例,如代码示例 7-103 所示。

代码示例 7-103

```
const count = ref(0);
    const increase = () => {
      count.value++;
    };
    //computed 计算属性
    const doubleCount = computed(() => {
      return count.value * 2;
    });
    const data = reactive({
     count,
        increase,
        doubleCount,
    })
   return {
     data
   };
```

在模板中绑定效果,如代码示例 7-104 所示。

代码示例 7-104

```
计数器:{{ data.count }}
  <br />
  double:{{ data.doubleCount }}
  <br />
  <button @click = "data.increase">加 1</button>
```

7.7.4　toRef

toRef 是将某个对象中的某个值转化为响应式数据,其接收两个参数,第 1 个参数为 obj 对象,第 2 个参数为对象中的属性名,如代码示例 7-105 所示。

代码示例 7-105　toRef 用法

```
//1. 导入 toRef
import {toRef} from 'vue'
export default {
   setup() {
      const obj = {count: 3}
      //2. 将 obj 对象中属性 count 的值转化为响应式数据
      const state = toRef(obj, 'count')
      //3. 将 toRef 包装过的数据对象返回后供 template 使用
      return {state}
   }
}
```

在下面的案例中,同时使用 ref 和 toRef,如代码示例 7-106 所示。

ref()是对原数据的一个复制,不会影响原始值,同时响应式数据对象的值改变后会同步更新视图。toRef 是对原数据的一个引用,会影响原始值,但是响应式数据对象的值改变后会不会更新视图。

代码示例 7-106

```
<template>
   <p>{{ state1 }}</p>
   <button @click = "add1">增加</button>
   <p>{{ state2 }}</p>
   <button @click = "add2">增加</button>
</template>

<script>
import {ref, toRef} from 'vue'
export default {
```

```
    setup() {
        const obj = {count: 3}
        const state1 = ref(obj.count)
        const state2 = toRef(obj, 'count')
        function add1() {
            state1.value ++
            console.log('原始值:', obj);
            console.log('响应式数据对象:', state1);
        }
        function add2() {
            state2.value ++
            console.log('原始值:', obj);
            console.log('响应式数据对象:', state2);
        }

        return {state1, state2, add1, add2}
    }
}
</script>
```

当单击 add1 时,响应式数据发生改变,而原始数据 obj 并不会改变。原因在于,ref() 的本质是复制,与原始数据没有引用关系,如图 7-37 所示。

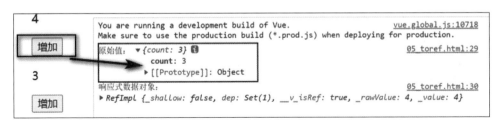

图 7-37　ref() 包装后的对象值改变不会影响原始数据

单击 add2 时,如图 7-38 所示,使用 toRef() 后某个对象中的属性将变成响应式数据,修改响应式数据时会影响原始数据,但是需要注意,如果修改通过 toRef() 创建的响应式数据,则不会触发 UI 界面的更新。

图 7-38　toRef() 包装后的对象值改变会影响原始数据

ref() 和 toRef() 的区别如下:

（1）ref()的本质是复制，修改响应式数据不会影响原始数据；toRef()的本质是引用关系，修改响应式数据会影响原始数据。

（2）当 ref()数据发生改变时，界面会自动更新；当 toRef()数据发生改变时，界面不会自动更新。

（3）.toRef()传参与 ref()不同；toRef()接收两个参数，第 1 个参数是哪个对象，第 2 个参数是对象的哪个属性。

所以如果想让响应式数据和以前的数据关联起来，并且想在更新响应式数据时不更新 UI，就使用 toRef()。

7.7.5 toRefs()

toRefs()函数可以将 reactive()创建出来的响应式对象转换为普通的对象，只不过这个对象上的每个属性节点都是 ref()类型的响应式数据，最常见的应用场景如代码示例 7-107 所示。

代码示例 7-107　toRefs()用法

```
import { toRefs } from 'Vue'
setup() {
    //定义响应式数据对象
    const state = reactive({
        count: 0
    })
    //定义页面上可用的事件处理函数
    const increment = () => {
        state.count++
    }
    //在 setup()中返回一个对象供页面使用
    //这个对象中可以包含响应式的数据，也可以包含事件处理函数
    return {
        //将 state 上的每个属性都转化为 ref 形式的响应式数据
        ...toRefs(state),
        //自增的事件处理函数
        increment
    }
}
```

页面上可以直接访问 setup()中返回的响应式数据，如代码示例 7-108 所示。

代码示例 7-108

```
<template>
  <div>
    <p>当前的 count 值为{{count}}</p>
    <button @click="increment">+1</button>
```

```
    </div>
</template>
```

7.7.6 computed()

computed()用来创建计算属性,computed()函数的返回值是一个 ref()的实例。

1. 创建只读的计算属性

在调用 computed()函数期间,传入一个 function()函数,可以得到一个只读的计算属性,如代码示例 7-109 所示。

代码示例 7-109　computed()函数

```
//创建一个 ref() 响应式数据
const count = ref(1)
//根据 count 的值,创建一个响应式的计算属性 addOne
//它会根据依赖的 ref()自动计算并返回一个新的 ref()
const addOne = computed(() => count.value + 1)
console.log(addOne.value)           //输出 2
addOne.value++                      //error
```

2. 创建可读可写的计算属性

在调用 computed()函数期间,传入一个包含 get()和 set()函数的对象,可以得到一个可读可写的计算属性,如代码示例 7-110 所示。

代码示例 7-110

```
//创建一个 ref 响应式数据
const count = ref(1)

//创建一个 computed 计算属性
const plusOne = computed({
  //取值函数
  get: () => count.value + 1,
  //赋值函数
  set: val => { count.value = val - 1 }
})

//为计算属性赋值的操作会触发 set()函数
plusOne.value = 9
//触发 set()函数后,count 的值会被更新
console.log(count.value)           //输出 8
```

7.7.7 watch()

watch()函数用来监视某些数据项的变化,从而触发某些特定的操作。watch()函数的

特性如下：
(1) 首次加载时不会监听，只会在数据发生变化时才监听到(惰性)。
(2) 可以获得新值以前的值。
(3) 可以同时监听多个数据的变化。

1. 基本用法

在下面的案例中，如果 count 值发生变化，则会触发 watch() 回调，如代码示例 7-111 所示。

代码示例 7-111　watch() 基本用法

```
const count = ref(0)
//定义 watch()，只要 count 值变化，就会触发 watch() 回调
//watch()会在创建时自动调用一次
watch(() => console.log(count.value))
//输出 0
setTimeout(() => {
  count.value++
  //输出 1
}, 1000)
```

2. 监视指定的数据源

监视 reactive 类型的数据源，如代码示例 7-112 所示。

代码示例 7-112　监视 reactive 类型的数据源

```
//定义数据源
const state = reactive({ count: 0 })
//监视 state.count 数据节点的变化
watch(() => state.count, (count, prevCount) => { /* ... */ })

//监视 ref()类型的数据源
//定义数据源
const count = ref(0)
//指定要监视的数据源
watch(count, (count, prevCount) => { /* ... */ })
```

3. 监视多个数据源

监视多个 reactive 类型的数据源，如代码示例 7-113 所示。

代码示例 7-113

```
const state = reactive({ count: 0, name: 'zs' })

watch(
  [() => state.count, () => state.name],
  ([count, name], [prevCount, prevName]) => {
```

```
      console.log(count)              //新的 count 值
      console.log(name)               //新的 name 值
      console.log('------------ ')
      console.log(prevCount)          //旧的 count 值
      console.log(prevName)           //新的 name 值
    },
    {
      lazy: true                      //在 watch 被创建时,不执行回调函数中的代码
    }
)

setTimeout(() = > {
  state.count++
  state.name = 'ls'
}, 1000)
```

运行效果如图 7-39 所示。

图 7-39　通过 watch 监视多个数据源

4. 监视 ref 类型的数据源

需要被监视的多个 ref 数据源,如代码示例 7-114 所示。

代码示例 7-114

```
const count = ref(0)
const name = ref('zs')

watch(
  [count, name],         //需要被监视的多个 ref 数据源
  ([count, name], [prevCount, prevName]) = > {
    console.log(count)
    console.log(name)
    console.log('-------------- ')
    console.log(prevCount)
    console.log(prevName)
  },
  {
    lazy: true
  }
)
```

```
setTimeout(() => {
  count.value++
  name.value = 'xiaomaolv'
}, 1000)
```

5. 清除监视

在 setup() 函数内创建的 watch 监视会在当前组件被销毁时自动停止。如果想要明确地停止某个监视，则可以调用 watch() 函数的返回值，语法如代码示例 7-115 所示。

代码示例 7-115　清除监视

```
//创建监视,并得到停止函数
const stop = watch(() => { /* ... */ })

//调用停止函数,清除对应的监视
stop()
```

6. 在 watch 中清除无效的异步任务

当被 watch() 监视的值发生变化时，或 watch() 本身被停止之后，期望能够清除那些无效的异步任务，此时，watch() 回调函数中提供了一个 cleanup() 函数来执行清除工作。这个清除函数会在以下情况下被调用：

（1）watch() 被重复执行了。
（2）watch() 被强制停止了。

template 中的示例代码如下：

```
/* template 中的代码 */
<input type="text" v-model="keywords" />
```

script 中的代码示例 7-116 所示。

代码示例 7-116

```
//定义响应式数据 keywords
const keywords = ref('')

//异步任务:打印用户输入的关键词
const asyncPrint = val => {
  //延时 1s 后打印
  return setTimeout(() => {
    console.log(val)
  }, 1000)
}
```

```
//定义 watch 监听
watch(
  keywords,
  (keywords, prevKeywords, onCleanup) => {
    //执行异步任务,并得到关闭异步任务的 timerId
    const timerId = asyncPrint(keywords)

    //如果 watch 监听被重复执行了,则会先清除上次未完成的异步任务
    onCleanup(() => clearTimeout(timerId))
  },
  //watch 刚被创建时不执行
  { lazy: true }
)

//把 template 中需要的数据返回
return {
  keywords
}
```

7.7.8 watchEffect

watchEffect 实现对响应式数据的监听,当前数据发生变化时重新调用相关的回调函数,watchEffect 最好放在 setup 选项里面,这样会在组件卸载时自动停止侦听。

1. 基础语法

watchEffect(handler,options)函数的参数说明如表 7-7 所示。

表 7-7 watchEffect 函数的参数说明

参 数 名	参 数 说 明
handler	函数体内有访问响应式数据的函数
options	选项配置 flush 定义 handler 的执行时机

完整语法如下:

```
watchEffect(async (onInvalidate) =>{
  /*带有响应式数据的函数体*/
  },
  { flush: "post"}
)
```

2. watchEffect 与 watch 的区别

watchEffect 与 watch 的区别主要有以下三点:
(1) 不需要手动传入依赖。

(2) 每次初始化时会执行一次回调函数来自动获取依赖。

(3) 无法获取原值，只可以得到变化后的值。

下面的例子介绍了 watchEffect 与 watch 的区别，如代码示例 7-117 所示。

代码示例 7-117　watchEffect 与 watch 区别

```
import {reactive, watchEffect} from 'vue'
export default {
    setup() {
        const state = reactive({ count: 0, name: 'zs' })

        watchEffect(() => {
        console.log(state.count)
        console.log(state.name)
        /*  初始化时打印：
                0
                zs

            1s 后打印：
            1
            ls
         */
        })

        setTimeout(() => {
          state.count ++
          state.name = 'ls'
        }, 1000)
    }
}
```

7.7.9　setup()生命周期函数

新版的生命周期函数可以按需导入组件中，并且只能在 setup() 函数中使用，如代码示例 7-118 所示。

代码示例 7-118　setup()生命周期函数

```
import { onMounted, onUpdated, onUnmounted } from 'Vue'
const MyComponent = {
  setup() {
    onMounted(() => {
      console.log('mounted!')
    })
    onUpdated(() => {
      console.log('updated!')
```

```
    })
    onUnmounted(() => {
      console.log('unmounted!')
    })
  }
}
```

1. 组件生命周期对比

Options 式组件的生命周期函数与新版 Composition API 之间的映射关系如表 7-8 所示。

表 7-8 组件生命周期映射关系

选项式（Options）生命周期	组合式（Composition）生命周期
beforeCreate	Setup()
created	Setup()
beforeMount	onBeforeMount
mounted	onMounted
beforeUpdate	onBeforeUpdate
updated	onUpdated
beforeUnmount	onBeforeUnmount
unmounted	onUnmounted
errorCaptured	onErrorCaptured

2. setup()生命周期函数

setup()函数是处于生命周期函数 beforeCreate()和 Created()两个钩子函数之间的函数，也就是说，在 setup()函数中无法使用 data()和 methods()中的数据和方法，如代码示例 7-119 所示。

代码示例 7-119

```
<script>
import {
  onBeforeMount,
  onMounted,
  onBeforeUpdate,
  onUpdated,
  onBeforeUnmount,
  onUnmounted,
  onRenderTracked,
  onRenderTriggered,
} from "vue";
export default {
  components: {},
```

```js
    data() {
      return {};
    },
    setup() {
      //setup()里面存着两个生命周期,即创建前和创建后
      //beforeCreate
      //created
      onBeforeMount(() => {
        console.log("onBefore    ====>  Vue 2 beforemount");
      });
      onMounted(() => {
        console.log("onMounted    ====>  Vue 2 mount");
      });
      onBeforeUpdate(() => {
        console.log("onBeforeUpdate    ====>  Vue 2 beforeUpdate");
      });
      onUpdated(() => {
        console.log("onUpdated    ====>  Vue 2 update");
      });
      onBeforeUnmount(() => {
        //在卸载组件实例之前调用。在这个阶段,实例仍然是完全正常的
        console.log("onBeforeUnmount ====>  Vue 2 beforeDestroy");
      });
      onUnmounted(() => {
        //卸载组件实例后调用,调用此钩子时组件实例的所有指令都被解除绑定,所有事件侦听器
        //都被移除,所有子组件实例被卸载
        console.log("onUnmounted ====>  Vue 2 destroyed");
      });
      //每次渲染后重新收集响应式依赖
      onRenderTracked(({ key, target, type }) => {
        //跟踪虚拟 DOM 重新渲染时调用,钩子接收 deBugger event 作为参数,此事件告诉开发者哪个
        //操作跟踪了组件及该操作的目标对象和键
        //type:set/get 操作
        //key:追踪的键
        //target:重新渲染后的键
        console.log("onRenderTracked");
      });
      //每次触发页面重新渲染时自动执行
      onRenderTriggered(({ key, target, type }) => {
        //当虚拟 DOM 重新渲染被触发时调用,和 renderTracked 类似,接收 deBugger event 作为参数
        //此事件告诉开发者什么操作触发了重新渲染及该操作的目标对象和键
        console.log("onRenderTriggered");
      });
      return {};
    },
};
</script>
```

7.7.10 单页面组件

script setup 的推出是为了让 Vue 3 的用户可以更高效地开发组件，减少一些负担，只需给 script 标签添加一个 setup 属性，整个 script 就直接会变成 setup()函数，所有顶级变量、函数均会自动暴露给模板使用，无须通过 return 返回模板上绑定的属性或者方法。

Vue 会通过单组件编译器在编译时将其处理为标准组件，所以目前这个方案只适合用 .vue 文件写的工程化项目。

1. 变量无须进行 return

script setup 模式就是为了简化标准的 setup()函数的返回对象问题，使用 script setup 后，就可以直接编写逻辑，无须使用 return，如代码示例 7-120 所示。

代码示例 7-120 chapter07\01-Vue3_basic\7.7\12-setup\src\components\Counter.vue

```vue
<script setup>
import { ref } from 'vue'
//输入
defineProps({
  msg: String
})
//响应式
const count = ref(0)
const setCount = () =>{
  count.value++
}
</script>

<template>
  <button type = "button" @click = "setCount"> count is: {{ count }}</button>
</template>
```

2. 子组件无须手动注册

子组件的挂载，在标准组件里需要导入后再放到 components 里才能启用，在 script setup 模式下，只需导入组件即可，编译器会自动识别并启用，如代码示例 7-121 所示。

代码示例 7-121 无须手动注册

```vue
<!-- 使用 script setup 模式 -->
<template>
  <Child />
</template>

<script setup lang = "ts">
import Child from '@cx/Child.vue'
</script>
```

3. 全局编译器宏

在 script setup 模式下，新增了 4 个全局编译器宏，它们无须导入就可以直接使用，如表 7-9 所示。

表 7-9 script setup 新增 4 个全局编译器宏

宏 名 称	说 明
defineProps	defineProps 是一种方法，内部返回一个对象，也就是挂载到这个组件上的所有 props，它和普通的 props 用法一样，如果不指定为 prop，则传下来的属性会被放到 attrs 那边
defineEmits	和 props 一样，使用 defineEmits 定义组件的输出接口
defineExpose	将组件中自己的属性暴露，在父组件中能够获得
withDefaults	withDefaults API 可以让开发者在使用 TS 类型系统时，也可以指定 props 的默认值

4. script setup API 的使用

script setup 语法糖免去了写 setup() 函数和 export default 的烦琐步骤，自定义指令可以直接获得并使用，下面详细介绍常见 API 的使用。

1）defineProps 的使用

defineProps 用来接收父组件传来的 props。

下面的例子用于演示父组件通过子组件的 props 传递数据，如代码示例 7-122 所示。

代码示例 7-122   PropDemo.vue

```
<template>
    <p>父组件</p>
    <Counter :count = "num"></Counter>
</template>
<script setup>
    import Counter from '../components/Counter.vue'
    import { ref } from 'vue'
    let num = ref(100)
</script>
```

接下来，定义子组件 Counter，如代码示例 7-123 所示。

代码示例 7-123   Counter.vue

```
<template>
    <div>
        子组件{{ count }}
    </div>
</template>
<script setup>
    import { defineProps } from 'vue'
```

```
defineProps({
  count:{
    type: Number,
    default: 100
  }
})
</script>
```

props 定义可以使用数组,也可以使用对象,代码如下:

```
const props = defineProps([
  'name',
  'userInfo',
  'tags'])
console.log(props.name);
```

如果需要对输入进行格式检查,则可以使用传入对象的方式,代码如下:

```
defineProps({
  name: {
    type: String,
    required: false,
    default: 'Petter'
  },
  userInfo: Object,
  tags: Array});
```

2) defineEmits 的使用

下面的例子用于演示子组件通过 emit 给父组件传递数据,首先定义父组件,如代码示例 7-124 所示。

代码示例 7-124　EmitDemo.vue

```
<template>
    <p>父组件</p>
    <Counter @handleEvent = "showData"></Counter>
</template>
<script setup>
  import Counter from '../components/Counter.vue'
  const showData = (data) => {
    console.log(data);              //子组件触发父组件事件
  }
</script>
```

接下来定义子组件 Counter，如代码示例 7-125 所示。

代码示例 7-125　Counter.vue

```vue
<template>
    <div>
        子组件
      <button @click="handleEvent">触发事件</button>
    </div>
</template>
<script setup>
    const em = defineEmits(['handleEvent'])
    function handleEvent() {
      em('handleEvent', '子组件触发父组件事件')
    }
</script>
```

3) defineExpose 的使用

将组件中自己的属性暴露，以便在父组件中能够被获得。在下面的例子中，子组件对父组件暴露两个变量值，父组件可以通过组件的 ref 获取暴露的变量的值，如代码示例 7-126 所示。

代码示例 7-126　Child.vue

```vue
<template>
  <div class="card">
    这是子组件
  </div>
</template>
<script setup>
    import {reactive, ref} from 'vue'
    let sonNum = ref(0)
    let sonName = reactive({
      name: '阿里'
    })
    defineExpose({
      sonNum,
      sonName
    })
</script>
```

父组件获取子组件暴露的变量的值，如代码示例 7-127 所示。

代码示例 7-127　Father.vue

```vue
<template>
    <Child ref="childRef"></Child>
```

```
    <button @click = "getChildData">获取子组件暴露的值</button>
</template>
<script setup>
    import Child from '../components/Child.vue'
    import { ref } from 'vue'
    const childRef = ref()
    function getChildData() {
      console.log('子组件中 ref 暴露的数值', childRef.value.sonNum)
console.log('子组件中 reactive 暴露的字符串', childRef.value.sonName.name)
    }
</script>
```

4）useAttrs 的使用

父组件传递给子组件属性，属性 props、class、style 除外。下面的例子，定义一个父组件，引用子组件 AtChild，设置任意属性 x 和 y，如代码示例 7-128 所示。

代码示例 7-128　AtDemoVue.vue

```
<template>
    父组件
    <AtChild x = "1" y = "2"></AtChild>
</template>
<script setup>
    import AtChild from '../components/AtChild.vue'
</script>
```

子组件的定义，如代码示例 7-129 所示。

代码示例 7-129　AtChildVue.vue

```
<template>
    子组件
</template>
<script setup>
    import { useAttrs } from 'vue'
    const attrs = useAttrs()
    console.log(attrs)
</script>
```

5）useSlots 的用法

可以通过 useSlots 获取父组件传进来的 slots 数据，然后进行渲染。在下面的案例中，子组件 SlotChild 通过 useSlots 获取父组件的默认插槽和命名插槽的内容，如代码示例 7-130 所示。

代码示例 7-130 SlotChild.vue

```vue
<template>
    <div>
        <p>{{ slots.default ? slots.default()[0].children : '' }}</p>
        <p>{{ slots.msg ? slots.msg()[0].children : '' }}</p>
    </div>
</template>

<script setup>
import { useSlots } from 'vue'
//获取插槽数据
const slots = useSlots()
console.log(slots)
</script>
```

运行结果如图 7-40 所示。

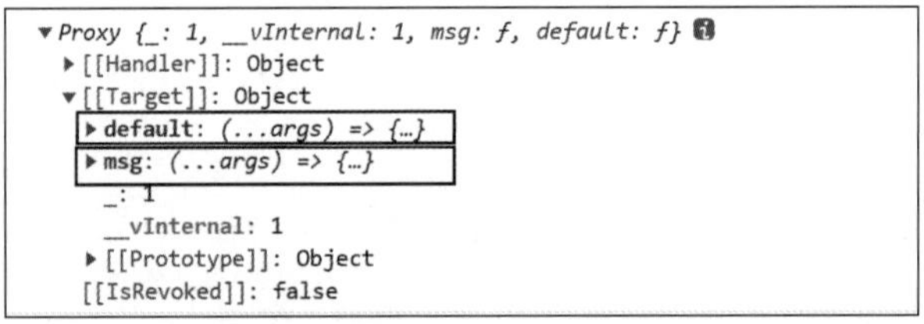

图 7-40 通过 useSlots() 函数获取插槽内容

父组件的定义,如代码示例 7-131 所示。

代码示例 7-131 SlotDemo.vue

```vue
<template>
    <!-- 子组件 -->
    <ChildSlotVue>
        <!-- 默认插槽 -->
        <p>I am a default slot from SlotDemo.</p>
        <!-- 默认插槽 -->

        <!-- 命名插槽 -->
        <template #msg>
            <p>I am a msg slot from SlotDemo.</p>
        </template>
        <!-- 命名插槽 -->
    </ChildSlotVue>
    <!-- 子组件 -->
</template>
```

```
<script setup>
import ChildSlotVue from './ChildSlot.vue';
</script>
```

5. 顶级 await 的支持

在 script setup 模式下，不必再配合 async 就可以直接使用 await 了，在这种情况下，组件的 setup 自动变成 async setup，如代码示例 7-132 所示。

代码示例 7-132　AwaitDemo.vue

```
<script setup>
const res = await fetch('https://jsonplaceholder.typicode.com/photos').then((r) => r.json())
Console.log(res)
</script>
```

7.7.11　Provide 与 Inject

在 setup 组件和 Options 式组件中使用 Provide 和 Inject 模式的方式没有太大区别，如代码示例 7-133 所示。

代码示例 7-133　ProvideDemo.vue

```
/* ProvideDemo.vue */

<script setup lang = 'ts'>
import { ref, provide } from 'vue'
const name = ref('王五')
provide('name', name)          //两个参数,第1个是自定义名字,第2个是要传递的参数
</script>

/* InjectDemo.vue */
<script setup lang = 'ts'>
import { ref, inject } from 'vue'
let name2:string = inject('name')    //参数为 provide 自定义的名称
console.log('name2')                 //王五
</script>
```

7.8　Vue 3 过渡和动画

本节详细介绍 Vue 3 中的过渡和动画，在开发过程中，通常为了突出表现效果，会给某些动态元素添加一些过渡的效果或者添加一系列的动画效果。

7.8.1 过渡与动画

在 Vue 3 中可以通过动态地给一个元素添加样式,实现元素的过渡和动画。

1. 基于 class 的动画和过渡

在下面的例子中通过一个条件变量 show 设置 class 名来激活动画,如代码示例 7-134 所示。

代码示例 7-134 样式过渡

```
<div id="demo">
    <button @click="show = !show">
        触发动画
    </button>
    <div class="p" :class="{changeBg:show}">Hello Vue 3</div>
</div>
```

当 show 的值为 true 时,给 class 添加动画样式,如代码示例 7-135 所示。

代码示例 7-135

```
<style>
    .changeBg {
        animation: ani 0.82s linear both;
        <!---开启硬件加速-->
    perspective: 1000px;
    backface-visibility: hidden;
    transform: translateZ(0);
    }
    @keyframes ani {
        0% {
            opacity: 0;
            background-color: red;
        }

        100% {
            opacity: 1;
            background-color: green;
        }
    }
    .p {
        width: 200px;
        height: 200px;
        border: 1px solid green;
    }
</style>
```

变量 show 初始化为 false,如代码示例 7-136 所示。

代码示例 7-136

```
<script>
    const Demo = {
        data() {
            return {
                show: false
            }
        }
    }
    Vue.createApp(Demo).mount('#demo')
</script>
```

2. 过渡与 Style 绑定

一些过渡效果可以通过插值的方式实现,例如在发生交互时将样式绑定到元素上。通过插值来创建动画,将触发条件添加到鼠标的移动过程上,同时将 CSS 过渡属性应用在元素上,让元素知道在更新时要使用什么过渡效果。以这个例子为例:当鼠标移动到 div 上时背景颜色发生变化。

通过 hsl() 函数动态地改变背景色,该函数使用色相、饱和度、亮度来定义颜色,如代码示例 7-137 所示。

代码示例 7-137　style 绑定

```
<div id="demo">
<div @mousemove="getPositionX"
:style="{ backgroundColor: 'hsl($ {x}, 80%, 50%)'}"
class="movearea">
        <h3>在屏幕中移动鼠标,演示改变颜色</h3>
        <p>x: {{x}}</p>
    </div>
</div>
```

设置样式如下:

```
.movearea {
    height: 500px;
    width: 500px;
    transition: 0.2s background-color ease;
}
```

通过获取鼠标位置,改变 x 变量的值,如代码示例 7-138 所示。

代码示例 7-138　获取鼠标位置

```
const Demo = {
    data() {
        return {
            x: 0
        }
    },
    methods: {
        getPositionX(e) {
            this.x = e.clientX
        }
    }
}
Vue.createApp(Demo).mount('#demo')
```

7.8.2　Transition 和 TransitionGroup 组件

Vue 提供了单元素和多元素过渡动画,使用 Transition 和 TransitionGroup 组件可以非常方便地为 DOM 元素添加 CSS 或者 JS 动画效果。

Vue 提供了 Transition 的封装组件,在下列情形中,可以给任何元素和组件添加进入/离开过渡:

(1) 条件渲染(使用 v-if)。

(2) 条件展示(使用 v-show)。

(3) 动态组件(使用：is)。

(4) 组件根节点。

1. Transition 组件

<transition>元素作为单个元素/组件的过渡效果,只会把过渡效果应用到其包裹的内容上,而不会额外渲染 DOM 元素,也不会出现在可被检查的组件层级中,如代码示例 7-139 所示。

代码示例 7-139　transition 组件

```
<!-- 单个元素 -->
<transition>
    <div v-if="ok">toggled content</div>
</transition>

<!-- 动态组件 -->
<transition name="fade" mode="out-in" appear>
```

```
<component :is = "view"></component>
</transition>

<!-- 事件钩子 -->
<div id = "transition-demo">
  <transition @after-enter = "transitionComplete">
    <div v-show = "ok"> toggled content </div>
  </transition>
</div>
```

2. TransitionGroup 组件

<transition-group>提供了多个元素/组件的过渡效果。默认情况下,它不会渲染一个 DOM 元素包裹器,但是可以通过 tag attribute 来定义,如代码示例 7-140 所示。

代码示例 7-140　TransitionGroup 作用

```
<transition-group tag = "ul" name = "slide">
  <li v-for = "item in items" :key = "item.id">
    {{ item.text }}
  </li>
</transition-group>
```

7.8.3　进入过渡与离开过渡

在插入、更新或从 DOM 中移除项时,Vue 提供了多种应用转换效果的方法,包括以下几种:

(1) 自动为 CSS 过渡和动画应用 class。
(2) 集成第三方 CSS 动画库,例如 animate.css。
(3) 在过渡钩子期间使用 JavaScript 直接操作 DOM。
(4) 集成第三方 JavaScript 动画库。

Transition 组件会在进入/离开的过渡中给包裹元素设置以下 6 个 class 切换,如图 7-41 所示,具体每个样式的作用如表 7-10 所示。

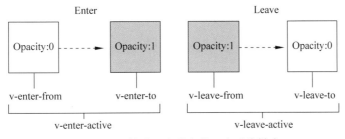

图 7-41　组件进入和退出的 6 个过渡样式

表 7-10　Transition 包裹的 6 个样式

样式名	说明
v-enter-from	定义进入过渡的开始状态。在元素被插入之前生效,在元素被插入之后的下一帧移除
v-enter-active	定义进入过渡生效时的状态。在整个进入过渡的阶段中应用,在元素被插入之前生效,在过渡/动画完成之后移除。这个类可以被用来定义进入过渡的时间、延迟和曲线函数
v-enter-to	定义进入过渡的结束状态。在元素被插入之后下一帧生效(与此同时 v-enter-from 被移除),在过渡/动画完成之后移除
v-leave-from	定义离开过渡的开始状态。在离开过渡被触发时立刻生效,下一帧被移除
v-leave-active	定义离开过渡生效时的状态。在整个离开过渡的阶段中应用,在离开过渡被触发时立刻生效,在过渡/动画完成之后移除。这个类可以被用来定义离开过渡的时间、延迟和曲线函数
v-leave-to	离开过渡的结束状态。在离开过渡被触发之后下一帧生效(与此同时 v-leave-from 被移除),在过渡/动画完成之后移除

这里的每个 class 都将以过渡的名字添加前缀。如果使用了一个没有名字的< transition >,则 v-是这些 class 名的默认前缀。举例来讲,如果使用了< transition name="my-transition">,则 v-enter-from 会被替换为 my-transition-enter-from。

1. CSS 过渡

CSS 过渡是最常用的过渡类型之一,如代码示例 7-141 所示。

代码示例 7-141

```
<div id="demo">
  <button @click="show = !show">
    Toggle render
  </button>

  <transition name="slide-fade">
    <p v-if="show">hello</p>
  </transition>
</div>
```

代码中通过 show 属性的值的变化控制 p 元素的显示和隐藏,如代码示例 7-142 所示。

代码示例 7-142

```
const Demo = {
  data() {
    return {
      show: true
    }
  }
```

```
}
Vue.createApp(Demo).mount('#demo')
```

设置显示和隐藏直接的过渡效果,如代码示例 7-143 所示。

代码示例 7-143

```css
/* 可以为进入和离开动画设置不同的持续时间和动画函数 */
.slide-fade-enter-active {
  transition: all 0.3s ease-out;
}

.slide-fade-leave-active {
  transition: all 0.8s cubic-bezier(1, 0.5, 0.8, 1);
}

.slide-fade-enter-from,
.slide-fade-leave-to {
  transform: translateX(20px);
  opacity: 0;
}
```

2. CSS 动画

CSS 动画的用法同 CSS 过渡,区别是在动画中 v-enter-from 类在节点插入 DOM 后不会立即移除,而是在 animationend 事件触发时移除。

下面举一个例子,单击按钮后,实现图片放大进入、缩小退出效果,如代码示例 7-144 所示。

代码示例 7-144 chapter07\01-Vue3_basic\7.8\04_animate.html

```html
<div id="demo">
    <button @click="show = !show">显示|隐藏</button>
    <hr>
    <transition name="bounce">
        <img src="./4.jpeg" v-if="show">
    </transition>
</div>
```

下面的代码通过 show 变量控制 p 标签的显示和隐藏,如代码示例 7-145 所示。

代码示例 7-145

```
const Demo = {
  data() {
    return {
      show: true
```

```
      }
    }
}
Vue.createApp(Demo).mount('#demo')
```

在过渡激活样式中添加 animation 动画效果,如代码示例 7-146 所示。

代码示例 7-146

```
.bounce-enter-active {
  animation: bounce-in 0.5s;
}
.bounce-leave-active {
  animation: bounce-in 0.5s reverse;
}
@keyframes bounce-in {
  0% {
    transform: scale(0);
  }
  50% {
    transform: scale(1.25);
  }
  100% {
    transform: scale(1);
  }
}
```

动画效果如图 7-42 所示。

图 7-42　CSS 动画效果

3. 自定义过渡 class 类名

可以通过以下属性名来自定义过渡类名,如表 7-11 所示。

表 7-11 自定义过渡样式类名称

属 性 名	说 明
enter-from-class	v-enter-from：定义进入过渡的开始状态。在元素被插入之前生效，在元素被插入之后的下一帧移除
enter-active-class	v-enter-active：定义进入过渡生效时的状态。在整个进入过渡的阶段中应用，在元素被插入之前生效，在过渡/动画完成之后移除。这个类可以被用来定义进入过渡的时间、延迟和曲线函数
enter-to-class	v-enter-to：定义进入过渡的结束状态。在元素被插入之后下一帧生效（与此同时 v-enter-from 被移除），在过渡/动画完成之后移除
leave-from-class	v-leave-from：定义离开过渡的开始状态。在离开过渡被触发时立刻生效，下一帧被移除
leave-active-class	v-leave-active：定义离开过渡生效时的状态。在整个离开过渡的阶段中应用，在离开过渡被触发时立刻生效，在过渡/动画完成之后移除。这个类可以被用来定义离开过渡的时间、延迟和曲线函数
leave-to-class	v-leave-to：离开过渡的结束状态。在离开过渡被触发之后下一帧生效（与此同时 v-leave-from 被移除），在过渡/动画完成之后移除

它们的优先级高于普通的类名，当希望将其他第三方 CSS 动画库与 Vue 的过度系统相结合时十分有用，例如 animate.css，如代码示例 7-147 所示。

代码示例 7-147

```
<link
href = "https://cdnjs.cloudflare.com/ajax/libs/animate.css/4.1.0/animate.min.css"
  rel = "stylesheet"
  type = "text/css"
/>

<div id = "demo">
  <button @click = "show = !show">
    Toggle render
  </button>

  <transition
    name = "custom - classes - transition"
    enter - active - class = "animate__animated animate__tada"
    leave - active - class = "animate__animated animate__bounceOutRight"
  >
    <p v - if = "show"> hello </p>
  </transition>
</div>
```

说明：animate.css 是一个使用 CSS3 的 animation 制作的动画效果的 CSS 集合，里面预设了很多种常用的动画，并且使用非常简单。网址为 https://animate.style/。

上面代码在 enter-active-class 和 leave-active-class 中添加 animation.css 中的关键帧样式名,如代码示例 7-148 所示。

代码示例 7-148

```
const Demo = {
  data() {
    return {
      show: true
    }
  }
}
Vue.createApp(Demo).mount('#demo')
```

4. JavaScript 钩子

可以在 transition 组件中使用属性声明 JavaScript 钩子实现动画效果,如代码示例 7-149 所示。

代码示例 7-149

```
<transition
  @before-enter = "beforeEnter"
  @enter = "enter"
  @after-enter = "afterEnter"
  @enter-cancelled = "enterCancelled"
  @before-leave = "beforeLeave"
  @leave = "leave"
  @after-leave = "afterLeave"
  @leave-cancelled = "leaveCancelled"
  :css = "false"
>
  <!-- ... -->
</transition>
```

这些钩子函数可以结合 CSS transitions/animations 使用,也可以单独使用。

当只用 JavaScript 过渡时,在 enter 和 leave 钩子中必须使用 done 进行回调;否则,它们将被同步调用,过渡会立即完成。添加 :css="false" 也会让 Vue 跳过 CSS 的检测,除了性能略高之外,这也可以避免过渡过程中受到 CSS 规则的意外影响。

下面是一个使用 GreenSock 的 JavaScript 过渡效果的例子,如代码示例 7-150 所示。

代码示例 7-150　JavaScript 钩子

```
<script src = "https://cdnjs.cloudflare.com/ajax/libs/gsap/3.3.4/gsap.min.js">
</script>

<div id = "demo">
```

```
  <button @click="show = !show">
    Toggle
  </button>

  <transition
    @before-enter="beforeEnter"
    @enter="enter"
    @leave="leave"
    :css="false"
  >
    <p v-if="show">
      Demo
    </p>
  </transition>
</div>
```

下面通过 JS 钩子添加动画设置,如代码示例 7-151 所示。

代码示例 7-151 使用第三方库实现动画

```
const Demo = {
  data() {
    return {
      show: false
    }
  },
  methods: {
    beforeEnter(el) {
      gsap.set(el, {
        scaleX: 0.8,
        scaleY: 1.2
      })
    },
    enter(el, done) {
      gsap.to(el, {
        duration: 1,
        scaleX: 1.5,
        scaleY: 0.7,
        opacity: 1,
        x: 150,
        ease: 'elastic.inOut(2.5, 1)',
        onComplete: done
      })
    },
    leave(el, done) {
      gsap.to(el, {
```

```
            duration: 0.7,
            scaleX: 1,
            scaleY: 1,
            x: 300,
            ease: 'elastic.inOut(2.5, 1)'
          })
          gsap.to(el, {
            duration: 0.2,
            delay: 0.5,
            opacity: 0,
            onComplete: done
          })
        }
      }
    }
    Vue.createApp(Demo).mount('#demo')
```

7.8.4　案例：飞到购物车动画

在开发购物类应用中，经常需要处理将商品添加到购物车的流程，通常添加购物车会设计成被单击的商品飞到购物车位置的动画效果，如图7-43所示，下面介绍如何实现单击商品飞到购物车动画，这里需要综合运用Transition和动画实现。

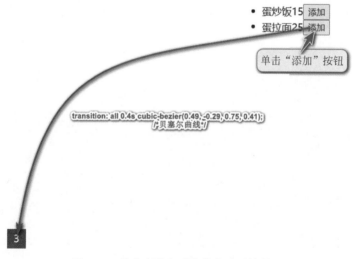

图7-43　单击商品飞到购物车动画效果

首先，定义一个商品列表的布局，这里为了简单演示，采用fixed布局，把商品列表定位在窗口的右边中间位置；购物车也采用fixed布局定位在窗口底部位置，当单击商品添加按钮时,红色小球按抛物线的方式飞到购物车位置,如图7-43所示,在购物车下面是小球的位置,这里通过一个容器div创建多个小球,默认为所有的小球都不显示,小球的运动通过外面包裹的Transition组件实现,具体代码如代码示例7-152所示。

代码示例7-152　chapter07\01-Vue3_basic\7.8\04_ball.html

```html
<div id="app">
    <ul class="shop">
        <li v-for="item in items">
            <span>{{item.text}}</span>
            <span>{{item.price}}</span>
            <button @click="additem">添加</button>
        </li>
    </ul>
    <div class="cart">{{count}}</div>
    <div class="ball-container">
        <!-- 小球 -->
        <div v-for="ball in balls">
            <transition name="drop"
            @before-enter="beforeDrop"
            @enter="dropping"
            @after-enter="afterDrop">
                <div class="ball" v-show="ball.show">
                    <div class="inner inner-hook"></div>
                </div>
            </transition>
        </div>
    </div>
</div>
```

在上面代码的ball-container的div中,通过balls数组创建了个小球的div,在小球内部嵌套一个div,通过控制小球的显示,来激活transition组件的过渡效果,transition组件结合样式和JS钩子实现飞入动画的设置。

整体样式的设置如代码示例7-153所示,在下面的样式中,ball小球由内外两个div嵌套组成,外层div将过渡动画设置为抛物线下落,即transition: all 0.4s cubic-bezier(0.49,−0.29,0.75,0.41),由外层控制小球 y 轴方向和运动的轨道,内层div控制 x 轴方向的运动。

代码示例7-153　购物车样式

```css
.shop {
    position: fixed;
    top: 300px;
    left: 400px;
```

```css
}
.ball {
    position: fixed;
    left: 32px;
    bottom: 22px;
    z-index: 200;
    transition: all 0.4s cubic-bezier(0.49, -0.29, 0.75, 0.41);
    /* 贝塞尔曲线 */
}

.inner {
    width: 16px;
    height: 16px;
    border-radius: 50%;
    background-color: rgb(220, 0, 11);
    transition: all 0.4s linear;
}

.cart {
    position: fixed;
    bottom: 22px;
    left: 32px;
    width: 30px;
    height: 30px;
    background-color: rgb(220, 0, 84);
    color: rgb(255, 255, 255);
    text-align: center;
    line-height: 30px;
}
```

cubic-bezier 可以查看网址 http://cubic-bezier.com/并从中拖曳自己想要的过渡曲线函数，如图 7-44 所示。

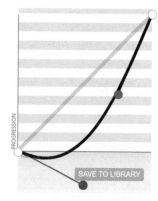

图 7-44　cubic-bezier 曲线设置

这里让一次单击表现出有多个小球飞出的感觉,所以定义了 3 个小球对象,默认 3 个小球不显示,如代码示例 7-154 所示。

代码示例 7-154　小球对象设置

```
//小球设为 3 个
data() {
    return {
        count: 0,
        items: [{
            text: "蛋炒饭",
            price: 15
        },
        {
            text: "蛋拉面",
            price: 25
        }
        ],
        balls: [          //将小球设为 3 个
            {
                show: false
            },
            {
                show: false
            },
            {
                show: false
            },
        ],
        dropBalls: [],
    }
}
```

通过 ball 的 show 属性控制球的显示和隐藏,如代码示例 7-155 所示。

代码示例 7-155　小球过渡效果设置

```
<!-- 小球 -->
<div v-for="ball in balls">
  <transition name="drop"
    @before-enter="beforeDrop"
    @enter="dropping"
    @after-enter="afterDrop">
      <div class="ball" v-show="ball.show">
          <div class="inner inner-hook"></div>
      </div>
  </transition>
</div>
```

事件绑定的方法，此处采用@before-enter绑定的方法，如代码示例7-156所示。

代码示例7-156　购物车小球动画实现

```js
beforeDrop(el) {
    let count = this.balls.length;
    while (count--) {
        let ball = this.balls[count];
        if (ball.show) {
            //getBoundingClientRect()获取小球相对于视窗的位置,屏幕左上角坐标为(0,0)
            let rect = ball.el.getBoundingClientRect();        //元素相对于视窗的位置
            //小球 x 方向位移 = 小球距离屏幕左侧的距离 - 外层盒子距离水平的距离
            let x = rect.left - 32;
            //负数,因为是从左上角向下
            let y = -(window.innerHeight - rect.top - 22);     //获取 y
            el.style.display = '';
            el.style.webkitTransform = 'translateY(' + y + 'px)';//translateY
            el.style.transform = 'translateY(' + y + 'px)';
            let inner = el.getElementsByClassName('inner-hook')[0];
            inner.style.webkitTransform = 'translateX(' + x + 'px)';
            inner.style.transform = 'translateX(' + x + 'px)';
        }
    }
},
```

@enter绑定的事件，如代码示例7-157所示。

代码示例7-157　小球落入购物车动画实现

```js
dropping(el, done) {
    //激发重绘
let rf = el.offsetHeight;
//小球沿着 y 轴移动到购物车
    el.style.webkitTransform = 'translate3d(0,0,0)';
    el.style.transform = 'translate3d(0,0,0)';
let inner = el.getElementsByClassName('inner-hook')[0];
//小球沿着 x 轴移动到购物车
    inner.style.webkitTransform = 'translate3d(0,0,0)';
    inner.style.transform = 'translate3d(0,0,0)';
    el.addEventListener('transitionend', done);
}
```

@after-enter绑定的事件，如代码示例7-158所示。

代码示例7-158　小球落入购物车后，初始化小球

```js
afterDrop(el) {            /*初始化小球*/
    let ball = this.dropBalls.shift();
```

```
        if (ball) {
            ball.show = false;
            el.style.display = 'none';
        }
    }
```

单击商品,添加到购物车的方法,如代码示例 7-159 所示。

代码示例 7-159　单击添加,设置小球显示

```
additem(event) {
    this.drop(event.target);
    this.count++;
},
drop(el) {
    for (let i = 0; i < this.balls.length; i++) {
        let ball = this.balls[i];
            if (!ball.show) {
                ball.show = true;
                ball.el = el;
                this.dropBalls.push(ball);
                return;
            }
    }
},
```

7.9　Vue 3 复用与组合

本节详细讲解 Vue 3 中的自定义指令、Teleport 和自定义插件。

7.9.1　自定义指令

Vue 使用指令(Directive)来对 DOM 进行操作,Vue 的指令分为内置指令和自定义指令,本节介绍如何开发自定义指令。

1. 什么是指令

自定义组件是对 HTML 标签的扩展,自定义指令是对标签上的属性的一种扩展,指令必须与组件或者 HTML 标签一起使用,指令的作用是在元素的整个生命周期的某个阶段对 DOM 进行内容或者样式上的操作。

以下场景可以考虑通过自定义指令实现:

(1) DOM 的基础操作,当组件中的一些处理无法用现有指令实现时,可以自定义指令实现。例如组件水印、自动 focus。相对于用 ref 获取 DOM 操作,封装指令更加符合 MVVM 的架构,M 和 V 不直接交互,代码如下:

```
<p v-highlight="'yellow'">Highlight this text bright yellow</p>
```

(2) 多组件可用的通用操作,通过组件(Component)可以很好地实现复用,同样通过组件也可以实现功能在组件上的复用。例如拼写检查、图片懒加载。使用组件,只要在需要拼写检查的输入组件上加上标签,便可为组件注入拼写检查的功能,无须再针对不同组件封装新的拼写功能。

2. 自定义指令的定义

一个完整的自定义指令的定义,如代码示例7-160所示。

代码示例7-160 注册自定义指令

```
import { createApp } from 'vue'
const app = createApp({})

//注册
app.directive('my-directive', {
  //在绑定元素的 attribute 或事件监听器被应用之前调用
  created() {},
  //在绑定元素的父组件挂载之前调用
  beforeMount() {},
  //在绑定元素的父组件被挂载时调用
  mounted() {},
  //在包含组件的 VNode 更新之前调用
  beforeUpdate() {},
  //在包含组件的 VNode 及其子组件的 VNode 更新之后调用
  updated() {},
  //在绑定元素的父组件卸载之前调用
  beforeUnmount() {},
  //在卸载绑定元素的父组件时调用
  unmounted() {}
})

//注册 (功能指令)
app.directive('my-directive', () => {
  //这将被作为 mounted 和 updated 调用
})

//getter,如果已注册,则返回指令定义
const myDirective = app.directive('my-directive')
```

3. 定义全局自定义指令

全局自定义指令可以在当前示例的任意位置使用,下面注册一个全局指令 v-focus,该指令的功能是在页面加载时为元素获得焦点,如代码示例7-161所示。

代码示例7-161 定义全局自定义指令

```html
<div id = "app">
    <p>页面载入时,input 元素自动获取焦点:</p>
<input v-focus>
</div>

<script>
const app = Vue.createApp({})
//注册一个全局自定义指令 v-focus
app.directive('focus', {
    //当被绑定的元素挂载到 DOM 中时触发
    mounted(el) {
        //el:绑定的元素,聚焦元素
        el.focus()
    }})
app.mount('#app')
</script>
```

4. 私有自定义指令

可以使用 directives 选项在组件内部注册局部指令,这样指令只能在这个实例中使用,如代码示例7-162所示。

代码示例7-162 私有自定义指令

```html
<div id = "app">
    <p>页面载入时,input 元素自动获取焦点:</p>
    <input v-focus>
</div>

const app = {
    data() {
        return {
        }
    },
    directives: {
        focus: {
            //指令的定义
            mounted(el) {
                el.focus()
            }
        }
    }
}
Vue.createApp(app).mount('#app')
```

5. 自定义指令详细讲解

可以给一个指令添加一些参数，指令的参数可以是动态变化的。如在 v-mydirective：[argument]="value"中，argument 参数可以根据组件实例数据进行更新。

1）基础使用

下面例子是一个修改元素文本颜色的指令，通过 mounted 函数参数：params 接收指令值，如代码示例 7-163 所示。

代码示例 7-163　自定义指令参数

```
const directives = {
    styles: {
        mounted(el, params){
            //将文本颜色修改为绿色
            el.style.color = params.value;
        }
    }
};

const app = Vue.createApp({
    directives,
    //传入颜色
    template:'<p v-styles="'green'">使用动态指令参数灵活地修改元素样式</p>'
});

app.mount('#app');
```

2）灵活地使用动态参数修改样式

也可以通过动态指令参数灵活地修改元素样式，如代码示例 7-164 所示，通过 v-styles：fontWeight="'bold'" 修改指令所在元素的字体。

代码示例 7-164

```
const directives = {
    styles: {
        mounted(el, params){
            console.log(params)
            //将文本颜色修改为绿色
            el.style[params.arg] = params.value;
        }
    }
};

const app = Vue.createApp({
    directives,
    //传入颜色
```

```
    template:'<p v-styles:fontWeight="'bold'">
        使用动态指令参数灵活地修改元素样式
        </p>'
});

app.mount('#app');
```

使用了动态参数后,非常方便,如绑定的参数为 background,通过颜色值就可以方便地修改指令的颜色,如代码示例 7-165 所示。

代码示例 7-165

```
const app = Vue.createApp({
  directives,
  //修改颜色
  template:'<p v-styles:background="'green'">
            使用动态指令参数灵活地修改元素样式
          </p>'
});
```

3) 与数据进行绑定

通过给指令赋值,可以非常灵活地使用自定义指令,如代码示例 7-166 所示。

代码示例 7-166　update 指令的值

```
const directives = {
    styles: {
        //只使用 mounted 时,修改样式不会发生变化
        mounted(el, params){
            el.style[params.arg] = params.value;
        },
        //要使修改样式发生变化需要使用 updated 进行重新渲染
        updated(el, params){
            el.style[params.arg] = params.value;
        }
    }
};

const app = Vue.createApp({
    directives,
    data () {
        return {
            background:'red'
        }
    },
    //传入颜色
```

```
        template:'<p v-styles:background = "background">
                使用动态指令参数灵活地修改元素样式
            </p>'
    });
    const vm = app.mount('#app');
```

主要需要注意的是,如果没有 updated()函数处理,则在控制台对样式进行修改时元素的样式是不会发生变化的。如 vm.$data.background="pink";要想样式发生变化,就必须使用 updated 进行更新并重新渲染页面。

如果 mounted 与 updated 中的操作都是一样的,则此时可以对它进行简化操作,如代码示例 7-167 所示。

代码示例 7-167

```
const app = Vue.createApp({
    data () {
        return {
            background:'red'
        }
    },
    //传入颜色
    template:'<p v-styles:background = "background">
                使用动态指令参数灵活地修改元素样式
            </p>'
});
//当 created 与 updated 操作一样时,简化写法
app.directive('styles',(el,params) = > {
    el.style[params.arg] = params.value;
});

const vm = app.mount('#app');
```

7.9.2 Teleport

Teleport 是 Vue 3 的新特性之一,Teleport 能够将模板渲染至指定 DOM 节点,而不受父级 style、v-show 等属性影响,但 data、prop 数据依旧能够共用;类似于 React 的 Portal。

在下面的例子中,单击按钮,打开一个 Model 框,Model 框的显示位置可以随意指定。

这里定义两个 div,一个是作为 Vue 绑定的视图入口,另外一个 id=teleport-target 的 div 用来作为 Teleport 的入口,如代码示例 7-168 所示。

代码示例 7-168　Teleport 入口

```html
<div id="app">
    <modal></modal>
</div>
<div id="teleport-target"></div>
```

在上面的代码中，modal 是自定义组件，如代码示例 7-169 所示。

代码示例 7-169　modal-button 组件

```js
const app = Vue.createApp({})
app.component('modal',
{
    template: '
        <button @click="modalOpen = true">
            打开全屏 Model（展示在 Teleport 中）
        </button>
        <teleport to="#teleport-target">
            <div v-if="modalOpen" class="modal">
                <div>
                    这里是一个 teleported modal!
                    <button @click="modalOpen = false">
                    关闭
                    </button>
                </div>
            </div>
        </teleport>
        ',
    data() {
        return {
            modalOpen: false
        }
    }
})
app.mount("#app")
```

Teleport 属性 to 的值是 DOM 的选择器，可以是任意位置，包括 mount(#app) 内的位置，或者 mount 外的其他位置，如 to=body，这个时候 Teleport 会被附加到 body 的最后面。

7.9.3　插件

Vue 插件是用来为 Vue 添加全局功能，通常利用插件把一些通用性的功能封装起来，如比较流行的组件库就是使用插件的方式进行开发的。

1. 定义插件

一个自定义插件需要包含一个 install() 方法。install() 方法的第 1 个参数是 Vue 构造

器,第 2 个参数是一个可选的选项对象,代码如下:

```
const myPlugin = {
    install(app, options){
        console.log(app, options);
    }
}
```

2. 使用插件

使用定义好的插件,只需调用全局方法 Vue.use(),代码如下:

```
app.use(myPlugin,{name: '张三'})
```

3. 自定义插件案例

在下面的例子中,定义了一个 myPlugin 插件,该插件扩展了一个通用数据、一个实例方法 $say 和一个全局指令 v-focus,如代码示例 7-170 所示。

代码示例 7-170　自定义插件 myPlugin

```
<div id="app">
    {{webName}}
    <input type="text" v-focus>
</div>

<script>
    //自定义插件
    const myPlugin = {
        //编写插件
        install(app, params) {
            //扩展一个通用数据
            app.provide('webName',params.webName);
            //扩展一个全局自定义函数
            app.config.globalProperties.$say = () => {
                return 'Vue 3'
            },
            //扩展一个自定义指令
            app.directive('focus', {
                mounted(el){
                    el.focus();
                }
            });
        }
    };

    const app = Vue.createApp({
```

```
        inject:['webName'],
        mounted(){
            //使用自定义函数
            console.log(this.$say());
        }
    });

    //使用插件并传递参数
    app.use(myPlugin,{webName:'51itcto'});

    const vm = app.mount('#app');
</script>
```

7.10　Vue 3 路由

Vue Router 是 Vue 官方提供的由第三方开发的功能强大的路由插件。它与 Vue 框架核心深度集成，让用 Vue 构建单页应用变得轻而易举。Vue 3 路由文档的网址为 https://router.vuejs.org/zh/index.html。

7.10.1　路由入门

Vue Router 是一个第三方插件模块，需要提前安装好该插件，并把该插件集成到 Vue 的实例中。

1. 路由的基本用法

第 1 步：安装 Vue Router 模块，代码如下：

```
npm install vue-router@4 -S
```

第 2 步：创建两个 Vue 页面组件，如图 7-45 所示。

图 7-45　路由项目结构

页面代码的实现如代码示例 7-171 所示。

代码示例 7-171　Home.vue

```vue
<!-- Home.vue -->
<script setup>
</script>
<template>
    <h1>Home 页面</h1>
</template>

<!-- About.vue -->
<script setup>
</script>
<template>
    <h1>About 页面</h1>
</template>
```

第 3 步：创建路由注册模块。创建 router 目录，在目录中创建 index.js 文件。在 inde.js 文件中导入 vue-router 模块，并创建路由对象，通过该对象配置路由地址与组件的对应关系，如代码示例 7-172 所示。

代码示例 7-172　router/index.js

```js
import VueRouter from vue-router
import Home from "../pages/Home.vue"
import About from "../pages/About.vue"

#创建路由对象
const router = createRouter({
    //内部提供了 history 模式的实现。为了简单起见，在这里使用 hash 模式
history: createWebHistory(),
//配置路由地址与组件的对应关系
    routes:[
        { path: '/', component: Home },          //Home 组件
        { path: '/about', component: About },    //About 组件
    ],
})
#导出路由模块
export default router;
```

第 4 步：在 Vue 的实例中注册路由模块。在程序入口文件 main.js 中导入路由配置模块，并注册到 Vue 的实例中，如代码示例 7-173 所示。

代码示例 7-173　main.js

```js
import { createApp } from 'vue'
#根模块
```

```
import App from './App.vue'
#路由配置模块
import router from "./router"

createApp(App)
    .use(router)              //注册路由模块
    .mount('#app')
```

第5步：在根组件 App.vue 文件中配置路由渲染位置。在 App.vue 根组件中，使用 router-view 组件标签，标注路由匹配的组件将渲染的位置，如代码示例 7-174 所示。

代码示例 7-174　App.vue

```
<div id="app">
  <p>
    <!-- 使用 router-link 组件进行导航 -->
    <!-- 通过传递 to 来指定链接 -->
    <!-- <router-link>将呈现一个带有正确 href 属性的 <a> 标签 -->
    <router-link to="/">Go to Home</router-link>
    <router-link to="/about">Go to About</router-link>
  </p>
  <!-- 路由出口 -->
  <!-- 路由匹配到的组件将渲染在这里 -->
  <router-view></router-view><
/div>
```

在上面的代码中，使用 router-link 组件实现 a 标签导航，router-link 最终会生成一个 a 标签，href 的地址就是 to 的值。

第6步：运行项目，浏览效果如图 7-46 所示。

图 7-46　路由运行效果

2. 在普通组件中访问路由

创建一个传统的单页面风格的用户组件，该页面接收从其他页面跳转过来时附带的参数，如代码示例 7-175 所示，该页面介绍 url 参数 name 的值，并显示在页面上。

代码示例 7-175　User.vue

```
<template>
    <h2>用户页</h2>
```

```
        <p>当前用户是:{{username}}</p>
</template>

<script>
export default {
    data() {
        return {
            username:""
        }
    },
    created() {
        //路由的参数通过 this.$route 方法获取
        //user?id=1       this.$route.query 获取
        //user/1          this.$route.params 获取
        console.log(this.$route)

        //user?name=zja
        this.username = this.$route.query.name;
    }
}
</script>
```

在上面的代码中,通过 this.\$route 方法可以获取 url 参数值,包括 query 和 params 风格的参数值。如 /user?id=1,可以通过 this.\$route.query.id 获取。

3. 在 script setup 中访问路由

要在 script setup 中访问路由,需要调用 useRouter()或 useRoute()函数。

接下来,修改 Home.vue 的界面,在界面中加上一个按钮,单击按钮导航到 User.vue 页面,如代码示例 7-176 所示,这里使用 userRouter 创建一个路由对象,使用该路由对象导航到指定的页面。

代码示例 7-176 Home.vue

```
<script setup>
//这里使用 useRouter 创建一个路由对象
import { useRouter } from "vue-router"
const router = useRouter();
const jump = () => {
  //推送到指定 url 的页面
  router.push("/user?name=zhangsan")
}
</script>

<template>
  <div>
```

```
    <h2>Home 页面</h2>
    <button @click = "jump">跳转到 User 页</button>
  </div>
</template>
```

7.10.2 路由参数传递

路由参数传递分为两类：query 参数传递和 params 参数传递，如表 7-12 所示。

表 7-12　query 与 params 传参对比

参数类型	参数格式	匹配路径	参数获取方法
query 参数	?a=xx&b=yyy&c=zzz	?a=xx&b=yyy&c=zzz	this.$route.query
params 参数	/users/:username/posts/:postId	/users/eduardo/posts/123	this.$route.params

1. 声明式导航（router-link）

router-link 用来表示路由的链接。当被单击后，内部会立刻把 to 的值传到 router.push()，所以这个值可以是一个字符串或者描述目标位置的对象，如代码示例 7-177 所示。

代码示例 7-177　声明式导航 router-link

```
<!-- 字符串 -->
<router-link to = "/home">Home</router-link>
<!-- 渲染结果 -->
<a href = "/home">Home</a>
<!-- 使用 v-bind 的 JS 表达式 -->
<router-link :to = "'/home'">Home</router-link>
<!-- 同上 -->
<router-link :to = "{ path: '/home' }">Home</router-link>
<!-- 命名的路由 -->
<router-link :to = "{ name: 'user', params: { userId: '123' }}">User</router-link>
<!-- 带查询参数,下面的结果为 '/register?plan = private' -->
<router-link :to = "{ path: '/register', query: { plan: 'private' }}">
  Register
</router-link>
<!-- 设置 replace 属性,当单击时,会调用 router.replace(),而不是 router.push(),所以导航后
不会留下历史记录 -->
<router-link to = "/abc" replace></router-link>
```

2. 编程式导航（this.$router）

this.$router 方法的参数可以是一个字符串路径，也可以是一个描述地址的对象，如代码示例 7-178 所示。

代码示例 7-178 编程式导航 this.$router

```
//字符串路径
router.push('/users/xx')
//带有路径的对象
router.push({ path: '/users/xx' })
//命名的路由,并加上参数,让路由建立 url
router.push({ name: 'user', params: { username: 'xx' } })
//带查询参数,结果是 /register?plan = private
router.push({ path: '/register', query: { plan: 'private' } })
//带 hash,结果是 /about#team
router.push({ path: '/about', hash: '#team' })
router.push({ path: '/home', replace: true })
//相当于
router.replace({ path: '/home' })
//向前移动一条记录,与 router.forward()相同
router.go(1)
//返回一条记录,与 router.back()相同
router.go( - 1)
//前进 3 条记录
router.go(3)
//如果没有那么多记录,则默认失败
router.go( - 100)
router.go(100)
```

在 this.$router 方法中如果提供了 path,则 params 会被忽略,在上述例子中的 query 并不属于这种情况。取而代之的是下面例子的做法,需要提供路由的 name 或手写完整的带有参数的 path,如代码示例 7-179 所示。

代码示例 7-179

```
const username = 'xxx'
//可以手动建立 URL,但必须自己处理编码
router.push('/user/$ {username}')                    // -> /user/xxx
//同样
router.push({ path: '/user/$ {username}' })          // -> /user/xxx
//如果可能,则使用 name 和 params 从自动 URL 编码中获益
router.push({ name: 'user', params: { username } })  // -> /user/xxx
//params 不能与 path 一起使用
router.push({ path: '/user', params: { username } }) // -> /user
```

由于属性 to 与 router.push 接收的对象种类相同,所以两者的规则完全相同。

7.10.3 嵌套模式路由

一些应用程序的界面由多层嵌套的组件组成。在这种情况下,URL 的片段通常对应于

特定的嵌套组件结构,例如很多 App 的底部是 Tab 切换栏,上面的部分可以根据 Tab 单击切换页面,这个效果可以使用嵌套模式路由的方式实现,如图 7-47 所示。

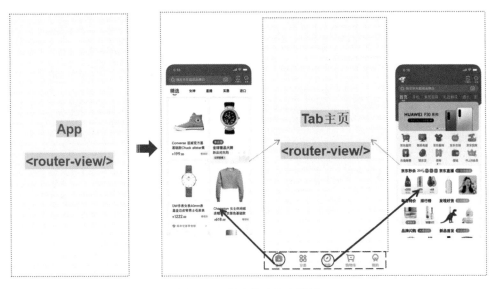

图 7-47　嵌套模式路由效果

首先创建根组件 App.vue,在根组件模板中默认添加一个项目级的 router-view,如代码示例 7-180 所示。

代码示例 7-180　App.vue

```
<script setup>
</script>
<template>
   <router-view />
</template>
```

接下来分别创建 3 个组件页面:TabMain.vue(Tab 首页,包含底部 Tab 列表)、Main.vue(Tab 首页的子页面,首页)和 Product.vue(Tab 页面的子页面,产品页)。

Product.vue 页面的代码,如代码示例 7-181 所示。

代码示例 7-181　Product.vue

```
<script setup>
</script>
<template>
   <h1>Product 页面</h1>
</template>
```

TabMain.vue 页面,该页面中包含子 router-view,嵌套子路由页面将显示在 TabMain.vue

的路由插槽中,如代码示例 7-182 所示。

代码示例 7-182   TabMain.vue

```html
<script setup>
</script>
<template>
  <div class = "main">
    <router-view />
    <div class = "tabs">
      <router-link to = "/tabs/main">首页</router-link>
      <router-link to = "/tabs/product">产品</router-link>
      <router-link to = "/tabs/activities">活动</router-link>
      <router-link to = "/tabs/promotion">优惠</router-link>
      <router-link to = "/tabs/personal">我的</router-link>
    </div>
  </div>
</template>
```

router-link 组件用于设置选中样式,可通过设置 router-link-active 样式实现,样式如下:

```css
.router-link-active {
 background-color: greenyellow;
}
```

最后,配置路由模块(router.js),如代码示例 7-183 所示。

代码示例 7-183   router.js

```js
import { createRouter, createWebHistory } from "vue-router";
import TabMain from "../pages/TabMain.vue"
import Main from "../pages/Main.vue"
import Product from "../pages/Product.vue"

const routes = [
    {
        path: "/",
        //当访问/时,重定向到/tabs/main 路由
        redirect: { path: '/tabs/main' }
    },
    {
        path: '/tabs',
        component: TabMain,
        //嵌套子路由
        children: [
            {
```

```
                path: "main",
                component: Main
            },
            {
                path: "product",
                component: Product
            }
        ]
    },
]
const router = createRouter({
    history: createWebHistory(),
    routes,
})
#导出路由模块
export default router;
```

7.10.4 命名视图

有时想同时(同级)展示多个视图,而不是嵌套展示,例如创建一个布局,包括 sidebar (侧导航)和 main(主内容)两个视图,这个时候命名视图就派上用场了。可以在界面中拥有多个单独命名的视图,而不是只有一个单独的出口。如果 router-view 没有设置名字,则默认为 default,如代码示例 7-184 所示。

代码示例 7-184 命名视图

```
<router-view class="view left-sidebar" name="LeftSidebar"></router-view>
<router-view class="view main-content"></router-view>
<router-view class="view right-sidebar" name="RightSidebar"></router-view>
```

一个视图使用一个组件渲染,因此对于同一个路由,多个视图就需要多个组件。确保证确使用 components 配置(带上 s),如代码示例 7-185 所示。

代码示例 7-185 命名视图导航设置

```
const router = createRouter({
  history: createWebHashHistory(),
  routes: [
    {
      path: '/',
      components: {
        default: Home,
        //LeftSidebar: LeftSidebar 的缩写
        LeftSidebar,
```

```
          //它们与 <router-view> 上的 name 属性匹配
          RightSidebar,
       },
    },
  ],
})
```

7.10.5 路由守卫

vue-router 提供的导航守卫主要用来通过跳转或取消的方式守卫导航。这里有很多方式植入路由导航中,如全局的、单个路由独享的或者组件级的。

1. 全局前置守卫

可以使用 router.beforeEach 注册一个全局前置守卫,如代码示例 7-186 所示。

代码示例 7-186　router.beforeEach

```
const router = createRouter({ ... })
router.beforeEach((to, from) => {
  //...
  //返回 false 以取消导航
  return false
})
```

当一个导航触发时,全局前置守卫将按照创建顺序调用。守卫采用异步解析的方式执行,此时导航在所有守卫 resolve 完之前一直处于等待中。

2. 全局后置钩子

注册全局后置钩子,然而和守卫不同的是,这些钩子不会接受 next() 函数也不会改变导航本身,代码如下:

```
router.afterEach((to, from, failure) => {
  sendToAnalytics(to.fullPath)
})
```

全局后置钩子对于分析、更改页面标题、声明页面等辅助功能及完成许多其他事情都很有用。

7.10.6 数据获取

有时候,进入某个路由后,需要从服务器获取数据。例如,在渲染用户信息时,需要从服务器获取用户的数据,可以通过以下两种方式实现。

(1) 导航完成后获取:先完成导航,然后在接下来的组件生命周期钩子中获取数据。在数据获取期间显示"加载中"之类的指示。

（2）导航完成前获取：导航完成前，在路由进入的守卫中获取数据，在数据获取成功后执行导航。

从技术角度讲，两种方式都不错，主要看想要提升的用户体验是哪种。

1. 导航完成后获取数据

当使用这种方式时，会马上导航和渲染组件，然后在组件的 created 钩子中获取数据。这让我们有机会在数据获取期间展示一个 loading 状态，还可以在不同视图间展示不同的 loading 状态。

假设有一个 Post 组件，需要基于 $route.params.id 获取文章数据，如代码示例 7-187 所示。

代码示例 7-187　在组件的 created 钩子中获取数据

```
<template>
  <div class="post">
    <div v-if="loading" class="loading">Loading...</div>
    <div v-if="error" class="error">{{ error }}</div>
    <div v-if="post" class="content">
      <h2>{{ post.title }}</h2>
      <p>{{ post.body }}</p>
    </div>
  </div>
</template>
export default {
  data() {
    return {
      loading: false,
      post: null,
      error: null,
    }
  },
  created() {
    //watch 路由的参数，以便再次获取数据
    this.$watch(
      () => this.$route.params,
      () => {
        this.fetchData()
      },
      //组件创建完后获取数据
      //此时 data 已经被 observed 了
      { immediate: true }
    )
  },
  methods: {
    fetchData() {
```

```
      this.error = this.post = null
      this.loading = true
      //用数据获取 util 或 API 替换 getPost
      getPost(this.$route.params.id, (err, post) => {
        this.loading = false
        if (err) {
          this.error = err.toString()
        } else {
          this.post = post
        }
      })
    },
  },
}
```

2. 在导航完成前获取数据

通过这种方式在导航转入新的路由前获取数据,可以在接下来的组件的 beforeRouteEnter 守卫中获取数据,当数据获取成功后只调用 next()方法,如代码示例 7-188 所示。

代码示例 7-188　通过 beforeRouterEnter 获取数据

```
export default {
  data() {
    return {
      post: null,
      error: null,
    }
  },
  beforeRouteEnter(to, from, next) {
    getPost(to.params.id, (err, post) => {
      next(vm => vm.setData(err, post))
    })
  },
  //路由改变前,组件就已经渲染完了
  //逻辑稍微不同
  async beforeRouteUpdate(to, from) {
    this.post = null
    try {
      this.post = await getPost(to.params.id)
    } catch (error) {
      this.error = error.toString()
    }
  },
}
```

在为后面的视图获取数据时,用户会停留在当前的界面,因此建议在数据获取期间显示进度条或者别的指示。如果数据获取失败,则同样有必要展示一些全局的错误提示。

7.11 Vue 3 状态管理(Vuex)

在 Vue 的组件化开发中,经常会遇到需要将当前组件的状态传递给其他组件。在父子组件进行通信时,通常会采用 props+emit 模式,但当一种状态需要共享给多个组件时,就会非常麻烦,数据也很难维护。Vuex 是 Vue 官方推荐的一个用来管理复杂状态的一个插件,可以很好地帮助开发者解决组件状态的管理问题,本节详细介绍 Vuex 状态管理框架的使用。

Vuex 官方网址为 https://vuex.vuejs.org/zh/。

7.11.1 状态管理模式

当应用遇到多个组件共享状态时,单向数据流的简洁性很容易被破坏,主要表现为以下两点:

(1) 多个视图依赖于同一状态。

(2) 来自不同视图的行为需要变更同一状态。

对于问题 1,传参的方法对于多层嵌套的组件将会非常烦琐,并且对于兄弟组件间的状态传递无能为力。

对于问题 2,经常会采用父子组件直接引用或者通过事件来变更和同步状态的多份复制。以上这些模式非常脆弱,通常会导致无法维护。

针对以上问题的解决方式:

(1) 为什么不把组件的共享状态抽取出来,以一个全局单例模式管理呢? 在这种模式下,组件树构成了一个巨大的"视图",不管在树的哪个位置,任何组件都能获取状态或者触发行为。

(2) 通过定义和隔离状态管理中的各种概念并强制遵守一定的规则,代码将会变得更结构化且易维护。

Vuex 借鉴和扩展了 Redux 设计思想,是专门为 Vue 设计的状态管理库,以利用 Vue 的细粒度数据响应机制进行高效的状态更新,Vuex 的架构图如图 7-48 所示。

7.11.2 Vuex 和全局变量的概念区别

Vuex 的核心概念是 Store(仓库),它包含应用中的所有公共状态(state)。Vuex 和单纯的全局对象有以下两点不同:

(1) Vuex 的状态存储是响应式的。当 Vue 组件从 Store 中读取状态时,如果 Store 中的状态发生变化,则组件也会相应地得到更新。

(2) 改变 Store 中的状态的唯一途径就是显式地提交(commit)mutation。这样可以方便地跟踪每种状态的变化,有利于对状态的统一管理和测试。

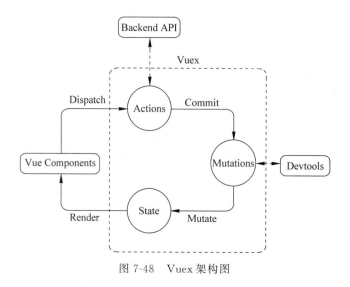

图 7-48 Vuex 架构图

7.11.3 Vuex 中的 5 个重要属性

Vuex 框架中包含 5 个基本的属性,如表 7-13 所示。

表 7-13 Vuex 中的 5 个基本的属性

属性名	属 性 说 明
state	存储状态,也就是变量
getters	派生状态,getters 分别可以获取 state 中的变量和其他的 getters。外部调用方式:store.getters.personInfo()。这和 Vue 的 computed 差不多
mutations	提交状态修改,这是 Vuex 中唯一修改 state 的方式,但不支持异步操作。第 1 个参数默认为 state。外部调用方式:store.commit('SET_AGE',18)。这和 Vue 中的 methods 类似
actions	和 mutations 类似,不过 actions 支持异步操作。第 1 个参数默认为和 store 具有相同参数属性的对象。外部调用方式:store.dispatch('nameAsyn')
modules	store 的子模块,内容相当于 store 的一个实例。调用方式和前面介绍的方式相似,只是要加上当前的子模块名,如 store.a.getters.xxx()

Vuex 的代码结构,如代码示例 7-189 所示。

代码示例 7-189 Vuex 代码结构

```
{
  state: {
      name: 'leo',
      age: 22
  },
  getters: {
```

```
            personInfo(state) {
                return 'My name is ${state.name}, I am ${state.age}';
            }
        }
        mutations: {
            SET_AGE(state, age) {
                commit(age, age);
            }
        },
        actions: {
            getNameAsyn({commit}) {
                setTimeout(() => {
                    commit('SET_AGE', 18);
                }, 1000);
            }
        },
        modules: {
            a: modulesA
        }
}
```

7.11.4 Vuex 开发入门基础

下面通过一个简单的计数器的例子，介绍如何使用 Vuex 管理状态。

1. 安装 Vuex 插件

安装 Vuex 插件的命令如下：

```
npm install vuex@next -- save
# 或者
yarn add vuex@next -- save
```

2. 创建 Vuex 状态管理 store

安装好 Vuex 后，可以使用 Vuex 创建一个新的 store 实例，如代码示例 7-190 所示。

代码示例 7-190　store/index.js

```
import { createApp } from 'vue'
import { createStore } from 'vuex'

//创建一个新的 store 实例
const store = createStore({
  state () {
    return {
      count: 0
```

```
    }
  },
  mutations: {
    increment (state) {
      state.count++
    }
  },
  actions:{
    asyncIncrement({commit}){
        commit('increment')
    }
  }
})

export default store
```

3. 将 store 实例作为插件安装

创建好仓库 Store 后,需要把 store 实例作为插件安装到 Vue 的实例中,如代码示例 7-191 所示。

代码示例 7-191　main.js

```
import { createApp,h } from 'vue'
import App from './App.vue'
import store from "./store"

createApp({
    render:() => h(App)
})
.use(store)              //安装插件
.mount('#app')
```

4. 在组件中访问和操作 store

在 Vue 的示例中安装了创建的 store 后,就可以在组件中进行访问和操作了,如代码示例 7-192 所示。

代码示例 7-192　App.vue

```
<script setup>
import { computed } from 'vue'
import { useStore } from 'vuex'
const store = useStore()
//在 computed 函数中访问 state
const count = computed(() => store.state.count)

//使用 mutation
```

```
const increment = () => store.commit('increment')

//使用 action
const asyncIncrement = () => store.dispatch('asyncIncrement')

</script>

<template>
  <h1>{{ count }}</h1>
  <button @click="increment">+</button>
</template>
```

5. 启动项目,浏览效果

在命令行中输入 yarn dev 命令,在浏览器中预览的效果如图 7-49 所示。

图 7-49　Vuex 计数器例子

7.11.5　Vuex 开发实践

下面通过一个简单的 store 管理,逐步介绍每个核心对象的用法。

1. Vuex 工程目录结构

Vuex 并不限制代码结构,但是,它规定了一些需要遵守的规则:

(1) 应用层级的状态应该集中到单个 store 对象中。

(2) 提交 mutation 是更改状态的唯一方法,并且这个过程是同步的。

(3) 异步逻辑都应该封装到 action 里面。

只要遵守以上规则,便可自由地组织代码。如果 store 文件太大,则只需将 action、mutation 和 getter 分割到单独的文件中,如代码示例 7-193 所示。

代码示例 7-193　Vuex 工程结构

```
├── index.html
├── main.js
├── components
└── store
    ├── index.js          # 组装模块并导出 store 的地方
    ├── state.js          # 根级别的 state
    ├── getters.js        # 根级别的 getter
```

```
            ├── mutation-types.js    # 根级别的 mutations 名称(官方推荐 mutations 方法名使用大写)
            ├── mutations.js         # 根级别的 mutation
            ├── actions.js           # 根级别的 action
            └── modules
                ├── m1.js            # 模块 1
                └── m2.js            # 模块 2
```

2. state 用法

Vue 使用单一状态树,即单一数据源,也就是说 state 只能有一个,如代码示例 7-194 所示。

代码示例 7-194　state.js

```
const state = {
   name: 'leo',
   age: 28
};
export default state;
```

3. getters 用法

一般使用 getters 获取 state 的状态,而不是直接使用 state,如代码示例 7-195 所示。

代码示例 7-195　getters.js

```
export const name = (state) => {
   return state.name;
}
export const age = (state) => {
   return state.age
}
export const other = (state) => {
   return 'My name is ${state.name}, I am ${state.age}.';
}
```

4. mutations 类型定义

将所有 mutations 的函数名放在这个文件里,如代码示例 7-196 所示。

代码示例 7-196　mutation-type.js

```
export const SET_NAME = 'SET_NAME';
export const SET_AGE = 'SET_AGE';
```

5. mutation 用法

更改 Vuex 的 store 中的状态的唯一方法是提交 mutation。Vuex 中的 mutation 非常类似于事件:每个 mutation 都有一个字符串的事件类型(type)和一个回调函数(handler)。

这个回调函数就是实际进行状态更改的地方,并且它会接收 state 作为第 1 个参数,如代码示例 7-197 所示。

代码示例 7-197　mutation.js

```js
import * as types from './mutation-type.js';
export default {
  [types.SET_NAME](state, name) {
    state.name = name;
  },
  [types.SET_AGE](state, age) {
    state.age = age;
  }
};
```

不能直接调用一个 mutation 处理函数。这个选项更像是事件注册,"当触发一种类型为 types.SET_NAME 的 mutation 时,调用此函数。"要唤醒一个 mutation 处理函数,需要以相应的 type 调用 store.commit() 方法,如 store.commit(types.SET_NAME)。

6. action 用法

action 类似于 mutation,不同点如下:

(1) action 提交的是 mutation,而不是直接变更状态。

(2) action 可以包含任意异步操作。

如代码示例 7-198 所示。

代码示例 7-198　actions.js

```js
import * as types from './mutation-type.js';
export default {
  nameAsyn({commit}, {age, name}) {
    commit(types.SET_NAME, name);
    commit(types.SET_AGE, age);
  }
};
```

7. module 用法

由于使用单一状态树,应用的所有状态会集中到一个比较大的对象。当应用变得非常复杂时,store 对象就有可能变得相当臃肿。

为了解决以上问题,Vuex 允许我们将 store 分割成模块(module)。每个模块拥有自己的 state、mutation、action、getter,甚至拥有嵌套子模块,从上至下以同样方式进行分割,如代码示例 7-199 所示。

代码示例 7-199　modules/m1.js

```js
export default {
  state: {},
```

```
    getters: {},
    mutations: {},
    actions: {}
};
```

8. store 用法

index.js 文件的作用是组装 store，如代码示例 7-200 所示。

代码示例 7-200　store/index.js

```
import { createStore } from 'vuex';
import state from './state.js';
import * as getters from './getters.js';
import mutations from './mutations.js';
import actions from './actions.js';
import m1 from './modules/m1.js';
import m2 from './modules/m2.js';
import { createLogger } from 'vuex';                //修改日志

//开发环境中为 true,否则为 false
const deBug = process.env.NODE_ENV !== 'production';
const store = createStore({
    state,
    getters,
    mutations,
    actions,
    modules:{
        m1,
        m2,
    },
    plugins: deBug ? [createLogger()] : []     //开发环境下显示 Vuex 的状态修改
});

export default store;
```

最后将 store 实例挂载到 main.js 文件里的 Vue 上，如代码示例 7-201 所示。

代码示例 7-201　main.js

```
import { createApp,h } from 'vue'
import App from './App.vue'
import store from './store';

createApp({
    render:() => h(App)
}).use(store).mount('#app')
```

9. 在组件中访问和操作 store

完成上面的步骤后，接下来通过组件测试、访问和操作 store，如代码示例 7-202 所示。

代码示例 7-202　App.vue

```vue
<script setup>
import { computed } from 'vue';
import { useStore } from 'vuex'
const store = useStore()
//如果直接取 state 的值，则必须使用 computed 才能实现数据的响应
//如果直接取 store.state.name，则不会监听到数据的变化
//或者使用 getter，此种情况可以不使用 computed
const name = computed(() => store.state.name)
</script>

<template>
  <h1>{{ name }}</h1>
</template>
```

10. 辅助方法的使用方式

在 Vue 组件中使用时，通常会使用 mapGetters、mapActions、mapMutations，然后就可以按照 Vue 调用 methods 和 computed 的方式去调用这些变量或函数，如代码示例 7-203 所示。

代码示例 7-203　通过辅助方法操作 store

```js
import {mapGetters, mapMutations, mapActions} from 'vuex';
export default {
  computed: {
    ...mapGetters([
      'name',
      'age'
    ])
  },
  methods: {
    ...mapMutations({
      setName: 'SET_NAME',
      setAge: 'SET_AGE'
    }),
    ...mapActions([
      'nameAsyn'
    ])
  }
};
```

7.11.6 Vuex 中组合式 API 的用法

在组合式 API 中不能直接使用 this.$store 访问仓库,所以 Vue 提供了一个 useStore()函数访问仓库。

1. 访问 store

可以通过调用 useStore()函数在 setup()钩子函数中访问 store。这与在组件中使用选项式 API 访问 his.$store 是等效的,如代码示例 7-204 所示。

代码示例 7-204　useStore

```javascript
import { useStore } from 'vuex'
export default {
  setup () {
    const store = useStore()
  }
}
```

2. 访问 state 和 getter

为了访问 state 和 getter,需要创建 computed 引用以保留响应性,这与在选项式 API 中创建计算属性等效,如代码示例 7-205 所示。

代码示例 7-205　访问 state 和 getter

```javascript
import { computed } from 'vue'
import { useStore } from 'vuex'

export default {
  setup () {
    const store = useStore()
    return {
      //在 computed()函数中访问 state
      count: computed(() => store.state.count),
      //在 computed()函数中访问 getter
      double: computed(() => store.getters.double)
    }
  }
}
```

3. 访问 mutation 和 action

要使用 mutation 和 action 时,只需在 setup()钩子函数中调用 commit()和 dispatch()函数,如代码示例 7-206 所示。

代码示例 7-206 访问 mutation 和 action

```
import { useStore } from 'vuex'

export default {
  setup () {
    const store = useStore()

    return {
      //使用 mutation
      increment: () => store.commit('increment'),

      //使用 action
      asyncIncrement: () => store.dispatch('asyncIncrement')
    }
  }
}
```

7.12 Vue 3 状态管理（Pinia）

7.11 节介绍了 Vue 的状态管理插件 Vuex，这一节介绍另外一个官方推荐的最新状态管理插件 Pinia。Pinia 由 Vue 核心团队成员 Eduardo San Martin Morote 发起的，2019 年 11 月 18 日首发在 repo。Vuex 和 Pinia 由同团队成员编写，但是 Pinia 写法上更加人性化，也更简单。Pinia 的代码仅 1KB，采用模块化设计，便于拆分。

Pinia 官方网址为 https://pinia.vuejs.org/，Pinia GitHub 网址为 https://github.com/vuejs/pinia。

7.12.1 Pinia 与 Vuex 写法比较

Vuex 和 Pinia 由同团队成员编写，但是 Pinia 写法上更加人性化，也更简单，下面通过例子对比一下 Vuex 与 Pinia 的写法差异。

1. Vuex 在 Vue 3 中的写法和调用

下面通过 Vuex 创建一个简单的 store，如代码示例 7-207 所示。

代码示例 7-207 Vuex 创建 store 的写法

```
import { createStore } from 'vuex'

export default createStore({
  //定义数据
  state: { a:1 },
  //定义方法
```

```
    mutations: {
        SETA(state,number){
            state.a = number
        }
    },
    //异步方法
    actions: { },
    //获取数据
    getters: {
 getA:state = > return state.a
}
})
```

在 Vue 3 组件中访问和调用 store,如代码示例 7-208 所示。

代码示例 7-208　访问和调用 store

```
<template>
  <div>
      {{number}}
      <button @click = "clickHandle">按钮</button>
  </div>
</template>
<script>
import {useStore} from "vuex"
export default {
  setup(){
      let store = useStore()
      let number = computed(() = > store.state.a)
      const clickHandle = () => {
          store.commit("SETA","100")
      }
      return{number,clickHandle}
  }
}
<script>
```

2. Pinia 在 Vue 3 中的写法和用法

接下来通过 Pinia 创建一个 store,如代码示例 7-209 所示。

代码示例 7-209　pinia store.js

```
import { defineStore } from 'pinia'

//defineStore 调用后返回一个函数,调用该函数获得 store 实体
export const GlobalStore = defineStore({
```

```
//id:必不可少,并且在所有 store 中唯一
id:"myGlobalState",
//state:返回对象的函数
state:()=>({
    a:1,
}),
getters:{},
actions:{
    setA(number){
        this.a = number;
    },
},
});
```

接下来在 Vue 3 中访问和操作 Pinia 创建的仓库,如代码示例 7-210 所示。

代码示例 7-210　访问 Pinia 仓库

```
<template>
  <div>
    {{number}}
    <button @click = "clickHandle">按钮</button>
  </div>
</template>
<script>
import {GlobalStore} from "@/store/store.js"
export default {
  setup(){
    let store = GlobalStore();
    //如果直接取 state 的值,则必须使用 computed 才能实现数据的响应
    //如果直接取 store.state.a,则不会监听到数据的变化,或者使用 getter
    //此种情况可以不使用 computed(这边和 vuex 是一样的)
    let number = computed(()=>store.a)
    const clickHandle = () => {
      store.setA("100")
    }
    return{number,clickHandle}
  }
}
<script>
```

由此两种不同风格的代码的对比可以看出使用 Pinia 更加简洁。Pinia 取消了原有的 mutations,合并成了 actions,并且在取值时可以直接点到那个值,而不需要在.state 上获取,方法也是如此。

7.12.2　Pinia 安装和集成

使用 Pinia 之前，首先需要在项目中安装，命令如下：

```
yarn add pinia@next
# or with npm
npm install pinia@next
```

安装完成后，需要从 Pinea 库中导入 createPinia，并在 Vue 应用中用 use() 方法将其添加为 Vue 插件，代码如下：

代码示例 7-211　main.js

```
import { createPinia } from 'pinia'

createApp(App)
.use(createPinia())
.mount('#app')
```

7.12.3　Pinia 核心概念

Pinia 的核心概念包括 store、states、getters、actions、plugins。下面通过具体的步骤介绍如何使用 Pinia。

1. store 的定义

Pinia 采用开箱即用的模块化设计。没有单一的主存储空间，而是创建不同的存储空间，并为它们命名，这对应用程序是有意义的。例如，可以创建一个登录的用户容器，如代码示例 7-212 所示。

代码示例 7-212　store/user.js

```
import { defineStore } from 'pinia'
#创建 Pinia store
export const useUserStore = defineStore({
  //id is required so that Pinia can connect the store to the devtools
  id: 'loggedInUser',
  state: () =>({}),
  getters: {},
  actions:{}
})
```

创建好 store 后，需要在 main.js 文件中把 Pinia 作为插件安装到 Vue 实例中，如代码示例 7-213 所示。

代码示例 7-213 main.js

```
import { createApp } from 'vue'
import App from './App.vue'
import { createPinia } from 'pinia'
#安装 Pinia 插件
createApp(App).use(createPinia()).mount('#app')
```

接下来,访问上面创建的 userStore,访问前必须在使用它的组件中将其导入,并在 setup()函数中调用 useUserStore(),如代码示例 7-214 所示。

代码示例 7-214 App.vue

```
<script setup>
import { useUserStore } from "@/store/user";
const user = useUserStore ()  #访问仓库
</script>
```

2. states 状态

设置好 store 后,下一步是定义状态。在 store 中设置一种状态属性,该函数返回一个持有不同状态值的对象。这与在组件中定义数据的方式非常相似,如代码示例 7-215 所示。

代码示例 7-215 定义 states

```
export const useUserStore = defineStore({
    id: 'loggedInUser',
    state: () => ({
        name: 'xlw',
        email: '[email protected]',
        username: 'leo' }),
    getters: {},
    actions: {}
})
```

现在,为了从组件中访问 useUserStore 的状态,只需直接引用之前创建的用户常量的状态属性。完全没有必要从存储中嵌套到一种状态对象,如通过 user.name 直接访问,如代码示例 7-216 所示。

代码示例 7-216 在 App.vue 文件中访问 useUserStore

```
<template>
  <h1>{{ user.name }}</h1>
</template>
<script setup>
```

```
import { useUserStore } from './store/user';
const user = useUserStore()
</script>
```

3. getters 获取器

Pinia 中的获取器与 Vuex 中的获取器及组件中的计算属性的作用相同。从 Vuex 的获取器转移到 Pinia 的获取器并不是一个很大的思维跳跃。除了 Pinia 中的 getters，可以通过两种不同的方式访问状态，它们看起来基本相同。

访问 getter 的第 1 种方式是通过 this 关键字。这适用于传统的函数声明和 ES6 方法写法，但是，由于箭头函数处理 this 关键字范围的方式，它对箭头函数不起作用，如代码示例 7-217 所示。

代码示例 7-217　getters 用法 1

```
import { defineStore } from 'pinia'

export const usePostsStore = defineStore({
  id: 'PostsStore',
  state: () =>({ posts: ['post 1', 'post 2', 'post 3', 'post 4'] }),
  getters:{
    //traditional function
    postsCount: function(){
      return this.posts.length
    },
    //method shorthand
    postsCount(){
      return this.posts.length
    },
    //使用箭头函数,无法使用 this
    //postsCount: () => this.posts.length
  }
})
```

访问 getter 的第 2 种方式是通过 getter()函数的状态参数。这是为了鼓励使用箭头函数实现简短、精确的获取器，如代码示例 7-218 所示。

代码示例 7-218　getters 用法 2

```
import { defineStore } from 'pinia'
export const usePostsStore = defineStore({
  getters:{
    //arrow function
    postsCount: state => state.posts.length,
  }
})
```

另外，Pinia 并不像 Vuex 那样通过第 2 个函数参数来暴露其他 getter，而是通过 this 关键字，如代码示例 7-219 所示。

代码示例 7-219　getters 用法 3

```
import { defineStore } from 'pinia'
export const usePostsStore = defineStore({
  getters:{
    //use "this" to access other getters (no arrow functions)
    postsCountMessage(){ return '${this.postsCount} posts available' }
  }
})
```

一旦定义了 getters，它们就可以在 setup() 函数中作为存储实例的属性被访问，就像状态属性一样，不需要在 getters 对象下访问，如代码示例 7-220 所示。

代码示例 7-220　Feed.vue

```
<template>
  <p>{{ postsCount }} posts available</p>
</template>

<script setup>
import { usePostsStore } from "../store/PostsStore";

const PostsStore = usePostsStore();
const postsCount = PostsStore.postsCount ;
</script>
```

4. actions

Pinia 没有 mutations，统一在 actions 中操作 state，通过 this.xx 访问相应状态，虽然可以直接操作 store，但还是推荐在 actions 中操作，保证状态不被意外改变，如代码示例 7-221 所示。

代码示例 7-221　actions 用法

```
import { defineStore } from 'pinia'
export const useProfileStore = defineStore('profile', {
  state() {
    return {
      userName: 'xlw',
      phone: 13100000000,
    }
  },
  actions: {
    updatePhone(newPhone) {
```

```
        this.phone = newPhone        //可以使用this访问和修改state中的数据
    },
  },
})
```

在上面代码中,在 actions 中定义了一个更新手机号的方法,它可接收一个参数,把它设置为新的手机号,然后就可以在 Profile.vue 文件中调用这种方法了,如代码示例 7-222 所示。

代码示例 7-222   Profile.vue

```
<template>
    <div>用户名是: {{ profileStore.userName }}</div>
    <div>手机号是: {{ profileStore.phone }}</div>
</template>

<script setup>
import { onMounted } from 'vue'
import { useProfileStore } from '../store/ProfileStore'
const profileStore = useProfileStore()
//在页面挂载后,修改手机号
onMounted(() => {
    profileStore.updatePhone(188888888)
})
</script>
```

使用 store 的实例就可以直接调用 store 中定义的 action,调用 updatePhone()方法,修改手机号,刷新页面,这时页面上显示的信息如图 7-50 所示。

```
用户名是: xlw
手机号是: 188888888
```

图 7-50   ProfileStore 数据读取

接下来写一个模拟请求后台接口,首先在 src 文件夹下创建一个 apis 文件,然后在里面新建一个 login.js 文件,如代码示例 7-223 所示。

代码示例 7-223   apis/login.js

```
export function loginApi(userName, password) {
    return new Promise((resolve, reject) => {
        setTimeout(() => {
            if ((userName === 'xlw') & (password === '123')) {
                resolve({
```

```
                    userName: 'xlw',
                    phone: 135000000,
                    avatar: 'me.jpg',
                })
            } else {
                reject('用户名或密码错误')
            }
        }, 1000)
    })
}
```

接下来修改 profileStore 的内容,在 state 中新增头像属性,这些数据默认都是空,在 actions 中新增了 login,用于去调用异步的请求 loginApi,如代码示例 7-224 所示。

代码示例 7-224   store/ProfileStore.js

```
import { defineStore } from 'pinia'
import { loginApi } from '../apis/login'
export const useProfileStore = defineStore('profile', {
  state() {
    return {
      userName: '',
      phone: '',
      avatar: '',
    }
  },
  actions: {
    login(userName, password) {
      loginApi(userName, password)
        .then((res) => {            //登录成功以后,修改了用户名
          this.userName = res.userName
          this.phone = res.phone
          this.avatar = res.avatar
        })
        .catch((err) => {
          console.log(err)
        })
    },
  },
})
```

最后在 Feed.vue 文件中调用 login,如代码示例 7-225 所示。

代码示例 7-225   Feed.vue

```
<template>
    <div>用户名是: {{ profileStore.userName }}</div>
```

```
    <div>手机号是：{{ profileStore.phone }}</div>
</template>

<script setup>
import { onMounted } from 'vue'
import { useProfileStore } from '../store/ProfileStore'
const profileStore = useProfileStore()
onMounted(() => {
    profileStore.login('xlw', '123')
})
</script>
```

第 8 章 Vue 3 进阶原理

在第 7 章中详细讲解了 Vue 3 的语法和配套模块的用法，本章通过下载和编译 Vue 源码的方式，进一步了解 Vue 3 核心模块的实现原理。

8.1 Vue 3 源码安装编译与调试

Vue 3 源码采用 MonoRepo 模式进行开发，通过 PNPM 管理。所有的 Vue 3 模块放在 packages 文件夹中，下面介绍如何下载 Vue 3 源码和编译调试。

8.1.1 Vue 3 源码包介绍

首先访问 Vue 的源码，网址为 https://github.com/vuejs/core，通过 Git 下载 core 源码包，如图 8-1 所示。

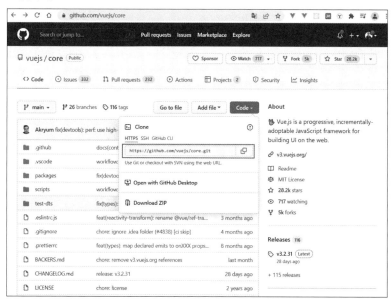

图 8-1 Vue 3 源码仓库地址

Vue 的所有模块放在 packages 目录中，下面介绍每个模块的作用，如表 8-1 所示。

表 8-1　Vue 3 Package 介绍

Package 名称	Package 说明
reactivity	响应式系统。它可以独立于框架使用
runtime-core	与平台无关的运行时核心，包括虚拟 DOM 渲染器、组件实现和 JavaScript API 的代码。可以使用此程序包创建针对特定平台的高阶运行时（自定义渲染器）
runtime-dom	针对浏览器的运行时，包括对原生 DOM API、attributes、properties、event 事件相关的处理
runtime-test	用于测试的轻量级运行时。它可以在任何 JavaScript 环境中"渲染"出一个纯 JavaScript 对象树。该树可用于声明正确的渲染输出。同时提供了一些工具，如序列化树、触发事件、记录更新期间执行的实际节点操作
server-renderer	服务器端与渲染相关的软件包
compiler-core	与平台无关的编译器核心，包括编译器和所有与平台无关的插件的可扩展基础
compiler-dom	带有专门针对浏览器相关插件的编译器
compiler-ssr	针对服务器端渲染，生成优化过的渲染函数的编译器
template-explorer	用于调试编译器输出的开发工具。可以运行 yarn dev template-explorer 并打开其 index.html 文件以获得基于当前源码的模板编译副本 还提供了模板浏览器的实时版本，可用于提供编译器错误的再现。还可以从发布日志中选择特定版本
shared	在多个软件包之间共享的内部实用程序（尤其是运行时和编译器软件包使用的与环境无关的 utils）
vue	"全面构建"，包括运行时和编译器

8.1.2　Vue 3 源码下载与编译

Vue 3 采用 PNPM 对模块进行管理，首先通过 Git 把 Vue 3 源码复制到本地，命令如下：

```
#复制源码
git clone https://github.com/vuejs/core.git
#进入源码目录
cd core-main
#安装依赖
pnpm install
#初次构建
pnpm build
```

复制完成源代码后，执行 pnpm install 命令便可安装所需依赖，如图 8-2 所示。

执行 pnpm build 命令，经过几分钟的编译，编译完成后输出内容如图 8-3 所示。

编译后的打包文件输出在 packages 目录中的 vue-compat 目录中，编译目录结构如图 8-4 所示。

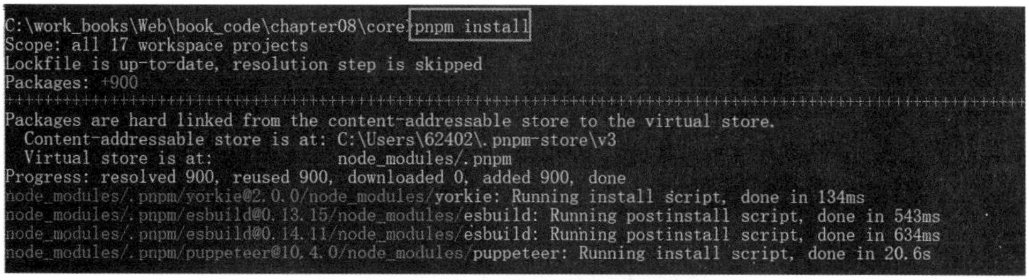

图 8-2　通过 pnpm 命令安装依赖包

图 8-3　编译 Vue 源码

图 8-4　编译输出的打包文件

8.2　Vue 3 响应式数据系统核心原理

Vue 3 使用了 ES 2015＋中的代理对象 Proxy 重构了响应式的代码，代理对象 Proxy 解决了 Object.defineProperty 函数在性能和功能上的一些不足，使 Vue 3 在性能上有很大的提升。

8.2.1　reactivity 模块介绍

Vue 3 的响应式系统被放在 core/reactivity 模块中，同时提供了 reactivity、effect、computed 等方法，其中 reactive 用于定义响应式的数据，effect 相当于 Vue 2 中的 watcher，computed 用于定义计算属性，如图 8-5 所示。

图 8-5　core/reactivity 模块

8.2.2　reactivity 模块使用

在 core 源码目录运行 pnpm dev reactivity 命令，然后进入 packages/reactivity 目录找到生成的 dist/reactivity.global.js 文件，如图 8-6 所示。

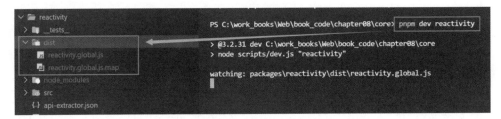

图 8-6　单个编译 reactivity 模块

新建一个 index.html 文件，如代码示例 8-1 所示。

代码示例 8-1　chapter08\reactive_demo\index.html

```html
<script src="./dist/reactivity.global.js"></script>
<script>
    const { reactive, effect } = VueReactivity
    const origin = {
        count: 0
    }
    const state = reactive(origin)
    const fn = () => {
        const count = state.count
        console.log('set count to ${count}')
    }
    effect(fn)
</script>
```

在浏览器打开该文件,于控制台执行 state.count++命令,便可看到输出 set count to 2,如图 8-7 所示。

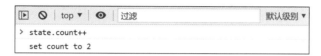

图 8-7 测试响应式执行

在这个例子中,reactive()函数把 origin 对象转化成了 Proxy 对象 state;使用 effect()函数把 fn()作为响应式回调。当 state.count 发生变化时,便可触发 fn()。

8.2.3 reactive 实现原理

Vue 3 中采用 Proxy 实现数据代理,核心就是拦截 get()方法和 set()方法,当获取值时收集 effect()函数,当修改值时触发对应的 effect()函数重新执行,如图 8-8 所示。

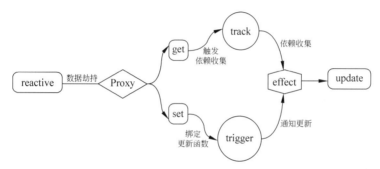

图 8-8 reactive 响应式原理

reactive()方法本质是传入一个要定义成响应式的 target 目标对象,然后通过 Proxy 类去代理这个 target 对象,最后返回代理之后的对象,如代码示例 8-2 所示。

代码示例 8-2

```
export function reactive(target) {
  return new Proxy(target, {
    get() {
    },
    set() {
    }
  });
}
```

1. createReactiveObject 函数

源码 packages\reactivity\reactivity.ts 封装了响应式的代码部分,如代码示例 8-3 所示。

代码示例 8-3　createReactiveObject 方法

```
export function reactive(target: object) {
  //if trying to observe a readonly proxy, return the readonly version.
  if (isReadonly(target)) {
    return target
  }
  return createReactiveObject(
    target,
    false,
    mutableHandlers,
    mutableCollectionHandlers,
    reactiveMap
  )
}
```

这个函数的处理逻辑如下：

（1）如果 target 不是一个对象，则返回 target。

（2）如果 target 已经是 Proxy 实例，则返回 target。

（3）如果 target 不是一个可观察的对象，则返回 target。

（4）生成 Proxy 实例，并在原始对象 target 上添加一个属性（如果为只读，则为__v_readonly，否则为__v_reactive），指向这个 Proxy 实例，最后返回这个实例。添加这个属性就是为了在第 2 步做判断用的，防止对同一对象重复监听。

createReactiveObject()函数创建并返回一个 Proxy 代理对象，但是基础数据类型并不会被转换成代理对象，而是直接返回原始值。同时会将已经生成的代理对象缓存进传入的 proxyMap，当这个代理对象已存在时不会重复生成，而会直接返回已有对象。

createReactiveObject()函数通过 TargetType 来判断 target 目标对象的类型，Vue 3 仅会对 Array、Object、Map、Set、WeakMap、WeakSet 生成代理，其他对象会被标记为 INVALID，并返回原始值。

当目标对象通过类型校验后，会通过 new Proxy()生成一个代理对象 Proxy，handler 参数的传入也与 targetType 相关，并最终返回已生成的 Proxy 对象。

createReactiveObject()函数的签名如表 8-2 所示，该函数接收 5 个参数。

表 8-2　createReactiveObject 函数的签名

名称	说明
target	目标对象，想要生成响应式的原始对象
isReadonly	生成的代理对象是否为只读
baseHandlers	生成代理对象的 handler 参数。当 target 类型是 Array 或 Object 时使用该 handler
collectionHandlers	当 target 类型是 Map、Set、WeakMap、WeakSet 时使用该 handler
proxyMap	存储生成代理对象后的 Map 对象

根据传入的 target 的类型判断该使用哪种 handler，如果是 Set 或 Map，则采用 collectionHandlers，如果是普通对象或数组，则采用 baseHandlers。

2. Proxy 拦截器：mutableHandlers() 方法

对于普通对象和数组代理拦截，使用 baseHandler，即 mutableHandlers()。mutableHandlers() 可拦截 5 种方法，在 get/has/ownKeys trap 里通过 track() 方法收集依赖，在 deleteProperty/set trap 里通过 trigger() 方法触发通知。

在 createGetter() 函数中，只有在用到某个对象时，才执行 reactive() 函数对其进行数据劫持，生成 Proxy 对象，如代码示例 8-4 所示。

代码示例 8-4 \core\packages\reactivity\src\baseHandlers.ts

```typescript
export const mutableHandlers: ProxyHandler<object> = {
  get: createGetter(false),
  set,
  deleteProperty,
  has,
  ownKeys
}
function createGetter(isReadonly: boolean, shallow = false) {
  return function get(target: object, key: string | symbol, receiver: object) {
    let res = Reflect.get(target, key, receiver)
    track(target, TrackOpTypes.GET, key)
    return isObject(res)
      ? reactive(res)
      : res
  }
}
function has(target: object, key: string | symbol): boolean {
  const result = Reflect.has(target, key)
  track(target, TrackOpTypes.HAS, key)
  return result
}
function ownKeys(target: object): (string | number | symbol)[] {
  track(target, TrackOpTypes.ITERATE, ITERATE_KEY)
  return Reflect.ownKeys(target)
}
function set(
  target: object,
  key: string | symbol,
  value: unknown,
  receiver: object
): boolean {
  const oldValue = (target as any)[key]
  const hadKey = hasOwn(target, key)
```

```
    const result = Reflect.set(target, key, value, receiver)
    if (target === toRaw(receiver)) {
      if (!hadKey) {
        trigger(target, TriggerOpTypes.ADD, key)
      } else if (hasChanged(value, oldValue)) {
        trigger(target, TriggerOpTypes.SET, key)
      }
    }
    return result
}
function deleteProperty(target: object, key: string | symbol): boolean {
  const hadKey = hasOwn(target, key)
  const oldValue = (target as any)[key]
  const result = Reflect.deleteProperty(target, key)
  if (result && hadKey) {
      trigger(target, TriggerOpTypes.DELETE, key)
  }
  return result
}
```

3. Proxy 拦截器: collectionHandlers()方法

collectionHandlers.ts 文件包含 Map、WeakMap、Set、WeakSet 的处理器对象，分别对应完全响应式的 Proxy 实例、浅层响应的 Proxy 实例、只读 Proxy 实例，如代码示例 8-5 所示。

代码示例 8-5　\core\packages\reactivity\src\collectionHandlers.ts

```
const mutableInstrumentations: any = {
get(key: any) {
  return get(this, key, toReactive)
},
get size() {
  return size(this)
},
has,
add,
set,
delete: deleteEntry,
clear,
forEach: createForEach(false)
}
//与迭代器相关的方法
const iteratorMethods = ['keys', 'values', 'entries', Symbol.iterator]
iteratorMethods.forEach(method => {
  mutableInstrumentations[method] = createIterableMethod(method, false)
```

```
        readonlyInstrumentations[method] = createIterableMethod(method, true)
})
//创建 getter 的函数
function createInstrumentationGetter(instrumentations: any) {
    return function getInstrumented(
        target: any,
        key: string | symbol,
        receiver: any
    ) {
        target =
        hasOwn(instrumentations, key) && key in target ? instrumentations : target
        return Reflect.get(target, key, receiver)
    }
}
```

由于 Proxy 的 traps 跟 Map、Set 集合的原生方法不一致,因此无法通过 Proxy 劫持 set,所以笔者在这里新创建了一个集合对象,该对象是具有相同属性和方法的普通对象,在集合对象执行 get 操作时将 target 对象换成新创建的普通对象。这样,当调用 get 操作时 Reflect 反射到这个新对象上,当调用 set() 方法时就直接调用新对象上可以触发响应的方法。

8.2.4 依赖收集与派发更新

创建响应式代理对象的目的是能够在该对象的值发生变化时,通知所有引用了该对象的地方进行同步,以便对值进行修改,如代码示例 8-6 所示。

代码示例 8-6 创建响应式代码对象

```
export function reactive(raw) {
  return new Proxy(raw, {
    get(target, key) {
      const res = Reflect.get(target, key)
      //TODO:收集依赖
      return res
    },
    set(target, key, value) {
      const res = Reflect.set(target, key, value)
      //TODO:触发依赖
      return res
    }
  })
}
```

在 Vue 2 中,进行依赖收集时,收集的是 watcher,而 Vue 3 已经没有了 watcher 的概念,取而代之的是 effect(副作用函数)。

effect 作为 reactive 的核心,主要负责收集依赖,以及更新依赖。

1. 依赖收集:track

依赖收集方法定义在 reactivity 模块的 effect.ts 代码中,track()方法通过使用 WeakMap 存储用户自定义函数的订阅者来实现依赖收集,如代码示例 8-7 所示。

代码示例 8-7　track 方法收集依赖

```
export function track(target: object, type: TrackOpTypes, key: unknown) {
  //activeEffect 不存在,直接执行 return
  if (!shouldTrack || activeEffect === undefined) {
    return
  }

  //targetMap 依赖管理中心,用于收集依赖和触发依赖
  let depsMap = targetMap.get(target)
  if (!depsMap) {
    //target 在 targetMap 对应的值是 depsMap targetMap(key:target, value:depsMap(key:
    //key, value:dep(activeEffect)))
    //set 结构防止重复
    targetMap.set(target, (depsMap = new Map()))
  }

  //此时经过上面的判断,depsMap 必定有值了,然后尝试在 depsMap 中获取 key
  let dep = depsMap.get(key)
  if (!dep) {                               //判断有无当前 key 对应的 dep,如果没有,则创建
    //如果没有获取 dep,说明 target.key 并没有被追踪,此时就在 depsMap 中塞一个值
    depsMap.set(key, (dep = new Set()))
                                //执行了这句后,targetMap.get(target) 的值也会相应地改变
  }

  //这个 activeEffect 就是在 effect 执行时的那个 activeEffect
  if (!dep.has(activeEffect)) {
    dep.add(activeEffect)                   //将 effect 放到 dep 里面
    activeEffect.deps.push(dep)             //双向存储
  }
}
```

targetMap 是一个全局 WeakMap 对象,作为一个依赖收集容器,用于存储 target[key] 相应的 dep 依赖。targetMap.get(target) 获取 target 对应的 depsMap,depsMap 内部又是一个 Map,key 为 target 中的属性,depsMap.get(key)则为 Set 结构存储的 target[key]对应的 dep,dep 中则存储了所有依赖的 effects。

2. 依赖更新派发:trigger

依赖收集完毕,接下来当 target 的属性值被修改时会触发 trigger,获得相应的依赖并执 effect。

（1）首先校验一下 target 有没有被收集依赖，若没有收集依赖，则执行 return。

（2）根据不同的操作执行 clear、add、delete、set，将合规的 effect 加入 effects set 集合中。

（3）遍历 effects set 集合，执行 effect() 函数。

通过 trigger() 方法派发更新，如代码示例 8-8 所示。

代码示例 8-8　通过 trigger() 方法派发更新

```
export function trigger(
  target: object,
  type: TriggerOpTypes, //set | add | delete | clear
  key?: unknown,
  newValue?: unknown,
  oldValue?: unknown,
  oldTarget?: Map<unknown, unknown> | Set<unknown>
) {
  const depsMap = targetMap.get(target)              //targetMap 上面讲过，是全局的依赖收集器
  if (!depsMap) {                    /* targetMap 中没有该值，说明没有收集该 effect，无须追踪 */
    return
  }

  const effects = new Set<ReactiveEffect>()

  /* 将合规的 effect 添加进 effects set 集合中 */
  const add = (effectsToAdd: Set<ReactiveEffect> | undefined) => {
    if (effectsToAdd) {
      effectsToAdd.forEach(effect => {
        if (effect !== activeEffect || effect.allowRecurse) {
          effects.add(effect)
        }
      })
    }
  }

  if (type === TriggerOpTypes.CLEAR) {               //若是 clear
    depsMap.forEach(add)                             //触发对象所有的 effect
  } else if (key === 'length' && isArray(target)) {  //若数组的 length 发生变化
    depsMap.forEach((dep, key) => {
      if (key === 'length' || key >= (newValue as number)) {
        add(dep)
      }
    })
  } else {                                           //如果执行 SET | ADD | DELETE 方法
    if (key !== void 0) {
      add(depsMap.get(key))
```

```
      }
      //还可以在 ADD | DELETE | Map.SET 上运行迭代键
      switch (type) {
        case TriggerOpTypes.ADD:
          if (!isArray(target)) {
            add(depsMap.get(ITERATE_KEY))
            if (isMap(target)) {
              add(depsMap.get(MAP_KEY_ITERATE_KEY))

            }
          } else if (isIntegerKey(key)) {
            //数组的长度变化,把数组的长度作为新索引添加到数组中
            add(depsMap.get('length'))
          }
          break
        case TriggerOpTypes.DELETE:
          if (!isArray(target)) {
            add(depsMap.get(ITERATE_KEY))
            if (isMap(target)) {
              add(depsMap.get(MAP_KEY_ITERATE_KEY))
            }
          }
          break
        case TriggerOpTypes.SET:
          if (isMap(target)) {
            add(depsMap.get(ITERATE_KEY))
          }
          break
      }
    }

    const run = (effect: ReactiveEffect) => {
      ...
      //如果 scheduler 存在,则调用 scheduler,计算属性拥有 scheduler
      if (effect.options.scheduler) {
        effect.options.scheduler(effect)
      } else {
        effect()
      }
    }

    //关键代码,所有的 effects 会执行内部的 run()方法
    effects.forEach(run)
}
```

8.2.5　Vue 3 响应式原理总结

Vue 3 的响应式原理相比较 Vue 2 来讲,并没有本质上的变化,在语法上更新了部分函数和调用方式,在性能上有很大的提升。

(1) Vue 3 用 ES6 的 Proxy 重构了响应式,如 new Proxy(target,handler)。
(2) 在 Proxy 的 get handle 里执行 track()用来跟踪收集依赖(收集 activeEffect)。
(3) 在 Proxy 的 set handle 里执行 trigger()用来触发响应(执行收集的 effect)。
(4) effect 副作用函数代替了 watcher。

8.3　Vue 2 Diff 算法(双端 Diff 算法)

传统 Diff 算法通过循环递归对节点进行依次对比,效率低下,算法复杂度达到 $O(n^3)$,主要原因在于其追求完全比对和最小修改,而 React、Vue 则放弃了完全比对及最小修改,实现了从 $O(n^3)$ 到 $O(n)$。

优化措施主要有两种:分层 Diff 优化、同层节点优化。同层节点优化方式主要用在 React 16 之前的版本中;采用双端比较算法,这种方式主要用在如 snabbdom 库和 Vue 2 框架中。

分层 Diff:不考虑跨层级移动节点,让新旧两棵 VDOM 树的比对无须循环递归(复杂度大幅优化,直接下降一个数量级的首要条件)。这个前提也是 Web UI 中 DOM 节点跨层级的移动操作特别少,可以忽略不计,如图 8-9 所示。

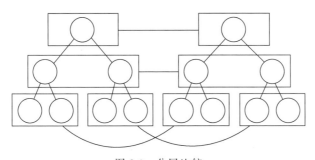

图 8-9　分层比较

Vue 2 版本中的虚拟 DOM 和 Diff 算法借鉴了 snabbdom 库,在同层节点中,采用了双端比较的算法,复杂度为 $O(n)$。双端 Diff 算法是通过在新旧子节点的首尾定义 4 个指针,然后不断地对比找到可复用的节点,同时判断需要移动的节点。

8.3.1　双端 Diff 算法原理

双端 Diff 算法是一种同时对新旧两组子节点的两个端点进行比较的算法,这里需要 4 个索引值,分别指向新旧两组子节点的端点,如图 8-10 所示。

图 8-10 所示使用代码的方式表示,如代码示例 8-9 所示。

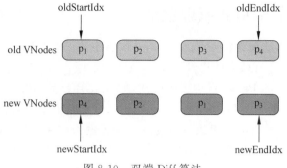

图 8-10 双端 Diff 算法

代码示例 8-9　vue2Diff 方法：定义 4 个索引

```
//判断两个节点是否可进行复用
const isSameNode = (a, b) => {
    return a.key === b.key && a.tag === b.tag
}

//执行 Diff 算法
const vue2Diff = (el, oldChildren, newChildren) => {
    //位置指针
    let oldStartIdx = 0
    let oldEndIdx = oldChildren.length - 1
    let newStartIdx = 0
    let newEndIdx = newChildren.length - 1
    //节点指针
    let oldStartVNode = oldChildren[oldStartIdx]
    let oldEndVNode = oldChildren[oldEndIdx]
    let newStartVNode = newChildren[newStartIdx]
    let newEndVNode = newChildren[newEndIdx]

    while (oldStartIdx <= oldEndIdx && newStartIdx <= newEndIdx) {
        if (isSameNode(oldStartVNode, newStartVNode)) {
            //首首比较
        } else if (isSameNode(oldEndVNode, newEndVNode)) {
            //尾尾比较
        } else if (isSameNode(oldStartVNode, newEndVNode)) {
            //首尾比较
        } else if (isSameNode(oldEndVNode, oldStartVNode)) {
            //尾首比较
        }
    }
}
```

图 8-10 中两组子节点，如何开始进行双端 Diff 比较呢？可以对比节点的类型（tag）及

唯一标识符 key。双端对比的实现方式就是通过 4 个指针分别记录新旧 VNode 列表的开始索引和结束索引,然后通过移动这些记录索引位置的指针并比较索引位置记录的 VNode 找到可以重复使用的节点,并对节点进行移动,如图 8-11 所示。

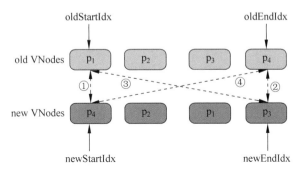

图 8-11 新旧两组子节点 4 组对比

在双端 Diff 比较中,每轮都分为 4 个步骤,如图 8-11 中连线所示。

第 1 步:首首比较。比较 old VNodes 的一组子节点中的第 1 个节点 p_1 与 new VNodes 子节点中的第 1 个子节点 p_4,看一看它们是否相同。由于两个节点的 key 值不同,所以不相同,不可以复用,于是什么都不做,进行下一步比较。

第 2 步:尾尾比较。比较 old VNodes 的一组子节点的最后一个子节点 p_4 与 new VNodes 子节点中的最后一个子节点 p_3,看一看它们是否相同,由于两个节点的 key 值不同,所以不相同,不可以复用,于是什么都不做,进行下一步比较。

第 3 步:首尾比较。比较 old VNodes 的一组子节点的第 1 个子节点 p_1 与 new VNodes 子节点中的最后一个子节点 p_3,看一看它们是否相同,由于两个节点的 key 值不同,所以不相同,不可以复用,于是什么都不做,进行下一步比较。

第 4 步:尾首比较。比较 old VNodes 的一组子节点的最后一个子节点 p_4 与 new VNodes 子节点中的第 1 个子节点 p_4,看一看它们是否相同,由于两个节点的 key 值相同,所以可以进行 DOM 复用。同时 oldEndIdx 向左移动一位(oldEndIndx——),newStartIdx 也向右移动一位(newStartIdx++)。

经过上面的 4 个步骤,在第 4 步时找到了相同的节点,说明对应的真实 DOM 节点可以复用,对于可以复用的 DOM 节点,只需通过 DOM 移动操作便可完成更新。

上面是 Diff 比较的步骤,使用代码的方式表示,如代码示例 8-10 所示。

代码示例 8-10　设置索引比较的 4 个步骤

```
//进行 diff
const vue2Diff = (el, oldChildren, newChildren) => {
    //....
    while (oldStartIdx <= oldEndIdx && newStartIdx <= newEndIdx) {
        if (isSameNode(oldStartVNode, newStartVNode)) {
            //第 1 步:首首比较
```

```
            } else if (isSameNode(oldEndVNode, newEndVNode)) {
                //第 2 步:尾尾比较
            } else if (isSameNode(oldStartVNode, newEndVNode)) {
                //第 3 步:首尾比较
            } else if (isSameNode(oldEndVNode, oldStartVNode)) {
                //第 4 步:尾首比较
            }
        }
    }
```

找到两组子节点中可以复用的节点后,更新对应子节点的索引的下标值,上面 old VNodes 组 p_4 节点的下标对应的是 oldEndIdx＝3,左移一步(oldEndIdx－－),new VNodes 组 p_4 节点的下标对应的是 newStartIdx＝0,此时右移一步(newStartIdx＋＋),如图 8-12 所示,如代码示例 8-11 所示。

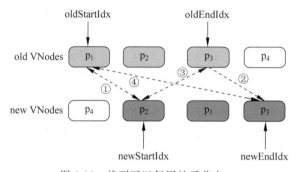

图 8-12　找到可以复用的子节点 p_4

代码示例 8-11　首尾比较,节点相等

```
const diff = (el, oldChildren, newChildren) => {
    //...
while (oldStartIdx <= oldEndIdx && newStartIdx <= newEndIdx) {
        if (isSameNode(oldStartVNode, newStartVNode)) {
            //首首比较
        } else if (isSameNode(oldEndVNode, newEndVNode)) {
            //尾尾比较
        } else if (isSameNode(oldStartVNode, newEndVNode)) {
            //首尾比较
        } else if (isSameNode(oldEndVNode, oldStartVNode)) {
            //尾首比较
        //第 4 步: oldEndIdx 与 newStartIdx 比较
            //在进行 DOM 移动之前,还需要调用 patch 函数在新旧 VNode 之间打补丁
            patchVNode(oldEndVNode, newEndVNode)
```

```
                //移动 DOM 操作
                updateDOM(oldEndVNode.el,container,newStartVNode.el)
                //移动 DOM 完成后,更新索引指针,进入下一个循环
                oldEndVNode = oldChildren[ -- oldEndIdx]
                newStartVNode = newChildren[++newStartIdx]
            }
        }
    }
```

在第一次循环后,找到 p_4 是可以复用的子节点。可以看到,子节点 p_4 在 old VNodes 的一组子节点中是最后一个子节点,但在新的顺序中,变成了第 1 个子节点,如何实现 DOM 的元素的更新呢?

简单来讲,只需将 oldEndIdx 指向的虚拟节点对应的真实 DOM 移动到 oldStartIdx 指向的虚拟节点对应的真实 DOM 前面,如图 8-13 所示。

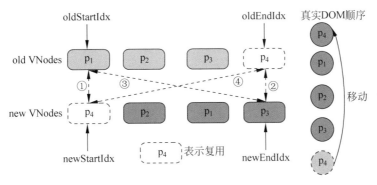

图 8-13　第 1 轮循环完成后,新旧两组子节点及真实 DOM 节点的顺序

说明:在第一轮更新完成后,紧接着都会更新 4 个索引中与当前更新轮次相关的索引,所以整个 while 循环的执行条件是头部索引值要小于或等于尾部索引值。

接下来,开始第 2 轮循环,此时 old VNodes 组中的 oldEndIdx 移动到了 p_3 节点位置,new VNodes 组中的 newStartIdx 移动到了 p_2 位置,如图 8-14 所示。

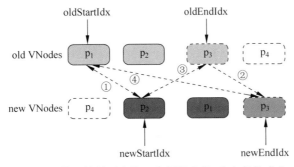

图 8-14　第 2 轮循环中第 2 步尾尾比较,节点条件成立

第 1 步：首首比较。比较 old VNodes 的一组子节点中的第 1 个节点 p_1 与 new VNodes 子节点中的第 1 个子节点 p_2，看一看它们是否相同。由于两个节点的 key 值不同，所以不相同，不可以复用，于是什么都不做，进行下一步比较。

第 2 步：尾尾比较。比较 old VNodes 的一组子节点的最后一个子节点 p_3 与 new VNodes 子节点中的最后一个子节点 p_3，看一看它们是否相同，由于两个节点的 key 值相同，所以可以进行 DOM 复用。同时 oldEndIdx 再向左移动一位（oldEndIndx－－），newEndIdx 也向左移动一位（newEndIdx－－）。

由于在第 2 轮循环的第 2 步找到了相等的子节点，此轮循环结束，在第 2 轮循环中，p_3 节点都位于新旧节点组内的尾部，所以不需要更新真实 DOM，如图 8-15 所示。

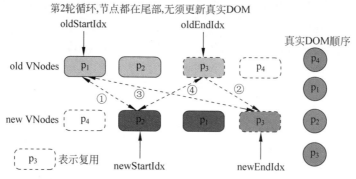

图 8-15　第 2 轮循环中第 2 步尾尾比较，节点条件成立

代码示例如 8-12 所示。

代码示例 8-12　尾尾比较

```
const diff = (el, oldChildren, newChildren) => {
    //...
while (oldStartIdx <= oldEndIdx && newStartIdx <= newEndIdx) {
        if (isSameNode(oldStartVNode, newStartVNode)) {
            //第1步:首首比较
        } else if (isSameNode(oldEndVNode, newEndVNode)) {
            //第2步:尾尾比较
//在进行 DOM 移动之前,还需要调用 patch 函数在新旧 VNode 之间打补丁
            patchVNode(oldEndVNode, newEndVNode)

            //因为 p3 的位置都在尾部,因此不需要移动 DOM 操作

            //移动 DOM 完成后,新旧尾部索引减 1,向右移动一位,进入下一个循环
            oldEndVNode = oldChildren[ -- oldEndIdx]
            newEndVNode = newChildren[ -- newEndIdx]
        } else if (isSameNode(oldStartVNode, newEndVNode)) {
```

```
            //第 3 步:首尾比较
        } else if (isSameNode(oldEndVNode, oldStartVNode)) {
            //尾首比较
//第 4 步: oldEndIdx 与 newStartIdx 比较
            //在进行 DOM 移动之前,还需要调用 patch 函数在新旧 VNode 之间打补丁
            patchVNode(oldEndVNode, newEndVNode)

            //移动 DOM 操作
            updateDOM(oldEndVNode.el,container,newStartVNode.el)

            //移动 DOM 完成后,更新索引指针,进入下一个循环
            oldEndVNode = oldChildren[ -- oldEndIdx]
            newStartVNode = newChildren[++newStartIdx]
        }
    }
}
```

接下来进行第 3 轮循环,oldEndIdx 指向 p_2,newEndIdx 指向 p_1 位置,此时指针的位置如图 8-16 所示。

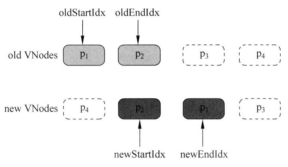

图 8-16　第 2 轮循环中第 2 步完成后,指针的移动情况

第 3 轮循环,两组节点的首首比较,直到找到相等的子节点结束此轮循环,如图 8-17 所示。

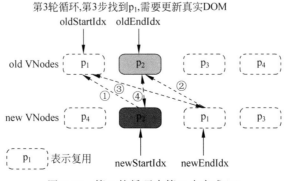

图 8-17　第 3 轮循环中第 3 步完成(1)

第 1 步：首首比较。比较 old VNodes 的一组子节点中的第 1 个节点 p_1 与 new VNodes 子节点中的第 1 个子节点 p_2，看一看它们是否相同。由于两个节点的 key 值不同，所以不相同，不可以复用，于是什么都不做，进行下一步比较。

第 2 步：尾尾比较。比较 old VNodes 的一组子节点的最后一个子节点 p_2 与 new VNodes 子节点中的最后一个子节点 p_1，看一看它们是否相同，由于两个节点的 key 值不同，所以不相同，不可以复用，于是什么都不做，进行下一步比较。

第 3 步：首尾比较。比较 old VNodes 的一组子节点的第 1 个子节点 p_1 与 new VNodes 子节点中的最后一个子节点 p_1，看一看它们是否相同，由于两个节点的 key 值相同，所以可以进行 DOM 复用。同时 oldStartIdx 再向右移动一位（oldStartIdx++），newEndIdx 也向左移动一位（newEndIdx− −），如图 8-18 所示。

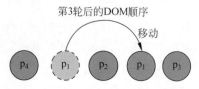

图 8-18　第 3 轮循环中第 3 步完成（2）

上面的步骤，实现代码如代码示例 8-13 所示，p_1 节点移动到下一个子节点的尾部，可以使用 oldEndVNode.el.nextSibling。

代码示例 8-13　首尾比较

```javascript
const diff = (el, oldChildren, newChildren) => {
    //...
    while (oldStartIdx <= oldEndIdx && newStartIdx <= newEndIdx) {
        if (isSameNode(oldStartVNode, newStartVNode)) {
            //第 1 步：首首比较
        } else if (isSameNode(oldEndVNode, newEndVNode)) {
            //第 2 步：尾尾比较
            patchVNode(oldEndVNode, newEndVNode)
            oldEndVNode = oldChildren[ --oldEndIdx ]
            newEndVNode = newChildren[ --newEndIdx ]
        } else if (isSameNode(oldStartVNode, newEndVNode)) {
            //第 3 步：首尾比较
            //在进行 DOM 移动之前，还需要调用 patch 函数在新旧 VNode 之间打补丁
            patchVNode(oldEndVNode, newEndVNode)

            //需要移动 DOM 操作
            UpdateDOM(oldStartVNode.el,container,oldEndVNode.nextSibling);

            //移动 DOM 完成后，进入下一个循环
            newStartVNode= oldChildren[++newStartIdx]
            newEndVNode = newChildren[ --newEndIdx]

        } else if (isSameNode(oldEndVNode, oldStartVNode)) {
            //尾首比较
```

```
                patchVNode(oldEndVNode, newEndVNode)
                updateDOM(oldEndVNode.el,container,newStartVNode.el)
                oldEndVNode = oldChildren[ -- oldEndIdx]
                newStartVNode = newChildren[++newStartIdx]
            }
        }
    }
```

第 3 轮循环结束后,此时,新旧两组子节点的头尾部的索引如图 8-19 所示。新旧两组子节点的头尾指针都指向 p_2 位置。

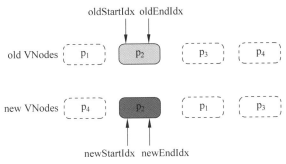

图 8-19　第 3 轮循环后,指针的位置重合

第 4 轮循环开始,此轮循环第 1 步即匹配成功,因为位置没有变化,所以无须操作 DOM 节点,结束循环,整个旧节点循环完成,同时 oldStartIdx 和 newStartIdx 索引加 1,while 循环退出,双端 Diff 比较结束。

代码实现如代码示例 8-14 所示。

代码示例 8-14　首首比较

```
const diff = (el, oldChildren, newChildren) => {
    //...
while (oldStartIdx <= oldEndIdx && newStartIdx <= newEndIdx) {
        if (isSameNode(oldStartVNode, newStartVNode)) {
            //第1步:首首比较
            patchVNode(oldEndVNode, newEndVNode)
            olStartVNode = oldChildren[++oldStartIdx]
            newStartVNode = newChildren[++newStartIdx]
        } else if (isSameNode(oldEndVNode, newEndVNode)) {
            //第2步:尾尾比较
            patchVNode(oldEndVNode, newEndVNode)
            oldEndVNode = oldChildren[ -- oldEndIdx]
            newEndVNode = newChildren[ -- newEndIdx]
        } else if (isSameNode(oldStartVNode, newEndVNode)) {
            //第3步:首尾比较
```

```
            patchVNode(oldEndVNode, newEndVNode)
            UpdateDOM(oldStartVNode.el,container,oldEndVNode.nextSibling);
            newStartVNode = oldChildren[++newStartIdx]
            newEndVNode = newChildren[--newEndIdx]
        } else if (isSameNode(oldEndVNode, oldStartVNode)) {
            //尾首比较
            patchVNode(oldEndVNode, newEndVNode)
            updateDOM(oldEndVNode.el,container,newStartVNode.el)
            oldEndVNode = oldChildren[--oldEndIdx]
            newStartVNode = newChildren[++newStartIdx]
        }
    }
}
```

8.3.2 非理想状态的处理方式

8.3.1节中用的是一个比较理想的例子，双端Diff算法的每轮比较的过程都分为4个步骤。在8.3.1节的例子中，每轮循环都会命中4个步骤中的一个，这是一种非常理想的情况，但实际上，并非所有情况都是理想状态。

图8-20中列出了新旧两组子节点的顺序，按照双端Diff算法的思路进行第1轮比较时，会发现无法命中4个步骤中的任何一步。

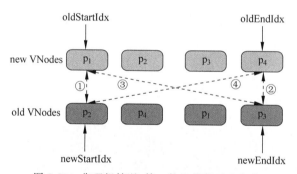

图 8-20　非理想情况，第1轮比较都无法命中

图8-20中，经过第1轮4个步骤的比较，还是无法找到可复用的节点，此时，只能通过增加额外的处理方式来处理这种非理想情况。

由于在两个头部和两个尾部的4个节点中都没有找到可以复用的节点，所以尝试从非头部、非尾部的节点查找是否有可以复用的节点。

如何查找呢？可以通过遍历旧节点组，寻找与新子节点组中的头部节点拥有相同key值的节点。

这个非理想状态下的对比时间复杂度为$O(n^2)$，如代码示例8-15所示。

代码示例 8-15　非理想状态下的对比算法

```
function vue2Diff(prevChildren, nextChildren, parent) {
  //...
  while (oldStartIndex <= oldEndIndex && newStartIndex <= newEndIndex) {
    if (oldStartNode.key === newStartNode.key) {
    //...
    } else if (oldEndNode.key === newEndNode.key) {
    //...
    } else if (oldStartNode.key === newEndNode.key) {
    //...
    } else if (oldEndNode.key === newStartNode.key) {
    //...
    } else {

      let newtKey = newStartNode.key;
      //在旧列表中寻找和新列表头节点 key 相同的节点
      //oldIndex 就是新的一组子节点的头部节点在旧的一组节点中的索引
      let oldIndex = prevChildren.findIndex(child => child.key === newKey);

      //当 oldIndex 大于 0 时,说明找到了可以复用的节点,并且需要将其对应的真实 DOM 移动到
      //头部
      if (oldIndex > -1) {
        //oldIndex 位置对应的 VNode 就是需要移动的节点
        let oldNode = prevChildren[oldIndex];
        //移动操作前先打补丁
        patch(oldNode, newStartNode, parent)
        parent.insertBefore(oldNode.el, oldStartNode.el)
        //由于位置 oldIndex 所在的节点对应的真实 DOM 已经移动到别处,因此将其设置
        //为 undefined
        prevChildren[oldIndex] = undefined
      }
      //最后将 newStartIdx 更新到下一个位置
      newStartNode = nextChildren[++newStartIndex]
    }
  }
}
```

这里用新子节点组中的头部节点 p_2 到旧节点组中查找时,在旧索引 1 的位置找到可以复用的节点,如图 8-21 所示。意味着,节点 p_2 原本就不是头部节点,但是在更新之后,它变成了头部节点,所以需要将节点 p_2 对应的真实 DOM 节点移动到当前的旧节点组的头部节点 p_1 所对应的真实 DOM 节点之前。

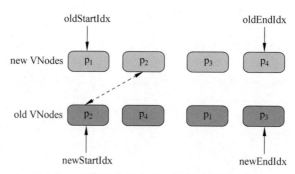

图 8-21　在旧子节点中对比寻找可复用的节点

8.4　Vue 3 Diff 算法（快速 Diff 算法）

Vue 3 的 Diff 算法借鉴了 ivi 和 inferno 这两个框架所采用的 Diff 算法，该算法中有两个理念。第 1 个是相同的前置与后置元素的预处理；第 2 个则是最长递增子序列。

1. 快速 Diff 算法原理

Vue 3 Diff 算法基本思路：在真正执行 Diff 算法之前进行预处理，去除相同的前缀和后缀，剩余的元素用一个数组（存储在新 children 中）维护，然后求解数组最长递增子序列，用于 DOM 移动操作。最后比对新 children 中剩余的元素与递增子序列数组，移动不匹配的节点。

2. 相同的前置与后置元素的预处理

在真正执行 Diff 算法之前首先进行相同前置和后置元素的预处理，此优化是由 Neil Fraser 提出的，预处理比较容易实现而且可带来比较明显的性能提升。如对两段文本进行 Diff 之前，可以先对它们进行全等比较，代码如下：

```
if( txt1 === txt2) return;
```

如果两个文本全等，就无须进入核心 Diff 算法的步骤。在下面的例子中，首先进行预处理，找到两个数组中相同的前置（prefix）和后置（suffix）元素，如图 8-22 所示。

这里可以发现在 X 和 Y 两个数组中，前置元素 A 和后置元素 E、F 都是相同的，所以可以将这样的 Diff 情况转变为如图 8-23 所示。

去除相同的前置和后置元素后，真正需要处理的是［B，C，D］和［D，B，C］，复杂性会大大降低。

3. 最长递增子序列

接下来需要将原数组中的［B，C，D］转化成［D，B，C］。Vue 3 中对移动次数进行了进一步优化。下面对这个算法进行介绍：

第8章 Vue 3 进阶原理

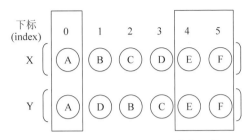

图 8-22 相同的前置和后置节点比较

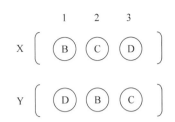

图 8-23 前置和后置 Diff 比较后的结果

首先遍历新列表，通过 key 去查找在原有列表中的位置，从而得到新列表在原有列表中位置所构成的数组。例如原数组中的 [B,C,D]，新数组为 [D,B,C]，得到的位置数组为 [3,1,2]，现在的算法就是通过位置数组判断最小化移动次数。

然后计算最长递增子序列，最长递增子序列是经典的动态规划算法。为什么最长递增子序列就可以保证移动次数最少呢？因为在位置数组中递增就能保证在旧数组中的相对位置的有序性，从而不需要移动，因此递增子序列最长可以保证移动次数最少。

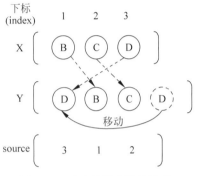

图 8-24 对比最长递增子序列，
判断需要移动的节点

对于前面得到的位置数组 [3,1,2]，可得到最长递增子序列 [1,2]，满足此子序列的元素不需要移动，而对没有满足此子序列的元素进行移动即可。对应的实际的节点即将 D 节点移动至 B 和 C 的前面即可，如图 8-24 所示。

实现最长递增子序列，如代码示例 8-16 所示。

代码示例 8-16 最长递增子序列算法

```
function getSequence(arr) {                          //最终的结果是索引
    const len = arr.length;
    const result = [0];                              //索引,递增的序列用二分查找性能高
    const p = arr.slice(0);                          //里面内容无所谓,和原本的数组相同,
                                                     //用来存放索引
    let start;
    let end;
    let middle;
    for (let i = 0; i < len; i++) {                  //O(n)
        const arrI = arr[i];
        if (arrI !== 0) {
            let resultLastIndex = result[result.length - 1];
            //取到索引对应的值
            if (arr[resultLastIndex] < arrI) {
                p[i] = resultLastIndex;              //标记当前前一个对应的索引
```

```js
            result.push(i);
            //当前的值比上一个大,直接push,并且让这个记录它的前一个
            continue
        }
        //二分查找,找到比当前值大的那一个
        start = 0;
        end = result.length - 1;
        while (start < end) {                    //重合就说明找到了对应的值//O(logn)
            middle = ((start + end) / 2) | 0;    //找到中间位置的前一个
            if (arr[result[middle]] < arrI) {
                start = middle + 1
            } else {
                end = middle
            }                                    //找到结果集中比当前这一项大的数
        }
        if (arrI < arr[result[start]]) {         //如果相同或者比当前的值还大就不换了
            if (start > 0) {                     //满足条件时需要替换
                p[i] = result[start - 1];        //要将它替换的前一个记住
            }
            result[start] = i;
        }
    }
}
let len1 = result.length                         //总长度
let last = result[len1 - 1]                      //找到了最后一项
while (len1-- > 0) {                             //根据前驱节点一个个地向前查找
    result[len1] = last
    last = p[last]
}
return result;
}
```

第 9 章 Vue 3 组件库开发实战

本章介绍如何开发一个基于 Vue 3 的组件库,当面对越来越多的业务开发场景和越来越快的产品交付速度时,传统的产品设计和产品开发测试流程很难满足企业产品开发需求,特别是面对大多数业务场景中,有相同业务功能的模块无法重复使用,这大量浪费了人力和物力。

此时,设计一套可以重复使用的组件库,才能很好地解决这些问题,通过统一设计和规划的组件库可以满足企业产品的排列组合,一方面保证了产品的交付速度和质量,另一方面也可对公司的产品进行不断迭代和升级,成为公司宝贵的知识资产。

组件库可以根据组件颗粒度的大小进行分类,如基础组件库,组件就是最小的界面构建单元,不可以再细分。在构建好完善的基础组件库后,就可以在此基础上开发颗粒度更大的业务组件库,业务组件可以是对产品的业务功能的更大程度上的复用,达到更快的产品组装和交付能力。有了完善的业务组件库后,还可以在业务组件的基础上开发基于产品模块级别的组件库,产品模块颗粒度更大,更能满足一个产品的快速组装和交付,如图 9-1 所示。

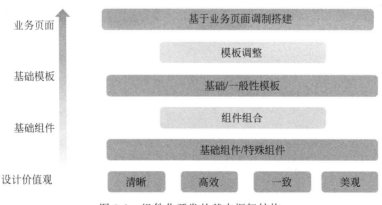

图 9-1 组件化开发的基本框架结构

9.1 如何设计一个组件库

一个稳定可靠的前端组件库是前端产品交付的有力保障,设计和建造自己的前端组件库需要丰富的业务经验和较好的前端技术的积累,再经过产品运营的打磨,不断迭代和完善，虽然不断地有新的技术出现，但是组件库的设计有些固定原则可以供开发者参考。

9.1.1 组件库设计方法论

原子设计（Atomic Design）理念最早是由国外网页设计师 Brad Frost 提出的，他从化学元素周期表中得到启发，发现原子结合在一起，可以形成分子，进一步形成组织，从科学的角度来讲，在宇宙中的所有事物都由一组有序的原子组成。

2013 年 Brad Frost 将此理论运用在界面设计中，形成一套设计系统，包含 5 个层面：原子、分子、组织、模板、页面，如图 9-2 所示。那么对应设计系统来讲，颜色、字体、图标及按钮、标签等都会对应相应的原子和分子，通过组件之间的搭配组合，最终构成页面。

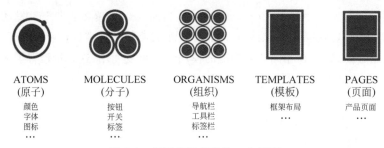

图 9-2　原子设计理论的 5 个层面

原子设计为制作设计系统提供了清晰的方法。客户和团队成员通过实际的设计流程与步骤，能更好地去理解设计系统的概念。原子设计使我们能够从抽象的设计中过渡到具体的设计中来，因此可以对一个设计系统进行一致性和可伸缩性等类似特性的控制。

在用户界面中应用原子设计理论，原子设计就会产生 5 个不同层面的组成方法，这些层面相互影响，以叠加组成的方式来创建界面的系统。原子设计理论会把这 5 个层面进行划分，分别是：原子、分子、有机体、模板、页面。

原子：原子是无法进一步细分的 UI 元素，是界面的基本构成要素；最基本的独立元素，例如文本、图标、按钮或 TextInput 框，如图 9-3 所示。

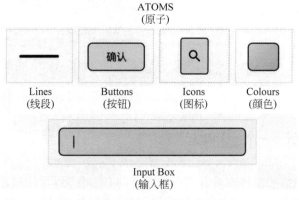

图 9-3　原子是界面的最基本的元素

分子：不同原子的组合，它们在一起具有更好的操作价值。例如，带有文本标签的 TextInput 可以解释内容或在输入的数据中显示错误，如图 9-4 所示，形成相对简单的 UI 组件的原子的集合。

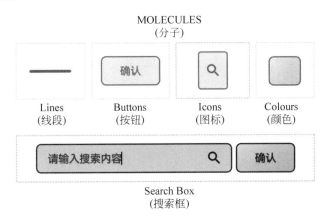

图 9-4　分子是一组原子的集合

组织：不同分子组合在一起，以形成复杂的结构。例如，许多 TextInput 以分子的形式形成界面离散部分的相对复杂的组件，如图 9-5 所示。

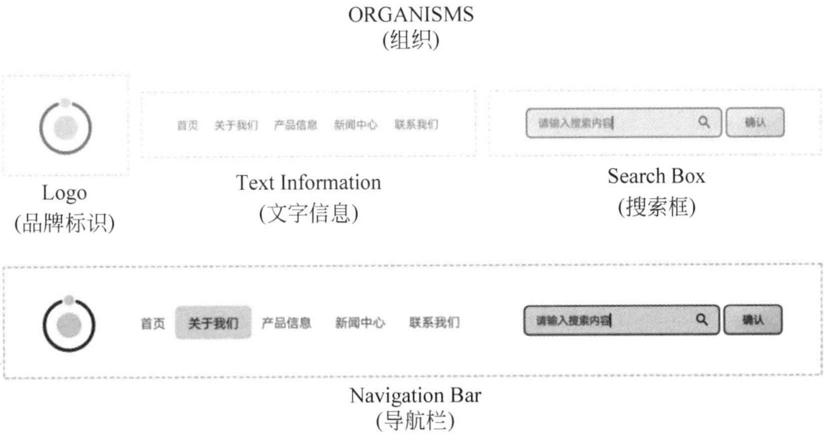

图 9-5　组织是不同分子的组合体

模板：构成页面基础的不同生物的组合。这包括这些生物的布局和背景。组件放置在布局中，并演示设计的基础内容结构，如图 9-6 所示。

页面：以上所有内容在一个真实的实例中协同工作，形成了一个页面。这也是模板的实际实现。将真实的内容应用于模板，阐明变化形式以演示最终的 UI 并测试设计系统的弹性，如图 9-7 所示。

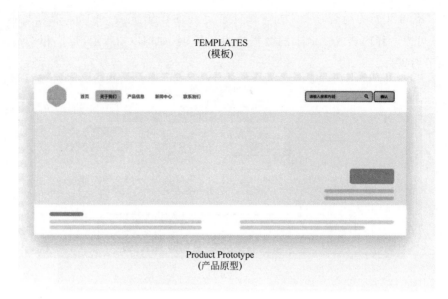

图 9-6 模板是构成页面基础的不同生物的组合

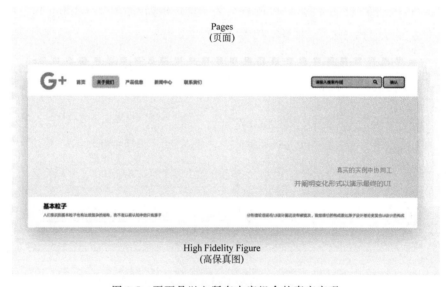

图 9-7 页面是以上所有内容组合的真实实现

9.1.2 组件库的设计原则

在组件库的设计原则中，以下两个原则是必须考虑的。

1. 单一职责设计原则

单一职责设计原则，在组件库的开发中非常适用。原则上一个组件只专注一件事情，职责单一就可以最大可能性地复用组件，但是这也带来一个问题，过度单一职责的组件也可能会导致过度抽象，造成组件库的碎片化。

如设计一个徽章数组件(Badge)，如图 9-8 所示，右上角有一个红点数字提示或者 Icon 图标，这个红点提示也可以被单独抽象为一个独立组件，但是通常不会将红点作为独立组件，因为在其他场景中这个组件的复用性较低，所以作为独立组件就属于细粒度过小，因此通常只会将它作为 Badge 的内部组件。

图 9-8　颗粒度大小满足单一复用原则

单一职责组件要建立在可复用的基础上，对于不可复用的单一职责组件仅仅作为独立组件的内部组件即可。

2. 通用性原则

如果要设计一个通用组件库，如何保证组件的通用性呢？通用性设计其实是一定意义上放弃对 DOM 的掌控，而将 DOM 结构的决定权转移给开发者。

组件的外观形态(DOM 结构)永远是千变万化的，但是其行为(逻辑)是固定的，因此通用组件的秘诀之一就是将 DOM 结构的控制权交给开发者，组件只负责行为和最基本的 DOM 结构。

9.1.3　组件库开发的技术选型

组件库的设计过程其实也是一款产品的设计过程，会有前期的场景调研，竞品分析，需求整理，用户体验，以及持续的试错迭代。从架构的角度出发，下面几点需要充分考虑：

(1) 组件设计思路，需要解决的场景。

(2) 组件代码规范。

(3) 组件测试。

(4) 组件维护，包括迭代、issue、文档、发布机制等。

对于组件库来讲，每个组件作为一个独立的单元存在，相互之间的依赖一般比较少，所以对于组件库自身没有必要采用 MonoRepo 的方式拆分为多个 package。

以组件库为主包、以各种自研的工具库作为从包的方式通用可以使用 MonoRepo 方式进行管理，下面列出了组件库开发使用的技术参考，如表 9-1 所示。

表 9-1　组件库开发使用的技术参考

名　　称	说　　明
Monolithic Repositories	项目结构的一种组织方式，有利于管理组件库项目的结构
Lerna＋Yarn workspaces	管理包的依赖，以及方便提交和发布所有组件
Jest	组件开发完毕后，对组件进行测试
Rollup	项目组件库打包
Parcel 2	使用 Parcel 2 搭建一个 Vue 3 项目 网址为 https://v2.parceljs.org/languages/vue/
Storybook	组件文档库
SASS	使用 SASS 开发样式、主题
ESLint	eslint-config-standard

9.1.4 组件框架样式主题设计

从 UI 设计者的角度,设计一套组件库,首先要考虑颜色、字体、边框、图标这些基础元素的设计,它们是构建各个组件的基石。这些基础设计都需要遵循一定的设计规范,UI 设计师在设计时会制定一套规范,同样程序员在实现时,在代码层面也同样遵循这些规范。

1. 颜色(Color)

1)品牌色

品牌色作为主色调,如图 9-9 所示,一般来讲,Light 常用于 hover,Dark 常用于 active。一般情况下,按钮、标签页等除特别标注组件外,组件的颜色以"辅助品牌色"为准。

图 9-9 品牌色

2)中性色

中性色常用于文本、背景、边框、阴影等,可以体现出页面的层次结构,如图 9-10 所示。整体中性色偏一点点蓝,让其在视觉体现上更加干净。根据使用场景,中性色主要被定义为 3 类:文字、线框、背景。

图 9-10 中性色

整体采用 HSB 色彩模型进行取色,从视觉一致的角度选取与品牌色一致的色调,并将每种颜色扩展 10 个色阶,丰富颜色阶梯,满足场景需求,如图 9-11 所示。

Blue1	#E8F4FF	Orange1	#FFF6F2	Red1	#FFF2F2	Green1	#D9FFF5	Gold1	#FFF9F2
Blue2	#D1E8FF	Orange2	#FFE5D9	Red2	#FFD9D9	Green2	#BFFFEF	Gold2	#FFDFBF
Blue3	#A3D1FF	Orange3	#FFC2A6	Red3	#FFA6A6	Green3	#8CFFE2	Gold3	#FFC68C
Blue4	#75BAFF	Orange4	#FFA073	Red4	#FF7373	Green4	#59FFD5	Gold4	#FFAD59
Blue5	#47A4FF	Orange5	#FF7E40	Red5	#FF4040	Green5	#26FFC8	Gold5	#FF9326
Blue6	#198CFF	Orange6	#FF5C0D	Red6	#FF0D0D	Green6	#0CE6AF	Gold6	#E6780B
Blue7	#106ECC	Orange7	#CC4A0B	Red7	#CC0B0B	Green7	#0AB388	Gold7	#B35D09
Blue8	#095199	Orange8	#993809	Red8	#990909	Green8	#088061	Gold8	#804207
Blue9	#043566	Orange9	#662506	Red9	#660606	Green9	#054D3A	Gold9	#4D2805
Blue10	#011A33	Orange10	#331303	Red10	#330303	Green10	#033326	Gold10	#331A03

图 9-11 透明度色值

3）辅助色

辅助色为界面设计中的特殊场景颜色，如图 9-12 所示。常用于信息提示，例如成功、警告和失败。

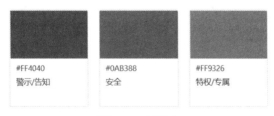

图 9-12　辅助色

2. 字体（Typography）

字体系统遵循一致、灵活的原则，推荐 macOS(iOS)优先的策略，在不支持苹方字体的情况，使用备用字体，如图 9-13 所示。

语言	1	2	3	4	5
中文	苹方	微软雅黑	冬青黑体	黑体	宋体
英文	Helvetica Neue	Helvetica	Arial	sans-serif	

图 9-13　前端字体适配的顺序

1）字体规范

中文优先级：PingFang SC、Hiragino Sans GB、Microsoft YaHei。

英文优先级：Helvetica Neue、Helvetica、Arial。

2）字阶与行高

字阶是指一系列有规律的不同尺寸的字体，拉开了页面的信息层级。行高是指一个包裹在字体外面的无形的盒子，提供了上下文之间呼应的空间，如图 9-14 所示。

根据斐波那契数列 1、1、2、3、5、8、13、21、34、... 设定字阶：

字阶	12	14	16	20	26	36	52	88	...
行高	20	22	24	28	34	44	60	96	...

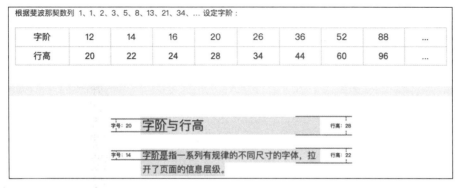

图 9-14　字阶与行高

3）字重

多数情况下,只出现 Regular 及 Medium 两种字体重量,Regular 主要应用于正文和辅助文字,Medium 主要应用于标题类,以突出层级关系,让信息更清晰,分别对应代码中的 500 和 400。考虑到数字和西文字体本身所占空间较小,建议使用 Semibold,使中西文混排时更适当,对应代码中的 600,如图 9-15 所示。

图 9-15 字重

3. 搭建组件库样式

根据设定好的"颜色""文字""边角""阴影""图标""线条"搭建组件库,以按钮为例,如图 9-16 所示。

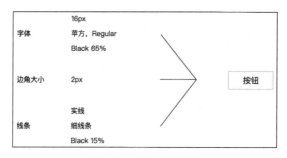

图 9-16 组件样式组合

4. 快速生成新的组件库

当从一个项目切换到另一个项目时,可以通过调整样式的参数,快速生成符合新项目的组件库。以按钮为例,如图 9-17 所示。

图 9-17 快速生成新的组件库

9.2 搭建组件库项目

本节介绍如何逐步搭建一个 Vue 3 组件库，组件库采用 MonoRepo 的模式进行包管理，方便组件库的多包管理和包发布。

9.2.1 搭建 MonoRepo 项目结构

首先，创建 vue3 design 目录，在该目录下初始化 MonoRepo 项目，命令如下：

```
mkdir vue3 design
cd vue3 design
npm init -y                    # 初始化项目，创建 package.json 文件
yarn add --dev lerna           # 本地安装 Lerna 包管理工具
yarn lerna init                # 初始化项目，并创建 lerna.json 文件
```

在 vue3 design 目录下，创建 packages 文件夹，所有管理的包都放在该目录中，效果如表 9-2 所示。vue3 design 目录中的目录结构，如图 9-18 所示。

表 9-2　vue3 design 目录

目录名称	目录说明	package.json 名称（name）	是否发布
vue3 design	整个项目目录，根目录	@vue3-design/libs	是
vueui3	基础组件库目录	@vue3-design/ui	否
vueui3-pro	业务组件库，基于 vueui3 基础进一步封装	@vue3-design/pro	否
vueui3_demo	对基础组件库（vueui3）的测试项目	vueui3_demo	是
vueui3-pro-demo	对业务组件库（vueui3-pro）的测试项目	vueui3-pro-demo	是

图 9-18　vue3 design 目录中的目录结构

修改根目录下的 package.json 文件，添加 workspace（包目录），这里把所有的包放在 packages 目录下，配置如下：

```
"name": "@vue3-design/libs",
"private": true,
  "workspaces": [
    "packages/*"
  ],
```

接下来,修改 lerna.json 文件,添加配置如下:

```
"npmClient": "yarn",
"useWorkspaces": true,
"stream": true,              #添加此参数会输出执行时的信息
```

9.2.2 搭建基础组件库(packages/vueui3)

下面详细介绍如何搭建一个基础组件库项目,具体步骤如下。

1. 初始化项目

在 packages 目录下创建 vueui3 目录,使用 Yarn 工具生成 package.json 文件,命令如下:

```
yarn init -y
```

打开生成的 package.json 文件,在配置文件中添加 main 和 module 两个配置,将 name 的名字修改为正式的包名,方便后面包的发布和安装。main 和 module 用来配置编译输出的目录和编译后的包文件的名称,代码如下:

```
"name": "@vue3-design/ui",
"main": "dist/vueui.umd.js",
"module": "dist/vueui.esm.js",
```

在 package.json 文件中配置输出的打包文件名称,如表 9-3 所示。

表 9-3 vueui3 基础组件库打包输出

package 名称	输出名称	说明
main	dist/vueui.umd.js	UMD 模块标准输出打包文件
module	dist/vueui.esm.js	ESM 模块标准输出,用于现代浏览器

创建项目目录结构,如图 9-19 所示。

2. 配置 Rollup 打包

配置 Rollup 工具打包,需要安装 Vue 3、@babel/core、Rollup 和 Rollup 相关插件等,具体安装如下:

图 9-19 vueui3 包目录结构

```
yarn add vue           --dev                    #默认使用 Vue 3
yarn add @babel/core @babel/preset-env --dev
yarn add rollup rollup-plugin-babel rollup-plugin-serve rollup-plugin-vue @rollup/
plugin-node-resolve rollup-plugin-postcss    --dev
```

安装上面的模块后,需要配置 rollup.config.js 文件,该文件主要告诉 Rollup 编译器如何编译和输出打包文件,rollup.config.js 配置如代码示例 9-1 所示。

代码示例 9-1   rollup.config.js

```js
import babel from 'rollup-plugin-babel';
import PostCSS from 'rollup-plugin-postcss'
import vuePlugin from 'rollup-plugin-vue'
import NodeResolve from '@rollup/plugin-node-resolve'
import pkg from './package.json'

export default {
    input: './src/index.js',
    output: [
        {
            name: 'vueui',                    //组件库全局对象
            file: pkg.main,
            format: 'umd',                    //umd 模式
            globals: {
                vue: 'Vue'                    //Vue 全局对象名称,若有 lodash,则应为 _
            },
            exports: 'named'
        },
        {
            name: 'vueui',                    //组件库全局对象
            file: pkg.module,
            format: 'esm',                    //umd 模式
            globals: {
                vue: 'Vue'                    //Vue 全局对象名称,若有 lodash,则应为 _
            },
            exports: 'named'
        }
    ],
    plugins: [
        NodeResolve(),
        vuePlugin({
            //PostCSS-modules options for <style module> compilation
            cssModulesOptions: {
                generateScopedName: '[local]___[hash:base64:5]',
            },
        }),
```

```
            babel({                              //解析 ES6 -> ES5
                exclude: "node_modules/**"       //排除文件的操作 glob
            }),
            PostCSS()
        ],
        external: ['vue'],
}
```

上面在 output 配置中,设置了两种不同格式的打包文件的输出,具体如表 9-4 所示。

表 9-4 输出 UMD 格式配置

output 配置名	配 置 值	说　　明
name	vueui	组件库全局对象 Globale.vueui={}
file	dist/vueui.umd.js	打包文件的输出路径和文件名称
format	umd	输出 UMD 的模块格式,支持 AMD、CommonJS

global	{
	　　vue: 'Vue'
	}
		配合配置 external 选项指定的外链在 umd 和 iife 文件类型下提供的全局访问变量名参数类型。
		external:['vue']

exports	named	使用什么导出模式,默认为 auto,它根据 entry 模块导出的内容猜测开发者的意图。 default:如果使用 export default…仅导出一个文件,则适合用这个选项。 named:如果导出多个文件,则适合用这个选项。 none:如果不导出任何内容,例如正在构建应用程序,而不是库,则适合用这个选项

9.2.3 搭建主题样式项目

按照原子设计理论的思路,首先需要将组件库的类型进行分类,然后从基础和核心元素入手,进行元素、组件、模块的搭建。

1. 创建组件库样式项目

主题样式项目作为 MonoRepo 的一个子包,采用 SASS 来编写,同时遵循原子设计理论。

在 packages 目录中,创建 themes 文件夹,如图 9-20 所示,初始化 package.json 文件,package 的 name 设置如下:

图 9-20 组件库样式规划

```
"name": "@vue3-design/themes",
"version": "1.0.0",
```

```
"main": "index.js",
"license": "MIT",
```

整个项目的目录结构如表 9-5 所示。

表 9-5 样式目录说明

目录名称	说明
base	标准的默认样式,如： reset.scss 样式重置 utility.scss 常用 mixin
foundation	项目的基础样式 _variables.scss 项目公共基础变量,如颜色、字体、阴影等值的设置 _typographies.scss 项目中的字体设置 _colors.scss 项目中的颜色设置
atoms	atoms(原子)用于定义单个抽象的组件样式 button.scss table.scss Lines(线段) Buttons(按钮) Icons(图标) Colours(颜色)
molecules	molecules(分子)用于定义组合组件
organisms	organisms(组织)用于定义块级别的组件 Navigation Bar(导航栏)

2. 组件库基础样式(foundation)
1) 全局变量设置(_variable.scss)
全局变量包括主题颜色、字体,如代码示例 9-2 所示。

代码示例9-2 设置主题颜色

```
$ -- color - primary: #409EFF !default;
$ -- color - white: #FFFFFF !default;
$ -- color - black: #000000 !default;
```

功能颜色设置,如代码示例9-3所示。

代码示例9-3 设置功能颜色

```
$ -- color - success: #67C23A !default;
$ -- color - warning: #E6A23C !default;
$ -- color - danger: #F56C6C !default;
$ -- color - info: #909399 !default;
```

文字颜色设置,如代码示例9-4所示。

代码示例9-4 设置文字颜色

```
$ -- color - text - primary: #303133 !default;
$ -- color - text - regular: #606266 !default;
$ -- color - text - secondary: #909399 !default;
$ -- color - text - placeholder: #C0C4CC !default;
```

边框设置,如代码示例9-5所示。

代码示例9-5 设置边框

```
$ -- border - width - base: 1px !default;
$ -- border - style - base: solid !default;
$ -- border - color - hover: $ -- color - text - placeholder !default;
$ -- border - base: $ -- border - width - base $ -- border - style - base $ -- border - color - base !default;
```

阴影设置,如代码示例9-6所示。

代码示例9-6 设置阴影

```
$ -- box - shadow - base: 0 2px 4px rgba(0, 0, 0, .12), 0 0 6px rgba(0, 0, 0, .04) !default;
$ -- box - shadow - dark: 0 2px 4px rgba(0, 0, 0, .12), 0 0 6px rgba(0, 0, 0, .12) !default;
$ -- box - shadow - light: 0 2px 12px 0 rgba(0, 0, 0, 0.1) !default;
```

字体设置,如代码示例9-7所示。

代码示例9-7 设置字体

```
$ -- font - path: 'fonts' !default;
$ -- font - display: 'auto' !default;
$ -- font - size - extra - large: 20px !default;
```

```scss
$--font-size-large: 18px !default;
$--font-size-medium: 16px !default;
$--font-size-base: 14px !default;
$--font-size-small: 13px !default;
$--font-size-extra-small: 12px !default;
$--font-weight-primary: 500 !default;
$--font-weight-secondary: 100 !default;
$--font-line-height-primary: 24px !default;
$--font-line-height-secondary: 16px !default;
$--font-color-disabled-base: #bbb !default;
/* Size */
$--size-base: 14px !default;
```

2）初始化样式（_reset.scss）

初始化样式，如代码示例9-8所示。

代码示例9-8　初始化样式

```scss
@import "../foundation/variables";
body {
  font-family: "Helvetica Neue", Helvetica, "PingFang SC", "Hiragino Sans GB", "Microsoft YaHei", "微软雅黑", Arial, sans-serif;
  font-weight: 400;
  font-size: $--font-size-base;
  color: $--color-black;
  -webkit-font-smoothing: antialiased;
}
a {
  color: $--color-primary;
  text-decoration: none;
  &:hover,
  &:focus {
    color: mix($--color-white, $--color-primary, $--button-hover-tint-percent);
  }
  &:active {
    color: mix($--color-black, $--color-primary, $--button-active-shade-percent);
  }
}
h1, h2, h3, h4, h5, h6 {
  color: $--color-text-regular;
  font-weight: inherit;
  &:first-child {
    margin-top: 0;
  }
```

```scss
    &:last-child {
      margin-bottom: 0;
    }
  }
  h1 {
    font-size: #{$--font-size-base + 6px};
  }
  h2 {
    font-size: #{$--font-size-base + 4px};
  }
  h3 {
    font-size: #{$--font-size-base + 2px};
  }
  h4, h5, h6, p {
    font-size: inherit;
  }
  p {
    line-height: 1.8;
    &:first-child {
      margin-top: 0;
    }
    &:last-child {
      margin-bottom: 0;
    }
  }
  sup, sub {
    font-size: #{$--font-size-base - 1px};
  }
  small {
    font-size: #{$--font-size-base - 2px};
  }
  hr {
    margin-top: 20px;
    margin-bottom: 20px;
    border: 0;
    border-top: 1px solid #eeeeee;
  }
```

3. 组件库原子样式（atoms）

这里使用 BEM 命名规范，BEM 的意思就是块（Block）、元素（Element）、修饰符（Modifier），是由 Yandex 团队提出的一种前端命名方法论。这种巧妙的命名方法让 CSS 类对其他开发者来讲更加透明而且更有意义。BEM 命名约定更加严格，而且包含更多的信息，它们用于一个团队开发一个耗时的大项目。

这里定义 BEM 命名的 mixin，如代码示例 9-9 所示。

代码示例 9-9　BEM 命名

```scss
@mixin BEM($block) {
  $B: $namespace + '-' + $block !global;
  .#{$B} {
    @content;
  }
}
```

上面用 $namespace 定义在 config.scss 文件中，如代码示例 9-10 所示。

代码示例 9-10　config.scss

```scss
$namespace: 'ev';
$element-separator: '__';
$modifier-separator: '--';
$state-prefix: 'is-';
```

button 组件(_button.scss)如代码示例 9-11 所示。

代码示例 9-11　_button.scss

```scss
@import "../foundation/variables";
@import "../foundation/mixins";
@import "./mixin";

@include BEM(button) {
    display: inline-block;
    line-height: 1;
    white-space: nowrap;
    cursor: pointer;
    background: $--button-default-background-color;
    border: $--border-base;
    border-color: $--button-default-border-color;
    color: $--button-default-font-color;
    -webkit-appearance: none;
    text-align: center;
    box-sizing: border-box;
    outline: none;
    margin: 0;
    transition: .1s;
    font-weight: $--button-font-weight;

    & + & {
```

```scss
      margin-left: 10px;
    }

    @include button-size($--button-padding-vertical, $--button-padding-horizontal, $--button-font-size, $--button-border-radius);

    @include m(primary) {
      @include button-variant($--button-primary-font-color, $--button-primary-background-color, $--button-primary-border-color);
    }

    @include m(success) {
      @include button-variant($--button-success-font-color, $--button-success-background-color, $--button-success-border-color);
    }

    @include m(danger) {
      @include button-variant($--button-danger-font-color, $--button-danger-background-color, $--button-danger-border-color);
    }

    @include when(round) {
      border-radius: 20px;
      padding: 12px 23px;
    }
  }
```

4. CSS 代码格式检查和格式化代码

CSS 代码格式化检查和格式化矫正是保持代码风格一致性的重要保证，下面通过 Stylelint 和 Prettier 两个工具帮助开发人员自动完成检查和矫正。

1）安装 Stylelint 和 Prettier

Stylelint 是一个强大的现代 CSS 代码检查工具，可以帮助开发者避免错误并在样式中强制执行约定。Prettier 是代码格式化工具，它能去掉原始的代码风格，确保团队的代码使用统一的格式。

安装依赖插件，如表 9-6 所示，命令如下：

```
yarn add --dev stylelint
yarn add --dev stylelint-config-sass-guidelines
yarn add --dev stylelint-config-prettier
yarn add --dev stylelint-prettier prettier
```

表 9-6 Stylelint 依赖插件说明

插 件 名	说 明
stylelint-config-standard	官网提供的 CSS 标准
stylelint-config-recess-order	属性排列顺序
stylelint-prettier	基于 Prettier 代码风格的 Stylelint 规则
stylelint-config-prettier	禁用所有与格式相关的 Stylelint 规则，解决 Prettier 与 Stylelint 规则冲突，确保将其放在 extends 队列最后，这样它将覆盖其他配置

2）配置 Stylelint

在根目录下创建 .stylelintrc.json 文件，使用基于 Prettier 代码风格的 Stylelint 规则，并进行代码格式化，配置如下：

```
{
    "plugins": [
        "stylelint-prettier"
    ],
    "extends": [
        "stylelint-config-sass-guidelines",
        "stylelint-config-prettier",
        "stylelint-prettier/recommended"
    ]
}
```

3）配置 Stylelint 执行脚本

在 package.json 文件中配置监测和修复命令，默认对不能自动修复的部分终端会报出 warning、error，需要根据提示信息手动修复。使用 --fix 自动修复格式错误，命令如下：

```
"scripts": {
  "lint": "stylelint \"src/**/*.{css,scss,vue}\"",
  "lint:fix": "yarn lint --fix"
}
```

5. 使用 Husky 自动在 Git 提交前检查代码

为了防止一些不规范的代码 commit 并 push 到远程仓库，可以在 Git 提交命令执行前用一些钩子来检测并阻止。

Husky 是一个 Git Hook 工具。Husky 会在 git commit 前做一些操作，如 eslint 和提交规范检查等。

1）安装 husky 和 lint-staged

```
yarn add --dev husky lint-staged
```

2）配置 husky

在 package.json 文件中添加 husky 配置，代码如下：

```
"husky":{
  "hooks":{
    "pre-commit":"lint-staged"
  }
},
"lint-staged":{
  "*.scss":"yarn lint:fix"
}
```

6. 编译 SCSS

SCSS 代码编译采用 gulp-sass 插件，该插件依赖 SCSS 模块，安装步骤如下。

1）安装 gulp-sass

```
yarn add gulp gulp-autoprefixer gulp-cssmin --dev
yarn add sass gulp-sass --dev
```

2）编译 SCSS

在项目的根目录下，添加 gulpfile.js 文件，编写编译任务，读取 atoms、molecules、organisms 目录所有组件的样式文件，并进行编译输出，如代码示例 9-12 所示。

代码示例 9-12　使用 gulp 编译 SCSS

```javascript
const getComponents = ()=>{
const fs = require("fs")
const path = require("path")
const { series, src, dest } = require("gulp");
const sass = require('gulp-sass')(require('sass'));
const autoprefixer = require("gulp-autoprefixer");
const cssmin = require("gulp-cssmin");

function compile(inputfile,outfile) {
  return src(inputfile)
    .pipe(sass.sync())
    .pipe(
      autoprefixer({
        browsers: ["ie > 9", "last 2 versions"],
        cascade: false,
      })
    )
    //.pipe(cssmin())
    .pipe(dest(outfile));
```

```
}
function getComponents(){
  let allComponents = []
  const types = ['atoms','molecules','organisms']
  types.forEach(type=>{
      const allFiles = fs.readdirSync('src/${type}').map(file=>({
          input:'./src/${type}/${file}',
          output:'./libs/${type}'
      }))
      allComponents = [
          ...allComponents,
          ...allFiles
      ]

  })
  return allComponents;
}

const compileAllComponents = ()=>{
  const global = {
    input:"./src/*.scss",
    output:'./libs/'
  }
  const allScss = [...getComponents(),global]
  allScss.forEach(component=>{
    console.log(component)
    compile(component.input,component.output)
  })
}

function copyfont() {
  return src("./src/fonts/**").pipe(cssmin()).pipe(dest("./libs/fonts"));
}

exports.build = series(compileAllComponents);
```

9.3 组件库详细设计

完成了样式主题的设计和开发后，本节开始介绍如何设计组件部分，一个完整的组件设计应该包括设计需求、界面结构、界面样式、动态交互效果、组件的输入和输出接口设计、组件的业务逻辑设计六部分。

同时一个设计良好的组件还需要满足易用性、扩展性、可组合性、复用性等特征。

9.3.1 Icon 图标组件

Icon 图标组件提供了一套常用的图标集合。可以直接通过设置类名来使用,如图 9-21 所示。

图 9-21 Icon 图标效果图

图标组件的使用方法如下:

```
<ev-icon size="30" color="red" iconName="ev-icon-pinglun"></ev-icon>
<ev-icon size="60" color="#00f" iconName="ev-icon-sousuo"></ev-icon>
```

图标组件通过 size 和 color 属性设置大小和颜色,图标通过 iconName 指定,如表 9-7 所示。

表 9-7 Icon 图标的使用

输入属性名	属 性 说 明
color	Icon 图标的颜色
size	size×size
iconName	Icon 图标名称,如 ev-icon-pinglun

Icon 组件使用 iconfont 字体图标。

1. Icon 组件界面结构设计

这里使用简单的 i 标签,如代码示例 9-13 所示。

代码示例 9-13　Icon 组件的界面 template

```
<template>
    <i
        :style="{fontSize: '${size}px',color:color}"
        :class="iconName">
    </i>
</template>

<script setup>
    const props = defineProps({
        size:Number,
        color:String,
        iconName:String
    })
</script>
```

2. Icon 组件的界面样式设计

下载 iconfont 字体图标,根据需要修改字体图标的样式名,如代码示例 9-14 所示。

代码示例 9-14　Icon 组件的样式

```scss
@import "../foundation/variables";

@font-face {
  font-family: 'iconfont';
  src: url('#{$--font-path}/iconfont.ttf') format('truetype');
  font-weight: normal;
  font-display: $--font-display;
  font-style: normal;
}

[class^="ev-icon-"], [class*=" ev-icon-"] {
    font-family: "iconfont" !important;
    speak: none;
    font-style: normal;
    font-weight: normal;
    font-variant: normal;
    text-transform: none;
    line-height: 1;
    vertical-align: baseline;
    display: inline-block;
    -webkit-font-smoothing: antialiased;
    -moz-osx-font-smoothing: grayscale;
}

.ev-icon-fenxiang:before {
    content: "\e61a";
}

.ev-icon-pinglun:before {
    content: "\e61b";
}
```

3. Icon 组件的输入和输出接口设计

Icon 组件的输入接口,如表 9-7 所示,无输出接口,如代码示例 9-15 所示。

代码示例 9-15　设置组件的接口属性

```html
<script setup>
    const props = defineProps({
        size:Number,
        color:String,
```

```
        iconName:String
    })
</script>
```

9.3.2 Button 组件

Button 组件是组件库中最基础的组件之一，Button 组件可以和 Icon 组件进行组合使用。

1. Button 组件的设计需求

Button 组件可配置多种不同的按钮样式，如表 9-8 所示。

表 9-8 Button 组件的不同样式

类型	说明
基本用法	默认按钮 主要按钮 成功按钮 信息按钮 警告按钮 危险按钮 朴素按钮 主要按钮 成功按钮 信息按钮 警告按钮 危险按钮 圆角按钮 主要按钮 成功按钮 信息按钮 警告按钮 危险按钮 🔍 ✏ ✓ ✉ ★ 🗑
禁用用法	默认按钮 主要按钮 成功按钮 信息按钮 警告按钮 危险按钮 朴素按钮 主要按钮 成功按钮 信息按钮 警告按钮 危险按钮
文字按钮	文字按钮 文字按钮
图标按钮	✏ ＜ 🗑 🔍搜索 上传⬆
按钮组	＜上一页 下一页＞ ✏ ＜ 🗑
加载中	✻ Loading ↻ Loading ◡ Loading
不同尺寸	Large Default Small 🔍Search 🔍Search 🔍Search Large Default Small 🔍Search 🔍Search 🔍Search 🔍 🔍 🔍

2. Button 组件界面结构设计

下面实现部分 Button 组件的设计功能，模板结构如代码示例 9-16 所示。

代码示例9-16　Button组件的template

```
<template>
    <button class = "ev-button" :class = "classes">
        <span>
            <slot></slot>
        </span>
    </button>
</template>
```

3. Button组件的输入和输出接口设计

Button的输入接口的设计非常关键,这里以type(按钮的类型)和round(圆角设置)输入为例,如代码如9-17所示。

代码示例9-17　Button接口设置

```
//输入接口props
const props = defineProps({
    //Button类型
    round: Boolean,
    type: {
        type: String,
        validator(val) {
            return [
                'primary',
                'success',
                'warning',
                'danger',
                'info',
                'text'
            ].includes(val)
        }
    },
})
```

Button组件的输入接口如表9-9所示。

表9-9　Button组件的部分输入属性

输入属性名	类型	默认值	属性说明
round	Boolean	false	设置Button的圆角效果 主要按钮　　成功按钮
type	String	default	根据不同的值设置不同的按钮背景 主要按钮　成功按钮　信息按钮　警告按钮　危险按钮

4. Button 组件的界面样式设计

使用 BEM 的方式定义 Button 样式,如代码示例 9-18 所示。

代码示例 9-18　Button 不同风格样式设置

```scss
@import "../foundation/variables";
@import "../foundation/mixins";
@import "./mixin";
//使用 BEM 格式
@include bem(button) {
    display: inline-block;
    line-height: 1;
    white-space: nowrap;
    cursor: pointer;
    background: $--button-default-background-color;
    border: $--border-base;
    border-color: $--button-default-border-color;
    color: $--button-default-font-color;
    -webkit-appearance: none;
    text-align: center;
    box-sizing: border-box;
    outline: none;
    margin: 0;
    transition: .1s;
    font-weight: $--button-font-weight;

    //设置 Button 的边界
    & + & {
      margin-left: 10px;
    }

    //设置 Button 的大小
     @include button-size($--button-padding-vertical, $--button-padding-horizontal, $--button-font-size, $--button-border-radius);

    //设置按钮背景颜色:primary
    @include m(primary) {
        @include button-variant($--button-primary-font-color, $--button-primary-background-color, $--button-primary-border-color);
    }

    //设置按钮背景颜色:success
    @include m(success) {
        @include button-variant($--button-success-font-color, $--button-success-background-color, $--button-success-border-color);
    }
```

```scss
//设置按钮背景颜色:danger
@include m(danger) {
    @include button-variant($--button-danger-font-color, $--button-danger-background-color, $--button-danger-border-color);
}

//设置圆角背景
@include when(round) {
    border-radius: 20px;
    padding: 12px 23px;
}

@include when(circle) {
    border-radius: 50%;
    padding: $--button-padding-vertical;
}
```

上面涉及3个mixin的定义,如代码示例9-19所示。

代码示例9-19

```scss
@import "../base/config.scss";

/* BEM */
@mixin bem($block) {
    $B: $namespace + '-' + $block !global;

    .#{$B} {
        @content;
    }
}

@mixin m($modifier) {
    $selector: &;
    $currentSelector: "";
    @each $unit in $modifier {
        $currentSelector: #{$currentSelector + & + $modifier-separator + $unit + ","};
    }

    @at-root {
        #{$currentSelector} {
            @content;
        }
    }
}
```

```scss
}
@mixin when( $state) {
  @at-root {
    &.#{ $state-prefix + $state} {
      @content;
    }
  }
}
```

9.4 搭建 Playgrounds 项目

为了方便组件库的测试,这里搭建一个简单的 Playgrounds 项目用来测试组件的展示。

9.4.1 创建 Playgrounds 项目

安装 Vue 3 和 Parcel 2,Parcel 是一种极速零配置的 Web 应用打包工具,相对于 Webpack 和 Rollup 来讲,更加简单实用,安装命令如下:

```
yarn add vue                    # 默认安装 Vue 3 版本
yarn add parcel --dev           # 默认安装 Parcel 2
```

添加执行脚本:

```json
"scripts": {
    "start": "parcel serve ./src/index.html",
    "build": "parcel build index.html"
  }
```

9.4.2 测试 Playgrounds 项目

首先在 index.js 文件中引用组件库,如代码示例 9-20 所示。

代码示例 9-20   chapter09\vue3 design\playgrounds\vueui3-demo\src\index.js

```js
import {createApp} from "vue"
import VueUI   from '@vue3-design/ui';
import App from "./App.vue";
import "@vue3-design/themes/libs/global.css"

const app = createApp(App)
app.use(VueUI)
app.mount("#app")
```

创建测试组件页面，如代码示例 9-21 所示。

代码示例 9-21 chapter09\vue3 design\playgrounds\vueui3-demo\src\App.vue

```
<template>
    <h1>测试组件库</h1>
    <ev-button type="primary" @click="show">按钮 1</ev-button>
    <ev-button type="success" round>按钮 2</ev-button>
</template>

<script>
export default {
    methods: {
        show: (e) => {
            console.log(e)
        }
    }
}
</script>
```

执行 yarn start 命令，在浏览器中查看效果，如图 9-22 所示。

图 9-22　测试组件库效果

9.5　组件库发布与集成

开发好组件库后，最后一步就是将组件库发布到 NPM 市场，对于 Lerna 管理的包可以选择性地进行发布，不需要发布的包，可以将 package.json 文件中的 private 选项设置为 true，Lerna 在发布时会检测 private 选项，当设置为 true 时不会发布，这样就非常方便对多包的发布管理了。

9.5.1　添加 publishConfig 配置

发布组件库之前，首先需要设置 package.json 文件中的 publishConfig 选项，access 表示发布为公开的模块，registry 指向 npmjs 的官方地址，代码如下：

```
"publishConfig": {
  "access": "public",
  "registry": "https://registry.npmjs.org"
}
```

9.5.2　设置发布包的文件或者目录

打开上传包的 package.json 文件,添加 files 选项,在 files 数组中可以添加上传的目录,可以添加多个,如下面设置的 dist 目录,发布后就只有 dist 目录。如果不设置 files 数组,就会上传整个包的代码,这里建议设置,代码如下:

```
{
  "name": "@vue3-design/ui",
  "main": "dist/vueui.umd.js",
  "module": "dist/vueui.esm.js",
  "types": "dist/index.d.ts",
  "files": [
    "dist"
  ],
  ...
}
```

9.5.3　提交代码到 Git 仓库

这里使用 Gitee 创建一个公开库,并将提交工程代码到仓库中。
Git 暂存命令如下:

```
git add . && git status
```

提交到本地仓库的命令如下:

```
git commit -m 'init'
```

推送 Gitee 仓库命令如下:

```
git remote add origin https://gitee.com/xxx/xx.git
git push -u origin master
```

9.5.4　使用 Commitizen 规范的 commit message

在开发过程中大家应该经常会见到一些不规范的 commit msg,git commit 对于提高 git log 的可读性、可控的版本控制和 changelog 生成都有着重要的作用。

Commitizen 是遵循 Conventional Commits 规范的一个 NPM 开发工具包,以命令行提示的方式让开发者更容易地按规范提交。它同时遵守 Angular 的约定,提供了多种 type,如表 9-10 所示。

表 9-10 Angular 约定的 type

前缀	中 文 解 释
feat	新增一个功能
docs	文档变更
style	代码格式（不影响功能，例如空格、分号等格式修正）
refactor	代码重构
fix	修复一个 Bug
perf	改善性能
test	测试
build	变更项目构建或外部依赖（例如 scopes：webpack、gulp、npm 等）
ci	更改持续集成软件的配置文件和 package 中的 scripts 命令，例如 scopes：Travis、Circle 等
chore	变更构建流程或辅助工具
revert	代码回退

安装插件列表，如表 9-11 所示。

表 9-11 插件列表

插 件 名 称	说 明
commitizen	Commitizen 插件简介：使用 Commitizen 提交时，系统将提示开发者在提交时填写所有所需的提交字段。不需要再等到稍后 Git 提交钩子函数来检测提交内容，从而拒绝提交请求
cz-conventional-changelog	cz-conventional-changelog 用来规范提交信息
conventional-changelog-cli	从 git metadata 生成变更日志

1. 安装 Commitizen

安装命令如下：

```
yarn add --dev commitizen cz-conventional-changelog -W
```

注意：-W：--ignore-workspace-root-check，允许依赖被安装在 workspace 的根目录。

安装好 Commitizen 后，需要在 package.json 文件中配置 cz-conventional-changelog 路径，这里默认配置在 node_modules 中，配置如下：

```
"config": {
   "commitizen": {
      "path":"cz-conventional-changelog"
   }
}
```

添加 script 命令，命令如下：

```json
"scripts": {
  "commit":"yarn git-cz"
},
```

在命令行中执行命令,命令如下:

```
#执行添加本地仓库
git add .

#提交采用 Commitizen
yarn commit
```

2. 执行 yarn commit 命令

根据提示填写规范化的 commit 信息,效果如图 9-23 所示。

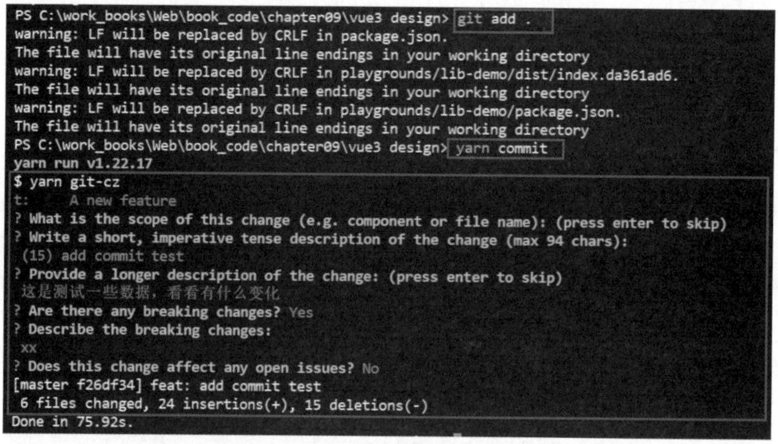

图 9-23 填写规范化的 commit 信息

查看 Git 日志,效果如图 9-24 所示。

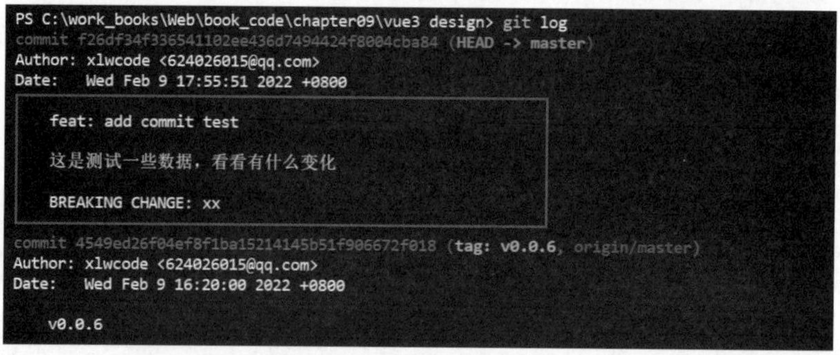

图 9-24 查看 Git 日志记录

9.5.5 使用 Lint+Husky 规范的 commit message

下面介绍另外一种规范 commit 提交信息的方法,Commitlint 结合 Husky 可以在 git commit 时校验 commit 信息是否符合规范。

Husky 是一个 Git Hook 工具。可以使用 Husky 实现提交前 ESLint 校验和 commit 信息的规范校验。

1. Husky 安装

安装 Husky,命令如下:

```
npm install husky -- save - dev
```

安装 Husky Git Hooks,命令如下:

```
#方法 1
npx husky install
#方法 2:配置 package.json 文件,添加命令脚本
scripts:{
  "prepare": "husky install"
}
npm run prepare
# husky - Git hooks installed
```

测试 Husky 钩子作用,添加 pre-commit 钩子,命令如下:

```
npx husky add .husky/pre - commit "npm test"
```

执行上面的命令后,查看当前目录.husky 是否有生成了 pre-commit 文件。如果需要删除这个钩子,则可直接删除 .husky/pre-commit 文件,如图 9-25 所示。

图 9-25　测试是否生成了 Husky 钩子

2. Commitlint 安装配置

安装 Commitlint,命令如下:

```
yarn add -- dev @commitlint/cli @commitlint/config - conventional - W
```

commitlint/config-conventional 是规则集,比较常用的 Conventional Commits 是 Angular 约定。

配置 Commitlint 规则 commitlint.config.js,新建 commitlint.config.js 文件,增加的配置如下:

```
module.exports = {
  extends: ["@commitlint/config-conventional"],
};
```

生成的配置文件是默认的规则,也可以自己定义规则,提交格式如下:

```
<type>(<scope>): <subject>
```

Husky 添加 Commitlint 钩子,命令如下:

```
npx husky add .husky/commit-msg 'npx --no-install commitlint --edit "$1"'
```

Husky 的配置可以使用 .huskyrc、.huskyrc.json、.huskyrc.js 或 husky.config.js 文件。这里介绍在 package.json 文件中增加以下配置:

```
"husky": {
"hooks": {
    "commit-msg": "commitlint -E HUSKY_GIT_PARAMS"
}
},
```

配置 Commitlint,添加 commitlint.config.js 文件,代码如下:

```
module.exports = {
    extends: ['@commitlint/config-conventional']
};
```

测试 Commitlint 钩子,命令如下:

```
git add .
git commit -m 'xx'
zuo@zmac comitizen-practice-demo % git commit -m 'xxx'
#✘   input: xxx
#✘   subject may not be empty [subject-empty]
#✘   type may not be empty [type-empty]

#✘   found 2 problems, 0 warnings
#ⓘ   Get help: https://github.com/conventional-changelog/commitlint/# what-is
-commitlint

# husky - commit-msg hook exited with code 1 (error)
```

提示缺少 subject,表示缺少提交信息,type 表示提交类型。

9.5.6 使用 Lerna 生成 changelogs

在 lerna.json 文件中开启对 CHANGELOG 的记录，将 conventionalCommits 设置为 true，配置如下：

```
{
  "command": {
    "version": {
      "conventionalCommits": true,
      "ignoreChanges": [
        "*.md"
      ]
    }
  }
}
```

9.5.7 将库发布到 npmjs 网站

首先登录 npmjs 网站，进入创建组织页面（https://www.npmjs.com/org/create），如图 9-26 所示。

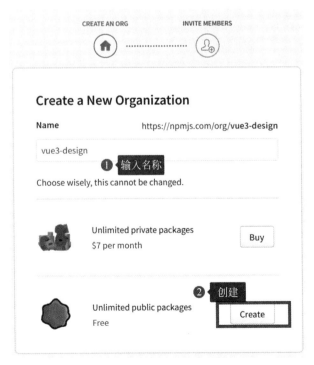

图 9-26　创建公开 NPM 包组织

创建好组织后，在本地通过 npm 命令登录，登录成功后，执行 lerna publish 命令发布组件库，如图 9-27 所示。

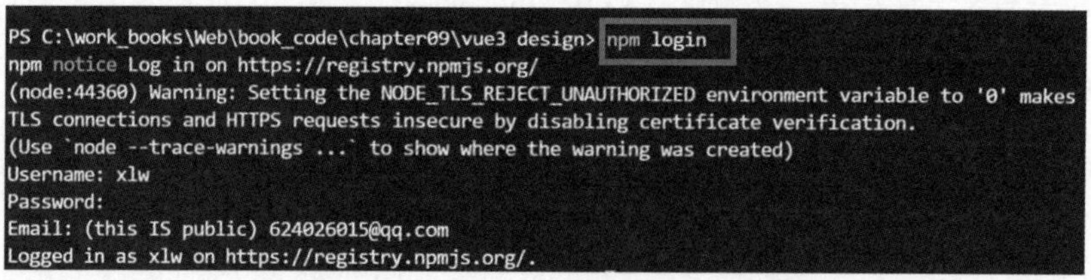

图 9-27 使用 npm login 命令行登录

执行 lerna publish 命令后，在 npmjs.com 网站查看上传的包，如图 9-28 所示。

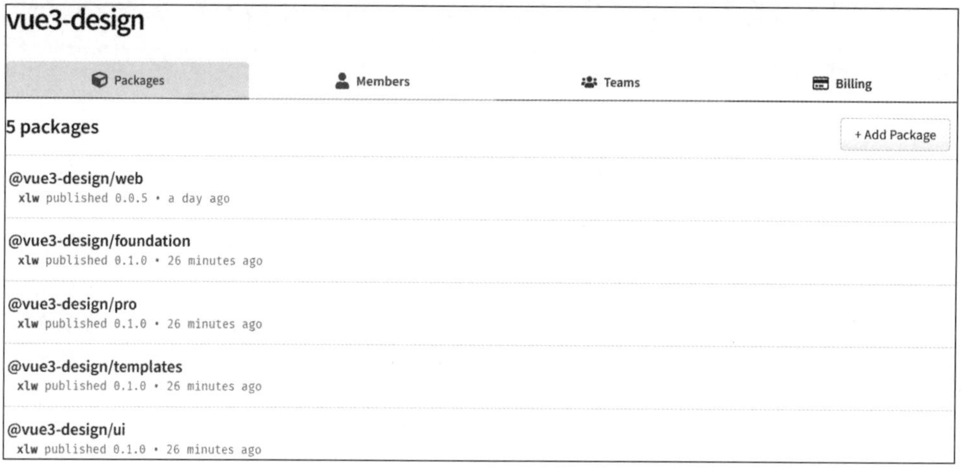

图 9-28 发布组件库成功

第 3 篇

React 框架篇

第 10 章　React 语法基础

第 11 章　React 进阶原理

第 12 章　React 组件库开发实战

第 10 章 React 语法基础

React 框架可以说是目前为止最热门、生态最完善、应用范围最广的前端框架之一。React 生态圈横跨 Web 端、移动端、服务器端，乃至 VR 领域。可以毫不夸张地说，React 已不单纯地是一个框架，而是一个行业解决方案。

10.1 框架介绍

React(React.js 或 ReactJS)，如图 10-1 所示，是一个以数据驱动来渲染 HTML 视图的开源 JavaScript 库。React 视图采用自定义 HTML 标签(自定义组件)的方式创建。React 实现了子组件不能直接影响外层组件(Data Flows Down)的模型，数据变更驱动 HTML 文档的有效更新，以及单页应用中组件与组件之间完全隔离。

图 10-1　React 框架 Logo

10.1.1 React 框架由来

React 框架是由 Facebook 的工程师 Jordan Walke 开发的。他的主要灵感来源于 PHP 的 HTML 组件框架 XHP。2011 年 Facebook 的 newsfeed 网站采用 React 开发，2012 年 Instagram(图片分享)网站也采用了 React 来开发。由于框架设计和性能非常出色，所以 2013 年 5 月 Facebook 在 JSConf US(JavaScript 开发者大会)上正式宣布该框架开源。

说明：XHP 是一个 PHP 扩展，通过它，开发人员可以直接在 PHP 代码中内嵌 XML 文档片段，作为合法的 PHP 表达式。这样，PHP 就成为一个更为严格的模板引擎，大大简化了实现可重用组件的工作。

10.1.2　React 框架特点

React 框架的特点包括自动化的 UI 状态管理、高效的虚拟 DOM、细颗粒的组件化开发、JSX 语法支持、轻量级库等特点。

1. 自动化的 UI 状态管理

在单页应用中，跟踪 UI 并维护状态是非常困难和消耗时间的，而在 React 中，只需关注 UI 所处的最终状态。它不关心 UI 开始是什么状态，也不关心用户改变 UI 会采取哪些步骤，只需要关心 UI 结束的状态。

React 负责管理 UI 的状态变化，并确保 UI 能正确表示，所以所有状态管理的事情不再需要开发者操心，如图 10-2 所示。

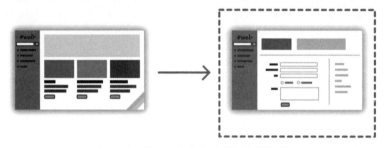

图 10-2　React 自动化的 UI 状态管理

2. 高效的虚拟 DOM 操作

因为 DOM 操作非常慢，所以 React 采用虚拟 DOM，虚拟 DOM 作为 JS 对象保存在内存中。React 通过比较虚拟 DOM 和真实 DOM 之间的差别，找出哪个改变很重要，然后在一个称为 Reconciliation 的过程中做出最少量的 DOM 改变，以确保一切保持最新，如图 10-3 所示。

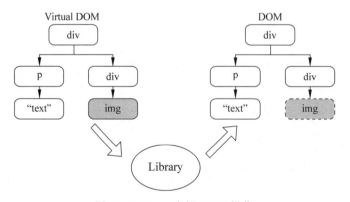

图 10-3　React 虚拟 DOM 操作

3. 基于细颗粒的组件化开发

React 框架强调将 UI 元素分为更小的组件，而不是一整块，如图 10-4 所示。

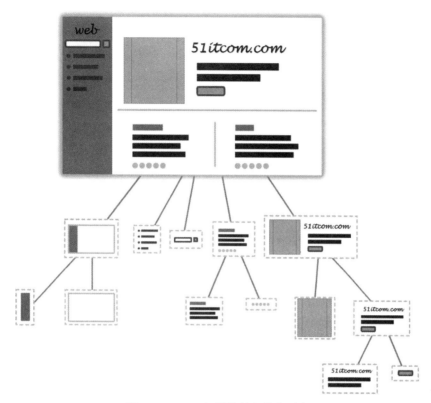

图 10-4　React 细颗粒的组件化开发

在编程领域中，模块化、简洁、自包含是好的理念。React 把这些理念带到用户界面中。很多 React 的核心 API 围绕着更容易创建更小的界面组件进行扩展，这些界面组件随后可以与其他界面组件组合，创建更大更复杂的界面组件。

4．支持在 JavaScript 中定义 UI

在早期的 Web 开发中，崇尚将页面的结构、表现形式和行为分离，也就是将 UI 的结构、表现形式和行为部分分别分离到 HTML、CSS 和 JavaScript 三个文件中。

而 React 实现的方式是：UI 完全在 JavaScript 中定义，充分利用 JavaScript 提供的强大功能，在 JS 模板内做各种事情，受到的限制只是 JavaScript 支持与不支持，而不是模板框架的限制。

React 允许我们用类似 HTML 的语法，即 JSX，来定义 UI，而 JavaScript 完全支持 JSX。可以像下面这样用 JSX 指定标记，代码如下：

```
ReactDOM.render(
  <div>
    <h1>Vue</h1>
    <h1>React</h1>
```

```
    <h1>Flutter</h1>
    <h1>ArkUI</h1>
  </div>,
  destination
);
```

以上这段代码改用 JavaScript 编写，代码如下：

```
ReactDOM.render(React.createElement(
  "div",
  null,
  React.createElement(
    "h1",
    null,
    "Vue"
  ),
  React.createElement(
    "h1",
    null,
    "React"
  ),
  React.createElement(
    "h1",
    null,
    "Flutter"
  ),
  React.createElement(
    "h1",
    null,
    "ArkUI"
  )
)
```

通过 JSX 就能使用很熟悉的 HTML 语法很轻松地定义 UI，同时依然拥有 JavaScript 的强大功能和灵活性。

5. 只关注 View 层

React 并非一个完整的框架，它主要作用于视图层，所有它关心的问题紧密围绕着界面元素，并且让界面元素保持最新。这意味着不管项目中所用 MVC 架构中的 M 和 C 部分是什么，都可以自由地用 React 作为 V 部分。

这种灵活性让开发者可以挑选熟悉的技术，并且让 React 不仅可以用来新创建 Web 应用，还可以用它来修改已有的应用，而不需要删除或者重构整个代码。

10.2 开发准备

本节介绍 React 项目搭建与脚手架的使用,以及安装 React Developer Tools 帮助我们更好地开发 React 项目。

10.2.1 手动搭建 React 项目

手动搭建 React 项目,有以下 3 种方式：CDN 获取、手动搭建编译环境、使用官方脚手架工具创建,下面分别介绍如何使用这 3 种方式进行项目创建。

1. 直接通过 CDN 获取 React UMD 版本

可以通过 CDN 获得 React 和 ReactDOM 的 UMD 版本。通过远程的方法访问,也可以放到自己的 CDN 网络中,如代码示例 10-1 所示。

代码示例 10-1　CDN 引用 React

```
< script
Crossorigin
src = "https://unpkg.com/react@17/umd/react.development.js">
</script >
< script
crossorigin src = "https://unpkg.com/react-dom@17/umd/react-dom.development.js">
</script >
```

上述版本仅用于开发环境,不适合用于生产环境。压缩优化后用于生产的 React 版本可通过以下方式引用,如代码示例 10-2 所示。

代码示例 10-2　CDN 引用 react-dom

```
< script
crossorigin
src = "https://unpkg.com/react@17/umd/react.production.min.js">
</script >
< script
crossorigin src = "https://unpkg.com/react-dom@17/umd/react-dom.production.min.js">
</script >
```

如果需要加载指定版本的 React 和 ReactDOM,可以把 17 替换成所需加载的版本号。

注意：直接使用 CDN,仅限于学习和测试,实践开发中不推荐这种方法。

如果直接在页面中解析 React 代码,则还需要引入 Babel,如代码示例 10-3 所示。

代码示例 10-3　必须引入 babel

```
< script src = "https://unpkg.com/babel-standalone@6/babel.min.js"></script >
```

页面完整代码如代码示例 10-1 所示，下面的 React 代码需放在 script 中，script 的类型需要设置为 type="text/babel"，这样 Babel 才会处理 React 的编译，如代码示例 10-4 所示。

代码示例 10-4　页面中运行 React 代码

```html
<!DOCTYPE html>
<html lang="en">
<head>
    <meta charset="UTF-8">
    <title>在浏览器中使用 React</title>
    <script crossorigin src="https://unpkg.com/react@17/umd/react.development.js"></script>
    <script crossorigin src="https://unpkg.com/react-dom@17/umd/react-dom.development.js"></script>
    <script src="https://unpkg.com/babel-standalone@6/babel.min.js"></script>
</head>
<body>
    <div id="app"></div>
    <script type="text/babel">
        let element = <h1>Hello React!</h1>
        ReactDOM.render(element, document.querySelector("#app"))
    </script>
</body>
</html>
```

2. 基于 Webpack 的 React 项目搭建

手动搭建 React 项目，可以采用 Webpack 或者 Rollup 工具来编译构建 React，下面逐步介绍手动搭建的过程。

1) 项目创建

创建一个文件夹 webpack-react-demo，进入该目录，在该目录下打开一个终端，执行 npm init 命令。根据提示输入内容，也可以直接按 Enter 键跳过。执行完后目录中会多出一个 package.json 文件，这是项目的核心文件，包含包依赖管理和脚本任务，命令如代码示例 10-5 所示。

代码示例 10-5　创建项目 chapter10\webpack-react-demo

```
mkdir webpack-react-demo
cd webpack-react-demo
npm init
```

2) 安装 React、ReactDom 和 Webpack

在项目根目录下执行下面的命令，即生产环境，命令如代码示例 10-6 所示。

代码示例10-6　安装依赖

```
#安装 Deact 库和 ReactDOM 库
npm install react react-dom -S
#安装 Webpack 和 Webpack-cli
npm install webpack webpack-cli -D
#安装 dev-server
npm install  webpack-dev-server html-webpack-plugin -D
```

3）安装 Babel 及 Babel 插件

这里安装 Babel 7，安装 babel/core 后，再安装 babel-loader，命令如代码示例 10-7 所示。

代码示例10-7　安装 Babel

```
#安装 Babel@7
npm install @babel/core   -D
#Babel 转换器
npm install babel-loader  -D
#支持 ES6 转换,JSX
npm install @babel/preset-env  @babel/preset-react -D
```

4）项目目录和源码

创建的项目目录如图 10-5 所示，在 src 目录进行代码开发，dist 目录为发布目录，build 目录为配置文件目录。

图 10-5　React 项目结构

5）配置 Webpack 编译文件

在下面的配置中，html-webpack-plugin 插件可实现动态生成测试页面文件，启动本地服务器后自动启动指定的页面，配置如代码示例 10-8 所示。

代码示例10-8　webpack.config.js

```
const path = require('path');
const webpack = require('webpack');
```

```js
const HtmlWebpackPlugin = require("html-webpack-plugin")

module.exports = {
    mode: "development",
    entry: {
        app: path.resolve(__dirname, '../src/index.js')
    },
    output: {
        path: path.resolve(__dirname, '../dist'),
        filename: '[name].bundle.js'
    },
    resolve: {
        extensions: ['.js', '.json', ".css", ".jsx"]
    },
    module: {
        rules: [
            {
                test: /\.(js|jsx)$/,
                use: {
                    loader: 'babel-loader',
                    options: {
                        presets: ["@babel/preset-env", "@babel/preset-react"]
                    }
                },
                exclude: /node_modules/
            }
        ]
    },
    plugins: [
        new HtmlWebpackPlugin({
            filename: 'index.html',
            template: './index.html'
        }),
    ]
}
```

6)配置运行脚本

下面配置了两个脚本命令,build 用于编译,serve 命令用于启动 Webpack-dev-server 本地服务器,命令如代码示例 10-9 所示。

代码示例 10-9　package.json

```json
"scripts": {
  "serve": "webpack serve --config ./build/webpack.config.js ",
  "build": "webpack --config ./build/webpack.config.js -w"
}
```

7）编写组件 App.jsx

App.jsx 是 React 中的单模块组件，如代码示例 10-10 所示。

代码示例 10-10　App.jsx

```jsx
import React from "react"
export function App() {
    return < h1 > hello react 17!</h1 >
}
```

8）编写程序入口 index.js

index.js 是 Webpack 打包的入口，这里使用 ReactDOM 将根组件渲染到指定的 DOM 节点中，如代码示例 10-11 所示。

代码示例 10-11　index.js

```js
import React from "react"
import ReactDOM from "react-dom"
import {App} from "./App"
ReactDOM.render(< App/>,document.querySelector("#app"))
```

9）在项目根目录创建 index.html

id="app"的位置为动态 DOM 插入的位置，对应上面步骤代码示例 10-11 的 querySelector()，如代码示例 10-12 所示。

代码示例 10-12　index.html

```html
<!DOCTYPE html >
< html lang = "en">
< head >
    < meta charset = "UTF-8">
    < meta http-equiv = "X-UA-Compatible" content = "IE=edge">
    < meta name = "viewport" content = "width=device-width, initial-scale=1.0">
    < title > react + webpack </title >
</head >
< body >
    < div id = "app"></div >
</body >
</html >
```

10）运行编译和启动服务器

运行代码示例 10-13 中的命令后，启动本地服务器，同时监听文件的变化，自动重启更新，如图 10-6 所示。

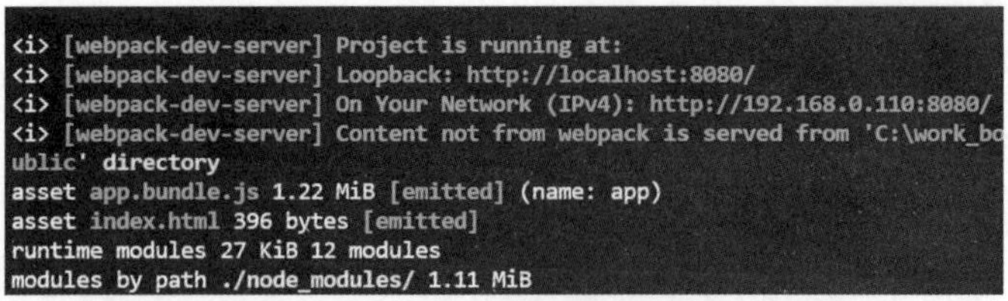

图 10-6　React 项目运行结果

代码示例 10-13　启动本地服务器

```
npm run serve
```

10.2.2　通过脚手架工具搭建 React 项目

官方提供了创建 React 项目的脚手架工具 Create React App，该工具创建了一个用于学习 React 的环境，也是用 React 创建新的单页应用的最佳方式。

使用 Create React App 脚手架工具可以帮助开发者快速配置开发环境，以便能够使用最新的 JavaScript 特性，提供良好的开发体验，并为生产环境优化所开发的应用程序。需要在机器上安装版本 14.0.0 以上的 Node 和版本 5.6 以上的 NPM。要创建项目，执行的命令如代码示例 10-14 所示。

代码示例 10-14　创建项目

```
npx create-react-app my-app
cd my-app
npm start
```

如果使用 TypeScript 开发，则可以使用的命令如代码示例 10-15 所示。

代码示例 10-15　创建基于 TypeScript 项目

```
npx create-react-app myapp --typescript
Cd myapp
npm start
```

10.2.3　安装 React 调试工具

React 调试工具（React DevTools）是专门为 React、ReactNative 开发的浏览器调试插件，目前可以在 Chrome、Firefox 及（Chromium）Edge 中使用。

可以直接在 Chrome 插件官网搜索下载 React DevTools 工具，如图 10-7 所示。

注意：由于网络原因，可能无法访问 Chrome 插件官网，可以将 react-devtools 项目下载到本地，下载网址为 https://github.com/facebook/react-devtools，安装依赖成功后，便可

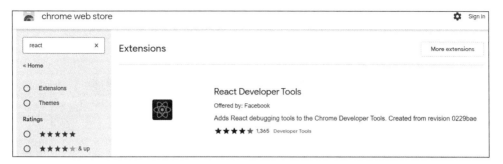

图 10-7　搜索 React Developer Tools

以打包一份扩展程序出来。

运行 npm run build:extension:Chrome 命令。此时会在项目目录中生成一个新的文件夹，react-devtools→shells→Chrome→build→unpacked 文件夹。打开 Chrome 扩展程序 Chrome://extensions/，加载已解压的扩展程序，选择生成的 unpacked 文件夹。这时就会添加一个新的扩展程序 react-devtools。

进入插件安装页面，单击 Add to Chrome 按钮，下载该插件，如图 10-8 所示，下载完成后会自动安装到浏览器中。

图 10-8　安装 React Developer Tools

安装成功后，可以在 Chrome 插件列表中查看安装好的插件，默认为启动插件的状态，也可以暂停使用该插件，如图 10-9 所示。

图 10-9　查看插件列表

安装插件完成后，重新打开浏览器，浏览器的插件栏中会出现 React 的灰色图标，该插件会自动检查当前页面中的 React 版本，如果检查到的是 React 开发版 JS，则图标会显示为暗红色，如图 10-10 所示。

图 10-10　安装 React Developer Tools

10.3　JSX 与虚拟 DOM

JSX 是 React 用来支持在 JS 代码中直接编写 HTML 标签的一种语法支持，本节介绍 JSX 语法的用法及虚拟 DOM 的作用。

10.3.1　JSX 语法介绍

在介绍 JSX 之前，首先来看一段代码，如代码示例 10-16 所示。

代码示例 10-16　JSX

```
const title = < h1 className = "title" > Hello, world! </h1 >;
```

上面代码并不是合法的 JS 代码，它是一种被称为 JSX(JavaScript XML) 的语法扩展，通过它就可以很方便地在 JS 代码中书写 HTML 片段。

本质上，JSX 为我们提供了创建 React 元素相关方法的语法糖。上面这段代码会被 Babel 编译，编译后的代码如代码示例 10-17 所示。

代码示例 10-17　React 17 之前，编译后的代码

```
const title = React.createElement(
   'h1',
   { className: 'title' },
   'Hello, world!'
);
```

可以看到，转换后的代码中需要使用 React 库，并且必须导入 React 库才可以使用。

为了解决在有些场景中只用到了JSX,并没有使用React提供的方法的情况,React 17版本中提供了新的JSX转换器,转换的代码中不再依赖React库,因此减少了打包的体积。

下面是新JSX被转换编译后的结果,如代码示例10-18所示。

代码示例10-18　React 17后,编译后的代码

```
//由编译器引入(禁止自己引入!)
import {jsx as _jsx} from 'react/jsx-runtime';
const title = _jsx(
   'h1',
   { className: 'title',children: 'Hello world!' },
);
```

在上面代码中,react/jsx-runtime 和 react/jsx-dev-runtime 中的函数只能由编译器转换使用。如果需要在代码中手动创建元素,则可以继续使用 React.createElement,它将继续工作。

注意:虽然React 17版本后JSX转换器转换的代码中不依赖React,但是最终的结果是一致的,返回的都是虚拟DOM(React元素)。

React突破了传统的Web标准中的UI的结构、表现形式和行为部分分别分离的原则,采用了直接在JS中定义UI,JSX很好地支持了这种要求,同时又不会让UI开发者感到任何困难,因为它看起来和在HTML文档中编写HTML代码一样,但是JSX只有被编译成JS后才可以执行。

React并不强制要求使用JSX,在 React 中,JSX 只是一个语法糖,目的是帮助开发者快速编写直观和可维护的UI代码结构,但是对于React编译器来讲,JSX代码仍然还是JS。

1. JSX基本语法规则

JSX本身就和XML语法类似,可以定义属性及子元素,唯一特殊的是可以用大括号来加入JavaScript表达式。当遇到HTML标签(以<开头)时,就用HTML规则解析;当遇到代码块(以{开头)时,就用JavaScript规则解析,如代码示例10-19所示。

代码示例10-19　代码块{}

```
var arr = [
 <h1>Hello world!</h1>,
 <h2>React is awesome</h2>,
];
<!-- 可以直接使用数组 -->
let section = <div>{arr}</div>;
```

JSX允许在模板中插入数组,数组会自动展开所有成员。

上面的代码就是一个简单的JSX与JS混用的例子。arr变量中存在JSX元素,div中又使用了arr这个JS变量。转化成JS代码,如代码示例10-20所示。

代码示例 10-20

```
let arr = [
  React.createElement("h1", null, "Hello world!"),
  React.createElement("h2", null, "React is awesome")
];
  let section = React.createElement("div", null, arr);
```

2. JSX 代表 JS 对象

JSX 本身也是一个表达式，在编译后，JSX 表达式会变成普通的 JavaScript 对象。

可以在 if 语句或 for 循环语句中使用 JSX，也可以将它赋值给变量，还可以将它作为参数接收，此外可以在函数中返回 JSX，如代码示例 10-21 所示。

代码示例 10-21　把 JSX 作为函数返回值对象返回

```
function sayGreeting(user) {
  if (user) {
    return < h1 > Hello, {formatName(user)}!</h1 >;
  }
  return < h1 > Hello, Stranger.</h1 >;
}
```

上面的代码在 if 语句中使用 JSX，并将 JSX 作为函数返回值。实际上，这些 JSX 经过编译后都会变成 JavaScript 对象。

经过 Babel 编译后会变成下面的 JS 代码，如代码示例 10-22 所示。

代码示例 10-22

```
function test(user) {
  if (user) {
    return React.createElement(
      "h1",
      null,
      "Hello, ",
      formatName(user),
      "!"
    );
  }
  return React.createElement(
    "h1",
    null,
    "Hello, Stranger."
  );
}
```

3. 在 JSX 中使用 JavaScript 表达式

在 JSX 中插入 JavaScript 表达式十分简单，直接在 JSX 中将 JS 表达式用大括号（{}）括起来即可，如代码示例 10-23 所示。

代码示例 10-23　JavaScript 表达式

```
function formatName(user) {
  return user.firstName + '' + user.lastName;
}

const user = {
  firstName: 'Leo',
  lastName: 'Li'
};

const element = (
  <h1>
    Hello, {formatName(user)}!
  </h1>
);

ReactDOM.render(
  element,
  document.getElementById('root')
);
```

需要注意的是，if 语句及 for 循环语句不是 JavaScript 表达式，不能直接作为表达式写在{}中，但可以使用 conditional（三元运算）表达式来替代。在代码示例 10-24 中，如果变量 i 等于 1，则浏览器将输出 True，如果修改 i 的值，则会输出 False。

代码示例 10-24　三元运算表达式

```
ReactDOM.render(
  <div>
    <h1>{i == 1 ? 'True!' : 'False'}</h1>
  </div>
  ,
  document.getElementById('example')
);
```

React 推荐使用内联样式。可以使用 camelCase 语法设置内联样式。React 会在指定元素数字后自动添加 px。代码示例 10-25 演示了如何为 h1 元素添加 myStyle 内联样式。

代码示例 10-25　内联样式写法

```
var myStyle = {
    fontSize: 100,
    color: '#FF0000'
};
ReactDOM.render(
    <h1 style = {myStyle}> hello react </h1>,
    document.getElementById('example')
);
```

4. JSX 属性值

JSX 属性值使用引号将字符串字面量指定为属性值，代码如下：

```
const element = < div tabIndex = "0"></div>;
```

注意这里的 0 是一个字符串字面量。

或者可以将一个 JavaScript 表达式嵌在一个大括号中作为属性值，代码如下：

```
const element = < img src = {user.avatarUrl}></img>;
```

这里用到的是 JavaScript 属性访问表达式，上面的代码经编译后代码如下：

```
const element = React.createElement("img", { src: user.avatarUrl });
```

5. JSX 注释

注释需要写在大括号中，如代码示例 10-26 所示。

代码示例 10-26　JSX 注释的写法

```
ReactDOM.render(
    <div>
    <h1>下面是注释</h1>
    {/* 注释... */}
    </div>,
    document.getElementById('example')
);
```

6. JSX 的使用注意点

(1) JSX 必须有一个根节点，如果不希望有根节点包裹，则可以使用一个空<></>或者 React.Fragment 来包裹，如代码示例 10-27 所示。

代码示例 10-27　使用空<>或者 React.Fragment

```
const element = (
  <>
    <div>1</div>
    <div>2</div>
  </>
)

#或者使用 React.Fragment 组件包裹,其作用是一样的
const element = (
  <React.Fragment>
    <div>1</div>
    <div>2</div>
  <React.Fragment/>
)
```

(2) JSX 里单标签必须使用</>闭合,如代码示例 10-28 所示。

代码示例 10-28　单标签必须闭合

```
<hr></hr>
<hr />
<img src='' />
```

(3) 在 JSX 里可以随意换行,当有多行 JSX 时,建议换行书写,以便提高阅读性。使用()包裹一段 JSX 结构。

10.3.2　React.createElement 和虚拟 DOM

在 Babel 编译的 JSX 代码中,包含一个 React.createElement()方法,该方法用来创建虚拟 DOM 对象,通过 createElement()方法创建的元素对象,被称为虚拟 DOM,虚拟 DOM 和真实的 DOM 具备相同的文档结构,但是虚拟 DOM 在没有真正转换成 DOM 之前,只是一个内存中的对象。

1. 虚拟 DOM

对页面上的元素操作需要付出昂贵代价,因为任何修改都需要操作 DOM 来完成,同时浏览器会根据修改的不同进行重新渲染和绘制,这就会造成很大性能消耗,频繁地对 DOM 进行操作甚至会引起页面的卡顿,给用户带来较差的体验。

下面的例子,打印出一个 div 标签的所有属性列表,如代码示例 10-29 所示。

代码示例 10-29　打印 div 的属性

```
let div = document.createElement("div")
let str = ""
```

```
for(let key in div){
    str = str + key + " "
}
console.log(str)
```

打印一个 div 标签的所有属性列表，如图 10-11 所示。

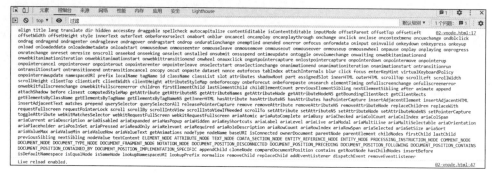

图 10-11　一个 div 的属性列表

从图 10-11 可以看出，一个简单的 div 元素都会包含这么多属性和方法，所以操作它们，会导致页面重新渲染绘制，而不断地重绘和重渲染是很耗费性能的。

因此，虚拟 DOM 被设计出来解决浏览器性能问题。那么使用虚拟 DOM 会带来哪些好处呢？

首先，使用虚拟 DOM，可以避免用户直接操作 DOM，开发过程可关注业务代码的实现，不需要关注如何操作 DOM 及 DOM 的浏览器兼容问题，从而提高开发效率。

其次，在频繁地对 DOM 进行操作的场景下，虚拟 DOM 的优势是 Diff 算法，通过减少 JavaScript 操作真实 DOM 的次数，从而带来性能的提升。使用虚拟 DOM，在真实 DOM 发生变化时，虚拟 DOM 会进行 Diff 运算，只更新必须更新的 DOM，而不是全部重绘。在 Diff 算法中，只平层比较前后两棵 DOM 树的节点，没有进行深度的遍历。

当然，因为要维护一层额外的虚拟 DOM，首次渲染时会增加开销，如图 10-12 所示。

虚拟 DOM 最大的优势在于抽象了原本的渲染过程，实现了跨平台的能力，而不仅局限于浏览器的 DOM，可以是安卓和 iOS 的原生组件，可以是近期很火热的小程序，也可以是各种 GUI，如图 10-13 所示。

2. React.createElement()方法

React.createElement()方法和 document.createElement()方法类似，都用于创建元素。

（1）document.createElement()方法用于创建一个指定的元素节点，其参数只有一个 nodeName。

（2）React.createElement()方法用于创建指定类型的 React 元素节点，其参数有 3 个。

React.createElement()方法的语法格式如代码示例 10-30 所示。

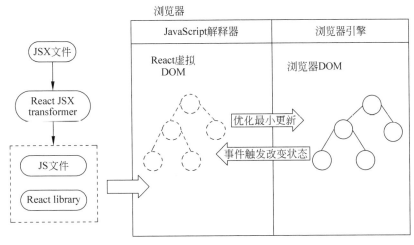

图 10-12　虚拟 DOM 转换

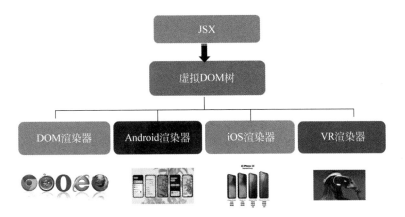

图 10-13　虚拟 DOM 具备跨平台的优点

代码示例 10-30　创建 React 虚拟 DOM 元素

```
React.createElement(
  type,
  [props],
  [...children]
)
#参数说明:
#第1个参数是必填参数,传入的值类似HTML标签名称,例如: ul, li
#第2个参数是选填参数,表示属性,例如: className
#第3个参数是选填参数,表示子节点,例如: 要显示的文本内容
```

React 元素是 React 应用的最小单位,它描述了在屏幕上看到的内容。React 元素的本

质是一个普通的 JS 对象，ReactDOM 会保证浏览器中的 DOM 和 React 元素一致。

整个 JSX 转换成真实 DOM 树的流程如图 10-14 所示。

图 10-14　JSX 转换成真实 DOM 树的流程

JSX 是 JavaScript XML 语法扩展，所以需要进行编译和重新渲染成真实 DOM，JSX 转换流程如下。

第 1 步：JSX 会被 Babel 编译器编译成 React.createElement()方法，该方法将返回一个称为 React Element 的 JS 对象。

第 2 步：React.createElement(type，config，children)有 3 个参数，调用后会返回 React Element 对象。React Element 对象按一定的规范组装参数，本质上是个 JS 对象（虚拟 DOM）。

第 3 步：把虚拟 DOM 传给 ReactDOM.render(element，container，[callback])方法调用，渲染成真实的 DOM 树。

10.3.3　事件处理

React 自定义了一套事件处理系统，包含事件监听、事件分发、事件回调等过程。浏览器本身有事件系统接口(原生事件，Native Event)，React 把它重新按自己的标准包装了一下(合成事件，Synthetic Event)，即大部分合成事件与原生事件的接口是一一对应的，但接口为了兼容原生的一些不同事件进行了合成，目的就是为了使用 React 工作在不同的浏览器上，即同时消除了 IE 与 W3C 标准实现之间的兼容问题。

1. React 使用合成事件的目的

（1）进行浏览器兼容，实现更好的跨平台。React 采用的是顶层事件代理机制，能够保证冒泡一致性，可以跨浏览器执行。React 提供的合成事件用来抹平不同浏览器事件对象之间的差异，将不同平台事件模拟合成事件。

（2）避免垃圾回收。事件对象可能会被频繁地创建和回收，因此 React 引入事件池，在事件池中获取或释放事件对象，即 React 事件对象不会被释放，而是存放进一个数组中，当事件触发时，就从这个数组中弹出，避免频繁地去创建和销毁（垃圾回收）。

（3）方便事件统一管理和事务机制。

2. React合成事件与原生事件的区别

React合成事件与原生事件很相似，但不完全相同，这里列举几个常见区别。

1）事件名称命名方式不同

原生事件命名为纯小写（如onclick、onblur等），而React合成事件命名采用小驼峰式（camelCase），如onClick等，如代码示例10-31所示。

代码示例10-31

```
//原生事件绑定方式
<button onclick="handleClick()">按钮命名</button>
//React 合成事件绑定方式
const button = <button onClick={handleClick}>按钮命名</button>
```

2）事件处理函数写法不同

原生事件中事件处理函数为字符串，在React JSX语法中，传入一个函数作为事件处理函数，如代码示例10-32所示。

代码示例10-32

```
//原生事件,事件处理函数的写法
<button onclick="handleClick()">按钮命名</button>
//React 合成事件,事件处理函数的写法
const button = <button onClick={handleClick}>按钮命名</button>
```

3）阻止默认行为方式不同

在原生事件中，可以通过返回值为false的方式来阻止默认行为，但是在React合成事件中，需要显式地使用preventDefault()方法来阻止。

这里以阻止<a>标签默认打开新页面为例，介绍两种事件的区别，如代码示例10-33所示。

代码示例10-33

```
//原生事件阻止默认行为方式
<a href="https://www.51itcto.com"
  onclick="console.log('阻止原生事件'); return false">
    阻止原生事件
</a>

//React 合成事件阻止默认行为方式
const handleClick = e => {
  e.preventDefault();
  console.log('阻止原生事件');
}
```

```
const clickElement = <a href = "https://www.51itcto.com" onClick = {handleClick}>
    阻止原生事件
</a>
```

3. React 17 事件委托

在 React 17 中，React 不会再将事件处理添加到 document 上，如图 10-15 所示，而是将事件处理添加到渲染 React 树的根 DOM 容器中，代码如下：

```
const rootNode = document.getElementById('root');
ReactDOM.render(<App />, rootNode);
```

在 React 16 及之前版本中，React 会对大多数事件进行 document.addEventListener() 操作。从 React 17 开始会通过调用 rootNode.addEventListener() 来代替。

现在，将 React 嵌入使用其他技术构建的应用程序中变得更加容易。例如，如果应用程序的"外壳"是用 jQuery 编写的，但其中的较新代码是用 React 编写的，当调用 e.stopPropagation() 时，React 代码内部现在将阻止它转找为 jQuery 代码。如果不再喜欢 React 并想重写该应用程序，则可以将外壳从 React 转换为 jQuery，而不会破坏事件传播。

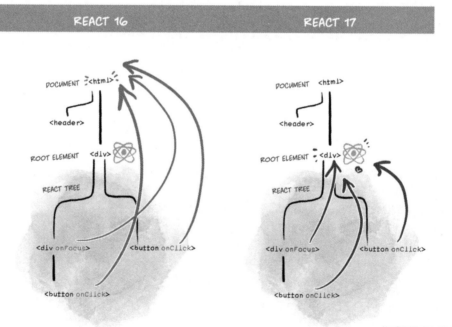

图 10-15　React 17 将事件处理添加到渲染 React 树的根 DOM 容器中

10.3.4 条件渲染

在 React 中，可以创建不同的组件来封装各种需要的行为，然后还可以根据应用的状态变化只渲染其中的一部分。

React 中的条件渲染和 JavaScript 中的条件渲染一致，使用 JavaScript 操作符 if 或条件运算符来创建表示当前状态的元素，然后让 React 根据它们来更新 UI。

下面两个组件的写法可以通过条件渲染合成一个组件，如代码示例 10-34 所示。

代码示例 10-34

```jsx
function UserLogin(props) {
  return <h1>欢迎回来!</h1>;
}

function GuestLogin(props) {
  return <h1>请先注册.</h1>;
}
```

创建一个 Login 组件，它会根据用户是否登录来显示其中之一，如代码示例 10-35 所示。

代码示例 10-35　判断登录

```jsx
function Login(props) {
  const isLoggedIn = props.isLoggedIn;
  if (isLoggedIn) {
    return <UserLogin />;
  }
  return <GuestLogin />;
}

ReactDOM.render(
  //尝试修改 isLoggedIn = {true}:
  <Login isLoggedIn = {false} />,
  document.getElementById('example')
);
```

1. 与运算符 &&

通过用大括号包裹代码在 JSX 中嵌入任何表达式，也包括 JavaScript 的逻辑与 &&，它可以方便地按条件渲染一个元素，如代码示例 10-36 所示。

代码示例 10-36　&& 运算符

```jsx
function MailList(props) {
  const unreadMessages = props.unreadMessages;
```

```
    return (
      <div>
        <h1>Hello!</h1>
        {unreadMessages.length > 0 &&
          <h2>
            你有 {unreadMessages.length} 条未读信息
          </h2>
        }
      </div>
    );
}

const messages = ['React', 'Re: React', 'Re:Re: React'];
ReactDOM.render(
  <MailList unreadMessages = {messages} />,
  document.getElementById('app')
);
```

在 JavaScript 中，true && expression 总是返回 expression，而 false && expression 总是返回 false。

因此，如果条件是 true，&& 右侧的元素就会被渲染；如果是 false，则 React 会忽略并跳过它。

2. 三目运算符

条件渲染的另一种方法是使用 JavaScript 的条件运算符，如代码示例 10-37 所示。

代码示例 10-37

```
♯condition ? true : false.
ReactDOM.render(
   <div>
     <h1>{i == 1 ? 'True!' : 'False'}</h1>
   </div>
   ,
   document.getElementById('example')
);
```

10.3.5 列表与 Key

React 在渲染列表时，会要求开发者为每列表元素指定唯一的 Key，以帮助 React 识别哪些元素是新添加的，哪些元素被修改或删除了。

通常情况下，Reconciliation 算法会递归遍历某个 DOM 节点的全部子节点，以保证改变能够正确地被应用。这样的方式在大多数场景下没有问题，但是对于列表来讲，如果在列表中添加了新元素，或者某个元素被删除，则可能会导致整个列表被重新渲染。

1. 以 map()方法来创建列表

可以使用 ES6 的 map()方法来创建列表。

使用 map()方法遍历数组生成了一个 1~5 的数字列表,如代码示例 10-38 所示。

代码示例 10-38　map 循环

```
const numbers = [1, 2, 3, 4, 5];
const listItems = numbers.map((numbers) =>
  <li>{numbers}</li>
);

ReactDOM.render(
  <ul>{listItems}</ul>,
  document.getElementById('example')
);
```

上面的代码在浏览器中运行,会出现警告 a key should be provided for list items,意思就是需要包含 Key,如代码示例 10-39 所示。

代码示例 10-39

```
function List(props) {
  const numbers = props.numbers;
  const listItems = numbers.map((number) =>
    <li key = {number.toString()}>
      {number}
    </li>
  );
  return (
    <ul>{listItems}</ul>
  );
}

const numbers = [1, 2, 3, 4, 5];
ReactDOM.render(
  <List numbers = {numbers} />,
  document.getElementById('example')
);
```

2. 在 JSX 中嵌入 map()

JSX 允许在大括号中嵌入任何表达式,所以可以在 map()中这样使用,如代码示例 10-40 所示。

代码示例 10-40　JSX 嵌入 map()

```
function List(props) {
  const numbers = props.numbers;
```

```
return (
  <ul>
    {numbers.map((number) =>
      <li key={value.toString()}>
        {value}
      </li>
    )}
  </ul>
);
}
```

这么做有时可以使代码更清晰，如果一个map()嵌套了太多层级，就可以提取出组件。

3. Keys

Keys可以在DOM中的某些元素被增加或删除时帮助React识别哪些元素发生了变化，因此应当给数组中的每个元素赋予一个确定的标识，如代码示例10-41所示。

代码示例10-41

```
const numbers = [1, 2, 3, 4, 5];
const listItems = numbers.map((number) =>
  <li key={number.toString()}>
    {number}
  </li>
);
```

一个元素的key最好是这个元素在列表中拥有的一个独一无二的字符串。通常，使用来自数据的id作为元素的key，如代码示例10-42所示。

代码示例10-42

```
const todoItems = todos.map((todo) =>
  <li key={todo.id}>
    {todo.text}
  </li>
);
```

当元素没有确定的id时，可以使用它的序列号索引index作为key，如代码示例10-43所示。

代码示例10-43

```
const todoItems = todos.map((todo, index) =>
  //只有在没有确定的id时使用
  <li key={index}>
    {todo.text}
```

```
        </li>
    );
```

注意：如果列表可以重新排序，则不建议使用索引进行排序，因为这会导致渲染变得很慢。

使用 index 直接当 key 会带来哪些风险？

因为 React 会使用 key 来识别列表元素，当元素的 key 发生改变时，可能会导致 React 的 Diff 执行在错误的元素上，甚至导致状态错乱。这种情况在使用 index 时尤其常见。

虽然不建议，但是在以下场景中可以使用 index 作为 key 值：

(1) 列表和项目是静态的，不会进行计算也不会被改变。

(2) 列表中的项目没有 id。

(3) 列表永远不会被重新排序或过滤。

10.4 元素渲染

React 元素（虚拟 DOM）渲染是通过 ReactDOM 库来完成的，ReactDOM 库提供了客户端渲染和服务器端渲染两种渲染方法。

10.4.1 客户端渲染

React 支持所有的现代浏览器，但是需要为旧版浏览器（例如 IE 9 和 IE 10）引入相关的 polyfills 依赖。

1. ReactDOM 提供的方法

ReactDOM 库提供了客户端渲染（CSR）元素和组件、把组件从 DOM 节点中卸载移除、创建 Portal 等方法，具体方法如表 10-1 所示。

表 10-1 ReactDOM 提供的方法

方法名称	说明
render()	把 React 元素（虚拟 DOM/组件）渲染到指定的 DOM 节点中
hydrate()	与 render() 相同，但它用于在 ReactDOMServer 渲染的容器中对 HTML 的内容进行 hydrate 操作。React 会尝试在已有标记上绑定事件监听器
unmountComponentAtNode()	从 DOM 中卸载组件，会将其事件处理器（Event Handlers）和 state 一并清除。如果指定容器上没有对应已挂载的组件，则这个函数什么也不会做。如果组件被移除，则将会返回 true，如果没有组件可被移除，则将会返回 false

续表

方法名称	说明
findDOMNode()	findDOMNode是一个访问底层DOM节点的应急方案（Escape Hatch）。在大多数情况下，不推荐使用该方法，因为它会破坏组件的抽象结构。严格模式下该方法已弃用
createPortal()	创建portal。Portal将提供一种将子节点渲染到DOM节点中的方式，该节点存在于DOM组件的层次结构之外

2. ReactDOM.render()方法

ReactDOM.render()方法是整个React应用程序首次渲染的入口，用于将模板转换成HTML语言，渲染DOM，并插入指定的DOM节点中。整个执行过程如图10-16所示。

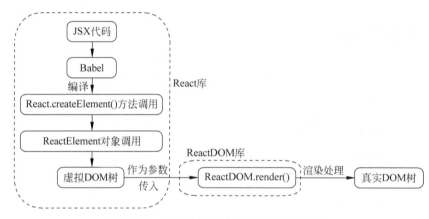

图10-16 JSX转换成真实DOM树的流程

语法如下：

```
ReactDOM.render(element, container[, callback])
```

该方法有3个参数：模板的渲染内容（HTML形式）、需要插入的DOM节点和渲染后的回调。用法如代码示例10-44所示。

代码示例10-44　ReactDOM.render()方法

```
//1. 导入 React
import React from 'react'
import ReactDOM from 'react-dom'

//2. 创建虚拟 DOM
const divVD = React.createElement('div', {
```

```
    title: 'hello react'
}, 'Hello React')

//3. 或者直接使用 JSX 创建 React 元素
const divEle = <h1> hello react element !<h1>

//4. 渲染
//参数 1:虚拟 DOM 对象;参数 2:DOM 对象表示渲染到哪个元素;参数 3:回调函数
ReactDOM.render(divVD, document.getElementById('app'))
```

10.4.2 服务器端渲染

renderToString()是 react-dom/server 中提供的用来做服务器端渲染(SSR)的方法,它可以将 JSX 转换成 HTML 字符串。这样在浏览器中请求页面时,就可以将组件引入服务器端并转换成 HTML 响应给浏览器,如代码示例 10-45 所示。

代码示例 10-45　renderToString()方法

```
const express = require('express');
const app = express();
const React = require('react');
const {renderToString} = require('react-dom/server');
const App = class extends React.PureComponent{
  render(){
    return React.createElement("h1",null,"Hello World");;
  }
};
app.get('/',function(req,res){
  const content = renderToString(React.createElement(App));
  res.send(content);
});
app.listen(3000);
```

10.5 组件

React 提供面向组件(Component)的开发模式,组件是 React 的核心,在 React 中可以把一个页面拆分成功能独立和可复用的小组件,每个组件都是独立的业务单元,组件之间可以自由组装。React 为程序员提供了一种子组件不能直接影响外层组件(Data Flows Down)的模型,实现了组件和组件的隔离。

10.5.1 React 元素与组件的区别

1. 什么是 React 元素

React 元素(React Element)是 React 中最小的基本单位,一旦创建,其子元素、属性等都无法更改,元素名使用小驼峰法命名。

React 元素是简单的 JS 对象,描述的是 React 虚拟 DOM(结构及渲染效果)。

React 元素是 React 应用的最基础组成单位。通常情况下不会直接使用 React 元素。React 组件的复用,本质上是为了复用这个组件返回的 React 元素。

1) 构建 React 元素的 3 种方法

构建 React 元素的方法:使用 JSX 语法、React.createElement()方法和 React.cloneElement()方法。

JSX 语法如下:

```
const element = <h1 className='greeting'>Hello, world</h1>;
```

React.createElement()方法:JSX 语法就是用 React.createElement()方法来构建 React 元素的。它接收 3 个参数,第 1 个参数可以是一个标签名,如 div、span,或者 React 组件;第 2 个参数为传入的属性;第 3 个及之后的参数,皆作为组件的子组件,如代码示例 10-46 所示。

代码示例 10-46　createElement()

```
React.createElement(
    type,
    [props],
    [...children]
)
```

React.cloneElement()方法与 React.createElement()方法相似,不同的是它传入的第 1 个参数是一个 React 元素,而不是标签名或组件。新添加的属性会与原有的属性合并,传入返回的新元素中,而旧的子元素将被替换,如代码示例 10-47 所示。

代码示例 10-47　cloneElement()

```
React.cloneElement(
    element,
    [props],
    [...children]
)
```

2) React 如何判断一个值是 Element(isValidElement)

通过判断一个对象是否是合法的 React 元素,即判断虚拟 DOM 的 $$typeof 属性是否

为 REACT_ELEMENT_TYPE,如代码示例 10-48 所示。

代码示例 10-48　isValidElement()

```
export function isValidElement(object) {
  return (
    typeof object === 'object' &&
    object !== null &&
    object.$$typeof === REACT_ELEMENT_TYPE
  );
}
```

3）React 元素的分类

React 元素分为如下两类。

(1) DOM 类型的元素：DOM 类型的元素使用像 h1、div、p 等 DOM 节点标签创建 React 元素。

(2) 组件类型的元素：组件类型的元素使用 React 组件创建 React 元素。

如代码示例 10-49 所示。

代码示例 10-49

```
#DOM 类型的元素
const buttonElement = < Button color = 'red'>确定</Button>;

#组件类型的元素
const buttonElement = {
  type: 'Button',
  props: {
    color: 'red',
    children: '确定'
  }
}
```

2. 什么是组件

所谓组件(Component)，即封装起来的具有独立功能的 UI 部件。

自定义组件是对 HTML 标签的一种扩展，可以利用组件把界面拆分成一个个小的独立可复用的功能模块，就像搭建积木一样拼装界面。

React 组件可以分为类式组件和函数组件。组件名必须首字母大写，React 组件最核心的作用是调用 React.createElement()方法返回 React 元素。

注意：React 会将以小写字母开头的组件视为原生 DOM 标签。例如，<div /> 代表 HTML 的 div 标签，而< Welcome /> 则代表一个组件，并且需要在作用域内使用 Welcome。

3. 元素与组件的区分

从写法上区分元素与组件。

<A/>整个表达式是一个元素,而 A 是一个组件,组件要么是函数(类也是函数),要么是纯 DOM。

10.5.2 创建组件

创建组件有3种方法:函数式组件的创建、类式组件的创建和独立模块组件的创建。下面逐步介绍不同的组件创建方法。

1. 函数式组件的创建

创建组件最简单的方式就是编写 JavaScript 函数,如代码示例 10-50 所示。

代码示例 10-50　函数式组件

```
#此函数式组件等同于下面的函数式组件
function Welcome(props) {
    return <h1>Hello, {props.name}</h1>;
}
#箭头函数式组件
const Welcome = (props) => {
    return <h1>Hello, {props.name}</h1>;
}
```

该函数是一个有效的 React 组件,因为它接收唯一带有数据的 props(代表属性)对象与并返回一个 React 元素。这类组件被称为"函数式组件",因为它本质上就是 JavaScript 函数。

满足函数式组件的条件如下:

(1) 函数名称首字母必须大写,如 Welcome。

(2) 函数接收一个参数 props。

(3) 函数必须返回一个合法的 React 元素,合法的 React 元素包括空字符串、null、JSX、React.createElement/cloneElment 的虚拟 DOM。

2. ES6 类式组件的创建

创建一个类式组件比较简单,ES6 类只需继承 React.Component 基类就可创建一个合法的 React 组件,如代码示例 10-51 所示。

代码示例 10-51　ES6 类式组件

```
#类式组件
class Welcome extends React.Component {
    render() {
        return <h1>Hello, {this.props.name}</h1>;
    }
}
```

满足 ES6 类式组件的条件如下:

(1) 类名称首字母必须大写,如 Welcome。

(2) 类中必须有一个实例方法 render(),render()方法必须返回一个合法的 React 元素,这和函数式组件返回值要求一致。

注意:使用 class 定义的组件,render()方法是唯一且必需的方法,其他组件的生命周期方法都只不过是为 render()服务而已,都不是必需的。

3. 模块式组件(.jsx/.tsx)的创建

单模块组件是一个独立的.js、.jsx、.tsx 文件,.jsx 表示组件使用 JSX 编写 UI,.tsx 表示组件使用 TypeScript+JSX 编写 UI,一般为了区分组件和普通 JS 模块,会使用 jsx 或者 tsx 作为扩展名,如代码示例 10-52 所示。

代码示例 10-52　创建一个根组件 App.jsx

```
import './App.css';
function App() {
  return (
    < h1 > hello react17 </h1 >
  );
}
export default App;
```

在传统的面向对象的开发方式中,类实例化的工作是由开发者自己手动完成的,但在 React 中,组件的实例化工作则是由 React 自动完成的,组件实例也是直接由 React 管理的。换句话说,开发者完全不必关心组件实例的创建、更新和销毁。

10.5.3　组件的输入接口

组件的三大内置属性包括 props(组件的输入接口)、state(组件的状态)、refs(组件的引用),如图 10-17 所示。

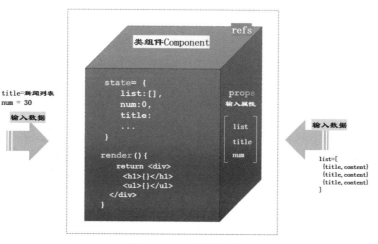

图 10-17　组件的结构

props 属性是组件的输入/输出属性，props 类似函数的参数，用于传递不同的参数值，组件返回不同的视图效果，从而达到组件复用的目的。

1. props 的基本用法

props 是组件的输入接口，类似标签的自定义属性，props 的命名通常使用小写或者使用串式写法。

1）函数式组件 props

在函数中 props 类似参数，用于传递不同的参数值，如代码示例 10-53 所示。

代码示例 10-53　函数式组件 props

```
#定义组件 User
function User(props) {
    return <div className = "card">
        <img alt = {props.name} src = {props.pic} />
        <h5>{props.name}</h5>
    </div>
}

#数据定义
const userData = {
    pic:"assets/pic1.png",
    name:"张三"
}

#调用组件 User
ReactDOM.render(
    <User pic = {userData.pic} name = {userData.name} />,
    document.getElementById('root')
);
```

在函数式组件中，props 是一个对象，在组件的表达式中使用 props.name 和 props.pic，表示组件有两个属性接口：name 和 pic。

props 对象中的属性值可以是任意类型，如可以将一个函数传递到组件中。

组件的调用格式如下：

```
<User pic = {userDate.pic} name = {userDate.name} />
```

User 组件的渲染效果如图 10-18 所示。

注意：props 属性接口后面的变量，通过{}括号包裹，{}括号外面不可以有双引号。

2）类式组件的 props

在类式组件中，props 是类的内置属性，可以直接通过 this.props 访问，如代码示例 10-54 所示。

图 10-18　User 组件渲染效果

代码示例 10-54　类式组件的 props

```
export class UserList extends React.Component {
   constructor(props) {
      super(props);
   }

   render() {
      return (
         <section>
            {
               this.props.users.map((user, index) => {
                  return <User key={index}
                              pic={user.pic}
                              name={user.name} />
               })
            }
         </section>
      )
   }
}
```

组件调用效果如代码示例 10-55 所示。

代码示例 10-55

```
const UserListData = [
{
   pic:"assets/pic1.png",
```

```
        name:"张三"
    },
    {
        pic:"assets/pic2.png",
        name:"张三"
    }
]
< UserList users = {UserListData}/>
```

效果如图 10-19 所示。

图 10-19　UserList 组件渲染效果

2．props 参数验证

随着应用程序的代码不断增多，可以通过类型检查捕获大量错误。对于某些应用程序来讲，可以使用 Flow 或 TypeScript 等 JavaScript 扩展来对整个应用程序做类型检查，但即使不使用这些扩展，React 也内置了一些类型检查的功能。要在组件的 props 上进行类型检查，只需配置特定的 PropTypes 属性，如代码示例 10-56 所示。

代码示例 10-56　props 参数验证

```
import PropTypes from 'prop-types';
class Greeting extends React.Component {
  render() {
    return (
      <h1>Hello, {this.props.name}</h1>
    );
  }
}
Greeting.propTypes = {
  name: PropTypes.string
};
```

在此示例中使用的是类式组件，但是同样的功能也可用于函数式组件，或者由 React.memo/React.forwardRef 创建的组件。

PropTypes 提供了一系列验证器，可用于确保组件接收的数据类型是有效的。在本例中，使用了 PropTypes.string。当传入的 props 值的类型不正确时，JavaScript 控制台将会显示警告。出于性能方面的考虑，PropTypes 仅在开发模式下进行检查。

1）PropTypes

以下提供了使用不同验证器的例子，如代码示例 10-57 所示。

代码示例 10-57

```
import PropTypes from 'prop-types';
MyComponent.propTypes = {
  //可以将属性声明为 JS 原生类型,默认情况下
  //这些属性都是可选的
  optionalArray: PropTypes.array,
  optionalBool: PropTypes.bool,
  optionalFunc: PropTypes.func,
  optionalNumber: PropTypes.number,
  optionalObject: PropTypes.object,
  optionalString: PropTypes.string,
  optionalSymbol: PropTypes.symbol,

  //任何可被渲染的元素,包括数字、字符串、元素或数组
  //或 Fragment
  optionalNode: PropTypes.node,

  //一个 React 元素
  optionalElement: PropTypes.element,

  //一个 React 元素类型(MyComponent)
```

```
optionalElementType: PropTypes.elementType,

//也可以将 props 声明为类的实例,这里使用
//JS 的 instanceof 操作符
optionalMessage: PropTypes.instanceOf(Message),

//可以让 props 只能是特定的值,如将它指定为
//枚举类型
optionalEnum: PropTypes.oneOf(['News', 'Photos']),

//一个对象可以是几种类型中的任意一种类型
optionalUnion: PropTypes.oneOfType([
  PropTypes.string,
  PropTypes.number,
  PropTypes.instanceOf(Message)
]),

//可以指定一个数组由某一类型的元素组成
optionalArrayOf: PropTypes.arrayOf(PropTypes.number),

//可以指定一个对象由某一类型的值组成
optionalObjectOf: PropTypes.objectOf(PropTypes.number),

//可以指定一个对象由特定的类型值组成
optionalObjectWithShape: PropTypes.shape({
  color: PropTypes.string,
  fontSize: PropTypes.number
}),

//An object with warnings on extra properties
optionalObjectWithStrictShape: PropTypes.exact({
  name: PropTypes.string,
  quantity: PropTypes.number
}),

//可以在任何 PropTypes 属性后面加上 isRequired,确保
//这个 props 没有被提供时会输出警告信息
requiredFunc: PropTypes.func.isRequired,

//任意类型的必需数据
requiredAny: PropTypes.any.isRequired,

//可以指定一个自定义验证器,它在验证失败时应返回一个 Error 对象
//不要使用 console.warn 或抛出异常,因为这在 oneOfType 中不会起作用
customProp: function(props, propName, componentName) {
  if (!/matchme/.test(props[propName])) {
```

```
      return new Error(
        'Invalid prop `' + propName + '` supplied to' +
        '`' + componentName + '`. Validation failed.'
      );
    }
  },

  //也可以提供一个自定义的 arrayOf 或 objectOf 验证器
  //它应该在验证失败时返回一个 Error 对象
  //验证器将验证数组或对象中的每个值。验证器的前两个参数代表的意义
  //第 1 个参数是数组或对象本身
  //第 2 个参数是它们当前的键
  customArrayProp: PropTypes.arrayOf(function(propValue, key, componentName, location, propFullName) {
    if (!/matchme/.test(propValue[key])) {
      return new Error(
        'Invalid prop `' + propFullName + '` supplied to' +
        '`' + componentName + '`. Validation failed.'
      );
    }
  })
};
```

2）限制单个元素

可以通过 PropTypes.element 来确保传递给组件的 children 中只包含一个元素，如代码示例 10-58 所示。

代码示例 10-58

```
import PropTypes from 'prop-types';
class MyComponent extends React.Component {
  render() {
    //此处必须只有一个元素,否则控制台会显示警告
    const children = this.props.children;
    return (
      <div>
        {children}
      </div>
    );
  }
}
MyComponent.propTypes = {
  children: PropTypes.element.isRequired
};
```

3) 默认 props 值

可以通过配置特定的 defaultProps 属性来定义 props 的默认值，如代码示例 10-59 所示。

代码示例 10-59

```
class Greeting extends React.Component {
  render() {
    return (
      <h1>Hello, {this.props.name}</h1>
    );
  }
}
//指定 props 的默认值
Greeting.defaultProps = {
  name: 'Stranger'
};
//渲染出 "Hello, Stranger":
ReactDOM.render(
  <Greeting />,
  document.getElementById('example')
);
```

如果正在使用像 plugin-proposal-class-propertie 的 Babel 转换工具，则可以在 React 组件类中声明 defaultProps 作为静态属性。此语法提案还没有最终确定，需要进行编译后才能在浏览器中运行，如代码示例 10-60 所示。

代码示例 10-60

```
class Greeting extends React.Component {
  static defaultProps = {
    name: 'stranger'
  }
  render() {
    return (
      <div>Hello, {this.props.name}</div>
    )
  }
}
```

defaultProps 用于确保 this.props.name 在父组件没有指定其值时有一个默认值。PropTypes 类型检查发生在 defaultProps 赋值后，所以类型检查也适用于 defaultProps。

4) 函数式组件

如果在常规开发中使用函数式组件，则可能需要做一些适当的改动，以保证 PropsTypes 应用正常。

假设有以下组件，如代码示例 10-61 所示。

代码示例 10-61

```
export default function HelloWorldComponent({ name }) {
  return (
    <div>Hello, {name}</div>
  )
}
```

要添加 PropTypes,可能需要在导出之前以单独声明一个函数的形式声明该组件,具体的代码如代码示例 10-62 所示。

代码示例 10-62

```
function HelloWorldComponent({ name }) {
  return (
    <div>Hello, {name}</div>
  )
}
export default HelloWorldComponent
```

接着可以直接在 HelloWorldComponent 上添加 PropTypes,如代码示例 10-63 所示。

代码示例 10-63

```
import PropTypes from 'prop-types'

function HelloWorldComponent({ name }) {
  return (
    <div>Hello, {name}</div>
  )
}

HelloWorldComponent.propTypes = {
  name: PropTypes.string
}
export default HelloWorldComponent
```

3. props.children

每个组件都可以获取 props.children,它包含组件的开始标签和结束标签之间的内容,如代码示例 10-64 所示。

代码示例 10-64

```
<Welcome>Hello world!</Welcome>
```

在 Welcome 组件中获取 props.children,这样就可以得到字符串 Hello world!,如代码

示例 10-65 所示。

代码示例 10-65

```
function Welcome(props) {
  return <p>{props.children}</p>;
}
```

对于类式组件，应使用 this.props.children 获取，如代码示例 10-66 所示。

代码示例 10-66

```
class Welcome extends React.Component {
  render() {
    return <p>{this.props.children}</p>;
  }
}
```

10.5.4 组件的状态

组件的状态（state）包含了随时可能发生变化的数据。state 由用户自定义，它是一个普通的 JavaScript 对象。

如果某些值未用于渲染或用作数据流（例如计时器 ID），则不必将其设置为 state，此类值可以在组件实例上定义。

state 与 props 类似，但是 state 是私有的，并且完全受控于当前组件。

注意：state 属性是类式组件的内置属性，state 的状态变化会引起视图的重新渲染。在函数式组件中并没有 state 属性，因此函数也可以叫作无状态组件。在 React 16 版本后，React Hook 给函数式组件引入了状态，但是用法有很大区别，具体的区别将在后面 Hook 章节里介绍。

1. state 的基本用法

下面的例子演示如何使用 state 设置组件的状态，页面随着 state 的变化而变化，state 在组件中代表的就是有状态的数据，状态的变化会实时反映到视图上，这就是数据驱动，如代码示例 10-67 所示。

代码示例 10-67　state 的用法

```
import { Component } from "react";
export class Counter extends Component {
    constructor(props) {
        super(props)
        //初始化状态
        this.state = {
            num:0
```

```
        }
    }

    updateNum() {
        let { num } = this.state;
        //更新状态,状态变化,render()方法会重新调用
        this.setState({
            num: ++num
        })
    }

    //渲染组件
    render() {
        return (
            <div>
                <h1>{this.state.num}</h1>
                <button onClick={this.updateNum}>+</button>
            </div>
        )
    }
}

#调用组件,渲染到页面
ReactDOM.render(
    <div className='box'>
        <Counter/>
    </div>,
    document.getElementById('root')
);
```

上面的代码,当单击按钮时,会报 Uncaught TypeError 错误,如图 10-20 所示。

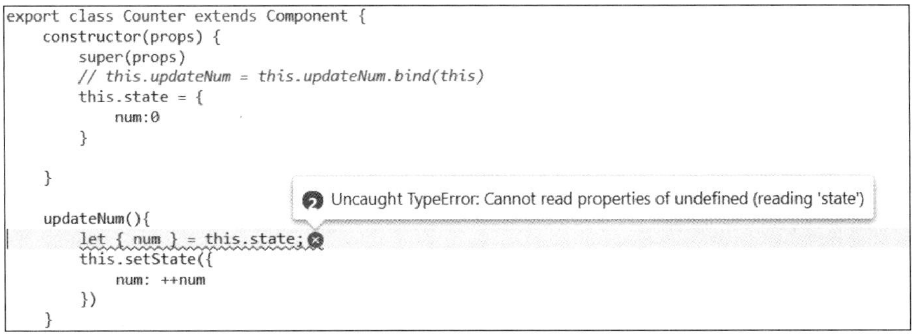

```
export class Counter extends Component {
    constructor(props) {
        super(props)
        // this.updateNum = this.updateNum.bind(this)
        this.state = {
            num:0
        }
    }

    updateNum(){
        let { num } = this.state;
        this.setState({
            num: ++num
        })
    }
```

> Uncaught TypeError: Cannot read properties of undefined (reading 'state')

图 10-20 单击按钮时报错

上面错误的原因是当 ES6 函数脱离实例调用时,this 无法指向实例。解决这个问题的方法有下面两种。

1）在构造函数中绑定（ES2015）

解决方法如代码示例 10-68 所示。

代码示例 10-68

```
constructor(props) {
  super(props)
  #绑定this
  this.updateNum = this.updateNum.bind(this)
  this.state = {
    num:0
  }
}

updateNum(){
  let { num } = this.state;
  this.setState({
    num: ++num
  })
}
```

2）使用箭头函数

解决方法如代码示例 10-69 所示。

代码示例 10-69

```
updateNum = () => {
  let { num } = this.state;
  this.setState({
    num: ++num
  })
}
```

效果如图 10-21 所示。

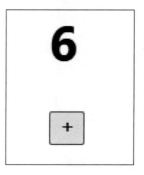

图 10-21 Counter 组件的效果

3）state 属性的初始化

类组件中，state 必须初始化后才可以使用，state 的初始化必须在构造函数中进行，代码如下：

```
//初始化状态
this.state = {
    num:0
}
```

4）更新 state 属性值（setState()）

代码如下：

```
#获取最新状态
let { num } = this.state;
#更新状态
this.setState({
  num: ++num #设置新值
})
```

或者采用另一种方法，代码如下：

```
this.setState((state, props) => {
  return {num: state.num + 1};
});
```

setState()将对组件 state 的更改排入队列，并通知 React 需要使用更新后的 state 重新渲染此组件及其子组件。这是用于更新用户界面以响应事件处理器和处理服务器数据的主要方式。

将 setState()视为请求而不是立即更新组件的命令。为了更好地感知性能，React 会延迟调用它，然后一次传递更新多个组件。React 并不会保证 state 的变更会立即生效。

setState()并不总是立即更新组件，它会批量推迟更新，这使在调用 setState()后立即读取 this.state 成为隐患。为了消除隐患，应使用 componentDidUpdate 或者 setState()的回调函数，如 setState(updater,callback)，这两种方式都可以保证在应用更新后立即触发。如需基于之前的 state 设置当前的 state，则可阅读下述关于参数 updater 的内容。

除非 shouldComponentUpdate() 返回 false，否则 setState()将始终执行重新渲染操作。如果可变对象被使用，并且无法在 shouldComponentUpdate()中实现条件渲染，则仅在新旧状态不一致时调用 setState()可以避免不必要的重新渲染。

2. 如何正确地使用 state

下面介绍如何正确地使用 state。

1）不要直接修改 state

例如，此代码不会重新渲染组件，如代码示例 10-70 所示。

代码示例 10-70

```
//Wrong
this.state.comment = 'Hello';
//而是应该使用 setState()

//Correct
this.setState({comment: 'Hello'});
```

构造函数是唯一可以给 this.state 赋值的函数。

2）state 的更新可能是异步的

出于性能考虑，React 可能会把多个 setState() 调用合并成一个调用。

因为 this.props 和 this.state 可能会异步更新，所以不要依赖它们的值来更新下一种状态。

例如，此代码可能会无法更新计数器，如代码示例 10-71 所示。

代码示例 10-71

```
//Wrong
this.setState({
  counter: this.state.counter + this.props.increment,
});
```

要解决这个问题，可以让 setState() 接收一个函数而不是一个对象。这个函数用上一个 state 作为第 1 个参数，将此次更新被应用时的 props 作为第 2 个参数，如代码示例 10-72 所示。

代码示例 10-72

```
//Correct
this.setState((state, props) => ({
  counter: state.counter + props.increment
}));
//上面使用了箭头函数，不过使用普通的函数也同样可以:

//Correct
this.setState(function(state, props) {
  return {
    counter: state.counter + props.increment
  };
});
```

3）state 的更新会被合并

当调用 setState()时，React 会把提供的对象合并到当前的 state。例如，state 包含几个独立的变量，如代码示例 10-73 所示。

代码示例 10-73

```
constructor(props) {
  super(props);
  this.state = {
    posts: [],
    comments: []
  };
}
```

然后可以分别调用 setState()来单独地更新它们，如代码示例 10-74 所示。

代码示例 10-74

```
componentDidMount() {
    fetchPosts().then(response => {
      this.setState({
        posts: response.posts
      });
    });

    fetchComments().then(response => {
      this.setState({
        comments: response.comments
      });
    });
  }
```

这里的合并是浅合并，所以 this.setState({comments})完整地保留了 this.state.posts，但是完全替换了 this.state.comments。

10.5.5 组件中函数处理

本节介绍在组件中如何绑定和使用事件，以及函数的节流和防抖的用法。

1. 函数调用的节流和防抖

如果有一个 onClick 或者 onScroll 这样的事件处理器，想要阻止回调被触发得太快，则可以限制执行回调的速度，可通过以下几种方式做到这点。

（1）节流：基于时间的频率进行抽样更改（例如 _.throttle）。

（2）防抖：一段时间的不活动之后发布更改（例如 _.debounce）。

1）节流

节流阻止函数在给定时间窗口内被调用不能超过一次。下面这个例子会节流 click 事件处理器，使其每秒只能被调用一次，如代码示例 10-75 所示。

代码示例 10-75　lodash.throttle

```
import throttle from 'lodash.throttle';
class LoadMoreButton extends React.Component {
  constructor(props) {
    super(props);
    this.handleClick = this.handleClick.bind(this);
    this.handleClickThrottled = throttle(this.handleClick, 1000);
  }

  componentWillUnmount() {
    this.handleClickThrottled.cancel();
  }

  render() {
    return < button onClick = {this.handleClickThrottled}> Load More </button >;
  }
  handleClick() {
    this.props.loadMore();
  }
}
```

2）防抖

防抖可确保函数不会在上一次被调用之后一定时间内被执行。当必须进行一些费时的计算来响应快速派发的事件时（例如鼠标滚动或键盘事件），防抖是非常有用的。下面这个例子以 250ms 的延迟来改变文本输入，如代码示例 10-76 所示。

代码示例 10-76　lodash.debounce

```
import debounce from 'lodash.debounce';
class Searchbox extends React.Component {
  constructor(props) {
    super(props);
    this.handleChange = this.handleChange.bind(this);
    this.emitChangeDebounced = debounce(this.emitChange, 250);
  }
  componentWillUnmount() {
    this.emitChangeDebounced.cancel();
  }
  render() {
    return (
      < input
```

```
      type = "text"
      onChange = {this.handleChange}
      placeholder = "Search..."
      defaultValue = {this.props.value}
    />
  );
}

handleChange(e) {
  this.emitChangeDebounced(e.target.value);
}

emitChange(value) {
  this.props.onChange(value);
}
}
```

3）requestAnimationFrame 节流

requestAnimationFrame 是在浏览器中排队等待执行的一种方法，它可以在呈现性能的最佳时间执行。一个函数被 requestAnimationFrame 放入队列后将会在下一帧触发。浏览器会努力确保每秒更新 60 帧（60 帧/秒）。

然而，如果浏览器无法确保，则自然会限制每秒的帧数。例如，某个设备可能只能每秒处理 30 帧，所以每秒只可以得到 30 帧。使用 requestAnimationFram 来节流是一种有用的技术，它可以防止在 1 秒内进行 60 帧以上的更新。如果 1 秒内完成 100 次更新，则会为浏览器带来额外的负担，而用户却无法感知到这些工作。

注意，使用这种方法时只能获取某一帧中最后发布的值，如代码示例 10-77 所示。

代码示例 10-77　requestAnimationFrame 节流

```
import rafSchedule from 'raf-schd';
class ScrollListener extends React.Component {
  constructor(props) {
    super(props);
    this.handleScroll = this.handleScroll.bind(this);
    this.scheduleUpdate = rafSchedule(
      point => this.props.onScroll(point)
    );
  }

  handleScroll(e) {
    this.scheduleUpdate({ x: e.clientX, y: e.clientY });
  }

  componentWillUnmount() {
```

```
    this.scheduleUpdate.cancel();
  }

  render() {
    return (
      <div
        style = {{ overflow: 'scroll' }}
        onScroll = {this.handleScroll}
      >
        <img src = "/my-huge-image.jpg" />
      </div>
    );
  }
}
```

4）测试速率限制

在测试速率限制的代码是否正确工作时，如果可以（对动画或操作）进行快进将会很有帮助。如果正在使用 jest，则可以使用 mock timers 来快进。如果正在使用 requestAnimationFrame 节流，就会发现 raf-stub 是一个控制动画帧的十分有用的工具。

2. 在 JSX 绑定事件

可以使用箭头函数包裹事件处理器并传递参数，代码如下：

```
<button onClick = {() => this.handleClick(id)} />
```

以上代码和调用 .bind 是等价的，代码如下：

```
<button onClick = {this.handleClick.bind(this, id)} />
```

通过箭头函数传递参数，如代码示例 10-78 所示。

代码示例 10-78

```
const A = 65 //ASCII 码

class Alphabet extends React.Component {
  constructor(props) {
    super(props);
    this.state = {
      justClicked: null,
      letters: Array.from({length: 26}, (_, i) => String.fromCharCode(A + i))
    };
  }
  handleClick(letter) {
    this.setState({ justClicked: letter });
```

```
  }
  render() {
    return (
      <div>
        Just clicked: {this.state.justClicked}
        <ul>
          {this.state.letters.map(letter =>
            <li key={letter} onClick={() => this.handleClick(letter)}>
              {letter}
            </li>
          )}
        </ul>
      </div>
    )
  }
}
```

示例,通过 data-attributes 传递参数,如代码示例 10-79 所示。

代码示例 10-79　通过 data-attributes 传递参数

```
const A = 65 //ASCII character code

class Alphabet extends React.Component {
  constructor(props) {
    super(props);
    this.handleClick = this.handleClick.bind(this);
    this.state = {
      justClicked: null,
      letters: Array.from({length: 26}, (_, i) => String.fromCharCode(A + i))
    };
  }

  handleClick(e) {
    this.setState({
      justClicked: e.target.dataset.letter
    });
  }

  render() {
    return (
      <div>
        Just clicked: {this.state.justClicked}
        <ul>
          {this.state.letters.map(letter =>
            <li key={letter} data-letter={letter} onClick={this.handleClick}>
```

```
                {letter}
            </li>
        )}
    </ul>
</div>
)
}
}
```

同样地,也可以使用 DOM API 来存储事件处理器需要的数据。如果需要优化大量元素或使用依赖于 React.PureComponent 相等性检查的渲染树,则可考虑使用此方法。

10.5.6 组件的生命周期

组件从创建到销毁的过程被称为组件的生命周期。

在生命周期的各个阶段都有相对应的钩子函数,会在特定的时机被调用,被称为组件的生命周期钩子。

函数式组件没有生命周期,因为生命周期函数是由 React.Component 类的方法实现的,函数式组件没有继承 React.Component,所以也就没有生命周期。

由于未来采用异步渲染机制,所以即将在 React 17 版本中删除的生命周期钩子函数,新的生命周期如图 10-22 所示。

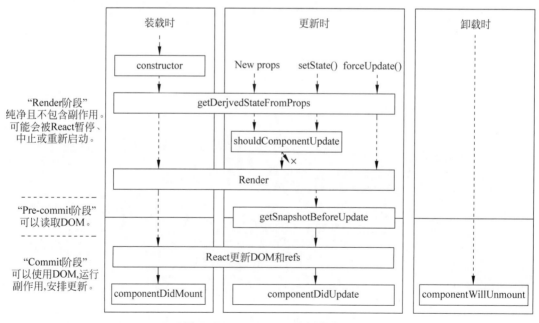

图 10-22　React 17 生命周期方法

在 React 17 版本删除以下 3 个函数：componentWillMount( )、componentWillReceiveProps( ) 和 componentWillUpdate( )。

保留使用 UNSAFE_componentWillMount( )、UNSAFE_componentWillReceiveProps( )、UNSAFE_componentWillUpdate( )等函数。

如图 10-22 所示，React 的生命周期可以分为 3 个阶段。

(1) 组件装载(Mount)：组件第一次渲染到 DOM 树。
(2) 组件更新(Update)：组件 state 和 props 变化引发的重新渲染。
(3) 组件卸载(Unmount)：组件从 DOM 树删除。

在下面的例子中，利用生命周期函数实现字体闪烁效果，如代码示例 10-80 所示。

代码示例 10-80　生命周期函数调用

```
import React from "react"
import ReactDOM from "react-dom"
export default class Life extends React.Component{
    state = {opacity:1}
    //调用时机:组件装载完毕
    componentDidMount(){
        this.timer = setInterval(() => {
            let {opacity} = this.state
            opacity -= 0.1
            if(opacity <= 0) opacity = 1
            this.setState({opacity})
        }, 200);
    }
    //调用时机:组件将要卸载
    componentWillUnmount(){
        clearInterval(this.timer)
    }
    handleUnmount = () =>{
        //卸载组件
        ReactDOM.unmountComponentAtNode(document.getElementById('app'))
    }
    //调用时机:初始化渲染、状态更新之后
    render(){
        return(
            <div>
                <h2 style = {{opacity:this.state.opacity}}>
                    //闪烁透明度会变化的文字
                </h2>
                <button onClick = {this.handleUnmount}>单击卸载</button>
            </div>
        )
    }
}
```

接下来，详细介绍各个阶段的生命周期函数的使用。

1. 组件装载期（Mount）

当组件实例被创建并插入 DOM 中时，其生命周期调用顺序如下。

1）constructor()

如果不初始化 state 或不为事件处理函数绑定实例，则不需要写 constructor()构造函数。

不能在 constructor()构造函数内部调用 this.setState()，因为此时第一次 render()还未执行，也就意味着 DOM 节点还未挂载。

2）static getDerivedStateFromProps(nextProps, prevState)

static getDerivedStateFromProps(nextProps, prevState)函数不论创建时还是更新时，都在 render()之前。为了让 props 能更新到组件内部的 state 中，它应返回一个对象来更新 state，如果返回 null，则不更新任何内容。

该函数是静态方法，内部的 this 指向的是类而非实例，所以不能通过 this 访问 class 的属性。要保持其纯函数的特点，通过参数 nextPros 和 prevState 进行判断，根据新传入的 props 来映射 state。

没有内容更新的情况下也一定要返回一个 null 值，不然会报错，代码如下：

```
static getDerivedStateFromProps(nextProps,prevState){
    //state 无更新时执行 return null
    return null;
}
```

3）render()

render()方法是类组件中唯一必须实现的方法，用于渲染 DOM，render()方法必须返回 reactDOM。注意，在 render()的 return 之前不能写 setState，否则会触发死循环而导致内存崩溃，但在 return 体里面是可以写的。

4）componentDidMount()

在组件装载后（插入 DOM 树后）立即调用，此生命周期是发送网络请求、开启定时器、订阅消息等的好时机，并且可以在此钩子函数里直接调用 setState()。

2. 组件更新期（Update）

当组件的 props 或 state 发生变化时会触发更新。组件更新的生命周期调用顺序为 static getDerivedStateFromProps()和 shouldComponentUpdate(nextProps, nextState)。

此方法仅作为性能优化的方式而存在。不要企图依靠此方法来"阻止"渲染，因为这可能会产生 Bug。应该考虑使用内置的 PureComponent 组件，而不是手动编写 shouldComponentUpdate()。PureComponent 会对 props 和 state 进行浅层比较，并减少了跳过必要更新的可能性。

render()和 getSnapshotBeforeUpdate()使组件可以在可能更改之前从 DOM 捕获一些信息（例如滚动位置），在聊天气泡页中用来计算滚动高度。它返回的任何值都将作为参数传递给 componentDidUpdate()。

在 render() 之后,可以读取但无法使用 DOM 时的代码如下:

```
getSnapshotBeforeUpdate(prevProps, prevState) {
    //捕获滚动的位置,以便后面进行滚动 注意返回的值
    if (prevProps.list.length < this.props.list.length) {
        const list = this.listRef.current;
        return list.scrollHeight - list.scrollTop;
    }
    return null;
}
```

componentDidUpdate() 会在更新后会被立即调用,但首次渲染不会执行。

3. 组件卸载期(Unmount)

当组件从 DOM 中移除时会调用 componentWillUnmount() 方法。

4. 错误处理

当渲染过程中在生命周期或子组件的构造函数中抛出错误时,会调用 static getDerivedStateFromError() 和 componentDidCatch() 方法。

10.5.7 组件的引用

组件的引用(refs)提供了一种方式,允许访问 DOM 节点或在 render() 方法中创建的 React 元素。

在典型的 React 数据流中,props 是父组件与子组件交互的唯一方式。如果要修改一个子组件,则需要使用新的 props 来重新渲染它,但是,在某些情况下,需要在典型数据流之外强制修改子组件。被修改的子组件可能是一个 React 组件的实例,也可能是一个 DOM 元素。对于这两种情况,React 都提供了解决办法。

1. 何时使用 refs

下面是几个适合使用 refs 的情况:

(1) 管理焦点、文本选择或媒体播放。

(2) 触发强制动画。

(3) 集成第三方 DOM 库。

这里需要注意的是,避免使用 refs 来做任何可以通过声明式实现来完成的事情。举个例子,避免在 Dialog 组件里暴露 open() 和 close() 方法,最好传递 isOpen 属性。

2. 创建 refs

refs 是使用 React.createRef() 创建的,并通过 ref 属性附加到 React 元素上。在构造组件时,通常将 refs 分配给实例属性,以便可以在整个组件中引用它们,如代码示例 10-81 所示。

代码示例 10-81　refs

```
class MyComponent extends React.Component {
    constructor(props) {
```

```
    super(props);
    this.myRef = React.createRef();
  }
  render() {
    return <div ref={this.myRef} />;
  }
}
```

3. 访问 refs

当 refs 被传递给 render 中的元素时,对该节点的引用可以在 refs 的 current 属性中被访问,代码如下:

```
const node = this.myRef.current;
```

refs 的值根据节点的类型的不同而有所不同:

(1) 当 refs 属性用于 HTML 元素时,构造函数中使用 React.createRef() 创建的 refs 可接收底层 DOM 元素作为其 current 属性。

(2) 当 refs 属性用于自定义类式组件时,refs 对象接收组件的挂载实例作为其 current 属性。

(3) 不能在函数式组件上使用 refs 属性,因为它们没有实例。

4. 为 DOM 元素添加 refs

以下代码使用 refs 去存储 DOM 节点的引用,如代码示例 10-82 所示。

代码示例 10-82　为 DOM 元素添加 refs

```
class CustomTextInput extends React.Component {
  constructor(props) {
    super(props);
    //创建一个 refs 来存储 textInput 的 DOM 元素
    this.textInput = React.createRef();
    this.focusTextInput = this.focusTextInput.bind(this);
  }

  focusTextInput() {
    //直接使用原生 API 使 text 输入框获得焦点
    //注意:此处通过 "current" 访问 DOM 节点
    this.textInput.current.focus();
  }

  render() {
    //告诉 React 想把 <input> refs 关联到
    //构造器里创建的 textInput 上
    return (
```

```
    <div>
      <input
        type = "text"
        ref = {this.textInput} />
      <input
        type = "button"
        value = "Focus the text input"
        onClick = {this.focusTextInput}
      />
    </div>
  );
 }
}
```

React 会在组件挂载时给 current 属性传入 DOM 元素，并在组件卸载时传入 null 值。refs 会在 componentDidMount 或 componentDidUpdate 生命周期钩子触发前更新。

5. 为类式组件添加 refs

如果想包装上面的 CustomTextInput，来模拟它挂载之后立即被单击的操作，则可以使用 refs 获取这个自定义的 input 组件并手动调用它的 focusTextInput()方法，如代码示例 10-83 所示。

代码示例 10-83　为类式组件添加 refs

```
class AutoFocusTextInput extends React.Component {
  constructor(props) {
    super(props);
    this.textInput = React.createRef();
  }

  componentDidMount() {
    this.textInput.current.focusTextInput();
  }

  render() {
    return (
      <CustomTextInput ref = {this.textInput} />
    );
  }
}
```

需要注意的是，这仅在 CustomTextInput 声明为 class 时才有效，代码如下：

```
class CustomTextInput extends React.Component {
  //...
}
```

6. refs 与函数式组件

默认情况下，不能在函数式组件上使用 refs 属性，因为它们没有实例，可以在函数式组件内部使用 refs 属性，只要它指向一个 DOM 元素或类式组件，如代码示例 10-84 所示。

代码示例 10-84

```
function CustomTextInput(props) {
  //这里必须声明 textInput,这样 refs 才可以引用它
  const textInput = useRef(null);

  function handleClick() {
    textInput.current.focus();
  }

  return (
    <div>
      <input
        type = "text"
        ref = {textInput} />
      <input
        type = "button"
        value = "Focus the text input"
        onClick = {handleClick}
      />
    </div>
  );
}
```

10.6 组件设计与优化

通过 10.5 节，已经了解了基本的组件开发流程，接下来进一步了解如何创建高复用性和性能优的组件。

10.6.1 高阶组件

高阶组件(High Order Component，HOC)是 React 中对组件逻辑复用部分进行抽离的高级技术，但高阶组件并不是一个 React API，它只是一种设计模式，类似于装饰器模式。具体而言，高阶组件就是一个函数，并且该函数接收一个组件作为参数，并返回一个新组件，代码如下：

```
const EnhancedComponent = higherOrderComponent(WrappedComponent);
```

组件是将 props 转换为 UI，而高阶组件是将组件转换为另一个组件。

1. 高阶组件的意义

使用高阶组件的意义主要有以下两点：

（1）重用代码。有时很多 React 组件需要公用同一个逻辑，例如 Redux 中容器组件的部分，没有必要让每个组件都实现一遍 shouldComponentUpdate() 这些生命周期函数，把这部分逻辑提取出来，利用高阶组件的方式再次应用，就可以减少很多组件的重复代码。

（2）修改现有 React 组件的行为。有些现成的 React 组件并不是开发者自己开发的，而是来自于第三方，或者即便是自己开发的，但是不想去触碰这些组件的内部逻辑，这时可以用高阶组件。通过一个独立于原有组件的函数，可以产生新的组件，对原有组件没有任何侵入性。

2. 高阶组件的实现方式可以分为两大类

根据返回的新组件和传入组件参数的关系，高阶组件的实现方式可以分为两大类：代理方式的高阶组件和继承方式的高阶组件。

3. 属性代理

属性代理（Props Proxy）有以下几点作用：操作 props、提取 state 和用其他元素包裹，实现布局等目的。

1）操作 props

可以对原组件的 props 进行增、删、改、查操作，需要考虑到不能破坏原组件。下面的例子通过 PropHOC 给组件添加新的 props，如代码示例 10-85 所示。

代码示例 10-85　操作 props

```
import React from "react"
function PropHOC(WrappedComponent) {
    return class extends React.Component {
        constructor(props) {
            super(props)
        }
        render() {
            const newProps = {
                user: localStorage.getItem("username") || 'Nick'
            }
            return < WrappedComponent {...this.props} {...newProps} />
        }
    }
}
const User = (props) => {
    return < h1 >{props.user}</h1 >
}
export default PropHOC(User)
```

2) 提取 state

可以通过传入 props 和回调函数把 state 提取出来,类似于智能组件和木偶组件。下面通过一个简单提取 state 的例子提取 input 的 value()和 onChange()方法,如代码示例 10-86 所示。

代码示例 10-86　chapter10\react17_basic\src\pages\06_hoc\Demo2.jsx

```jsx
import React from "react"
function StateHOC(WrappedComponent) {
    return class extends React.Component {
        constructor(props) {
            super(props)
            this.state = {
                name: ''
            }
            this.onNameChange = this.onNameChange.bind(this)
        }
        onNameChange(event) {
            this.setState({
                name: event.target.value
            })
        }
        render() {
            const newProps = {
                name: {
                    value: this.state.name,
                    onChange: this.onNameChange
                }
            }
            return < WrappedComponent {...this.props} {...newProps} />
        }
    }
}
class MyInput extends React.Component {
    render() {
        return < input name = "name" {...this.props.name} />
    }
}
export default StateHOC(MyInput)
```

3) 包裹 WrappedComponent

为了封装样式、布局等目的,可以将被包装的组件用组件或元素包裹起来,如代码示例 10-87 所示。

代码示例 10-87

```
function HOC(WrappedComponent) {
  return class extends React.Component {
    render() {
      return (
        <div style={{display: 'flex'}}>
          <WrappedComponent {...this.props}/>
        </div>
      )
    }
  }
}
```

4. 继承反转（Inheritance Inversion）

高阶组件继承了被包装的组件，意味着可以访问被包装的组件的 state、props、生命周期和 render 方法。如果在高阶组件中定义了与被包装组件的同名方法，将会发生覆盖，此种情况就必须手动通过 super 进行调用。通过完全操作被包装组件的 render() 方法返回的元素树，可以真正实现渲染劫持，这种思想具有较强的入侵性。如代码示例 10-88 所示。

代码示例 10-88

```
function HOC(WrappedComponent) {
  return class extends WrappedComponent {
    componentDidMount() {
      super.componentDidMount();
    }
    componentWillUnmount() {
      super.componentWillUnmount();
    }
    render() {
      return super.render();
    }
  }
}
```

例如，实现一个显示 loading 的请求。组件中存在网络请求，完成请求前显示 loading，完成后再显示具体的内容。

可以用高阶组件实现，如代码示例 10-89 所示。

代码示例 10-89 chapter10\react17_basic\src\pages\06_hoc\Demo3.jsx

```
import React from "react"
function HOC() {
    return class extends ComponentClass {
```

```
        render() {
            if (this.state.success) {
                return super.render()
            }
            return <div>Loading...</div>
        }
    }
}
class ComponentClass extends React.Component {
    constructor(){
        super();
        this.state = {
            success: false,
            data: null
        };
    }
    async componentDidMount() {
        const result = await fetch("https://jsonplaceholder.typicode.com/photos");
        this.setState({
            success: true,
            data: result.data
        });
    }
    render() {
        return <div>主要内容</div>
    }
}
export default HOC()
```

10.6.2 Context 模式

在一个典型的 React 应用中,数据是通过 props 属性自上而下(由父及子)进行传递的,但此种用法对于某些类型的属性而言是极其烦琐的(例如地区偏好、UI 主题),这些属性是应用程序中许多组件所需要的。Context 提供了一种在组件之间共享此类值的方式,而不必显式地通过组件树逐层传递 props。

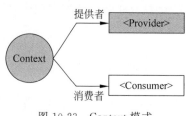

图 10-23 Context 模式

Context 模式提供了一个无须为每层组件手动添加 props 就能在组件树间进行数据传递的方法,如图 10-23 所示。

Context 设计的目的是为了共享那些对于一个组件树而言是"全局"的数据,例如当前认证的用户、主题或首选语言。

在代码示例 10-90 中,通过一个 theme 属性手动调整一个按钮组件的样式。组件的数据传递是自上而下的,如果组件嵌套的层级较深,则通过组件的 props 传递会非常麻烦,如图 10-24 所示。

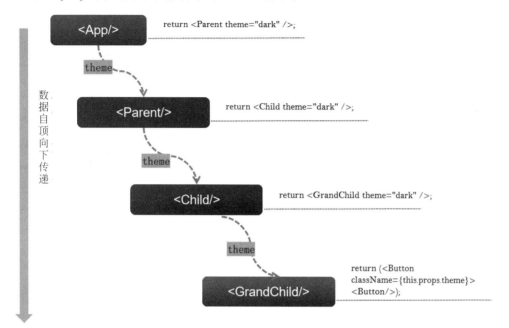

图 10-24　组件基于 props 的层级传递

代码示例 10-90　props 层层传递主题 theme

```
class App extends React.Component {
  render() {
    return < Toolbar theme = "dark" />;
  }
}
function Toolbar(props) {
  //Toolbar 组件接收一个额外的 theme 属性,然后传递给 ThemedButton 组件
  //如果应用中每个单独的按钮都需要知道 theme 的值,这会是件很麻烦的事
  //因为必须将这个值层层传递给所有组件
  return (
    < div >
      < ThemedButton theme = {props.theme} />
    </ div >
  );
}
class ThemedButton extends React.Component {
  render() {
    return < Button theme = {this.props.theme} />;
  }
}
```

使用 Context 模式可以避免通过中间元素传递 props，如图 10-25 所示。Context 可以为嵌套的组件提供上下文中的全局对象，子组件不需要通过 props 就可以通过 Consumer 模式获取数据。

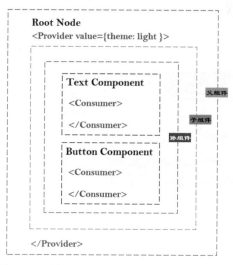

图 10-25　基于 Provider/Consumer 模式的传递

下面的例子，通过一个动态 Context，将数据共享给子组件。

首先创建一个主题 Context，设置的默认值为 themes.dart，如代码示例 10-91 所示。

代码示例 10-91　theme-context.js

```
import React from 'react'
export const themes = {
    light: {
        foreground: '#000000',
        background: '#eeeeee',
    },
    dark: {
        foreground: '#ffffff',
        background: '#222222',
    },
};
export const ThemeContext = React.createContext(
    themes.dark           //默认值
);
```

接下来创建一个 Toolbar 中间组件，如代码示例 10-92 所示。

代码示例 10-92　toolbar.jsx

```jsx
function Toolbar(props) {
  return (
    <ThemedButton onClick={props.changeTheme}>
      改变主题
    </ThemedButton>
  );
}
```

创建一个 ThemeButton 组件,如代码示例 10-93 所示。

代码示例 10-93　themed-button.js

```jsx
import React from 'react'
import {ThemeContext} from './theme-context';

class ThemedButton extends React.Component {
  render() {
    let props = this.props;
    let theme = this.context;
    return (
      <button
        {...props}
        style={{backgroundColor: theme.background}}
      />
    );
  }
}
ThemedButton.contextType = ThemeContext;

export default ThemedButton;
```

创建 App.jsx 文件,动态传递主题色,如代码示例 10-94 所示。

代码示例 10-94　app.jsx

```jsx
class App extends React.Component {
  constructor(props) {
    super(props);
    this.state = {
      theme: themes.light,
    };

    this.toggleTheme = () => {
      this.setState(state => ({
        theme:
```

```
            state.theme === themes.dark
                ? themes.light
                : themes.dark,
        }));
    };

    render() {
        //在 ThemeProvider 内部的 ThemedButton 按钮组件使用 state 中的 theme 值
        //而外部的组件使用默认的 theme 值
        return (
            <div>
                <ThemeContext.Provider value={this.state.theme}>
                    <Toolbar changeTheme={this.toggleTheme} />
                </ThemeContext.Provider>
            </div>
        );
    }
}
export default App;
```

10.6.3　Component 与 PureComponent

React.PureComponent 与 React.Component 很相似。两者的区别在于 React.Component 并未实现 shouldComponentUpdate() 函数，而 React.PureComponent 中以浅层对比 props 和 state 的方式实现了该函数。

如果赋予 React 组件相同的 props 和 state，render() 方法会渲染相同的内容，则在某些情况下使用 React.PureComponent 可提高性能。

React.PureComponent 中的 shouldComponentUpdate() 函数仅进行对象的浅层比较。如果对象中包含复杂的数据结构，则有可能因为无法检查深层的差别而产生错误的比对结果。仅在 props 和 state 较为简单时，才使用 React.PureComponent，或者在深层数据结构发生变化时调用 forceUpdate() 函数来确保组件被正确地更新。也可以考虑使用 immutable 对象加速嵌套数据的比较。

此外，React.PureComponent 中的 shouldComponentUpdate() 函数将跳过所有子组件树的 props 更新，因此，需要确保所有子组件也都是"纯"的组件。

10.6.4　React.memo

React.memo 为高阶组件。如果组件在相同 props 的情况下渲染相同的结果，则可以通过将其包装在 React.memo 中调用，以此通过记忆组件渲染结果的方式来提高组件的性能表现。这意味着在这种情况下，React 将跳过渲染组件的操作并直接复用最近一次渲染的结果，代码如下：

```
const MyComponent = React.memo(function MyComponent(props) {
  /* 使用 props 渲染 */
});
```

React.memo 仅检查 props 变更。如果函数式组件被 React.memo 包裹，并且其实现中拥有 useState、useReducer 或 useContext 的 Hook，当 state 或 context 发生变化时，它仍会重新渲染。

默认情况下其只会对复杂对象做浅层对比，如果想要控制对比过程，则可将自定义的比较函数通过第 2 个参数传入实现，代码如下：

```
function MyComponent(props) {
  /* 使用 props 渲染 */
}
function areEqual(prevProps, nextProps) {
  /*
  把 nextProps 传入 render()方法的返回结果与
  把 prevProps 传入 render()方法的返回结果如果一致，则返回 true
  否则返回 false
  */
}
export default React.memo(MyComponent, areEqual);
```

此方法仅作为性能优化的方式而存在，但不要依赖它来"阻止"渲染，因为这会产生 Bug。

注意：与类式组件中 shouldComponentUpdate() 函数不同的是，如果 props 相等，则 areEqual 的返回值为 true；如果 props 不相等，则返回值为 false。这与 shouldComponentUpdate() 函数的返回值相反。

React.memo() 使用场景就是用纯函数式组件频繁渲染 props，如代码示例 10-95 所示。

代码示例 10-95　React.memo

```
import React, { Component } from 'react'
//使用 React.memo 代替以上的 title 组件，让函数式组件也拥有 Purecomponent 的功能
const Title = React.memo((props) => {
    console.log("title组件被调用")
    return (
        <div>
            标题:{props.title}
        </div>
    )
})
```

```
class Count extends Component {
    render() {
        console.log("这是 Count 组件")
        return (
            <div>
                 条数:{this.props.count}
            </div>
        )
    }
}

export default class Purememo extends Component {
    constructor(props) {
        super(props)
        this.state = {
            title: 'shouldComponentUpdate 使用',
            count: 0
        }
    }
    componentDidMount() {
        setInterval(() => {
            this.setState({
                count: this.state.count + 1
            })
        }, 1000)
    }
    render() {
        return (
            <div>
                <Title title={this.state.title}></Title>
                <Count count={this.state.count}></Count>
            </div>
        )
    }
}
```

10.6.5 组件懒加载

React.lazy()函数能让开发者像渲染常规组件一样处理动态引入的组件。React.lazy()接收一个函数,这个函数需要动态地调用 import()。它必须返回一个 Promise,该 Promise 需要处理一个 default export 的 React 组件。

然后在 Suspense 组件中渲染 lazy 组件,如此可以在等待加载 lazy 组件时做降级(如 loading 指示器等),如代码示例 10-96 所示。

代码示例 10-96　React.lazy 懒加载

```
import React, { Suspense } from 'react';
const OtherComponent = React.lazy(() => import('./OtherComponent'));
function MyComponent() {
  return (
    <div>
      <Suspense fallback={<div>Loading...</div>}>
        <OtherComponent />
      </Suspense>
    </div>
  );
}
```

fallback 属性接收任何在组件加载过程中想展示的 React 元素。可以将 Suspense 组件置于懒加载组件之上的任何位置,甚至可以用一个 Suspense 组件包裹多个懒加载组件,如代码示例 10-97 所示。

代码示例 10-97

```
import React, { Suspense } from 'react';
const OtherComponent = React.lazy(() => import('./OtherComponent'));
const AnotherComponent = React.lazy(() => import('./AnotherComponent'));

function MyComponent() {
  return (
    <div>
      <Suspense fallback={<div>Loading...</div>}>
        <section>
          <OtherComponent />
          <AnotherComponent />
        </section>
      </Suspense>
    </div>
  );
}
```

10.6.6　Portals

Portal 提供了一种将子节点渲染到存在于父组件以外的 DOM 节点的优秀的方案。Portal 的语法格式如下:

```
ReactDOM.createPortal(child, container)
```

第 1 个参数(child)是任何可渲染的 React 子元素,例如一个元素、字符串或 fragment。

第2个参数(container)是一个 DOM 元素。

1. Portals 基本用法

通常来讲,当从组件的 render()方法返回一个元素时,该元素将被装载到 DOM 节点中离其最近的父节点,代码如下:

```
render() {
  //React 装载了一个新的 div,并且把子元素渲染其中
  return (
    <div>
      {this.props.children}
    </div>
  );
}
```

然而,有时将子元素插入 DOM 节点中的不同位置也有好处,代码如下:

```
render() {
  //React 并没有创建一个新的 div,它只是把子元素渲染到 domNode 中
  //domNode 是一个可以在任何位置的有效 DOM 节点
  return ReactDOM.createPortal(
    this.props.children,
    domNode
  );
}
```

一个 Portal 的典型用例是当父组件有 overflow: hidden 或 z-index 样式时,但需要子组件能够在视觉上"跳出"其容器。例如,对话框、悬浮卡及提示框。

注意:当在使用 Portal 时,记住管理键盘焦点就变得尤为重要。对于模态对话框,通过遵循 WAI-ARIA 模态开发实践,来确保每个人都能够运用它。

2. 通过 Portal 进行事件冒泡

尽管 Portal 可以被放置在 DOM 树中的任何地方,但在任何其他方面,其行为和普通的 React 子节点的行为一致。由于 Portal 仍存在于 React 树,且与 DOM 树中的位置无关,所以无论其子节点是否是 Portal,像 Context 这样的功能特性都是不变的。

一个从 Portal 内部触发的事件会一直冒泡至包含 React 树的祖先,即便这些元素并不是 DOM 树中的祖先。假设存在如下 HTML 结构,如代码示例 10-98 所示。

代码示例 10-98　多入口 HTML

```
<html>
  <body>
    <div id="app-root"></div>
    <div id="modal-root"></div>
  </body>
</html>
```

在 #app-root 里的 Parent 组件能够捕获到未被捕获的从兄弟节点 #modal-root 冒泡上来的事件，如代码示例 10-99 所示。

代码示例 10-99　Portal 进行事件冒泡

```
//在 DOM 中有两个容器是兄弟级(siblings)的
import React from "react";
import ReactDOM from "react-dom";
const modalRoot = document.getElementById('modal-root');

class Modal extends React.Component {
    constructor(props) {
        super(props);
        this.el = document.createElement('div');
    }
    componentDidMount() {
        //在 Modal 的所有子元素被装载后
        //这个 Portal 元素会被嵌入 DOM 树中
        //这意味着子元素将被装载到一个分离的 DOM 节点中
        //如果要求子组件在装载时可以立刻接入 DOM 树
        //例如衡量一个 DOM 节点
        //或者在后代节点中使用 autoFocus
        //则需将 state 添加到 Modal 中
        //仅当 Modal 被插入 DOM 树中时才能渲染子元素
        modalRoot.appendChild(this.el);
    }
    componentWillUnmount() {
        modalRoot.removeChild(this.el);
    }

    render() {
        return ReactDOM.createPortal(
            this.props.children,
            this.el
        );
    }
}

export default class Parent extends React.Component {
    constructor(props) {
        super(props);
        this.state = { clicks: 0 };
        this.handleClick = this.handleClick.bind(this);
    }
    handleClick() {
        //当子元素里的按钮被单击时
        //这将会被触发更新父元素的 state
        //即使这个按钮在 DOM 中不是直接关联的后代
        this.setState(state => ({
```

```
                clicks: state.clicks + 1
            }));
        }
        render() {
            return (
                <div onClick = {this.handleClick}>
                    <p>单击次数: {this.state.clicks}</p>
                    <Modal>
                        <Child />
                    </Modal>
                </div>
            );
        }
    }
    function Child() {
        //这个按钮的单击事件会冒泡到父元素
        //因为这里没有定义 onClick 属性
        return (
            <div className = "modal">
                <button>Model 中的按钮</button>
            </div>
        );
    }
```

效果如图 10-26 所示。

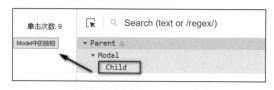

图 10-26　通过 Portal 进行事件冒泡

10.7　React Hook

　　React Hook 是 React 16.8 版本中的新增特性。Hook 允许在函数式组件中使用 state 及其他的 React 特性。这是 React 一次重大的尝试，之前在函数式组件中无法使用状态，只能在 class 定义的组件中使用 state。类的组件写法随着项目工程的复杂化也带来了一些问题，同时 React 一直倡导函数式编程，Hook 实现了真正意义上的函数式组件编程。

10.7.1 React Hook 介绍

Hook(钩子)的解释是：尽量使用纯函数编写组件,如果需要外部功能和副作用,就用钩子把外部代码 "Hook into"进来(装进钩子)。React Hook 就是那些钩子。

React Hook 默认提供了一些常用钩子,也可以封装自己的钩子。

如果在编写函数式组件时意识到需要向其添加一些 state,以前的做法是必须将其转换为类。现在可以直接在现有的函数式组件中使用 Hook。凡是 use 开头的 React API 都是 Hook。

1. 使用 React Hook 的好处

(1)针对优化类组件的三大问题：状态逻辑难复用、趋向复杂难以维护、this 指向问题。

(2)在无须修改组件结构的情况下复用状态逻辑(自定义 Hook)。

(3)将组件中相互关联的部分拆分成更小的函数(例如设置订阅或请求数据)。

(4)副作用的关注点分离：副作用指那些没有发生在数据向视图转换过程中的逻辑,如 Ajax 请求、访问原生 DOM 元素、本地持久化缓存、绑定/解绑事件、添加订阅、设置定时器、记录日志等。这些副作用都写在类组件生命周期函数中。

2. 使用 React Hook 规则

(1)只能在顶层使用,其目的是保证 Hook 在每一次渲染中都能按照相同的顺序被调用。

(2)只能在函数式组件或者自定义 Hook 中调用。

3. React Hook 是如何与组件关联起来的

React 会保持对当前渲染组件的追踪,每个组件内部都有一个记忆单元格,用于存储 JS 对象数据。当调用 Hook 时就可读取当前 Hook 所在组件的记忆单元格里面的数据。

10.7.2 useState()

useState()用于为函数式组件引入状态(state)。因为纯函数不能有状态,所以把状态放在钩子里面。

1. 初始化 state

初始化 state 的方法是使用 useState()方法,语法如下：

```
const [num, setNum] = useState(initialState);
```

上面的代码会返回一个 num 和 num 的更新函数,num 和 setNum 名称是自己定义的。在初始渲染期间,返回的状态（num）与传入的第 1 个参数（initialState）的值相同。

setNum()函数用于更新 num,它接收一个新的 num 值并将组件的一次重新渲染加入队列。

1）惰性初始化 state

initialState 参数只会在组件的初始渲染中起作用,后续渲染时会被忽略。如果初始

num 需要通过复杂计算获得，则可以传入一个函数，在函数中计算并返回初始的 num，此函数只在初始渲染时被调用，如代码示例 10-100 所示。

代码示例 10-100　惰性初始化 state

```
const [num, setNum] = useState(() => {
  const initialState = someExpensiveComputation(props);
  return initialState;
});
```

2）案例介绍

下面的例子介绍不同的初始化的用法，如代码示例 10-101 所示。

代码示例 10-101　useState

```
export function Counter() {
    //声明状态
    const [num, setNum] = useState(0);
    const [title, setTitle] = useState("初始化标题");
    const [user, setUser] = useState({})
    //惰性初始化 state
    const [list, setList] = useState(() =>{
        return [1]
    })

    const updateList = (n) => {
        console.log(list)
        list.push(n)
        setList([...list])
    }

    return (<div>
        <h1>{num}</h1>
        <h1>{title}</h1>
        <p>{user.name}</p>
        <p>
            {list.length > 0 ? "list:" : "List是空的"}
            {
                list.map(v => {
                    return v + " "
                })
            }
        </p>

        <div>
            <button onClick = {() => setNum(num + 1)}>更新 Num</button>
```

```
            <button onClick = {() => setTitle("很好,Title")}>更新 Title</button>
            <button onClick = {() => setUser({ name: "张飒" })}>更新 user</button>
            <button onClick = {() => updateList(2)}>更新 list</button>
        </div>
    </div>
    )
}
```

效果如图 10-27 所示。

图 10-27　useState 的用法

2. 更新 state

如果新的 state 需要通过先前的 state 计算得出,则可以将函数传递给 setState()。该函数将接收先前的 state,并返回一个更新后的值。下面的计数器组件示例展示了 setState() 的两种用法,如代码示例 10-102 所示。

代码示例 10-102　更新 state

```
function Counter({initialCount}) {
    const [count, setCount] = useState(initialCount);
    return (
      <>
        Count: {count}
        <button onClick = {() => setCount(initialCount)}> Reset </button>
        <button onClick = {() => setCount(prevCount => prevCount - 1)}>-</button>
        <button onClick = {() => setCount(prevCount => prevCount + 1)}>+</button>
      </>
    );
}
```

"＋"和"－"按钮采用函数式形式,因为被更新的 state 需要基于之前的 state,但是"重置"按钮则采用普通形式,因为它总是把 count 设置回初始值。

10.7.3　useEffect()

useEffect()用来引入具有副作用的操作,最常见的就是向服务器请求数据。以前放在 componentDidMount 里面的代码,现在可以放在 useEffect()里。

useEffect()的用法如下:

```
useEffect(() => {
  //Async Action
}, [dependencies])
```

在上面的用法中,useEffect()接收两个参数。第 1 个参数是一个函数,异步操作的代码放在里面。第 2 个参数是一个数组,用于给出 effect 的依赖项,只要这个数组发生变化, useEffect()就会执行。第 2 个参数可以省略,这时每次组件渲染时,都会执行 useEffect(), 如代码示例 10-103 所示。

代码示例 10-103　useEffect 用法

```
useEffect(() => {
  //每次调用 render()方法后执行
  return () => {
    //当前 effect 之前对上一个 effect 进行清除
  }
})
useEffect(() => {
  //仅在第一次调用 render()方法后执行
  return () => {
    //组件卸载前执行
  }
}, [])
useEffect(() => {
  //arr 变化后,在调用 render()方法后执行
  return () => {
    //在下一 useEffect()方法运行前执行
  }
}, arr)
```

1. useEffect()基础用法

每次重新渲染都会生成新的 effect 替换掉之前的。每个 effect 属于一次特定的渲染, 如代码示例 10-104 所示。

代码示例 10-104

```
import React,{Component,useState,useEffect} from 'react';
import ReactDOM from 'react-dom';
function Counter(){
    const [number,setNumber] = useState(0);
    //useEffect()方法里面的这个函数会在第一次渲染之后和更新完成后执行
    //相当于 componentDidMount 和 componentDidUpdate
    useEffect(() => {
        document.title = '单击了 ${number}次';
    });
    return (
        <>
            <p>{number}</p>
            <button onClick = {() => setNumber(number + 1)}>+</button>
        </>
    )
}
ReactDOM.render(<Counter />, document.getElementById('root'));
```

2. 清除 useEffect

通常,组件卸载时需要清除 effect 创建的诸如订阅或计时器 ID 等资源。要实现这一点,useEffect()函数需返回一个清除函数。以下就是一个清除订阅的例子,如代码示例 10-105 所示。

代码示例 10-105　清除 useEffect

```
useEffect(() => {
    const subscription = props.source.subscribe();
    return () => {
        //清除订阅
        subscription.unsubscribe();
    };
});
```

副作用函数还可以通过返回一个函数来指定如何清除副作用,为了防止内存泄漏,清除函数会在组件卸载前执行。如果组件多次渲染,则在执行下一个 effect 之前上一个 effect 就已被清除,如代码示例 10-106 所示。

代码示例 10-106　传入一个空的依赖项数组,不会去重复执行

```
function Counter(){
    let [number,setNumber] = useState(0);
```

```
    let [text,setText] = useState('');
    //相当于componentDidMount 和 componentDidUpdate
    useEffect(()=>{
        console.log('开启一个新的定时器')
        let $ timer = setInterval(()=>{
            setNumber(number => number + 1);
        },1000);
        //useEffect(),如果返回一个函数,则该函数会在组件卸载和更新时调用
        //useEffect()在执行副作用函数之前,会先调用上一次返回的函数
        //如果要清除副作用,则可返回一个清除副作用的函数
        /*  return () =>{
            console.log('destroy effect');
            clearInterval( $ timer);
        } */
    });
    //},[]);              //也可在这里传入一个空的依赖项数组,这样就不会去重复执行了
    return (
        <>
          < input value = {text}
onChange = {(event) => setText(event.target.value)}/>
          <p>{number}</p>
          < button > + </button >
        </>
    )
}
```

3. 跳过 effect 进行性能优化

依赖项数组控制着 useEffect()的执行,如果某些特定值在两次重渲染之间没有发生变化,则可以通知 React 跳过对 effect 的调用,只要传递数组作为 useEffect()的第 2 个可选参数即可。

如果想执行只运行一次的 effect(仅在组件装载和卸载时执行),则可以传递一个空数组([])作为第 2 个参数。这就告诉 React 此 effect 不依赖于 props 或 state 中的任何值,所以它永远都不需要重复执行,如代码示例 10-107 所示。

代码示例 10-107 通过依赖项数组控制 useEffect()执行

```
function Counter(){
    let [number,setNumber] = useState(0);
    let [text,setText] = useState('');
    //相当于componentDidMount 和 componentDidUpdate
    useEffect(()=>{
        console.log('useEffect');
```

```
      let $timer = setInterval(()=>{
        setNumber(number=>number+1);
      },1000);
    },[text]);            //数组表示 effect 依赖的变量,只有当这个变量发生改变之后才会重新执
                          //行 useEffect()方法
    return (
      <>
        <input value={text}
onChange={(event)=>setText(event.target.value)}/>
        <p>{number}</p>
        <button>+</button>
      </>
    )
}
```

4. 使用多个 effect 实现关注点分离

使用 Hook 其中的一个目的就是要解决 class 中生命周期函数经常包含不相关的逻辑,但又把相关逻辑分离到了几个不同方法中的问题。

Hook 允许按照代码的用途分离它们,而不是像生命周期函数那样。React 将按照 effect 声明的顺序依次调用组件中的每个 effect,如代码示例 10-108 所示。

代码示例 10-108　多个 effect

```
function FriendStatusWithCounter(props) {
  const [count, setCount] = useState(0);
  useEffect(() => {
    document.title = 'You clicked ${count} times';
  });

  const [isOnline, setIsOnline] = useState(null);
  useEffect(() => {
    function handleStatusChange(status) {
      setIsOnline(status.isOnline);
    }

    ChatAPI.subscribeToFriendStatus(props.friend.id, handleStatusChange);
    return () => {
      ChatAPI.unsubscribeFromFriendStatus(props.friend.id, handleStatusChange);
    };
  });
  //...
}
```

10.7.4　useLayoutEffect()

useLayoutEffect()函数签名与useEffect()类似,但它会在所有的DOM变更之后同步调用effect。可以使用它来读取DOM布局并同步触发重渲染。在浏览器执行绘制之前,useLayoutEffect()内部的更新计划将被同步刷新。

下面通过一个简单的例子比较useLayoutEffect()和useEffect()的差别,如代码示例10-109所示。

代码示例10-109　useEffect() vs useLayoutEffect()

```
export function App() {
    const [count, setCount] = useState(0);
    useEffect(() => {                //改为useLayoutEffect
      if (count === 0) {
        const randomNum = 10 + Math.random() * 200
        setCount(10 + Math.random() * 200);
      }
    }, [count]);

    return (
      <div onClick = {() => setCount(0)}>{count}</div>
    );
}
```

运行上面的组件,单击div按钮,页面会更新一串随机数,当连续单击此按钮时,会发现这串数字在发生抖动。造成抖动原因在于,每次单击div按钮时,count会更新为0,之后useEffect()内又把count改为一串随机数,所以页面会先渲染成0,然后渲染成随机数,由于更新很快,所以出现了闪烁。

接下来将useEffect()改为useLayoutEffect()后闪烁消失了。相比使用useEffect(),当单击div按钮时,count更新为0,此时页面并不会渲染,而是等待useLayoutEffect()内部状态修改后才会去更新页面,所以页面不会闪烁,浏览器渲染过程如图10-28所示。

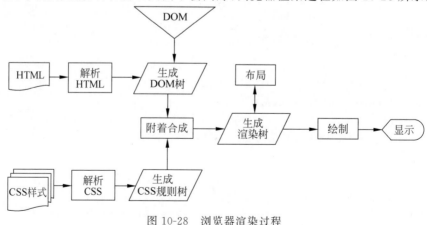

图10-28　浏览器渲染过程

useLayoutEffect()：会在浏览器 layout 之后，painting 之前执行。如果需要改变 DOM 或者 DOM 需要获取测量数值，除非要修改 DOM 并且不让用户看到修改 DOM 的过程，才考虑用它来读取 DOM 布局并同步触发重渲染，否则应当使用 useEffect()。在浏览器执行绘制之前，useLayoutEffect() 内部的更新计划将被同步刷新。尽可能使用标准的 useEffect() 以避免阻塞视图更新。

useEffect()：useEffect() 在全部渲染完毕后才会执行。如果根本不需要与 DOM 交互或者 DOM 更改是不可观察的，那就用 useEffect()。

10.7.5 useRef()

在之前的章节中，了解了 refs 的用法，useRef() 比 refs 属性更有用。它通过类似在 class 中使用实例字段的方式，非常方便地保存任何可变值，useRef() 有以下特点：

(1) useRef() 返回一个可变的 ref 对象，并且只有 current 属性，初始值为传入的参数 (initialValue)。

(2) 返回的 ref 对象在组件的整个生命周期内保持不变。

(3) 当更新 current 值时并不会渲染，而 useState() 新值时会触发页面渲染。

(4) 更新 useRef() 是 Side Effect（副作用），所以一般写在 useEffect() 或 Event Handler 里。

(5) useRef() 类似于类组件的 this。

useRef() 函数的语法格式如下：

```
const refContainer = useRef(initialValue);
```

在下面的案例中，单击 button 时获取文本框的值，如代码示例 10-110 所示。

代码示例 10-110　useRef() 获取文本框的值

```
import React, { useRef } from 'react';
export default () => {
  const inputRef = useRef(null);
  const onButtonClick = () => {
    console.log(inputRef.current.value)
  };
  return (
    <div>
      <input ref={inputRef} type='text'/>
      <button onClick={onButtonClick}>获取 ref</button>
    </div>
  );
}
```

1. 获取子组件的属性或方法

在下面的例子中，综合使用 useRef()、forwardRef()、useImperativeHandle() 获取子组件数据，如表 10-2 所示。

表 10-2　useRef()、fowardRef()、useImperativeHandle() 的区别

名　称	说　明
useRef	useRef() 返回一个可变的 ref 对象，其 .current 属性被初始化为传入的参数 (initialValue)。返回的 ref 对象在组件的整个生命周期内保持不变
useImperativeHandle	useImperativeHandle() 可以让你在使用 ref 时自定义暴露给父组件的实例值
forwardRef	React.forwardRef() 会创建一个 React 组件，这个组件能够将其接收的 ref 属性转发到其组件树下的另一个组件中

子组件定义，如代码示例 10-111 所示。

代码示例 10-111　refchild.jsx

```jsx
import { useCallback, useState, useEffect, useRef } from "react"
import React from "react"
//React.forwardRef 接收渲染函数作为参数
//React 将使用 props 和 ref 作为参数来调用此函数
//此函数应返回 React 节点
const Child = (props, ref) => {
    const [json] = useState(
      '{"vue": "1","react": "2","angular": "3"}'
    );

    //暴露组件的方法,接收外部获取的 ref
    React.useImperativeHandle(ref, () => ({
        //构造 ref 的获取数据方法
        getData: () => {
          return json;
        },
    }));

    return (
      <div
        style = {{
          padding: 12,
          border: "1px solid black",
          width: 200,
          height: 200,
          marginTop: 20
        }}
```

```
    >
      这是子组件数据:{json}
    </div>
  );
};
//forwardRef 组件能够将其接收的 ref 属性转发到其组件树下
export default React.forwardRef(Child);
```

父组件定义,如代码示例 10-112 所示。

代码示例 10-112　refparent.jsx

```
import { useState, useEffect, useRef } from "react";
import Child from "./RefChild";

const RefParent = () => {
  //获取子组件实例的 ref
  const childRef = useRef();

  return (
    <div>
      <button
        onClick={() => {
          console.log(childRef.current.getData());
        }}
      >
        获取子组件数据
      </button>
      <Child ref={childRef} />
    </div>
  );
};
export default RefParent;
```

效果如图 10-29 所示。

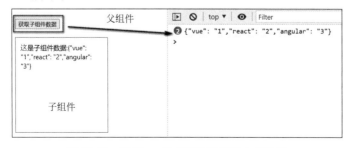

图 10-29　通过 useRef 获取子组件中的数据

2. 使用 useRef() 获取上一次的值

使用 useRef() 获取上一次的值，如代码示例 10-113 所示。

代码示例 10-113　useRef 获取上一次的值

```
function usePrevious(value) {
  const ref = useRef();
  useEffect(() => {
    ref.current = value;
  });
  return ref.current;
}
```

useRef() 函数在渲染过程中总是返回上一次的值，因为 ref.current 变化不会触发组件的重新渲染，所以需要等到下次渲染时才能显示到页面上。

3. 使用 useRef() 来保存不需要变化的值

因为 useRef() 的返回值在组件的每次调用 render() 之后都是同一个，所以它可以用来保存一些在组件整个生命周期都不需要变化的值。最常见的就是定时器的清除场景。

1）以前用全局变量设置定时器

使用全局变量设置定时器，如代码示例 10-114 所示。

代码示例 10-114　全局变量设置定时器的不足

```
const App = () => {
  let timer;
  useEffect(() => {
    timer = setInterval(() => {
      console.log('触发了');
    }, 1000);
  },[]);
  const clearTimer = () => {
    clearInterval(timer);
  }
  return (
    <>
      <button onClick = {clearTimer}>停止</button>
    </>
  )
}
```

上面的写法存在一个问题，如果这个 App 组件里有 state 变化或者它的父组件重新渲染等原因导致这个 App 组件重新渲染时会发现，单击"停止"按钮，定时器依然会不断地在控制台输出，这样定时器清除事件就无效了。

因为组件重新渲染之后，这里的 timer() 及 clearTimer() 方法都会重新创建，所以 timer 已经不是定时器的变量了。

2）使用 useRef()定义定时器

使用 useRef()设置定时器，如代码示例 10-115 所示。

代码示例 10-115

```jsx
const App = () => {
  const timer = useRef();
  useEffect(() => {
    timer.current = setInterval(() => {
      console.log('触发了');
    }, 1000);
  },[]);
  const clearTimer = () => {
    clearInterval(timer.current);
  }
  return (
    <>
      <button onClick = {clearTimer}>停止</button>
    </>)
}
```

10.7.6　useCallback()与 useMemo()

React 中当组件的 props 或 state 变化时，会重新渲染视图，在实际开发中会遇到不必要的渲染场景，如代码示例 10-116 所示。

代码示例 10-116

```jsx
import React,{useState} from "react"
# 子组件
function ChildComp() {
    console.log('render child-comp ...')
    return <div>Child Comp ...</div>
}
# 父组件
export function ParentComp() {
    const [count, setCount] = useState(0)
    const increment = () => setCount(count + 1)

    return (
        <div>
            <button onClick = {increment}>单击次数:{count}</button>
            <ChildComp />
        </div>
    );
}
```

子组件中有条 console 语句,每当子组件被渲染时,都会在控制台看到一条输出信息。

当单击父组件中按钮时会修改 count 变量的值,进而导致父组件重新渲染,此时子组件却没有任何变化(props、state),但在控制台中仍然可看到子组件被渲染的输出信息,如图 10-30 所示。

图 10-30　父组件重新渲染,子组件跟着重新渲染

在上面的代码中,子组件没有任何修改也被重新渲染了,这并不合理,我们期待的是:当子组件的 props 和 state 没有变化时,即便父组件渲染,也不要渲染子组件。

1. React.memo()

为了解决上面的问题,需要修改子组件,用 React.memo() 包裹一层。这种写法是 React 的高阶组件写法,将组件作为函数(memo)的参数,函数的返回值(ChildComp)是一个新的组件,如代码示例 10-117 所示。

代码示例 10-117

```
import React, { memo } from 'react'
const ChildComp = memo(function () {
  console.log('render child - comp ...')
  return <div>Child Comp ...</div>
})
```

如果觉得上面那种写法不完美,则可以拆开写,如代码示例 10-118 所示。

代码示例 10-118

```
import React, { memo } from 'react'
let ChildComp = function () {
  console.log('render child - comp ...')
  return <div>Child Comp ...</div>
}
ChildComp = memo(ChildComp)
```

此时再次单击按钮,可以看到控制台没有输出子组件被渲染的信息了。

在控制台中输出的那一行值是第一次渲染父组件时渲染子组件输出的,后面再单击按钮重新渲染父组件时,并没有重新渲染子组件,如图10-31所示。

图 10-31　React.memo 用法

2. useCallback()

在上面的例子中,父组件只是简单地调用了子组件,并未给子组件传递任何属性。

接下来看一个父组件给子组件传递属性的例子,子组件仍然用 React.memo() 包裹一层,如代码示例10-119 所示。

代码示例 10-119

```jsx
import React, { useState, memo } from 'react'
// 子组件
const ChildComp = memo(({ name, onClick }) => {
    console.log('render child-comp ...')
    return <>
        <div>Child Comp ... {name}</div>
        <button onClick = {() => onClick('hello')}>改变 name 值</button>
    </>
})
// 父组件
export function ParentComp() {
    const [count, setCount] = useState(0)
    const increment = () => setCount(count + 1)

    const [name, setName] = useState('xlw')
    const changeName = (newName) => setName(newName)
    return (
        <div>
            <button onClick = {increment}>单击加1:{count}</button>
            <ChildComp name = {name} onClick = {changeName} />
        </div>
    );
}
```

父组件在调用子组件时传递了 name 属性和 onClick 属性,此时单击父组件的按钮,可以看到控制台中输出了子组件被渲染的信息,如图 10-32 所示。

图 10-32　React.useCallback 用法

在上面的代码中,子组件通过 React.memo() 包裹了,但是子组件还是重新渲染了。

分析下原因:

(1) 单击父组件按钮,改变了父组件中 count 变量值(父组件的 state 值),进而导致父组件重新渲染。

(2) 父组件重新渲染时,会重新创建 changeName() 函数,即传给子组件的 onClick 属性发生了变化,从而导致子组件重新渲染。

只是单击了父组件的按钮,并未对子组件做任何操作,并且不希望子组件的 props 有变化。

为了解决这个问题,可以使用 useCallback() 钩子完善代码。首先修改父组件的 changeName() 方法,用 useCallback() 钩子函数包裹一层,如代码示例 10-120 所示。

代码示例 10-120

```
export function ParentComp() {
    const [count, setCount] = useState(0)
    const increment = () => setCount(count + 1)

    const [name, setName] = useState('Nick')
    //每次父组件渲染,返回的都是同一个函数引用
    const changeName = useCallback((newName) => setName(newName), [])

    return (
        <div>
            <button onClick = {increment}>单击加 1:{count}</button>
            <ChildComp name = {name} onClick = {changeName} />
```

```
        </div>
    );
}
```

上面的代码修改后,此时单击父组件按钮,控制台不会输出子组件被渲染的信息了。

useCallback()起到了缓存的作用,即便父组件渲染了,useCallback()包裹的函数也不会重新生成,只会返回上一次的函数引用。

3. useMemo()

前面父组件调用子组件时传递的 name 属性是个字符串,如果换成传递对象会怎样?

在下面的例子中,父组件在调用子组件时传递 info 属性,info 的值是个对象字面量,单击父组件按钮时,发现控制台输出子组件被渲染的信息,如代码示例 10-121 所示。

代码示例 10-121

```
import React, { useCallback } from 'react'
function ParentComp () {
  const [ name, setName ] = useState('Nick')
  const [ age, setAge ] = useState(20)
  const changeName = useCallback((newName) => setName(newName), [])
  const info = { name, age }              //复杂数据类型属性

  return (
    <div>
      <button onClick = {increment}>单击次数:{count}</button>
      <ChildComp info = {info} onClick = {changeName}/>
    </div>
  );
}
```

分析原因跟调用函数是一样的:当单击父组件按钮时,触发父组件重新渲染;父组件渲染,代码 const info={name,age}会重新生成一个新对象,导致传递给子组件的 info 属性值变化,进而导致子组件重新渲染。

针对这种情况,可以使用 useMemo()对对象属性包裹一层,如代码示例 10-122 所示。

代码示例 10-122   useMemo

```
import { useCallback, useState, useMemo, memo } from "react"

export default function ParentComp() {

    const [count, setCount] = useState(0)
    const increment = () => setCount(count + 1)
```

```
        const [name, setName] = useState('xlw')
        const [age, setAge] = useState(20)
        const changeName = useCallback((newName) => setName(newName), [])
        const info = useMemo(() => ({ name, age }), [name, age])        //包裹一层

        return (
            <div>
                <button onClick={increment}>单击次数:{count}</button>
                <ChildComp info={info} onClick={changeName} />
            </div>
        );
}

const ChildComp = memo(({ info, onClick }) => {
    console.log('render child-comp ...')
    return <>
        <div>Child Comp ... {info.name}</div>
        <button onClick={() => onClick('hello')}>改变 name 值</button>
    </>
})
```

useMemo()有两个参数：

（1）第 1 个参数是个函数，返回的对象指向同一个引用，不会创建新对象。

（2）第 2 个参数是个数组，只有数组中的变量改变时，第 1 个参数的函数才会返回一个新的对象。

当再次单击父组件按钮时，控制台中不再输出子组件被渲染的信息了，如图 10-33 所示。

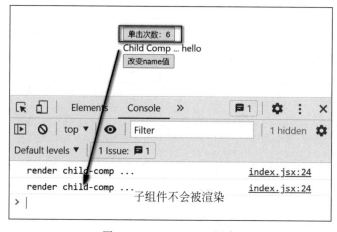

图 10-33　useMemo()用法

10.7.7 useContext()

在 Hook 诞生之前,React 已经有了在组件树中共享数据的解决方案:Context。在类组件中,可以通过 Class.contextType 属性获取最近的 Context Provider,那么在函数式组件中,该怎么获取呢?答案就是使用 useContext()钩子。使用方法如下:

```js
//在某个文件中定义 MyContext
const MyContext = React.createContext('hello');

//在函数式组件中获取 Context
function Component() {
  const value = useContext(MyContext);
  //...
}
```

useContext()的使用步骤如下。

(1) 封装公共上下文对象文件,如代码示例 10-123 所示。

代码示例 10-123   createContext.js

```js
import { createContext } from "react";
const myContext = createContext(null);
export default myContext;
```

(2) 在父组件中通过 myContext 提供器 Provider 为子组件提供 value 数据,如代码示例 10-124 所示。

代码示例 10-124   app.jsx

```jsx
import React, { useState} from "react";
import Counter from './Counter'
import myContext from './createContext'

function App() {
  const [count, setCount] = useState(0);
  return (
    <div>
      <h4>这是父组件</h4>
      <p>单击了 {count} 次!</p>
      <button
        onClick = {() => {
          setCount(count + 1);
        }}
      >
```

```
            单击此处
        </button>

        {/* 提供器 */}
        <myContext.Provider value={count}>
            <Counter />
        </myContext.Provider>
    </div>
    );
}
export default App;
```

(3) 在子组件中导入 myContext 对象，使用 useContext() 获取共享数据，如代码示例 10-125 所示。

代码示例 10-125　counter.js

```
import React, { useContext } from 'react';
import myContext from './createContext'

function Counter() {
    const count = useContext(myContext);           //得到父组件传的值
    return (
        <div>
            <h4>这是子组件</h4>
            <p>这是父组件传过来的值:{count}</p>
        </div>
    )
}
export default Counter;
```

10.7.8　useReducer()

useReducer() 函数可提供类似 Redux 的功能，可以理解为轻量级的 Redux。useReducer() 接收一个 reducer() 函数作为参数和一个初始化的状态值，用法如下：

```
//reducer 为状态管理规则，0 为初始化设置的状态值
const [count, dispatch] = useReducer(reducer,0);
```

useReducer() 函数返回一个数组，数组的第一项为状态变量，dispatch 是发送事件的方法，用法与 Redux 是一样的。

reducer() 是一个函数，该函数根据动作类型处理状态，并返回一个新的状态，如代码示例 10-126 所示。

代码示例 10-126　创建一个 reducer() 函数

```
function reducer(state,action){
  switch(action){
    case 'add':
        return state + 1;
    case 'sub':
        return state - 1;
    case 'mul':
        return state * 2;
    default:
        console.log('what?');
        return state;
  }
}
```

完整的 useReducer() 的用法如代码示例 10-127 所示。

代码示例 10-127　useReducer() 的用法

```
import React, { useReducer } from 'react';

function reducer(state,action){
  switch(action){
    case 'add':
        return state + 1;
    case 'sub':
        return state - 1;
    case 'mul':
        return state * 2;
    default:
        console.log('what?');
        return state;
  }
}

function CountComponent() {
  //reducer 为状态管理规则,0 为初始化设置的状态值
  const [count, dispatch] = useReducer(reducer,0);

  return < div >
    < h1 >{count}</h1 >
    < button onClick = {() => {dispatch('add')}} > add </button >
    < button onClick = {() => {dispatch('sub')}} > sub </button >
    < button onClick = {() => {dispatch('mul')}} > mul </button >
  </div >;
}

export default CountComponent;
```

10.7.9 自定义 Hook

自定义 Hook 的主要目的是重用组件中使用的逻辑。构建自己的 Hook 可以让开发者将组件逻辑提取到可重用的函数中。

自定义 Hook 是常规的 JavaScript 函数，可以使用任何其他 Hook，只要它们遵循 Hook 的规则。此外，自定义 Hook 的名称必须以单词 use 开头。

实现一个计数器应用，它的值可以递增、递减或重置，如代码示例 10-128 所示。

代码示例 10-128　App.js

```
import React, { useState } from 'react'
const App = (props) => {
  const [counter, setCounter] = useState(0)
  return (
    <div>
      <div>{counter}</div>
      <button onClick = {() => setCounter(counter + 1)}>
        plus
      </button>
      <button onClick = {() => setCounter(counter - 1)}>
        minus
      </button>
      <button onClick = {() => setCounter(0)}>
        zero
      </button>
    </div>
  )
}
```

将计数器逻辑提取到它自己的自定义 Hook 中，Hook 的代码如代码示例 10-129 所示。

代码示例 10-129　useCounter

```
const useCounter = () => {
  const [value, setValue] = useState(0)

  const increase = () => {
    setValue(value + 1)
  }

  const decrease = () => {
    setValue(value - 1)
  }

  const zero = () => {
```

```
      setValue(0)
    }

    return {
      value,
      increase,
      decrease,
      zero
    }
  }
}
```

上面自定义 Hook 在内部使用 useState Hook 来创建自己的状态。Hook 返回一个对象，其属性包括计数器的值及操作值的函数。

在组件中使用 useCounter() 自定义 Hook，如代码示例 10-130 所示。

代码示例 10-130　使用 useCounter

```
const App = (props) => {
  const counter = useCounter()
  return (
    <div>
      <div>{counter.value}</div>
      <button onClick = {counter.increase}>
        plus
      </button>
      <button onClick = {counter.decrease}>
        minus
      </button>
      <button onClick = {counter.zero}>
        zero
      </button>
    </div>
  )
}
```

通过这种方式可以将 App 组件的状态及其操作完全提取到 useCounter Hook 中，管理计数器状态和逻辑现在是自定义 Hook 的责任。

运行效果如图 10-34 所示。

图 10-34　使用自定义 useCounter

同样的 Hook 可以在记录左右按钮单击次数的应用中重用，如代码示例 10-131 所示。

代码示例 10-131　　重用 useCounter()

```jsx
const App = () => {
  const left = useCounter()
  const right = useCounter()

  return (
    <div>
      {left.value}
      <button onClick = {left.increase}>
        left
      </button>
      <button onClick = {right.increase}>
        right
      </button>
      {right.value}
    </div>
  )
}
```

在上面的代码中，创建了两个完全独立的计数器。第 1 个分配给左边的变量，第 2 个分配给右边的变量。

在 React 中处理表单是一件比较麻烦的事情。下面的例子向用户提供一个表单，要求用户输入用户名、出生日期和身高，如代码示例 10-132 所示。

代码示例 10-132　　Form.jsx

```jsx
import { useState } from "react"
const Form = () => {
    const [name, setName] = useState('')
    const [born, setBorn] = useState('')
    const [height, setHeight] = useState('')
    return (
        <div>
            <form>
                用户名：
                <input
                    type = 'text'
                    value = {name}
                    onChange = {(event) => setName(event.target.value)}
                />
                <br />
                出生日期：
```

```jsx
            <input
                type='date'
                value={born}
                onChange={(event) => setBorn(event.target.value)}
            />
            <br />
            身高：
            <input
                type='number'
                value={height}
                onChange={(event) => setHeight(event.target.value)}
            />
        </form>
        <div>
            {name} {born} {height}
        </div>
    </div>
    )
}
export default Form
```

为了使表单的状态与用户提供的数据保持同步，必须为每个 input 元素注册一个适当的 onChange 处理程序，效果如图 10-35 所示。

图 10-35　获取表单数据

定义自己的定制 useField Hook，它简化了表单的状态管理，如代码示例 10-133 所示。

代码示例 10-133　useField.js

```jsx
const useField = (type) => {
  const [value, setValue] = useState('')
  const onChange = (event) => {
    setValue(event.target.value)
  }
  return {
    type,
    value,
    onChange
  }
}
```

useField()函数接收 input 字段的类型作为参数。函数返回 input 所需的所有属性：它的类型、值和 onChange 处理程序。

在组件中使用 useField Hook，如代码示例 10-134 所示。

代码示例 10-134

```
const App = () => {
  const name = useField('text')
  return (
    <div>
      <form>
        <input
          type={name.type}
          value={name.value}
          onChange={name.onChange}
        />
      </form>
    </div>
  )
}
```

上面的代码可以进一步简化。因为 name 对象具有 input 元素期望作为 props 接收的所有属性，所以可以使用展开语法的方式将 props 传递给元素，代码如下：

```
<input {...name} />
```

以下两种方法为组件传递 props 可以得到完全相同的结果，代码如下：

```
# 第 1 种方法
<Greeting firstName='xlw' lastName='he' />
# 第 2 种方法
const person = {
  firstName: 'xlw',
  lastName: 'he'}

<Greeting {...person} />
```

简化后的应用如代码示例 10-135 所示。

代码示例 10-135　chapter10\hooks-demo\src\useForm

```
const TestUseForm = () => {
    const name = useField('text')
    const born = useField('date')
    const height = useField('number')
```

```
        return (
            <div>
                <form>
                    用户名：
                    <input {...name} />
                    <br />
                    出生日期：
                    <input {...born} />
                    <br />
                    身高：
                    <input {...height} />
                </form>
                <div>
                    {name.value} {born.value} {height.value}
                </div>
            </div>
        )
}
export default TestUseForm
```

当与同步表单状态有关的恼人的细节被封装在自定义 Hook 中时，表单的处理就大大简化了。自定义 Hook 显然不仅是一种可重用的工具，它们还为将代码划分为更小的模块提供了一种更好的方式。

10.8 路由（React Router）

React Router 库是 React 官方配套的路由模块，目前最新的版本是 v6，v6 版本和之前的版本比较有了较大的改进。在 v6 版本的路由中在外层统一配置路由结构，让路由结构更清晰，通过 Outlet 实现子代路由的渲染，在一定程度上有点类似于 Vue 中的 view-router。

React Router 中包含 3 个不同的模块，每个包都有不同的用途，如表 10-3 所示。官方网址为 https://reactrouter.com/docs/en/v6/api。

表 10-3　React Router 模块

名　　称	说　　明
react-router	核心库，包含 React Router 的大部分核心功能，包括路由匹配算法和大部分核心组件和钩子
react-router-dom	React 应用中用于路由的软件包，包括 react-router 的所有内容，并添加了一些特定于 DOM 的 API，包括 BrowserRouter、HashRouter 和 Link
react-router-native	用于开发 React Native 应用，包括 react-router 的所有内容，并添加了一些特定于 React Native 的 API，包括 NativeRouter 和 Link

React Router 路由模块的关系如图 10-36 所示。

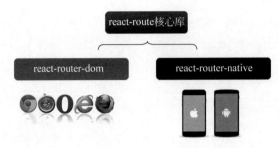

图 10-36　react-router 模块

10.8.1　安装 React Router

目前下载最新版本 React Router，需要指定版本号，安装命令如下：

```
# NPM
$ npm install react-router-dom@6
# Yarn
$ yarn add react-router-dom@6
# PNPM
$ pnpm add react-router-dom@6
```

10.8.2　两种模式的路由

react-router-dom 支持两种模式路由：HashRouter 和 BrowserRouter，如表 10-4 所示。

表 10-4　react-router-dom 支持的两种路由模式

名称	说明
HashRouter	URL 中采用的是 Hash(#)部分去创建路由，类似 www.xx.com/#/a；URL 采用真实的 URL 资源
BrowserRouter	推荐 History 方案。它使用浏览器中的 History API 用于处理 URL，创建一个像 xx.com/list/123 的真实的 URL

两种模式的区别如图 10-37 所示。

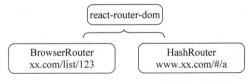

图 10-37　react-router-dom 两种路由模式

在下面的例子中，简单介绍如何使用 React Router，如代码示例 10-136 所示。

代码示例 10-136

```
import { BrowserRouter, Routes, Route } from 'react-router-dom';
import Foo from './Foo';
import Bar from './Bar';

function App(){
    return (
        <BrowserRouter>
            <Routes>
                <Route path='/foo' element={Foo} />
                <Route path='/bar' element={Bar} />
            </Routes>
        </BrowserRouter>
    )
}
```

注意：BrowserRouter 组件最好放在最顶层所有组件之外，这样能确保内部组件使用 Link 做路由跳转时不出错。

v6 版本路由采用了 Router→Routes→Route 结构，路由本质在于 Routes 组件，当 location 上下文改变时，Routes 重新渲染，重新形成渲染分支，然后通过 Provider 方式逐层传递 Outlet，进行匹配渲染，具体如表 10-5 所示。

表 10-5 v6 版本中的路由组件

名称	作用	说明
\<Routes\>	一组路由	代替原有\<Switch\>，所有子路由都用基础的 Router children 来表示： \<Routes\> 　　\<Route path="/" element={\<Home/\>}\>\</Route\> 　　\<Route path="/about" element={\<About/\>}\>\</Route\> \</Routes\>
\<Route\>	基础路由	Router 是可以嵌套的，解决原有 v5 版本中的严格模式，后面与 v5 版本的区别会详细介绍： \<Route path="/" element={\<Home/\>}\>\</Route\>
\<Link\>	导航组件	在实际页面中跳转使用
\<Outlet/\>	自适应渲染组件	根据实际路由 URL 自动选择组件

为了更好地支持 Hook 用法，v6 版本中提供了路由 Hook，如表 10-6 所示。

表 10-6 v6 版本中的路由 Hook

Hook 名称	作用
useParams	根据路径读取参数,返回当前参数
useNavigate	代替原有 v5 版本中的 useHistory,返回当前路由
useOutlet	返回根据路由生成的 element
useLocation	返回当前的 location 对象
useRoutes	同 Routers 组件一样,只不过是在 JS 中使用
useSearchParams	用来匹配 URL 中"?"后面的搜索参数

10.8.3 简单路由

这里创建两个组件 Home 和 About,然后在 BrowserRouter 中注册这两个路由页面。在 index.js 文件中,通过 BrowserRouter 注册两个路由页面,如代码示例 10-137 所示。

代码示例 10-137 index.js

```
import React from 'react';
import ReactDOM from 'react-dom';
import App from './App';
import {BrowserRouter} from "react-router-dom"

ReactDOM.render(
  <React.StrictMode>
    <BrowserRouter>
      <App />
    </BrowserRouter>
  </React.StrictMode>,
  document.getElementById('root')
);
```

创建根组件 App.js,使用 Link 组件设置导航,路由列表必须使用 Routes 组件包裹每个路由组件 Route,如代码示例 10-138 所示。

代码示例 10-138 App.js

```
import { Routes, Route, Link, Router, Outlet } from "react-router-dom"
function App() {
  return (
    <div className="App">
      {/* 路由导航 */}
      <nav style={{ margin: 10 }}>
        <Link to="/" style={{ padding: 5 }}>
          Home
        </Link>
```

```jsx
      <Link to = "/about" style = {{ padding: 5 }}>
        About
      </Link>
    </nav>
    {/* 路由列表 */}
    <Routes>
      <Route path = "/" element = {<Home />}></Route>
      <Route path = "/about" element = {<About />}></Route>
    </Routes>
  </div>
  );
}
```

下面简单创建 Home 和 About 两个组件,如代码示例 10-139 所示。

代码示例 10-139　Home.js、About.js

```jsx
#Home 组件
function Home() {
  return (
    <div style = {{ padding: 20 }}>
      <h2>Home View</h2>
      <p>在 React 中使用 React Router v6 的指南</p>
    </div>
  );
}

#About 组件
function About() {
  return <div style = {{ padding: 20 }}>
    <h2>About View</h2>
    <p>在 React 中使用 React Router v6 的指南</p>
  </div>
}
```

路由效果如图 10-38 所示。

图 10-38　React Router v6 基础路由使用

10.8.4 嵌套模式路由

嵌套模式路由是一个很重要的概念,当路由被嵌套时,一般认为网页的某一部分保持不变,只有网页的子部分发生变化。

例如,如果访问一个简单的用户管理页面,则始终显示该用户的标题,然后在其下方显示用户的详细信息,但是,当单击修改用户时,用户详情页将替换为用户修改页面。

在 React Router v5 中,必须明确定义嵌套模式路由,React Router v6 更加简单。React Router 库中的 Outlet 组件可以为特定路由呈现任何匹配的子元素。首先,从 react-router-dom 库中导入 Outlet,代码如下:

```
import { Outlet } from 'react-router-dom';
```

在父组件(User.js)中使用 Outlet 组件,该组件用来显示匹配子路由的页面,如代码示例 10-140 所示。

代码示例 10-140　user.js

```
function User() {
  return <div>
    <h1>用户管理</h1>
    <Outlet />
  </div>
}
```

下面创建两个 User 的子页面,即一个详情页面和一个添加新用户页面,访问用户详情页面的路由路径为/User/:id,添加新用户的路径为/user/create,如代码示例 10-141 所示。

代码示例 10-141　嵌套页面

```
function UserDetail() {
  return <div>
    <h3>用户信息详情</h3>
  </div>
}

function NewUser() {
  return <h3>修改用户信息</h3>
}
```

定义嵌套模式路由,在嵌套模式路由中,如果 URL 仅匹配了父级 URL,则 Outlet 中会显示带有 index 属性的路由,如代码示例 10-142 所示。

代码示例 10-142　App.js

```
function App() {
  return (
    < div className = "App">
      < nav style = {{ margin: 10 }}>
        < Link to = "/user" style = {{ padding: 5 }}>
          User
        </Link >
      </nav >
      < Routes >
        < Route path = "user" element = {< User />}>
          < Route index element = {< Default/>}></Route >
          < Route path = ":id" element = {< UserDetail />} />
          < Route path = "create" element = {< NewUser />} />
        </Route >
      </Routes >
    </div >
  );
}
```

当 URL 为 /user 时，User 中的 Outlet 会显示 Default 组件。

当 URL 为 /user/create 时，User 中的 Outlet 会显示 NewUser 组件。

10.8.5　路由参数

下面介绍两种获取路由参数的方式，即获取 params 参数的方式和获取 search 参数的方式。

1. 获取 params 参数

在 Route 组件的 path 属性中定义路径参数，在组件内通过 useParams 钩子访问路径参数，如代码示例 10-143 所示。

代码示例 10-143　useParams 获取参数

```
< BrowserRouter >
   < Routes >
       < Route path = '/foo/:id' element = {Foo} />
   </Routes >
</BrowserRouter >

import { useParams } from 'react-router-dom';
export default function Foo(){
   const params = useParams();
```

```
    return (
      <div>
        <h1>{params.id}</h1>
      </div>
)
```

2. 获取 search 参数

查询参数不需要在路由中定义。使用 useSearchParams 钩子访问查询参数,其用法和 useState 类似,会返回当前对象和更改它的方法。

更改 searchParams 时,必须传入所有的查询参数,否则会覆盖已有参数,如代码示例 10-144 所示。

代码示例 10-144　useSearchParams 获取参数

```
import { useSearchParams } from 'react-router-dom';

//当前路径为 /foo?id=12
function Foo(){
    const [searchParams, setSearchParams] = useSearchParams();
    console.log(searchParams.get('id'))  //12
    setSearchParams({
        name: 'foo'
    }) //foo?name=foo
    return (
        <div> foo </div>
    )
}
```

10.8.6　编程式路由导航

在 React Router v6 中,编程式路由导航用 useNavigate 代替 useHistory,将 history.push()替换为 navigation(),如代码示例 10-145 所示。

代码示例 10-145　useNavigate 导航

```
import { useNavigate } from 'react-router-dom';

function MyButton() {
  let navigate = useNavigate();
  function handleClick() {
    navigate('/home');
  };
  return <button onClick={handleClick}> Submit </button>;
};
```

10.8.7 多个 <Routes/>

以前只能在 React App 中使用一个路由,但是现在可以在 React App 中使用多个路由,这将帮助我们基于不同的路由管理多个应用程序逻辑,如代码示例 10-146 所示。

代码示例 10-146　多 Routes

```
import React from 'react';
import { Routes, Route } from 'react-router-dom';
function Dashboard() {
  return (
    <div>
      <p>Look, more routes!</p>
      <Routes>
        <Route path="/" element={<DashboardGraphs />} />
        <Route path="invoices" element={<InvoiceList />} />
      </Routes>
    </div>
  );
}
function App() {
  return (
    <Routes>
      <Route path="/" element={<Home />} />
      <Route path="dashboard/*" element={<Dashboard />} />
    </Routes>
  );
}
```

10.9　状态管理(Redux)

随着 React 开发的组件的结构越来越复杂,深层的组件嵌套和组件树中的状态流动会变得难以控制,跟踪和测试节点的 state 流动到子节点时产生的变化越发困难。这个时候就需要进行状态管理了。

为了解决组件树的状态管理的问题,React 推出了 Flux 数据流管理框架。Flux 本身是一个架构思想,它最重要的概念是单向数据流,是将应用中的 state 进行统一管理,通过发布/订阅模式进行状态的更新与传递,如图 10-39 所示。

Flux 带来一些问题,如一个应用可以拥有多个 Store,多个 Store 之间可能有依赖关系,也可能相互引用,Store 封装了数据和处理数据的逻辑,如图 10-40 所示。

目前社区出现了一系列的前端状态管理解决方案,如遵循 Flux 思想的状态管理方案主要有 Redux、Vuex、Zustand 及 React 自带的 useReducer+Context。

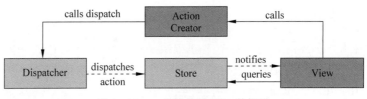

图 10-39　一个简单的 Flux 数据流

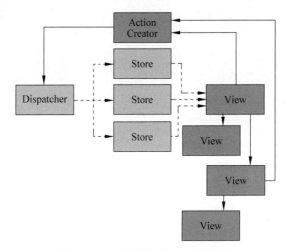

图 10-40　一个复杂的 Flux 数据流

10.9.1　Redux 介绍

Redux 是目前最热门的状态管理库之一，它受到 Elm 的启发，是从 Flux 单项数据流架构演变而来的。Redux 的核心基于发布和订阅模式。View 订阅了 Store 的变化，一旦 Store 状态发生改变就会通知所有的订阅者，View 接收到通知之后会进行重新渲染，如图 10-41 所示。

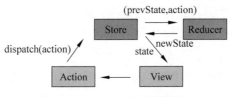

图 10-41　Redux 框架的数据流

Redux 遵循 Flux 思想，Redux 将状态以一个可 JSON 序列化的对象的形式存储在单个 Store 中，也就是说 Redux 将状态集中存储。Redux 采用单向数据流的形式，如果要修改 Store 中的状态，则必须通过 Store 的 dispatch() 方法。调用 store.dispatch() 之后，Store 中的 rootReducer() 会被调用，进而调用所有的 Reducer() 函数生成一个新的 state。

1. Redux 的基本原则

Redux 的三个基本原则如下。

（1）单一数据源：整个应用的 state 被储存在一棵对象树中，并且这个对象树只存在于唯一一个 Store 中。

（2）state 是只读的：唯一改变 state 的方法就是触发 Action，Action 是一个用于描述已发生事件的普通对象。

（3）使用纯函数来执行修改：为了描述 Action 如何改变状态树，需要编写 Reducer() 函数。

2. Redux 核心组成部分

Redux 的核心组成部分包括 Action、Reducer、Store。

（1）Action：Action 就是一个描述发生什么的对象。

（2）Reducer：形式为（state, action）=> state 的纯函数，功能是根据 Action 修改 state 并将其转变成下一个 state。

（3）Store：用于存储 state，可以把它看成一个容器，整个应用只能有一个 Store。

Redux 应用中所有的 state 都以一个对象树的形式储存在一个单一的 Store 中。唯一改变 state 的办法是触发 Action，Action 就是一个描述发生什么的对象。为了描述 Action 如何改变 state 树，需要编写 Reducer() 函数。

10.9.2　Redux 基本用法

Redux 开发的流程并不复杂，下面逐步演示如何在 React 项目中集成 Redux。

1. Redux 与 react-redux 插件安装

Redux 是通用的状态框架，如果在 React 中使用 Redux，则需要单独安装 react-redux 插件，命令如下：

```
npm install -- save redux                        ＃核心库
npm install -- save react-redux                  ＃提供与 React 的连接方法
npm install -- save-dev redux-devtools           ＃浏览器插件支持
```

Redux 的官方网站为 https://github.com/reduxjs/redux 和 https://redux.js.org/。

2. 创建 Store（state 仓库）

创建状态管理仓库是 Redux 的第一步，在 Redux 的 API 中提供一个 createStore() 方法，该方法接收一个 reducer 和一个可选 middleware 中间件参数。

如果把 Store 比作一个仓库，则 Reducer 就是这个仓库的管理中心，一个仓库可以根据不同的状态类型（state）设置多个不同的状态管理中心（Reducer），每个 Reducer 负责根据开发者的业务需求来处理仓库中的原始状态，并返回新的状态。Reducer 实际上就是一个处理 state 的函数，该函数中设置了很多条件，这些条件是开发者根据具体的业务设置的，不同的条件请求处理不同的状态更新,如代码示例10-147所示。

代码示例 10-147　basic_store.js

```js
//初始化状态
const initialState = {
    num:0
}

//第1步:创建reducer
const reducer = (state = initialState,action) =>{
    switch(action.type){
        case "ADD":
            console.log("ADD")
            return {num:state.num + 1};
            break;
        default:
            return state;
            break;
    }
}

//第2步:更新reducer生成仓库
const store = createStore(reducer)
```

3. 提交 Action 和订阅 Store

创建好状态管理仓库后,创建一个React组件,在组件中订阅仓库的状态,组件中通过dispatch()方法给仓库发送事件以便更新仓库状态,如代码示例10-148所示。

代码示例 10-148　redux_demo.js

```js
import React ,{useEffect, useState} from "react"
import store from "./basic_store"

export function ReduxDemo(){
    //初始化状态 num
    const [num,setNum] = useState(() =>{
        return store.getState().num
    })
    //第一次执行,订阅仓库最新状态
    useEffect(() =>{
        store.subscribe(() =>{
            console.log("更新了")
            //store有更新,重新设置状态
            setNum(store.getState().num)
```

```
        })
        return ()=>{
            //取消订阅
        }
    },[])

    return <div>
        <h1>{num}</h1>
        <button onClick = {()=>store.dispatch({ type: 'ADD' })}>+</button>
    </div>
}
```

在上面的代码中,在 useEffect() 方法中,订阅获取 Store 中最新的状态,单击按钮,通过 store.dispatch({type: 'ADD'}) 将动作类型发送给 Store 中的 Reducer 处理,并返回最新的状态。

4. 使用 react-redux 绑定 Store

在上面的步骤中,手动订阅了仓库,但是这样比较麻烦,Redux 官方提供了一个 react-redux 库,帮助我们在 React 中使用 Redux。

react-redux 提供一个高阶组件 Connect,connect() 方法接收一个木偶组件(无状态组件)并通过 mapStateToProps(把 store 的状态绑定到木偶组件的 props 上)和 mapDispatchToProps(把 dispatch 绑定到木偶组件中的 props 上)把组件和仓库进行绑定,无须开发者进行手动订阅和取消订阅。

首先,需要把 ReduxDemo 组件改造为木偶组件,将里面的 num 和单击事件更改为从外部传入 props,保证组件是无状态的,如代码示例 10-149 所示。

代码示例 10-149   把 reduxdemo 组件改为木偶组件

```
function ReduxDemo(props){
    const {num,onAddClick} = props;
    return <div>
        <h1>{num}</h1>
        <button onClick = {onAddClick}>+</button>
    </div>
}
```

通过 Connect 高阶组件将上面的组件转换为连接 Store 的智能组件。mapStateToProps 把仓库中的 state 映射到 num 上,mapDispatchToProps 把 onAddClick 映射到 dispatch() 方法上,如代码示例 10-150 所示。

代码示例 10-150   connect 连接

```
const mapStateToProps = (state)=>{
    return {
        num:state.num
```

```
    }
}
const mapDispatchToProps = (dispatch) =>{
    return {
        onAddClick : () = > dispatch({type:"ADD"})
    }
}
const Counter = connect(mapStateToProps,mapDispatchToProps)(ReduxDemo);
```

修改 render 入口,需要添加 react-redux 提供的一个组件 Provider,通过 Provider 属性 store 绑定创建的仓库,如代码示例 10-151 所示。

代码示例 10-151

```
ReactDOM.render(
  < div className = 'box'>
    < Provider store = {store}>
      < Counter />
    </Provider >
  </div >,
  document.getElementById('root')
);
```

10.9.3　Redux 核心对象

Redux 的核心概念具体介绍如下。

1. Action

动作对象,用来描述一个动作,如代码示例 10-152 所示,一般包含以下两个属性。

(1) type：标识属性,值为字符串,唯一、必要属性。

(2) data：数据属性,值类型任意,可选属性。

代码示例 10-152　Action

```
{
    type: 'ADD_STUDENT',
    data:{
        name: 'tom',
        age:18
    }
}
```

2. Action Creators

考虑到对它的复用,Action 可以通过生成器(Action Creators)来创建。其实它就是返回 Action 对象的函数(自定义的函数)。

参数可以根据情况而定,如代码示例 10-153 所示。

代码示例 10-153　Action Creators

```
//Action Creators
function change(text, color){
   return {
      type: 'TEXT_CHANGE',
      newText: text,
      newColor: color
   }
}
```

3. Reducer

Reducer 的本质就是一个纯函数,它用来响应发送过来的 Actions,然后经过处理把 state 发送给 Store。在 Reducer 函数中通过 return 返回值,这样 Store 才能接收到数据, Reducer 会接收到两个参数,一个是初始化的 state,另一个则是发送过来的 Action,如代码示例 10-154 所示。

代码示例 10-154　Reducer

```
//Reducer
const initState = {
   text: 'a text',
   color: 'red'
}
function reducer(state = initState, action){
   switch(action.type){
      case 'TEXT_CHANGE':
         return {
            text: action.newText,
            color: action.newColor
         }
      default:
         return state;
   }
}
```

4. combineReducers( )

真正开发项目时 state 涉及很多功能,在一个 Reducer 中处理所有逻辑会非常混乱,所以需要拆分成多个小 Reducer,每个 Reducer 只处理它管理的那部分 state 数据,然后再由一个主 rootReducers 来专门管理这些小 Reducer。

Redux 提供了一种方法 combineReducers( )专门来管理这些小 Reducer,如代码示例 10-155 所示。

代码示例 10-155　combineReducer()

```
const reducer = combineReducers({
  reducer1,
  reducer2,
reducer3,
...
});
```

5. Store

Store 用于存储应用中所有组件的 state 状态,也代表着组件状态的数据模型,它提供统一的 API 方法来对 state 进行读取、更新、监听等操作。Store 本身是一个对象,在 Redux 应用中 Store 具有单一性,并且通过向 createStore() 函数中传入 Reducer 来创建 Store。其另一个重要作用就是作为连接 Action 与 Reducer 的桥梁,具体 API 如代码示例 10-156 所示。

代码示例 10-156　store 应用

```
getState()              //用于获取当前 Store 对象中的所有 state
dispatch(action)        //用于传入 Action,更新 state 状态
subscribe(listener)     //注册监听器,当 state 发生变化时,监听函数会被调用执行
```

10.9.4　Redux 中间件介绍

Redux 的中间件(Middleware)遵循了即插即用的设计思想,出现在 Action 到达 Reducer 之前(如图 10-42 所示)的位置。中间件是一个具有固定模式的独立函数,当把多个中间件像管道那样串联在一起时,前一个中间件不但能将其输出传给下一个中间件作为输入,还能中断整条管道。在引入中间件后,既能扩展 Redux 的功能,也能增强 dispatch() 函数的功能,以适应不同的业务需求,例如通过中间件记录日志、报告奔溃或处理异步请求等。

图 10-42　浏览器渲染过程

1. 中间件接口

在设计中间件函数时,会遵循一个固定的模式,代码示例 10-157 使用了柯里化、高阶函数等函数式编程中的概念,中间件的定义方式如代码示例 10-157 所示。

代码示例 10-157　中间件接口定义

```
function middleware(store) {
  return function(next) {
    return function(action) {
      return next(action);
    };
  };
}
```

利用 ES6 中的箭头函数能将 middleware() 函数改写得更加简洁，如代码示例 10-158 所示。

代码示例 10-158　ES6 中间件写法

```js
const middleware = store => next => action => {
  return next(action);
};
```

middleware() 函数接收一个 Store 实例，返回值是一个接收 next 参数的函数，其中 next 也是一个函数，用来将控制权转移给下一个中间件，从而实现中间件之间的串联，它会返回一个处理 Action 对象的函数。由于闭包的作用，在这最内层的函数中，依然能调用外层的对象和函数，例如访问 Action 所携带的数据、执行 Store 中的 dispatch() 或 getState() 方法等。示例中的 middleware() 函数只是单纯地将接收的 action 对象转交给后面的中间件，而没有对其做额外的处理。

2. 创建一个日志中间件

该中间件，打印组件发送过来的 Action，延迟 1s，重构一个新的 Action 交给 Reducer 处理，如代码示例 10-159 所示。

代码示例 10-159　创建一个异步处理的日志中间件

```js
const logMiddleWare = store => next => action => {
    console.log(action)
    //延迟 1s,把 Action 交给 Reducer 处理
    setTimeout(()=>{
        //重新创建一个新的 Action
        let newAction = Object.assign(action,{data:{a:1,b:2}})
        return next(newAction);
    },1000)
};
```

3. 注册中间件

中间件在开发完成以后只有被注册才能在 Redux 的工作流程中生效，Redux 中有个 applyMiddleware，其作用是注册中间件，如代码示例 10-160 所示。

代码示例 10-160　注册中间件

```js
import { createStore , applyMiddleware } from 'redux'
import logMiddleWare from  './middlewares/logMiddleWare'          //自己开发的中间件
const store = createStore(reducer, applyMiddleware(
  logMiddleWare                                                    //支持传多个中间件
))
```

10.9.5　Redux 中间件（redux-thunk）

如果要在 Redux 中处理异步请求，则可以借助中间件实现。目前市面上已有很多封装

好的中间件可供使用，例如 redux-thunk、redux-promise 或 redux-saga 等。redux-thunk 是一个非常简单的中间件，其核心代码如代码示例 10-161 所示。

代码示例 10-161　redux-thunk 源码

```
function createThunkMiddleware(extraArgument) {
    return ({ dispatch, getState }) => next => action => {
        if (typeof action === "function") {
            return action(dispatch, getState, extraArgument);
        }
        return next(action);
    };
}
```

首先检测 Action 的类型，如果是函数，就直接调用并将 dispatch、getState 和 extraArgument 作为参数传入，否则就调用 next 参数，转移控制权。redux-thunk 其实扩展了 dispatch() 方法，使其参数既可以是 JavaScript 对象，也可以是函数。

下面从一个简单的案例介绍 redux-thunk 如何处理副作用，包括请求远程数据和通过 Redux 绑定列表数据。

1. 安装 redux-thunk 中间件

```
npm install redux-thunk -S
yarn add redux-thunk
```

2. 在 Redux 创建的仓库中应用 redux-thunk 插件

redux-thunk 插件使用非常简单，如代码示例 10-162 所示。

代码示例 10-162　应用 redux-thunk 插件

```
import React from "react";
import { applyMiddleware, createStore } from "redux";
import thunk from "redux-thunk";
const initState = {
    data:[]
}

const rootReducer = (state = initState,action) =>{
    switch(action.type){
        case "LIST":
            console.log(action.list)
            return { data:action.list }
            break;
        default:
            return state;
            break;
```

```
    }
}
export const store = createStore(rootReducer,applyMiddleware(thunk))
```

在代码示例 10-162 中,使用 applyMiddleware(thunk)把插件 redux-thunk 安装到 Redux 中。整个 Redux 执行中间件的流程如图 10-43 所示。

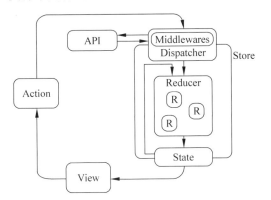

图 10-43 Redux 中间件调用流程

3. 在组件中派发异步事件

在组件中通过 react-redux 的 connect()方法连接组件和 Store,如代码示例 10-163 所示。

代码示例 10-163　list 组件

```
import { connect } from "react-redux"
import React, { useEffect } from "react"

const getListAction = (value)=>{
    return {
        type:"LIST",
        list: value
    }
}

//木偶组件
const List = (props) => {
    const { list, onLoadList } = props;
    //第一次渲染组件,派发获取数据的事件
    useEffect(() => {
        onLoadList()
        return () => { }
    }, [])
    return <ul>
```

```
            {
                list.map(v => {
                    return <li key={v.title}>{v.title}</li>
                })
            }
        </ul>
    }
}

const mapPropsToState = (state) => {
    return {
        list: state.data
    }
}

const mapDispatchToProps = (dispatch) => {
    return {
        onLoadList: async () => {
            //请求远程数据,派发的是函数对象,函数对象返回一个包含数据的 Action 对象
            let res = await fetch("http://localhost:3001")
            let data = await res.json();
            console.log(data)
            dispatch(getListAction(data))
        }
    }
}

//智能组件
const ListContainer = connect(mapPropsToState, mapDispatchToProps)(List)

export default ListContainer
```

4. 最后渲染组件

最后渲染组件,使用 react-redux 的 Provider 组件的 Store 属性注册上面创建的 Store,如代码示例 10-164 所示。

代码示例 10-164 index.js

```
ReactDOM.render(
  <div className='box'>
      <Provider store={store}>
          <ListContainer/>
      </Provider>
  </div>,
  document.getElementById('root')
);
```

10.9.6 Redux 中间件(redux-saga)

redux-saga 是一个用于管理应用程序 Side Effect(副作用,如异步获取数据、访问浏览器缓存等)的库,它的目标是让副作用管理更容易,执行更高效,测试更简单,在处理故障时更容易,如图 10-44 所示。

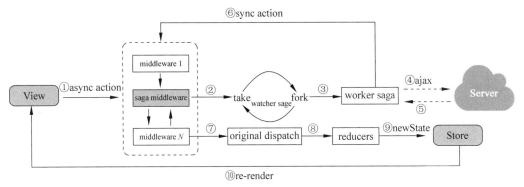

图 10-44　redux-saga 中间件执行流程

1. redux-saga 介绍

redux-saga 是一个用于管理 Redux 应用异步操作的中间件(又称异步 Action)。redux-saga 通过创建 Saga 将所有的异步操作逻辑收集在一个地方集中处理,用来代替 redux-thunk 中间件。

通过 redux-saga 库来处理副作用相关操作,Redux 的各部分的协作更明确:

(1) Reducer 负责处理 Action 的 state 更新。

(2) Saga 负责协调那些复杂或异步的操作。

Saga 不同于 Thunk,Thunk 是在 Action 被创建时调用,而 Saga 只会在应用启动时调用,初始启动的 Saga 可能会动态调用其他 Saga,Saga 可以被看作在后台运行的进程,Saga 监听发起 Action,然后决定基于这个 Action 来做什么:是发起一个异步调用(如一个 fetch 请求),还是发起其他的 Action 到 Store,甚至是调用其他的 Saga。

Saga 是通过 Generator() 函数来创建的,所有的任务都通用 Yield Effect 来完成。Effect 可以看作 redux-saga 的任务单元,Effects 都是简单的 JavaScript 对象,包含要被 Saga Middleware 执行的信息,redux-saga 为各项任务提供了各种 Effect 创建器,例如调用一个异步函数,发起一个 Action 到 Store,启动一个后台任务或者等待一个满足某些条件的未来的 Action。

2. redux-saga 框架核心 API

1) Saga 辅助函数

redux-saga 提供了一些辅助函数,用来在一些特定的 Action 被发起到 Store 时派生任务,下面先来了解两个辅助函数:takeEvery()和 takeLatest()。

(1) takeEvery():每次单击 Fetch 按钮时,发起一个 FETCH_REQUESTED 的

Action。通过启动一个任务从服务器获取一些数据,来处理这个 Action。

首先创建一个将执行异步 Action 的任务,如代码示例 10-165 所示。

代码示例 10-165

```
import { call, put } from 'redux-saga/effects'
export function* fetchData(action) {
  try {
    const data = yield call(Api.fetchUser, action.payload.url);
    yield put({type: "FETCH_SUCCEEDED", data});
  } catch (error) {
    yield put({type: "FETCH_FAILED", error});
  }
}
```

然后在每次 FETCH_REQUESTED Action 被发起时启动上面的任务,如代码示例 10-166 所示。

代码示例 10-166

```
import { takeEvery } from 'redux-saga'

function* watchFetchData() {
  yield* takeEvery("FETCH_REQUESTED", fetchData)
}
```

注意:上面的 takeEvery() 函数可以使用下面的写法替换,如代码示例 10-167 所示。

代码示例 10-167

```
function* watchFetchData() {
  while(true){
    yield take('FETCH_REQUESTED');
    yield fork(fetchData);
  }
}
```

(2) takeLatest():在上面的例子中,takeEvery()允许多个 fetchData 实例同时启动,在某个特定时刻,可以启动一个新的 fetchData 任务,尽管之前还有一个或多个 fetchData 尚未结束。

如果只想得到最新那个请求的响应(如始终显示最新版本的数据),则可以使用 takeLatest()辅助函数,如代码示例 10-168 所示。

代码示例 10-168

```
import { takeLatest } from 'redux-saga'

function* watchFetchData() {
```

```
yield * takeLatest('FETCH_REQUESTED', fetchData)
}
```

和 takeEvery() 不同,在任何时刻 takeLatest() 只允许执行一个 fetchData 任务,并且这个任务是最后被启动的那个,如果之前已经有一个任务在执行,则之前的那个任务会自动被取消。

2)Effect Creators

redux-saga 框架提供了很多创建 Effect 的函数,下面就简单地介绍下开发中最常用的几种,如代码示例 10-169 所示。

代码示例 10-169

```
take(pattern)
put(action)
call(fn, ...args)
fork(fn, ...args)
select(selector, ...args)
take(pattern)
```

take() 函数可以理解为监听未来的 Action,它创建了一个命令对象,告诉 Middleware 等待一个特定的 Action,Generator() 会暂停,直到一个与 Pattern 匹配的 Action 被发起,才会继续执行下面的语句,也就是说,take() 是一个阻塞的 Effect。

用法如代码示例 10-170 所示。

代码示例 10-170

```
function * watchFetchData() {
  while(true) {
    //监听一个 Type 为 FETCH_REQUESTED 的 Action 的执行
    //直到等到这个 Action 被触发,才会接着执行下面的 yield fork(fetchData) 语句
    yield take('FETCH_REQUESTED');
    yield fork(fetchData);
  }
}
```

(1) put(action):put() 函数是用来发送 Action 的 Effect,可以简单地把它理解成 Redux 框架中的 dispatch() 函数,当 put 一个 Action 后,Reducer 中就会计算新的 state 并返回,注意 put 也是阻塞 Effect。

用法如代码示例 10-171 所示。

代码示例 10-171

```
export function * toggleItemFlow() {
  let list = []
  //发送一个 Type 为 'UPDATE_DATA' 的 Action,用来更新数据,参数为 'data:list'
```

```
      yield put({
        type: actionTypes.UPDATE_DATA,
        data: list
      })
    }
```

(2) call(fn, ...args): 可以把 call() 函数简单地理解为可以调用其他函数的函数, 它命令 Middleware 来调用 fn() 函数, args 为函数的参数, 注意 fn() 函数可以是一个 Generator() 函数, 也可以是一个返回 Promise 的普通函数, call() 函数也是阻塞 Effect。

用法如代码示例 10-172 所示。

代码示例 10-172

```
export const delay = ms => new Promise(resolve => setTimeout(resolve, ms))

export function* removeItem() {
  try {
      //这里 call() 函数调用了 delay() 函数, delay() 函数为一个返回 promise 的函数
      return yield call(delay, 500)
  } catch (err) {
      yield put({type: actionTypes.ERROR})
  }
}
```

(3) fork(fn, ...args): fork() 函数和 call() 函数很像, 都用来调用其他函数, 但是 fork() 函数是非阻塞函数, 也就是说, 程序执行完 yield fork(fn,args) 这一行代码后, 会立即接着执行下一行代码, 而不会等待 fn() 函数返回结果后再执行下面的语句。

用法如代码示例 10-173 所示。

代码示例 10-173

```
import { fork } from 'redux-saga/effects'

export default function* rootSaga() {
  //下面的 4 个 Generator() 函数会一次执行, 不会阻塞执行
  yield fork(addItemFlow)
  yield fork(removeItemFlow)
  yield fork(toggleItemFlow)
  yield fork(modifyItem)
}
```

(4) select(selector, ...args): select() 函数用来指示 Middleware 调用提供的选择器获取 Store 上的 state 数据, 也可以简单地把它理解为 Redux 框架中获取 Store 上的 state 数据一样的功能: store.getState()。

用法如代码示例 10-174 所示。

代码示例 10-174

```
export function * toggleItemFlow() {
    //通过 select effect 获取全局 state 上的 getTodoList 中的 list
    let tempList = yield select(state => state.getTodoList.list)
}
```

3）createSagaMiddleware()

createSagaMiddleware()函数用来创建一个 Redux 中间件，将 Saga 与 Redux Store 连接起来。

Saga 中的每个函数都必须返回一个 Generator 对象，Middleware 会迭代这个 Generator 并执行所有 yield 后的 Effect(Effect 可以看作 redux-saga 的任务单元)。

用法如代码示例 10-175 所示。

代码示例 10-175

```
import {createStore, applyMiddleware} from 'redux'
import createSagaMiddleware from 'redux-saga'
import reducers from './reducers'
import rootSaga from './rootSaga'

//创建一个 Saga 中间件
const sagaMiddleware = createSagaMiddleware()

//创建 Store
const store = createStore(
  reducers,
  //将 sagaMiddleware 中间件传入 applyMiddleware()函数中
  applyMiddleware(sagaMiddleware)
)

//动态执行 Saga,注意:run()函数只能在 Store 创建好之后调用
sagaMiddleware.run(rootSaga)

export default store
```

4）middleware.run(sagas,...args)

动态执行 Sagas，用于 applyMiddleware 阶段之后执行 Sagas，参数说明如表 10-7 所示。

表 10-7　applyMiddleware 函数参数说明

参 数 名 称	参 数 说 明
sagas	Function：一个 Generator()函数
args	Array：提供给 Saga 的参数（除了 Store 的 getState()方法）

说明：动态执行 Saga 语句 middleware.run(sagas) 必须在 Store 创建好之后才能执

行,在 Store 之前执行,程序会报错。

下面通过一个计数器,演示如何使用 redux-saga。

安装 redux-saga 库,命令如下:

```
$ npm install -- save redux-saga
# 或
$ yarn add redux-saga
```

说明:redux-saga 参考网站:https://redux-saga.js.org/。

新建一个 helloSaga.js 文件,如代码示例 10-176 所示。

代码示例 10-176　helloSaga.js

```
# helloSaga.js
export function * helloSaga() {
  console.log('Hello Sagas!');
  ...
}
```

创建 store.js 文件,使用 createSagaMiddleware() 创建中间件,如代码示例 10-177 所示。

代码示例 10-177　store.js

```
# store.js
import { createStore, applyMiddleware } from 'redux'
import createSagaMiddleware from 'redux-saga'
# 引入 Saga 文件
import { helloSaga } from './sagas'
import rootReducer from './reducer'
# 创建 Saga 中间件
const sagaMiddleware = createSagaMiddleware();
# 注册中间件
const store = createStore(
reducer,
applyMiddleware(sagaMiddleware)
);

# 运行中间件
sagaMiddleware.run(helloSaga);

//输出 Hello, Sagas!
export default store
```

修改 helloSaga.js 文件,添加监听 dispatch 发送的 Action。通过 helloSaga.js 中的 rootSaga()函数监听组件发送的 Action,如代码示例 10-178 所示。

代码示例 10-178　hello.saga.js

```js
import { call, put, takeEvery, takeLatest } from 'redux-saga/effects'
export const delay = ms => new Promise(resolve => setTimeout(resolve, ms));

function* incrementAsync() {
  //延迟 1s 执行 +1 操作
  yield call(delay, 1000);
  yield put({ type: 'INCREMENT' });
}

export default function* rootSaga() {
  //while(true){
  //yield take('ADD_ASYNC');
  //yield fork(incrementAsync);
  //}

  //下面的写法与上面的写法上等效
  yield takeEvery("ADD_ASYNC", incrementAsync);
}
```

创建 Reducer,根据 Action 返回新的 state,如代码示例 10-179 所示。

代码示例 10-179　reducer.js

```js
#reducer.js
const initialState = {
  num:0
}

export default function counter(state = initialState, action) {
    switch (action.type) {
      case 'INCREMENT':
        return {num:state.num + 1}
      case 'DECREMENT':
        return {num:state.num - 1}
      case 'INCREMENT_ASYNC':
        return state
      default:
        return state
    }
}
```

添加组件 Counter.jsx,代码如下:

代码示例 10-180　Counter.jsx

```jsx
import React ,{useEffect, useState} from "react"
import {connect} from "react-redux"

function Counter(props){
    const {num,onAddClick} = props;
    return <div>
        <h1>{num}</h1>
        <button onClick = {onAddClick}>+</button>
    </div>
}

const mapStateToProps = (state) =>{
    return {
        num:state.num
    }
}

const mapDispatchToProps = (dispatch) =>{
    return {
        onAddClick : () => dispatch({type:"ADD_ASYNC"})
    }
}

export const CounterContainer = connect(mapStateToProps,mapDispatchToProps)(Counter);
```

10.9.7　Redux Toolkit 简化 Redux 代码

Redux Toolkit 包是 Redux 的工具集,旨在解决以下问题:
(1) Store 的配置复杂。
(2) 想让 Redux 更加好用,不需要安装大量的额外包。
(3) Redux 要求写很多模板代码。

1. Redux Toolkit 新 API 介绍

Redux Toolkit 提供了新的 API,具体解释如下。

1) configureStore()

提供简化的配置选项和良好的默认值。它可以自动组合众多的 Reducer(),添加用户提供的任何 Redux 中间件,默认情况下包括 redux-thunk(处理异步 Action 的中间件),并支持使用 Redux DevTools 扩展。

2) createReducer()

创建 reducer() 的 Action 映射表而不必编写 switch 语句。自动使用 Immer 库让开发者用正常的代码编写更简单的不可变更新,例如 state.todos[3].completed=true。

3）createAction()

为给定的操作类型字符串生成 action Creator() 函数。

4）createSlice()

根据传递的参数自动生成相应的 actionCreator() 和 reducer() 函数，如代码示例 10-181 所示。

代码示例 10-181

```javascript
import { createSlice } from "@reduxjs/toolkit";

export const incrementAsync = (amount) => (dispatch) => {
  setTimeout(() => {
    dispatch(incrementByAmount(amount));
  }, 1000);
};

export const selectCount = (state) => state.counter.value;

export const counterSlice = createSlice({
  name: "counter",
  initialState: {
    value: 0,
    author: "",
  },
  reducers: {
    increment: (state) => {
      //这里因为使用了 Immer 库,所以能够使用这种直接修改 state 的语法
      //但其实并不是 mutate
      state.value += 1;
    },
    decrement: (state) => {
      state.value -= 1;
    },
    incrementByAmount: (state, action) => {
      state.value += action.payload;
    },
  },
});

export const { increment, decrement, incrementByAmount } = counterSlice.actions;

export default counterSlice.reducer;
```

5）createAsyncThunk()

接收 Action 字符串和返回 Promise 的函数，并生成分派的 thunk() 函数。

6）createEntityAdapter

生成可重用的 Reducer 和 Selector 来管理 Store 中的数据，执行 CRUD 操作。

7）createSelector()

来自 Reselect 库，被重新导出，用于 state 缓存，防止不必要的计算。

2. Redux ToolKit 基础用法

使用 redux-toolkit 官方模板创建项目，如代码示例 10-182 所示。

代码示例 10-182

```
npx create-react-app redux-toolkit-demo --template redux
# 使用 redux-typescript 模板，推荐使用 TypeScript
npx create-react-app react-rtk-ts --template redux-typescript

# 使用 Redux 模板
# npx create-react-app react-rtk-ts --template redux
```

以前的项目可以单独安装，命令如下：

```
# 安装 Redux Toolkit 和 React-Redux
npm install @reduxjs/toolkit react-redux
```

启动项目，运行效果如图 10-45 所示。

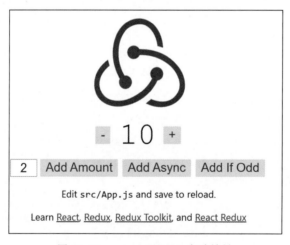

图 10-45 reduxjs/toolkit 启动效果

1）创建 Redux Store

创建一个 src/app/store.js 文件，从 Redux Toolkit 里引入 configureStore，将从创建和导出一个空的 Redux Store 开始，如代码示例 10-183 所示。

代码示例 10-183　src/app/store.js

```
import { configureStore } from '@reduxjs/toolkit'
export const store = configureStore({
  reducer: {},
})
```

这里在创建 Redux Store 的同时也会自动配置 Redux DevTools 的扩展，因此可以在运行中检查 Store。

2）在 React 中使用 Redux Store

一旦 Store 创建完成，就可以在 src/index.js 文件中用 react-redux 提供的<Provider>包裹应用，这样就可以在 React 组件中使用 React Store 了。

具体操作就是先引入刚刚创建的 Redux Store，然后用<Provider>包裹<App>，再将 Store 作为一个 props 传入，如代码示例 10-184 所示。

代码示例 10-184　src/index.js

```
import React from 'react'
import ReactDOM from 'react-dom'
import './index.css'
import App from './App'
import { store } from './app/store'
import { Provider } from 'react-redux'

ReactDOM.render(
  <Provider store={store}>
    <App />
  </Provider>,
  document.getElementById('root')
)
```

3）创建一个 Redux State Slice

创建一个 src/features/counter/counterSlice.js 文件，在文件里从 Redux Toolkit 中引入 createSlice API。

Slice 需要一个 Name 作为唯一标识，需要有初始化 State 值，还需要至少一个 reducer 方法来定义 State 如何变化。一旦 Slice 创建完成就可以导出生成的 Redux action creators 和整个 Slice 的 reducer 方法。

Redux 需要通过制作数据副本和更新副本来不可变地更新 State，然而 Redux Toolkit 的 createSlice 和 createReducer API 内部使用了 Immer，这允许可以直接更新逻辑，不必制作副本，它将自动成为正确的不可变更新，如代码示例 10-185 所示。

代码示例 10-185　src/features/counter/counterSlice.js

```js
import { createSlice } from '@reduxjs/toolkit'

const initialState = {
  value: 0,
}

export const counterSlice = createSlice({
  name: 'counter',
  initialState,
  reducers: {
    increment: (state) => {
      //Redux Toolkit 允许在 reducers 中直接写改变 state 的逻辑
      //由于使用了 Immer 库,所以并没有真地改变 state
      //而是检测到"草稿 state"的更改并根据这些更改生成一个全新的不可变 state
      state.value += 1
    },
    decrement: (state) => {
      state.value -= 1
    },
    incrementByAmount: (state, action) => {
      state.value += action.payload
    },
  },
})

//reducer 方法的每个 case 都会生成一个 Action
export const { increment, decrement, incrementByAmount } = counterSlice.actions

export default counterSlice.reducer
```

4）将 Slice Reducer()添加进 Store

接下来需要引入 Counter Slice 的 reducer()方法并把它添加到 Store 中。通过在 reducer()方法中定义一个属性,告诉 Store 使用这个 Slice Reducer()方法去处理所有的 state 更新,如代码示例 10-186 所示。

代码示例 10-186

```js
import { configureStore } from '@reduxjs/toolkit'
import counterReducer from '../features/counter/counterSlice'

export default configureStore({
  reducer: {
    counter: counterReducer,
  },
})
```

5）在 React 组件中使用 Redux State 和 Action

现在可以使用 react-redux 钩子在 React 组件中操作 Redux Store。可以使用 useSelector 从 Store 中读取数据，也可以使用 useDispatch 来派发 Action。

使用 useSelector()和 useDispatch() Hook 来替代 connect()。

传统的 React 应用在与 Redux 进行连接时通过 react-redux 库的 connect()函数来传入 mapState()和 mapDispatch()函数以便将 Redux 中的 State 和 Action 存储到组件的 props 中。

react-redux 新版已经支持 useSelector()和 useDispatch Hook()，可以使用它们替代 connect()的写法。通过它们可以在纯函数式组件中获取 Store 中的值并监测变化。

创建一个 src/features/counter/Counter.js 文件，并且在其中开发 Counter 组件，然后在 App.js 文件中引入这个组件，并且在<App>里渲染它，如代码示例 10-187 所示。

代码示例 10-187　src/features/counter/Counter.js

```js
import React from 'react'
import { useSelector, useDispatch } from 'react-redux'
import { decrement, increment } from './counterSlice'

export function Counter() {
  const count = useSelector((state) => state.counter.value)
  const dispatch = useDispatch()

  return (
    <div>
      <div>
        <button
          aria-label="Increment value"
          onClick={() => dispatch(increment())}
        >
          Increment
        </button>
        <span>{count}</span>
        <button
          aria-label="Decrement value"
          onClick={() => dispatch(decrement())}
        >
          Decrement
        </button>
      </div>
    </div>
  )
}
```

在代码示例 10-187 中，当单击 Increment 或 Decrement 按钮时，dispatch 对应的

Action 进 Store，Counter Slice Reducer 根据 Action 更新 State，< Counter >组件将会从 Store 中获取新的 State，并且根据新的 State 重新渲染页面。

10.10 状态管理(Recoil)

在 React Europe 2020 Conference 上，Facebook 内部开源了一种状态管理库 Recoil。Recoil 是 Facebook 推出的一个全新的、实验性的 JavaScript 状态管理库，它解决了使用现有 Context API 在构建较大应用时所面临的很多问题。

10.10.1 Recoil 介绍

Recoil 为了解决 React 全局数据流管理的问题，采用分散管理原子状态的设计模式。Recoil 提出了一个新的状态管理单位 Atom，它是可更新和可订阅的，当一个 Atom 被更新时，每个被订阅的组件都会用新的值来重新渲染。如果从多个组件中使用同一个 Atom，则所有这些组件都会共享它们的状态。

10.10.2 Recoil 核心概念

Recoil 能创建一个数据流图(Data-Flow Graph)，从 Atom(共享状态)到 Selector(纯函数)，再向下流向 React 组件。Atom 是组件可以订阅的状态单位。Selector 可以同步或异步转换此状态。

1. RecoilRoot

对于使用 Recoil 的组件，需要将 RecoilRoot 放置在组件树上的任一父节点处。最好将其放在根组件中，如代码示例 10-188 所示。

代码示例 10-188

```
import React from 'react'
import ReactDOM from 'react-dom'
import { RecoilRoot } from 'recoil'
import App from './App'

ReactDOM.render(
  < RecoilRoot >
    < App />
  </RecoilRoot >,
  document.getElementById('root')
)
```

2. Atom

Atom 是最小的状态单元。它们能够被订阅和更新；当它更新时，所有订阅它的组件都会应用新数据重绘；它能够在运行时创立；它也能够在部分状态应用；同一个 Atom 能够被多个组件应用与共享。

相比 Redux 保护的全局 Store，Recoil 则采纳扩散治理原子状态的设计模式，不便进行代码分割。

Atom 和传统的 state 不同，它能够被任何组件订阅，当一个 Atom 被更新时，每个被订阅的组件都会用新的值来重新渲染。

所以 Atom 相当于一组 state 的汇合，扭转一个 Atom 只会渲染特定的子组件，并不会让整个父组件重新渲染，代码如下：

```
import { atom } from 'recoil'
export const todoList = atom({
  key: 'todoList',
  default: [],
})
```

要创立一个 Atom，必须提供一个 key，其必须在 RecoilRoot 作用域中是唯一的，并且要提供一个默认值，默认值可以是一个动态值、函数甚至可以是一个异步函数。

10.10.3　Recoil 核心 API

Recoil 采纳 Hook 形式订阅和更新状态，常用的 API 如下。

1. useRecoilState()

useRecoilState()函数是与 useState()相似的一个 Hook，能够对 Atom 进行读写，如代码示例 10-189 所示。

代码示例 10-189　useRecoilState()

```
import React, { useState } from 'react'
import { useRecoilState } from 'recoil'
import { TodoListStore } from './store'

export default function OperatePanel() {
  const [inputValue, setInputValue] = useState('')
  const [todoListData, setTodoListData] = useRecoilState(TodoListStore.todoList)

  const addItem = () => {
    const newList = [...todoListData, { thing: inputValue, isComplete: false }]
    setTodoListData(newList)
    setInputValue('')
  }

  return (
    <div>
      <h3>OperatePanel Page</h3>
```

```
      <input type='text' value={inputValue} onChange={e => setInputValue(e.target.value)} />
      <button onClick={addItem}>增加</button>
    </div>
  )
}
```

2. useSetRecoilState()

useSetRecoilState()只获取setter()函数,不会返回state的值,如果只应用了这个函数,则状态变动不会导致组件重新渲染,如代码示例10-190所示。

代码示例10-190　useSetRecoilState()

```
import React from 'react'
import { useSetRecoilState } from 'recoil'
import { TodoListStore } from './store'
export default function SetPanel() {
  const setTodoListData = useSetRecoilState(TodoListStore.todoList)

  const clearData = () => {
    setTodoListData([])
  }

  return (
    <div>
      <button onClick={clearData}>清空Recoil的数组</button>
    </div>
  )
}
```

3. useRecoilValue()

useRecoilValue()函数只返回state的值,不提供修改办法,如代码示例10-191所示。

代码示例10-191　useRecoilValue()

```
import React from 'react'
import { useRecoilValue } from 'recoil'
import { TodoListStore } from './store'
export default function ShowPanel() {
  const todoListData = useRecoilValue(TodoListStore.todoList)
  return (
    <div>
      <h3>ShowPanel Page</h3>
      Recoil中获取后果展现:
      {todoListData.map((item, index) => {
```

```
            return < div key = {index}>{item.thing}</div >
        })}
    </div >
  )
}
```

4. selector( )

selector 表示一段派生状态,它可以建设依赖于其 Atom 的状态。它有一个强制性的 get()函数,其作用与 Redux 的 reselect 或 MobX 的 computed 相似。

selector()是一个纯函数:对于给定的一组输出,它们应始终产生相同的后果。这一点很重要,因为选择器可能会执行一次或多次,可能会重新启动或者被缓存,如代码示例 10-192 所示。

代码示例 10-192 selector( )

```
export const completeCountSelector = selector({
  key: 'completeCountSelector',
  get({ get }) {
    const completedList = get(todoList)
    return completedList.filter(item => item.isComplete).length
  },
})
```

selector()还可以返回一个异步函数,能够将一个 Promise 作为返回值。

10.11 React 移动端开发(React Native)

React Native 是目前最流行的混合应用开发框架之一,是 ReactJS 从 Web 端到移动端的延伸,React 借助虚拟 DOM 技术实现了一套代码多端运行的目标。到目前为止,React 已经成功延伸到了 VR、AR、桌面、元宇宙等众多领域。

Facebook 在 2018 年 6 月官方宣布了大规模重构 React Native 的计划及重构路线图,如图 10-46 所示,其目的是让 React Native 更加轻量化、更适应混合开发,接近甚至达到原生的体验。

Facebook 团队逐渐意识到 Bridge 存在的一些问题,同时也受到 Flutter 的压力,在 2018 年提出了新架构:移除了 Bridge,取而代之的是一个名为 JavaScript Interface (JSI)的新组件。新的架构主要由 JSI、Fabric、TurboModules、CodeGen、LeanCode 组成。

官方的 GitHub 网址为 https://facebook.github.io/react-native/。

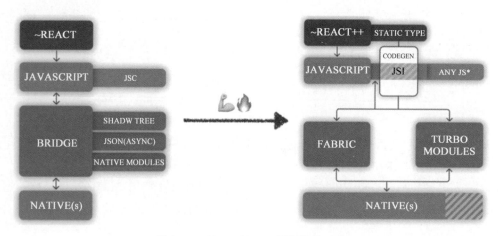

图 10-46　React Native 新旧架构对比

10.11.1　React Native 优点

相比较其他的跨平台框架,React Native 具有以下优点。

1. 提供了原生的控件支持

使用 React Native 可以使用原生的控件,在 iOS 平台可以使用 UITabBar 控件,在 Android 平台可以使用 Drawer 控件。这样,就让 App 从使用上和视觉上拥有像原生 App 一样的体验,而且使用起来也非常简单。

2. 异步执行

所有的 JavaScript 逻辑与原生的代码逻辑都是在异步中执行的。原生的代码逻辑当然也可以添加自己的额外的线程。

这个特性意味着,可以将图片解码过程的线程从主线程中抽离出来,在后台线程将其保存在磁盘中,在不影响 UI 的情况下计算调整布局等。

所以,这些让 React Native 开发出来的 App 运行时都较为流畅。

JS 与原生之间的通信过程以序列化的方式来完成,可以使用 Chrome Developer Tools 来完成 JavaScript 逻辑的调试,当然也能够在模拟器和物理设备上调试。

3. 触屏处理

React Native 实现了高性能的图层单击与接触处理。

4. Flexbox 的布局模式

Flexbox 布局模式使布局变得更简单,使用 margin 和 padding 的嵌套模式。当然,React Native 同样也支持网页原生的一些属性布局模式,如 FontWeight 之类。这些声明的布局模式和样式都会存在内联的机制中优化。

5. Polyfills 机制

React Native 也支持第三方的 JavaScript 库,支持 NPM 中的成千上万个模块。

6. 基于 React JS
拥有 React JS 的优良特性。

10.11.2 React Native 安装与配置

React Native 安装和配置比较烦琐,具体步骤如下。

1. 安装依赖

必须安装的依赖有 Node、JDK 和 Android Studio。

说明:虽然可以使用任何编辑器来开发应用(编写 JS 代码),但仍然必须安装 Android Studio 来获得编译 Android 应用所需的工具和环境。

2. 安装 Node 和 JDK

Node 的版本应大于或等于 12,安装完 Node 后建议设置 NPM 镜像(淘宝源)。

说明:不要使用 CNPM! CNPM 安装的模块路径比较特殊,packager 不能正常识别。

React Native 需要 Java Development Kit 11。可以在命令行中输入 Javac -version(需要注意是 Javac,不是 Java)来查看当前安装的 JDK 版本。如果版本不合要求,则可以到 adoptopenjdk 或 Oracle JDK 官网上下载(后者需注册登录)。

安装好 JDK 后,需要配置 Java 的系统变量,如图 10-47 所示。

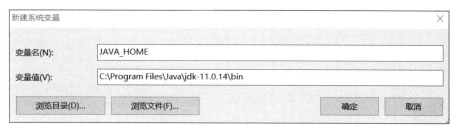

图 10-47　配置 JAVA_HOME 路径

3. 安装 Yarn

Yarn 是 Facebook 提供的替代 NPM 的工具,可以加速 Node 模块的下载。

```
npm install -g yarn
```

安装完 Yarn 之后就可以用 Yarn 代替 NPM 了,如用 yarn 命令代替 npm install 命令,用 yarn add 命令添加某第三方库名代替用 npm install 命令安装某第三方库名。

4. 安装 Android 开发环境

首先下载和安装 Android Studio,国内用户可能无法打开官方链接,可自行使用搜索引擎搜索可用的下载链接。在安装界面中选择 Custom 选项,确保选中了以下几项:

```
Android SDK
Android SDK Platform
Android Virtual Device
```

Android Studio 默认会安装最新版本的 Android SDK。目前编译 React Native 应用需要的是 Android 10（Q）版本的 SDK（注意 SDK 版本不等于终端系统版本，RN 目前支持 android 5 以上设备）。可以在 Android Studio 的 SDK Manager 中选择安装各版本的 SDK。

5. 把工具目录添加到环境变量 Path

接下来，需要配置 ANDROID_HOME 环境变量。

React Native 需要通过环境变量来了解 Android SDK 安装在什么路径，从而正常进行编译。

打开"控制面板"→"系统和安全"→"系统"→"高级系统设置"→"高级"→"环境变量"→"新建"，创建一个名为 ANDROID_HOME 的环境变量（系统或用户变量均可），指向 Android SDK 所在的目录，如图 10-48 所示。

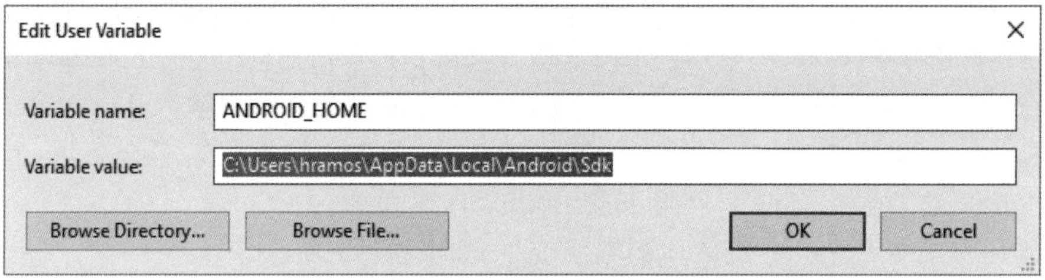

图 10-48 配置 ANDROID_HOME 路径

同时添加 Path 变量，然后单击"编辑"按钮。单击"新建"按钮，然后把这些工具目录路径添加进去，如 platform-tools、emulator、tools、tools\bin，配置如下：

```
%ANDROID_HOME%\platform-tools
%ANDROID_HOME%\emulator
%ANDROID_HOME%\tools
%ANDROID_HOME%\tools\bin
```

6. 创建 React Native 项目

新版本的 React Native 项目使用最新的 react-native 脚手架工具安装，命令如下：

```
npx react-native init rndemo
```

也可以指定版本或项目模板，使用 --version 参数（注意是两个横杠）创建指定版本的项目。注意版本号必须精确到两个小数点，命令如下：

```
npx react-native init rndemo --version X.XX.X
```

还可以使用 --template 来使用一些社区提供的模板，例如带有 TypeScript 配置的模板，命令如下：

```
npx react-native init rndemo -- template react-native-template-typescript
```

7. 编译并运行 React Native 应用

确保先运行了模拟器或者连接了真机,然后在项目目录中运行 yarn android 或者 yarn react-native run-android 命令:

```
cd rndemo
yarn android
#或者
yarn react-native run-android
```

此命令会对项目的原生部分进行编译,同时在另外一个命令行中启动 Metro 服务对 JS 代码进行实时打包处理(类似 Webpack)。Metro 服务也可以使用 yarn start 命令单独启动。

8. 修改项目并重启项目

使用喜欢的文本编辑器打开 App.js 文件并随便改上几行。在运行的命令行里按两下 R 键,或者在开发者菜单中选择 Reload,就可以看到最新的修改,运行效果如图 10-49 所示。

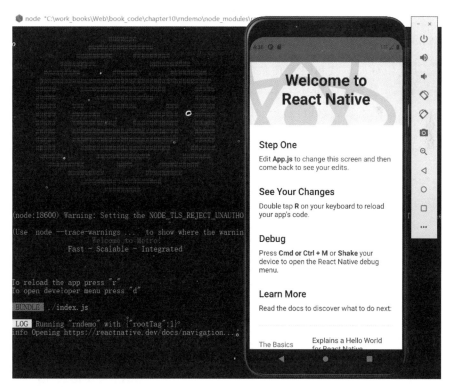

图 10-49 React Native 运行效果

第 11 章 React 进阶原理

本章是 React 进阶原理篇，重点介绍 React 源码的下载编译与调试、React Fiber 架构、React Diff 算法原理、React Hook 的实现原理及手动实现自己的轻量级的 React 等。

11.1 React 源码调试

如果希望读懂 React 的源码，首先需要从 React 的源码调试开始，本节从源码的下载和编译安装的角度，介绍如何读懂 React 的最新源码。

11.1.1 React 源码下载与编译

下面逐步介绍如何下载和编译 React 源码，并通过项目调试源码。

1. 下载 React 最新源码包

通过 Git 把源码复制到本地，命令如下：

```
get clonehttps://github.com/facebook/react.git
```

2. 安装编译源码

从源码中编译出 react、react-dom、scheduler、jsx 库，命令如下：

```
#安装 package.json 依赖包
yarn install
#编译源码
yarn build react/index,react/jsx,react-dom/index,scheduler
```

3. 查看编译构建文件

上面编译完成后，构建出的文件保存在 build/node_modules/react 目录中，包含 cjs(CommonJS) 和 umd 两个版本，如图 11-1 所示。

图 11-1　React 源码编译目录

4. 建立本地依赖

进入 React 包的内部，命令如下：

```
cd build/node_modules/react
# 建立连接
yarn link
```

进入 react-dom，执行连接命名，代码如下：

```
cd build/node_modules/react-dom
yarn link
```

5. 创建一个可以调试的 React 项目

这里使用脚手架工具 create-react-app 创建新的项目，命令如下：

```
npx create-react-app my-app
cd my-app
```

6. 连接项目和 React 库

删除创建项目的 node_modules 中的 react 和 react-dom，使用本地编译的 React 版本，这里只需要在 node_modules 目录下执行相关命令，命令如下：

```
yarn link react react-dom
```

执行完成后，效果如图 11-2 所示。

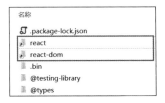

图 11-2　链接 react/react-dom 到当前项目

7. 开始调试

打开复制的 React 源码，修改下面的代码：

```
packages/react-dom/src/client/ReactDOMLegacy.js
```

修改 ReactDOMLegacy 中 render() 函数的 log，修改后如图 11-3 所示。

8. 重新编译源码

打开 React 源码的项目，运行重新打包，命令如下：

```
267  export function render(
268    element: React$Element<any>,
269    container: Container,
270    callback: ?Function,
271  ) {
272    if (__DEV__) {
273      console.error(
274        '++++++++++++ReactDOM.render is no longer supported in React 18.' +
275        'instead. Until you switch to the new API, your app will behave ' +
276        "if it's running React 17. Learn " +
277        'more: https://reactjs.org/link/switch-to-createroot',
278      );
279    }
```

图 11-3　测试修改源码

```
yarn build react/index,react/jsx,react-dom/index,scheduler
```

打开创建的 React 项目，执行运行命令

```
yarn start
```

打开控制台，测试效果如图 11-4 所示。

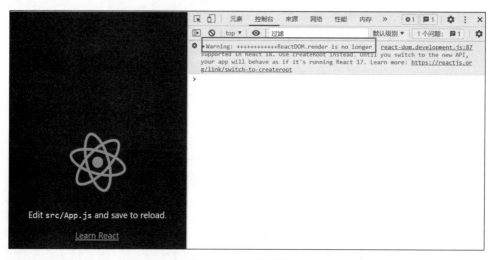

图 11-4　测试源码调试

11.1.2　React 源码包介绍

React 的源码目录主要有三个文件夹：fixtures（一些测试 Demo，方便 React 编码时测

试）；packages（React 的主要源码内容）；scripts（和 React 打包、编译、本地开发相关的命令），如图 11-5 所示。

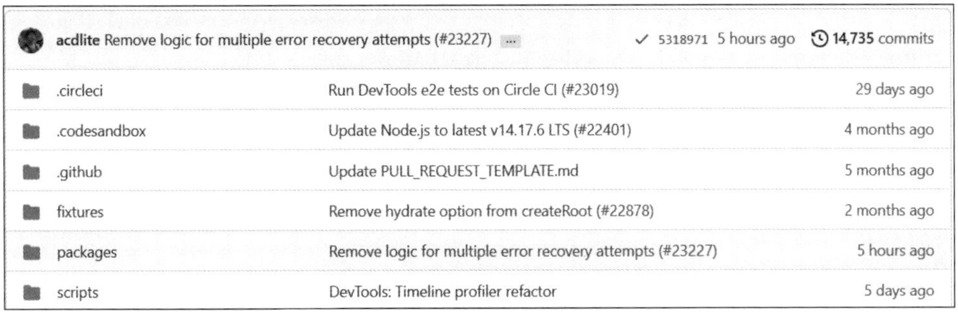

acdlite Remove logic for multiple error recovery attempts (#23227) ...	✓ 5318971 5 hours ago	ⓘ 14,735 commits
.circleci	Run DevTools e2e tests on Circle CI (#23019)	29 days ago
.codesandbox	Update Node.js to latest v14.17.6 LTS (#22401)	4 months ago
.github	Update PULL_REQUEST_TEMPLATE.md	5 months ago
fixtures	Remove hydrate option from createRoot (#22878)	2 months ago
packages	Remove logic for multiple error recovery attempts (#23227)	5 hours ago
scripts	DevTools: Timeline profiler refactor	5 days ago

图 11-5 React 源码目录结构

React 的源码内容存放在 packages 文件夹下，目录结构如代码示例 11-1 所示。

代码示例 11-1 源码目录结构

```
react
├─ fixtures
├─ packages
│   ├─ create-subscription
│   ├─ dom-event-testing-library
│   ├─ eslint-plugin-react-hooks
│   ├─ jest-mock-scheduler
│   ├─ jest-react
│   ├─ react
│   ├─ react-art
│   ├─ react-cache
│   ├─ react-client
│   ├─ react-deBug-tools
│   ├─ react-devtools
│   ├─ react-devtools-core
│   ├─ react-devtools-extensions
│   ├─ react-devtools-inline
│   ├─ react-devtools-scheduling-profiler
│   ├─ react-devtools-shares
│   ├─ react-devtools-shell
│   ├─ react-dom
│   ├─ react-fetch
│   ├─ react-interactions
│   ├─ react-is
│   ├─ react-native-renderer
│   ├─ react-noop-renderer
│   ├─ react-reconciler
```

```
│  ├ react-refresh
│  ├ react-server
│  ├ react-test-renderer
│  ├ react-transport-dom-relay
│  ├ react-transport-dom-webpack
│  ├ scheduler
│  ├ shared
│  └ use-subscription
└ scripts
```

根据 packages 各部分的功能，将其划分为几个模块，如表 11-1 所示。

表 11-1 核心模块说明

名　称	说　　　明
核心 API	React 的核心 API 都位于 packages/react 文件夹下，包括 createElement、memo、context 及 hooks 等，凡是通过 React 包引入的 API，都位于此文件夹下
调度和协调	调度和协调是 React 16 Fiber 出现后的核心功能，和它们相关的包如下。 (1) scheduler：对任务进行调度，根据优先级排序 (2) react-conciler：与 Diff 算法相关，对 Fiber 进行副作用标记
渲染	和渲染相关的内容，包括以下几个目录。 (1) react-art：canvas、svg 等内容的渲染 (2) react-dom：浏览器环境下的渲染，也是本系列中主要涉及讲解的渲染的包 (3) react-native-renderer：用于原生环境渲染 (4) react-noop-renderer：用于调试环境的渲染
辅助包	shared：定义了 React 的公共方法和变量 react-is：React 中的类型判断

11.2 React 架构原理

由于 JavaScript 语言本身的设计原因，JavaScript 一直作为浏览器辅助脚本来使用，如何使用 JavaScript 语言开发高性能的面向浏览器端的应用程序，对于前端架构来讲是一直是一个很难解决的问题。

React 框架的设计初衷就是要使用 JavaScript 语言来构建"快速响应"的大型 Web 应用程序，但是"快速响应"主要受下面两方面的原因影响。

(1) CPU 的瓶颈：当项目变得庞大、组件数量繁多、遇到大计算量的操作或者设备性能不足时会使页面掉帧，导致卡顿。

(2) IO 的瓶颈：发送网络请求后，由于需要等待数据返回才能进一步操作而导致不能快速响应。

说明：浏览器有多个线程：JS 引擎线程、GUI 渲染线程、HTTP 请求线程、事件处理线程、定时器触发线程，其中 JS 引擎线程和 GUI 渲染线程是互斥的，所以 JS 脚本执行和浏览器布局、绘制不能同时执行。超过 16.6ms 就会让用户感知到卡顿。

对于浏览器来讲，页面的内容都是一帧一帧绘制出来的，浏览器刷新率代表浏览器 1 秒绘制多少帧。原则上说 1s 内绘制的帧数越多，画面表现就越细腻。

当每秒绘制的帧数（FPS）达到 60 时，页面是流畅的，当小于这个值时，用户会感觉到卡顿。目前浏览器大多是 60Hz（60 帧/秒），每一帧耗时大约为 16.6ms。那么在这一帧的（16.6ms）过程中浏览器又干了些什么呢？如图 11-6 所示。

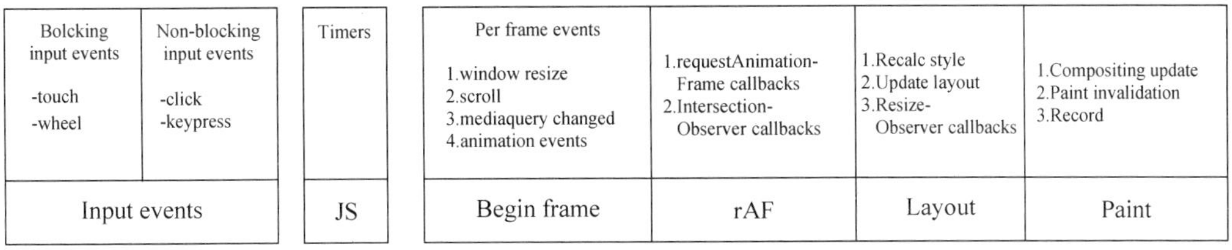

Bolcking input events -touch -wheel	Non-blocking input events -click -keypress	Timers	Per frame events 1.window resize 2.scroll 3.mediaquery changed 4.animation events	1.requestAnimation- Frame callbacks 2.Intersection- Observer callbacks	1.Recalc style 2.Update layout 3.Resize- Observer callbacks	1.Compositing update 2.Paint invalidation 3.Record
Input events		JS	Begin frame	rAF	Layout	Paint

图 11-6 浏览器的一帧需要完成的 6 件事

图 11-6 中展示了浏览器一帧中需要完成的 6 件事情，具体如下：

（1）处理输入事件，能够让用户得到最早的反馈。

（2）处理定时器，需要检查定时器是否到时间，并执行对应的回调。

（3）处理 Begin Frame（开始帧），即每一帧的事件，包括 window.resize、scroll、media query change 等。

（4）执行请求动画帧 requestAnimationFrame（rAF），即在每次绘制之前会执行 rAF 回调。

（5）进行 Layout 操作，包括计算布局和更新布局，即这个元素的样式是怎样的，它应该在页面如何展示。

（6）进行 Paint 操作，得到树中每个节点的尺寸与位置等信息，浏览器针对每个元素进行内容填充。

等待以上 6 个阶段都完成了，接下来处于空闲阶段（Idle Period），可以在这时执行 requestIdleCallback() 方法（下面简称为 RIC）里注册的用户任务。

RIC 事件不是每一帧结束都会触发执行的，只有在一帧的 16.6ms 中做完了前面 6 件事且还有剩余时间时才会执行。如果一帧执行结束后还有时间执行 RIC 事件，则下一帧需要在事件执行结束才能继续渲染，所以 RIC 执行不要超过 30ms，如果长时间不将控制权交还给浏览器，则会影响下一帧的渲染，导致页面出现卡顿和事件响应不及时。

下面通过代码简单了解一下 RIC 的用法。如果上面 6 个步骤完成后没有超过 16ms，说明时间有富余，此时就会执行 requestIdleCallback 里注册的任务，如代码示例 11-2 所示。

代码示例 11-2　requestIdleCallback 用法

```
//设置超时时间
requestIdleCallback(loopWork, { timeout: 2000 });
//任务队列
const tasks = [
    () => {
        console.log("第 1 个任务");
    },
    () => {
        console.log("第 2 个任务");
    },
    () => {
        console.log("第 3 个任务");
    },
];
//每一帧完成结束,循环调用
function loopWork(deadline) {
    //如果帧内有富余的时间,或者超时,或者任务还没结束
    while ((deadline.timeRemaining() > 0 || deadline.didTimeout) && tasks.length > 0) {
        work();
    }
    if (tasks.length > 0)
        requestIdleCallback(loopWork);
}
//执行任务
function work() {
    tasks.shift()();
    console.log('执行任务');
}
```

requestIdleCallback()方法只在一帧末尾有空闲时才会执行回调函数,它很适合处理一些需要在浏览器空闲时进行处理的任务,例如:统计上传、数据预加载、模板渲染等。

如果一直没有空闲,requestIdleCallback()就只能永远在等待状态吗？当然不是,它的参数除了回调函数之外,还有一个可选的配置对象,可以使用 timeout 属性设置超时时间;当到达这段时间后 requestIdleCallback()的回调就会立即推入事件队列。

11.2.1　React 15 版架构

在 React 架构中,首次引入了虚拟 DOM。采用虚拟 DOM 替代真实 DOM 的目的是为了提高页面的更新效率,采用更新时进行两次虚拟 DOM 树的比较算法。通过对比虚拟 DOM,找出差异部分,从而只将差异部分更新到页面中,避免更新整体 DOM 以提高性能。

虚拟 DOM 是一种基于内存的 JS 对象,该对象简化了真实 DOM 的复杂性,通过 Diff

算法，达到局部更新 DOM 提升了性能的目的，但是同样 Diff 算法会带来性能的消耗。

在 React 15 版本中虚拟 DOM 比对的过程采用了分层递归，递归调用的过程不能被终止，如果虚拟 DOM 的层级比较深，递归比对的过程就会长期占用主线程，而 JS 的执行和 UI 的渲染又是互斥的，此时用户要么看到的是空白界面，要么是有界面但是不能响应用户操作，处于卡顿状态，用户体验差。

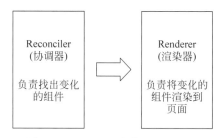

图 11-7　React 15 架构的组成部分

React 15 从整体架构上可以分为协调器（Reconciler）和渲染器（Renderer）两部分，如图 11-7 所示。

在页面 DOM 发生更新时，就需要更新虚拟 DOM，此时 React 协调器就会执行如下操作：

（1）调用函数式组件、类组件的 render() 方法，将返回的 JSX 转化为虚拟 DOM。

（2）将虚拟 DOM 和上次更新时的虚拟 DOM 对比。

（3）通过对比找出本次更新中变化的虚拟 DOM。

（4）通知 Renderer 将变化的虚拟 DOM 渲染到页面上。

React 15 版本使用的是 Stack Reconciliation（栈调和器），它采用了递归、同步的方式。栈的优点在于用少量的代码就可以实现 Diff 功能，并且非常容易理解，但是由于递归执行，所以更新一旦开始，中途就无法中断。当调用层级很深时，如果递归更新时间超过了屏幕刷新时间间隔，用户交互就会感觉到卡顿。

根据 Diff 算法实现形式的不同，调和过程被划分为以 React 15 为代表的"栈调和"及以 React 16 为代表的"Fiber 调和"。

11.2.2　React 16 版架构

由于 React 15 的更新流程是同步执行的，一旦开始更新直到页面渲染前都不能中断。为了解决同步更新长时间占用线程导致页面卡顿的问题，以及探索运行时优化的更多可能，React 16 版本中提出了两种解决方案：Concurrent（并行渲染）与 Scheduler（调度）。

（1）Concurrent：将同步的渲染变成可拆解为多步的异步渲染，这样可以将超过 16ms 的渲染代码分几次执行。

（2）Scheduler：调度系统，支持不同渲染优先级，对 Concurrent 进行调度。当然，调度系统对低优先级任务会不断提高优先级，所以不会出现低优先级任务总得不到执行的情况。为了保证不产生阻塞的感觉，调度系统会将所有待执行的回调函数存在一份清单中，在每次浏览器渲染时间分片间尽可能地执行，并将没有执行完的内容保留到下个分片处理。

React 16 版本中重新定义一个 Fiber 数据结构代替之前的 VNode 对象，使用 Fiber 实现了 React 自己的组件调用栈，它以链表的形式遍历组件树，这种链表的方式可以灵活地暂停、继续和丢弃执行的任务。

React 16 进行了模式的设置，分别为 Legacy 模式、Concurrent 模式、Blocking 模式，其中 Concurrent 模式是启用 Fiber 分片的异步渲染方式，而 Legacy 模式则仍采用 React 15 版本的同步渲染模式，Blocking 则是介于二者之间的模式，React 有意按照这样一种渐进的方式进行过渡。

由于新的架构建立在 Fiber 之上，该版本架构又被称为 React Fiber 架构。架构的核心利用了 60 帧原则，内部实现了一个基于优先级和 requestIdleCallback 的循环任务调度算法。

为了更好地提升页面以便能够流畅渲染，把更新过程分为 render 和 commit 两个阶段，如图 11-8 所示。

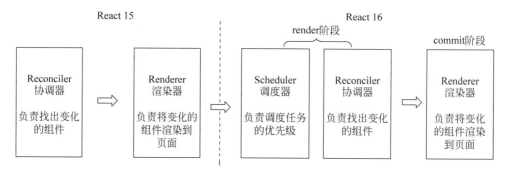

图 11-8　React 16 中在 render 阶段增加了调度器

（1）render 阶段：该阶段包括调度器和协调器。主要任务是构建 Fiber 对象和构建链表，在链表中标记 Fiber 要执行的 DOM 操作，这个过程是可中断的。

（2）commit 阶段：渲染真实的 DOM，根据构建好的链表执行 DOM 操作，这个阶段是不可中断的。

React Fiber 架构中具体模块的作用如下。

1）scheduler

scheduler 过程会对诸多的任务进行优先级排序，让浏览器的每一帧优先执行高优先级的任务（例如动画、用户单击输入事件等），从而防止 React 的更新任务太大而影响到用户交互，保证页面的流畅性。

2）reconciler

在 reconciler 过程中，会开始根据优先级执行更新任务。这一过程主要根据最新状态构建新的 Fiber 树，与之前的 Fiber 树进行 Diff 对比，对 Fiber 节点标记不同的副作用，对应渲染过程中真实 DOM 的增、删、改。

3) commit

在 render 阶段中,最终会生成一个 effectList 数组,用于记录页面真实 DOM 的新增、删除和替换等及一些事件响应,commit 会根据 effectList 对真实的页面进行更新,从而实现页面的改变。

注意:实际上,只有在 Concurrent 模式中才能体会到 Scheduler 的任务调度核心逻辑,但是这种模式直到 React 17 都没有暴露稳定的 API,只是提供了一个非稳定版的 unstable_createRoot() 方法。

下面具体了解一下 React 的 Render 阶段中的调度和协调过程。

1. React Fiber 的协调过程

主要是根据最新状态构建新的 Fiber 树,与之前的 Fiber 树进行 Diff 对比,对 Fiber 节点标记不同的副作用,对应渲染过程中真实 DOM 的增、删、改。

1) 构建 Fiber 对象

Fiber 可以理解为一种数据结构,React Fiber 是采用链表实现的,如图 11-9 所示,每个虚拟 DOM 都可以表示为一个 Fiber。Fiber 的代码如代码示例 11-3 所示。

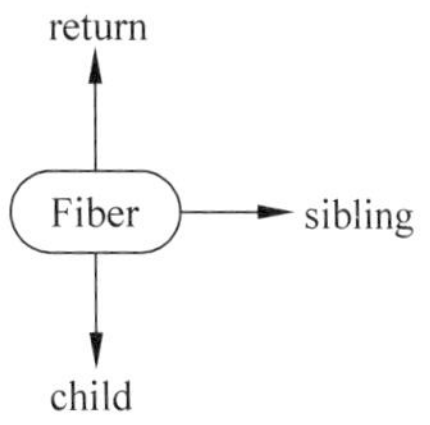

图 11-9　Fiber 数据结构

代码示例 11-3　Fiber 的单向链表结构

```
//源码路径为 packages/react-reconciler/src/ReactFiber.new.js
//部分结构
{
    //在 Fiber 更新时克隆出的镜像 Fiber,对 Fiber 的修改会标记在这个 Fiber 上
    //实际上是两棵 Fiber 树,用于更新缓存,提升运行效率
    alternate: Fiber|null,
    //单链表结构,方便遍历 Fiber 树上有副作用的节点
    nextEffect: Fiber | null,
    //标记子树上待更新任务的优先级
    pendingWorkPriority: PriorityLevel,
    //管理 instance 自身的特性
    stateNode: any,
    //指向 Fiber 树中的父节点
    return: Fiber|null,
    //指向第 1 个子节点
    child: Fiber|null,
    //指向兄弟节点
    sibling: Fiber|null,
}
```

Fiber 单元之间的关联关系组成了 Fiber 树,如图 11-10 所示,Fiber 树是根据虚拟 DOM 树构造出来的,树形结构完全一致,只是包含的信息不同。

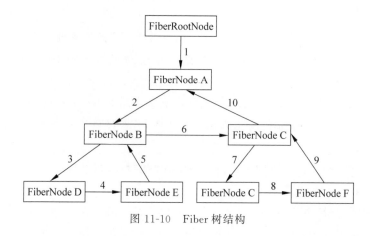

图 11-10　Fiber 树结构

下面来看一个简单的例子，把真实 DOM 转换成 Fiber 结构，如代码示例 11-4 所示。

代码示例 11-4

```
function App() {
  return (
    <div>
      father
      <div>child</>
    </div>
  )
}
```

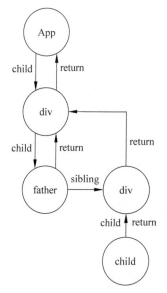

图 11-11　React Fiber 树结构

上面的代码对应的 Fiber 树如图 11-11 所示。

Fiber 树在首次渲染时会一次性生成。在后续需要 Diff 时，会根据已有树和最新虚拟 DOM 的信息，生成一棵新的树。这棵新树每生成一个新的节点都会将控制权交给主线程，去检查有没有优先级更高的任务需要执行。如果没有，则继续构建树的过程。

如果在此过程中有优先级更高的任务需要进行，则 Fiber Reconciler 会丢弃正在生成的树，在空闲时再重新执行一遍。

在构造 Fiber 树的过程中，Fiber Reconciler 会将需要更新的节点信息保存到 Effect List 中，在阶段二执行时，会批量更新相应的节点。

2）构建链表

在 React Fiber 中用链表遍历的方式替代了 React 16

之前的栈递归方案。在 React 16 中使用了大量的链表。

链表的特点：通过链表可以按照顺序存储内容，如图 11-12 所示。链表相比顺序结构数据格式的好处如下：

（1）操作更高效，例如顺序调整、删除，只需改变节点的指针指向即可。

（2）不仅可以根据当前节点找到下一个节点，在多向链表中，还可以找到它的父节点或者兄弟节点。

但链表也不是完美的，缺点如下：

（1）比顺序结构数据更占用空间，因为每个节点对象都保存着指向下一个对象的指针。

（2）不能自由读取，必须找到它的上一个节点。

React 用空间换时间，更高效的操作可以根据优先级进行操作。同时，可以根据当前节点找到其他节点，在下面提到的挂起和恢复过程中起到了关键作用。

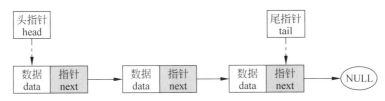

图 11-12　React Fiber 单链表结构

3）Fiber 树的遍历流程

React 采用 child 链表（子节点链表）、sibling 链表（兄弟节点链表）、return 链表（父节点链表）多条单向链表遍历的方式来代替 n 叉树的深度优先遍历，如图 11-13 所示。

在协调的过程中，不再需要依赖系统调用栈。因为单向链表遍历严格按照链表方向，同时每个节点都拥有唯一的下一节点，所以在中断时，不需要维护整理调用栈，以便恢复中断。只需保护对中断时所对应的 Fiber 节点的引用，在恢复中断时就可以继续遍历下一个节点（不管下一个节点是 child、sibling 还是 return）。

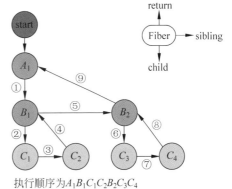

图 11-13　React Fiber 链表遍历

Fiber 树的遍历过程，如代码示例 11-5 所示。

代码示例 11-5　源码 workLoopConcurrent 方法

```
//执行协调的循环
function workLoopConcurrent() {
    //shouldYield 为 Scheduler 提供的函数
```

```js
//通过 shouldYield 返回的结果判断当前是否还有可执行下一个工作单元的时间
while (workInProgress !== null && !shouldYield()) {
  workInProgress = performUnitOfWork(workInProgress);
}
}

function performUnitOfWork(unitOfWork: Fiber): void {
  //...
  let next;
  //...
  //对当前节点进行协调,如果存在子节点,则返回子节点的引用
  next = beginWork(current, unitOfWork, subtreeRenderLanes);
  //...
  //如果无子节点,则代表当前的 child 链表已经遍历完
  if (next === null) {
    //If this doesn't spawn new work, complete the current work.
    //此函数内部会帮助我们找到下一个可执行的节点
    completeUnitOfWork(unitOfWork);
  } else {
    workInProgress = next;
  }
  //...
}

function completeUnitOfWork(unitOfWork: Fiber): void {
  let completedWork = unitOfWork;
  do {
    //...
    //查看当前节点是否存在兄弟节点
    const siblingFiber = completedWork.sibling;
    if (siblingFiber !== null) {
      //若存在,便把 siblingFiber 节点作为下一个工作单元
      //继续执行 performUnitOfWork,执行当前节点并尝试遍历当前节点所在的 child 链表
      workInProgress = siblingFiber;
      return;
    }
    //如果不存在兄弟节点,则回溯到父节点,尝试查找父节点的兄弟节点
    completedWork = returnFiber;
    //Update the next thing we're working on in case something throws.
    workInProgress = completedWork;
  } while (completedWork !== null);

  //...
}
```

2. React Fiber 的调度机制

React 调度器模块（Scheduler）的职责是进行任务调度，只需将任务和任务的优先级交给它，它就可以帮助开发者管理任务，以及安排任务的执行。

对于多个任务，它会先执行优先级高的。对于单个任务采用执行一会儿，中断一下，如此往复。用这样的模式，来避免一直占用有限的资源执行耗时较长的任务，解决用户操作时页面卡顿的问题，实现更快的响应。

为了实现多个任务的管理和单个任务的控制，调度引入了两个概念：时间片和任务优先级。

任务优先级让任务按照自身的紧急程度排序，这样可以让优先级最高的任务最先被执行；时间片规定的是单个任务在这一帧内最大的执行时间（yieldInterval = 5ms），任务的执行时间一旦超过时间片，则会被打断，转而去执行更高优先级的任务，这样可以保证页面不会因为任务执行时间过长而产生掉帧或者影响用户交互。

React 在 Diff 对比差异时会占用一定的 JavaScript 执行时间，调度器内部借助 MessageChannel 实现了在浏览器绘制之前指定一个时间片，如果 React 在指定时间内没有对比完，调度器就会强制将执行权交给浏览器。

1）时间片

在浏览器的一帧中 JS 的执行时间如图 11-14 所示。

图 11-14　浏览器一帧的 JS 执行时间

requestIdleCallback 是在浏览器重绘/重排之后，如果还有空闲才可以执行的时机。实际上，React 调度器并没有直接使用 requestIdleCallback 这个现成的 API，而是通过 MessageChannel 实现了 requestIdleCallback 接口的功能，如果当前环境不支持 Message Channel，就采用 setTimeout 实现。这样设计的主要原因是因为 requestIdleCallback 接口存在兼容问题和触发时机不稳定的问题。

在源码中，每个时间片的默认时间被设置为 5ms，但是这个值会根据设备的帧率调整，如代码示例 11-6 所示。

代码示例 11-6　时间片时间设置为 5ms

```
//在源码 workLoopConcurrent 函数中,shouldYield 用来判断剩余的时间有没有用尽
function workLoopConcurrent() {
  while (workInProgress !== null && !shouldYield()) {
    performUnitOfWork(workInProgress);
  }
}
function forceFrameRate(fps) {//计算时间片
```

```
if (fps < 0 || fps > 125) {
  console['error'](
    'forceFrameRate takes a positive int between 0 and 125, ' +
      'forcing frame rates higher than 125 fps is not supported',
  );
  return;
}
if (fps > 0) {
  yieldInterval = Math.floor(1000 / fps);
} else {
  yieldInterval = 5;                        //时间片默认为5ms
}
```

2）调度的优先级

调度优先级，本质上根据任务开始时间和过期时间利用小顶堆的优先队列而进行时间分片处理及调度，如表11-2所示。

表 11-2 调度优先级涉及的源码

文 件 名	作 用	备 注
Scheduler.js	workLoop	调度入口
SchedulerMinHeap.js	小顶堆	优先队列的小顶堆
SchedulerPostTask.js	unstable_scheduleCallback、unstable_shouldYield	调度方法

小顶堆的源码实现如代码示例11-7所示。

代码示例 11-7 SchedulerMinHeap.js

```
type Heap = Array<Node>;
type Node = {|
  id: number,
  sortIndex: number,
|};

export function push(heap: Heap, node: Node): void {
  const index = heap.length;
  heap.push(node);
  siftUp(heap, node, index);
}

export function peek(heap: Heap): Node | null {
  const first = heap[0];
  return first === undefined ? null : first;
}
```

```
export function pop(heap: Heap): Node | null {
  const first = heap[0];
  if (first !== undefined) {
    const last = heap.pop();
    if (last !== first) {
      heap[0] = last;
      siftDown(heap, last, 0);
    }
    return first;
  } else {
    return null;
  }
}

function siftUp(heap, node, i) {
  let index = i;
  while (true) {
    const parentIndex = (index - 1) >>> 1;
    const parent = heap[parentIndex];
    if (parent !== undefined && compare(parent, node) > 0) {
      //如果 parent Index 更大,则交换位置
      heap[parentIndex] = node;
      heap[index] = parent;
      index = parentIndex;
    } else {
      //The parent is smaller. Exit.
      return;
    }
  }
}

function siftDown(heap, node, i) {
  let index = i;
  const length = heap.length;
  while (index < length) {
    const leftIndex = (index + 1) * 2 - 1;
    const left = heap[leftIndex];
    const rightIndex = leftIndex + 1;
    const right = heap[rightIndex];

    //如果左侧或右侧节点较小,则与其中较小的节点交换
    if (left !== undefined && compare(left, node) < 0) {
      if (right !== undefined && compare(right, left) < 0) {
```

```
                heap[index] = right;
                heap[rightIndex] = node;
                index = rightIndex;
            } else {
                heap[index] = left;
                heap[leftIndex] = node;
                index = leftIndex;
            }
        } else if (right !== undefined && compare(right, node) < 0) {
            heap[index] = right;
            heap[rightIndex] = node;
            index = rightIndex;
        } else {
            //如果两个子节点都不小,则退出
            return;
        }
    }
}

function compare(a, b) {
    //先比较 sortIndex,再比较 task id
    const diff = a.sortIndex - b.sortIndex;
    return diff !== 0 ? diff : a.id - b.id;
}
```

11.2.3　React Scheduler 实现

接下来使用 setTimeout 和 Message Channel 两种方式实现一个简单的 React 的调度器功能。

1. 使用 setTimeout 实现

setTimeout 可以设置间隔的毫秒数,如代码示例 11-8 所示。

代码示例 11-8　setTimeout 实现简单调度

```
let count = 0
let preTime = new Date()
function fn() {
  preTime = new Date()
  setTimeout(() => {
    ++count
    console.log("间隔时间", new Date() - preTime)
    if (count === 10) {
      return
    }
```

```
    fn()
  }, 0)
}
fn()
```

2. 使用 Message Channel 实现

在代码示例 11-9 的调度器中定义了两个任务最小堆：timerQueue 和 taskQueue，分别存储着未过期的任务和过期的任务。每个任务可以设置优先级，处理时会给每个任务设置一定的执行延迟。

代码示例 11-9 完整实现一个基于 Message Channel 的调度

```
//未过期的任务
const timerQueue = [];
//过期的任务
const taskQueue = [];
//是否发送 message
let isMessageLoopRunning = false;
//需要执行的 Callback 函数
let scheduledHostCallback = null;
//执行 JS 的一帧时间,5ms
let yieldInterval = 5;
//截止时间
let deadline = 0;
//是否已有执行任务调度
let isHostCallbackScheduled = false

const root = {
  //标识任务是否结束,结束后为 null
  callbackNode: true
}
let workInProgress = 100

const channel = new MessageChannel();
const port = channel.port2;
channel.port1.onmessage = performWorkUntilDeadline;

//循环创建 workInProgress 树
function workLoopConcurrent(root) {
  console.log('新一轮任务');
  while (workInProgress !== 0 && !shouldYield()) {
    workInProgress = -- workInProgress
    console.log('执行 task');
  }
  //没有任务了,进入 commit 阶段
```

```javascript
    if (!workInProgress) {
      root.callbackNode = null;
      //进入 commit 阶段
      //commitRoot(root);
    }
}

function performConcurrentWorkOnRoot(root) {
  const originalCallbackNode = root.callbackNode;

  workLoopConcurrent(root);
  //如果 workLoopConcurrent 被中断,此判断为 true,返回函数自己
  if (root.callbackNode === originalCallbackNode) {

    return performConcurrentWorkOnRoot.bind(null, root);
  }
  return null;
}

//以上是构建任务执行代码


//使用 Scheduler 的入口函数,将任务和 Scheduler 关联起来
scheduleCallback(performConcurrentWorkOnRoot.bind(null, root));

//以下为 Scheduler 代码
function scheduleCallback(callback) {
  let currentTime = getCurrentTime();           //当前时间
  let startTime = currentTime;                  //任务开始执行的时间
  //会根据优先级给定不同的延时,暂时都给一样的
  let timeout = 5;                              //任务延时的时间
  let expirationTime = startTime + timeout;     //任务过期时间
  //创建一个新的任务
  let newTask = {
    callback,  //callback = performConcurrentWorkOnRoot
    startTime,
    expirationTime,
    sortIndex: -1,
  };
  //将新建的任务添加进任务队列
  //将过期时间作为排序 id,越小排得越靠前
  //React 中用最小堆管理
  //这里暂时直接依次将任务加入数组
  newTask.sortIndex = expirationTime;
  taskQueue.push(newTask);
  //判断是否已有 Scheduled 正在调度任务
  //如果没有,则创建一个调度者开始调度任务
```

```js
    if (!isHostCallbackScheduled) {
      isHostCallbackScheduled = true;
      requestHostCallback(flushWork);
    }
  }
}

function requestHostCallback(callback) {
  scheduledHostCallback = callback;
  if (!isMessageLoopRunning) {
    isMessageLoopRunning = true;
    //触发 performWorkUntilDeadline
    port.postMessage(null);
  }
};

function flushWork(initialTime) {
  return workLoop(initialTime);
}

function workLoop(initialTime) {
  //Scheduler 里会通过此函数
  //将过期的任务从 startTime 早于 currentTime 的 timerQueue 移入 taskQueue
  //暂不处理
  //let currentTime = initialTime;
  //advanceTimers(currentTime);
  currentTask = taskQueue[0];
  while (currentTask) {
    //如果需要暂停,则使用 break 暂停循环
    if (shouldYield()) {
      break;
    }
    //这个 Callback 就是传入 ScheduleCallback 的任务 performConcurrentWorkOnRoot
    //在 performConcurrentWorkOnRoot 中,如果被暂停了,则返回函数自己
    const callback = currentTask.callback;
    const continuationCallback = callback();
    //如果返回函数,则任务被中断,重新赋值
    if (typeof continuationCallback === 'function') {
      currentTask.callback = continuationCallback;
    } else {
      //执行完,移除 task
      taskQueue.shift()
    }
    //执行下一个任务
    //advanceTimers(currentTime);
    currentTask = taskQueue[0];
  }
```

```
    if (currentTask) {
      return true;
    }

    return false;
}

function performWorkUntilDeadline() {
    //scheduledHostCallback 就是 flushWork
    if (scheduledHostCallback !== null) {
      const currentTime = getCurrentTime();
      deadline = currentTime + yieldInterval;
      //scheduledHostCallback 就是 flushWork,执行 workLoop
      const hasMoreWork = scheduledHostCallback(currentTime);
      //workLoop 执行完会返回是否还有任务没执行
      if (!hasMoreWork) {
        isMessageLoopRunning = false;
        scheduledHostCallback = null;
      } else {
        //如果还有任务,则发送 postMessage,下轮任务执行 performWorkUntilDeadline
        port.postMessage(null);
      }
    } else {
      isMessageLoopRunning = false;
    }
};
function shouldYield() {
    return getCurrentTime() >= deadline;
}
function getCurrentTime() {
    return performance.now();
}
```

使用 Message Channel 来生成宏任务,使用宏任务将主线程还给浏览器,以便浏览器更新页面。浏览器更新页面后继续执行未完成的任务。

在 JS 中可以实现调度的方式有多种,如使用 setTimeout(fn, 0),递归调用 setTimeout(),但是这种方式会使调用间隔变为 4ms,从而导致浪费了 4ms。也可以使用 requestAnimateFrame(),该方法依赖浏览器的更新时间,如果上次任务调度不是 requestAnimateFrame() 触发的,将导致在当前帧更新前进行两次任务调度。当页面更新的时间不确定时,如果浏览器间隔了 10ms 才更新页面,则这 10ms 就浪费了。

这里需要注意,不能使用微任务,因为微任务将在页面更新前全部执行完,所以达不到将主线程还给浏览器的目的。

第 12 章 React 组件库开发实战

在 Vue 框架篇中,详细介绍了基于 Vue 框架开发一套迷你 Vue 3 组件库的详细流程和具体步骤,本篇将基于 React 框架来完成一个迷你版的 React 组件库的设计和开发。

12.1 React 组件库设计准备

开发一个组件库和开发一个应用产品的步骤类似,需要经过产品设计、UI 与交互设计、架构设计、程序开发和测试、组件库上传与维护等诸多流程,所以在组件库的开发之前需要充分考虑以下几个问题。

1. 组件库的应用场景

组件库作为基础设施,可以根据原子化理论构建企业的组件化体系,把组件分为基础组件库、业务组件库和模块组件库等。组件库就像一个设计好的积木块,可以像堆积木一样快速拼装成不同的产品,从而提升团队的交付速度和交付质量。

同时组件库也是服务于公司业务和产品规划方向的,因此设计一个组件库离不开公司业务和产品的应用场景,所以在设计和开发组件库之前需要充分考虑组件库将应用在哪些场景。

2. 组件库代码规范

一个组件库的建设涉及大量的代码,因此需要提前在项目工程层面做好组件库的代码规范,让团队开发的代码满足代码质量,在规范化生产中统一校验和测试。

3. 组件库测试规范

规范化的测试是满足组件库交付的最后保障,无论是单元测试还是各种环境测试,这些可以在工程层面提前规划。

4. 组件库维护,包括迭代、issue、文档、发布机制

组件库开发完成后,需要配套组件库文档以帮助开发者进行开发,因此无论在开发过程中还是开发上线后,组件库的代码维护、issue 处理、文档更新和版本发布都需要设计好对应的规则。

12.1.1 组件库设计基本目标

组件库首先应该保证各个组件的视觉风格和交互规范保持一致。组件库的 props 定义需要具备足够的可扩展性，对外提供组件内部的控制权，使组件内部完全受控。支持通过 children 自定义内部结构，以及预定义组件交互状态。保持组件具有统一的输入和输出，以及完整的 API。

下面从组件库整体层面，设置了一些组件库开发的基础目标，如表 12-1 所示。

表 12-1　React 组件库设计基本目标

名　称	说　明
支持多种格式	支持 umd、cjs、esm
支持 TypeScript	完整的类型定义，支持静态检查
支持全量引入	import { ComponentA } from 'package' import 'package/dist/index.min.css'
支持按需引入	组件库能够默认支持基于 ESM 的 Tree Shaking，也能够通过 babel-plugin-import 实现按需加载
支持主题定制	主题定制与组件库的 CSS 方案相关
支持单元测试	对于组件库而言，单元测试是保证质量的一个重要环节
支持文档	一个清晰明了且带示例的文档，对组件库而言是必备的

12.1.2 组件库技术选型

一般来讲，一个组件库需要一个团队来共同完成，因此组件库开发的技术应该选择目前流行和通用的技术框架来开发，当然也需要综合考虑团队的开发背景和综合实力情况，在本书中采用表 12-2 所示技术来开发。

表 12-2　React 组件库技术选型

名　称	说　明
CSS 样式	SASS
包管理器	Lerna＋Yarn Workspace
组件开发辅助工具	Storybook
组件打包工具	Rollup.js
测试打包工具	Parcel
测试工具	Jest、@testing-library
开发语言	TypeScript＋Babel

12.2　搭建 React 组件库（MonoRepo）

在前面的 Vue 组件库开发篇中，我们采用 MonoRepo 的模式开发组件，这里同样使用 MonoRepo 模式，采用 Lerna 包管理工具＋Yarn Workspace 模式创建和管理组件库模块，

12.2.1 初始化 Lerna 项目

将组件库命名为 ice design,并初始化为 Lerna 管理的项目,命令如下:

```
# 初始化 package.json
yarn init -y
# 安装 Lerna 包管理模块
yarn add --dev lerna
# 初始化为 MonoRepo 项目
yarn lerna init
```

初始化 package.json 文件,将 name 修改为 iced,配置如代码示例 12-1 所示。

代码示例 12-1　package.json

```
{
  "name": "iced",
  "version": "1.0.0",
  "main": "index.js",
  "description": "xx",
  "repository": "https://gitee.com/xlwcode/ice-design.git",
  "author": "xx",
  "license": "MIT",
}
```

接下来,在项目中安装 Lerna 工具,命令如下:

```
yarn add --dev lerna
```

将当前项目初始化为 MonoRepo 项目,并将 package.json 修改为 workspace 模式,命令如下:

```
yarn lerna init
```

yarn lerna init 命令会生成 lerna.json 配置文件,默认在 packages 数组中配置包的位置,如 packages/*,表示 packages 目录下的都是管理的模块,配置如代码示例 12-2 所示。

代码示例 12-2　lerna.json 配置文件

```
{
  "packages": [
    "packages/*"
```

```
    ],
    "version":"0.0.0",
    "npmClient":"yarn",
    "useWorkspaces":true,
    "stream":true
}
```

接下来，修改 package.json 文件，将 private 添加为 true，workspaces 配置多包的目录位置，配置如代码示例 12-3 所示。

代码示例 12-3　package.json

```
"private": true,
"workspaces": {
    "packages": [
        "packages/*"
    ]
}
```

创建完成后，项目的目录结构如图 12-1 所示。

图 12-1　创建组件库项目

12.2.2　创建 React 组件库（Package）

在 packages 目录下创建 react 目录，在该目录中创建组件库，初始化项目的命令如下：

```
yarn init -y
```

修改默认生成的 pacckage.json 配置文件，将 name 的名称修改为 @iced/react，如代码示例 12-4 所示。

代码示例 12-4　packages/react/package.json

```
{
    "name":"@iced/react",
    "version":"1.0.0",
    "main":"lib/index.js",
```

```
    "license": "MIT"
}
```

接下来,开始安装依赖,在项目中使用 TypeScript 开发,所以需要安装 React 类型声明文件:@types/react,命令如下:

```
yarn add -- dev react @types/react typescript
```

组件库使用 TypeScript 开发,所以需要 tsconfig.json 文件,配置如代码示例 12-5 所示。

代码示例 12-5　packages/react/tsconfig.json

```
{
  "compilerOptions": {
    "outDir": "lib",
    "module": "esnext",
    "lib": ["DOM","ESNext"],
    "jsx": "react",
    "allowSyntheticDefaultImports": true,
    "target": "esnext",
    "noImplicitAny": true,
    "strictNullChecks": true,
    "noImplicitReturns": true,
    "noUnusedLocals": true,
    "noUnusedParameters": true,
    "declaration": true,
    "esModuleInterop": true,
    "moduleResolution": "node"
  },
  "include": [
    "src/**/*"
  ],
  "exclude": [
    "node_modules",
    "lib"
  ]
}
```

12.2.3　创建一个 Button 组件

在 react 目录下创建 src 目录,创建 atoms 文件夹以便放一些基础组件,每个组件需要一个文件夹,目录结构如代码示例 12-6 所示。

代码示例 12-6　packages/react/src/atoms/Button/Button.tsx

```tsx
import React from "react"
interface ButtonProps {
    label:string
}
const Button : React.FC< ButtonProps > = ({label}) =>{
    return < button >{label}</button >
}
export default Button
```

这里暂时创建一个简单的 Button 组件，定义一个简单的组件结构，如图 12-2 所示。

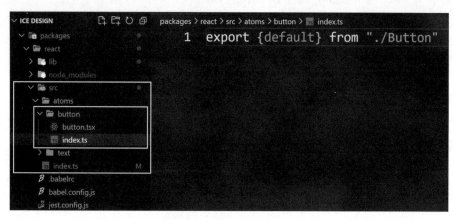

图 12-2　Button 组件定义

每个组件对应一个组件的导出文件：index.ts，导出组件的代码如代码示例 12-7 所示。

代码示例 12-7　packages/react/src/atoms/Button/index.ts

```ts
export {default} from "./Button"
```

12.2.4　使用 Rollup 进行组件库打包

使用 Rollup 对组件库进行打包，Rollup 编译打包依赖很多插件库，下面列出了部分常用的第三方插件，如表 12-3 所示。

表 12-3　Rollup 依赖的可选插件

名　　称	说　　明
@rollup/plugin-json	支持 JSON 文件
@rollup/plugin-node-resolve	支持查找外部模块
@rollup/plugin-commonjs	支持 CommonJS 模块

续表

名 称	说 明
rollup-plugin-postcss-modules	支持 CSS Module
rollup-plugin-typescript2	支持 TypeScript
rollup-plugin-dts	打包声明文件
rollup-plugin-terser	代码压缩

1. 安装 Rollup 依赖

在 react 目录中，安装 Rollup，命令如下：

```
yarn add --dev rollup rollup-plugin-typescript2
```

2. 配置 rollup.config 文件

配置 rollup typescript 插件，用于编译 TypeScript 代码，配置如代码示例 12-8 所示。

代码示例 12-8 rollup.config.js

```js
import Ts from "rollup-plugin-typescript2"

export default {
    input:[
        "src/index.ts"
    ],
    output:{
        dir:'lib',
        format:"esm",
        sourcemap:true
    },
    plugins:[
        Ts()
    ],
    preserveModules:true
}
```

3. 配置 Script 命令

在 package.json 文件中添加执行命令，代码如下：

```
"scripts": {
  "build": "rollup -c"
}
```

4. 在项目 package.json 添加 Lerna 执行

上面的脚本是在当前目录下执行命令，为了方便执行多 package 中的命令，可以在项目

package.json 文件中添加 lerna run 命令，这样只需在项目目录中执行就可以了，代码如下：

```
"scripts": {
  "build":"yarn lerna run build",
  "dev":"yarn lerna run dev"
}
```

5．编译及查看输出的文件目录

输入的命令如下：

```
yarn build
```

执行编译后，编译文件的目录结构如图 12-3 所示。

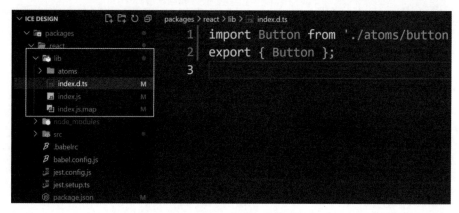

图 12-3　React 组件库打包输出目录

12.3　创建 Playgrounds

为了方便测试组件库的效果，这里搭建了一个 Playgrounds 的组件测试项目，用于集成组件测试。该项目也作为 Lerna 管理的一个模块配置到 package.json 的 workspace 中。

1．配置 workspace

修改 ice design 目录中的 package.json 和 lerna.json 两个配置文件，将 playgrounds/* 添加到 packages 数组中，配置如代码示例 12-9 所示。

代码示例 12-9　ice desige：package.json、lerna.json

```
//package.json 配置文件
"workspaces": {
    "packages": [
      "packages/*",
```

```
      "playgrounds/*"
    ]
  },

//lerna.json 配置文件
{
  "packages": [
    "packages/*",
    "playgrounds/*"
  ],
  "version": "0.0.2",
  "npmClient": "yarn",
  "useWorkspaces": true,
  "stream": true
}
```

2. 安装 Parcel 等依赖模块

这里使用 Parcel 打包器，Parcel 是 Web 应用打包工具，适用于经验不同的开发者。它利用多核处理提供了极快的速度，并且不需要任何配置，命令如下：

```
yarn add --dev react react-dom @types/react-dom @types/react typescript parcel
```

3. 添加 tsconfig.json

测试项目同样需要使用 TypeScript，所以需要创建 TypeScript 配置文件，配置如代码示例 12-10 所示。

代码示例 12-10　playgrounds/lib_demo/tsconfig.json

```
{
  "compilerOptions": {
    "outDir": "lib",
    "module": "esnext",
    "lib": ["DOM","ESNext"],
    "jsx": "react",
    "allowSyntheticDefaultImports": true,
    "target": "esnext",
    "noImplicitAny": true,
    "strictNullChecks": true,
    "noImplicitReturns": true,
    "noUnusedLocals": true,
    "noUnusedParameters": true,
    "declaration": true,
    "esModuleInterop": true,
    "moduleResolution": "node"
  },
```

```
"include": [
  "src/**/*"
],
"exclude": [
  "node_modules",
  "lib"
]
}
```

4. 创建 React Playgrounds

在 src 目录中创建 index.tsx 组件，如代码示例 12-11 所示。

代码示例 12-11   playgrounds/lib_demo/src/index.tsx

```
import React from "react"
import ReactDOM from "react-dom"
import {Button} from "@iced/react"
ReactDOM.render(<Button label='hello button' />,
                document.querySelector("#app"))
```

接下来创建 index.html 页面，这里使用 Parcel 打包工具，只需要在 index.html 中指定 index.tsx 文件就会自动编译，如代码示例 12-12 所示。

代码示例 12-12   playgrounds/lib_demo/src/index.html

```
<!DOCTYPE html>
<html lang="en">
<head>
    <meta charset="UTF-8">
    <meta http-equiv="X-UA-Compatible" content="IE=edge">
    <meta name="viewport" content="width=device-width, initial-scale=1.0">
    <title>react playgrounds</title>
</head>
<body>
    <div id="app"></div>
    <script src="./index.tsx"></script>
</body>
</html>
```

5. 配置 Script 命令

命令如代码示例 12-13 所示。

代码示例 12-13   playgrounds/lib_demo/package.json

```
"scripts": {
    "dev": "parcel src/index.html -p 3001"
}
```

6. 编译查看页面显示效果

命令如下:

```
yarn dev
```

编译完成后,运行效果如图 12-4 所示。

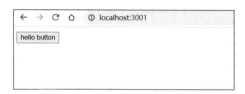

图 12-4　Playgrounds 项目运行效果

12.4　通过 Jest 搭建组件库测试

Jest 是 Facebook 推出的一个针对 JavaScript 进行单元测试的库,它提供了断言、函数模拟等 API 来对开发者编写的业务逻辑代码进行测试。

12.4.1　安装配置测试框架

安装单元测试框架 Jest,Testing-library 是 React 官方推荐的单元测试库,对标的是 Airbnb 的 Enzyme,命令如下:

```
yarn add --dev jest
              @types/jest
              @babel/core
              @babel/preset-env
              @babel/preset-typescript
              @babel/preset-react
              @testing-library/react
              @testing-library/jest-dom
```

创建 Jest 配置文件(jest.config.js),如代码示例 12-14 所示,组件测试代码放在各个组件内部,文件夹命名为 __test__。

代码示例 12-14　packages\react\jest.config.js

```
module.exports = {
    roots: ['<rootDir>/src'],
    testRegex: '(/.*\\.test)\\.(ts|tsx)$',
    setupFilesAfterEnv: ['<rootDir>/jest.setup.ts'],
```

```
    //用于测试环境
    testEnvironment: "jsdom",
}
```

在根目录下创建 jest.setup.ts，导入 jest-dom 库，命令如下：

```
import "@testing-library/jest-dom"
```

创建并配置 babel.config.js，如代码示例 12-15 所示。

代码示例 12-15　packages\react\babel.config.js

```
module.exports = {
  presets: [
    [
      "@babel/preset-env",
      {
        targets: {
          node: 'current'
        }
      }
    ],
    "@babel/preset-typescript",
    "@babel/preset-react"
  ]
}
```

12.4.2　编写组件测试代码

组件测试代码放在各个组件内部，文件夹命名为__test__。测试文件以组件名.test.tsx 的方式命名，如代码示例 12-16 所示。

代码示例 12-16　packages\react\src\atoms\button__test__\button.test.tsx

```
import React from "react"
import Button from "../Button"
import { render } from "@testing-library/react"

describe("button 组件测试", () => {
    it("1.组件是否能正常展示", () => {
        //利用 render()函数创建一个组件实例
        const dom = render(<Button label="测试按钮"></Button>);
        //这里使用 getBytext 方法返回 HTMLElement 类型实例，因为后面断言
        //需要 HTMLElement 实例
        const domEle = dom.getBytext("测试按钮");
```

```
            //断言实例是一个正常的 DOM 对象
            expect(domEle).toBeInTheDocument();
        });
    });
```

12.4.3 启动单元测试

启动测试，如代码示例 12-17 所示。

代码示例 12-17 packages\react\package.json

```
"scripts": {
  "test": "jest -- verbose -- colors -- coverage",
  "test:watch": "yarn test -- watch"
}
```

运行 yarn test 命令启动测试，如图 12-5 所示。

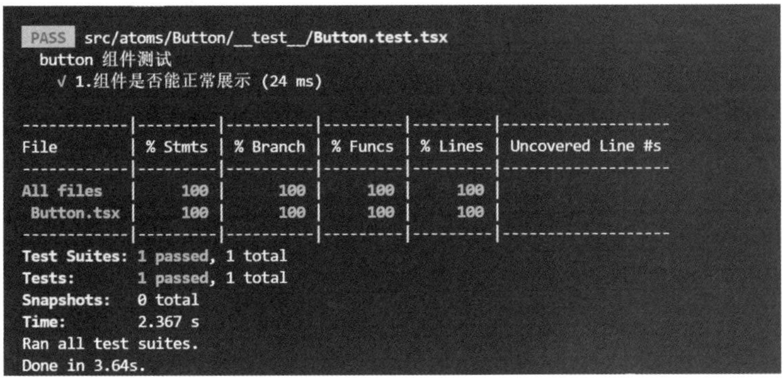

图 12-5　Jest 组件测试效果

12.5　使用 Storybook 搭建组件文档

Storybook 是一个用于开发 UI 组件的开源工具，是 UI 组件的开发环境，支持 React、Vue 和 Angular。

Storybook 运行在主应用程序之外，用户可以独立地开发 UI 组件，而不必担心应用程序特定的依赖关系和需求，使开发人员能够独立地创建组件，并在孤立的开发环境中交互地展示组件。

1. 现有项目集成 Storybook

给一个已经存在的组件库项目添加 Storybook 的支持，安装 Storybook 和依赖，命令如下：

```
# NPM 安装
npm install @storybook/react -- save-dev
npm install react react-dom -- save
npm install @babel/core babel-loader -- save-dev

# Yarn 安装
yarn add react react-dom -- dev
yarn add @babel/core babel-loader -- dev
yarn add -- dev @storybook/react
yarn add -- dev @storybook/preset-typescript
```

安装完成后,配置文件如代码示例12-18所示。

代码示例12-18 package.json

```json
{
  "name": "ice-storybook",
  "version": "1.0.0",
  "main": "index.js",
  "license": "MIT",
  "devDependencies": {
    "@babel/core": "^7.16.12",
    "@storybook/preset-typescript": "^3.0.0",
    "@storybook/react": "^6.4.9",
    "babel-loader": "^8.2.3",
    "react": "^17.0.2",
    "react-dom": "^17.0.2"
  },
}
```

在package.json文件中添加配置执行脚本,代码如下:

```
"scripts": {
  "sb": "start-storybook -p 8001 -c .storybook"
}
```

2. 新建.storybook目录

在项目目录下创建.storybook目录,在目录中添加config.js文件,代码如代码示例12-19所示。

代码示例12-19   .storybook/config.js

```
import { configure } from '@storybook/react'
function loadStories() {
```

```
    require('../stories')
}
configure(loadStories, module)
```

3. 根据组件编写 story

这里创建一个 stories 目录,添加 index.js 文件,代码如代码示例 12-20 所示。

代码示例 12-20 stories/index.js

```
//index.js
import React from 'react'
import { storiesOf } from '@storybook/react'
import { Button } from '@iced/react';

//设置 button 组件
storiesOf('Product & Service', module)
  .add(' - PSListItem', () => < Button label = 'hello story' />)

//storiesOf('Shopping Cart', module)
//.add('CartPage', () => < CartPage />)
//.add('SubmissionPage', () => < SubmissionPage />)
//.add('Buyer / OrdersPage', () => < OrderBuyerPage />)
```

执行以下命令,运行效果如图 12-6 所示,组件更改可实时刷新。

```
npm run sb
# 或者
yarn sb
```

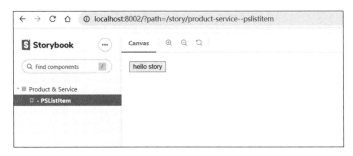

图 12-6 Storybook 运行效果

12.6 将组件库发布到 NPM

接下来就可以把组件库发布到 NPM 仓库了,具体步骤如下。

1. 设置 publicConfig

在 publicConfig 配置中添加 "access"："public"，代码如下：

```
"publishConfig": {
   "access": "public",
   "registry": "https://registry.npmjs.org"
 },
```

2. 将代码提交到 Git 仓库

这里使用 Gitee 创建一个公开库，并将工程代码提交到仓库中，命令如下：

```
git remote add origin https://gitee.com/xxx/xx.git
git push -u origin master
git add . && git status
#提交到本地仓库:git commit -m 'init'
git commit -m 'init'
```

3. 发布库到 npmjs 网站

首先登录 npmjs 网站，进入创建组织页面（https://www.npmjs.com/org/create），如图 12-7 所示。

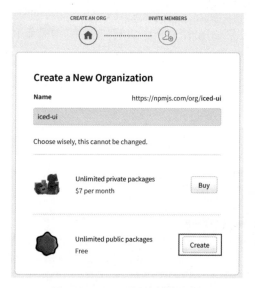

图 12-7　npmjs 网站创建组织

创建组织成功后，单击 npmjs→个人头像→Packages 页面查看即可，如图 12-8 所示。

在将组件库发布到 NPM 仓库之前，首先需要在本地通过命令行进行登录，打开 cmd 命令行，这里不要使用 Power Shell。输入 npm login 命令后按 Enter 键，接下来需要输入用户名、登录密码和邮箱，以及验证码信息，如果验证通过，则效果如图 12-9 所示。

图 12-8　查看 Packages 列表

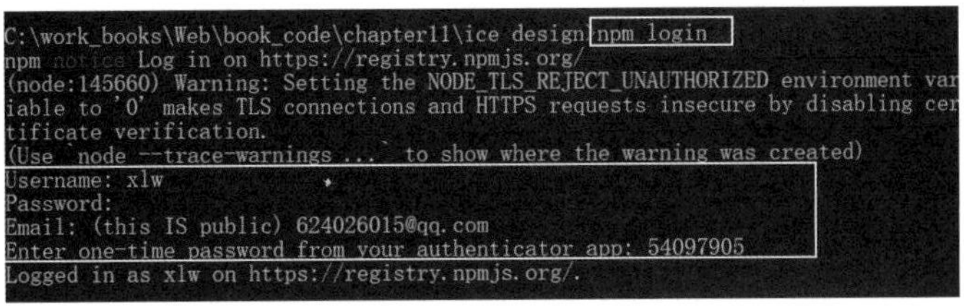

图 12-9　本地通过命令行登录 npmjs

接下来，在工程目录中执行 lerna publish 命令，如图 12-10 所示。

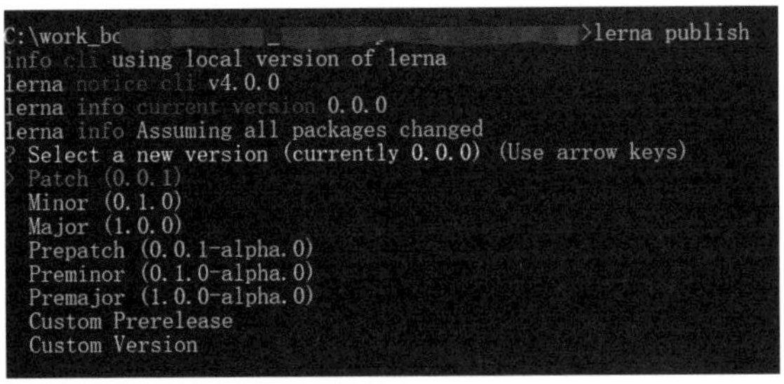

图 12-10　lerna publish 工程项目

发布过程中，需要选择版本，每发布一次版本号会自动递增，按 Enter 键后开始上传，效果如图 12-11 所示。

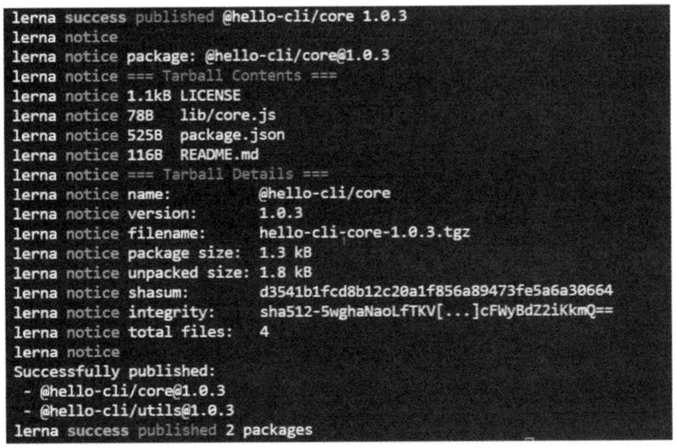

图 12-11　lerna publish 成功提示

推送成功后,效果如图 12-12 所示。

图 12-12　发布成功效果图

第 4 篇

Flutter 2 框架篇

第 13 章　Flutter 语法基础

第 14 章　Flutter Web 和桌面应用

第 15 章　Flutter 插件库开发实战

第 13 章 Flutter 语法基础

2021年3月,谷歌发布了 Flutter 2 版本,这是 Flutter 的重要里程碑版本,该版本是针对 Web 端、移动端和桌面端构建的下一代开发框架,使开发人员能够为任何平台创建美观、快速且可移植的应用程序。

Flutter 2 可以使用同一套代码库将本机应用程序发布到 5 个操作系统:iOS、Android、Windows、macOS 和 Linux,以及针对 Chrome、Firefox、Safari 或 Edge 等浏览器的 Web 体验。Flutter 甚至可以嵌入汽车、电视和智能家电中,为环境计算世界提供普遍且可延展的体验,如图 13-1 所示。

图 13-1 Flutter 2 版本

本章从 Flutter 基础语法开始,逐步带领开发者学习和了解 Flutter 2 的全平台开发能力。

13.1 Flutter 介绍

Flutter 是谷歌研发的一款用于构建跨平台 App 的框架,开发者可使用 Flutter 打造开箱即用的 App,并且能够为 Fuchsia OS、iOS、Android、Windows、macOS、Linux 和 Web 端

套用相同的代码。

2015 年 4 月，Flutter 开发者会议上谷歌公布了 Flutter 的第 1 个版本，此版本仅支持 Android 操作系统，开发代号称为 Sky。谷歌宣称 Flutter 的目标是实现 120 帧/秒的渲染性能。

2018 年 12 月 4 日，Flutter 1.0 在 Flutter Live 活动中发布，是该框架的第 1 个"稳定"版本。

2019 年 12 月 11 日，在 Flutter Interactive 活动上发布了 Flutter 1.12，宣布 Flutter 是第 1 个为环境计算设计的 UI 平台。

2021 年 3 月 3 日，谷歌发布了 Flutter 2 版本，该版本是 Flutter 的重要里程碑版本，该版本是针对 Web 端、移动端和桌面端构建的下一代开发框架。

2022 年 2 月 4 日，Flutter 2.10 稳定版发布，该版本对构建 Windows 应用程序的支持首次达到稳定状态。

Flutter 的目标是从根本上改变开发人员构建应用程序的思路，让开发者从用户体验，而不是适配的平台开始。

Flutter 可以让开发者在拥有更好设计效果的情况下，得到更好的用户体验，因为 Flutter 的运行速度很快，它会将源码编译为机器代码，但是 Flutter 在开发过程中支持 Hot Load，所以也可以在应用程序调试运行时进行更改并立即查看结果。

1. Fuchsia OS 与 Flutter 框架

Fuchsia OS 是谷歌开发的继 Android 和 Chrome OS 之后的第 3 个操作系统。随着智能物联网时代的到来，一款操作系统是否能够兼容多种平台已经成为衡量其可用性的重要标准。为了打造新一代的操作系统，谷歌放弃了 Linux 内核，而是基于 Zircon 微内核打造了一个面向智能物联网时代的操作系统（Fuchsia OS）。Fuchsia OS 的独特之处在于它并非是一个与 Linux 相关的系统，而是采用了谷歌自己研发的全新微内核 Zircon，并使用 Dart 和 Flutter 作为界面开发的语言和框架。

Flutter 作为未来 Fuchsia OS 的界面开发框架，2019 年 Flutter 成为跨平台开发的"新贵"。目前，全球各大一二线公司已经使用了 Flutter，包括它们的主流的应用程序，如微信、Grab、Yandex Go、Nubank、Sonos、Fastic、Betterment 和 realtor.com 等。国内部分一线大厂也在使用 Flutter 开发项目。

在谷歌内部也使用 Flutter 开发，谷歌内部有一千多名工程师正在使用 Dart 和 Flutter 构建应用程序，其中许多产品已经发布了，包括 Stadia、Google One 和 Google Nest Hub 等。

2. Flutter 框架 UI 特性

美观、快速、开放且高效是 Flutter 的四大关键特性，随着 Flutter 2 的发布，其又新增了一项关键特性：可移植性，对于 Flutter 来讲，这是一项重大的里程碑式进展，意味着 Flutter 现在可以利用单一代码库，为移动端、Web 端、桌面设备和嵌入式设备上的原生应用提供稳定支持。Flutter 是首款真正意义上专为环境计算世界而设计的界面平台。

1）跨平台自绘引擎

Flutter 底层使用 Skia 作为其 2D 渲染引擎。Skia 是一款用 C++ 开发的、性能彪悍的

2D 图像绘制引擎,其前身是一个向量绘图软件。2005 年被谷歌公司收购后,因为其出色的绘制表现被广泛应用在 Chrome 和 Android 等核心产品上。Skia 在图形转换、文字渲染、位图渲染方面都表现卓越,并向开发者提供了友好的 API。

目前,Skia 已经是 Android 官方的图像渲染引擎了,因此 Flutter Android SDK 无须内嵌 Skia 引擎就可以获得天然的 Skia 支持,而对于 iOS 平台来讲,由于 Skia 是跨平台的,因此它作为 Flutter iOS 渲染引擎被嵌入 Flutter 的 iOS SDK 中,替代了 iOS 闭源的 Core Graphics/Core Animation/Core Text,这也正是 Flutter iOS SDK 打包的 App 包体积比 Android 要大一些的原因。

底层渲染能力统一了,上层开发接口和功能体验也就随即统一了,开发者再也不用操心平台相关的渲染特性了。也就是说,Skia 保证了同一套代码调用在 Android 和 iOS 平台上的渲染效果是完全一致的。

2) 采用 Dart 语言开发

Flutter 的开发语言是由 Chrome v8 引擎团队的领导者 Lars Bak 主持开发的 Dart。Dart 语言语法类似于 C。Dart 语言为了更好地适应 Flutter UI 框架,在内存分配和垃圾回收方面做了很多优化。

Dart 在连续分配多个对象时,所需消耗的资源非常少。Dart 虚拟机可以快速将内存分配给短期生存的对象,这样可以使很复杂的 UI 在 60ms 内完成一帧的渲染(实际感觉每一帧渲染时间更短),保证了 Flutter 可以平滑地展示 UI 滑动及动画等效果。Flutter 团队与 Dart 团队的密切合作让提升效率变得更加容易。

3) 支持可折叠设备和双屏设备

现在的屏幕种类繁多,已不仅局限于移动端、Web 端和桌面端屏幕。从可穿戴式设备到家用设备、智能家电,甚至再到可折叠设备和双屏设备,这些设备已越来越多地出现在日常生活中,如图 13-2 所示。用户可以使用这些设备进行创作、玩游戏、看视频、打字、阅读或浏览网页,既然这些设备能够满足用户的需求,那么这些全新的设备类型就有助于提高生产力。

图 13-2　Flutter 2 跨平台开发能力

同时，这些设备的各种不同类型意味着将有机会探索全新的场景和用户体验。在两个屏幕上运行应用，可带来更大的屏幕空间，用于显示内容和与用户互动。当在两个屏幕上适配 Flutter 应用时，可以使用双屏设计模式，例如列表详情视图、配套窗格，或采取其他用于调整应用 UI 的方法。

4）所有平台构建一致的精美应用

Flutter 目前已经支持汽车、Web 浏览器、笔记本电脑、手机、桌面设备、平板电脑和智能家居设备，实现了真正意义上的可移植性 UI 工具包，其内置成熟的 SDK，可以随时随地满足用户需求。

3. Flutter 移动端架构

Flutter 的移动端架构图如图 13-3 所示。

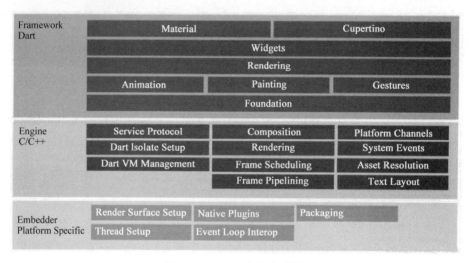

图 13-3　Flutter 框架架构图

Flutter 从上到下可以分为三层：框架层、引擎层和嵌入层，下面分别进行介绍。

1）Flutter Framework（框架层）

Foundation、Animation、Painting、Gestures 被合成了一个 Dart UI 层，对应的是 Flutter 中 dart：ui 包，是 Flutter 引擎暴露的底层 UI 库，主要提供动画、手势、绘制能力。

Rendering 层是一个抽象布局层，依赖于 Dart UI 层，Rendering 层会构建一个 UI 树、当 UI 树有变化时，会计算出有变化的部分，然后更新 UI 树，最终绘制在屏幕上。

Widgets 层是 Flutter 提供的一套基础组件库。Material、Cupertino 是 Flutter 提供的两种视觉风格的组件库（Android、iOS）。

2）Flutter Engine（引擎层）

Flutter Engine 是一个纯 C++ 实现的 SDK，主要执行相关的渲染、线程管理、平台事件等操作，其中包括 Skia 引擎、Dart 运行时、文字排版引擎等。在调用 dart：ui 库时，其实最终会执行到 Engine 层，实现真正的绘制逻辑。

3) Flutter Embedder（嵌入层）

Flutter Embedder 层提供了 4 个 Task Runner，用于执行从引擎一直到平台中间层代码的渲染设置、原生插件、打包、线程管理、时间循环、交互操作等。

（1）UI Runner：负责绑定渲染相关操作。

（2）GPU Runner：用户执行 GPU 指令。

（3）iOS Runner：处理图片数据、为 GPU 而准备的。

（4）Platform Runner：所有接口调用都使用该接口。

13.2 开发环境搭建

Flutter 支持在 Windows、Mac、Linux 平台上开发应用程序，下面介绍在 Windows 和 Mac 平台上搭建 Flutter 开发环境。

注意：Flutter 开发依赖 Dart 语言，从 Flutter 1.21 版本开始，Flutter SDK 会同时包含完整的 Dart SDK，因此如果已经安装了 Flutter，则无须再特别下载 Dart SDK 了。

13.2.1 Windows 安装配置 Flutter SDK

Windows 安装 Flutter SDK 的步骤如下。

1. 下载 Flutter SDK

通过 Flutter 官方网站下载最新的 Flutter SDK，单击稳定版本号，如 2.5.3。单击版本号下载对应的安装包，如图 13-4 所示。

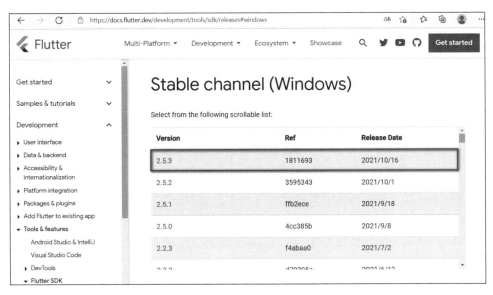

图 13-4 下载 Flutter SDK

注意：下载网址为 https://docs.flutter.dev/development/tools/sdk/releases#Windows。

2. 配置 Flutter SDK

将安装包 zip 解压到想安装 Flutter SDK 的路径（如 C:\src\flutter；注意，不要将 Flutter 安装到需要高权限的路径，如 C:\Program Files\)。

在 Flutter 安装目录的 flutter 文件夹下找到 flutter_console.bat 文件，双击此文件运行并启动 Flutter 命令行，接下来就可以在 Flutter 命令行运行 Flutter 命令了，如图 13-5 所示。

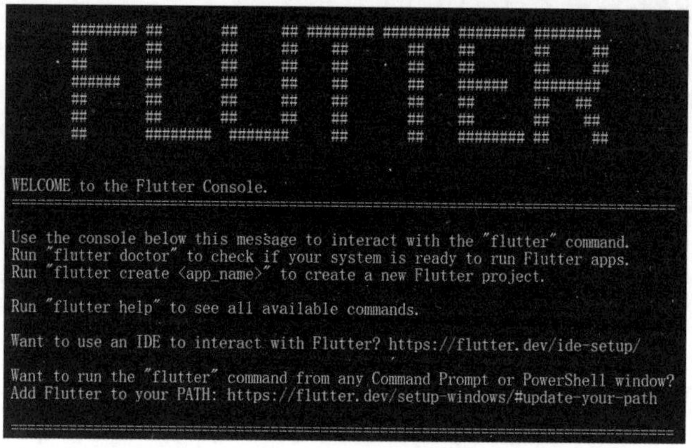

图 13-5　Flutter 命令行

3. 配置 Flutter 环境变量

要在终端运行 Flutter 命令，需要将以下环境变量添加到系统 PATH 中。这里需要添加的环境变量有 3 个，如表 13-1 所示。

表 13-1　Flutter 需要添加的环境变量

环境变量名称	环境变量的值
FLUTTER_STORAGE_BASE_URL	https://storage.flutter-io.cn
PUB_HOSTED_URL	https://pub.flutter-io.cn
Path	flutter\bin 的全路径

注意：由于一些 Flutter 命令需要联网获取数据，如果在国内访问，由于众所周知的原因，则直接访问很可能不会成功。上面的 PUB_HOSTED_URL 和 FLUTTER_STORAGE_BASE_URL 是谷歌为国内开发者搭建的临时镜像。

添加步骤如下，如图 13-6 所示。

（1）转到"控制面板"→"用户账号"→"用户账号"→"更改我的环境变量"。

（2）在"用户变量"下检查是否有名为 Path 的条目。

（3）如果该条目存在，则追加 flutter\bin 的全路径，使用"；"作为分隔符。

（4）如果条目不存在，则创建一个新用户变量 Path，然后将 flutter\bin 的全路径作为它的值。

（5）在"用户变量"下检查是否有 PUB_HOSTED_URL 和 FLUTTER_STORAGE_BASE_URL 条目，如果没有，则添加它们，如图 13-6 所示。

图 13-6　在用户环境变量中添加 Flutter

4．运行 Flutter Docker 检查安装

打开一个新的命令提示符或 Power Shell 窗口并运行以下命令以查看是否需要安装任何依赖项来完成安装，如图 13-7 所示。

注意：在命令提示符或 Power Shell 窗口中运行此命令。目前，Flutter 不支持像 Git Bash 这样的第三方 Shell。

通过 flutter doctor 命令运行分析，显示如图 13-7 所示，列表中［X］表示未安装的内容，［!］表示需要安装的内容，这里提示需要安装 Android 工具链、Android SDK 和 Android Studio 开发 IDE。

5．安装配置 Android Studio

下载并安装 Android Studio，如图 13-8 所示。Android Studio 的下载网址为 https：//developer.android.com/studio。

启动 Android Studio，然后执行"Android Studio 安装向导"。将安装最新的 Android SDK，Android SDK 平台工具和 Android SDK 构建工具是 Flutter 为 Android 开发时所必需的工具。

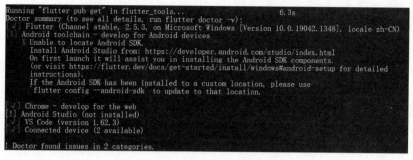

图 13-7　通过 Flutter 检查环境安装

图 13-8　下载 Android Studio

1）配置 Android Studio

安装 SDK Tools 中的 Android SDK Command line Tools 工具，如图 13-9 所示。Flutter 需要调用该工具，如果没有安装，则会报 cmdline-tools component is missing 错误提示。

接受 Android Studio 相关许可，如图 13-10 所示。

打开 Power Shell，运行 flutter doctor --android-licenses 命令，如图 13-11 所示。

注意：要准备在 Android 设备上运行并测试 Flutter 应用，需要安装 Android 4.1（API level 16）或更高版本的 Android 设备。

2）再运行 flutter doctor 检查安装

通过上面的步骤，最后运行 flutter doctor 命令，检测效果如图 13-12 所示，表示 Flutter 运行环境搭建成功。

6．配置 Android Studio Flutter 开发

Android Studio 默认不支持 Flutter 开发，需要安装 Flutter 插件和配置 Flutter、Dart SDK 路径，步骤如下。

第13章 Flutter语法基础 651

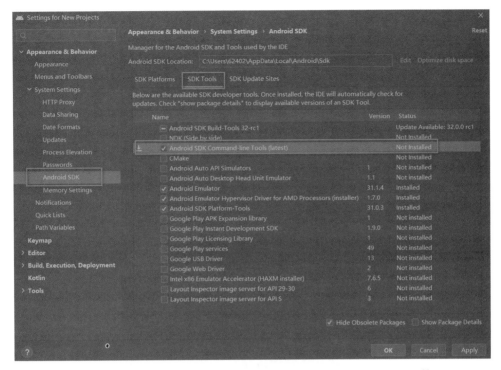

图 13-9 安装 SDK Tools 中的 Android SDK Command line Tools 工具

图 13-10 提示接受许可

图 13-11 执行命令检测 6 个需要接受的许可

图 13-12 再运行 flutter doctor 命令

1）安装 Flutter 插件

在 Android Studio 中安装插件，单击 File→Settings→Plugins 命令，在输入框中输入 flutter，再单击 Install 按钮，如图 13-13 所示。一般情况下，安装完 Flutter 后会自动安装 Dart，如果没有安装，则可以手动安装。

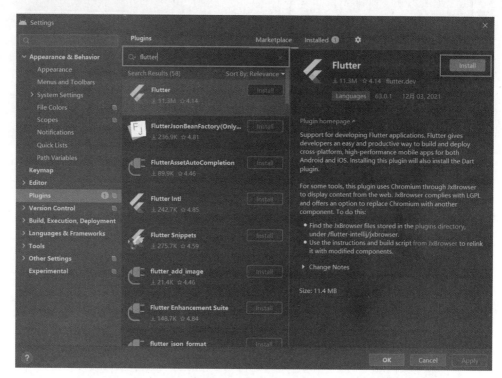

图 13-13　安装 Flutter 插件

2）配置 Flutter 及 Dart 路径

在 Android Studio 中打开设置，在 Languages & Frameworks 中可以看到多了 Flutter 和 Dart 两个选项，按照图 13-14 配置自己的 Flutter 和 Dart 路径即可，如图 13-14 所示。

7. 配置 Android 真机调试

完成上面的步骤后，还需配置真机调试，步骤如下：

（1）在设备上启用开发人员选项和 USB 调试。详细说明可在 Android 文档中找到。

（2）使用 USB 将手机与计算机连接起来。如果设备出现提示，应授权计算机访问设备。

（3）在终端中，运行 flutter devices 命令以验证 Flutter 识别已连接的 Android 设备。

（4）运行启动已开发的应用程序：flutter run。

注意：默认情况下，Flutter 使用的 Android SDK 版本是基于已安装的 adb 工具版本。如果想让 Flutter 使用不同版本的 Android SDK，则必须将该 ANDROID_HOME 环境变量设置为 SDK 安装目录。

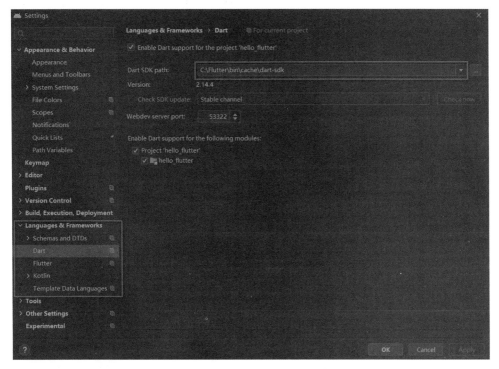

图 13-14　配置 Flutter 和 Dart 路径

8. 设置 Android 模拟器

要准备在 Android 模拟器上运行并测试 Flutter 应用,步骤如下:

(1) 在机器上启用 VM acceleration。

(2) 启动 Android Studio→Tools→Android→AVD Manager 并选择 Create Virtual Device。

(3) 选择一个设备并单击 Next 按钮。

(4) 为要模拟的 Android 版本选择一个或多个系统映像,然后单击 Next 按钮,建议使用 x86 或 x86_64 image。

(5) 在 Emulated Performance 下,选择 Hardware - GLES 2.0 以启用硬件加速。

(6) 验证 AVD 配置是否正确,然后单击 Finish 按钮。

(7) 有关上述步骤的详细信息,可参阅 Managing AVDs。

(8) 在 Android Virtual Device Manager 中,单击工具栏的 Run。模拟器启动并显示所选操作系统版本或设备的启动画面。

(9) 运行 flutter run 命令启动设备,连接的设备名是 Android SDK built for <platform>,其中 platform 是芯片系列,如 x86。

13.2.2　macOS 安装配置 Flutter SDK

下面介绍如何在 macOS 系统中安装和配置 Flutter SDK，具体步骤如下。

1. 安装准备

首先在 Mac 中安装 Xcode、Android Studio、brew。

注意：要为 iOS 开发 Flutter 应用程序，需要 Xcode 7.2 或更高版本。

brew 又叫 Homebrew，是 macOS X 上的软件包管理工具，能在 Mac 中方便地安装软件或者卸载软件，安装命令如下：

```
ruby -e "$(curl -fsSL https://raw.github.com/mxcl/homebrew/go)"
```

2. 下载 Flutter SDK

在 Flutter 官网下载其最新可用的安装包，官网下载网址为 https://flutter.dev/docs/development/tools/sdk/releases#macOS。

3. 解压缩到合适的目录

解压安装包到想安装的目录，命令如下：

```
cd ~/development
unzip ~/Downloads/flutter_macOS_v2.5.3-stable.zip
```

4. 配置环境变量，设置代理

打开 bash_profile 文件，配置环境变量和代理地址，命令如下：

```
vim ~/.bash_profile
```

添加如下环境变量设置，效果如图 13-15 所示，执行命令如下：

```
export PATH=地址/flutter/bin:$PATH
export PUB_HOSTED_URL=https://pub.flutter-io.cn
export FLUTTER_STORAGE_BASE_URL=https://storage.flutter-io.cn
```

注意：由于一些 Flutter 命令需要联网获取数据，如果在国内访问，则直接访问很可能不会成功。上面的 PUB_HOSTED_URL 和 FLUTTER_STORAGE_BASE_URL 是谷歌为国内开发者搭建的临时镜像。

5. 加载环境变量

命令如下：

```
source ~/.bash_profile
```

图 13-15　配置环境变量(1)

注意：如果使用的是 zsh，终端启动时 ~/.bash_profile 将不会被加载，解决办法就是修改 ~/.zshrc，在其中添加 source ~/.bash_profile。

6. 检测 Flutter 是否安装成功

命令如下：

```
flutter -h
```

运行结果如图 13-16 所示。

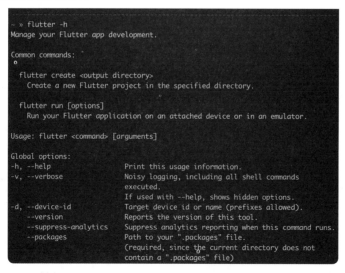

图 13-16　配置环境变量(2)

7. 运行 doctor

运行以下命令查看是否需要安装其他依赖项来完成安装，如图 13-17 所示，命令如下：

```
flutter doctor
```

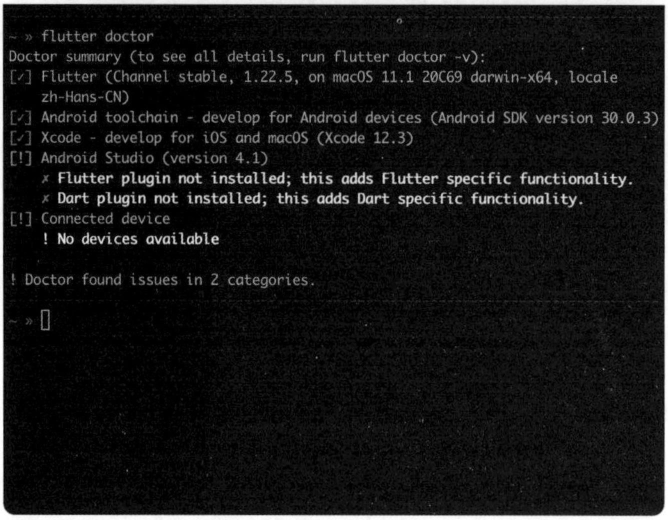

图 13-17　检测 Flutter 的运行环境

通过 flutter doctor 命令运行分析，显示如图 13-17 所示，列表中 X 表示未安装的内容，[!]表示需要安装的内容。

8. 配置环境

配置 Xcode 命令行工具以使用新安装的 Xcode 版本 sudo xcode-select --switch/Applications/Xcode.app/Contents/Developer，对于大多数情况，当想要使用最新版本的 Xcode 时，这是正确的路径。如果需要使用不同的版本，则应指定相应路径，代码如下：

注意：确保 Xcode 许可协议已通过打开一次 Xcode 或通过命令 sudo xcodebuild -license 同意了。

```
sudo xcode-select -- switch /Applications/Xcode.app/Contents/Developer
brew update
brew install -- HEAD usbmuxd
brew link usbmuxd
brew install -- HEAD libimobiledevice
brew install ideviceinstaller ios-deploy cocoapods
pod setup
```

9. 创建项目

可以直接在项目目录下使用 flutter create 命令创建项目，命令如下：

```
cd 合适的位置
flutter create flutterdemo
```

10. 打开 iPhone 模拟器

准备在 iOS 模拟器上运行并测试 Flutter 应用。在 Mac 上，通过 Spotlight 或使用以下命令找到模拟器：

```
open - a Simulator
```

通过检查模拟器硬件设备菜单中的设置，确保模拟器正在使用 64 位设备。

根据开发机器的屏幕大小，模拟的高清屏 iOS 设备可能会使屏幕溢出。在模拟器的 Window→Scale 菜单下设置设备比例。

11. 运行 iOS 应用

在项目目录下，运行 flutter run 命令，编译当前项目，打包安装到打开的 iOS 模拟器上，运行的效果如图 13-18 所示。

```
cd demo 位置
flutter run
```

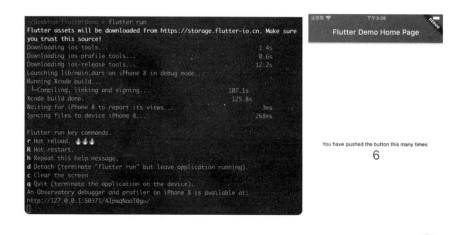

图 13-18　将 Flutter 运行到模拟器

13.2.3　配置 VS Code 开发 Flutter

这里推荐开发者使用 VS Code 开发 Flutter 程序，Visual Studio Code 是 Microsoft 为 Windows、Linux 和 macOS 开发的源码编辑器，它支持调试、嵌入式 Git 控件、语法突出显

示、智能代码补全、代码片段和代码重构。同时也支持自定义，开发者可以更改编辑器的主题、键盘快捷键和首选项，拥有强大的拓展能力。

1. 安装 Flutter 插件

在 VS Code 插件搜索栏中搜索 Dart 和 Flutter，这两个插件是开发 Flutter 应用的必配插件，提供了语法检测、代码补全、代码重构、运行调试和热重载等功能，如图 13-19 所示。

图 13-19　安装 Flutter 插件

2. 创建 Flutter 项目

在 Windows 下按 Ctrl＋Shift＋P 组合键或者在 Mac 下按 command＋Shift＋p 组合键调出命令列表，搜索 Flutter，如图 13-20 所示。

图 13-20　搜索 Flutter 命令

按 Ctrl＋Shift＋P 组合键，选择 Flutter New Project，创建一个 Flutter 项目。输入项目名，选择文件夹，等待初始化完成，如图 13-21 所示。

图 13-21　通过 VS Code 创建项目

3．切换模拟器和真机

切换方法也很简单，当有多个设备/模拟器连接时，VS Code 右下角会有当前测试设备/模拟器，单击就可以切换，如图 13-22 所示。

图 13-22　VS Code 中切换真机和模拟器

4．按 F5 键编译打包后安装到指定的设备

按 F5 按键，VS Code 会自动编译打包并安装到选定的真机或者模拟器上，如图 13-23 所示。

图 13-23　在模拟器中调试程序

修改代码后,保存代码,会自动通过热更新机制刷新模拟器,可实时看到修改后的效果。

13.3 第 1 个 Flutter 应用

下面创建一个单击计数的应用,该应用的逻辑比较简单,单击屏幕中间的按钮,每单击一次按钮,界面中的数字加 1,具体步骤如下。

13.3.1 创建 Flutter App 项目

通过 flutter create 命令创建项目,命令如下:

```
cd chapter13            # 在 chapter13 的目录下创建项目
Flutter create code01   # 创建名为 code01 的 Flutter 项目
```

创建好 Flutter 项目后,在 VS Code 中打开 CODE01 项目,效果如图 13-24 所示。

图 13-24　Flutter 项目目录结构

首先需要了解 Flutter 项目的目录结构,可以帮助读者更好地管理和开发项目,具体每个目录的作用如表 13-2 所示。

表 13-2　Flutter 项目的目录结构

目录名称	说　　明
.dart_tool	记录了一些 Dart 工具库所在的位置和信息
.idea	Android Studio 是基于 Idea 开发的,..idea 记录了项目的一些文件的变更记录
android	Android 平台相关代码 在 Android 项目需要打包上架时,也需要使用此文件夹里面的文件。同样地,如果需要原生代码的支持,则可将原生代码放在这里

续表

目 录 名 称	说　明
ios	iOS 平台相关代码 这里面包含了 iOS 项目相关的配置和文件，当项目需要打包上线时，需要打开该文件内的 Runner.xcworkspace 文件进行编译和打包工作
lib	Flutter 相关代码，编写的主要代码存放在这个文件夹中
test	用于存放测试代码
web	和 Android、iOS 目录一样，Web 平台相关代码
.gitignore	Git 忽略配置文件
.metadata	IDE 用来记录某个 Flutter 项目属性的隐藏文件
.packages	pub 工具需要使用的包，包含 package 依赖的 yaml 格式的文件
flutter_app.iml	工程文件的本地路径配置
pubspec.lock	当前项目依赖所生成的文件
pubspec.yaml	当前项目的一些配置文件，包括依赖的第三方库、图片资源文件等
README.md	README 文件

13.3.2　编写 Flutter App 界面

打开 lib 目录下的 main.dart 文件（Flutter 项目的入口文件，通常在创建项目时 Flutter 会默认生成案例代码），先删除 main.dart 文件中的默认代码，需要实现的界面效果如图 13-25 所示。

图 13-25　Flutter 应用界面效果图

下面逐步来完成界面的编写。

1. 编写入口函数

首先需要导入谷歌的 material 风格库 material.dart，这个是必须导入的库。在 main() 方法中调用 runApp() 函数，runApp() 是一个顶级函数，接收一个 Widget 作为根 Widget，该 Widget 将作为被渲染的 Widget 树的根附加到屏幕上，如代码示例 13-1 所示。

代码示例 13-1　Flutter 的入口函数

```dart
import 'package:flutter/material.dart';

void main(List<String> args) {
  runApp(const Counter());
}
```

2. 编写 Counter 组件

这里 Counter 组件需要更新界面，所以该组件必须是一个可以管理自身状态的组件，可以管理状态的组件被叫作 Stateful Widget（有状态的组件），如代码示例 13-2 所示。

代码示例 13-2　Counter 组件

```dart
class Counter extends StatefulWidget {
  const Counter({Key? key}) : super(key: key);

  @override
  _CounterState createState() => _CounterState();
}
```

定义一个 Counter 类，有状态管理功能的组件必须继承自 StatefulWidget 类，createState() 方法是 StatefulWidget 里创建 State 的方法，当要创建新的 StatefulWidget 时，会立即执行 createState()，createState() 是必须实现的。

createState() 用于创建和 StatefulWidget 相关的状态，它在 StatefulWidget 的生命周期中可能会被多次调用。例如，当一个 StatefulWidget 同时插入 Widget 树的多个位置时，Flutter Framework 就会调用该方法为每个位置生成一个独立的 State 实例，其实，本质上就是一个 StatefulElement 对应一个 State 实例。

_CounterState() 是一个 State 实例，如代码示例 13-3 所示。

代码示例 13-3　定义 Counter 组件的状态

```dart
class _CounterState extends State<Counter> {

  //状态变量
  int _counter = 0;

  //更新状态变量
```

```
_update() {
  setState(() {
    _counter++;
  });
}

@override
Widget build(BuildContext context) {
  return Container();                //这里定义视图
}
```

这里_CounterState 类中 build()方法用来构建 Counter 组件的视图，_counter 变量是状态属性，当调用 setState()方法更新_counter 方法时，界面就会重新更新和渲染。

说明：Flutter 中的 setState()方法和 React 中的 setState()函数类似，其用途都是更新 UI 中显示的数据。

3. Counter 组件界面实现

Counter 组件的界面非常简单，这里使用 Flutter 内置的组件进行布局，如代码示例 13-4 所示。

代码示例 13-4　Counter 组件布局

```
@override
Widget build(BuildContext context) {
  return MaterialApp(
    home: Scaffold(
      body: Center(
        child: Column(
          mainAxisAlignment: MainAxisAlignment.center,
          children: <Widget>[
            Text(
              '$_counter',
              style: const TextStyle(fontSize: 60),
            ),
            ElevatedButton(
              onPressed: _update,
              child: const Text("单击增加"),
            )
          ],
        ),
      ),
    ),
  );
}
```

在上面的代码中使用了 6 个组件：MaterialApp、Scaffold、Center、Column、Text、ElevatedButton。MaterialApp 组件是 Material 设计风格的组件；Scaffold 组件用于定义一个 App 界面的结构；Center 和 Column 组件是布局组件；Text 和 ElevatedButton 组件是显示文字和按钮的组件。

13.3.3 添加交互逻辑

单击界面按钮，需要给按钮添加响应事件，该响应事件调用 setState() 方法更新状态，给一个组件添加响应事件可使用 onPress() 方法，如代码示例 13-5 所示。

代码示例 13-5　单击事件

```
ElevatedButton(
    onPressed: _update,
    child: const Text("单击增加"),
)
```

_update() 方法用来调用内置 setState() 方法更新状态属性 _counter，如代码示例 13-6 所示。

代码示例 13-6　更新状态

```
int _counter = 0;
  _update() {
    setState(() {
      _counter++;
    });
  }
```

13.4　组件

Flutter 中的组件（Widget）采用响应式框架构建，Widget 是构建应用程序 UI 的最小单位。Widget 树描述应用的整个视图，当 Widget 的状态发生变化时，Widget 会重新构建 UI，Flutter 会比较前后界面的不同，以确定底层渲染树从一种状态转换到下一种状态所需的最小更改。

1. Flutter 中的 Widget

Widget 是 Flutter 应用程序用户界面的基本构建块。每个 Widget 都是用户界面一部分的不可变声明。与其他将视图、控制器、布局和其他属性分离的框架不同，Flutter 具有一致的统一对象模型：Widget，如图 13-26 所示。

在 Flutter 中，Widget 是不可变的，但可通过更新 Widget 的 state 来更新 Widget。Widget 分为有状态组件（Stateful Widget）和无状态组件（Stateless Widget）。

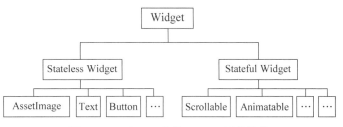

图 13-26　Flutter 中的 Widget 树状结构

2. 无状态组件（Stateless Widget）

无状态意味着该组件内部不维护任何可变的状态，组件渲染所依赖的数据都通过组件的构造函数传入，并且这些数据是不可变的。常见的 Stateless Widget 有 Text、Icon、ImageIcon、Dialog 等，如代码示例 13-7 所示。

代码示例 13-7　无状态组件创建

```dart
class Frog extends StatelessWidget {
  const Frog({
    Key? key,
    this.color = const Color(0xFF2DBD3A),
    this.child,
  }) : super(key: key);

  final Color color;
  final Widget? child;

  @override
  Widget build(BuildContext context) {
    return Container(color: color, child: child);
  }
}
```

在代码示例 13-7 中，定义了一个名为 Frog 的无状态组件，该组件通过输入接口 color 和 child 传入不同的颜色和子组件。

可以注意到，在组件内定义 color 和 child 变量时，使用了 final 进行修饰，因此该值在构造函数中第一次被赋值后就无法被改变了，也因此该组件在渲染一次后，其内容将无法被再次改变。如果在定义变量时不使用 final，则编辑器会给予对应的警告，如图 13-27 所示。

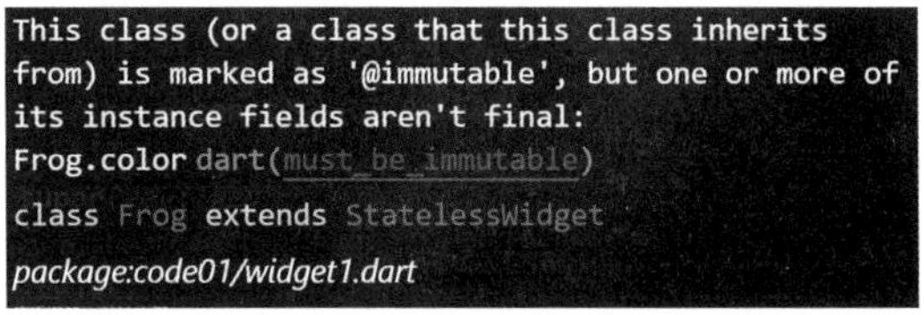

图 13-27　编辑器警告提示

如果需要改变 Frog 组件，则需要给组件的输入属性 color 和 child 传入不同的值。例如，可以用一个有状态组件包裹它，并通过改变状态值来改变无状态子组件展示的内容。该组件将在 Flutter 进行下一帧渲染前被销毁并创建一个全新的组件用于渲染。

下面具体了解一下 Widget 类的结构。

1）组件中的 build()方法

build()方法用来创建 Widget，但因为 build()在每次界面刷新时都会调用，所以不要在 build()里写业务逻辑，可以把业务逻辑写到 StatelessWidget 的构造函数里，如代码示例 13-8 所示。

代码示例 13-8

```
class TestWidget extends StatelessWidget{
  @override
  Widget build(BuildContext context) {
    //TODO: implement build
    print('StatelessWidget build');
    return Text('Test');
  }
}
```

2）组件输入属性

无状态组件的视图改变需要依靠组件的输入属性，上面的 Frog 组件的输入属性有两个：color 和 child，通过在 Frog 组件外部修改 color 属性的值，青蛙会变成不同颜色的青蛙，这样便可实现组件的复用，如图 13-28 所示。

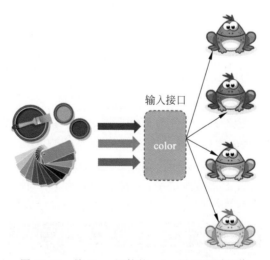

图 13-28　给 Frog 组件的 color 设置不同的值

3. 有状态组件（Stateful Widget）

Flutter 将 Stateful Widget 设计成了两个类：

创建 StatefulWidget 时必须创建两个类：一个类继承自 StatefulWidget，作为 Widget 树的一部分；另一个类继承自 State，用于记录 StatefulWidget 会变化的状态，并且根据状态的变化，构建出新的 Widget。

Checkbox、Radio、Slider、InkWell、Form 和 TextField 是有状态的内置小部件，它们是 StatefulWidget 的子类。

有状态组件除了可以从外部传入不可变的数据外，还可以在组件自身内部定义可变的状态。通过 StatefulWidget 提供的 setState() 方法改变这些状态的值来触发组件重新构建，从而在界面中显示新的内容，如代码示例 13-9 所示。

注意：在 Dart 中，成员变量或者类名称以下画线开头表示该成员或者类为私有变量的。

代码示例 13-9　chapter13\code13_4\lib\stateless\light_switch.dart

```dart
import 'package:flutter/material.dart';

//定义一个开关组件
class LightSwitch extends StatefulWidget {
  //构造函数,默认有个可选参数 key
  const LightSwitch({Key? key}) : super(key: key);

  @override
  _LightSwitchState createState() => _LightSwitchState();
}

class _LightSwitchState extends State<LightSwitch> {
  //组件的状态属性
  bool _switchActive = false;

  void _switchActiveChanged() {
    //修改状态值
    setState(() {
      _switchActive = !(_switchActive);
    });
  }

  @override
  Widget build(BuildContext context) {
    return GestureDetector(
      onTap: _switchActiveChanged,
      child: Center(
        child: Container(
          alignment: Alignment.center,
          width: 300.0,
          height: 100.0,
```

```
                child: Text(
                  _switchActive ? 'Open Light' : 'Close Light',
                  textDirection: TextDirection.ltr,
                  style: const TextStyle(fontSize: 30.0, color: Colors.white),
                ),
                decoration: BoxDecoration(
                    color: _switchActive ? Colors.blue : Colors.yellow),
              ),
            ),
          );
        }
      }
```

注意：在代码示例 13-9 中使用 GestureDetector 捕获 Container 上的用户动作。

有状态组件的相关方法如下。

1）createState()方法

当有状态组件的类创建时，Flutter 会通过调用 StatefulWidget.createState 来创建一个 State，如代码示例 13-10 所示。

代码示例 13-10

```
class LightSwitch extends StatefulWidget {
  const LightSwitch({Key? key}) : super(key: key);
  @override
  _LightSwitchState createState() => _LightSwitchState();
}
class _LightSwitchState extends State<LightSwitch> {
    ...
}
```

2）setState()方法

当状态数据发生变化时，可以通过调用 setState()方法告诉 Flutter 使用更新后数据重建 UI，如代码示例 13-11 所示。

代码示例 13-11

```
class _LightSwitchState extends State<LightSwitch> {
  //组件的状态属性
  bool _switchActive = false;

  void _switchActiveChanged() {
    //修改状态值
    setState(() {
      _switchActive = !(_switchActive);
```

```
    });
  }
}
```

3）initState()方法

initState()方法是在创建 State 对象后要调用的第 1 种方法（在构造函数之后）。当需要执行自定义初始化内容时，需要重写此方法，如初始化、动画、逻辑控制等。如果重写此方法，则需要先调用 super.initState()方法，如代码示例 13-12 所示。

代码示例 13-12

```
class _LightSwitchState extends State<LightSwitch> {
  //组件的状态属性
  bool _switchActive = false;

  @override
  void initState() {
    super.initState();
    //初始化状态
    _switchActive = false;
  }
}
```

有状态组件的显示效果如图 13-29 所示。

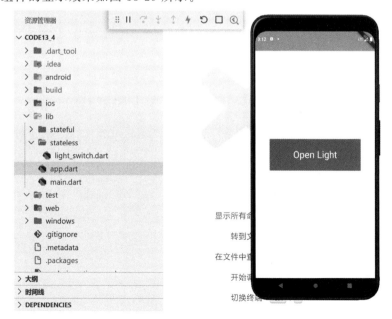

图 13-29　有状态组件

4. 组件生命周期函数

StatefulWidget 的生命周期大致可分为 3 个阶段，如表 13-3 所示。

表 13-3　StatefulWidget 生命周期阶段说明

生命周期阶段	说　　明
初始化	插入渲染树，这一阶段涉及的生命周期函数主要有 createState()、initState()、didChangeDependencies() 和 build()
运行中	在渲染树中存在，这一阶段涉及的生命周期方法主要有 didUpdateWidget() 和 build()
销毁	从渲染树中移除，此阶段涉及的生命周期函数主要有 deactivate() 和 dispose()

下面具体介绍组件中的各种方法，以及在生命周期阶段的意义和作用，如表 13-4 所示。

表 13-4　StatefulWidget 中方法介绍

组件的方法	方法执行在生命周期阶段说明
createState()	在 StatefulWidget 中用于创建 State
initState()	State 的初始化操作，如变量的初始化等
didChangeDependencies()	initState() 调用之后调用，或者使用 InheritedWidgets 组件时会被调用，其中 InheritedWidgets 可用于 Flutter 状态管理
build()	用于 Widget 的构建
deactivate()	包含此 State 对象的 Widget 被移除之后调用，若此 Widget 被移除之后未被添加到其他 Widget 树结构中，则会继续调用 dispose() 方法
dispose()	该方法调用后释放 Widget 所占资源
reassemble()	用于开发阶段，热重载时会被调用，之后会重新构建
didUpdateWidget()	父 Widget 构建时子 Widget 的 didUpdateWidget() 方法会被调用

具体的生命周期调用过程如图 13-30 所示。

生命周期如代码示例 13-13 所示。

代码示例 13-13　chapter13\code13_4\lib\stateless\LifeCycleDemo.dart

```dart
import 'package:flutter/material.dart';

class LifeCycleDemo extends StatefulWidget {
  LifeCycleDemo({Key? key}) : super(key: key) {
    print("【00】---------- 构造方法执行 ------------ $key");
  }

  @override
  State<StatefulWidget> createState() => _LifeCycleState();
}

class _LifeCycleState extends State<LifeCycleDemo> {
  var _count = 0;
```

第13章 Flutter语法基础 671

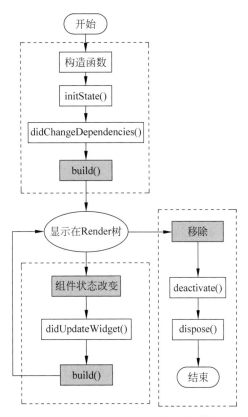

图 13-30 StatefulWidget 的生命周期

```
@override
void initState() {
  super.initState();
  print('【01】--------- initState------------- ');
}

@override
void didChangeDependencies() {
  super.didChangeDependencies();
  print('【02】---------- didChangeDependencies------------- ');
}

@override
Widget build(BuildContext context) {
  print('【03】---------- build------------- ');
  return Scaffold(
    body: Center(
```

```dart
              child: Column(
                mainAxisAlignment: MainAxisAlignment.center,
                children: [
                  Text('当前计数器数量：' + _count.toString()),
                  ElevatedButton(
                    child: const Text('刷新界面'),
                    onPressed: () => {
                      setState(() {
                        _count++;
                        print('【04】---------- 刷新界面 ------------ ');
                      })
                    },
                  ),
                  ElevatedButton(
                    child: const Text('关闭页面'),
                    onPressed: () => {Navigator.of(context).pop()},
                  ),
                ],
              ),
            ),
          );
        }

  @override
  void deactivate() {
    super.deactivate();
    print('【05】---------- deactivate ------------ ');
  }

  @override
  void dispose() {
    super.dispose();
    print('【06】---------- dispose ------------ ');
  }

  @override
  void didUpdateWidget(LifeCycleDemo oldWidget) {
    super.didUpdateWidget(oldWidget);
    print('---------- didUpdateWidget ------------ ');
  }
}
```

(1) 页面被加载：通过上述代码，模拟了一个简单的组件被加载到页面上时，从初始化到完成渲染后，组件经历了从 initState()→didChangeDependencies()→build() 的过程，如果此时组件没有更新 state，则界面将会一直保持在 build 渲染完成之后的状态，对应各个生命周期回调函数打印的 log 如图 13-31 所示。

```
I/flutter (25432): 【00】---------构造方法执行------------null
I/flutter (25432): 【01】---------initState------------
I/flutter (25432): 【02】---------didChangeDependencies------------
I/flutter (25432): 【03】---------build------------
```

图 13-31　页面被加载时打印日志

（2）组件刷新：在 Flutter 中 StatefulWidget 通过 state 来管理整个页面的状态变化，当 state 发生变化时，以便及时通知相应的组件发生改变。当页面状态发生更新时，生命周期中的 build() 回调方法会被重新唤起，然后重新渲染界面，对组件状态做出的变化及时渲染到 UI 上。

如图 13-32 所示，当单击两次"刷新界面"按钮时，通过 setState() 来改变 _count 的值，然后组件会感知到 state 发生变化，重新调用 build() 方法，刷新界面直至新的状态渲染在 UI 上。

图 13-32　单击按钮刷新

控制台打印的 log 如图 13-33 所示。

```
I/flutter (25432): 【00】---------构造方法执行------------null
I/flutter (25432): 【01】---------initState------------
I/flutter (25432): 【02】---------didChangeDependencies------------
I/flutter (25432): 【03】---------build------------
I/flutter (25432): 【04】---------刷新界面------------
I/flutter (25432): 【03】---------build------------
I/flutter (25432): 【04】---------刷新界面------------
I/flutter (25432): 【03】---------build------------
```

图 13-33　页面被更新时打印日志

（3）组件被卸载（销毁）：当页面被销毁时，组件的生命周期状态从 deactivate→dispose 变化，如图 13-34 所示，此过程多为用户单击返回或者调用 Navigator.of(context).pop() 路由推出当前页面后发生回调。此时用户可以根据具体的业务需求取消监听、退出动画的操作。

```
I/flutter (25432): 【05】----------deactivate------------
I/flutter (25432): 【06】----------dispose------------
```

图 13-34　页面被卸载时打印日志

5．组件状态管理

常见的状态管理方式有两种，分别是由 Widget 自身进行管理和由 Widget 自身及父 Widget 混合进行管理。

1）由 Widget 自身进行管理

由 Widget 自身进行状态管理非常简单，在下面的组件例子中使用 _active 来控制当前组件的背景颜色，单击 _handleTap 方法来改变背景颜色值，如代码示例 13-14 所示。

代码示例 13-14

```dart
import 'package:flutter/material.dart';

class LightDemo extends StatefulWidget {
  const LightDemo({Key? key}) : super(key: key);

  @override
  _LightDemoState createState() => _LightDemoState();
}

class _LightDemoState extends State<LightDemo> {
  bool _active = false;

  void _handleTap() {
    setState(() {
      _active = !_active;
    });
  }

  @override
  Widget build(BuildContext context) {
    return GestureDetector(
      onTap: _handleTap,
      child: Container(
        child: Center(
          child: Text(
            _active ? '开灯' : '关灯',
```

```
          style: const TextStyle(fontSize: 32.0, color: Colors.white),
        ),
      ),
      decoration: BoxDecoration(
        color: _active ? Colors.lightBlue : Colors.black,
      ),
    ),
  );
  }
}
```

运行效果如图 13-35 所示。

图 13-35　由 Widget 自身进行管理

2）由 Widget 自身及父 Widget 混合进行管理

在示例中，通过 _highlight 增加了在 LightWidget 边缘增加边框的状态，该状态由 Widget 自身进行管理，而 _active 状态则由父 Widget 进行管理，如代码示例 13-15 所示。

代码示例 13-15

```
import 'package:flutter/material.dart';

//---------- ParentWidget --------- //
class ParentWidget extends StatefulWidget {
  const ParentWidget({Key? key}) : super(key: key);

  @override
  _ParentWidgetState createState() => _ParentWidgetState();
}
```

```dart
class _ParentWidgetState extends State<ParentWidget> {
  bool _active = false;

  void _handleLightWidgetChanged(bool newValue) {
    setState(() {
      _active = newValue;
    });
  }

  @override
  Widget build(BuildContext context) {
    return Container(
      child: LightWidget(
        active: _active,
        onChanged: _handleLightWidgetChanged,
      ),
    );
  }
}

// --------- LightWidget -------- //

class LightWidget extends StatefulWidget {
  const LightWidget({Key? key, this.active = false, required this.onChanged})
      : super(key: key);

  final bool active;
  final ValueChanged<bool> onChanged;

  @override
  _LightWidgetState createState() => _LightWidgetState();
}

class _LightWidgetState extends State<LightWidget> {
  bool _highlight = false;

  void _handleTapDown(TapDownDetails details) {
    setState(() {
      _highlight = true;
    });
  }

  void _handleTapUp(TapUpDetails details) {
    setState(() {
```

```
        _highlight = false;
      });
    }

    void _handleTapCancel() {
      setState(() {
        _highlight = false;
      });
    }

    void _handleTap() {
      widget.onChanged(!widget.active);
    }

    @override
    Widget build(BuildContext context) {
      return GestureDetector(
        onTapDown: _handleTapDown,
        onTapUp: _handleTapUp,
        onTap: _handleTap,
        onTapCancel: _handleTapCancel,
        child: Container(
          child: Center(
            child: Text(widget.active ? 'Active' : 'Inactive',
                style: const TextStyle(fontSize: 32.0, color: Colors.white)),
          ),
          width: 500.0,
          height: 200.0,
          decoration: BoxDecoration(
            color: widget.active ? Colors.blue : Colors.black,
            border: _highlight
                ? Border.all(
                    color: Colors.red,
                    width: 20.0,
                  )
                : null,
          ),
        ),
      );
    }
  }
```

13.5 包管理

Flutter 的开发经常需要封装一些工具包，或者下载一些第三方的包。包是项目开发中用来封装的一组业务代码的集合，随着项目的代码规模越来越大，管理和依赖的包就越来越多,如何管理这些包变得非常重要。

13.5.1　pubspec.yaml 文件

pubspec.yaml 文件是 Flutter 的配置文件,主要用来配置第三方的包、图片、字体等资源,类似于 Android 的 Gradle。pubspec.yaml 文件的格式和内容如代码示例 13-16 所示。

代码示例 13-16

```yaml
//应用名
name: flutter_app
//应用描述
description: A new Flutter application.

//版本号,区分 Android 和 iOS
// + 号前,对应 Android 的 versionName 和 iOS 的 CFBundleShortVersionString
// + 号后,对应 Android 的 versionCode 和 iOS 的 CFBundleVersion
version: 1.0.0 + 1

//编译要求的 Dart 版本号区间
environment:
  sdk: ">= 2.7.0 < 3.0.0"

//插件库网址为 https://pub.dartlang.org/flutter
dependencies:
  flutter:
    sdk: flutter

//引用插件库
  cupertino_icons: ^0.1.3

//开发环境依赖的工具包
dev_dependencies:
  flutter_test:
    sdk: flutter

//与 Flutter 相关的配置选项
flutter:
//使用 Material 风格的图标和文字
  uses-material-design: true

//引入图标
  # assets:
  #  - images/a_dot_burr.jpeg
  #  - images/a_dot_ham.jpeg
```

```
//引入字体
 # fonts:
 #   - family: Schyler
 # fonts:
 #     - asset: fonts/Schyler-Regular.ttf
 #     - asset: fonts/Schyler-Italic.ttf
 # style: italic
 #   - family: Trajan Pro
 # fonts:
 #     - asset: fonts/TrajanPro.ttf
 #     - asset: fonts/TrajanPro_Bold.ttf
 #
```

文件以缩进的格式定义了项目中用到的 Flutter 版本、插件库、图标、字体等内容，关于各个字段的意思已经在注释中进行了说明。

Yaml 格式语法的基本规则如图 13-36 所示。

(1) 大小写敏感。

(2) 使用缩进表示层级关系。

(3) 缩进时不允许使用 Tab 键，只允许使用空格。

(4) 缩进的空格数目不重要，只要相同层级的元素左对齐即可。

(5) ♯ 表示注释，从它开始到行尾都被忽略。

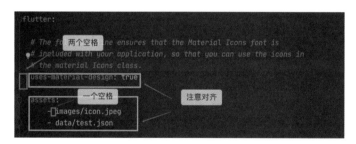

图 13-36　Yaml 文件格式

13.5.2　通过 pub 仓库管理包

pub 仓库(https://pub.dev)是谷歌官方提供的 Dart 和 Flutter 的 package 仓库，类似于 Android 的 JCenter。开发者可以在 pub 上查找相关插件，也可以发布自己开发的插件。

下面以 fluttertoast 插件为例，介绍在 Flutter 中如何管理和使用第三方插件。

1. 引入 fluttertoast

在 pub.dev 官网找到 fluttertoast 插件，如图 13-37 所示。

在 pubspec.yaml 文件的 dependencies 字段下引入插件，如代码示例 13-17 所示。

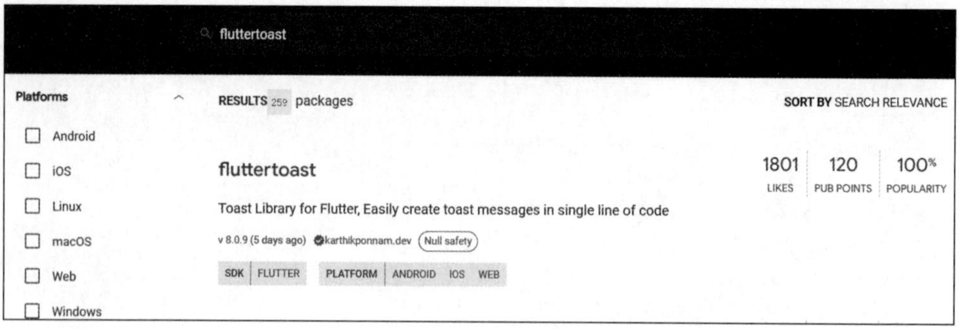

图 13-37 在 pub 仓库查找 fluttertoast 的插件

代码示例 13-17

```
dependencies:
  flutter:
    sdk: flutter
  fluttertoast: ^8.0.8

  # The following adds the Cupertino Icons font to your application.
  # Use with the CupertinoIcons class for iOS style icons.
  cupertino_icons: ^1.0.2
```

2. 安装插件

引入插件之后还需要单击 pubspec.yaml 上方的 pub get 按钮，或者在 Terminal 中运行 flutter pub get 命令安装插件，命令如下：

```
flutter pub get
```

3. 使用 fluttertoast

完成第二步之后就可以在 Dart 文件中使用 fluttertoast 插件了，首先需要在代码中导入插件，如代码示例 13-18 所示。

代码示例 13-18

```
import 'package:fluttertoast/fluttertoast.dart';
```

在 Dart 中调用 Fluttertoast 方法，如代码示例 13-19 所示。

代码示例 13-19

```
Fluttertoast.showToast(
    msg: "This is Center Short Toast",
    toastLength: Toast.LENGTH_SHORT,
```

```
        gravity: ToastGravity.CENTER,
        timeInSecForIosWeb: 1,
        backgroundColor: Colors.red,
        textColor: Colors.white,
        fontSize: 16.0
    );
```

13.5.3 以其他方式管理包

除了依赖 pub 仓库之外,还可以依赖本地文件和 Git 仓库。依赖本地文件适用于自己开发插件供多项目引用的情况,如果正在本地开发一个包,包名为 pkg1,则可以通过代码示例 13-20 所示的方式添加依赖:

代码示例 13-20

```
dependencies:
    pkg1:
        path: ../../code/pkg1
#path 路径可以是绝对路径也可以是相对路径
```

也可以依赖存储在 Git 仓库中的包。如果软件包位于仓库的根目录中,则可以使用以下语法,如代码示例 13-21 所示。

代码示例 13-21

```
dependencies:
  pkg1:
    git:
      url: git://github.com/xxx/pkg1.git
      path: packages/package1
#如果包位于 git 根目录,则可以不指定 path
```

上面假定包位于 Git 存储库的根目录中。如果不是这种情况,则可以使用 path 参数指定相对位置,如代码示例 13-22 所示。

代码示例 13-22

```
dependencies:
  package1:
    git:
      url: git://github.com/flutter/packages.git
      path: packages/package1
```

13.6 资源管理

Flutter 中资源管理比较简单，资源（assets）可以是任意类型的文件，例如 JSON、配置文件、字体、图片等。

13.6.1 图片资源管理

在项目根目录创建文件夹，这里取名为 assets，将图片放入该文件夹中，如图 13-38 所示。

图 13-38　将 assets 目录添加到项目目录中

1. 在 pubspec.yaml 文件中指定资源

静态资源文件配置如代码示例 13-23 所示。

代码示例 13-23

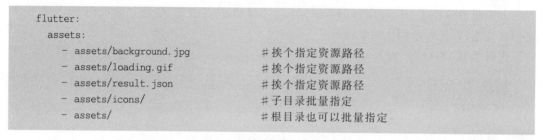

注意：目录批量指定并不递归，只有在该目录下的文件才可以被包括，如果下面还有子目录，则需要单独声明子目录下的文件。

2. 资源文件的加载

对于图片资源的加载,通常有以下 3 种方式。

(1) 通过 Image.assest 构造方法完成图片资源的加载及显示,代码如下:

```
eg: Image.asset('images/logo.png');
```

(2) 加载本地文件图片,代码如下:

```
eg:Image.file(new File('/storage/xxx/xxx/test.jpg'));
```

(3) 加载网络图片,代码如下:

```
eg: Image.network('http://xxx/xxx/test.gif')
```

(4) 对于其他资源文件,可以通过 Flutter 应用的 AssetBundle 对象 rootBundle 来直接访问,如代码示例 13-24 所示。

代码示例 13-24

```
import 'dart:async' show Future;
import 'package:flutter/services.dart' show rootBundle;

Future<String> loadAsset() async {
  return await rootBundle.loadString('assets/result.json');
}
```

13.6.2 多像素密度的图片管理

Flutter 也遵循基于像素密度的管理方式,如 1.0x、2.0x、3.0x 或任意倍数。Flutter 可根据当前设备分辨率加载最接近设备像素比例的图片资源,而为了让 Flutter 更好地识别,资源目录应该将 1.0x、2.0x、3.0x 的图片资源分开管理。

下面以 girl.jpg 图片为例,这张图片位于 assest 目录下。如果想让 Flutter 适配不同分辨率,则需要将其他分辨率的图片放到对应的分辨率子目录中,如图 13-39 所示。

```
assets
├─girl.jpg                    //1.0x 图
├─ 2.0x
│   └─ girl.jpg               //2.0x 图
└─ 3.0x
    └─ girl.jpg               //3.0x 图
```

而在 pubspec.yaml 文件声明这张图片资源时,仅声明 1.0x 图资源既可,代码如下:

图 13-39　多像素图像管理

```
flutter:
  assets:
    - assets/girl.jpg                          #1.0x 图资源
```

1.0x 分辨率的图片是资源标识符,而 Flutter 则会根据实际屏幕像素比例加载相应分辨率的图片。这时,如果主资源缺少某个分辨率资源,则 Flutter 会在剩余的分辨率资源中选择降级加载。

注意:如果 App 中包括了 2.0x 和 1.0x 的资源,对于屏幕像素比为 3.0 的设备,则会自动降级读取 2.0x 的资源。不过需要注意的是,即使 App 包没有包含 1.0x 资源,仍然需要像上面那样在 pubspec.yaml 文件中将它显式地声明出来,因为它是资源的标识符。

13.6.3　字体资源的声明

在 Flutter 中,使用自定义字体同样需要在 pubspec.yaml 文件中提前声明。需要注意的是,字体实际上是字符图形的映射,所以除了正常字体文件外,如果应用需要支持粗体和斜体,则同样需要有对应的粗体和斜体字体文件。

下面演示如何添加自定义字体文件,这里使用开源且免费的 RobotoCondensed 字体包。

首先下载 RobotoCondensed 字体包,并将 RobotoCondensed 字体放在 assets 目录下的 fonts 子目录中,如图 13-40 所示。

将支持斜体与粗体的 RobotoCondensed 字体添加到应用中,pubspec.yaml 文件的配置如代码示例 13-25 所示。

代码示例 13-25

```
fonts:
  - family: RobotoCondensed                    #字体名称
    fonts:
```

```
        - asset: assets/fonts/RobotoCondensed-Regular.ttf      #普通字体
        - asset: assets/fonts/RobotoCondensed-Italic.ttf
          style: italic                                         #斜体
        - asset: assets/fonts/RobotoCondensed-Bold.ttf
          weight: 700                                           #粗体
```

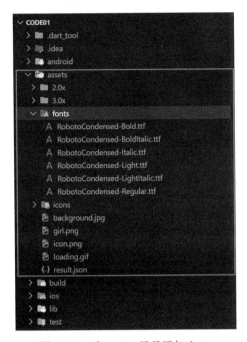

图 13-40　在 assets 目录添加 fonts

上面配置声明其实都对应着 TextStyle 中的样式属性，如字体名 family 对应着 fontFamily 属性、斜体 italic 与正常 normal 对应着 style 属性、字体粗细 weight 对应着 fontWeight 属性等。

在使用时，只需在 TextStyle 中指定对应的字体，如代码示例 13-26 所示。

代码示例 13-26

```
Text("This is RobotoCondensed", style: TextStyle(
    fontFamily: 'RobotoCondensed',                //普通字体
));
Text("This is RobotoCondensed", style: TextStyle(
    fontFamily: 'RobotoCondensed',
    fontWeight: FontWeight.w700,                  //粗体
));
Text("This is RobotoCondensed italic", style: TextStyle(
  fontFamily: 'RobotoCondensed',
```

```
    fontStyle: FontStyle.italic,                              //斜体
));
```

运行结果如图 13-41 所示。

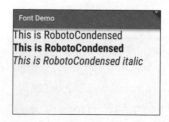

图 13-41　不同字体的显示效果

13.6.4　原生平台的资源设置

通过 Flutter 开发 App，在设置 App 的启动图标或 App 启动图等时，需要在原生平台进行设置。

1. 更换 App 启动图标

对于 Android 平台，启动图标位于根目录 android/app/src/main/res/mipmap 下。只需遵守对应的像素密度标准，保留原始图标名称，将图标更换为目标资源，如图 13-42 所示。

图 13-42　更换 Android 启动图标

注意：如果重命名 .png 文件，则必须在 AndroidManifest.xml 的 <application> 标签的 android:icon 属性中更新名称。

对于 iOS 平台，启动图位于根目录 ios/Runner/Assets.xcassets/AppIcon.appiconset 下。同样地，只需遵守对应的像素密度标准，将其替换为目标资源并保留原始图标名称，如图 13-43 所示。

2. 更换启动图

Flutter 框架在加载时，Flutter 会使用本地平台机制绘制启动页。此启动页将持续执行到 Flutter 渲染应用程序的第一帧时。

对于 Android 平台，启动图位于根目录 android/app/src/main/res/drawable 下，是一个名为 launch_background 的 XML 界面描述文件，如图 13-44 所示。

图 13-43　更换 iOS 启动图标

图 13-44　修改 Android 启动图描述文件

在 launch_background.xml 文件中自定义启动界面，也可以换一张启动图片。在下面的例子中，更换了一张居中显示的启动图片，如代码示例 13-27 所示。

代码示例 13-27

```xml
<?xml version = "1.0" encoding = "utf-8"?>
<layer-list xmlns:android = "http://schemas.android.com/apk/res/android">
    <!-- 白色背景 -->
    <item android:drawable = "@android:color/white" />
    <item>
        <!-- 内嵌一张居中展示的图片 -->
        <bitmap
            android:gravity = "center"
```

```
              android:src = "@mipmap/bitmap_launcher" />
        </item>
</layer-list>
```

而对于 iOS 平台,启动图位于根目录 ios/Runner/Assets. xcassets/LaunchImage. imageset 下。只需保留原始启动图名称,将图片依次按照对应像素密度标准,更换为目标启动图即可,如图 13-45 所示。

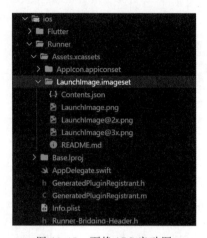

图 13-45　更换 iOS 启动图

13.7　组件设计风格

Material、Cupertino 是 Flutter 提供的两种视觉风格的组件库(Android、iOS),在整个 Flutter 框架中处于架构的顶端,如图 13-3 所示。

说明：在 Flutter 框架中把苹果风格的设计叫作 Cupertino 风格。Cupertino 是一座位于美国加利福尼亚州旧金山湾区南部圣塔克拉拉县西部的城市。Cupertino 是硅谷核心城市之一,也是苹果公司(Apple Inc.)、赛门铁克(Symantec)、MySQL AB 与 Zend 公司(Zend Technologies)等大公司总部所在地。

13.7.1　Material(Android)风格组件

Material 组件(Material Design Component,MDC)帮助开发者实现 Material Design。 MDC 由谷歌团队的工程师和 UX 设计师创造,为 Android、iOS、Web 和 Flutter 提供很多美观实用的 UI 组件。

1. Material Design 谷歌设计

Material Design(材料设计语言,以下简称 MD)是由谷歌推出的设计语言,这种设计语言旨在为手机、平板计算机、台式计算机和其他平台提供更一致、更广泛的外观和感觉，如图 13-46 所示。

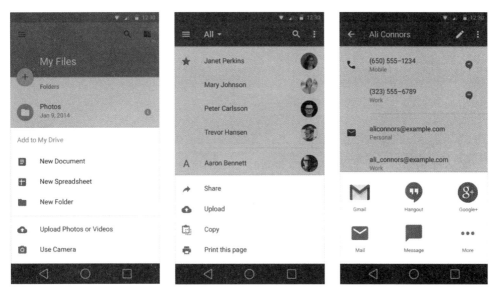

图 13-46   Material Design

2. Material Design 风格组件

在 Flutter 中，MaterialApp 组件包含了许多不同的 Widget，这些 Widget 通常是实现 Material Design 应用程序所必需的，可以将它类比成为网页中的<html></html>，并且它自带路由、主题色、标题等功能。

MaterialApp 组件是应用程序的起点，它告诉 Flutter 将使用材料组件并遵循应用程序中的材料设计，如代码示例 13-28 所示。

代码示例 13-28

```
void main() {
  runApp(MaterialApp(
    home: Scaffold(
      appBar: AppBar(),
      body: YourWidget(),
    ),
  ));
}
```

创建好 MaterialApp 之后，为了简化开发，Flutter 提供了脚手架，即 Scaffold。

定义一个 Scaffold 当作实参传入 MaterialApp 的 home 属性。一个 MaterialApp 总是绑定一个 Scaffold。Scaffold 定义了一个 UI 框架，这个框架包含头部导航栏、body、右下角浮动按钮、底部导航栏等，如图 13-47 所示。

开发 Material App 的第一步就是先定义 MaterialApp，这里需要注意的并不是每个 App 只

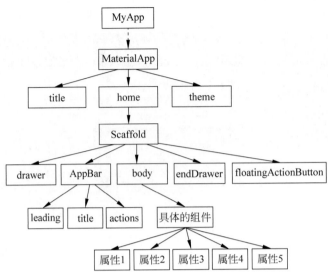

图 13-47　MaterialApp 组件树

能定义一个 MaterialApp，而是可以根据自己 App 的结构来定义一个或多个 MaterialApp。MaterialApp 的属性和说明如表 13-5 所示。

表 13-5　MaterialApp 属性说明

属　　性	属 性 类 型	说　　明
navigatorKey	GlobalKey＜NavigatorState＞	导航键
scaffoldMessengerKey	GlobalKey＜ScaffoldMessengerState＞	脚手架键
home	Widget	主页，应用打开时显示的页面
routes	Map＜String，WidgetBuilder＞	应用程序顶级路由表
initialRoute	String	如果构建了导航器，则会显示第1个路由的名称
onGenerateRoute	RouteFactory	路由管理拦截器
onGenerateInitialRoutes	InitialRouteListFactory	生成初始化路由
onUnknownRoute	RouteFactory	当 onGenerateRoute 无法生成路由时调用
navigatorObservers	List＜NavigatorObserver＞	创建导航器的观察者列表
builder	TransitionBuilder	在导航器上插入小部件
title	String	程序切换时显示的标题
onGenerateTitle	GenerateAppTitle	程序切换时生成标题字符串
color	Color	程序切换时应用图标背景颜色（仅安卓有效）
theme	ThemeData	主题颜色

续表

属 性	属性类型	说 明
darkTheme	ThemeData	暗黑模式主题颜色
highContrastTheme	ThemeData	系统请求"高对比度"使用的主题
highContrastDarkTheme	ThemeData	系统请求"高对比度"暗黑模式下使用的主题颜色
themeMode	ThemeMode	使用哪种模式的主题（默认跟随系统）
locale	Locale	初始区域设置
localizationsDelegates	Iterable＜LocalizationsDelegate＜dynamic＞＞	本地化代理
supportedLocales	Iterable＜Locale＞	本地化地区列表
localeListResolutionCallback	LocaleListResolutionCallback	失败或未提供设备的语言环境
localeResolutionCallback	LocaleResolutionCallback	负责监听语言环境
deBugShowMaterialGrid	bool	绘制基线网格叠加层（仅 Debug 模式）
showPerformanceOverlay	bool	显示性能叠加
checkerboardRasterCacheImages	bool	打开栅格缓存图像的棋盘格
checkerboardOffscreenLayers	bool	打开渲染到屏幕外位图的层的棋盘格
showSemanticsDeBugger	bool	打开显示可访问性信息的叠加层
deBugShowCheckedModeBanner	bool	调试显示检查模式横幅
shortcuts	Map＜LogicalKeySet，Intent＞	应用程序意图的键盘快捷键的默认映射
actions	Map＜Type，Action＜Intent＞＞	包含和定义用户操作的映射
restorationScopeId	String	应用程序状态恢复的标识符
scrollBehavior	ScrollBehavior	可滚动小部件的行为方式

1）navigatorKey

navigatorKey 相当于 Navigator.of(context)，如果应用程序要实现无 context 跳转，则可以通过设置该 key，通过 navigatorKey.currentState.overlay.context 获取全局 context，如代码示例 13-29 所示。

代码示例 13-29

```
GlobalKey＜NavigatorState＞ _navigatorKey = GlobalKey();
MaterialApp(
  navigatorKey: _navigatorKey,
);
```

2）scaffoldMessengerKey

scaffoldMessengerKey 主要用于管理后代的 Scaffolds，可以实现无 context 调用 SnackBar，

如代码示例 13-30 所示。

代码示例 13-30

```
GlobalKey<ScaffoldMessengerState> _scaffoldKey = GlobalKey();
MaterialApp(
    scaffoldMessengerKey: _scaffoldKey,
);
_scaffoldKey.currentState.showSnackBar(
SnackBar(content: Text("show SnackBar"))
);
```

3）home

程序进入后的第 1 个界面，传入一个 Widget，如代码示例 13-31 所示。

代码示例 13-31

```
MaterialApp(
   home: Scaffold(…),
);
```

4）routes

生成路由表，以键-值对形式传入 key 为路由名字，value 为对应的 Widget，如代码示例 13-32 所示。

代码示例 13-32

```
MaterialApp(
   routes: {
     "/home": (_) => Home(),
     "/my": (_) => My()
     //…
   },
);
```

5）initialRoute

初始路由，如果设置了该参数并且在 routes 找到了对应的 key，则将会展示对应的 Widget，否则展示 home，如代码示例 13-33 所示。

代码示例 13-33

```
MaterialApp(
  routes: {
   "/home": (_) => Home(),
   "/my": (_) => My()
  },
  initialRoute: "/home",
)
```

6) onGenerateRoute

当跳转路由时,如果在 routes 找不到对应的 key,则会执行该回调,该回调会返回一个 RouteSettings,该对象中有 name 路由名称、arguments 路由参数,如代码示例 13-34 所示。

代码示例 13-34

```
MaterialApp(
  routes: {
    "/home": (_) => Home(),
    "/my": (_) => My()
  },
  initialRoute: "/home",
  onGenerateRoute: (setting) {
    //这里可以进一步地进行逻辑处理
    return MaterialPageRoute(builder: (_) => Home());
  },
)
```

7) onGenerateInitialRoutes

如果提供了 initialRoute,则用于生成初始路由的路由生成器回调;如果未设置此属性,则底层 Navigator.onGenerateInitialRoutes 将默认为 Navigator.defaultGenerateInitialRoutes,如代码示例 13-35 所示。

代码示例 13-35

```
MaterialApp(
  initialRoute: "/home",
  onGenerateInitialRoutes: (initialRoute) {
    return [
      MaterialPageRoute(builder: (_) => Home()),
      MaterialPageRoute(builder: (_) => My()),
    ];
  }
)
```

8) onUnknownRoute

效果和 onGenerateRoute 一样,只是先执行 onGenerateRoute,如果无法生成路由,则再调用 onUnknownRoute,代码示例 13-36 所示。

代码示例 13-36

```
MaterialApp(
  routes: {
    "/home": (_) => Home(),
    "/my": (_) => My()
```

```
  },
  initialRoute: "/home",
  onGenerateRoute: (setting) {
    return null;
  },
  onUnknownRoute: (setting) {
    return MaterialPageRoute(builder: (_) => Home());
  },
)
```

9) navigatorObservers

路由监听器主要用于监听页面路由堆栈的变化,当页面进行 push、pop、remove、replace 等操作时会进行监听,如代码示例 13-37 所示。

代码示例 13-37

```
MaterialApp(
    navigatorObservers: [
   MyObserver()
  ],
)

 class MyObserver extends NavigatorObserver {
  @override
  void didPush(Route route, Route previousRoute) {
    print(route);
    print(previousRoute);
    super.didPush(route, previousRoute);
  }
}
```

10) builder

在构建 Widget 前调用,主要用于字号大小、主题颜色等配置,如代码示例 13-38 所示。

代码示例 13-38

```
MaterialApp(
  routes: {
    "/home": (_) => Home(),
    "/my": (_) => My()
  },
  initialRoute: "/home",
  onGenerateRoute: (setting) {
    return null;
  },
```

```
onUnknownRoute: (setting) {
    return MaterialPageRoute(builder: (_) => Home());
},
    builder: (_, child) {
    return Scaffold(appBar: AppBar(title: Text("build")), body: child,);
},
)
```

11）title

在 Android 系统中，title 应用在任务管理器的程序快照之上；而在 iOS 系统中，title 应用在程序切换管理器中，如代码示例 13-39 所示。

代码示例 13-39

```
MaterialApp(
    title: 'Flutter 应用',
);
```

12）onGenerateTitle

如果非空，则调用此回调函数以生成应用程序的标题字符串，否则会使用 title。每次重建页面时该方法就会回调执行，如代码示例 13-40 所示。

代码示例 13-40

```
MaterialApp(
    title: 'Flutter 应用',
    onGenerateTitle: (_) {
        return "我的天";
    },
);
```

13）color

设置该值以便在程序切换时应用图标的背景颜色，将应用图标设置为透明，如代码示例 13-41 所示。

代码示例 13-41

```
MaterialApp(
    color: Colors.blue,
)
```

14）theme

设置全局应用程序的主题颜色，如果同时提供了 darkTheme，themeMode 将控制使用 themeMode 指定的主题。默认值是 ThemeData.light()，如代码示例 13-42 所示。

代码示例 13-42

```
MaterialApp(
  theme: ThemeData(
    // 导航和底部 TabBar 的颜色
    primaryColor: Colors.red
  ),
)
```

15)darkTheme

设置应用程序深色主题颜色,如代码示例 13-43 所示。

代码示例 13-43

```
MaterialApp(
  darkTheme: ThemeData.dark(),
)
```

16)highContrastTheme

当系统请求"高对比度"时使用 ThemeData,当该值为空时会用 theme 应用该主题,如代码示例 13-44 所示。

代码示例 13-44

```
MaterialApp(
  highContrastTheme: ThemeData(
    primaryColor: Colors.pink
  ),
)
```

17)highContrastDarkTheme

当系统在暗黑模式下请求"高对比度"时使用 ThemeData,当该值为空时会用 darkTheme 应用该主题,如代码示例 13-45 所示。

代码示例 13-45

```
MaterialApp(
  highContrastDarkTheme: ThemeData(
    primaryColor: Colors.green
  ),
)
```

18)themeMode

白天模式和暗黑模式切换,默认值为 ThemeMode.system,如代码示例 13-46 所示。

代码示例 13-46

```
MaterialApp(
    themeMode: ThemeMode.dark
)
```

19）locale

主要用于语言切换，如果为 null，则使用系统区域，如代码示例 13-47 所示。

代码示例 13-47

```
MaterialApp(
    locale: Locale('zh', 'CN') //中文简体
)
```

20）localizationsDelegates

本地化代理，如代码示例 13-48 所示。

代码示例 13-48

```
MaterialApp(
    locale: Locale('zh', 'CN')            //中文简体
    localizationsDelegates: [
        GlobalMaterialLocalizations.delegate,
        GlobalWidgetsLocalizations.delegate,
    ],
)
```

21）supportedLocales

当前应用支持的 Locale 列表，如代码示例 13-49 所示。

代码示例 13-49

```
MaterialApp(
    locale: Locale('zh', 'CN'),           //中文简体
    supportedLocales: [
        Locale('en', 'US'),               //美国英语
        Locale("zh", 'CN'),               //中文简体
    ]
)
```

22）localeListResolutionCallback

监听系统语言切换事件，安卓系统具有可设置多语言列表的特性，默认以第 1 个列表为默认语言，如代码示例 13-50 所示。

代码示例 13-50

```
MaterialApp(
  locale: Locale('zh', 'CN'),              //中文简体
  supportedLocales: [
    Locale('en', 'US'),                    //美国英语
    Locale("zh", 'CN'),                    //中文简体
  ],
  localeListResolutionCallback: (List<Locale> locales, Iterable<Locale> supportedLocales)
  {
    //系统切换语言时调用
    return Locale("zh", 'CN');
  },
)
```

23) localeResolutionCallback

监听系统语言切换事件,如代码示例 13-51 所示。

代码示例 13-51

```
MaterialApp(
  locale: Locale('zh', 'CN'),              //中文简体
  supportedLocales: [
    Locale('en', 'US'),                    //美国英语
    Locale("zh", 'CN'),                    //中文简体
  ],
  localeResolutionCallback: (Locale locale, Iterable<Locale> supportedLocales) {
    return Locale("zh", 'CN');
  },
)
```

24) deBugShowMaterialGrid

在 Debug 模式下展示基线网格,如代码示例 13-52 所示。

代码示例 13-52

```
MaterialApp(
  deBugShowMaterialGrid: true
)
```

25) showPerformanceOverlay

显示性能叠加,开启此模式主要用于性能测试,如代码示例 13-53 所示。

代码示例 13-53

```
MaterialApp(
  showPerformanceOverlay: true
)
```

26) checkerboardRasterCacheImages

打开栅格缓存图像的棋盘格,如代码示例 13-54 所示。

代码示例 13-54

```
MaterialApp(
  checkerboardRasterCacheImages: true
)
```

27) checkerboardOffscreenLayers

打开渲染到屏幕外位图的层的棋盘格,如代码示例 13-55 所示。

代码示例 13-55

```
MaterialApp(
  checkerboardOffscreenLayers: true
)
```

28) showSemanticsDeBugger

打开显示可访问信息的叠加层,展示组件之间的关系、占位大小,如代码示例 13-56 所示。

代码示例 13-56

```
MaterialApp(
  showSemanticsDeBugger: true
)
```

29) deBugShowCheckedModeBanner

调试显示检查模式横幅,代码示例 13-57 所示。

代码示例 13-57

```
MaterialApp(
  deBugShowCheckedModeBanner: false
)
```

30) shortcuts 和 actions

shortcuts 和 actions 可将物理键盘事件绑定到用户界面中。例如,在应用程序中定义键盘快捷键。

31) restorationScopeId

定义一个应用程序状态恢复的标识符,提供的标识符会将 RootRestorationScope 插入 Widget 层次结构,从而为后代 Widget 启用状态恢复,还可以通过标识符使 WidgetsApp 构建的导航器恢复其状态(恢复活动路由的历史堆栈)。

32）scrollBehavior

统一滚动行为设置，设置后子组件将返回对应的滚动行为，如代码示例 13-58 所示。

代码示例 13-58

```
MaterialApp(
  scrollBehavior: ScrollBehaviorModified()
)
  class ScrollBehaviorModified extends ScrollBehavior {
  const ScrollBehaviorModified();
  @override
  ScrollPhysics getScrollPhysics(BuildContext context) {
    switch (getPlatform(context)) {
      case TargetPlatform.iOS:
      case TargetPlatform.macOS:
      case TargetPlatform.android:
        return const BouncingScrollPhysics();
      case TargetPlatform.fuchsia:
      case TargetPlatform.Linux:
      case TargetPlatform.Windows:
        return const ClampingScrollPhysics();
    }
    return null;
  }
}
```

3. Material Design App 骨架组件（Scaffold）

Scaffold 为 Material Design 布局结构的基本实现提供展示抽屉（drawers，例如侧边栏）、通知（Snack Bars）及底部按钮（Bottom Sheets）。

Scaffold 属性如表 13-6 所示。

表 13-6　Scaffold 属性

属性名称	属性描述
appBar	显示在界面顶部的一个 AppBar
body	当前界面所显示的主要内容 Widget
floatingActionButton	Material 设计中所定义的 FAB，界面的主要功能按钮
persistentFooterButtons	固定在下方显示的按钮，例如对话框下方的确定、取消按钮
drawer	抽屉菜单控件，左侧拉菜单页面
endDrawer	右侧拉菜单页面
backgroundColor	内容的背景颜色，默认使用 ThemeData.scaffoldBackgroundColor 的值
bottomNavigationBar	显示在页面底部的导航栏
resizeToAvoidBottomPadding	控制界面内容 body 是否重新布局来避免底部被覆盖了，例如当键盘显示时，重新布局避免被键盘盖住内容。默认值为 true

Scaffold 脚手架工具的架构如图 13-48 所示。

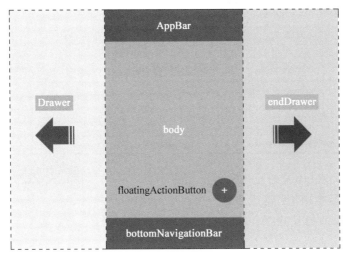

图 13-48　Scaffold 脚手架工具

Scaffold 脚手架组件属性的详细讲解如下。

1）AppBar 用法详细讲解

AppBar 是一个顶端栏，对应着 Android 的 Toolbar，如图 13-49 所示。

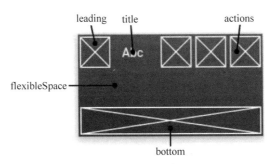

图 13-49　AppBar 效果图

AppBar 主要属性如表 13-7 所示。

表 13-7　AppBar 主要属性

属性名称	属性描述
leading	标题前面的一个控件，通常显示应用的 logo，返回按钮
title	标题
actions	Widget 列表，可以直接用 iconButton 显示，也可以用 PopupMenuButton（showMenu，position 固定位置）显示为三个点
bottom	通常是 TabBar，用来在 ToolBar 标题栏下面显示一个 Tab 导航栏
flexibleSpace	在 title 上面的一个空间，一般无用

续表

属 性 名 称	属 性 描 述
elevation	Z 轴高度,也就是阴影,默认为 1,即默认有高度的阴影
backgroundColor	导航栏的颜色,默认为 ThemeData 的颜色
brightness	状态栏的深度,分为白色和黑色两种主题
centerTitle	title 是否居中
titleSpacing	flexibleSpace 和 title 的距离,默认为重合
toolbarOpacity	toolbarOpacity=1.0 导航栏的透明度
bottomOpacity	bottomOpacity=1.0 bottom 的透明度

这里重点演示 AppBar 的几个常见属性的用法。

(1) AppBar 基本用法:这里通过一个简单的 App 头部导航栏,演示如何使用 AppBar 组件,效果图如图 13-50 所示。

首先在 Scaffold 中定义 AppBar 属性,常见 AppBar 对象,设置居中显示的标题(centerTitle 为 true),左边使用 leading 显示一个菜单按钮,右边显示两个单击按钮,如代码示例 13-59 所示。

图 13-50　AppBar 效果图

代码示例 13-59　code13_7/appbar/appbar_demo1.dart

```dart
import 'package:flutter/material.dart';
class AppBarDemo1 extends StatelessWidget {
  @override
  Widget build(BuildContext context) {
    return Scaffold(
      appBar: AppBar(
        title: Text("AppBarDemoPage"),
        //backgroundColor: Colors.red,
        centerTitle: true,
        leading: IconButton(
          icon: Icon(Icons.menu),
          onPressed: () {
            print('menu');
          },
        ),
        actions: <Widget>[
          IconButton(
            icon: Icon(Icons.search),
            onPressed: () {
              print('search');
```

```
          },
        ),
        IconButton(
          icon: Icon(Icons.settings),
          onPressed: () {
            print('settings');
          },
        )
      ],
    ),
    body: Center(
      child: Text('1111'),
    ),
  );
}
```

（2）actions 属性案例：在 Flutter 中通过 AppBar 的 actions 属性设置菜单项，一般重要的菜单选项会直接放在右边 Bar 上显示，非重要功能选项通过 PopupMenuButton 以三个小点的形式放进折叠菜单里，如图 13-51 所示。

图 13-51　AppBar actions 属性效果图

效果图 13-52 的代码实现如代码示例 13-60 所示。

图 13-52　AppBar bottom 效果图

代码示例 13-60　code13_7/appbar/appbar_demo2.dart

```dart
import 'package:flutter/material.dart';

class AppBarDemo2 extends StatelessWidget {
  //返回每个隐藏的菜单项
  SelectView(IconData icon, String text, String id) {
    return PopupMenuItem<String>(
        value: id,
        child: Row(
          mainAxisAlignment: MainAxisAlignment.spaceEvenly,
          children: <Widget>[
            Icon(icon, color: Colors.blue),
            Text(text),
          ],
        ));
  }

  @override
  Widget build(BuildContext context) {
```

```
    return Scaffold(
      appBar: AppBar(
        title: Text('首页'),
        leading: Icon(Icons.home),
        backgroundColor: Colors.blue,
        centerTitle: true,
        actions: <Widget>[
          //非隐藏的菜单
          IconButton(icon: Icon(Icons.search), tooltip: '搜索', onPressed: () {}),
          //隐藏的菜单
          PopupMenuButton<String>(
            itemBuilder: (BuildContext context) => <PopupMenuItem<String>>[
              SelectView(Icons.message, '发起群聊', 'A'),
              SelectView(Icons.group_add, '添加服务', 'B'),
              SelectView(Icons.cast_connected, '扫一扫', 'C'),
            ],
            onSelected: (String action) {
              //单击选项的时候
              switch (action) {
                case 'A':
                  break;
                case 'B':
                  break;
                case 'C':
                  break;
              }
            },
          ),
        ],
      ),
    );
  }
}
```

（3）bottom 属性案例：bottom 属性通常放在 TabBar,标题下面显示一个 Tab 导航栏，效果如图 13-52 所示，代码如代码示例 13-61 所示。

代码示例 13-61　code13_7/appbar/appbar_demo3.dart

```
import 'package:flutter/material.dart';

class AppBarDemo3 extends StatefulWidget {
  @override
  State<StatefulWidget> createState() {
    return AppBarForTabBarDemo();
  }
}
```

```dart
    }
class AppBarForTabBarDemo extends State with SingleTickerProviderStateMixin {
  final List<Tab> _tabs = <Tab>[
    Tab(text: '关注'),
    Tab(text: '转发'),
    Tab(text: '视频'),
    Tab(text: '游戏'),
    Tab(text: '音乐'),
    Tab(text: '体育'),
    Tab(text: '生活'),
    Tab(text: '图片'),
  ];
  var _tabController;

  @override
  void initState() {
    _tabController = TabController(vsync: this, length: _tabs.length);
    super.initState();
  }

  @override
  Widget build(BuildContext context) {
    return Scaffold(
      body: TabBarView(
        controller: _tabController,
        children: _tabs.map((Tab tab) {
          return Center(child: Text(tab.text.toString()));
        }).toList(),
      ),
      appBar: AppBar(
        leading: Icon(Icons.menu),
        //如果没有设置此项,则二级页面会默认为返回箭头,有侧边栏的页面默认有图标用来打
        //开侧边栏
        automaticallyImplyLeading: true,
        //如果有leading,则这个不起作用;如果没有leading,当有侧边栏时值为false时不会显
        //示默认的图片,值为true时会显示默认图片,并响应打开侧边栏的事件
        title: Text("AppBar bottom 属性"),
        centerTitle: true,
        //标题是否在居中
        actions: <Widget>[
          IconButton(
            icon: Icon(Icons.search),
            tooltip: 'search',
            onPressed: () {
              //默认不写 onPressed,表示这张图片不能单击且会有不可单击的样式
```

```
                    //如果有 onPressed,但是值是 null,则会显示为不可单击的样式
                }),
        ],
        bottom: TabBar(
          isScrollable: true,
          labelColor: Colors.redAccent,              //选中的 Widget 颜色
          indicatorColor: Colors.redAccent,          //选中的指示器颜色
          labelStyle: TextStyle(fontSize: 15.0),
          unselectedLabelColor: Colors.white,
          unselectedLabelStyle: TextStyle(fontSize: 15.0),
          controller: _tabController,
          //TabBar 必须设置 controller,否则会报错
          indicatorSize: TabBarIndicatorSize.label,
          //分为 tab 和 label 两种
          tabs:_tabs,
        ),
      ),
    );
  }
}
```

2)Drawer 左抽屉侧边栏

在 Scaffold 组件里面传入 drawer 参数可以定义左侧边栏,传入 endDrawer 参数可以定义右侧边栏。侧边栏默认为隐藏,可以通过手指滑动显示侧边栏,也可以通过单击按钮显示侧边栏,如代码示例 13-62 所示。

代码示例 13-62

```
return Scaffold(
   appBar: AppBar(
   title: Text("Flutter App"), ),
   drawer: Drawer(
      child: Text('左侧边栏'),
   ),
   endDrawer: Drawer(
      child: Text('右侧边栏'),
),
);
```

Drawer 组件可以添加头部效果,用 DrawerHeader 和 UserAccountsDrawerHeader 这两个组件可以实现。

(1)DrawerHeader:展示基本信息,如表 13-8 所示。

(2)UserAccountsDraweHeader:展示用户头像、用户名、Email 等信息,如表 13-9 所示。

表 13-8　DrawerHeader 组件属性及描述

属 性 名 称	类　　　型	属 性 描 述
decoration	Decoration	header 区域的 decoration，通常用来设置背景颜色或者背景图片
curve	Curve	如果 decoration 发生了变化，则会使用 curve 设置的变化曲线和 duration 设置的动画时间来做一个切换动画
child	Widget	header 里面所显示的内容控件
padding	EdgeInsetsGeometry	header 里面内容控件的 padding。如果 child 为 null，则这个值无效
margin	EdgeInsetsGeometry	header 四周的间隙

表 3-9　UserAccountsDrawerHeader 组件属性及说明

属 性 名 称	类　　　型	属 性 描 述
margin	EdgeInsetsGeometry	header 四周的间隙
decoration	Decoration	header 区域的 decoration，通常用来设置背景颜色或者背景图片
currentAccountPicture	Widget	用来设置当前用户的头像
otherAccountsPictures	List＜Widget＞	用来设置当前用户其他账号的头像
accountName	Widget	当前用户名
accountEmail	Widget	当前用户 E-mail
onDetailsPressed	VoidCallBack	当 accountName 或 accountEmail 被单击时所触发的回调函数，可以用来显示其他额外的信息

左侧抽屉实现效果如图 13-53 所示。

图 13-53　左侧抽屉实现效果

下面介绍侧边抽屉，如代码示例 13-63 所示。

代码示例 13-63　code13_7/drawer/drawer_demo.dart

```dart
import 'package:flutter/material.dart';
class DrawerDemo extends StatelessWidget {
  final List<Tab> _mTabs = <Tab>[
    Tab(
      text: 'Tab1',
    ),
    Tab(
      text: 'Tab2',
    ),
    Tab(
      text: 'Tab3',
    ),
  ];
  @override
  Widget build(BuildContext context) {
    return MaterialApp(
      title: 'Drawer Demo',
      home: DefaultTabController(
        length: _mTabs.length,
        child: Scaffold(
          appBar: AppBar(
            //自定义 Drawer 的按钮
            leading: Builder(builder: (BuildContext context) {
              return IconButton(
                  icon: Icon(Icons.menu),
                  onPressed: () {
                    Scaffold.of(context).openDrawer();
                  });
            }),
            title: Text('Drawer Demo'),
            centerTitle: true,
            backgroundColor: Colors.blue,
            bottom: TabBar(tabs: _mTabs),
          ),
          body: TabBarView(
              children: _mTabs.map((Tab tab) {
            return Center(
              child: Text(tab.text.toString()),
            );
          }).toList()),
          drawer: Drawer(
            child: ListView(
```

```
                        children: <Widget>[
                          UserAccountsDrawerHeader(
                            decoration: BoxDecoration(
                                image: DecorationImage(
                                    image: AssetImage("images/bg.jpg"),
                                    fit: BoxFit.fill)),
                            otherAccountsPictures: [Icon(Icons.camera_alt)],
                            //设置用户名
                            accountName: Text(
                              'Drawer Demo 抽屉组件',
                              style: TextStyle(fontSize: 15),
                            ),
                            //设置用户邮箱
                            accountEmail: Text('624026015@qq.com'),
                            //设置当前用户的头像
                            currentAccountPicture: CircleAvatar(
                              backgroundImage: AssetImage('images/my.png'),
                            ),
                            //回调事件
                            onDetailsPressed: () {},
                          ),
                          ListTile(
                            leading: Icon(Icons.person),
                            title: Text('个人中心'),
                            subtitle: Text('我是副标题'),
                          ),
                          ListTile(
                            leading: Icon(Icons.WiFi),
                            title: Text('无线网络'),
                            subtitle: Text('我是副标题'),
                          ),
                          ListTile(
                            leading: Icon(Icons.email),
                            title: Text('我的邮箱'),
                            subtitle: Text('我是副标题'),
                            onTap: () {
                              print('ssss');
                            },
                          ),
                          ListTile(
                            leading: Icon(Icons.settings_system_daydream),
                            title: Text('系统设置'),
                            subtitle: Text('我是副标题'),
                          ),
                        ],
                      ),
```

```
        ),
      )),
    );
  }
}
```

3) BottomNavigationBar 组件(底部导航栏组件)

显示在应用程序的底部,用于在少量视图中进行选择,一般在 3～5,通常和 BottomNavigationBarItem 配合使用,如表 13-10 所示。

表 13-10　BottomNavigationBar 组件属性及说明

属性名称	类　　型	属性描述
items	BottomNavigationBarItem 类型的 List	底部导航栏的显示项
onTap	ValueChanged<int>	单击导航栏子项时的回调
currentIndex	int	当前显示项的下标
type	BottomNavigationBarType	底部导航栏的类型,分为 fixed 和 shifting 两种类型,显示效果不一样
fixedColor	Color	底部导航栏 type 为 fixed 时导航栏的颜色,如果为空,则默认使用 ThemeData.primaryColor
iconSize	double	BottomNavigationBarItem Icon 的大小

BottomNavigationBarItem 底部导航栏要显示的 Item,由图标和标题组成,如表 13-11 所示。

表 13-11　BottomNavigationBarItem 组件属性及说明

属性名称	类　　型	属性描述
icon	Widget	要显示的图标控件,一般为 Icon
title	Widget	要显示的标题控件,一般为 Text
activeIcon	Widget	选中时要显示的 Icon
backgroundColor	Color	BottomNavigationBarType 为 shifting 时的背景颜色

一般来讲,单击底部导航栏会进行页面切换或者更新数据,需要动态地改变一些状态,所以要继承自 StatefulWidget,如代码示例 13-64 所示。

代码示例 13-64

```
class IndexPage extends StatefulWidget {
  @override
  State<StatefulWidget> createState() {
    return _IndexState();
  }
}
```

首先准备导航栏要显示的项，如代码示例13-65所示。

代码示例13-65

```dart
final List<BottomNavigationBarItem> bottomNavItems = [
  BottomNavigationBarItem(
    backgroundColor: Colors.blue,
    icon: Icon(Icons.home),
    title: Text("首页"),
  ),
  BottomNavigationBarItem(
    backgroundColor: Colors.green,
    icon: Icon(Icons.message),
    title: Text("消息"),
  ),
  BottomNavigationBarItem(
    backgroundColor: Colors.amber,
    icon: Icon(Icons.shopping_cart),
    title: Text("购物车"),
  ),
  BottomNavigationBarItem(
    backgroundColor: Colors.red,
    icon: Icon(Icons.person),
    title: Text("个人中心"),
  ),
];
```

准备单击导航项时要显示的页面，代码如下：

```dart
final pages = [HomePage(), MsgPage(), CartPage(), PersonPage()];
```

页面很简单，只放一个Text组件，如代码示例13-66所示。

代码示例13-66

```dart
import 'package:flutter/material.dart';

class HomePage extends StatelessWidget {
  @override
  Widget build(BuildContext context) {
    return Center(
      child: Text("首页"),
    );
  }
}
```

这些都准备完毕后就可以开始使用底部导航栏了，首先要在 Scaffold 中使用 bottomNavigationBar，然后指定 items、currentIndex、type（默认为 fixed）、onTap 等属性，如代码示例 13-67 所示。

代码示例 13-67

```
Scaffold(
    appBar: AppBar(
      title: Text("底部导航栏"),
    ),
    bottomNavigationBar: BottomNavigationBar(
      items: bottomNavItems,
      currentIndex: currentIndex,
      type: BottomNavigationBarType.shifting,
      onTap: (index) {
        _changePage(index);
      },
    ),
    body: pages[currentIndex],
);
}
```

底部导航通过单击调用 onTap 属性对应的方法，该属性接收一种方法回调，其中 index 表示当前单击导航项的下标，也就是 items 的下标。知道下标后，只需更改 currentIndex。

下面看一下 _changePage 方法，如代码示例 13-68 所示。

代码示例 13-68

```
/* 切换页面 */
void _changePage(int index) {
  /* 如果单击的导航项不是当前项,则切换 */
  if (index != currentIndex) {
    setState(() {
      currentIndex = index;
    });
  }
}
```

运行结果如图 13-54 所示。

通过上面的步骤实现了单击底部导航项切换页面的效果，非常简单，全部代码如代码示例 13-69 所示。

图 13-54　底部导航栏 shifting 模式效果

代码示例 13-69   code13_7/bottom_nav/index_page.dart

```dart
import 'package:flutter/material.dart';
import 'cart_page.dart';
import 'home_page.dart';
import 'msg_page.dart';
import 'person_page.dart';

class IndexPage extends StatefulWidget {
  @override
  State<StatefulWidget> createState() {
    return _IndexState();
  }
}

class _IndexState extends State<IndexPage> {
  final List<BottomNavigationBarItem> bottomNavItems = [
    BottomNavigationBarItem(
      backgroundColor: Colors.blue,
      icon: Icon(Icons.home),
      label: "首页",
    ),
    BottomNavigationBarItem(
```

```dart
      backgroundColor: Colors.green,
      icon: Icon(Icons.message),
      label: "消息",
    ),
    BottomNavigationBarItem(
      backgroundColor: Colors.amber,
      icon: Icon(Icons.shopping_cart),
      label: "购物车",
    ),
    BottomNavigationBarItem(
      backgroundColor: Colors.red,
      icon: Icon(Icons.person),
      label: "个人中心",
    ),
  ];

  int currentIndex = 0;

  final pages = [HomePage(), MsgPage(), CartPage(), PersonPage()];

  @override
  void initState() {
    super.initState();
    currentIndex = 0;
  }

  @override
  Widget build(BuildContext context) {
    return Scaffold(
      appBar: AppBar(
        title: Text("底部导航栏"),
        centerTitle: true,
      ),
      bottomNavigationBar: BottomNavigationBar(
        items: bottomNavItems,
        currentIndex: currentIndex,
        type: BottomNavigationBarType.shifting,
        onTap: (index) {
          _changePage(index);
        },
      ),
      body: pages[currentIndex],
    );
  }
```

```dart
/* 切换页面 */
void _changePage(int index) {
  /* 如果单击的导航项不是当前项,则切换 */
  if (index != currentIndex) {
    setState(() {
      currentIndex = index;
    });
  }
}
```

一般情况下,底部导航栏使用 fixed 模式,此时,导航栏的图标和标题颜色会使用 fixedColor 指定的颜色,如果没有指定 fixedColor,则使用默认的主题色 primaryColor,如代码示例 13-70 所示。

代码示例 13-70

```dart
Scaffold(
  appBar: AppBar(
    title: Text("底部导航栏"),
  ),
  bottomNavigationBar: BottomNavigationBar(
    items: bottomNavItems,
    currentIndex: currentIndex,
    type: BottomNavigationBarType.fixed,
    onTap: (index) {
      _changePage(index);
    },
  ),
  body: pages[currentIndex],
);
```

入口函数如代码示例 13-71 所示。

代码示例 13-71

```dart
/* 入口函数 */
void main() => runApp(MyApp());

class MyApp extends StatelessWidget {
  @override
  Widget build(BuildContext context) {
    return MaterialApp(
      title: 'Flutter 入门示例程序',
      theme: ThemeData(
        primaryColor: Colors.blue,
```

```
      ),
      home: IndexPage(),
    );
  }
}
```

运行结果如图 13-55 所示。

图 13-55　底部导航栏 fixed 模式效果

13.7.2　Cupertino(iOS)风格组件

除了 Material Design 样式风格外，Flutter 同样提供了 iOS 风格的组件。

1. Cupertino Design 苹果的设计风格

iOS Human Interface Guidelines（以下简称 iOS）是苹果公司针对 iOS 设计的一套人机交互指南，其目的是为了使运行在 iOS 上的应用都能遵从一套特定的视觉及交互特性，从而能够在风格上进行统一，如图 13-56 所示。

2. Cupertino Design 风格组件

CupertinoApp 为一个封装了很多 iOS 风格的小部件，一般作为顶层 Widget 使用，如代码示例 13-72 所示。

代码示例 13-72　code13_7/ios_main.dart

```
import 'package:flutter/cupertino.dart';

void main() => runApp(MyAppCupertino());
```

```dart
class MyAppCupertino extends StatelessWidget {
  @override
  Widget build(BuildContext context) {
    return CupertinoApp(
      home: HomeScreen(),
    );
  }
}

class HomeScreen extends StatelessWidget {
  const HomeScreen({Key? key}) : super(key: key);

  @override
  Widget build(BuildContext context) {
    return Center(
      child: Text("首页"),
    );
  }
}
```

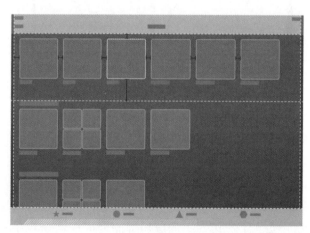

图 13-56　iOS 设计风格

3. Cupertino Design App 骨架组件（Scaffold）

为 Material Design 小部件创建视觉支架的为 Scaffold，为 Cupertino 小部件创建视觉支架的为 CupertinoTabScaffold 和 CupertinoPageScaffold，其中 CupertinoTabScaffold 可以使用底部的选项卡栏为应用程序创建布局，而 CupertinoPageScaffold 为 iOS 模式页面的典型内容，实现布局、顶部导航栏。

1) CupertinoPageScaffold

一个 iOS 风格的页面的基本布局结构包含内容和导航栏，属性如表 13-12 所示。

表 13-12 CupertinoPageScaffold 属性

属 性 名 称	类 型	属 性 描 述
navigationBar	CupertinoNavigationBar	顶部导航栏
backgroundColor	Color(0xFFfafcff)	背景色
child	Widget	内容栏

navigationBar 通常类似于 appBar,绘制在屏幕顶部,使开发者能够构建应用程序的辅助功能。CupertinoNavigationBar 本身是一个小部件,如表 13-13 所示。

表 13-13 CupertinoNavigationBar 属性

属 性 名 称	类 型	属 性 描 述
middle	Widget	导航栏中间组件,通常为页面标题
trailing	Widget	导航栏右边组件,通常为菜单按钮
leading	Widget	导航栏左边组件,通常为返回按钮

backgroundColor 属性为页面提供了背景色。它采用 Color 类的属性,该类使用以下 3 种不同的方式获取颜色。

(1) Color(int value):采用 32 位颜色值。

(2) Color.fromARGB(int a,int r,int g,int b):采用 Alpha'a'(用于设置透明度)、红色值、绿色值和蓝色值。

(3) Color.fromRGBO(int r,int g,int b,int o):它需要红色值、绿色值、蓝色值和不透明度值。

child 属性可以获取在主要内容区域中显示的任何其他小部件。

CupertinoPageScaffold 的使用方式如代码示例 13-73 所示。

代码示例 13-73

```
class DetailScreen extends StatelessWidget {
  final String title;

  DetailScreen(this.title);

  @override
  Widget build(BuildContext context) {
    return CupertinoPageScaffold(
        navigationBar: CupertinoNavigationBar(
          middle: Text("Details"),
        ),
        child: Center(
          child: Text("欢迎"),
        ));
  }
}
```

2）CupertinoTabScaffold

选项卡组件，将选项卡按钮与选项卡视图绑定，如表 13-14 所示。

表 13-14 CupertinoTabScaffold 属性

属性名称	类型	属性描述
tabBar	CupertinoTabBar	选项卡按钮，通常由图标和文本组成
tabBuilder	IndexedWidgetBuilder	选项卡视图构造器
resizeToAvoidBottomInset	Bool	resizeToAvoidBottomInset = true：键盘是否顶起页面

tabBar 为选项卡按钮，通常由 BottomNavigationBarItem 组成，包含图标加文本，如表 13-15 所示。

表 13-15 CupertinoTabBar 属性

属性名称	类型	属性描述
items	List< BottomNavigationBarItem >	选项卡按钮集合
backgroundColor	Color	选项卡按钮背景色
activeColor	Color	选中按钮前景色
iconSize	double	选项卡图标大小

tabBuilder 为选项卡视图构造器，可以返回 CupertinoTabView，CupertinoTabView 的属性如表 13-16 所示。

表 13-16 CupertinoTabView 属性

属性名称	类型	属性描述
builder	WidgetBuilder	选项卡视图构造器
routes	Map< String，WidgetBuilder >	选项卡视图路由

下面介绍如何使用 CupertinoTabScaffold 组件，如代码示例 13-74 所示。

代码示例 13-74

```dart
@override
Widget build(BuildContext context) {
  return CupertinoApp(
    title: 'my app',
    home: CupertinoTabScaffold(
      tabBar: CupertinoTabBar(
        items: _barItems,
        currentIndex: _currentIndex,
        onTap: (index) {
          setState(() {
            _currentIndex = index;
```

```
          });
        },
      ),
      tabBuilder: (context, index) {
        return _pages[index];
      },
    ),
  );
}
```

对应的 CupertinoPageScaffold 页面如代码示例 13-75 所示。

代码示例 13-75

```
class HomeView extends StatelessWidget {
  @override
  Widget build(BuildContext context) {
    return CupertinoPageScaffold(
      navigationBar: CupertinoNavigationBar(
        middle: Text('首页'),
      ),
      child: Container(
        child: Text('文本'),
      ),
    );
  }
}
```

13.8 尺寸单位与适配

在进行 Flutter 开发时，通常不需要设置尺寸的单位，但是在开发过程中，开发者通常需要根据设计稿上标注的尺寸设置 Flutter 尺寸。

1. Flutter 中的单位

在 Flutter 中，设置尺寸时采用 double 型的数量，不能设置单位，这是因为 Flutter 默认使用逻辑像素(Logical Pixel)，系统获得所设的值后会自动判断在 iOS 或者 Android 上对应的尺寸，不用开发者强制转换成某一个单位。

2. Flutter 的设备信息

通过 MediaQuery 类可以获取屏幕上的一些信息，如代码示例 13-76 所示。

代码示例 13-76

```
//1.媒体查询信息
final mediaQueryData = MediaQuery.of(context);
```

```
//2.获取宽度和高度
final screenWidth = mediaQueryData.size.width;
final screenHeight = mediaQueryData.size.height;
final physicalWidth = window.physicalSize.width;
final physicalHeight = window.physicalSize.height;
final dpr = window.devicePixelRatio;
print("屏幕 width: $screenWidth height: $screenHeight");
print("分辨率: $physicalWidth - $physicalHeight");
print("dpr: $dpr");

//3.状态栏的高度
//有刘海的屏幕为 44,没有刘海的屏幕为 20
final statusBarHeight = mediaQueryData.padding.top;
//有刘海的屏幕为 34,没有刘海的屏幕为 0
final bottomHeight = mediaQueryData.padding.bottom;
print("状态栏 height: $statusBarHeight 底部高度:$bottomHeight");
```

3. 屏幕尺寸和字体大小适配

由于手机品牌和型号繁多,所以会导致开发的同一布局在不同的移动设备上显示的效果不同。例如,设计稿中一个 View 的大小是 500px,如果直接写 500px,则可能在当前设备显示正常,但到了其他设备可能就会偏小或者偏大,这就需要对屏幕进行适配。

Flutter 框架并没有提供具体的适配规则,而原生的适配又比较烦琐,这就需要自己去对屏幕进行适配。

1) rpx 适配方案

小程序中 rpx 的原理是不管是什么屏幕,统一分成 750 份,rpx 的转换如代码示例 13-77 所示。

代码示例 13-77

```
//在 iPhone 5 上:1rpx = 320/750 = 0.4266 ≈ 0.42px
//在 iPhone 6 上:1rpx = 375/750 = 0.5px
//在 iPhone 6 Plus 上:1rpx = 414/750 = 0.552px
```

可以通过上面的计算方式,算出一个 rpx,再将自己的 size 和 rpx 单位相乘即可,例如 100px 的宽度:100×2×rpx,代码如下:

```
//在 iPhone 5 上计算出的结果是 84px
//在 iPhone 6 上计算出的结果是 100px
//在 iPhone 6 Plus 上计算出的结果是 110.4px
```

自己来封装一个工具类:工具类需要进行初始化,传入 context,可以通过传入 context,利用媒体查询获取屏幕的宽度和高度,也可以传入一个可选设计稿尺寸的参数,如代码示例 13-78 所示。

代码示例 13-78　MySizeFit 类

```dart
import 'package:flutter/material.dart';

class MySizeFit {
  static MediaQueryData _mediaQueryData = _mediaQueryData;
  static double screenWidth = 0;
  static double screenHeight = 0;
  static double rpx = 0;
  static double px = 0;

  static void initialize(BuildContext context, {double standardWidth = 750}) {
    _mediaQueryData = MediaQuery.of(context);
    screenWidth = _mediaQueryData.size.width;
    screenHeight = _mediaQueryData.size.height;
    rpx = screenWidth / standardWidth;
    px = screenWidth / standardWidth * 2;
  }

  //按照像素设置
  static double setPx(double size) {
    return MySizeFit.rpx * size * 2;
  }

  //按照 rxp 设置
  static double setRpx(double size) {
    return MySizeFit.rpx * size;
  }
}
```

初始化 MySizeFit 类的属性,如代码示例 13-79 所示。

注意：必须在已经有 MaterialApp 的 Widget 中使用 context,否则是无效的。

代码示例 13-79

```dart
class MyHomePage extends StatelessWidget {
  @override
  Widget build(BuildContext context) {
    //初始化 HYSizeFit
    MySizeFit.initialize(context);
    return Conatiner();
  }
}
```

MyHomePage 的完整代码如代码示例 13-80 所示。

代码示例 13-80

```dart
import 'package:flutter/material.dart';
import 'MySize.dart';
class HomePage extends StatelessWidget {
  @override
  Widget build(BuildContext context) {
    MySizeFit.initialize(context);
    return Scaffold(
      appBar: AppBar(
        title: Text("首页"),
      ),
      body: Center(
        child: Container(
          width: MySizeFit.setPx(200),
          height: MySizeFit.setRpx(400),
          color: Colors.red,
          alignment: Alignment.center,
          child: Text(
            "Hello World",
            style:
              TextStyle(fontSize: MySizeFit.setPx(30), color: Colors.white),
          ),
        ),
      ),
    );
  }
}
```

2）第三方适配方案（ScreenUtil）

这里介绍一个第三方的适配库：flutter_screenutil，该插件可以帮助开发者快速设置 Flutter 的尺寸，其原理和上面实现的方式基本类似，在网站 pub.dev 中搜索，如图 13-57 所示。

图 13-57　flutter_screenutil 插件

ScreenUtil 适配库的用法如下。

步骤 1：添加依赖，如代码示例 13-81 所示。

代码示例 13-81

```
dependencies:
  flutter:
    sdk: flutter
  # add flutter_screenutil
  flutter_screenutil: ^5.3.1
```

步骤 2：在 MaterialApp 上添加设置，如代码示例 13-82 所示。

代码示例 13-82

```dart
class MyApp extends StatelessWidget {
  @override
  Widget build(BuildContext context) {
    return ScreenUtilInit(
      designSize: Size(360, 690),
      minTextAdapt: true,
      splitScreenMode: true,
      builder: () =>
          MaterialApp(
            ...
            builder: (context, widget) {
              //添加下面一行代码
              ScreenUtil.setContext(context);
              return MediaQuery(
                //设置字体不随系统字体大小改变
                data: MediaQuery.of(context).copyWith(textScaleFactor: 1.0),
                child: widget!,
              );
            },
            theme: ThemeData(
              textTheme: TextTheme(
                button: TextStyle(fontSize: 45.sp)
              ),
            ),
          ),
    );
  }
}
```

13.9 基础组件

Flutter 提供了大量的内置组件，本节详细介绍 Flutter 最新的内置组件的使用。

13.9.1 基础组件介绍

Flutter 提供了大量的基础组件，本书对常用的基础组件进行介绍。

1. 文本、字体样式

Text 用于显示简单样式文本，它包含一些控制文本显示样式的属性，一个简单的例子如代码示例 13-83 所示。

代码示例 13-83

```
Text("Hello world",
    textAlign: TextAlign.left,);
Text("Hello world! I'm Gavin. " * 4,
    maxLines: 1,
    overflow: TextOverflow.ellipsis,);
Text("Hello world",
    textScaleFactor: 1.5,);
```

style 接收一个 TextStyle 类型的值，先来看一下 TextStyle 类中的属性，如代码示例 13-84 所示。

代码示例 13-84

```
TextStyle copyWith({
    Color color,
    String fontFamily,
    double fontSize,
    FontWeight fontWeight,
    FontStyle fontStyle,
    double letterSpacing,
    double wordSpacing,
    TextBaseline textBaseline,
    double height,
    Locale locale,
    Paint foreground,
    Paint background,
    List< ui.Shadow > shadows,
    TextDecoration decoration,
    Color decorationColor,
    TextDecorationStyle decorationStyle,
    String deBugLabel,
})
```

设置几个属性看一看效果，如代码示例 13-85 所示。

代码示例 13-85

```
Text(
    "Flutter is Google's mobile UI framework for crafting high-quality native interfaces on 
iOS and Android in record time. Flutter works with existing code, is used by developers and 
organizations around the world, and is free and open source.",
    style: TextStyle(
      color: Colors.red,
      fontSize: 18,
      letterSpacing: 1,
      wordSpacing: 2,
      height: 1.2,
      fontWeight: FontWeight.w600
    ),
);
```

2. 按钮

Flutter 很多版本中的按钮组件都不太一样，下面是新的按钮组件和旧的按钮组件的对比，如图 13-58 所示。

Old Widget	Old Theme	New Widget	New Theme
FlatButton	ButtonTheme	TextButton	TextButtonTheme
RaisedButton	ButtonTheme	ElevatedButton	ElevatedButtonTheme
OutlineButton	ButtonTheme	OutlinedButton	OutlinedButtonTheme

图 13-58 新旧 Button 组件的对比

按钮组件的用法如代码示例 13-86 所示，效果如图 13-59 所示。

代码示例 13-86

```
TextButton(
  style: ButtonStyle(
      foregroundColor: MaterialStateProperty.all<Color>(Colors.blue),
  ),
  onPressed: () { },
  child: Text('TextButton'),
),

ElevatedButton(
  style: ElevatedButton.styleFrom(elevation: 2),
  onPressed: () { },
  child: Text('ElevatedButton with custom elevations'),
),
```

```
OutlinedButton(
    style: OutlinedButton.styleFrom(
        shape: StadiumBorder(),
        side: BorderSide(width: 2, color: Colors.red),
    ),
    onPressed: () { },
    child: Text('OutlinedButton with custom shape and border'),
)
```

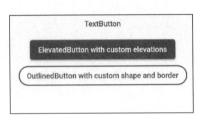

图 13-59　Button 效果

3. 图片

Flutter 中图片组件的显示分为本地图片显示和网络图片显示。

1) AssetImage 和 Image.asset（本地图片）

AssetImage 是 Flutter 提供的一个可以从本地读取图片资源的类，可以使用它来读取图片。同样 Flutter 还提供了 Image.asset 这个构造方法直接帮助我们读取图片资源并返回一个 Image 对象。其实 Image.asset 是对 AssetImage 进行了更高级的封装。

要读取本地图片首先需要在 pubspec.yaml 文件里配置本地图片资源的路径，代码如下：

```
assets:
  - assets/images/img1.jpg
#  - images/a_dot_ham.jpeg
```

AssetImage 组件通过 image 属性设置本地的图片，如代码示例 13-87 所示。

代码示例 13-87

```
Image(
    image: AssetImage("assets/images/img1.jpg"),
    width: 80,
    height: 80,
)
```

Image.asset 是 AssetImage 的另外一种用法，通过构造函数传入本地图片地址，如代码示例 13-88 所示。

代码示例 13-88

```
Image.asset(
    "assets/images/img1.jpg",
    width: 80,
    height: 80,
)
```

2) **NetworkImage 和 Image.network**（网络图片）

NetworkImage 是一个可以从网络下载图片的类，它本身是异步的。Image.network 是对 NetworkImage 的封装，它需要传入一个 URL 网址就可以返回一个 Image 对象。这两个的设计跟 AssetImage 和 Image.asset 的设计基本一致。

NetworkImage 的用法如代码示例 13-89 所示。

代码示例 13-89

```
Image(
    image: NetworkImage("https://www.12306.cn/index/images/logo.jpg"),
    width: 80,
    height: 80,
)
```

Image.network 的用法如代码示例 13-90 所示。

代码示例 13-90

```
Image.network(
    "https://www.12306.cn/index/images/logo.jpg",
    width: 80,
    height: 80,
)
```

4. 字体图标

Flutter 内置了一套 Material Design 风格的 Icon 图标，但对于一个成熟的 App 而言，通常情况下还是远远不够的。有时候需要在项目中引入自定义的 Icon 图标。

1) **使用 Material Design 字体图标**

Flutter 默认包含了一套 Material Design 的字体图标，在 pubspec.yaml 文件中的配置如下：

```
flutter:
    uses-material-design: true
```

说明：Material Design 所有图标可以在其官网查看，网址为 https://material.io/tools/icons/。

下面的例子使用 Material Design 自带的图标,如代码示例 13-91 所示。

代码示例 13-91   chapter13\code13_9\lib\custom_fonts\material_font.dart

```
[
  Icon(
    Icons.access_alarm,
    color: Colors.red,
    size: 80,
  ),
  Icon(
    Icons.error,
    color: Colors.black,
    size: 80,
  ),
  Icon(
    Icons.fingerprint,
    color: Colors.green,
    size: 80,
  ),
]
```

上面代码的效果如图 13-60 所示。

图 13-60   Material Design 字体图片效果

2) 使用 icon-font 字体图标

iconfont.cn 上有很多字体图标素材,可以选择自己需要的图标打包下载,下载后会生成一些不同格式的字体文件,在 Flutter 中,使用 ttf 格式即可。

导入字体图标文件,这一步和导入字体文件相同,假设字体图标文件保存在项目根目录下,路径为 assets/fonts/iconfont.ttf,如代码示例 13-92 所示。

代码示例 13-92   chapter13\code13_9\pubspec.yaml

```
fonts:
  - family: ICONFONT         #自定义的名称
    fonts:
      - asset: assets/fonts/iconfont.ttf
```

为了使用方便,可以定义一个 MyIcons 类,功能和 Icons 类一样,即将字体文件中的所有图标都定义成静态变量,如代码示例 13-93 所示。

代码示例 13-93　chapter13\code13_9\lib\custom_fonts\myfont.dart

```
class MyIcons {
  static const IconData play   = IconData(0xebd5, fontFamily: 'iconfont');
  static const IconData swim   = IconData(0xebd6, fontFamily: 'iconfont');
  static const IconData game   = IconData(0xebd7, fontFamily: 'iconfont');
  static const IconData ball   = IconData(0xebd9, fontFamily: 'iconfont');
  static const IconData county = IconData(0xebda, fontFamily: 'iconfont');
}
```

为了方便读取下载下来的 Iconfont，可以写一段脚本，如代码示例 13-94 所示，在 demo_index.html 浏览器窗口的控制台中运行就可以得到定义 IconData 的代码，如图 13-61 所示。

代码示例 13-94　chapter13/code13_9/assets/fonts/demo_index.html

```
function camelCase(str) {
  return str.replace(/[ - ]+(\w)/g, (match, char) => char.toUpperCase());
}
function makeCode({name, code}) {
  return `static const IconData ${camelCase(name)} = IconData(0${code.substr(2, 5)}, fontFamily: 'iconfont');\n`;
}

let datas = Array
  .from(document.querySelectorAll('.unicode .dib'))
  .map(element => {
    return {
      name: element.querySelector('.name').innerText,
      code: element.querySelector('.code-name').innerText
    };
  })
  .map(makeCode)
  .join('\n');

Console.log(datas)
```

图 13-61　通过 JS 脚本读取 Iconfont 数据

Iconfont 的使用方式如代码示例 13-95 所示，如图 13-62 所示。

代码示例 13-95　chapter13\code13_9\lib\custom_fonts\myfont_demo.dart

```
Row(
    mainAxisAlignment: MainAxisAlignment.center,
    children: <Widget>[
      Icon(MyIcons.play, color: Colors.purple, size: 90),
      Icon(MyIcons.ball, color: Colors.green, size: 90),
      Icon(MyIcons.county, color: Colors.green, size: 90)
    ],
)
```

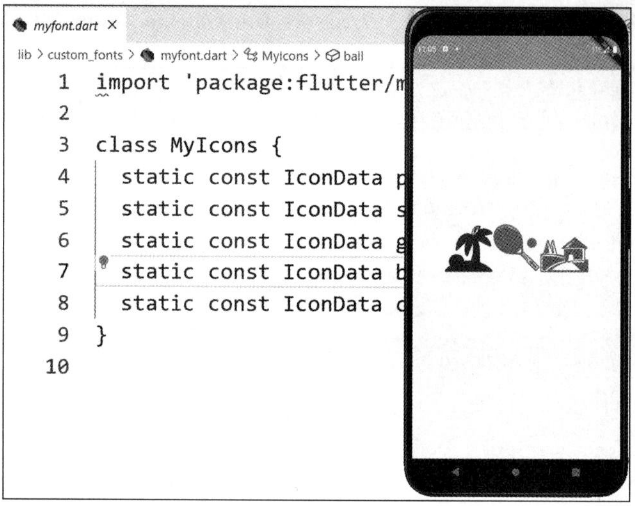

图 13-62　自定义字体图标效果

13.9.2　构建布局

Flutter 提供了很多布局组件，如线性布局、弹性布局、容器布局、流式布局、层叠布局、网格布局等，开发者可以根据布局的需要组合这些布局容器。

1. 线性布局 Row、Column

最常见的布局模式之一是垂直或水平 Widgets，效果如图 13-63 所示。使用 Row Widget 水平排列 Widgets，使用 Column Widget 垂直排列 Widgets。

使用 mainAxisAlignment 和 crossAxisAlignment 属性控制行或列如何对齐其子项。对于一行来讲，主轴水平延伸，交叉轴垂直延伸。对于一列来讲，主轴垂直延伸，交叉轴水平延伸。

下面的例子介绍 Row 组件中的子组件的排列，这里首先创建一个 IconBox 的子组件，如代码示例 13-96 所示。

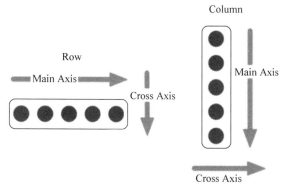

图 13-63　Row/Column 布局

代码示例 13-96　chapter13\code13_9\lib\layouts\row_column_demo.dart

```
class IconBox extends StatelessWidget {
  double size = 0;
  IconData icon;
  Color color = Colors.blue;

  IconBox(this.icon, {size = 32.0, color = Colors.blue}) {
    this.size = size;
    this.color = color;
  }

  @override
  Widget build(BuildContext context) {
    return Container(
        width: size + 60.0,
        height: size + 60.0,
        color: color,
        child: Center(child: Icon(icon, color: Colors.white, size: size)));
  }
}
```

上面代码的效果如图 13-64 所示。

图 13-64　IconBox 组件

通过 Row 组件可以让内部子组件按照水平方向进行排列，可以设置子组件在水平方向上按照主轴和交叉轴的方向进行对齐，如代码示例 13-97 所示。

代码示例 13-97　　chapter13\code13_9\lib\layouts\row_column_demo.dart

```dart
class RowLayoutDemo extends StatelessWidget {
  const RowLayoutDemo({Key? key}) : super(key: key);

  @override
  Widget build(BuildContext context) {
    return Container(
      alignment: Alignment.center,
      child: Row(
        mainAxisAlignment: MainAxisAlignment.center,
        children: [
          IconBox(Icons.home, color: Colors.green),
          IconBox(Icons.search, color: Colors.red),
          IconBox(Icons.cable, color: Colors.grey),
          IconBox(Icons.wallet_giftcard, color: Colors.pink),
        ],
      ),
    );
  }
}
```

效果如图 13-65 所示。

Column 组件的使用方式和 Row 组件的使用方式是一样的，Column 组件的内部元素按垂直方向排列，如代码示例 13-98 所示，效果如图 13-66 所示。

图 13-65　Row 组件水平排列

图 13-66　Column 组件的垂直排列

代码示例 13-98

```
class RowLayoutDemo extends StatelessWidget {
  const RowLayoutDemo({Key? key}) : super(key: key);

  @override
  Widget build(BuildContext context) {
    return Container(
      alignment: Alignment.center,
      child: Column(
        mainAxisAlignment: MainAxisAlignment.center,
        children: [
          IconBox(Icons.home, color: Colors.green),
          IconBox(Icons.search, color: Colors.red),
          IconBox(Icons.cable, color: Colors.grey),
          IconBox(Icons.wallet_giftcard, color: Colors.pink),
        ],
      ),
    );
  }
}
```

水平排列的组件不能超出左右边线,超出的部分会错误的显示,如图 13-67 所示。

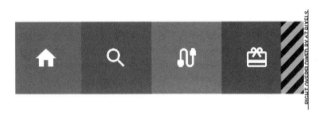

图 13-67 Row 组件水平超出部分不显示

如果内容超出了边界,则可以使用 Expanded 组件包裹,该组件会计算剩余空间,让包裹的组件不会超出边界,如代码示例 13-99 所示。

代码示例 13-99

```
class RowLayoutDemo extends StatelessWidget {
  const RowLayoutDemo({Key? key}) : super(key: key);

  @override
  Widget build(BuildContext context) {
    return Container(
      alignment: Alignment.center,
      child: Row(
```

```
          mainAxisAlignment: MainAxisAlignment.center,
          children: [
            IconBox(Icons.home, color: Colors.green),
            IconBox(Icons.search, color: Colors.red),
            IconBox(Icons.cable, color: Colors.grey),
            IconBox(Icons.wallet_giftcard, color: Colors.pink),
            Expanded(
              child: IconBox(Icons.mobile_friendly, color: Colors.redAccent),
            )
          ],
        ),
      );
    }
  }
```

运行效果如图 13-68 所示。

图 13-68 Expanded 组件的实现效果

Expanded 组件类似于 Web 中的 Flex 布局，Expanded 组件的 flex 属性用来设置在水平或者垂直方向的比例关系，flex 值越大，所占的空间就越大，如图 13-69 所示。

图 13-69 Expanded 组件实现弹性伸缩

Expanded 组件的实现如代码示例 13-100 所示。

代码示例 13-100

```
class RowLayoutDemo extends StatelessWidget {
  const RowLayoutDemo({Key? key}) : super(key: key);

  @override
  Widget build(BuildContext context) {
    return Container(
      alignment: Alignment.center,
```

```
        child: Row(
          mainAxisAlignment: MainAxisAlignment.center,
          children: [
            Expanded(
              child: IconBox(Icons.home, color: Colors.green),
            ),
            Expanded(
              flex: 3,
              child: IconBox(Icons.mobile_friendly, color: Colors.redAccent),
            )
          ],
        ),
      );
    }
}
```

2. 弹性布局 Flex

Flex 布局方式已经广泛使用在前端、小程序开发之中，Flexible Box 的示意图如图 13-70 所示。

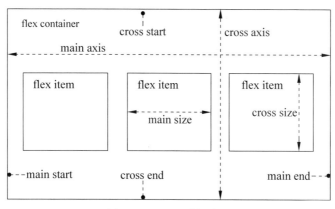

图 13-70　Flex 弹性布局

Flex Widget 设置主轴方向时可以直接使用 Row 或者 Column，Flex Widget 不能滚动，如果涉及滚动，则可以使用 ListView，如果 Flex Widget 的内容超过其宽度和高度，则显示黄黑相间的警告条纹。Flex 常用属性如表 13-17 所示。

表 13-17　Flex 常用属性

属 性 名 称	类　　型
direction	设置主轴方向，可设置的值为 Axis.horizontal 和 Axis.vertical，交叉轴与主轴方向垂直

续表

属性名称	类型
mainAxisAlignment	设置子 Widget 沿着主轴方向的排列方式，默认为 MainAxisAlignment. start，可设置的方式如下。 MainAxisAlignment. start：左对齐，默认值； MainAxisAlignment. end：右对齐； MainAxisAlignment. center：居中对齐； MainAxisAlignment. spaceBetween：两端对齐； MainAxisAlignment. spaceAround：每个 Widget 两侧的间隔相等，与屏幕边缘的间隔是其他 Widget 之间间隔的一半； MainAxisAlignment. spaceEvently：平均分布各个 Widget，与屏幕边缘的间隔与其他 Widget 之间的间隔相等
mainAxisSize	设置主轴的大小，默认为 MainAxisSize. max，可设置的值如下。 MainAxisSize. max：主轴的大小是父容器的大小； MainAxisSize. min：主轴的大小是其子 Widget 大小之和
crossAxisAlignment	设置子 Widget 沿着交叉轴方向的排列方式，默认为 CrossAxisAlignment. center，可设置的方式如下。 CrossAxisAlignment. start：与交叉轴的起始位置对齐； CrossAxisAlignment. end：与交叉轴的结束位置对齐； CrossAxisAlignment. center：居中对齐； CrossAxisAlignment. stretch：填充整个交叉轴； CrossAxisAlignment. baseline：按照第一行文字基线对齐
verticalDirection	设置垂直方向上的子 Widget 的排列顺序，默认为 VerticalDirection. down，设置方式如下。 VerticalDirection. down：start 在顶部，end 在底部； VerticalDirection. up：start 在底部，end 在顶部
textBaseline	设置文字对齐的基线类型，可设置的值如下。 TextBaseline. alphabetic：与字母基线对齐； TextBaseline. ideographic：与表意字符基线对齐

弹性布局案例如代码示例 13-101 所示。

代码示例 13-101　chapter13\code13_9\lib\layouts\flex_layout_demo. dart

```dart
class FlexLayoutDemo extends StatelessWidget {
  const FlexLayoutDemo({Key? key}) : super(key: key);

  @override
  Widget build(BuildContext context) {
    return Flex(
      direction: Axis.horizontal,
      mainAxisAlignment: MainAxisAlignment.center,
```

```
      children: [
        IconBox(Icons.home, color: Colors.green),
        IconBox(Icons.search, color: Colors.red),
        IconBox(Icons.cable, color: Colors.grey),
        IconBox(Icons.wallet_giftcard, color: Colors.pink),
      ],
    );
  }
}
```

3. 容器布局 Container

Container 容器组件,如图 13-71 所示,是一个结合了绘制(painting)、定位(positioning)及尺寸(sizing)Widget 的 Widget。

Container 组件类似于其他 Android 中的 View,以及 iOS 中的 UIView。

图 13-71　Container 布局

如果需要一个视图,有一个背景颜色、图像、固定的尺寸、一条边框、圆角等效果,就可以使用 Container 组件。Flutter 也提供了一些更为具体的布局组件以方便开发,如表 13-18 所示。

表 13-18　具体的布局组件

名　　称	类　　型
SizedBox	指定尺寸的容器
ConstaintedBox	带约束条件的容器,如限制最小/最大宽度和高度
DecoratedBox	带装饰的容器,例如渐变色
RotatedBox	旋转一定角度的容器

表 13-17 中的这些组件实际都可以通过 Container 的参数设置完成,只是开发时使用具体的容器可以减少组件参数。

Container 初始化的参数如代码示例 13-102 所示。

代码示例 13-102

```
Container({
  Key key,
  //位置居左、居右、居中
  this.alignment,
  //EdgeInsets Container 的内边距
  this.padding,
  //背景颜色
  this.color,
  //背景装饰器
```

```
        this.decoration,
        //前景装饰器
        this.foregroundDecoration,
        //宽度
        double width,
        //高度
        double height,
        //约束
        BoxConstraints constraints,
        //EdgeInsets Container 的外边距
        this.margin,
        //旋转
        this.transform,
        //子控件
        this.child,
        //裁剪 Widget 的模式
        this.clipBehavior = Clip.none,
})
```

注意：Container 的 color 属性与属性 decoration 的 color 存在冲突，如果两个 color 都进行了设置，则默认会以 decoration 的 color 为准。

如果没有给 Container 设置 width 和 height，则 Container 会跟 child 的大小一样；假如没有设置 child，则它的尺寸会极大化，即尽可能地充满它的父 Widget。

最简单的 Container 如代码示例 13-103 所示。

代码示例 13-103

```
Container(
    child: Text("HelloWorld"),
    color: Colors.red,
)
```

Container 接收一个 child 参数，可以传入 Text 作为 child 参数，然后传入一种颜色。

（1）padding：padding 是内边距，这里设置了 padding：EdgeInsets.all(10)，也就是说，Text 距离 Container 的四条边的边距都为 10，如代码示例 13-104 所示。

代码示例 13-104 padding

```
Container(
    child: Text("Pading 10"),
    padding: EdgeInsets.all(10),
    color: Colors.blue,
)
```

（2）margin：margin 是外边距，在这里设置了 margin：EdgeInsets.all(10)，Container

在原有大小的基础上,又被包围了一层宽度为 10 的矩形,如代码示例 13-105 所示。

代码示例 13-105　margin

```
Container(
    child: Text("Margin 10"),
    margin: EdgeInsets.all(10),
    color: Colors.green,
)
```

需要注意的是,绿色外围的白色区域也属于 Container 的一部分。

(3) transform:可以帮助进行旋转,Matrix4 给我们提供了很多变换样式,如代码示例 13-106 所示。

代码示例 13-106　transform

```
Container(
    padding: EdgeInsets.symmetric(horizontal: 15),
    margin: EdgeInsets.all(10),
    child: Text("transform"),
    transform: Matrix4.rotationZ(0.1),
    color: Colors.red,
)
```

(4) decoration:可以帮助我们实现更多的效果,例如形状、圆角、边界、边界颜色等,如代码示例 13-107 所示。

代码示例 13-107　decoration

```
Container(
    child: Text("Decoration"),
    padding: EdgeInsets.symmetric(horizontal: 15),
    margin: EdgeInsets.all(10),
    decoration: BoxDecoration(
        color: Colors.red,
        shape: BoxShape.rectangle,
        borderRadius: BorderRadius.all(Radius.circular(5)),
    ),
)
```

这里设置了一个圆角的示例,同样可对 BoxDecoration 的 color 属性设置颜色,对整个 Container 也是有效的。

(5) 显示 image:BoxDecoration 可以传入一个 image 对象,这样就灵活了很多,image 可以来自本地也可以来自网络,如代码示例 13-108 所示。

代码示例 13-108　Container 中显示 Image

```
Container(
    height: 40,
    width: 100,
    margin: EdgeInsets.all(10),
    decoration: BoxDecoration(
        image: DecorationImage(
            image: AssetImage("images/flutter_icon_100.png"),
            fit: BoxFit.contain,
        ),
    ),
)
```

（6）border：可以帮助我们实现边界效果，还可以设置圆角 borderRadius，也可以设置 border 的宽度和颜色等，如代码示例 13-109 所示。

代码示例 13-109　加边框

```
Container(
    child: Text('BoxDecoration with border'),
    padding: EdgeInsets.symmetric(horizontal: 15),
    margin: EdgeInsets.all(5),
    decoration: BoxDecoration(
        borderRadius: BorderRadius.circula(12),
        border: Border.all(
            color: Colors.red,
            width: 3,
        ),
    ),
)
```

（7）渐变色：效果如图 13-72 所示，实现如代码示例 13-110 所示。

代码示例 13-110　设置渐变色　chapter13\code13_9\lib\layouts\container_layout.dart

```
Container(
    padding: EdgeInsets.symmetric(horizontal: 20),
    margin: EdgeInsets.all(20),              //容器外填充
    decoration: BoxDecoration(
        gradient: RadialGradient(
            colors: [Colors.blue, Colors.black, Colors.red],
            center: Alignment.center,
            radius: 5
        ),
    ),
    child: Text(
```

```
            //卡片文字
            "RadialGradient",
            style: TextStyle(color: Colors.white),
        ),
    ),
)
```

BoxDecoration 的属性 gradient 可以接收一种颜色的数组，Alignment.center 是渐变色开始的位置，可以从左上角、右上角、中间等位置开始颜色变化。

图 13-72　Container 设置背景渐变色

4. 流式布局 Wrap

在 Flutter 中 Wrap 是流式布局控件，Row 和 Column 在布局上很好用，但是有一个缺点，当子控件数量过多导致 Row 或 Column 装载不下时，就会出现 UI 页面错误。Wrap 可以完美地避免这个问题，当控件过多且一行显示不全时，Wrap 可以换行显示。

Wrap 组件的构造参数如代码示例 13-111 所示。

代码示例 13-111

```
Wrap({
    Key key,
    this.direction = Axis.horizontal,                   //排列方向,默认水平方向排列
    this.alignment = WrapAlignment.start,               //子控件在主轴上的对齐方式
    this.spacing = 0.0,                                 //主轴上子控件的间距
    this.runAlignment = WrapAlignment.start,            //子控件在交叉轴上的对齐方式
    this.runSpacing = 0.0,                              //交叉轴上子控件的间距
    this.crossAxisAlignment = WrapCrossAlignment.start, //交叉轴上子控件的对齐方式
    this.textDirection,                                 //textDirection 水平方向上子控件的起始位置
    this.verticalDirection = VerticalDirection.down,    //垂直方向上子控件的起始位置
    List<Widget> children = const <Widget>[],           //要显示的子控件集合
})
```

实现流式布局的代码如代码示例 13-112 所示。

代码示例 13-112　chapter13\code13_9\lib\layouts\wrap_layout_demo.dart

```
import 'package:flutter/material.dart';

class WrapLayoutDemo extends StatelessWidget {
    const WrapLayoutDemo({Key? key}) : super(key: key);

    @override
    Widget build(BuildContext context) {
        return Wrap(
            direction: Axis.horizontal,
```

```
    alignment: WrapAlignment.start,
    spacing: 5,              //主轴上子控件的间距
    runSpacing: 16,          //交叉轴上子控件之间的间距
    children: Boxs(),        //要显示的子控件集合
  );
}

/*一个渐变颜色的正方形集合*/
List<Widget> Boxs() => List.generate(15, (index) {
    return Container(
      width: 100,
      height: 100,
      alignment: Alignment.center,
      decoration: BoxDecoration(
        gradient: LinearGradient(colors: [
          Colors.orangeAccent,
          Colors.orange,
          Colors.deepOrange
        ]),
      ),
      child: Text(
        "${index}",
        style: TextStyle(
          color: Colors.white,
          fontSize: 20,
          fontWeight: FontWeight.bold,
        ),
      ),
    );
  });
}
```

Wrap 流式布局效果如图 13-73 所示。

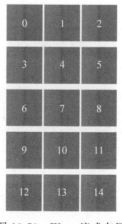

图 13-73　Wrap 流式布局

5. 层叠布局 Stack、Positioned

层叠布局就像 CSS 中的绝对定位，子组件可以根据父组件的位置来确定自身的位置。在 Flutter 中可使用 Stack 和 Positioned 这两个组件实现层叠布局，其中，Stack 允许子组件堆叠，而 Positioned 用于根据 Stack 的空间来定位，如代码示例 13-113 所示。

代码示例 13-113　chapter13\code13_9\lib\layouts\stack_layout_demo.dart

```dart
Stack(
  children: <Widget>[
    Container(
      height: 200,
      width: 200,
      color: Colors.red,
    ),
    Container(
      height: 170,
      width: 170,
      color: Colors.blue,
    ),
    Container(
      height: 140,
      width: 140,
      color: Colors.yellow,
    )
  ],
)
```

运行效果如图 13-74 所示。

图 13-74　Stack 层叠布局效果

Stack 未定位的子组件大小由 fit 参数决定，默认值为 StackFit.loose，表示子组件自己决定，StackFit.expand 表示尽可能地大，用法如代码示例 13-114 所示。

代码示例 13-114

```dart
Stack(
  fit: StackFit.expand,
  ...
)
```

Stack 未定位的子组件的默认对齐方式为左上角对齐,通过 alignment 参数控制,用法如代码示例 13-115 所示。

代码示例 13-115

```
Stack(
  alignment: Alignment.center,
  ...
)
```

fit 和 alignment 参数控制的都是未定位的子组件,那什么样的组件叫作定位的子组件?使用 Positioned 包裹的子组件就是定位的子组件,用法如代码示例 13-116 所示。

代码示例 13-116   chapter13\code13_9\lib\layouts\stack_demo.dart

```
Stack(children: < Widget >[
    //设置底部的大图片
    ClipRRect(
      //将圆角半径设置为 5 像素
      borderRadius: BorderRadius.circular(5),
      //设置图片
      child: Image.asset(
        "assets/images/girl.jpg",
        width: 220,
        height: 200,
        fit: BoxFit.fill,
      ),
    ),

    //使用 Positioned 组件在帧布局中定位子组件
    //设置右上角的关闭按钮
    Positioned(
      //距离右侧 5 像素
      right: 5,
      //距离顶部 5 像素
      top: 5,
      child:           //手势检测器组件
        GestureDetector(
        //单击事件
        onTap: () {},
        //右上角的删除按钮
        child: ClipOval(
          child: Container(
            padding: EdgeInsets.all(3),
            //背景装饰
            decoration: BoxDecoration(color: Colors.black),
```

```
                        //图标,20 像素、白色、关闭按钮
                        child: Icon(
                          Icons.close,
                          size: 20,
                          color: Colors.white,
                        ),
                      ),
                    ),
                  ),
                ),
              ]);
```

Positioned 组件可以指定距 Stack 各边的距离,效果如图 13-75 所示。

图 13-75　Stack＋Positioned 层叠布局效果

6. 网格布局 GridView

GridView 一共有 5 个构造函数,即 GridView、GridView.builder、GridView.count、GridView.extent 和 GridView.custom。

GridView 构造函数(已省略不常用属性),如表 13-19 所示,实现如代码示例 13-117 所示。

表 13-19　GridView 常用属性

名　称	类　型	说　明
scrollDirection	Axis	滚动方法
padding	EdgeInsetsGeometry	内边距
resolve	boolean	组件反向排序
crossAxisSpacing	double	水平子 Widget 之间间距
mainAxisSpacing	double	垂直子 Widget 之间间距
crossAxisCount	int	一行的 Widget 数量
childAspectRatio	double	子 Widget 宽高比例
children	＜Widget＞[]	子组件列表
gridDelegate	SliverGridDelegateWithFixedCrossAxisCount (常用) SliverGridDelegateWithMaxCrossAxisExtent	控制布局主要用在 GridView.builder 里面

代码示例 13-117

```
GridView({
  Key key,
  Axis scrollDirection = Axis.vertical,
  bool reverse = false,
  ScrollController controller,
  ScrollPhysics physics,
  bool shrinkWrap = false,
  EdgeInsetsGeometry padding,
  @required this.gridDelegate,
  double cacheExtent,
  List<Widget> children = const <Widget>[],})
```

SliverGridDelegateWithFixedCrossAxisCount 实现了一个横轴为固定数量子元素的 layout 算法,其属性如表 13-20 所示,构造函数如代码示例 13-118 所示。

代码示例 13-118

```
SliverGridDelegateWithFixedCrossAxisCount({
  @required double crossAxisCount,
  double mainAxisSpacing = 0.0,
  double crossAxisSpacing = 0.0,
  double childAspectRatio = 1.0,
})
```

表 13-20　SliverGridDelegateWithFixedCrossAxisCount 属性

名称	说明
crossAxisCount	横轴子元素的数量。此属性值确定后子元素在横轴的长度就确定了,即 ViewPort 横轴长度除以 crossAxisCount 的值
mainAxisSpacing	主轴方向的间距
crossAxisSpacing	横轴方向子元素的间距
childAspectRatio	子元素在横轴长度和主轴长度的比例。由于 crossAxisCount 指定后,子元素横轴长度就确定了,所以通过此参数值就可以确定子元素在主轴的长度了

通过 GridView 实现九宫格的案例,如代码示例 13-119 所示,如图 13-76 所示。

代码示例 13-119　chapter13\code13_9\lib\layouts\gridview_layout_demo.dart

```
import 'package:flutter/material.dart';

class GridViewLayoutDemo extends StatelessWidget {
  const GridViewLayoutDemo({Key? key}) : super(key: key);
```

```dart
@override
Widget build(BuildContext context) {
  return Container(
    padding: EdgeInsets.all(10),
    child: GridView(
      gridDelegate: SliverGridDelegateWithFixedCrossAxisCount(
        crossAxisCount: 3,                //横轴列数
        crossAxisSpacing: 10,             //横轴间距(Y轴)
        mainAxisSpacing: 10,              //主轴间距(X轴)
      ),
      children: <Widget>[
        Container(color: Colors.red),
        Container(color: Colors.redAccent),
        Container(color: Colors.yellow),
        Container(color: Colors.orange),
        Container(color: Colors.brown),
        Container(color: Colors.purple),
        Container(color: Colors.yellowAccent),
        Container(color: Colors.orangeAccent),
        Container(color: Colors.green),
        Container(color: Colors.blueGrey),
        Container(color: Colors.lightBlueAccent),
        Container(color: Colors.deepPurpleAccent),
        Container(color: Colors.lightGreen),
      ],
    ),
  );
}
```

图 13-76　GridView 布局效果

13.9.3 列表与可滚动组件

下面介绍如何使用列表和可滚动组件,这里介绍 3 个组件,即 SingleChildScrollView、ListView 和 PageView。

1. SingleChildScrollView

SingleChildScrollView 是一个只能包含单个组件的滚动组件,SingleChildScrollView 组件没有"懒加载"模式,性能不如 ListView,如代码示例 13-120 所示。

代码示例 13-120　chapter13\code13_9\lib\lists\SingleChildScrollViewDemo.dart

```dart
import 'package:flutter/material.dart';

class SingleChildScrollViewDemo extends StatelessWidget {
  const SingleChildScrollViewDemo({Key? key}) : super(key: key);

  @override
  Widget build(BuildContext context) {
    return SingleChildScrollView(
      child: Column(
        children: List.generate(20, (index) {
          return Container(
            height: 180,
            color: Colors.primaries[index % Colors.primaries.length],
          );
        }).toList(),
      ),
    );
  }
}
```

SingleChildScrollView 的效果如图 13-77 所示,滚动的方向是垂直方向。

图 13-77　SingleChildScrollView 列表效果

2. ListView 组件

ListView 组件是用得最多的列表组件,例如微博和商品列表都会有长列表,随着手指在屏幕上不断地滑动,视窗内的内容也会不断地更新。

ListView 主要有以下几种使用方式,如表 13-21 所示。

表 13-21 ListView 组件

名 称	说 明
ListView	ListView 是最简单直接的方式,由于实现的方式简单,所以适用的场景也很简单
ListView.builder	构造函数 builder 要求传入两个参数,即 itemCount 和 itemBuilder。前者规定列表数目的多少,后者决定每列表如何渲染
ListView.separated	separated 相比较于 builder 又多了一个参数 separatorBuilder,用于控制列表各个元素的间隔如何渲染
ListView.custom	custom 就跟名字一样,让我们自定义。必需的参数是 childrenDelegate,然后传入一个实现了 SliverChildDelegate 的组件,如 SliverChildListDelegate 和 SliverChildBuilderDelegate

1) ListView

ListView 是最简单直接的实现方式,如图 13-78 所示,仅适用于内容较少的情形,因为它一次性地渲染所有的 items,当 items 的数目较多时,很容易出现卡顿现象,导致滑动不流畅。可以试试加大 items 的大小,然后对比一下体验效果,如代码示例 13-121 所示。

代码示例 13-121 chapter13\code13_9\lib\lists\listview_demo.dart

```dart
class ListViewDemo extends StatefulWidget {
  const ListViewDemo({Key? key}) : super(key: key);
  @override
  State<ListViewDemo> createState() => _ListViewDemoState();
}

class _ListViewDemoState extends State<ListViewDemo> {
  //创建 30 个 Container
  final _items = List<Widget>.generate(
      30,
      (i) => Container(
            height: 100,
            color: Colors.primaries[i % Colors.primaries.length],
            padding: const EdgeInsets.all(16.0),
            child: Text("Item $ i", style: const TextStyle(fontSize: 30.0)),
          ));

  @override
  Widget build(BuildContext context) {
    return ListView(
```

```
      children: _items,
    );
  }
}
```

图 13-78 ListView 简单列表用法

ListView 组件可以配合 ListTile 组件一起使用,列表中的数据通过模拟数据实现,如代码示例 13-122 所示。

代码示例 13-122　chapter13\code13_9\lib\res\listData.dart

```
List listData = [
  {
    "title": 'Anm Shop',
    "author": 'Mohamed Chahin',
    "imageUrl": 'assets/avatar/1.jpeg',
  }
];
```

效果如图 13-79 所示,实现如代码示例 13-123 所示。

代码示例 13-123　chapter13\code13_9\lib\lists\listview_listtile.dart

```
class ListViewListTileDemo extends StatefulWidget {
  const ListViewListTileDemo({Key? key}) : super(key: key);
  @override
  State<ListViewListTileDemo> createState() => _ListViewListTileDemoState();
}
class _ListViewListTileDemoState extends State<ListViewListTileDemo> {   //获取列表的私有
                                                                         //方法
```

```
List<Widget> _getData() {
  var list = listData.map((obj) {
    return ListTile(
      leading: Image.asset(obj["imageUrl"]),
      title: Text(obj["title"]),
      subtitle: Text(obj["author"]),
      trailing: const Icon(
        Icons.phone_disabled_outlined,
        size: 28,
      ),
    );
  });
  return list.toList();
}
@override
Widget build(BuildContext context) {
  return ListView(children: _getData());
}
```

图 13-79　ListView＋ListTile 列表效果

2）ListView.builder()

构造函数 builder() 要求传入两个参数，即 itemCount 和 itemBuilder。itemCount 规定列表数目的多少，itemBuilder 决定了每列表如何渲染。

和 ListView 构造函数的不同点在于，ListView.builder 采用懒加载方式，假如有 1000 个列表，初始渲染时并不会都渲染，而只会渲染特定数量的 item，可以很好地提升性能。

可以对比用 ListView 和用 ListView.builder 渲染 1000 个列表时体验是否有差别，如代码示例 13-124 所示。

代码示例 13-124

```
//自定义方法
Widget _getListData(context, index) {
  return ListTile(
    title: Text(listData[index]["title"]),        //每次取出 index 的索引对应的数据并返回
    leading: Image.asset(listData[index]["imageUrl"]),
    subtitle: Text(listData[index]["author"]),
  );
}

@override
Widget build(BuildContext context) {
  //通过 builder 规范让 ListView 自动循环遍历数据
  return ListView.builder(
    itemCount: listData.length,                   //这里必须指定 List 的长度
    itemBuilder: _getListData,
  );
}
```

3）ListView.separated()

separated 相比 builder 又多了一个参数 separatorBuilder，用于控制列表各个元素的间隔如何渲染。如需要列表的每个 item 之间有一条分割线，则可添加一个 Divider 组件，如代码示例 13-125 所示。

代码示例 13-125

```
class ListViewDemo extends StatelessWidget {
  final _items = List<String>.generate(1000, (i) => "Item $i");

  @override
  Widget build(BuildContext context) {
    return ListView.separated(
      itemCount: 1000,
      itemBuilder: (context, idx) {
        return Container(
          padding: EdgeInsets.all(16.0),
```

```
          child: Text(_items[idx]),
        );
      },
      separatorBuilder: (context, idx) {
        return Divider();
      },
    );
  }
}
```

4）ListView 下拉刷新

在 Flutter 中实现列表的下拉刷新效果，因为 Flutter 已封装好了一个 RefreshIndicator 组件，所以使用起来也非常方便。

使用第三方的 fluttertoast 插件添加依赖，如图 13-80 所示。

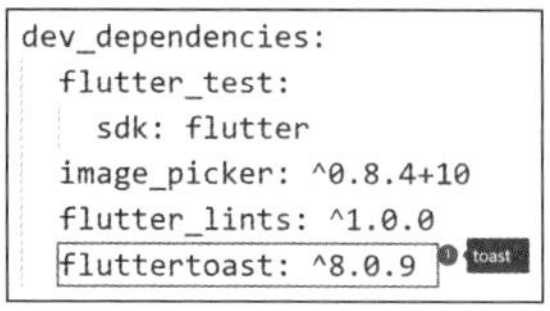

```
dev_dependencies:
  flutter_test:
    sdk: flutter
  image_picker: ^0.8.4+10
  flutter_lints: ^1.0.0
  fluttertoast: ^8.0.9
```


图 13-80 添加 fluttertoast 插件依赖

数据加载通过 Future. delayed 模拟数据获取和更新列表数据，如代码示例 13-126 所示。

代码示例 13-126 chapter13\code13_9\lib\lists\listview_pulldown. dart

```
import 'package:flutter/material.dart';
import 'package:fluttertoast/fluttertoast.dart';

class PullDownListDemo extends StatefulWidget {
  const PullDownListDemo({Key? key}) : super(key: key);
  @override
  _PullDownListDemoState createState() => _PullDownListDemoState();
}

class _PullDownListDemoState extends State<PullDownListDemo> {
  var _items = List<String>.generate(5, (i) => "Item $ i");
  Future onRefresh() {
    return Future.delayed(const Duration(seconds: 3), () {
      setState(() {
        _items = List<String>.generate(10, (i) => "Item_New $ i");
      });
      Fluttertoast.showToast(msg: '当前已是最新数据');
    });
  }

  @override
  Widget build(BuildContext context) {
    return RefreshIndicator(
```

```
        onRefresh: onRefresh,
        child: ListView.separated(
          itemCount: _items.length,
          itemBuilder: (context, i) {
            return Container(
              height: 100,
              color: Colors.primaries[i % Colors.primaries.length],
              padding: const EdgeInsets.all(16.0),
              child: Text(_items[i], style: const TextStyle(fontSize: 20.0)),
            );
          },
          separatorBuilder: (context, index) {
            return const Divider(
              height: .5,
              indent: 75,
              color: Colors.yellow,
            );
          },
        ),
      );
    }
  }
```

RefreshIndicator 的用法十分简单，只要将原来的 ListView 作为其 child，并且实现其 onRefresh 方法就好了，如图 13-81 所示，而 onRefresh 方法其实是刷新完毕后通知 RefreshIndicator 的一个回调函数。

图 13-81　ListView 下拉刷新效果

5) ListView 上拉加载更多数据

除了下拉刷新之外，上拉加载也是经常会遇到的另一种列表操作。Flutter 并没有提供现成的组件可以直接调用，因此上拉加载的交互需要开发者完成。

首先简单分析如何实现上拉效果：

（1）组件内部需要一个 list 变量存储当前列表的数据源。

（2）组件内部需要一个 bool 型的 isLoading 标志位来表示当前是否处于 Loading 状态。

（3）需要能够判断出当前列表是否已经滚动到底部，而这要借助前面提到过的 controller 属性（ScrollController 可以获取当前列表的滚动位置及列表最大滚动区域，两者相比较即可得到结果）。

（4）当开始加载数据时，需要将 isLoading 设置为 true；当数据加载完毕时，需要将新的数据合并到 list 变量中，并且重新将 isLoading 设置为 false，如代码示例 13-127 所示。

代码示例 13-127　chapter13\code13_9\lib\lists\pullup_listview.dart

```dart
import 'package:flutter/material.dart';

class PullUpLoadMoreList extends StatefulWidget {
  const PullUpLoadMoreList({Key? key}) : super(key: key);
  @override
  _PullUpLoadMoreListState createState() => _PullUpLoadMoreListState();
}

class _PullUpLoadMoreListState extends State<PullUpLoadMoreList> {
  bool isLoading = false;
  ScrollController scrollController = ScrollController();
  var list = List<String>.generate(20, (i) => "Item $i");

  @override
  void initState() {
    super.initState();
    //给列表滚动添加监听
    scrollController.addListener(() {
      //滑动到底部的关键判断
      if (!isLoading &&
          scrollController.position.pixels >=
              scrollController.position.maxScrollExtent) {
        //开始加载数据
        setState(() {
          isLoading = true;
          loadMoreData();
        });
      }
```

```dart
      });
    }

    @override
    void dispose() {
      //组件销毁时,释放资源
      super.dispose();
      scrollController.dispose();
    }

    Future loadMoreData() {
      return Future.delayed(const Duration(seconds: 5), () {
        var newList = List<String>.generate(10, (i) => "New Item $i");
        setState(() {
          isLoading = false;

          list.addAll(newList);
        });
      });
    }

    Widget renderBottom() {}

    @override
    Widget build(BuildContext context) {
      return ListView.separated(
        controller: scrollController,
        itemCount: list.length + 1,
        separatorBuilder: (context, index) {
          return const Divider(height: .5, color: Color(0xFFDDDDDD));
        },
        itemBuilder: (context, index) {
          if (index < list.length) {
            return Container(
              padding: const EdgeInsets.all(16.0),
              child: Text(list[index]),
            );
          } else {
            return renderBottom();
          }
        },
      );
    }
}
```

在上面代码中,列表的 itemCount 值变成了 list.length+1,多渲染了一个底部组件。

当不再加载时,可以展示一个上拉加载更多的提示性组件;当正在加载数据时,又可以展示一个努力加载中的占位组件。

renderBottom 方法的实现,如代码示例 13-128 所示。

代码示例 13-128

```
Widget renderBottom() {
  if (isLoading) {
    return Container(
      padding: const EdgeInsets.symmetric(vertical: 15),
      child: Row(
        mainAxisAlignment: MainAxisAlignment.center,
        children: const < Widget >[
          Text(
            '努力加载中...',
            style: TextStyle(
              fontSize: 15,
              color: Color(0xFF333333),
            ),
          ),
          Padding(padding: EdgeInsets.only(left: 10)),
          SizedBox(
            width: 20,
            height: 20,
            child: CircularProgressIndicator(strokeWidth: 3),
          ),
        ],
      ),
    );
  } else {
    return Container(
      padding: const EdgeInsets.symmetric(vertical: 15),
      alignment: Alignment.center,
      child: const Text(
        '上拉加载更多',
        style: TextStyle(
          fontSize: 15,
          color: Color(0xFF333333),
        ),
      ),
    );
  }
}
```

运行效果如图 13-82 所示。

图 13-82　上拉刷新效果

3. PageView

PageView 是一个滑动视图列表,它继承自 CustomScrollView。PageView 有 3 种构造函数,如表 13-22 所示。

表 13-22　PageView 的 3 种构造函数

名　　称	说　　明
PageView	默认构造函数
PageView.builder	适用于具有大量(或无限)列表项
PageView.custom	提供了自定义子 Widget 的功能

默认构造函数 PageView,如代码示例 13-129 所示。

代码示例 13-129　chapter13\code13_9\lib\gridview\gridview_demo.dart

```
class _PageViewDemoState extends State<PageViewDemo> {
  var imgArr = [
    'http://8d.jpg',
    'http://e3.jpg'
  ];
  @override
  Widget build(BuildContext context) {
    return Container(
```

```
      color: Colors.red,
      height: 260.0,
      child: PageView(
        children: [
          Image.network(
            imgArr[0],
            fit: BoxFit.contain,
          ),
          Image.network(
            imgArr[1],
            fit: BoxFit.contain,
          ),
        ],
      ),
    );
  }
}
```

定义一个 PageController,用来操作 PageView 或者监听 PageView,初始化方法如代码示例 13-130 所示。

代码示例 13-130

```
//当前页码
var _currentIndex = 1;

//初始化控制器
PageController mPageController = PageController(initialPage: 0);

@override
void initState() {
  super.initState();
}
```

给 PageView 绑定定义好的 PageController,如代码示例 13-131 所示。

代码示例 13-131

```
PageView(
    onPageChanged: (position) {
      setState(() {
        _currentIndex = position + 1;
      });
    },
    controller: mPageController,
    children: [
```

```
        Image.network(
            imgArr[0],
            fit: BoxFit.contain,
        ),
        Image.network(
            imgArr[1],
            fit: BoxFit.contain,
        ),
    ],
)
```

PageController 用于控制切换页面，如代码示例 13-132 所示。

代码示例 13-132

```
Row(
    mainAxisAlignment: MainAxisAlignment.center,
    children: [
      Text('第 $_currentIndex 页'),
      const SizedBox(
         width: 10,
      ),
      OutlinedButton(
         onPressed: () {
           mPageController.previousPage(
              duration: const Duration(milliseconds: 200),
              curve: Curves.ease);
         },
         child: const Text("上一页")),
      OutlinedButton(
         onPressed: () {
           mPageController.nextPage(
              duration: const Duration(milliseconds: 200),
              curve: Curves.ease);
         },
         child: const Text("下一页")),
    ],
)
```

效果如图 13-83 所示。

PageView 提供了便利的 PageView.builder() 构造方法，适用于大量动态数据，和 ListView.builder 的用法类似。

注意：PageView 的 itemCount 不可为空，当不设置 itemCount 时，PageView 会默认为

图 13-83　PageView 的基本用法

无限循环，因此数组会一直增加。

如果需要与外界其他 Widget 联动，则可通过 PageController 进行 Page 页切换或直接跳转等，如图 13-84 所示，实现如代码示例 13-133 所示。

图 13-84　PageView.builder 用法

代码示例 13-133   chapter13\code13_9\lib\gridview\PageViewDemo2.dart

```dart
import 'package:flutter/material.dart';

class Page1 extends StatelessWidget {
  const Page1({Key? key}) : super(key: key);

  @override
  Widget build(BuildContext context) {
    return Container(
      decoration: BoxDecoration(color: Colors.red),
      alignment: Alignment.center,
      child: Text(
        "Page1",
        style: TextStyle(fontSize: 30),
      ),
    );
  }
}

class Page2 extends StatelessWidget {
  const Page2({Key? key}) : super(key: key);

  @override
  Widget build(BuildContext context) {
    return Container(
      decoration: BoxDecoration(color: Colors.greenAccent),
      alignment: Alignment.center,
      child: Text(
        "Page2",
        style: TextStyle(fontSize: 30),
      ),
    );
  }
}

class PageViewDemo2 extends StatefulWidget {
  const PageViewDemo2({Key? key}) : super(key: key);

  @override
  _PageViewDemo2State createState() => _PageViewDemo2State();
}

class _PageViewDemo2State extends State<PageViewDemo2> {
  int currentPage = 0;
  var pageController;
```

```dart
@override
void initState() {
  super.initState();
  pageController = PageController(initialPage: 0);

  //PageView 设置滑动监听
  pageController.addListener(() {
    //PageView 滑动的距离
    double offset = pageController.offset;
    //当前显示的页面的索引
    double page = pageController.page;
    print("PageView 滑动的距离 $offset  索引 $page");
  });
}

var _page = [
  Page1(),
  Page2(),
];

@override
Widget build(BuildContext context) {
  return Container(
    child: PageView.builder(
      //当页面选中后回调此方法
      //参数[index]是当前滑动到的页面角标索引,从 0 开始
      onPageChanged: (int index) {
        print("当前的页面是 $index");
        currentPage = index;
      },
      //值为 flase 时显示第 1 个页面,然后从左向右开始滑动
      //值为 true 时显示最后一个页面,然后从右向左开始滑动
      reverse: false,
      //滑动到页面底部无回弹效果
      physics: BouncingScrollPhysics(),
      //纵向滑动切换
      scrollDirection: Axis.vertical,
      //页面控制器
      controller: pageController,
      //所有的子 Widget
      itemBuilder: (BuildContext context, int index) {
        return _page[index];
      },
      itemCount: _page.length,
    ),
  );
}
}
```

13.9.4 表单组件

Flutter 提供了丰富的表单组件,本节介绍几个非常常用的表单组件的用法。

1. 复选框和单选框

Material 组件库中提供了 Material 风格的复选框 Checkbox 和单选框,使用单选框和复选框的组件需要继承自 StatefulWidget。

1) 复选框 Checkbox

复选框可以选择多个值,例如选择多个兴趣爱好。复选框只能绑定 bool 类型的值,基础用法如代码示例 13-134 所示。

代码示例 13-134

```
bool checkVal   = false;
Checkbox(
    value: this.valueb,
    onChanged: (bool value) {
        setState(() {
            this._checkVal = value;
        });
    },
),
```

CheckBox 的效果如图 13-85 所示。

图 13-85 CheckBox 的基本用法

如果需要实现多选,则首先需要创建一个组数据,绑定 ListView,在 ListView 内部使用 CheckBox 进行选择,并记录多选项的值,如代码示例 13-135 所示。

代码示例 13-135

```
//多选项
List checkArr = [
   {"title":"打篮球", "checked": false},
   {"title":"弹吉他", "checked": true}
];
//选中的列表
List checkedList = [];
```

通过 ListView 绑定多选数据项,如代码示例 13-136 所示。

代码示例 13-136

```
ListView.builder(
    itemCount: checkArr.length,
    itemBuilder: (context, index) {
      return Row(
        children: [
          Text(checkArr[index]["title"]),
          Checkbox(
            value: checkArr[index]["checked"],
            onChanged: (e) {
              setState(() {
                checkArr[index]["checked"] = !checkArr[index]["checked"];
                //如果选中状态,并且选中的列表中不包含该项的索引
                //把当前选项的下标添加到 checkedList 中
                if (checkArr[index]["checked"] &&
                    !checkedList.contains(index)) {
                  checkedList.add(index);
                  print(checkArr[index]["title"]);
                }
              });
            },
          )
        ],
      );
    },
)
```

效果如图 13-86 所示。

图 13-86　ChekBox 多选项

2）带标签与图标的复选框（CheckboxListTile）

CheckboxListTile 构造方法如代码示例 13-137 所示。

代码示例 13-137

```
const CheckboxListTile({
  Key key,
  @required bool value,
  @required ValueChanged< bool > onChanged,
  Color activeColor,
  Widget title,                        //复选框的主标题
  Widget subtitle,                     //复选框的副标题
  bool isThreeLine: false,             //文字是否为三行
  bool dense,                          //是否为垂直密集列表的一部分
  Widget secondary,                    //图标
  bool selected: false,                //文字和图标颜色是否为选中的颜色(activeColor)
  ListTileControlAffinity controlAffinity: ListTileControlAffinity.platform
                                       //文字、图标、复选框的排列顺序
});
```

带标签与图标的复选框可以方便地设置标题和左右两边的图标，效果如图 13-87 所示，示例代码如 13-138 所示。

代码示例 13-138

```
var _checkboxVal = true;

CheckboxListTile(
   value: _checkboxVal,
   onChanged: (val) {
      setState(() {
         _checkboxVal = val!;
      });
   },
   title: Text("Checkbox Item A"),
   subtitle: Text("Description Checkbox "),
   secondary: Icon(Icons.access_alarm),
)
```

图 13-87　带标签的复选框

3）单选框（Radiobox）和带标签的单选框（RadioListTile）

与上面的复选框的用法基本一样，如代码示例 13-139 所示。

代码示例 13-139

```
int _radioVal = 0;
void _radioChange(int? val) {
   setState(() {
    _radioVal = val!;
   });
}

Radio(
   //radio 的值
   value: 0,
   //radio 群组值
   groupValue: _radioVal,
   onChanged: _radioChange,
),
Radio(
   value: 1,
   groupValue: _radioVal,
   onChanged: _radioChange,
)
```

带标签的单选框,如图 13-88 所示。

图 13-88 带标签的单选框

实现带标签的单选框,如代码示例 13-140 所示。

代码示例 13-140

```
int _radioVal = 0;
void _radioChange(int? val) {
   setState(() {
    _radioVal = val!;
   });
}

RadioListTile(
   value: 1,
   groupValue: _radioVal,
```

```
        onChanged: _radioChange,
        title: Text("Flutter 课程"),
        subtitle: Text("Flutter 是一个跨平台开发框架"),
        secondary: Icon(Icons.access_time),
    ),
    RadioListTile(
        value: 2,
        groupValue: _radioVal,
        onChanged: _radioChange,
        title: Text("Vue in Depth 课程"),
        subtitle: Text("Vue 是一个 MVVM 开发框架"),
        secondary: Icon(Icons.dangerous),
    )
```

2. 输入框和表单

实现圆角输入框,效果如图 13-89 所示。

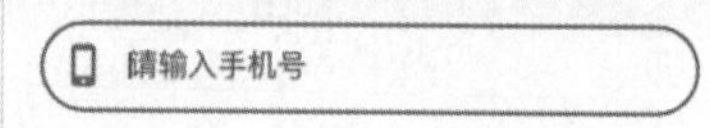

实现圆角输入框,如代码示例 13-141 所示。

图 13-89   TextField 输入框

代码示例 13-141

```
TextField(
    //设置字体
    style: TextStyle(
        fontSize: 16,
    ),

    //设置输入框样式
    decoration: InputDecoration(
        hintText: '请输入手机号',

        //边框
        border: OutlineInputBorder(
            borderRadius: BorderRadius.all(
                //里面的数值尽可能大才是左右半圆形,否则就是普通的圆角形
                Radius.circular(50),
            ),
        ),

        //设置内容内边距
        contentPadding: EdgeInsets.only(
            top: 0,
            bottom: 0,
        ),

        //前缀图标
```

```
          prefixIcon: Icon(Icons.phone_iphone),
    ),
),
```

1) 表单基础用法

Form 作为一个容器可包裹多个表单字段(FormField)。FormField 是一个抽象类，TextFormText 是 FormField 的一个实现类，因此可以在 Form 中使用 TextFormField。

创建一个用户登录表单，并获取输入的信息，效果图如图 13-90 所示。

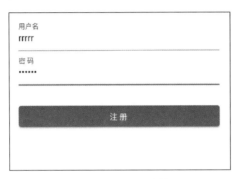

图 13-90　登录表单

实现代码如代码示例 13-142 所示。

代码示例 13-142

```
class RegisterFormDemo extends StatefulWidget {
  const RegisterFormDemo({Key? key}) : super(key: key);
  @override
  _RegisterFormDemoState createState() => _RegisterFormDemoState();
}
class _RegisterFormDemoState extends State<RegisterFormDemo> {

  @override
  Widget build(BuildContext context) {
    return Form(
      child: Column(
        children: [
          TextFormField(
            decoration: InputDecoration(labelText: "用户名"),
          ),
          TextFormField(
            obscureText: true,
            decoration: InputDecoration(labelText: "密 码"),
          ),
          SizedBox(
```

```
          height: 30.0,
        ),
        Container(
          width: double.infinity,
          child: ElevatedButton(
            child: Text(
              "注 册",
              style: TextStyle(color: Colors.white),
            ),
            onPressed: (){},
          ),
        )
      ],
    ),
  );
}
```

TextFormField 的 onSave 方法用来记录填写的值,并赋值给本地变量,单击"注册"按钮,保存整个表单数据,在上面的代码中,每输入新的内容,TextFormField 便获取最新的信息并更新本地的变量,为了获取整个表单数据,需要给表单创建一个全局的 Key,通过这个 Key 获取表单的最新状态值,如代码示例 13-143 所示。

代码示例 13-143

```
class _RegisterFormDemoState extends State<RegisterFormDemo> {
  final registerFormKey = GlobalKey<FormState>();
  String userName = "", password = "";

  void submitRegister() {
registerFormKey.currentState!.save();
//输到调试控制台上
    deBugPrint("username: $userName");
    deBugPrint("password: $password");
  }

  @override
  Widget build(BuildContext context) {
    return Form(
      key: registerFormKey,
      child: Column(
        children: [
          TextFormField(
            decoration: InputDecoration(labelText: "用户名"),
            onSaved: (val) {
```

```
          userName = val!;
        },
      ),
      TextFormField(
        obscureText: true,
        decoration: InputDecoration(labelText: "密码"),
        onSaved: (val) {
          password = val!;
        },
      ),
      SizedBox(
        height: 30.0,
      ),
      Container(
        width: double.infinity,
        child: ElevatedButton(
          child: Text(
            "注 册",
            style: TextStyle(color: Colors.white),
          ),
          onPressed: submitRegister,
        ),
      )
    ],
   ),
  );
 }
}
```

2）表单字段验证

为了验证表单，需要使用_formKey。使用 _formKey.currentState() 方法去访问 FormState，而 FormState 是在创建表单 Form 时由 Flutter 自动生成的。

FormState 类包含了 validate() 方法。当 validate() 方法被调用时，会遍历表单中所有文本框的 validator() 函数。如果所有 validator() 函数验证都通过，则 validate() 方法返回 true。如果某个文本框验证不通过，就会在那个文本框区域显示错误提示，同时 validate() 方法会返回 false。

通过给 TextFormField 加入 validator() 函数可以验证输入是否正确。validator 函数会校验用户输入的信息，如果信息有误，则会返回包含出错原因的字符串 String。如果信息无误，则不返回，如代码示例 13-144 所示。

代码示例 13-144

```
TextFormField(
  validator: (value) {
    if (value == null || value.isEmpty) {
```

```
        return 'Please enter some text';
      }
      return null;
    },
),
```

当用户提交表单后,我们会预先检查表单信息是否有效。如果文本框有内容,则表示表单有效,会显示正确信息。如果文本框没有输入任何内容,则表示表单无效,会在文本框区域展示错误提示,如代码示例 13-145 所示。

代码示例 13-145

```
ElevatedButton(
  onPressed: () {
    if (_formKey.currentState!.validate()) {
      ScaffoldMessenger.of(context).showSnackBar(
        const SnackBar(content: Text('Processing Data')),
      );
    }
  },
  child: const Text('Submit'),
),
```

3. SnackBar

SnackBar 是 Flutter 提供的一种提示 Widget,附带操作(Action)功能,SnackBar 的构造方法如代码示例 13-146 所示。

代码示例 13-146

```
const SnackBar({
  Key key,
  @required this.content,
  this.backgroundColor,
  this.elevation,
  this.shape,
  this.behavior,
  this.action,
  this.duration = _snackBarDisplayDuration,
  this.animation,
})
```

其中 this.content 必传,并且不能是 null,而 elevation 则是 null 或者非负值。

1)创建 SnackBar

使用 SnackBar,首先需要创建一个 SnackBar,如代码示例 13-147 所示。

代码示例 13-147   chapter13\code13_9\lib\forms\snackbar_demo.dart

```
SnackBar snackBar = SnackBar(
  content: Text('已经删除'),
  action: SnackBarAction(
    label: '撤销',
    onPressed: () {}
  }),
);
```

以上代码创建了一个带 action 的 SnackBar，效果如图 13-91 所示。

图 13-91   SnackBar 效果图

2）显示 SnackBar

显示 SnackBar，代码如下：

```
Scaffold.of(context).showSnackBar(snackBar);
```

3）隐藏当前的 SnackBar

隐藏当前的 SnackBar，代码如下：

```
Scaffold.of(context).hideCurrentSnackBar();
```

4. Switch 和 SwitchListTile

Switch（开关）、SwitchListTile（带标题的开关）和 AnimatedSwitch 的用法如代码示例 13-148 所示。

代码示例 13-148

```
SwitchListTile(
    value: _switchItemA,
    onChanged: (value) {
        setState(() {
            _switchItemA = value;
        });
    },
    title: Text('Switch Item A'),
    subtitle: Text('Description'),
    secondary: Icon(_switchItemA ? Icons.visibility : Icons.visibility_off),
    selected: _switchItemA,
),
```

5. AlertDialog

AlertDialog 对话框是一个警报对话框,会通知用户需要确认的情况。警报对话框具有可选标题和可选的操作列表,用法如代码示例 13-149 所示。

代码示例 13-149 chapter13\code13_9\lib\forms\alert_dialog_demo.dart

```dart
_alertDialog() async {
  var result = await showDialog(
      barrierDismissible: false,         //表示单击灰色背景时是否消失弹出框
      context: context,
      builder: (context) {
        return AlertDialog(
          title: Text("提示信息"),
          content: Text("您确定要删除吗?"),
          actions: <Widget>[
            TextButton(
              child: Text("取消"),
              onPressed: () {
                print("取消");
                Navigator.of(context).pop("Cancel");
              },
            ),
            TextButton(
              child: Text("确定"),
              onPressed: () {
                print("确定");
                Navigator.of(context).pop("Ok");
              },
            )
          ],
        );
      });
  print(result);
}

@override
Widget build(BuildContext context) {
  return Scaffold(
    body: Center(
      child: TextButton(
        child: Text("AlertDialog"),
        onPressed: _alertDialog,
      ),
    ));
}
```

运行效果如图 13-92 所示。

图 13-92 弹出框效果

6. SimpleDialog

简单的对话框为用户提供了多个选项。一个简单的对话框有一个可选的标题,显示在选项上方,用法如代码示例 13-150 所示。

代码示例 13-150   chapter13\code13_9\lib\forms\simpledialog_demo.dart

```
_simpleDialog() async {
  var result = await showDialog(
    barrierDismissible: true,        //表示单击灰色背景时是否消失弹出框
    context: context,
    builder: (context) {
      return SimpleDialog(
        title: Text("选择内容"),
        children: <Widget>[
          SimpleDialogOption(
            child: Text("Option A"),
            onPressed: () {
              print("Option A");
              Navigator.pop(context, "A");
            },
          ),
```

```
                Divider(),
                SimpleDialogOption(
                  child: Text("Option B"),
                  onPressed: () {
                    print("Option B");
                    Navigator.pop(context, "B");
                  },
                ),
                Divider(),
                SimpleDialogOption(
                  child: Text("Option C"),
                  onPressed: () {
                    print("Option C");
                    Navigator.pop(context, "C");
                  },
                )
              ],
            );
          });
      print(result);
    }

    @override
    Widget build(BuildContext context) {
      return Scaffold(
        body: Center(
          child: TextButton(
            child: Text("SimpleDialog"),
            onPressed: _simpleDialog,
          ),
        ));
    }
```

运行效果如图 13-93 所示。

7. ButtonSheet

BottomSheet 是一个底部滑出的组件，基础用法如代码示例 13-151 所示。

代码示例 13-151

```
BottomSheet(
    onClosing: () {},
    builder: (BuildContext context) {
        return new Text('aaa');
    },
),
```

图 13-93　弹出对话框效果

通常很少直接使用 BottomSheet 而是使用 showModalBottomSheet，如代码示例 13-152 所示。

代码示例 13-152　chapter13\code13_9\lib\forms\button_sheet_demo.dart

```
_modelBottomSheet() async {
    var result = await showModalBottomSheet(
        context: context,
        builder: (context) {
          return Container(
            height: 220.0,
            child: Column(
              children: <Widget>[
                ListTile(
                  title: Text("分享 A"),
                  onTap: () {
                    Navigator.pop(context, "分享 A");
                  },
                ),
                Divider(),
                ListTile(
                  title: Text("分享 B"),
                  onTap: () {
                    Navigator.pop(context, "分享 B");
                  },
                ),
                Divider(),
                ListTile(
```

```
                    title: Text("分享 C"),
                    onTap: () {
                      Navigator.pop(context, "分享 C");
                    },
                  )
                ],
              ),
            );
          });
    print(result);
  }
  @override
  Widget build(BuildContext context) {
    return Scaffold(
        body: Center(
          child: TextButton(
            child: Text("showModalBottomSheet"),
            onPressed: _modelBottomSheet,
          ),
        ));
  }
```

运行效果如图 13-94 所示。

图 13-94　底部弹出对话框效果

13.10 路由管理

当 Flutter 应用程序中包含多个页面且页面和页面之间需要相互跳转时，需要使用 Flutter 提供的路由功能。

路由分为基础路由、命名路由和嵌模式由 3 种，首先通过一个简单的页面跳转来了解 Flutter 路由的基础用法。

13.10.1 路由的基础用法

下面通过路由实现从一个页面跳转到另一个页面的功能，并且通过第 2 个页面上的返回按钮回到第 1 个页面。

首先需要创建两个页面，每个页面包含一个按钮，单击第 1 个页面上的按钮将导航到第 2 个页面，单击第 2 个页面上的按钮将返回第 1 个页面，如代码示例 13-153 所示。

代码示例 13-153   chapter13\code13_10\lib\basic\first_page.dart

```dart
class FirstPage extends StatelessWidget {
  const FirstPage({Key? key}) : super(key: key);

  @override
  Widget build(BuildContext context) {
    return Scaffold(
      appBar: AppBar(
        title: const Text('第 1 个页面'),
      ),
      body: Center(
        child: OutlinedButton(
          child: const Text('跳转到第 2 个页面'),
          onPressed: () {
            //单击跳转到第 2 个页面
          );
        },
       ),
      ),
    );
  }
}

class SecondPage extends StatelessWidget {
  const SecondPage({Key? key}) : super(key: key);

  @override
  Widget build(BuildContext context) {
```

```
    return Scaffold(
      appBar: AppBar(
        title: const Text('第2个页面'),
      ),
      body: Center(
        child: OutlinedButton(
          child: const Text('关闭当前页面'),
          onPressed: () {
            //关闭页面,显示第1个页面
          },
        ),
      ),
    );
  }
}
```

导航到新的页面,需要调用 Navigator.push 方法。该方法将 Route 添加到路由栈中。

使用 MaterialPageRoute 创建路由,它是一种模态路由,可以通过平台自适应的过渡效果来切换屏幕。默认情况下,当一个模态路由被另一个替换时,上一个路由将保留在内存中,如果想释放所有资源,则可以将 maintainState 设置为 false。

给第1个页面上的按钮添加 onPressed 回调,如代码示例 13-154 所示。

代码示例 13-154

```
onPressed: () {
  Navigator.push(
    context,
    new MaterialPageRoute(builder: (context) => new SecondPage()),
  );
},
```

返回第1个页面,Scaffold 控件会自动在 AppBar 上添加一个返回按钮,单击该按钮会调用 Navigator.pop。单击第2个页面中间的按钮也能回到第1个页面,添加回调函数,调用 Navigator.pop,如代码示例 13-155 所示。

代码示例 13-155

```
onPressed: () {
  Navigator.pop(context);
}
```

运行效果如图 13-95 所示。

在上面的路由基础用法中,用了两个类,即 MaterialPageRoute 和 Navigator。下面具

图 13-95　页面间路由跳转

体介绍这两个类的详细用法。

1. MaterialPageRoute

MaterialPageRoute 继承自 PageRoute 类，PageRoute 类是一个抽象类，表示占有整个屏幕空间的一个模态路由页面，它还定义了路由构建及切换时过渡动画的相关接口及属性。MaterialPageRoute 是 Material 组件库提供的组件，它可以针对不同平台，实现与平台页面切换动画风格一致的路由切换动画。

当打开页面时，新的页面会从屏幕右侧边缘一直滑动到屏幕左边，直到新页面全部显示到屏幕上，而上一个页面则会从当前屏幕滑动到屏幕左侧而消失；当关闭页面时，正好相反，当前页面会从屏幕右侧滑出，同时上一个页面会从屏幕左侧滑入。

MaterialPageRoute 构造函数的详细参数如表 13-23 所示，实现如代码示例 13-156 所示。

表 13-23　MaterialPageRoute 构造函数

参 数 名 称	说　　明
builder	builder 是一个 WidgetBuilder 类型的回调函数，它的作用是构建路由页面的具体内容，返回值是一个 Widget。通常要实现此回调，返回新路由的实例
settings	包含路由的配置信息，如路由名称、路由参数信息
maintainState	默认情况下，当入栈一个新路由时，原来的路由仍然会被保存在内存中，如果想在路由没用的时候释放其所占用的所有资源，则可以将 maintainState 设置为 false
fullscreenDialog	表示新的路由页面是否是一个全屏的模态对话框，在 iOS 中，如果 fullscreenDialog 为 true，则新页面将会从屏幕底部滑入（而不是水平方向）

代码示例 13-156

```
MaterialPageRoute({
  WidgetBuilder builder,
  RouteSettings settings,
  bool maintainState = true,
  bool fullscreenDialog = false,
})
```

2. Navigator

Navigator 是一个路由管理的组件,它提供了打开和退出路由页的方法。Navigator 通过一个栈来管理活动路由集合,如表 13-24 所示,通常当前屏幕显示的页面就是栈顶的路由。Navigator 的工作原理和栈相似,可以将想要跳转到的 route 压栈(push()),想要返回的时候将 route 弹栈(pop())。

表 13-24 普通路由管理方法

参 数 名 称	说　　明
push	将设置的 router 信息推送到 Navigator 上,实现页面跳转
pop	关闭当前页面
popUntil	反复执行 pop 直到该函数的参数 predicate 的返回值为 true 为止
pushAndRemoveUntil	将给定路由推送到 Navigator,一个一个地删除先前的路由,直到该函数的参数 predicate 的返回值为 true 才停止
pushReplacement	用新的路由替换当前路由

命名路由管理方法,如表 13-25 所示。

表 13-25 命名路由管理方法

参 数 名 称	说　　明
pushNamed	通过路由名称推送,效果等同于 push
pushNamedAndRemoveUntil	效果等同于 pushAndRemoveUntil
pushReplacementNamed	效果等同于 pushReplacement
popAndPushNamed	关闭当前页面,并导航到新页面

13.10.2　路由传值

在进行页面切换时,通常还需要将一些数据传递给新页面,或从新页面返回数据。有如下场景:有一个文章列表页,单击每一项会跳转到对应的内容页。在内容页中,单击任意按钮回到列表页并显示结果,如代码示例 13-157 所示。

代码示例 13-157　chapter13\code13_10\lib\param\ArticleListScreen.dart

```dart
import 'package:flutter/material.dart';

class Article {
  String title;
  String content;
  Article({required this.title, required this.content});
}

//文章列表页面
class ArticleListScreen extends StatelessWidget {
  final List<Article> articles = List.generate(
    10,
    (i) => Article(
      title: 'Article $i',
      content: 'Article $i: 文章详情……',
    ),
  );

  ArticleListScreen({Key? key}) : super(key: key);

  @override
  Widget build(BuildContext context) {
    return Scaffold(
      appBar: AppBar(
        title: const Text('文章列表'),
      ),
      body: ListView.builder(
        itemCount: articles.length,
        itemBuilder: (context, index) {
          return ListTile(
            title: Text(articles[index].title),
            onTap: () {
              Navigator.push(
                context,
                MaterialPageRoute(
                  builder: (context) => ArticleDetailScreen(articles[index]),
                ),
              );
            },
          );
        },
      ),
    );
  }
}

//文章详情页面
class ArticleDetailScreen extends StatelessWidget {
  //直接通过组件参数获取路由传入的文章信息
```

```
  final Article article;
  const ArticleDetailScreen(this.article, {Key? key}) : super(key: key);

  @override
  Widget build(BuildContext context) {
    return Scaffold(
      appBar: AppBar(
        title: Text(article.title),
      ),
      body: Padding(
        padding: const EdgeInsets.all(15.0),
        child: Text(article.content),
      ),
    );
  }
}
```

跳转到内容页并传递文章索引 ID 对应的文章信息（Article），当单击列表中的文章时将跳转到 ArticleDetailScreen，并将 Article 对象传递给 ArticleDetailScreen，实现 ListTile 的 onTap 回调。在 onTap 的回调中，再次调用 Navigator.push 方法，如代码示例 13-158 所示。

代码示例 13-158

```
return ListTile(
  title: Text(articles[index].title),
  onTap: () {
    Navigator.push(
      context,
      MaterialPageRoute(
        builder: (context) => ArticleDetailScreen(articles[index]),
      ),
    );
  },
);
```

上面的代码通过路由注入构造参数的方式将参数传递给 ArticleDetailScreen 页面，也可以通过 MaterialPageRoute 的 settings 变量传递参数，如代码示例 13-159 所示。

代码示例 13-159

```
MaterialPageRoute(
    builder: (context) => ArticleDetailScreen(articles[index]),
    settings: const RouteSettings(
      name: "param",
      arguments: {"a": 1, "b": 2})
),
```

使用 MaterialPageRoute 的 settings 变量传递参数,在 build() 方法中通过 ModalRoute 类获取 settings 中的对象,如代码示例 13-160 所示。

代码示例 13-160

```
@override
  Widget build(BuildContext context) {
    String tmp = ModalRoute.of(context).settings.arguments.toString();
    return Scaffold(
      appBar: AppBar(
        title: Text(tmp),
      ),
      body: Center(child: Text(tmp)),
    );
  }
```

运行效果如图 13-96 所示。

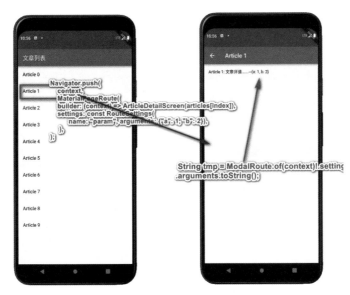

图 13-96　路由参数传递

修改文章详请页 ArticleDetailScreen,在内容页底部添加一个按钮,单击按钮时跳转到列表页面并传递参数,如代码示例 13-161 所示。

代码示例 13-161

```
@override
Widget build(BuildContext context) {
  return Scaffold(
    appBar: AppBar(
      title: Text(article.title),
```

```
        ),
        body: Padding(
          padding: const EdgeInsets.all(16.0),
          child: Column(
            children: <Widget>[
              Text(article.content),
              Row(
                mainAxisAlignment: MainAxisAlignment.spaceAround,
                children: <Widget>[
                  ElevatedButton(
                    onPressed: () {
                      Navigator.pop(context, 'Like');
                    },
                    child: const Text('❤关闭页面,并返回参数'),
                  )
                ],
              )
            ],
          ),
        ),
      );
    }
```

为了接收详请页面返回的数据,修改 ArticleListScreen 列表项的 onTap 方法,处理内容页面返回的数据并显示,效果如图 13-97 所示,实现如代码示例 13-162 所示。

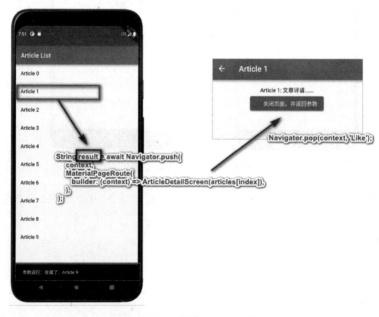

图 13-97　安装 flutter 插件

代码示例 13-162

```
return ListTile(
  title: Text(articles[index].title),
  onTap: () async {
    String result = await Navigator.push(
      context,
      MaterialPageRoute(
        builder: (context) => ArticleDetailScreen(articles[index]),
      ),
    );

    if (result != "") {
      ScaffoldMessenger.of(context).showSnackBar(
        SnackBar(
          content: Text(result),
          duration: const Duration(seconds: 3),
        ),
      );
    }
  },
);
```

13.10.3　命名路由

我们开发的移动 App 管理着大量的路由，使用路由的名称来引用路由更容易。路由名称通常使用的路径结构为/a/b/c，主页默认为"/"。

创建 MaterialApp 时可以指定 routes 参数，该参数是一个映射路由名称和构造器的 Map。MaterialApp 使用此映射为导航器的 onGenerateRoute 回调参数提供路由，如代码示例 13-163 所示。

代码示例 13-163

```
class MyApp extends StatelessWidget {
  const MyApp({Key? key}) : super(key: key);

  @override
  Widget build(BuildContext context) {
    return MaterialApp(
      title: 'Navigation',
      initialRoute: '/',
      routes: <String, WidgetBuilder>{
        '/list': (BuildContext context) => ArticleListScreen(),
        '/': (BuildContext context) => InfoScreen(),
      },
    );
  }
}
```

命令路由跳转时调用 Navigator.pushNamed，如代码示例 13-164 所示。

代码示例 13-164　　chapter13\code13_10\lib\named\InfoScreen.dart

```dart
Navigator.of(context).pushNamed('/list');
```

命令路由传值通过 pushNamed 的第 2 个参数 arguments 传递，如代码示例 13-165 所示。

代码示例 13-165

```dart
Navigator.of(context).pushNamed('/login', arguments: {
  "title": "title",
  "name": 'leo',
  'pass': '123456'}
);
```

上面通过 pushNamed 传递参数，获取参数的方式和 settings 中配置参数的方式是一样的，在 build 方法中通过 ModalRoute 获取 settings 中的对象，如代码示例 13-166 所示。

代码示例 13-166

```dart
@override
Widget build(BuildContext context) {
  //获取路由参数
  var args = ModalRoute.of(context).settings.arguments
  //...省略无关代码
}
```

13.10.4　路由拦截

通过 onGenerateRoute() 方法实现拦截路由，在路由拦截中可以实现页面的权限判断，以便在路由拦截方法中根据不同的逻辑重新导航到不同的页面，代码如下：

```dart
//通过 URL 传递参数
Navigator.of(context).pushNamed('/info/111');
```

onGenerateRoute() 方法接收 RouteSettings 作为参数，可以在该方法中实现重新定向到其他路由页面。通过 settings.name 判断重新实现路由导航，如代码示例 13-167 所示。

代码示例 13-167

```dart
onGenerateRoute: (RouteSettings settings) {
    WidgetBuilder builder;
    if (settings.name == '/') {
       builder = (BuildContext context) => new ArticleListScreen();
    } else {
       //获取命名路由 URL 参数值
       String param = settings.name.split('/')[2];
       builder = (BuildContext context) => new InfoScreen(param);
    }
```

```
      return MaterialPageRoute(builder: builder, settings: settings);
    },
```

13.10.5 嵌套模式路由

通常一个应用可能有多个导航器,将一个导航器嵌套在另一个导航器的方式称为路由嵌套。例如,移动开发中经常会看到应用主页有底部导航栏,每个底部导航栏又嵌套其他页面的情况,效果如图 13-98 所示。

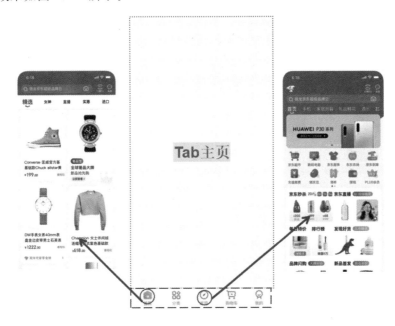

图 13-98　嵌套模式路由的场景

要实现如图 13-98 所示的效果,首先需要新建一个底部导航栏,然后由底部导航栏去嵌套其他子路由。关于底部导航栏的实现,可以直接使用 Scaffold 布局组件的 bottomNavigationBar 属性实现,如代码示例 13-168 所示。

代码示例 13-168　chapter13\code13_10\lib\nested\main.dart

```
class MainPage extends StatefulWidget {
  @override
  State<StatefulWidget> createState() {
    return MainPageState();
  }
}
```

```dart
class MainPageState extends State<MainPage> {
  //底部导航栏索引
  int currentIndex = 0;
  final List<Widget> children = [
    HomePage(),              //首页
    MinePage(),              //我的
  ];

  @override
  Widget build(BuildContext context) {
    return Scaffold(
      body: children[currentIndex],
      bottomNavigationBar: BottomNavigationBar(
        onTap: onTabTapped,
        currentIndex: currentIndex,
        items: [
          BottomNavigationBarItem(icon: Icon(Icons.home), label: '首页'),
          BottomNavigationBarItem(icon: Icon(Icons.person), label: '我的'),
        ],
      ),
    );
  }

  void onTabTapped(int index) {
    setState(() {
      currentIndex = index;
    });
  }
}
```

在 Flutter 中，创建子路由需要使用 Navigator 组件，并且子路由的拦截需要使用 onGenerateRoute 属性，如代码示例 13-169 所示。

代码示例 13_169 chapter13\code13_10\lib\nested\HomePage.dart

```dart
class HomePage extends StatelessWidget {
  const HomePage({Key? key}) : super(key: key);

  @override
  Widget build(BuildContext context) {
    return Navigator(
      initialRoute: 'first',
      onGenerateRoute: (RouteSettings settings) {
        WidgetBuilder builder = (BuildContext context) => const SecondPage();
        switch (settings.name) {
          case 'first':
```

```
            builder = (BuildContext context) => const FirstPage();
            break;
          case 'second':
            builder = (BuildContext context) => const SecondPage();
            break;
        }
        return MaterialPageRoute(builder: builder, settings: settings);
      },
    );
  }
}
```

运行上面的代码，当单击子路由页面上的按钮时，底部的导航栏并不会消失，这是因为子路由仅在自己的范围内有效。要想跳转到其他子路由管理的页面，就需要在根导航器中进行注册，根导航器就是 MaterialApp 内部的导航器。

13.11 事件处理与通知

Flutter 中提供了事件处理和通知的功能，在原生 Android 和 iOS 系统中，主要通过手指进行触摸，当手指接触到屏幕后，便开始进行事件响应了。

13.11.1 原始指针事件

在 Flutter 的原始事件模型中，在手指接触屏幕发起接触事件时，Flutter 会首先确定手指与屏幕发生接触的位置上究竟有哪些组件，然后通过命中测试（Hit Test）交给最内层的组件去响应。也就是说先从渲染树的最底层的根的位置向上遍历，直到遍历到根节点位置。

Flutter 中的手势系统有两个独立的层。第一层具有原始指针事件，其描述屏幕上指针（例如触摸、鼠标和测针）的位置和移动。第二层具有手势，其描述由一个或多个指针移动组成的语义动作。

指针表示用户与设备屏幕交互的原始数据。有 3 种类型的指针事件，如表 13-26 所示。

表 13-26　3 种类型指针事件

名　　称	类　　型
PointerDownEvent	指针已在特定位置与屏幕联系
PointerMoveEvent	指针已从屏幕上的一个位置移动到另一个位置
PointerUpEvent	指针已停止接触屏幕

指针事件的示例代码如下：

```
Listener(
onPointerDown:(downPointEvent){},
```

```
onPointerMove:(movePointEvent){},
onPointerUp:(upPointEvent){},
    behavior:HitTestBehavior,
child: Widget
)
```

behavior 决定子组件如何响应命中测试，值类型是 HitTestBehavior，是一个枚举类型，主要的取值如表 13-27 所示。

表 13-27　HitTestBehavior 的取值

名　称	组　件　说　明
deferToChild	子组件一个接一个地命中测试，如果子组件中有命中测试的事件，则当前组件会收到指针事件，并且父组件也会收到指针事件
opaque	在进行命中测试时，当前组件会被当成不透明进行处理，单击的响应区域即为单击区域
translucent	组件自身和底部可视区域都能够响应命中测试，当单击顶部组件时，顶部组件和底部组件都可以接收到指针事件

忽略事件的两个组件，即 AbsorbPointer 和 IgnorePointer，如表 13-28 所示。

表 13-28　忽略事件的两个组件

名　称	组　件　说　明
AbsorbPointer	其包裹的组件不能够响应事件，但是其本身能够响应指针事件
IgnorePointer	包裹的组件及其本身都不能够响应指针事件

原始指针事件使用 Listener 来监听，如代码示例 13-170 所示。

代码示例 13-170　chapter13\code13_11\lib\events\events_pointer_demo.dart

```
class HomeContent extends StatelessWidget {
  @override
  Widget build(BuildContext context) {
    return Center(
      child: Listener(
        child: Container(
          width: 200,
          height: 200,
          color: Colors.red,
        ),
        onPointerDown: (event) => print("手指按下：$event"),
        onPointerMove: (event) => print("手指移动：$event"),
        onPointerUp: (event) => print("手指抬起：$event"),
      ),
```

```
    );
  }
}
```

监听效果如图 13-99 所示。

图 13-99　原始指针事件监听

13.11.2　手势识别

手势表示从多个单独指针事件识别的语义动作（例如，单击、拖动和缩放），甚至可能是多个单独的指针。手势可以分派多个事件，对应于手势的生命周期（例如，拖动开始、拖动更新和拖动结束）。

Gesture 被分成非常多的种类，如表 13-29 所示。

表 13-29　Gesture 的种类

事 件 名 称	事 件 说 明
单击	onTapDown：用户发生手指按下的操作 onTapUp：用户发生手指抬起的操作 onTap：用户单击事件完成 onTapCancel：事件按下过程中被取消
双击	onDoubleTap：快速单击了两次
长按	onLongPress：在屏幕上保持了一段时间
纵向拖曳	onVerticalDragStart：指针和屏幕产生接触并可能开始纵向移动； onVerticalDragUpdate：指针和屏幕产生接触，在纵向上发生移动并保持移动； onVerticalDragEnd：指针和屏幕产生接触结束
横向拖曳	onHorizontalDragStart：指针和屏幕产生接触并可能开始横向移动； onHorizontalDragUpdate：指针和屏幕产生接触，在横向上发生移动并保持移动； onHorizontalDragEnd：指针和屏幕产生接触结束
移动	onPanStart：指针和屏幕产生接触并可能开始横向移动或者纵向移动。如果设置了 onHorizontalDragStart 或者 onVerticalDragStart，则该回调方法会引发崩溃； onPanUpdate：指针和屏幕产生接触，在横向或纵向上发生移动并保持移动。如果设置了 onHorizontalDragUpdate 或者 onVerticalDragUpdate，则该回调方法会引发崩溃； onPanEnd：指针先前和屏幕产生了接触，并且以特定速度移动，此后不再在屏幕接触上发生移动。如果设置了 onHorizontalDragEnd 或者 onVerticalDragEnd，则该回调方法会引发崩溃

如果同时监测 onTap 和 onDoubleTap，则在 onTap 后有 200ms 的延迟。

GestureDetector 之所以能够识别各种手势，是因为其内部使用了一个或者多个 GestureRecognizer 手势识别器。在使用手势识别器后，需要调用 dispose() 进行资源的释放，否则会造成大量的资源消耗。

1. 单击、长按

GestureDetector 对 Container 进行手势识别，触发相应事件后，在 Container 上显示事件名，如代码示例 13-171 所示。

代码示例 13-171   chapter13\code13_11\lib\events\gesture_demo1.dart

```dart
class _GestureDemo1State extends State<GestureDemo1> {
  String _msg = "点此处测试手势!";              //保存事件名
  @override
  Widget build(BuildContext context) {
    return Center(
      child: GestureDetector(
        child: Container(
          alignment: Alignment.center,
          color: Colors.red,
          width: 200.0,
          height: 100.0,
          child: Text(
            _msg,
            style: TextStyle(
              color: Colors.white,
              fontSize: 20.0,
            ),
          ),
        ),
        onTap: () => updateEventsName("Tap"),              //单击
        onDoubleTap: () => updateEventsName("DoubleTap"),  //双击
        onLongPress: () => updateEventsName("LongPress"),  //长按
      ),
    );
  }

  void updateEventsName(String text) {
    //更新显示的事件名
    setState(() {
      _msg = text;
    });
  }
}
```

2. 拖动、滑动

下面案例演示如何拖动一个 Container。GestureDetector 对于拖动和滑动事件是没有区分的,它们本质上是一样的,如代码示例 13-172,效果如图 13-100 所示。

代码示例 13-172　chapter13\code13_11\lib\events\drag_demo.dart

```dart
class DragGestureState extends State<DragGestureDemo>
    with SingleTickerProviderStateMixin {
  double _top = 0.0;                    //距顶部的偏移
  double _left = 0.0;                   //距左边的偏移
  @override
  Widget build(BuildContext context) {
    return Stack(
      children: <Widget>[
        Positioned(
          top: _top,
          left: _left,
          child: GestureDetector(
            child: Container(
              alignment: Alignment.center,
              width: 100,
              height: 100,
              decoration: BoxDecoration(color: Colors.red),
              child: Text(
                "拖动",
                style: TextStyle(fontSize: 30.0),
              ),
            ),
            //手指按下时会触发此回调
            onPanDown: (DragDownDetails e) {
              //打印手指按下的位置(相对于屏幕)
              print("用户手指按下:${e.globalPosition}");
            },
            //手指滑动时会触发此回调
            onPanUpdate: (DragUpdateDetails e) {
              //用户手指滑动时,更新偏移,重新构建
              setState(() {
                _left += e.delta.dx;
                _top += e.delta.dy;
              });
            },
            onPanEnd: (DragEndDetails e) {
              //打印滑动结束时在 x 轴和 y 轴上的速度
              print(e.velocity);
            },
          ),
        ),
```

```
          )
        ],
      );
    }
}
```

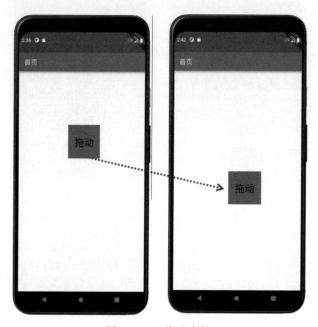

图 13-100　拖动事件

3. 单方向拖动

onVerticalDragUpdate：指针和屏幕产生接触，在纵向上发生移动并保持移动，如代码示例 13-173 所示。

代码示例 13-173　chapter13\code13_11\lib\events\gesture_demo2.dart

```
class DragVerticalDemoState extends State<DragVerticalDemo> {
  double _top = 0.0;
  @override
  Widget build(BuildContext context) {
    return Stack(
      children: <Widget>[
        Positioned(
          top: _top,
          child: GestureDetector(
            child: CircleAvatar(
              child: Text("Go"),
              backgroundColor: Colors.red,
```

```
                ),
                //垂直方向拖动事件
                onVerticalDragUpdate: (DragUpdateDetails details) {
                  setState(() {
                    _top += details.delta.dy;
                  });
                }),
          )
        ],
      ),
    );
  }
}
```

运行效果如图 13-101 所示。

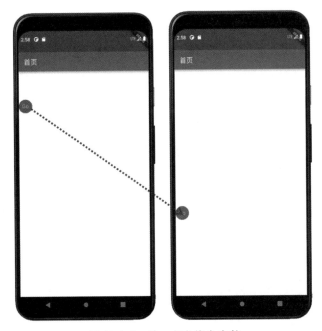

图 13-101　单一方向拖曳事件

4. 缩放

GestureDetector 可以监听缩放事件，下面示例演示了一个简单的图片缩放效果，如代码示例 13-174 所示。

代码示例 13-174　chapter13\code13_11\lib\events\gesture_demo3.dart

```
class _GestureDemo3State extends State< GestureDemo3 > {
  double _width = 150.0;            //通过修改图片宽度来达到缩放效果
  @override
```

```
Widget build(BuildContext context) {
  return Center(
    child: GestureDetector(
      //指定宽度,高度自适应
      child: Image.asset(
        "./assets/images/girl.jpg",
        width: _width,
      ),
      onScaleUpdate: (ScaleUpdateDetails details) {
        setState(() {
          //缩放倍数为0.6～10
          _width = 150 * details.scale.clamp(.6, 10.0);
        });
      },
    ),
  );
}
```

运行效果如图 13-102 所示。

图 13-102　缩放事件

13.11.3 全局事件总线

事件总线是广播机制的一种实现方式(广播为跨页面事件通信提供了有效的解决方案)。订阅者模式中包含两种角色：发布者和订阅者。

(1) 发布者主要负责在状态改变时通知所有的订阅者。

(2) 观察者则负责订阅事件并对接收的事件进行处理。

使用事件总线可以实现组件之间状态的共享，但是对于复杂场景来讲，可以使用专门的管理框架，例如 Redux、ScopeModel 或者 Provider。

这里演示第三方的 EventBus 插件的用法。

第1步：将开源事件库 event_bus 的依赖添加到项目的 pubspec.yaml 文件中，代码如下：

```
dependencies:
  event_bus: ^2.0.0
```

使用 event_bus 库，实现组件与组件的交流通过事件总线来完成，如图 13-103 所示。

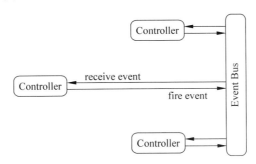

图 13-103 event_bus 插件事件总线

第2步：创建主页面，引用两个兄弟组件，下面代码测试跨组件数据交互，如代码示例 13-175 所示。

代码示例 13-175

```
@override
Widget build(BuildContext context) {
  return Center(
    child: Container(
      child: Column(
        mainAxisAlignment: MainAxisAlignment.center,
        children: <Widget>[
          //两个页面为兄弟组件
          First_Page(),
          Second_Page(),
```

```
            ],
          ),
        ),
      );
    }
```

第3步：在 Dart 语言中任何 class 都可以作为一个 event，建立 event_bus.dart 文件，如代码示例 13-176 所示。

代码示例 13-176

```
import 'package:event_bus/event_bus.dart';

//Bus 初始化
EventBus eventBus = EventBus();

class UserLoggedInEvent {
  String text = "";
  UserLoggedInEvent(String text) {
    this.text = text;
  }
}
```

第4步：创建页面组件 first_page.dart，单击按钮，通过 eventBus.fire 方法发送一个 UserLoginInEvent 对象，如代码示例 13-177 所示。

代码示例 13-177

```
import 'package:flutter/material.dart';
//引入 Bus
import './event_bus.dart';

class First_Page extends StatelessWidget {
  String text = '这是触发事件,通过 Bus 传递';
  @override
  Widget build(BuildContext context) {
    return Container(
      child: InkWell(
        onTap: () {
          //Bus 触发事件
          eventBus.fire(new UserLoggedInEvent(text));
        },
        child: Container(
          alignment: Alignment.center,
          height: 60.0,
          width: 200.0,
```

```
        margin: EdgeInsets.all(5.0),
        decoration: BoxDecoration(color: Colors.red),
        child: Text('单击此处触发'),
      ),
    ),
  );
 }
}
```

第 5 步,创建 second_page.dart 组件,在组件中监听事件总线,接收事件总线发送的数据,并更新页面状态,如代码示例 13-178 所示。

代码示例 13-178

```
import 'package:flutter/material.dart';
//引入 Bus
import './event_bus.dart';

class Second_Page extends StatefulWidget {
  @override
  _Second_PageState createState() => _Second_PageState();
}

class _Second_PageState extends State<Second_Page> {
  var result;
//监听 Bus events
  void _listen() {
    eventBus.on<UserLoggedInEvent>().listen((event) {
      setState(() {
        result = event.text;
      });
    });
  }

  @override
  Widget build(BuildContext context) {
    _listen();
    return Container(
      child: Text('${result}'),
    );
  }
}
```

说明:该插件的网址为 https://pub.dev/packages/event_bus。

13.11.4 事件通知

与 InheritedWidget 的传递方向正好相反,通知(Notification)可以实现将数据从子组件向父组件传递。

通知是 Flutter 中一个重要的机制,在 Widget 树中,每个节点都可以分发通知,通知会沿着当前节点向上传递,所有父节点都可以通过 NotificationListener 来监听通知。Flutter 中将这种由子向父的传递通知的机制称为通知冒泡(Notification Bubbling)。通知冒泡和用户触摸事件冒泡相似,但有一点不同:通知冒泡可以中止,但用户触摸事件冒泡不行。

定义一个通知类,要继承自 Notification 类,代码如下:

```
class MyNotification extends Notification {
  MyNotification(this.msg);
  final String msg;
}
```

分发通知,如代码示例 13-179 所示。

代码示例 13-179

```
class NotificationRouteState extends State<NotificationRoute> {
  String _msg = "";
  @override
  Widget build(BuildContext context) {
    //监听通知
    return NotificationListener<MyNotification>(
      onNotification: (notification) {
        setState(() {
          _msg += notification.msg + " ";
        });
        return true;
      },
      child: Center(
        child: Column(
          mainAxisSize: MainAxisSize.min,
          children: <Widget>[
            Builder(
              builder: (context) {
                return RaisedButton(
                  //按钮单击时分发通知
                  onPressed: () => MyNotification("Hi").dispatch(context),
                  child: Text("Send Notification"),
                );
              },
            ),
```

```
            Text(_msg)
          ],
        ),
      ),
    );
  }
```

13.12 网络

Flutter 支持 HTTP 协议、WebSocket 协议,以及以 Socket 协议的方式与服务器端进行连接和数据交互,本节详细介绍多种 Flutter 网络库的用法。

13.12.1 HttpClient

Dart 内置 IO 库中提供了 HttpClient 库,此库用于网络访问。HttpClient 只能实现一些基本的网络请求,对于一些复杂的网络请求,如对 POST 里的 Body 请求体传输内容类型部分还无法支持,multipart/form-data 这种类型传输也不支持。

完整地使用 HttpClient 发起请求分为以下 8 个步骤:
(1) 导入包,代码如下:

```
import 'dart:io';
```

(2) 创建一个 HttpClient,代码如下:

```
HttpClient httpClient = HttpClient();
```

(3) 打开 HTTP 连接,设置请求头,代码如下:

```
HttpClientRequest request = await httpClient.getUrl(uri);
```

可以使用任意 HTTP Method,如 httpClient.post(…)、httpClient.delete(…)等。如果包含 Query 参数,则可以在构建 URI 时添加参数,代码如下:

```
Uri uri = Uri(scheme: "https", host: "51itcto.com", queryParameters: {
    "xx":"11",
    "yy":"22"
  });
```

(4) 通过 HttpClientRequest 设置请求 Header,代码如下:

```
request.headers.add("user-agent", "test");
```

（5）如果是 POST 或 PUT 等可以携带请求体方法，则可以通过 HttpClientRequest 对象发送 Request Body，代码如下：

```
String payload = "...";
request.add(utf8.encode(payload));
```

（6）等待连接服务器，代码如下：

```
HttpClientResponse response = await request.close();
```

发送请求信息给服务器，返回一个 HttpClientResponse 对象，它包含响应头（Header）和响应流（响应体的 Stream），接下来就可以通过读取响应流获取响应内容。

（7）读取响应内容，代码如下：

```
String responseBody = await response.transform(utf8.decoder).join();
```

通过读取响应流获取服务器返回的数据，在读取时可以设置编码格式，如这里设置为 utf8 格式。

（8）请求结束，关闭 HttpClient，代码如下：

```
httpClient.close();
```

关闭 client 后，通过该 client 发起的所有请求都会中止。

下面使用 HttpClient 类来请求获取最新的天气预报信息，该接口返回的是 JSON 格式的数据，如代码示例 13-180 所示。

代码示例 13-180　chapter13\code13_12\lib\https\httpclient_demo.dart

```dart
import 'package:flutter/material.dart';
import 'dart:io';
class _HttpClientDemoState extends State<HttpClientDemo> {
  var resData = "";
  var urlAddr = "http://tianqi/api/";

  @override
  Widget build(BuildContext context) {
    return Container(
      child: OutlinedButton(
        child: Text("获取最新添加的数据"),
        onPressed: getWeatcherList,
      ),
    );
  }
```

```
    void getWeatcherList() async {
      try {
        HttpClient httpClient = HttpClient();
        HttpClientRequest request = await httpClient.getUrl(Uri.parse(urlAddr));
        HttpClientResponse response = await request.close();
        var responseBody = await response.transform(utf8.decoder).join();
        resData = responseBody;
        print('最新天气情况:' + responseBody);
        httpClient.close();
      } catch (e) {
        print('请求失败:$e');
      }
    }
  }
```

使用 dart:convert 库把 JSON 格式数据转换成 Map 格式,代码如下:

```
import 'dart:convert' as Convert;
Map data = Convert.jsonDecode(responseBody);
  print('最新天气情况:' + data["city"]);
```

界面效果如图 13-104 所示。

图 13-104　HttpClient 示例

单击界面按钮,返回 JSON 格式的数据,如图 13-105 所示。


```
I/flutter ( 2720): 最新天气情况: {"cityid":"101110101","city":"\u897f\u5b89","cityEn":"xian","country":"\u4e2d\u56fd","countryE
n":"China","update_time":"2022-02-14 17:03:33","data":[{"day":"14\u65e5\uff08\u661f\u671f\u4e00\uff09","date":"2022-02-14","we
ek":"\u661f\u671f\u4e00","wea":"\u591a\u4e91","wea_img":"yun","wea_day":"\u591a\u4e91","wea_day_img":"yun","wea_night":"\u591a
\u4e91","wea_night_img":"yun","tem":"9","tem1":"11","tem2":"0","humidity":"44%","visibility":"6km","pressure":"974","win":["\u
4e1c\u5317\u98ce","\u4e1c\u5317\u98ce"],"win_speed":"3-4\u7ea7\u8f6c<3\u7ea7","win_meter":"2km\/h","sunrise":"07:30","sunse
t":"18:26","air":"85","air_level":"\u826f","air_tips":"\u7a7a\u6c14\u597d\uff0c\u53ef\u4ee5\u5916\u51fa\u6d3b\u52a8\uff0c\u966
4\u6781\u5c11\u6570\u5bf9\u6c61\u67d3\u7269\u7279\u522b\u654f\u611f\u7684\u4eba\u7fa4\u4ee5\u5916\uff0c\u5bf9\u516c\u4f17\u6ca
1\u6709\u5371\u5bb3\uff01","alarm":{"alarm_type":"","alarm_level":"","alarm_content":""},"hours":[{"hours":"17\u65f6","we
a":"\u591a\u4e91","wea_img":"yun",
```


图 13-105　HttpClient 获取的数据

13.12.2 HTTP 库

在 Flutter 开发中，HTTP 库是官方推荐的网络库，因为其包含了一些非常方便的函数，可以让我们更方便地访问网络，获取资源，同时 HTTP 库还支持手机端和 PC 端。

注意：库网址为 https://pub.dartlang.org/packages/http。

1. 集成 HTTP 库

在项目的 pubspec.yaml 配置文件里加入引用，添加的依赖如下：

```yaml
dependencies:
  http: ^0.13.4
```

导入 HTTP 模块，代码如下：

```dart
import 'package:http/http.dart' as http;
```

2. 常用方法

Get 请求，如代码示例 13-181 所示。

代码示例 13-181

```dart
import 'dart:convert' as convert;

import 'package:http/http.dart' as http;

void main(List<String> arguments) async {
  //https://developers.google.com/books/docs/overview
  var url =
      Uri.https('www.googleapis.com', '/books/v1/volumes', {'q': '{http}'});

  //Await the http get response, then decode the json-formatted response.
  var response = await http.get(url);
  if (response.statusCode == 200) {
    var jsonResponse =
        convert.jsonDecode(response.body) as Map<String, dynamic>;
    var itemCount = jsonResponse['totalItems'];
    print('Number of books about http: $itemCount.');
  } else {
    print('Request failed with status: ${response.statusCode}.');
  }
}
```

Post 请求，如代码示例 13-182 所示。

代码示例 13-182

```dart
void addProduct(Product product) async {
  Map<String, dynamic> param = {
    'title': product.title,
    'description': product.description,
    'price': product.price
  };
  try {
    final http.Response response = await http.post(
        'https://flutter-cn.firebaseio.com/products.json',
        body: json.encode(param),
        encoding: Utf8Codec());

    final Map<String, dynamic> responseData = json.decode(response.body);
    print('$responseData 数据');

  } catch (error) {
    print('$error 错误');
  }
}
```

13.12.3　Dio 库

Dio 库是一个非常流行并且广泛使用的一个网络库，Dio 库不仅支持常见的网络请求，还支持 RESTful API、FormData、拦截器、请求取消、Cookie 管理、文件上传/下载、超时等操作。

1. 安装依赖

和使用其他的第三方库一样，使用 Dio 库之前需要先安装依赖，安装前可以在 Dart PUB 上搜索 Dio，确定其版本号，在 pubspec.yaml 文件中添加依赖，代码如下：

```yaml
dependencies:
  dio: ^4.0.4  # latest version
```

然后执行 flutter packages get 命令或者单击 Packages get 选项拉取库依赖。

使用 Dio 之前需要先导入 Dio 库，并创建 Dio 实例，代码如下：

```dart
import 'package:dio/dio.dart';
Dio dio = new Dio();
```

接下来，就可以通过 Dio 实例来发起网络请求了，注意，一个 Dio 实例可以发起多个 HTTP 请求，一般来讲，当 App 只有一个 HTTP 数据源时，Dio 应该使用单例模式。

2. 使用方法介绍

GET 请求如代码示例 13-183 所示。

代码示例 13-183

```dart
import 'package:dio/dio.dart';
void getHttp() async {
  try {
    Response response;
    response = await dio.get("/get?id=12&name=xx")
    print(response.data.toString());
  } catch (e) {
    print(e);
  }
}
```

在上面的示例中，可以将 query 参数通过对象来传递，上面的代码等同于：

```dart
response = await dio.get("/get",queryParameters:{"id":12,"name":"xx"})
print(response);
```

POST 请求如下：

```dart
response = await dio.post("/post",data:{"id":12,"name":"xx"})
```

如果要发起多个并发请求，则可以使用下面的方式：

```dart
response = await Future.wait([dio.post("/post"),dio.get("/token")]);
```

如果要下载文件，则可以使用 Dio 的 download() 函数，代码如下：

```dart
response = await dio.download("https://www.xx.com/",_savePath);
```

如果要发起表单请求，则可以使用下面的方式，如代码示例 13-184 所示。

代码示例 13-184

```dart
FormData formData = new FormData.from({
  "name": "xxx",
  "age": 25,
});
response = await dio.post("/upload", data: formData)
```

如果发送的数据是 FormData，Dio 则会将请求 Header 的 contentType 设为 multipart/form-data。FormData 也支持上传多个文件的操作，如代码示例 13-185 所示。

代码示例 13-185

```
FormData formData = new FormData.from({
  "name": "leo",
  "age": 35,
  "file1": new UploadFileInfo(new File("./upload.txt"), "upload1.txt"),
  "file2": new UploadFileInfo(new File("./upload.txt"), "upload2.txt"),
    //支持文件数组上传
  "files": [
    new UploadFileInfo(new File("./example/upload.txt"), "upload.txt"),
    new UploadFileInfo(new File("./example/upload.txt"), "upload.txt")
  ]
});
response = await dio.post("/upload", data: formData)
```

Dio 内部仍然使用 HttpClient 发起请求，所以代理、请求认证、证书校验等和 HttpClient 是相同的，可以在 onHttpClientCreate 回调中进行设置，代码示例 13-186 所示。

代码示例 13-186

```
(dio.httpClientAdapter as DefaultHttpClientAdapter).onHttpClientCreate = (client) {
    //设置代理
    client.findProxy = (uri) {
      return "PROXY 192.168.2.222:8899";
    };
    //校验证书
    httpClient.badCertificateCallback = (X509Certificate cert, String host, int port){
      if(cert.pem == PEM){
      return true;                      //如果证书一致,则允许发送数据
      }
      return false;
    };
};
```

3. Dio 实践案例

下面通过一个简单的案例，介绍如何使用 Dio＋FutureBuilder 实现异步数据绑定。

FutureBuilder 是一个将异步操作和异步 UI 更新结合在一起的类，通过它可以将网络请求和数据库读取等的结果更新到页面上，FutureBuilder 的构造函数如表 13-30 所示。

表 13-30　FutureBuilder 的构造函数

构造参数名	构造参数说明
future	Future 对象表示此构建器当前连接的异步计算
initialData	表示一个非空的 Future 完成前的初始化数据
builder	builder 函数接收两个参数 BuildContext context 与 AsyncSnapshot＜T＞snapshot，它返回一个 Widget。 AsyncSnapshot 包含异步计算的信息,它具有的属性如表 13-30 所示

AsyncSnapshot 属性如表 13-31 所示。

表 13-31 AsyncSnapshot 属性

属 性 名	属性名说明
connectionState	枚举 ConnectionState 的值，表示与异步计算的连接状态，ConnectionState 有 4 个值，即 none、waiting、active 和 done
data	异步计算接收的最新数据
error	异步计算接收的最新错误对象
hasData、hasError	分别检查它是否包含非空数据值或错误值

Dio 结合 FutureBuilder 实现优雅的异步数据绑定，如代码示例 13-187 所示。

代码示例 13-187 chapter13\code13_12\lib\https\dio_demo.dart

```dart
class _DioFutureDemoState extends State<DioFutureDemo> {
  Dio _dio = Dio();
  var urlAddr = "http://www.tianqiapi/";
  @override
  Widget build(BuildContext context) {
    return Scaffold(
      appBar: AppBar(title: Text("Dio Future Demo")),
      body: Container(
        alignment: Alignment.center,
        child: FutureBuilder(
          future: _dio.get(urlAddr),
          builder: (BuildContext context, AsyncSnapshot snapshot) {
            //请求完成
            if (snapshot.connectionState == ConnectionState.done) {
              Response response = snapshot.data;
              //发生错误
              if (snapshot.hasError) {
                return Text(snapshot.error.toString());
              }
              //请求成功,变量数据绑定 ListView
              return ListView(
                children: response.data["data"]
                    .map<Widget>(
                        (item) => ListTile(title: Text(item["week"])))
                    .toList(),
              );
            }
            //请求未完成时弹出 loading
            return CircularProgressIndicator();
          }),
```

```
        ),
      );
  }
}
```

13.12.4 WebSocket

WebSocket 是一种双工的通行协议,不同于 HTTP 单工的协议,WebSocket 相当于在服务器端和客户端之间建立了一条长的 TCP 链接,使服务器端和客户端可以实时通信,而不需要通过 HTTP 轮询的方式来间隔地获取消息。

Flutter 提供了 web_socket_channel 包来处理 WebSocket 消息的监听和发送。

1. 添加依赖

在 pubspec.yaml 文件中添加依赖,代码如下:

```
dependencies:
    web_socket_channel: ^2.1.0
```

2. 导入组件

导入 io.dart 包,代码如下:

```
import 'package:web_socket_channel/io.dart';
```

3. WebSocket 连接

创建 WebSocketChannel 实例可以使用上面包提供的 IOWebSocketChannel.connect 连接到一个 WebSocket 服务,如代码示例 13-188 所示。

代码示例 13-188

```
IOWebSocketChannel _channel = IOWebSocketChannel.connect("ws://echo.websocket.org");
```

connect()方法接收 URL 作为参数,除此之外还支持传入 protocol 和 header 等,如代码示例 13-189 所示。

代码示例 13-189

```
factory IOWebSocketChannel.connect(url,
    {Iterable<String> protocols,
    Map<String, dynamic> headers,
    Duration pingInterval})
```

4. 数据监听

监听 WebSocket 服务的消息基于 Stream.listen()方法,如代码示例 13-190 所示。

代码示例 13-190

```
StreamSubscription<T> listen(void onData(T event),
    {Function onError, void onDone(), bool cancelOnError});
```

上面创建好的 _channel 可以监听服务器端发送过来的 message，如代码示例 13-191 所示。

代码示例 13-191

```
//监听消息
_channel.stream.listen((message) {
  print(message);
});
```

5. 发送消息

WebSocket 本身采用双向通信，如果要发送给服务器端，则可借助 WebSocketSink.add 的能力，如代码示例 13-192 所示。

代码示例 13-192

```
void add(T data) {
  _sink.add(data);
}
```

因此使用上面的 _channel 发送数据，如代码示例 13-193 所示。

代码示例 13-193

```
void _sendHandle() {
  if (_message.isNotEmpty) {
    _channel.sink.add(_message);
  }
}
```

6. 关闭链接

在 Widget 生命周期中，需要将 socketChannel 关闭，通过 WebSocketSink.close() 实现，代码如下：

```
_channel.sink.close();
```

7. WebSocket 实践

下面案例实现一个简单的网络实时聊天功能，如代码示例 13-194 所示。

代码示例 13-194 chapter13\code13_12\lib\websocket\websocket_demo.dart

```dart
import 'package:flutter/material.dart';
import 'package:web_socket_channel/io.dart';

class WebSocketDemo extends StatefulWidget {
  WebSocketDemo({Key? key}) : super(key: key);
  _WebSocketDemoState createState() => _WebSocketDemoState();
}

class _WebSocketDemoState extends State<WebSocketDemo> {
  List _list = [];
  String _message = "";
  IOWebSocketChannel _channel =
      IOWebSocketChannel.connect("ws://echo.websocket.org");

  void _onChangedHandle(value) {
    setState(() {
      _message = value.toString();
    });
  }

  //_WebSocketDemoState() {
  //print(_channel);
  //}
  @override
  void initState() {
    super.initState();
    setState(() {
      _list.add('[Info] Connected Success!');
    });

    //监听消息
    _channel.stream.listen((message) {
      print(message);
      setState(() {
        _list.add('[Received] ${message.toString()}');
      });
    });
  }

  void _sendHandle() {
    if (_message.isNotEmpty) {
      _list.add('[Sended] $_message');
      _channel.sink.add(_message);
    }
```

```dart
    }

    Widget _generatorForm() {
      return Column(
        children: <Widget>[
          TextField(onChanged: _onChangedHandle),
          SizedBox(height: 10),
          Row(
            mainAxisAlignment: MainAxisAlignment.spaceAround,
            children: <Widget>[
              OutlinedButton(
                child: Text('Send'),
                onPressed: _sendHandle,
              )
            ],
          )
        ],
      );
    }

    List<Widget> _generatorList() {
      List<Widget> tmpList = _list.map((item) => ListItem(msg: item)).toList();
      List<Widget> prefix = [_generatorForm()];
      prefix.addAll(tmpList);
      return prefix;
    }

    @override
    Widget build(BuildContext context) {
      return ListView(
        padding: EdgeInsets.all(10),
        children: _generatorList(),
      );
    }

    @override
    void dispose() {
      super.dispose();
      _channel.sink.close();
    }
}

class ListItem extends StatelessWidget {
  final String msg;
  ListItem({Key? key, required this.msg}) : super(key: key);
```

```
  @override
  Widget build(BuildContext context) {
    return Text(msg);
  }
}
```

13.12.5 Isolate

Dart 是基于单线程模型设计的,但为了进一步利用多核 CPU,将 CPU 密集型运算进行隔离,Dart 也提供了多线程机制,即 Isolate(隔离)。在 Isolate 中,资源隔离做得非常好,每个 Isolate 都有自己的 Event Loop 与 Queue,Isolate 之间不共享任何资源,只能依靠消息机制通信,因此也就没有资源抢占问题。

Isolate 与线程的区别就是线程与线程之间是共享内存的,而 Isolate 和 Isolate 之间的内存不共享,所以叫 Isolate,因此也不存在锁竞争问题,两个 Isolate 完全是两条独立的执行线,并且每个 Isolate 都有自己的事件循环,它们之间只能通过发送消息通信,所以它的资源开销低于线程。

1. Isolate 与 Future 的关系

Async 关键字实现了异步操作,所谓的异步其实也是运行在同一线程中并没有开启新的线程,只是通过单线程的任务调度实现一个先执行其他的代码片段,等这边有结果后再返回的异步效果,如表 13-32 所示。

表 13-32 Isolate 与 Future 差别

名称	差别
Isolate	可以实现异步并行多个任务。 如果一个操作需要几百毫秒,就用 Isolate。 ◆ JSON 解析; ◆ encryption 加解密; ◆ 图像处理,例如 cropping; ◆ 从网络加载图片
Future	实现异步串行多个任务。 如果一种方法耗时几十毫秒,则用 Future

2. Isolate 用法介绍

每个 Isolate 有自己的内存和 EventLoop。不同的 Isolate 只能通过传递消息进行通信。

Dart 的 Isolate 没有内存共享机制,这样设计有一个好处,就是在处理内存分配和回收时,无须加锁,因为仅一个线程并不会抢占。

Isolate 可以方便地利用多核 CPU 来处理耗时操作,因内存不共享,所以需要通过 Port 进行消息通信,其中 Port 消息传递也是异步的。每个 Isolate 都包含一个 SendPort 和

ReceivePort,如图 13-106 所示。

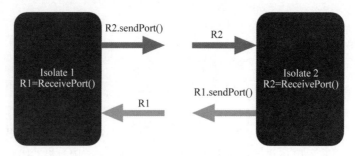

图 13-106　Isolate 机制

其实 ReceivePort 一般需要 Isolate 自己创建,可以通过 ReceivePort.sendPort 得到对应的 sendPort,使用这个 sendPort 的 send 方法发送信息,ReceivePort 就会收到消息了。

单向通信如代码示例 13-195 所示。

代码示例 13-195

```
import 'dart:isolate';

var anotherIsolate;
var value = "Now Thread!";

void startOtherIsolate() async {
  //当前 Isolate 创建一个 ReceivePort 对象,并获得对应的 SendPort 对象
  var receivePort = ReceivePort();

  //创建一个新的 Isolate,并实现新 Isolate 要执行的异步任务
  //同时,将当前 Isolate 的 SendPort 对象传递给新的 Isolate
  //以便新的 Isolate 使用这个 SendPort 对象向原来的 Isolate 发送事件
  //调用 Isolate.spawn 创建一个新的 Isolate
  //这是一个异步操作,因此使用 await 等待执行完毕
  anotherIsolate = await Isolate.spawn(otherIsolateInit, receivePort.sendPort);

  //调用当前 Isolate#receivePort 的 listen 方法监听新的 Isolate 传递过来的数据
  //Isolate 之间什么数据类型都可以传递,不必做任何标记
  receivePort.listen((date) {
    print("Isolate 1 接收消息:data = $date,value = $value");
  });
}

//新的 Isolate 要执行的异步任务
//即调用当前 Isolate 的 sendPort 向其 receivePort 发送消息
void otherIsolateInit(SendPort sendPort) async {
  value = "Other Thread!";
```

```
  sendPort.send("Hello Main");
}

//在 Main Isolate 创建一个新的 Isolate
//并使用 Main Isolate 的 ReceiverPort 接收新的 Isolate 传递过来的数据
void main() {
  startOtherIsolate();
}
```

双向通信与单向通信一样,把双方的 SendPort 相互传递即可,如代码示例 13-196 所示。

代码示例 13-196

```
import 'dart:isolate';

void main(List<String> arguments) async {
  handleIsolate();
}

void handleIsolate() async {
  final receivePort = ReceivePort();
  SendPort sendPort;
  final isolate = await Isolate.spawn(currentIsolate, receivePort.sendPort, deBugName: 'Isolate1');
  receivePort.listen((message) {
    if (message is SendPort){
      sendPort = message;
      print('双向通信建立成功!');
      sendPort.send('Isolate1 send a message ( ${isolate.deBugName})');
      return;
    }
    print('Isolate1 接收到消息 $message , ( ${isolate.deBugName})');
  });
}

void currentIsolate(SendPort sendPort) {
  var receivePort = ReceivePort();
  receivePort.listen((message) {
    print('current Isolate 接收到消息 $message , ( ${Isolate.current.deBugName})');
    for(var i = 0; i < 100; i++){
      sendPort.send(i);
    }
  });
  sendPort.send(receivePort.sendPort);
}
```

Dart 中的 Isolate 比较质量级,Isolate 和 UI 线程传输比较复杂,Flutter 在 Foundation 中封装了一个轻量级的 compute 操作。

compute 使用条件有两个:

(1) 传入的方法只能是顶级函数或 static() 函数。

(2) 只有一个传入参数和一个返回值。

每次调用都相当于创建了一个 Isolate,如果频繁使用,则 CPU 负担、内存占用也很大,如代码示例 13-197 所示。

代码示例 13-197

```dart
import 'package:flutter/foundation.dart';
import 'dart:io';

//创建一个新的 Isolate,在其中运行任务 doWork
create_new_task() async{
  var str = "New Task";
  var result = await compute(doWork, str);
  print(result);
}

static String doWork(String value){
  print("new isolate doWork start");
  //模拟耗时 5s
  sleep(Duration(seconds:5));
  print("new isolate doWork end");
  return "complete: $value";
}
```

3. 基于 Isolate 在后台处理网络请求数据

下面演示使用 Isolate 在后台处理网络请求数据,使用步骤如下。

第 1 步:添加 HTTP 包。在项目中添加 HTTP 包,HTTP 包会让网络请求变得像从 JSON 端点获取数据一样简单,代码如下:

```yaml
dependencies:
  http: <latest_version>
```

第 2 步:发起一个网络请求。在这个例子中使用 http.get() 方法通过 REST API 获取一个包含 5000 张图片对象的超大 JSON 文档,如代码示例 13-198 所示。

代码示例 13-198

```dart
Future<http.Response> fetchPhotos(http.Client client) async {
  return client.get(Uri.parse('https://jsonplaceholder.typicode.com/photos'));
}
```

注意：在这个例子中需要给方法添加了一个 http.Client 参数。这将使该方法测试起来更容易同时也可以在不同环境中使用。

第 3 步：解析并将 JSON 转换成一列图片。根据获取网络数据的说明，为了让接下来的数据处理更简单，需要将 http.Response 转换成一列 Dart 对象。

第 4 步：创建一个 Photo 类。创建一个包含图片数据的 Photo 类，还需要一个 fromJson 的工厂方法，使通过 JSON 创建 Photo 变得更加方便，如代码示例 13-199 所示。

代码示例 13-199

```dart
class Photo {
  final int albumId;
  final int id;
  final String title;
  final String url;
  final String thumbnailUrl;

  const Photo({
    required this.albumId,
    required this.id,
    required this.title,
    required this.url,
    required this.thumbnailUrl,
  });

  factory Photo.fromJson(Map<String, dynamic> json) {
    return Photo(
      albumId: json['albumId'] as int,
      id: json['id'] as int,
      title: json['title'] as String,
      url: json['url'] as String,
      thumbnailUrl: json['thumbnailUrl'] as String,
    );
  }
}
```

第 5 步：将响应转换成一列图片。为了让 fetchPhotos() 方法可以返回一个 Future<List<Photo>>，需要以下两点更新：

（1）创建一个可以将响应体转换成 List<Photo> 的方法，如 parsePhotos()。

（2）在 fetchPhotos() 方法中使用 parsePhotos() 方法。

具体实现如代码示例 13-200 所示。

代码示例 13-200

```dart
//A function that converts a response body into a List<Photo>.
List<Photo> parsePhotos(String responseBody) {
```

```dart
    final parsed = jsonDecode(responseBody).cast<Map<String, dynamic>>();

    return parsed.map<Photo>((json) => Photo.fromJson(json)).toList();
}

Future<List<Photo>> fetchPhotos(http.Client client) async {
    final response = await client
        .get(Uri.parse('https://jsonplaceholder.typicode.com/photos'));

    //使用compute()函数在单独的隔离中运行parsePhotos
    return parsePhotos(response.body);
}
```

第6步：将这部分工作移交到单独的 Isolate 中。如果在一台很慢的手机上运行 fetchPhotos()函数，或许注意到应用有点卡顿，因为它需要解析并转换 JSON。显然这并不好，所以要避免。

那么究竟应该怎么做呢？那就是通过 Flutter 提供的 compute()方法将解析和转换的工作移交到一个后台 Isolate 中。这个 compute()函数可以在后台 Isolate 中运行复杂的函数并返回结果。在这里需要将 parsePhotos()方法放入后台，如代码示例 13-201 所示。

代码示例 13-201

```dart
Future<List<Photo>> fetchPhotos(http.Client client) async {
    final response = await client
        .get(Uri.parse('https://jsonplaceholder.typicode.com/photos'));

    //使用compute()函数在单独的隔离中运行parsePhotos
    return compute(parsePhotos, response.body);
}
```

第7步：完整案例代码如代码示例 13-202 所示。

代码示例 13-202   chapter13\code13_12\lib\isolate\IsolatePhotosPage.dart

```dart
import 'dart:async';
import 'dart:convert';
import 'package:flutter/foundation.dart';
import 'package:flutter/material.dart';
import 'package:http/http.dart' as http;

Future<List<Photo>> fetchPhotos(http.Client client) async {
    final response = await client
        .get(Uri.parse('https://jsonplaceholder.typicode.com/photos'));
```

```dart
//使用 compute()函数在单独的隔离中运行 parsePhotos
return compute(parsePhotos, response.body);
}

//将响应体转换为<Photo>的函数
List<Photo> parsePhotos(String responseBody) {
  final parsed = jsonDecode(responseBody).cast<Map<String, dynamic>>();

  return parsed.map<Photo>((json) => Photo.fromJson(json)).toList();
}

class Photo {
  final int albumId;
  final int id;
  final String title;
  final String url;
  final String thumbnailUrl;

  const Photo({
    required this.albumId,
    required this.id,
    required this.title,
    required this.url,
    required this.thumbnailUrl,
  });

  factory Photo.fromJson(Map<String, dynamic> json) {
    return Photo(
      albumId: json['albumId'] as int,
      id: json['id'] as int,
      title: json['title'] as String,
      url: json['url'] as String,
      thumbnailUrl: json['thumbnailUrl'] as String,
    );
  }
}

class MyHomePage extends StatelessWidget {
  const MyHomePage({Key? key, required this.title}) : super(key: key);

  final String title;
```

```dart
  @override
  Widget build(BuildContext context) {
    return Container(
      child: FutureBuilder<List<Photo>>(
        future: fetchPhotos(http.Client()),
        builder: (context, snapshot) {
          if (snapshot.hasError) {
            return const Center(
              child: Text('An error has occurred!'),
            );
          } else if (snapshot.hasData) {
            return PhotosList(photos: snapshot.data!);
          } else {
            return const Center(
              child: CircularProgressIndicator(),
            );
          }
        },
      ),
    );
  }
}

class PhotosList extends StatelessWidget {
  const PhotosList({Key? key, required this.photos}) : super(key: key);

  final List<Photo> photos;

  @override
  Widget build(BuildContext context) {
    return GridView.builder(
      gridDelegate: const SliverGridDelegateWithFixedCrossAxisCount(
        crossAxisCount: 2,
      ),
      itemCount: photos.length,
      itemBuilder: (context, index) {
        return Image.network(photos[index].thumbnailUrl);
      },
    );
  }
}
```

运行效果如图 13-107 所示。

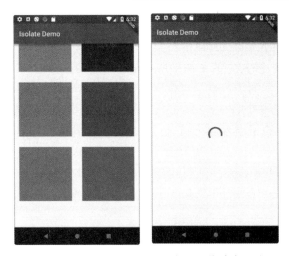

图 13-107　基于 Isolate 处理大量网络请求图片

13.13　状态管理

Flutter 组件之间需要进行数据传递，而这里的数据传递就是指页面间的状态同步。

页面内部的状态可以用 StatefulWidget 维护其状态，当需要使用跨组件的状态时，StatefulWidget 将不再是一个好的选择。在多个 Widget 之间进行数据传递时，虽然可以使用事件处理的方式解决（如 setState、callback、EventBus、Notification），但是当组件嵌套足够深时，很容易增大代码耦合度。此时，就需要状态管理来帮助我们理清这些关系。

13.13.1　InheritedWidget

InheritedWidget 是一个基类，它可以沿着节点树高效地传递信息，它传递信息采用自上而下的方式，所以它的数据流是单向的，它必须是被传递信息的祖先节点。子节点想要获取最近的 InheritedWidget，其流程如图 13-108 所示。

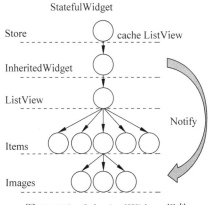

图 13-108　InheritedWidget 组件

业务开发中经常会碰到这样的情况，多个 Widget 需要同步同一份全局数据，例如点赞数、评论数、夜间模式等。在 Flutter 中，原生提供了用于 Widget 间共享数据的 InheritedWidget，当 InheritedWidget 发生变化时，它的子树中所有依赖了它的数据的 Widget 都会进行重建，这使开发者省去了维护数据同步逻辑的麻烦。

InheritedWidget 是一个特殊的 Widget，开发者可以将其作为另一个子树的父级放在 Widgets 树中。该子树的所有小部件都必须能够与该 InheritedWidget 公开的数据进行交互。

子节点通过 BuildContext.dependOnInheritedWidgetOfExactType 方法引用祖先 InheritedWidget，当祖先 InheritedWidget 的状态发生改变时，子节点也会重新构建（build 方法执行）。

下面通过简单的计数器 Widget，演示如何使用 InheritedWidget 组件共享数据，如图 13-109 所示。

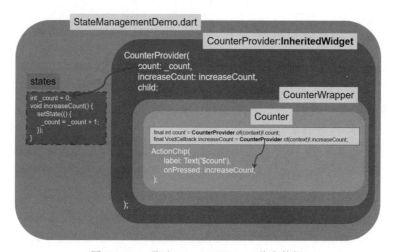

图 13-109　通过 InheritedWidget 共享数据

第 1 步：创建一个类 CounterProvider，该类继承 InheritWidget 类并重写 updateShouldNotify 方法，该方法判断 count 的数据变化，如果 count 发生变化，则会通知子组件重建 Widget。

CounterProvider 类中提供了 1 个全局数据 count 和用来更新 count 的方法 increaseCount，同时定义了一个静态方法 of，of 方法用于提供 count 和 increaseCount 给外部调用，如代码示例 13-203 所示。

代码示例 13-203　chapter13\code13_13\lib\states\inherited_widget_demo.dart

```
class CounterProvider extends InheritedWidget {
  final int count;
  final VoidCallback increaseCount;
```

```
  final Widget child;

  CounterProvider({Key key,@ required this.count,@ required this.increaseCount,@ required
this.child})
      : super(key:key,child: child);

  static CounterProvider of(BuildContext context) =>
      context.dependOnInheritedWidgetOfExactType(aspect: CounterProvider);

  //是否重建 Widget 取决于数据 count 是否相同
  @override
  bool updateShouldNotify(CounterProvider oldWidget) {
    return count!= oldWidget.count;
  }
}
```

第 2 步：创建根组件 StateManagementDemo，CounterProvider 必须作为子类的根包装类，如代码示例 13-204 所示。

代码示例 13-204

```
class _StateManagementDemoState extends State< StateManagmentDemo > {
  int _count = 0;
  void increaseCount() {
    setState(() {
      _count = _count + 1;
    });
  }

  @override
  Widget build(BuildContext context) {
    return CounterProvider(
      count: _count,
      increaseCount: increaseCount,
      child: CounterWrapper(),
    );
  }
}
```

第 3 步：创建包裹组件 CounterWrapper，该组件包裹 Counter 组件，在 Counter 组件中直接通过 CounterProvider 的静态方法 of 获取共享的数据，如代码示例 13-205 所示。

代码示例 13-205

```
class CounterWrapper extends StatelessWidget {
  const CounterWrapper({Key? key}) : super(key: key);
```

```
  @override
  Widget build(BuildContext context) {
    return Center(
      child: Counter(),
    );
  }
}

class Counter extends StatelessWidget {
  const Counter({Key? key}) : super(key: key);

  @override
  Widget build(BuildContext context) {
    final int count = CounterProvider.of(context)!.count;
    final VoidCallback increaseCount =
        CounterProvider.of(context)!.increaseCount;
    return ActionChip(
      label: Text('$count'),
      onPressed: increaseCount,
    );
  }
}
```

13.13.2 scoped_model

scoped_model 是一个 Dart 第三方库，提供了让开发者能够轻松地将数据模型从父 Widget 传递到它的后代的功能。此外，它还会在模型更新时重新渲染该模型的所有子项。

scoped_model 是谷歌正在开发的新操作系统 Fuchsia 核心 Widgets 中对 Model 类的简单提取，作为独立使用的 Flutter 插件发布。

1. 安装 scoped_model

在项目的 pubspec.yaml 文件中添加安装包，如图 13-110 所示。

图 13-110　安装 scope_model

添加安装依赖,代码如下:

```
dependencies:
  scoped_model: ^1.1.0
```

2. 创建一个 Model

导入包,创建一个共享状态的 Model,如代码示例 13-206 所示。

代码示例 13-206

```
import 'package:scoped_model/scoped_model.dart';

class CounterModel extends Model {
  int _counter = 0;
  int get counter => _counter;
  void increment() {
    //首先,_counter 变量自增
    _counter++;
    //通知所有监听者
    notifyListeners();
  }
}
```

在根组件中通过 ScopedModel 共享 Model,如代码示例 13-207 所示。

代码示例 13-207

```
class MyApp extends StatelessWidget {
  const MyApp({Key? key}) : super(key: key);

  @override
  Widget build(BuildContext context) {
    return ScopedModel<CounterModel>(
      model: CounterModel(),
      child: MaterialApp(
        title: 'Scoped Model Demo',
        home: CounterHome('Scoped Model Demo'),
      ),
    );
  }
}
```

在子组件中通过 ScopedModelDescendant 获取共享数据,如代码示例 13-208 所示。

代码示例 13-208

```
class CounterHome extends StatelessWidget {
  final String title;

  CounterHome(this.title);

  @override
  Widget build(BuildContext context) {
    return Scaffold(
      appBar: AppBar(
        title: Text(title),
      ),
      body: Center(
        child: Column(
          mainAxisAlignment: MainAxisAlignment.center,
          children: <Widget>[
            Text('You have pushed the button this many times:'),
            ScopedModelDescendant<CounterModel>(
              builder: (context, child, model) {
                return ActionChip(
                  label: Text(model.counter.toString()),
                  onPressed: model.increment,
                );
              },
            ),
          ],
        ),
      ),
      floatingActionButton: ScopedModelDescendant<CounterModel>(
        builder: (context, child, model) {
          return FloatingActionButton(
            onPressed: model.increment,
            tooltip: 'Increment',
            child: Icon(Icons.add),
          );
        },
      ),
    );
  }
}
```

运行效果如图 13-111 所示。

图 13-111　ScopedModel 应用

13.14　Stream 与 BLoC 模式

Stream 是 Dart 的一个用于异步处理的库,和 Future 一样都是非常重要的异步编程方式,RxDart、BLoC、flutter_bloc 都是基于 Stream 开发的。Stream 的思想基于管道(pipe)和生产者消费者模式。

13.14.1　Stream

在 Dart 库中,有两种实现异步编程的方式(Future 和 Stream),使用它们只需在代码中引入 dart:async。Future 用于处理单个异步操作,而 Stream 用来处理连续的异步操作。

1. 什么是 Stream

可以将 Stream 当成管道(pipe)的两端,它只允许从一端插入数据并通过管道从另外一端流出数据,如图 13-112 所示。

图 13-112　Stream 的处理机制

2. Stream 传输的数据

任何类型的数据都可以使用 Stream 来传输，包括简单的值、事件、对象、集合、map、error 或者其他的 Stream。

3. 监听 Stream 中传输的数据

当使用 Stream 传输数据时，可以简单地使用 listen 函数来监听 StreamController 的 stream 属性。在定义完 listener(监听者)之后，会收到 StreamSubscription(订阅)对象，通过这个订阅对象就可以接收 Stream 发送数据变更的通知。

4. Stream 的类型

Stream 有两种类型：单订阅 Stream 和广播 Stream，其区别如表 13-33 所示。

表 13-33　Stream 的两种类型区别

类型名称	区别
单订阅 Stream	单订阅 Stream 只允许在该 Stream 的整个生命周期内使用单个监听器，即使第 1 个 subscription 被取消了，也没法在这个流上监听到第 2 次事件
广播 Stream	广播 Stream 允许任意个数的 subscription，可以随时随地地给它添加 subscription，只要新的监听开始工作，它就能收到新的事件

5. Stream 中的主要对象

Stream 中主要包括四大对象，具体如表 13-34 所示。

表 13-34　Stream 主要包含四大对象

对象名称	对象说明
Stream	事件源，一般用于事件监听或事件转换等
StreamController	方便进行 Stream 管理的控制器
StreamSink	sink 英文的意思为水槽，可以将其理解为日常生活中厨房的洗碗槽，洗碗槽(sink)中的水(data)会流进管子(stream)中。一般作为事件的入口，提供如 add、addStream 等办法。事件的输入口，包含 add 等方法进行事件发送
StreamSubscription	Stream 进行 listen 监听后得到的对象，用来管理事件订阅，包含取消监听等方法

6. Stream 的创建方式

Stream＜T＞.fromFuture 接收一个 Future 对象作为参数，如代码示例 13-209 所示。

代码示例 13-209

```
Stream＜String＞ _stream = Stream＜String＞.fromFuture(getData());
Future＜String＞ getData() async{
    await Future.delayed(Duration(seconds: 5));
    return "返回一个 Future 对象";
}
```

Stream < T >.fromIterable 接收一个集合对象作为参数，代码如下：

```
Stream < String >.fromIterable(['A','B','C']);
```

Stream < T >.fromFutures 接收一个 Future 集合对象作为参数，代码如下：

```
Stream < String >.fromFutures([getData()]);
```

Stream < T >.periodic 接收一个 Duration 对象作为参数，代码如下：

```
Duration interval = Duration(seconds: 1);
Stream < int > stream = Stream < int >.periodic(interval);
```

7. 给 Stream 添加订阅（Subscription）

Stream 有两种类型：单订阅 Stream 和广播 Stream。单订阅 Stream 只允许在该 Stream 的整个生命周期内使用单个监听器，即使第 1 个 subscription 被取消了，也没法在这个流上监听到第 2 次事件，而广播 Stream 允许任意个数的 subscription，可以随时随地地给它添加 subscription，只要新的监听开始工作，它就能收到新的事件。

单订阅类 Stream，如代码示例 13-210 所示。

代码示例 13-210

```
import 'dart:async';

void main() {
  //初始化一个单订阅的 StreamController
  final StreamController Ctrl = StreamController();

  //初始化一个监听
  final StreamSubscription subscription = Ctrl.stream.listen((data) => print('$data'));

  //往 Stream 中添加数据
  Ctrl.sink.add('my name');
  Ctrl.sink.add(1234);
  Ctrl.sink.add({'a': 'element A', 'b': 'element B'});
  Ctrl.sink.add(123.45);

  //StreamController 用完后需要释放
  Ctrl.close();
}
```

广播类 Stream，如代码示例 13-211 所示。

代码示例 13-211

```dart
import 'dart:async';

void main() {
  //初始化一个 int 类型的广播 StreamController
  final StreamController<int> Ctrl = StreamController<int>.broadcast();

  //初始化一个监听,同时通过 transform 对数据进行简单处理
  final StreamSubscription subscription = Ctrl.stream
                .where((value) => (value % 2 == 0))
                .listen((value) => print('$value'));

  //往 Stream 中添加数据
  for(int i = 1; i < 11; i++){
    Ctrl.sink.add(i);
  }

  //StreamController 用完后需要释放
  Ctrl.close();
}
```

8. 暂停、恢复、取消监听 Stream

对 Stream 使用 listen 监听时,会返回 StreamSubscription 对象。StreamSubscription 是对当前 Stream 的监听产生的状态的管理对象,它能获取订阅事件的状态(是否被暂停)、订阅事件的取消、订阅事件的恢复及保留用于处理事件的回调(onData,onDone,onError),如代码示例 13-212 所示。

代码示例 13-212

```dart
Stream<String>? _stream = null;
StreamSubscription<String>? _subs = null;
@override
void initState() {
  super.initState();
  //创建 Stream
  _stream = Stream.fromFuture(getFetchData());
  //订阅,返回流订阅对象 Streamsubscription
  _subs = _stream?.listen(onData, onError: onError, onDone: onDone);
}
```

暂停、恢复、取消监听 Stream,如代码示例 13-213 所示。

代码示例 13-213

```
@override
Widget build(BuildContext context) {
  return Center(
    child: Row(children: [
      OutlinedButton(
        onPressed: () {
          print("停止订阅");
          _subs?.pause();
        },
        child: Text("停止订阅"),
      ),
      OutlinedButton(
        onPressed: () {
          print("Resume 订阅");
          _subs?.resume();
        },
        child: Text("Resume 订阅"),
      ),
      OutlinedButton(
        onPressed: () {
          print("cancel 订阅");
          _subs?.cancel();
        },
        child: Text("cancel 订阅"),
      )
    ]),
  );
}
```

9. Stream 控制器（StreamController）

可以通过 StreamController 发送数据、捕获错误和获取结果，如代码示例 13-214 所示。

代码示例 13-214

```
import 'Dart:async';

void main() {
  final controller = StreamController();
  controller.sink.add(123);
  controller.sink.add('foo');
  print(controller);//output: Instance of '_AsyncStreamController<dynamic>'
}
```

上面的代码通过 add() 方法可以在流中添加任意类型的数据，如果需要限制数据类型，则可以使用泛型，如代码示例 13-215 所示。

代码示例 13-215

```dart
import 'Dart:async';

void main() {
  StreamController<int> controller = StreamController();
  controller.sink.add(123);
  controller.sink.add(456);
  print(controller);//output: Instance of '_AsyncStreamController<int>'
}
```

可以使用 listen 方法获取结果，并使用 close 方法关闭 sink 实例，防止内存泄漏和意外行为，如代码示例 13-216 所示。

代码示例 13-216

```dart
import 'Dart:async';

void main() {
  StreamController<int> controller = StreamController();
  controller.stream.listen((data) => print(data));
  controller.sink.add(123);
  controller.sink.add(456);
  controller.close();
}
```

10. StreamBuilder() 用法

在 Flutter 中，StreamBuilder() 是一个将 Stream 流与 Widget 结合到一起的可实现局部数据更新的一个组件。

案例 1：实现每秒显示当前的时间，甚至连 StatefulWidget 都没有使用就可以实现数据更新，效果如图 13-113 所示，实现如代码示例 13-217 所示。

代码示例 13-217　chapter13\code13_14\lib\pages\streambuilder_time.dart

```dart
class StreamBuilderTimeDemo extends StatelessWidget {
  const StreamBuilderTimeDemo({Key? key}) : super(key: key);

  @override
  Widget build(BuildContext context) {
    return Scaffold(
      appBar: AppBar(title: Text('StreamDemo')),
      body: Center(
        child: StreamBuilder<String>(
```

```
        initialData: "",
        stream: Stream.periodic(Duration(seconds: 1), (value) {
          return DateTime.now().toString();
        }),
        builder: (context, AsyncSnapshot<String> snapshot) {
          return Text(
            '${snapshot.data}',
            style: TextStyle(fontSize: 24.0),
          );
        }),
      ),
    );
  }
}
```

```
@override
Widget build(BuildContext context) {
  return Scaffold(
    appBar: AppBar(title: Text('StreamDemo')),
    body: Center(
      child: StreamBuilder<String>(
        initialData: "",
        stream: Stream.periodic(Duration(seconds: 1), (value) {
          return DateTime.now().toString();
        }), // Stream.periodic
        builder: (context, AsyncSnapshot<String> snapshot) {
          return Text(
            '${snapshot.data}',
            style: TextStyle(fontSize: 24.0),
          ); // Text
        }), // StreamBuilder
    ), // Center
  ); // Scaffold
```

图 13-113　使用 StreamBuilder 实现显示当前时间

案例 2：实现短信倒计时功能，如代码示例 13-218 所示。

代码示例 13-218　chapter13\code13_14\lib\pages\streambuilder_message. dart

```
class _StreamMessageDemoState extends State<StreamMessageDemo> {
  final StreamController _streamController = StreamController<dynamic>();
  int count = 10;
  Timer? _timer;
  @override
  Widget build(BuildContext context) {
    return Scaffold(
      appBar: AppBar(
        title: const Text("短信倒计时"),
      ),
      body: Center(
        child: StreamBuilder<dynamic>(
```

```dart
            stream: _streamController.stream,
            initialData: 0,
            builder: (BuildContext context, AsyncSnapshot<dynamic> snapshot) {
              return OutlinedButton(
                onPressed: () async {
                  if (snapshot.data == 0) {
                    _startTimer();
                  }
                },
                child: Text(
                  snapshot.data == 0 ? "获取验证码" : '${snapshot.data}秒后重发',
                  style: snapshot.data == 0
                      ? const TextStyle(color: Colors.blue, fontSize: 14)
                      : const TextStyle(color: Colors.grey, fontSize: 14),
                ),
              );
            }),
      ),
    );
  }

  void _startTimer() {
    count = 60;
    _timer = Timer.periodic(const Duration(seconds: 1), (timer) {
      if (count <= 0) {
        _cancelTimer();
        return;
      }
      _streamController.sink.add(--count);
    });
  }

  //取消倒计时的计时器
  void _cancelTimer() {
    //计时器(Timer)组件的取消(cancel)方法,取消计时器
    _timer?.cancel();
  }

  @override
  void dispose() {
    super.dispose();
    //关掉不需要的Stream
    _streamController.close();
  }
}
```

运行结果如图 13-114 所示。

图 13-114　使用 StreamBuilder 实现短信倒计时功能

虽然 Stream 可以实现数据局部的刷新，但是 Stream 属于比较底层的类，如果要实现非常复杂的页面开发并实现逻辑分离，还是建议使用 BLoC，封装比较完善，可降低开发成本。

13.14.2　RxDart

RxDart 是一个响应式编程支持的第三方库，RxDart 是基于 ReactiveX 标准 API 的 Dart 版本实现，由 Dart 标准库中的 Stream 扩展而成。

RxDart 与 Dart 的相关术语区别如表 13-35 所示。

表 13-35　**RxDart 与 Dart 的相关术语区别**

RxDart	Dart
Subject	StreamController
Observable	Stream

Observable 相当于 Stream，Subject 相当于 StreamController，Observable 继承自 Stream。

与 Dart 不同，RxDart 提供了 3 种类型的 StreamController 来应用到不同的场景，如表 13-36 所示。

表 13-36 RxDart 提供了 3 种 StreamController

类型	说明
PublishSubject	PublishSubject 是最普通的广播 StreamController，和 StreamController 唯一的区别是它返回的对象是 Observable，而 StreamController 返回的是 Stream
BehaviorSubject	BehaviorSubject 也是广播 StreamController，和 PublishSubject 的区别是它会额外返回订阅前的最后一次事件
ReplaySubject	ReplaySubject 也是广播 StreamController，它可以回放已经消失的事件

在项目 pubspec.yaml 文件中添加 RxDart 依赖，如图 13-115 所示。

```
dependencies:
  flutter:
    sdk: flutter
  rxdart: ^0.27.3
```

图 13-115 添加 RxDart 依赖

在页面中导入 RxDart 模块，代码如下：

```
import 'package:rxdart/rxdart.dart';
```

RxDart 的具体用法如下。

1. PublishSubject

PublishSubject 是最普通的广播 StreamController，和 StreamController 唯一的区别是它返回的对象是 Observable，而 StreamController 返回的是 Stream。

使用 PublishSubject 广播，listener 只能监听到订阅之后的事件，如代码示例 13-129 所示。

代码示例 13-219 PublishSubject 用法

```
final _subject = PublishSubject<int>();
//observer1 能监听收到所有的数据
_subject.stream.listen(observer1);
_subject.add(1);
_subject.add(2);

//observer2 只能手动
_subject.stream.listen(observer1);
_subject.add(3);
_subject.close();
```

2. BehaviorSubject

BehaviorSubject 也是广播 StreamController，和 PublishSubject 的区别是它会额外返回订阅前的最后一次事件，如代码示例 13-220 所示。

代码示例13-220　BehaviorSubject用法

```
final _subject = BehaviorSubject<int>(seedValue: 0);
_subject.add(1);
_subject.add(2);
_subject.add(3);
_subject.stream.listen(print); //prints 3
_subject.stream.listen(print); //prints 3
_subject.stream.listen(print); //prints 3
```

3. ReplaySubject

ReplaySubject也是广播StreamController,它可以回放已经消失的事件,如代码示例13-221所示。

代码示例13-221　ReplaySubject用法

```
final subject1 = ReplaySubject<int>();
subject1.add(1);
subject1.add(2);
subject1.add(3);

subject1.stream.listen(print); //prints 1, 2, 3
subject1.stream.listen(print); //prints 1, 2, 3
subject1.stream.listen(print); //prints 1, 2, 3

final subject2 = ReplaySubject<int>(maxSize: 2);
subject2.add(1);
subject2.add(2);
subject2.add(3);

subject2.stream.listen(print);     //prints 2, 3
subject2.stream.listen(print);     //prints 2, 3
subject2.stream.listen(print);     //prints 2, 3
```

4. Observable对象处理

StreamTransformer可以对Stream进行相应处理,同样地,RxDart中也支持类似的操作,被称为操作符。

1) 过滤操作符

过滤操作符用来过滤Observable发送的一些数据,丢弃这些数据只保留过滤后的数据。

where实现一个对Observable进行过滤的操作,如代码示例13-222所示。

代码示例 13-222　where 用法

```dart
class _RxDartDemoState extends State<RxDartDemo> {
  PublishSubject<String>? _textSubject;
  @override
  void initState() {
    super.initState();

_textSubject = PublishSubject<String>();
//给监听的内容加个条件
    _textSubject?.where((item) => item.length > 20).listen((data) {
      deBugPrint(data);
    });
  }

  @override
  void dispose() {
    super.dispose();
    _textSubject?.close();
  }

  @override
  Widget build(BuildContext context) {
    return Center(
      child: TextField(
        decoration: InputDecoration(
          labelText: "Title",
          filled: true,
        ),
        onChanged: (value) {
          _textSubject?.add('input: $value');
        },
        onSubmitted: (value) {
          _textSubject?.add('submit: $value');
        },
      ),
    );
  }
}
```

2）变换操作符

交换操作符用来变换 Observable 发送的一些数据或者 Observable 本身，将被变换的对象转换成为我们想要的形成。map 实现一个基本的数据转换，将数字翻倍，如代码示例 13-223 所示。

代码示例 13-223　map 用法

```
_textSubject = PublishSubject<String>();
//给监听的内容加个条件
  _textSubject?.map((num) => num * 2).listen((data) {
    deBugPrint(data);
  });
```

3）结合操作符

startWith 在数据序列的开头插入一条指定的项，如代码示例 13-224 所示。

代码示例 13-224　startWith 用法

```
_textSubject = PublishSubject<String>();
//给监听的内容加个条件
  _textSubject?.startWith(9).listen((data) {
    deBugPrint(data);
  });
```

13.14.3　BLoC 模式

BLoC 是 Business Logic Component 的英文缩写，中文译为业务逻辑组件，是一种使用响应式编程来构建应用的方式。BLoC 最早由谷歌工程师设计并开发，设计的初衷是为了实现页面视图与业务逻辑的分离，如图 13-116 所示。

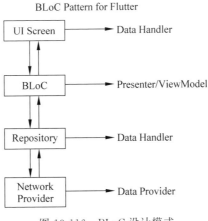

图 13-116　BLoC 设计模式

使用 BLoC 方式进行状态管理时，应用里的所有组件被看成一个事件流，一部分组件可以订阅事件，另一部分组件则可以消费事件，BLoC 的工程流程如图 13-117 所示。

组件通过 Sink 向 BLoC 发送事件，BLoC 接收到事件后执行内部逻辑处理，并把处理的

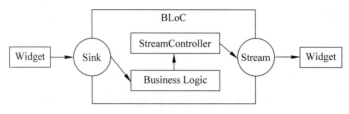

图 13-117　BLoC 流程图

结果通过流的方式通知给订阅事件流的组件。

在 BLoC 的工作流程中，Sink 接收输入，BLoC 则对接收的内容进行处理，最后以流的方式输出，其实，BLoC 又是一个典型的观察者模式。

理解 BLoC 的运作原理，需要重点关注几个对象，分别是事件、状态、转换和流，如表 13-37 所示。

表 13-37　BLoC 模式的重要对象说明

对象名	对象说明
事件	在 BLoC 中，事件会通过 Sink 输入 BLoC 中，通常是为了响应用户交互或者生命周期事件而进行的操作
状态	用于表示 BLoC 输出的东西，是应用状态的一部分。它可以通知 UI 组件，并根据当前状态重建其自身的某些部分
转换	从一种状态到另一种状态的变动称为转换，转换通常由当前状态、事件和下一种状态组成
流	表示一系列非同步的数据，BLoC 建立在流的基础之，并且 BLoC 需要依赖 RxDart，它封装了 Dart 在流方面的底层细节实现

下面通过几个例子介绍如何使用 BLoC 模式。

1. Stream 实现 BLoC

首先使用 Stream 的方法实现 BLoC 模式，如代码示例 13-225 所示。

代码示例 13-225

```
import 'dart:async';

class CounterBLoC {
    //记录按钮单击的次数
    //被流包裹的数据,可以是任何类型
    int _counter = 0;
    //流控制
    final _counterStreamController = StreamController<int>();
     //流
    Stream<int> get stream_counter => _counterStreamController.stream;
    //通过 sink.add 发布一个流事件
    void addCount() {
```

```
    _counterStreamController.sink.add(++_counter);
  }
  //释放流
  void dispose() {
    _counterStreamController.close();
  }
}
```

创建好 CounterBLoC 后,通过 StreamBuilder 设置 Stream,如代码示例 13-226 所示。

代码示例 13-226　chapter13\code13_14\lib\count_bloc\count_blocpage.dart

```
class _CountBlocPageState extends State<CountBlocPage> {
  //把一些相关的数据请求和实体类变换到 CounterBLoC 类里
  //实例化 CounterBLoC
  final _bloc = CounterBLoC();
  @override
  Widget build(BuildContext context) {
    return Scaffold(
      appBar: AppBar(
        title: Text("CountBloc"),
      ),
      body: StreamBuilder(
        //监听流,当流中的数据发生变化时调用 sink.add,此处会收到数据的变化并且刷新 UI
        stream: _bloc.stream_counter,
        initialData: 0,
        builder: (BuildContext context, AsyncSnapshot<int> snapshot) {
          return Center(
            child: Text(
              snapshot.data.toString(),
              style: TextStyle(fontSize: 40, fontWeight: FontWeight.w300),
            ),
          );
        },
      ),
      floatingActionButton: _getButton(),
    );
  }

  @override
  void dispose() {
    super.dispose();
    //关闭流
    _bloc.dispose();
  }
```

```dart
Widget _getButton() {
  return FloatingActionButton(
    child: Icon(Icons.add),
    onPressed: () {
      //单击添加,其实也是发布一个流事件
      _bloc.addCount();
    });
}
```

效果图如 13-118 所示。

```dart
import 'dart:async';
class CounterBLoC {
  //记录按钮单击的次数
  //被流包裹的数据,可以是任何类型
  int _counter = 0;

  //流控制
  final _counterStreamController = StreamController<int>();

  //流
  Stream<int> get stream_counter => _counterStreamController.stream;

  // 通过sink.add发布一个流事件
  void addCount() {
    _counterStreamController.sink.add(++_counter);
  }

  //释放流
  void dispose() {
    _counterStreamController.close();
  }
}
```

图 13-118　Stream 实现 BLoC

2. RxDart 实现 BLoC

下面使用 RxDart 实现一个获取图片列表的 BLoC,效果如图 13-119 所示,代码示例 13-227 所示。

代码示例 13-227　chapter13\code13_14\lib\rxdart_bloc\photo_bloc.dart

```dart
class PhotoBloc {
  //网络请求的实例
  final _netApi = NetApi();

  final _photoFetcher = PublishSubject<List<PhotoModel>>();

  //提供被观察的 List<photosModel>
```

```dart
    Stream<List<PhotoModel>> get photos => _photoFetcher.stream;

  //获取网络数据
  fetchPhotos() async {
    List<PhotoModel> models = await _netApi.fetchPhotoList();
    if (_photoFetcher.isClosed) return;
    _photoFetcher.sink.add(models);
  }

  //释放
  dispose() {
    _photoFetcher.close();
  }
}
```

图 13-119 RxDart 实现 BLoC

图片数据获取，使用 RxDart，代码示例 13-228 所示。

代码示例 13-228　chapter13\code13_14\lib\rxdart_bloc\net_api.dart

```dart
import 'package:http/http.dart' show Client;
import 'photo_model.dart';
class NetApi {
  Client client = Client();
  Future<List<PhotoModel>> fetchPhotoList() async {
    print("Starting get photos ..");
    List models = [];
```

```dart
    var url = Uri.parse("https://jsonplaceholder.typicode.com/photos");
    final response = await client.get(url);
    if (response.statusCode == 200) {
      models = json.decode(response.body);
      print(models);
      return models.map((model) {
        return PhotoModel.fromJson(model);
      }).toList();
    } else {
      throw Exception('Failed to load dog');
    }
  }
}
```

在界面中使用 StreamBuilder 订阅图片列表数据流,如代码示例 13-229 所示。

代码示例 13-229　chapter13\code13_14\lib\rxdart_bloc\main.dart

```dart
class _PhotoPageState extends State<PhotoPage> {
  final _photoBloc = PhotoBloc();

  @override
  void initState() {
    super.initState();
    _photoBloc.fetchPhotos();
  }

  @override
  Widget build(BuildContext context) {
    return Scaffold(
      appBar: AppBar(
        title: const Text("PhotoPage"),
      ),
      body: Container(
          child: StreamBuilder(
              //监听流
              stream: _photoBloc.photos,
              builder: (context, AsyncSnapshot<List<PhotoModel>> snapshot) {
                if (snapshot.hasData) {
                  return ListView.builder(
                      itemBuilder: (BuildContext context, int index) {
                        return Card(
                            elevation: 8,
                            shape: RoundedRectangleBorder(
                              borderRadius: BorderRadius.circular(20),
                            ),
```

```
                        child: Image.network(
                          snapshot.data![index].url,
                          fit: BoxFit.fill,
                        ));
                  },
                  itemCount: snapshot.data?.length,
                );
              } else if (snapshot.hasError) {
                return const Text('Beauty snapshot error!');
              }
              return const Text('Loading photos..');
            })),
      );
   }
}
```

第 14 章 Flutter Web 和桌面应用

Flutter 2 是 Flutter 框架的重大版本升级，Flutter 2 让开发者可以编写一套代码，同时发布到 5 个操作系统上：iOS、Android、Windows、macOS 和 Linux，如图 14-1 所示。同时还可以运行到 Chrome、Firefox、Safari 或 Edge 等浏览器的 Web 版本上，Flutter 甚至还可以嵌入汽车、电视和智能家电中。

图 14-1　Flutter 支持 7 大平台

14.1　Flutter Web 介绍

Flutter 2 中最大变更之一就是对 Web 的生产质量有了新的支持。

Flutter 对 Web 的支持是基于有硬件加速的 2D 和 3D 图形及灵活的布局和绘画 API，提供了以应用程序为中心的框架，该框架充分利用了现代 Web 所提供的所有优势。

Flutter 2 特别关注 3 种应用程序场景：

(1) 渐进式 Web 应用程序(PWA)：将 Web 的访问范围与桌面应用程序的功能结合在一起。

(2) 单页应用程序(SPA)，一次加载并与网络之间进行数据传输。

(3) 将现有的 Flutter 移动应用程序运行到 Web 上，从而为两种体验启用共享代码。

14.1.1　Flutter Web 框架架构

Flutter Web 框架架构图如图 14-2 所示。

Flutter 框架由一系列层结构组成。

(1) 框架：用于为 Widget、动画和手势等常见的习惯用法提供抽象。

(2) 引擎：使用公开的系统 API 在目标设备上进行渲染。

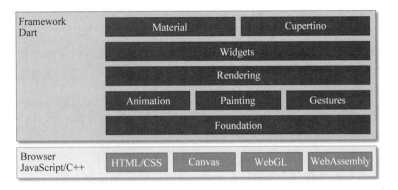

图 14-2　Flutter Web 框架架构图

Flutter Web 不是简单地将 Widget 移植为 HTML 里的等价组件，Flutter 的 Web 引擎为开发者提供了两种渲染器：一种是针对文件大小和兼容性进行优化的 HTML 渲染器；另一种则是使用 WebAssembly 和 WebGL 通过 Skia 绘图命令向浏览器画布进行渲染的 CanvasKit 渲染器。

14.1.2　Flutter Web 的两种编译器

Flutter 官方提供了 dart2js 和 dartdevc 两个编译器。可以将代码直接运行在 Chrome 浏览器上，也可以将 Flutter 代码编译为 JavaScript 文件部署在服务器端。

如果代码运行在 Chrome 浏览器上，flutter_tools 则会使用 dartdevc 编译器进行编译，dartdevc 支持增量编译，开发者可以像调试 Flutter Mobile 代码一样使用 Hot Reload 来提升调试效率。

1. dart2js 编译器

Flutter for Web 的编译主要通过 dart2js 来完成，如图 14-3 所示，dart2js 中包括了 Web 的前端和后端编译，前端编译和 native 的编译流程类似，都会生成 dill 中间文件，主要的差异点是使用了不同的 Dart SDK，并且针对 AST 进行转换也有所不同，后端编译部分则差异比较大。

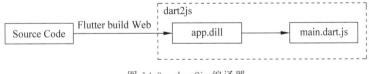

图 14-3　dart2js 编译器

2. dartdevc 编译器

dartdevc 可以将代码直接运行在 Chrome 浏览器上，也可以将 Flutter 代码编译为 JS 文件部署在服务器端。dartdevc 能做到增量更新，速度比 dart2js 更快，dartdevc 可以理解为下一代 dart2js。最重要的是它可以编译成 esm 的模块使我们的目标有了希望。

14.1.3　Flutter Web 支持的两种渲染模式

不同的渲染器在不同场景下各有优势，因此 Flutter 同时支持以下两种渲染模式。

（1）HTML 渲染器：结合了 HTML 元素、CSS、Canvas 和 SVG。该渲染模式的下载文件体积较小。

（2）CanvasKit 渲染器：渲染效果与 Flutter 移动和桌面端完全一致，性能更好，Widget 密度更高，但增加了约 2MB 的下载文件体积。

为了针对每个设备的特性优化 Flutter Web 应用，渲染模式默认设置为自动。这意味着应用将在移动浏览器上使用 HTML 渲染器运行，在桌面浏览器上使用 CanvasKit 渲染器运行。

可以使用 --web-renderer html 或 --web-renderer canvaskit 命令来明确选择使用何种渲染器，命令如下：

```
flutter run -d Chrome -- web-renderer html
flutter build web -- web-renderer canvaskit
```

14.1.4　创建一个 Flutter Web 项目

在 Flutter 2 及更高版本上创建的所有项目都内置了对 Flutter Web 的支持，所以可以通过以下方式初始化和运行 Flutter Web 项目，代码如下：

```
flutter create app_name
flutter devices
```

devices 命令至少应该列出的信息如下：

```
1 connected device:
Chrome (web) • Chrome • web-JavaScript • Google Chrome 88.0.4324.150
```

在 Chrome 浏览器上使用默认（auto）渲染器运行，代码如下：

```
flutter run -d Chrome
```

使用默认（auto）渲染器构建应用（发布模式），代码如下：

```
flutter build web -- release
```

使用 CanvasKit 渲染器构建应用（发布模式），代码如下：

```
flutter build web -- web-renderer canvaskit -- release
```

使用 HTML 渲染器构建应用(发布模式),代码如下:

```
flutter run -d Chrome --web-renderer html --profile
```

要为以前版本的 Flutter 添加 Web 支持,应从项目目录运行以下命令:

```
flutter create .
```

14.2 Flutter Desktop 介绍

Flutter 可以让 Flutter 代码编译成 Windows、macOS 或 Linux 的原生桌面应用,如图 14-4 所示。Flutter 的桌面支持也允许插件拓展。可以使用已经支持了 Windows、macOS 或 Linux 平台的插件,或者创建自己的插件实现相关功能。

图 14-4　Flutter Desktop 程序开发

1. Flutter Desktop 架构图

Flutter Desktop 架构图如图 14-5 所示。

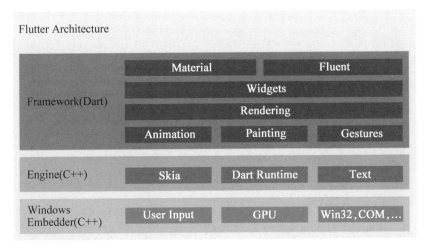

图 14-5　Flutter Desktop 架构图

2. Flutter Desktop 开发环境配置

Flutter 支持在不同的平台进行桌面程序开发,下面详细介绍如何搭建不同平台的桌面开发环境。

1)macOS 安装

要开发 macOS 桌面程序,除了 Flutter SDK,还需要做以下准备:

(1)安装 Xcode,如果使用插件,则需要安装 CocoaPods。

(2)配置 Flutter。

在命令行中执行以下命令,来确保使用了最新版可用的桌面支持。如果看到 flutter: command not found,则需要确保安装了 Flutter SDK,并且配置在环境路径中。

```
flutter config -- enable-macOS-desktop
```

(3)运行和编译,命令如下:

```
flutter run -d macOS
flutter build macOS
```

2)Linux 安装

要开发 Linux 桌面程序,除了 Flutter SDK,还需要安装 Flutter 的依赖环境。

Linux 系统中需要安装的依赖包如表 14-1 所示。

表 14-1 Flutter Desktop Linux 依赖

名称	说明
Clang	Clang 是 LLVM(Low Level Virtual Machine)项目提供的工具链中的编译器的前端部分
CMake	CMake 是一个跨平台的安装(编译)工具,可以用简单的语句来描述所有平台的安装(编译过程)
GTK development headers	GTK 是 Linux 系统上的两大图形界面库(GUI)之一
Ninja build	Ninja 是谷歌的一名程序员推出的注重速度的构建工具,一般在 UNIX/Linux 上的程序通过 make/makefile 来构建编译,而 Ninja 通过将编译任务并行组织,大大提高了构建速度
pkg-config	pkg-config 是一个 Linux 下的命令,用于获得某一个库/模块的所有编译相关的信息

安装 Flutter SDK 和这些依赖,最简单的方式是使用 Snapd。Snapd 是管理 Snap 软件包的后台服务。Snap 是 Canoncial 公司提出的新一代 Linux 包管理工具,致力于将所有 Linux 发行版上的包格式统一,做到"一次打包,到处使用"。目前 Snap 已经可以在包括 Ubuntu、Fedora、Mint 等多个 Linux 发行版上使用。

安装 Snapd 后，就可以使用 Snap Store 安装 Flutter 了，也可以在命令行进行安装，命令如下：

```
sudo snap install flutter --classic
```

如果在使用的 Linux 发行版上无法使用 Snapd，则可以使用下面的命令进行安装：

```
sudo apt-get install clang cmake ninja-build pkg-config libgtk-3-dev
```

安装依赖命令如下：

```
flutter config --enable-Linux-desktop
```

运行和编译命令如下：

```
flutter run -d macOS
flutter build macOS
```

3) Windows 安装

安装最新版本的 Flutter 后，执行 flutter doctor 命令，如图 14-6 所示，提示需要安装 Visual Studio 2019。进入网址 https://visualstudio.microsoft.com/downloads/，下载 VS 2019。

注意：这里建议安装 VS 2019 社区版，VS 2020 安装后会出现无法编译的问题。参考网址为 https://github.com/flutter/flutter/issues/85922。

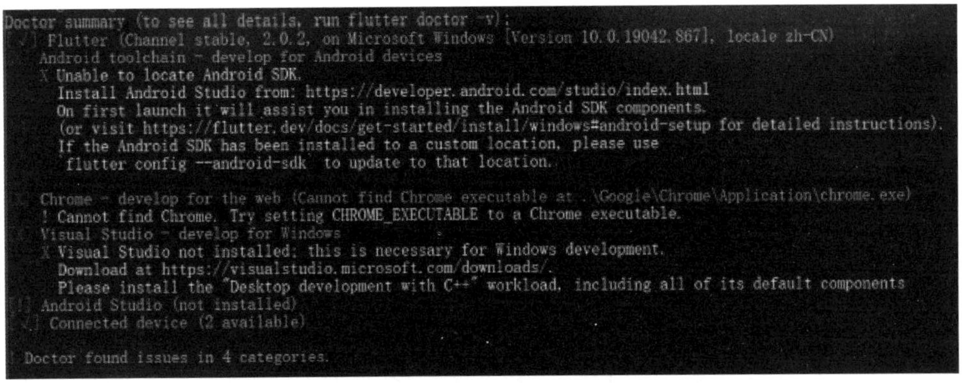

图 14-6　Flutter Doctor 检查

按提示进入安装界面，选择使用 C++的桌面开发，如图 14-7 所示。
再次执行 flutter doctor 命令，Windows 环境正常了，如图 14-8 所示。
配置 Windows 支持，命令如下：

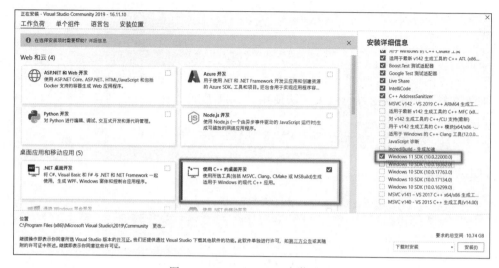

图 14-7　Visual Studio 安装配置

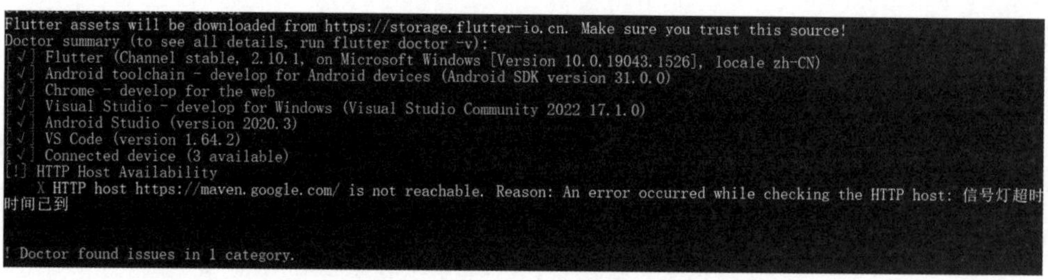

图 14-8　再次执行 flutter doctor 命令检查

```
flutter config -- enable-Windows-desktop
```

输出如下即表示配置成功，使用 flutter devices 命令更新 Flutter 即可，如图 14-9 所示。

图 14-9　开启 Flutter 桌面开发支持

进入需要创建的目录执行 flutter create xxx 命令，如图 14-10 所示。

进入刚刚创建的文件夹，执行 flutter run -d Windows 命令。一个 Flutter Windows 的 demo 就成功创建完成了，如图 14-11 所示。

在 build\Windows\runner\Debug 目录下可找到可执行的 exe 文件及其依赖和资源文件，总计约 70MB，如图 14-12 所示。

第14章　Flutter Web和桌面应用　857

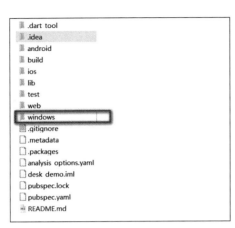

图 14-10　Flutter 项目目录结构　　　　图 14-11　Flutter Desktop 运行效果图

图 14-12　Flutter 运行的目录

在项目根目录下运行 flutter build Windows 命令，即可生成发行版本，总计约 20MB，如图 14-13 所示。

图 14-13　Flutter 编译完成的目录

14.3　Flutter Desktop 开发案例

下面创建一个可以关闭和拉动时放大缩小的窗口，可以设置不同的背景颜色，效果如图 14-14 所示。

图 14-14　Flutter 桌面开发案例

1. 开启开发者模式

首先设置好环境,调试 Windows 程序时可能会出现如下错误:

```
Exception: Building with plugins requires symlink support.
Please enable Developer Mode in your system settings. Run
start ms-settings:developers
to open settings.
Exited (sigterm)
```

该错误一般是因为没有打开 Windows 的开发模式而导致的,找到 Windows 设置,打开开发人员模式即可,如图 14-15 所示。

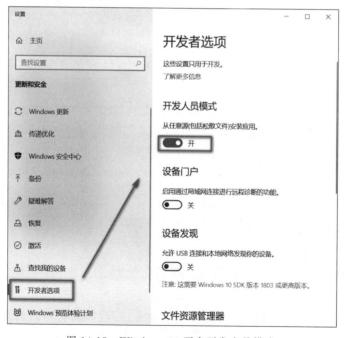

图 14-15　Windows 10 开启开发人员模式

2. 安装插件

安装 bitsdojo_window 插件,如图 14-16 所示。

图 14-16 安装 Windows 支持的开源库

配置 pubspec.yaml 文件,添加安装包,代码如下:

```
dependencies:
  flutter:
    sdk: flutter
  bitsdojo_window: ^0.1.1+1
```

3. 设置启动窗口

将启动窗口设置为 600×450,如代码示例 14-1 所示。

代码示例 14-1

```
import 'package:flutter/material.dart';
import 'package:bitsdojo_window/bitsdojo_window.dart';

void main() {
  runApp(MyApp());
  doWhenWindowReady(() {
    final win = appWindow;
    final initialSize = Size(600, 450);
    win.minSize = initialSize;
    win.size = initialSize;
    win.alignment = Alignment.center;
    win.title = "Custom window with Flutter";
    win.show();
  });
}
```

MyApp 组件,设置边框颜色,如代码示例 14-2 所示,效果如图 14-17 所示。

代码示例 14-2

```
const borderColor = Color(0xFF805306);
class MyApp extends StatelessWidget {
  @override
```

```dart
Widget build(BuildContext context) {
  return MaterialApp(
    deBugShowCheckedModeBanner: false,
    home: Scaffold(
      body: WindowBorder(
        color: borderColor,
        width: 1,
        child: Row(children: [
            LeftSide(),
            RightSide()
        ])
      )));
}
```

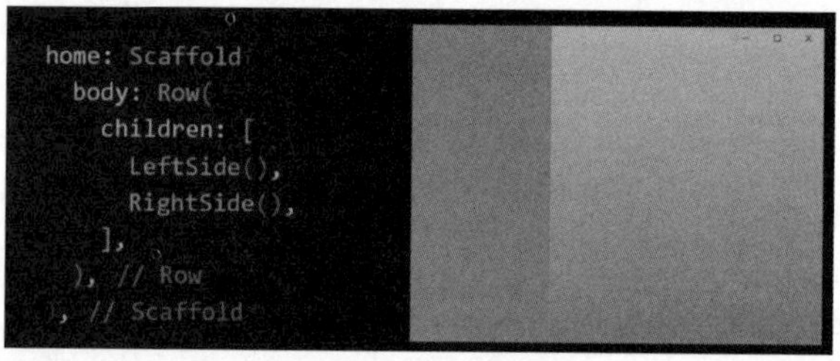

图 14-17 实现窗口的左右栏分开

4. 创建左边栏组件

左边的侧边栏,实现效果如图 14-18 所示。

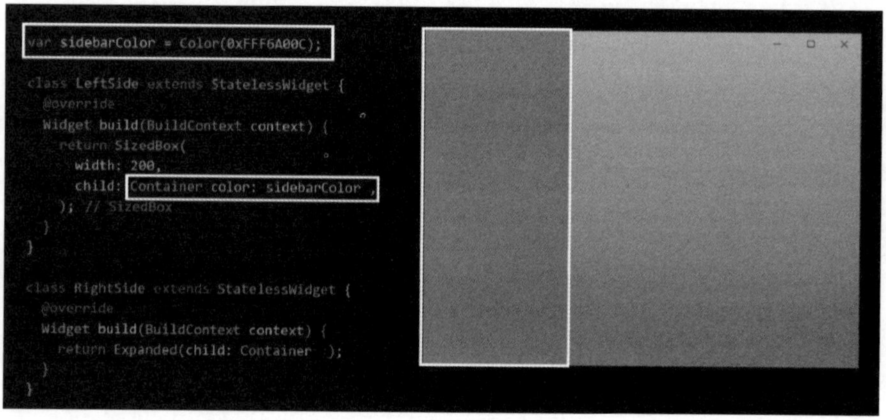

图 14-18 左边栏效果

创建左边栏组件,如代码示例 14-3 所示。

代码示例 14-3

```
const sidebarColor = Color(0xFFF6A00C);
class LeftSide extends StatelessWidget {
  @override
  Widget build(BuildContext context) {
    return SizedBox(
        width: 200,
        child: Container(
            color: sidebarColor,
            child: Column(
              children: [
                WindowTitleBarBox(child: MoveWindow()),
                Expanded(child: Container())
              ],
            )));
  }
}
```

5. 创建右边栏组件

实现右边栏效果，如图 14-19 所示。

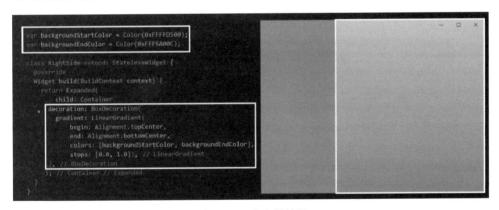

图 14-19 右边栏效果

创建右边栏效果，如代码示例 14-4 所示。

代码示例 14-4

```
const backgroundStartColor = Color(0xFFFFD500);
const backgroundEndColor = Color(0xFFF6A00C);

class RightSide extends StatelessWidget {
  @override
  Widget build(BuildContext context) {
```

```
      return Expanded(
        child: Container(
          decoration: BoxDecoration(
            gradient: LinearGradient(
              begin: Alignment.topCenter,
              end: Alignment.bottomCenter,
              colors: [backgroundStartColor, backgroundEndColor],
              stops: [0.0, 1.0]),
          ),
          child: Column(children: [
            WindowTitleBarBox(
              child: Row(children: [
                Expanded(child: MoveWindow()),
                WindowButtons()
              ])),
          ])));
    }
}
```

6. 创建右边放大和关闭窗口组件

这里不能使用默认桌面自带的窗口,需要定义一个自定义的窗口操作按钮组,如图 14-20 所示。

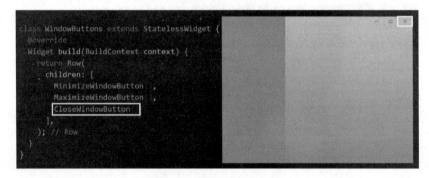

图 14-20 窗口操作按钮组

窗口管理组件,如代码示例 14-5 所示。

代码示例 14-5

```
final buttonColors = WindowButtonColors(
    iconNormal: Color(0xFF805306),
    mouseOver: Color(0xFFF6A00C),
    mouseDown: Color(0xFF805306),
    iconMouseOver: Color(0xFF805306),
    iconMouseDown: Color(0xFFFFFD500));
```

```
    final closeButtonColors = WindowButtonColors(
      mouseOver: Color(0xFFD32F2F),
      mouseDown: Color(0xFFB71C1C),
      iconNormal: Color(0xFF805306),
      iconMouseOver: Colors.white);
class WindowButtons extends StatelessWidget {
  @override
  Widget build(BuildContext context) {
    return Row(
      children: [
        MinimizeWindowButton(colors: buttonColors),
        MaximizeWindowButton(colors: buttonColors),
        CloseWindowButton(colors: closeButtonColors),
      ],
    );
```

7. 删除默认窗口的放大缩小关闭栏

这里需要修改 Windows\runner\main.cpp 文件,在代码的顶部添加下面两行代码,如代码示例 14-6 所示。

代码示例 14-6

```
#include <bitsdojo_window_Windows/bitsdojo_window_plugin.h>
auto bdw = bitsdojo_window_configure(BDW_CUSTOM_FRAME | BDW_HIDE_ON_STARTUP);
```

完整代码如代码示例 14-7 所示。

代码示例 14-7

```
import 'package:flutter/material.dart';
import 'package:bitsdojo_window/bitsdojo_window.dart';
void main() {
  runApp(MyApp());
  doWhenWindowReady(() {
    final win = appWindow;
    final initialSize = Size(600, 450);
    win.minSize = initialSize;
    win.size = initialSize;
    win.alignment = Alignment.center;
    win.title = "Custom window with Flutter";
    win.show();
  });
}
const borderColor = Color(0xFF805306);
class MyApp extends StatelessWidget {
  @override
```

```dart
    Widget build(BuildContext context) {
      return MaterialApp(
        deBugShowCheckedModeBanner: false,
        home: Scaffold(
          body: WindowBorder(
            color: borderColor,
            width: 1,
            child: Row(children: [LeftSide(), RightSide()])))));
    }
}
const sidebarColor = Color(0xFFF6A00C);
class LeftSide extends StatelessWidget {
  @override
  Widget build(BuildContext context) {
    return SizedBox(
      width: 200,
      child: Container(
        color: sidebarColor,
        child: Column(
          children: [
            WindowTitleBarBox(child: MoveWindow()),
            Expanded(child: Container())
          ],
        )));
  }
}
const backgroundStartColor = Color(0xFFFFFD500);const backgroundEndColor = Color(0xFFF6A00C);
class RightSide extends StatelessWidget {
  @override
  Widget build(BuildContext context) {
    return Expanded(
      child: Container(
        decoration: BoxDecoration(
          gradient: LinearGradient(
            begin: Alignment.topCenter,
            end: Alignment.bottomCenter,
            colors: [backgroundStartColor, backgroundEndColor],
            stops: [0.0, 1.0]),
        ),
        child: Column(children: [
          WindowTitleBarBox(
            child: Row(children: [
            Expanded(child: MoveWindow()),
            WindowButtons()
```

```dart
        ])),
      ])));
  }
}
final buttonColors = WindowButtonColors(
    iconNormal: Color(0xFF805306),
    mouseOver: Color(0xFFF6A00C),
    mouseDown: Color(0xFF805306),
    iconMouseOver: Color(0xFF805306),
    iconMouseDown: Color(0xFFFFD500));
final closeButtonColors = WindowButtonColors(
    mouseOver: Color(0xFFD32F2F),
    mouseDown: Color(0xFFB71C1C),
    iconNormal: Color(0xFF805306),
    iconMouseOver: Colors.white);
class WindowButtons extends StatelessWidget {
  @override
  Widget build(BuildContext context) {
    return Row(
      children: [
        MinimizeWindowButton(colors: buttonColors),
        MaximizeWindowButton(colors: buttonColors),
        CloseWindowButton(colors: closeButtonColors),
      ],
    );
  }
}
```

第 15 章 Flutter 插件库开发实战

插件化开发可以极大地降低 Flutter 项目工程的模块耦合，Flutter 的插件具有可以独立调试及可拆卸的特性。在企业级开发中，插件机制提供了开发高复用性业务组件库的能力，以及封装特定功能来提高项目开发的效率。

15.1 Flutter 插件库开发介绍

Flutter 的 Dart Pub 上的插件库主要分为两种：一种是包（Flutter Package），即纯 Dart 编写的 API 插件库；另一种是插件（Flutter Plugin），即通过 Flutter 的 MethodChannel 来调用封装好的对应平台的原生代码实现的插件库，需要同时编写 Android、iOS 的原生代码。

1. 纯 Dart 库（Dart Packages）

用 Dart 编写的 Package，例如 path，其中一些可能包含 Flutter 的特定功能，因此依赖于 Flutter 框架，其使用范围仅限于 Flutter，例如 fluro。

包（Package）是 Flutter 中用来管理模块化代码的一种最常见的方式，包的作用是封装和复用，可以把一组方法封装成一个 Package，也可以把一组业务组件封装成 Package。

2. 原生插件（Plugin Packages）

插件（Plugin Package）可以针对 Android（使用 Kotlin 或 Java）、iOS（使用 Swift 或 Objective-C）、Web、macOS、Windows 或 Linux，又或者它们的各种组合方式进行编写。如 url_launcher 插件 Package。

15.2 Flutter 自定义组件库的 3 种方式

在 Flutter 中自定义组件有 3 种方式：内置组件组合、通过 CustomPaint 和 Canvas 实现自绘组件 UI 和自己实现 RenderObject 来定制组件。

1. 内置组件组合

Flutter 框架中提供了大量的基础组件（Widget），但是这些都是基础组件，如果希望针对公司的产品开发一套业务场景的组件库,就需要通过组合不同功能的内置组件实现了。

1)创建组件库

创建 Package 库可以直接在 Android Studio 中新建一个 Flutter Package 的工程,也可以使用命令行进行,例如创建一个名为 flutter_ivy 的通用组件库,命令如下:

```
flutter create -- template = package flutter_ivy
```

注意:--template 参数可以是 plugin 或者 package,Plugin 包含 Android 或 iOS 原生 API,Package 类似于一个组件,是纯 Dart 语言的。

在 lib 目录下添加一个 Toast 组件和 loading 组件,flutter_ivy 自定义组件库的项目目录结构如图 15-1 所示。

图 15-1 自定义组件库 flutter_ivy 的目录结构

2)创建 IvyToast 组件

IvyToast 组件是一个自定义 UI 风格的 Toast 组件,如代码示例 15-1 所示。

代码示例 15-1 chapter15\flutter_ivy\lib\toast

```dart
library flutter_ivy;
import 'package:flutter/material.dart';
//提示工具
class IvyToast {
  static void show({@required BuildContext? context, required String message}) {
    //创建一个 OverlayEntry 对象
    OverlayEntry overlayEntry = OverlayEntry(builder: (context) {
      //外层使用 Positioned 进行定位,用于控制在 Overlay 中的位置
      return Positioned(
```

```
            top: MediaQuery.of(context).size.height * 0.8,      //设置距离顶部80%
            child: Material(
              type: MaterialType.transparency,                   //设置透明
              child: Container(
                width: MediaQuery.of(context).size.width,        //设置宽度
                alignment: Alignment.center,                      //设置居中
                child: Center(
                  child: Container(
                    constraints: BoxConstraints(
                      maxWidth: MediaQuery.of(context).size.width *
                        0.8),                                    //设置约束,最大宽度为屏幕宽的80%
                    child: Card(
                      child: Padding(
                        padding: const EdgeInsets.all(10),
                        child: Text(message),
                      ),
                      color: Colors.grey,
                      shape: const RoundedRectangleBorder(
                        borderRadius:
                            BorderRadius.all(Radius.circular(10))), //设置圆角
                    ),
                  ),
                ),
              ),
            ));
      });
    //往Overlay中插入OverlayEntry
    Overlay.of(context!)?.insert(overlayEntry);
    //两秒后移除Toast
    Future.delayed(const Duration(seconds: 2)).then((value) {
      //移除
      overlayEntry.remove();
    });
  }
}
```

3）创建 IvyLoading 组件

IvyLoading 组件是一个自定义 UI 风格的加载效果的组件,作为组件库的一部分,如代码示例 15-2 所示。

代码示例 15-2 chapter15\flutter_ivy\lib\loading

```
import 'package:flutter/material.dart';

class IvyLoading extends StatelessWidget {
```

```dart
  final String title;
  const IvyLoading({Key? key, required this.title}) : super(key: key);

  @override
  Widget build(BuildContext context) {
    return Material(
      type: MaterialType.transparency,
      child: Center(
        child: SizedBox(
          width: 120.0,
          height: 120.0,
          child: Container(
            decoration: const ShapeDecoration(
              color: Color(0xffffffff),
              shape: RoundedRectangleBorder(
                borderRadius: BorderRadius.all(
                  Radius.circular(8.0),
                ),
              ),
            ),
            child: Column(
              mainAxisAlignment: MainAxisAlignment.center,
              crossAxisAlignment: CrossAxisAlignment.center,
              children: <Widget>[
                const CircularProgressIndicator(
                    valueColor: AlwaysStoppedAnimation(Color(0xffAA1F52))),
                Padding(
                  padding: const EdgeInsets.only(
                    top: 20.0,
                  ),
                  child: Text(title),
                ),
              ],
            ),
          ),
        ),
      ),
    );
  }
}
```

4) 导出公共组件

在 flutter_ivy.dart 文件中添加模块库导出，如代码示例 15-3 所示。

代码示例 15-3　chapter15\flutter_ivy\lib\flutter_ivy.dart

```
library flutter_ivy;
export 'toast/toast.dart';
export 'loading/loading.dart';
```

5）本地调用组件库测试效果

首先需要在本地项目中添加组件库的依赖目录，如代码示例 15-4 所示。path 用于指定包的本地绝对路径，如果在同一个项目中，则可以使用相对路径。

代码示例 15-4　pubspec.yaml 文件

```
dependencies:
  flutter:
    sdk: flutter
  flutter_ivy:
    path: C:/work_books/Web/book_code/chapter15/flutter_ivy
```

在页面中调用组件，如图 15-2 所示，如代码示例 15-5 所示。

图 15-2　自定义组件库测试效果

代码示例 15-5　调用插件库

```
import 'package:flutter_ivy/flutter_ivy.dart';
1onPressed: () {
    showLoading(context, "加载中");
```

```
        IvyToast.show(context: context, message: "HELLO IVY TOAST");
    },
```

2. 自绘组件

Flutter 中提供的 CustomPaint 和 Canvas 用于实现 UI 自绘。

3. 实现 RenderObject

RenderObject 在整个 Flutter Framework 中属于核心对象,其职责概括起来主要有三点：Layout、Paint、Hit Testing。RenderObject 是抽象类,具体工作由子类去完成。

15.3　Flutter 自定义插件(Plugin)

在开发 Flutter 应用过程中涉及平台相关接口调用,例如相机调用、外部浏览器跳转等业务场景。其实 Flutter 自身并不支持直接在平台上实现这些调用,开发过程中我们会在 pub.dev 上查找和使用提供这些功能的包。事实上这些包是为 Flutter 而开发的插件包,通过插件包接口去调用指定平台 API 从而实现原生平台上的特定功能。

1. Flutter 与 Android、iOS 通信原理

Flutter 与 Android 或者 iOS 平台的通信是通过 Platform Channel 实现的,它是一种 C/S 模型,其中 Flutter 作为 Client,iOS 和 Android 平台作为 Host,Flutter 通过该机制向 Native 发送消息,Native 在收到消息后调用平台自身的 API 进行实现,然后将处理结果再返给 Flutter 页面。

Flutter 中的 Platform Channel 机制提供了以下 3 种交互方式。

(1) BasicMessageChannel：用于传递字符串和半结构化信息。

(2) EventChannel：用于数据流的监听与发送。

(3) MethodChannel：用于传递方法调用和处理回调。MethodChannel 简单地说就是 Flutter 提供与客户端通信的渠道,使用时互相约定一个渠道 name 与对应的调用客户端指定方法的 method,如图 15-3 所示。

图中的箭头是双向的,也就是说,不仅可以从 Flutter 调用 Android/iOS 的代码,也可以从 Android/iOS 调用 Flutter。

2. 创建一个获取原生平台信息的插件

创建命令如下：

```
flutter create -- org com.example -- template = plugin -- platforms = android,ios - a kotlin hello(插件名称)
```

创建命令的参数如表 15-1 所示。

表 15-1 创建插件命令参数说明

参 数 名	参 数 全 称	参 数 说 明	默 认 值
--org	--org	以反向域名表示法来指定开发者的组织。该值用于生成 Android 及 iOS 代码	com.example
-a	--android-language	用什么语言编写 Android 代码 Java 或者 Kotlin	Java
-i	--ios-language	用什么语言编写 iOS 代码 Swift 或者 Objective-C	objc
--platforms	--platforms	Android、iOS、Web	android、ios
-t	--template	项目类型（App、Package、Plugin）	app

创建成功后，代码目录结构如图 15-4 所示。

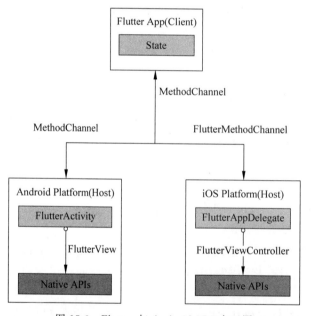

图 15-3 Flutter 与 Android、iOS 交互图

图 15-4 自定义组件库测试效果

图 15-4 中包含的几个主要的目录分别为 android、example、ios、lib。

（1）android 目录是一个完整的 Android 工程，用来开发 Android 端的插件功能。

（2）example 目录用来测试 Android 或者 iOS 端的插件功能。

（3）ios 目录是一个完整的 iOS 工程，用来开发 iOS 端的插件功能。

（4）lib 目录中的文件负责和 Android 或者 iOS 端的交互。

3. Flutter Plugin 中 Dart API 的实现

在 lib 中创建 hello.dart 文件，Flutter 端的代码如代码示例 15-6 所示。

代码示例 15-6　chapter15\hello\lib\hello.dart

```dart
import 'dart:async';
import 'package:flutter/services.dart';
class Hello {
  //通过字符串 hello 找到约定的 MethodChannel
  static const MethodChannel _channel = MethodChannel('hello');
  static Future<String?> get platformVersion async {
    final String? version = await _channel.invokeMethod('getPlatformVersion');
    return version;
  }
}
```

（1）service.dart 暴露与平台通信的 API，如 MethodChannel 是 Platform Channel 的一种类型。

（2）_channel 是 Hello 类的属性，是一个实例化的 MethodChannel，name 为 hello。

（3）platformVersion 是 Hello 类的静态可计算属性，会异步返还一个 String。

（4）在 platformVersion 中，调用 _channel 的 invokeMethod 方法，入参 getPlatformVersion 为调用平台约定的方法名，然后把 invokeMethod 的异步结果赋值给 String version 作为 platformVersion 的返回值。

4. Flutter Plugin 中 Android 实现

创建一个插件 Class，实现 FlutterPlugin 和 MethodCallHandler 接口。

重写 3 种方法，即 onAttachedToEngine、onDetachedFromEngine、onMethodCall。在 onAttachedToEngine 中，根据自定义的 CHANNEL_NAME 创建 MethodChannel；在 onDetachedFromEngine 中，释放 MethodChannel；在 onMethodCall 中，通过自定义的 METHOD_NAME 来响应 Flutter 中 invokeMethod 对 Native 的通信，如代码示例 15-7 所示。

代码示例 15-7　chapter15\hello\android\src\main\kotlin\com\example\hello\HelloPlugin.kt

```kotlin
package com.example.hello
import androidx.annotation.NonNull
import io.flutter.embedding.engine.plugins.FlutterPlugin
import io.flutter.plugin.common.MethodCall
import io.flutter.plugin.common.MethodChannel
import io.flutter.plugin.common.MethodChannel.MethodCallHandler
import io.flutter.plugin.common.MethodChannel.Result

/** HelloPlugin */
class HelloPlugin: FlutterPlugin, MethodCallHandler {
```

```kotlin
private lateinit var channel : MethodChannel
override fun onAttachedToEngine(@NonNull flutterPluginBinding: FlutterPlugin.FlutterPluginBinding) {
  channel = MethodChannel(flutterPluginBinding.binaryMessenger, "hello")
  channel.setMethodCallHandler(this)
}

override fun onMethodCall(@NonNull call: MethodCall, @NonNull result: Result) {
  if (call.method == "getPlatformVersion") {
    result.success("Android ${android.os.Build.VERSION.RELEASE}")
  } else {
    result.notImplemented()
  }
}

override fun onDetachedFromEngine(@NonNull binding: FlutterPlugin.FlutterPluginBinding) {
  channel.setMethodCallHandler(null)
}
}
```

5. Flutter Plugin 中 iOS 实现

如代码示例 15-8 所示。

代码示例 15-8　chapter15\hello\ios\Classes\SwiftHelloPlugin.swift

```swift
import Flutter
import UIKit

public class SwiftHelloPlugin: NSObject, FlutterPlugin {
  public static func register(with registrar: FlutterPluginRegistrar) {
    let channel = FlutterMethodChannel(name: "hello", binaryMessenger: registrar.messenger())
    let instance = SwiftHelloPlugin()
    registrar.addMethodCallDelegate(instance, channel: channel)
  }

  public func handle(_ call: FlutterMethodCall, result: @escaping FlutterResult) {
    result("iOS " + UIDevice.current.systemVersion)
  }
}
```

6. 本地测试 Flutter Plugin

首先需要在本地项目中添加组件库的依赖目录,如代码示例 15-9 所示。path 用于指定包的本地绝对路径,如果在同一个项目中,则可以使用相对路径。

代码示例 15-9　pubspec.yaml 文件

```yaml
dependencies:
  flutter:
    sdk: flutter
  hello:
    path: C:/work_books/Web/book_code/chapter15/hello
```

在页面中调用组件,代码示例 15-10 所示,效果如图 15-5 所示。

代码示例 15-10

```dart
String _platformVersion = 'Unknown';

@override
void initState() {
  super.initState();
  initPlatformState();
}

Future<void> initPlatformState() async {
  String? platformVersion;
  try {
    platformVersion = await Hello.platformVersion;
  } on PlatformException {
    platformVersion = 'Failed to get platform version.';
  }
  if (!mounted) return;
  setState(() {
    _platformVersion = platformVersion!;
  });
}
```

图 15-5　Android 平台调用测试效果

15.4　在 Pub 上发布自己的 Package

开发完一个 Package 后,需要将其发布到 Pub。

注意:Pub 官网访问比较慢,可以访问 https://pub.flutter-io.cn/。

1. 提交 Git 仓库

发布包之前,首先需要将代码提交到 Git 仓库中,创建 Git 仓库,命令如下:

```
git add README.md
git commit -m "first commit"
git remote add origin https://gitee.com/xxx/flutter_ivy.git
git push -u origin "master"
```

如果已有仓库,则可以直接推送,命令如下:

```
cd existing_git_repo
git remote add origin https://gitee.com/xxx/flutter_ivy.git
git push -u origin "master"
```

2. 修改 pubspec.yaml 文件

创建完组件后,修改库中的 pubspec.yaml 文件,各项的说明如下:

```
name: 项目名称
description: 简单的项目说明
version: 1.0.0
homepage: http://xxx.com           #项目 Git 地址
publish_to: http://xxx.com         #发布的私有服务器地址,如果要发布到公共 Pub 库,则
                                   //该行可以省略
```

如果是首次提交,则还需要修改 CHANGELOG.md、LICENSE 和 README 文件。

3. 进行发布前的预检查

在终端使用 cd 命令进到项目目录下,执行下面的命令,进行发布前的预检查:

```
flutter packages pub publish --dry-run
```

执行成功后输出结果如下:

```
Package has 0 warnings.
The server may enforce additional checks.
```

4. 验证身份并发布

如果预检查有报错,则按照报错的提示进行修改,直到检查后没有问题,执行下面的命令,进行发布。

```
flutter packages pub publish
```

由于要将插件发布到 Flutter 插件平台,要知道这平台可是谷歌建的,需要发布,就必须登录谷歌账号进行认证。在输入 flutter packages pub publish 命令之后,会收到一条认证链接,这就是需要登录谷歌账号,如图 15-6 所示。

注意:身份验证地址是谷歌的账号管理地址,国内访问可能需要代理处理。

图 15-6　复制验证 URL 进行身份验证

浏览器登录成功后,如图 15-7 所示,命令行将收到验证,并执行后面的步骤。

图 15-7　使用谷歌账号登录验证身份

当谷歌账号登录验证成功后,会跳转到如图 15-8 所示页面,表示授权成功了。

图 15-8　pub.dev 验证成功页面

图 书 推 荐

书 名	作 者
鸿蒙应用程序开发	董昱
HarmonyOS 应用开发实战（JavaScript 版）	徐礼文
鸿蒙操作系统开发入门经典	徐礼文
鸿蒙操作系统应用开发实践	陈美汝、郑森文、武延军、吴敬征
HarmonyOS 移动应用开发	刘安战、余雨萍、李勇军等
HarmonyOS App 开发从 0 到 1	张诏添、李凯杰
HarmonyOS 从入门到精通 40 例	戈帅
JavaScript 基础语法详解	张旭乾
华为方舟编译器之美——基于开源代码的架构分析与实现	史宁宁
Android Runtime 源码解析	史宁宁
鲲鹏架构入门与实战	张磊
鲲鹏开发套件应用快速入门	张磊
华为 HCIA 路由与交换技术实战	江礼教
深度探索 Go 语言——对象模型与 runtime 的原理、特性及应用	封幼林
深度探索 Flutter——企业应用开发实战	赵龙
Flutter 组件精讲与实战	赵龙
Flutter 组件详解与实战	［加］王浩然（Bradley Wang）
Flutter 跨平台移动开发实战	董运成
Dart 语言实战——基于 Flutter 框架的程序开发（第 2 版）	亢少军
Dart 语言实战——基于 Angular 框架的 Web 开发	刘仕文
IntelliJ IDEA 软件开发与应用	乔国辉
Vue+Spring Boot 前后端分离开发实战	贾志杰
Vue.js 企业开发实战	千锋教育高教产品研发部
Python 从入门到全栈开发	钱超
Python 全栈开发——基础入门	夏正东
Python 全栈开发——高阶编程	夏正东
Python 游戏编程项目开发实战	李志远
Python 人工智能——原理、实践及应用	杨博雄主编，于营、肖衡、潘玉霞、高华玲、梁志勇副主编
Python 深度学习	王志立
Python 预测分析与机器学习	王沁晨
Python 异步编程实战——基于 AIO 的全栈开发技术	陈少佳
Python 数据分析实战——从 Excel 轻松入门 Pandas	曾贤志
Python 数据分析从 0 到 1	邓立文、俞心宇、牛瑶
Python Web 数据分析可视化——基于 Django 框架的开发实战	韩伟、赵盼
Python 玩转数学问题——轻松学习 NumPy、SciPy 和 matplotlib	张骞
Pandas 通关实战	黄福星
深入浅出 Power Query M 语言	黄福星
FFmpeg 入门详解——音视频原理及应用	梅会东
云原生开发实践	高尚衡
虚拟化 KVM 极速入门	陈涛
虚拟化 KVM 进阶实践	陈涛
边缘计算	方娟、陆帅冰
物联网——嵌入式开发实战	连志安

续表

书　名	作　者
人工智能算法——原理、技巧及应用	韩龙、张娜、汝洪芳
跟我一起学机器学习	王成、黄晓辉
TensorFlow 计算机视觉原理与实战	欧阳鹏程、任浩然
分布式机器学习实战	陈敬雷
计算机视觉——基于 OpenCV 与 TensorFlow 的深度学习方法	余海林、翟中华
深度学习——理论、方法与 PyTorch 实践	翟中华、孟翔宇
深度学习原理与 PyTorch 实战	张伟振
AR Foundation 增强现实开发实战(ARCore 版)	汪祥春
ARKit 原生开发入门精粹——RealityKit＋Swift＋SwiftUI	汪祥春
HoloLens 2 开发入门精要——基于 Unity 和 MRTK	汪祥春
Altium Designer 20 PCB 设计实战(视频微课版)	白军杰
Cadence 高速 PCB 设计——基于手机高阶板的案例分析与实现	李卫国、张彬、林超文
Octave 程序设计	于红博
ANSYS 19.0 实例详解	李大勇、周宝
AutoCAD 2022 快速入门、进阶与精通	邵为龙
SolidWorks 2020 快速入门与深入实战	邵为龙
SolidWorks 2021 快速入门与深入实战	邵为龙
UG NX 1926 快速入门与深入实战	邵为龙
西门子 S7—200 SMART PLC 编程及应用(视频微课版)	徐宁、赵丽君
三菱 FX3U PLC 编程及应用(视频微课版)	吴文灵
全栈 UI 自动化测试实战	胡胜强、单镜石、李睿
FFmpeg 入门详解——音视频原理及应用	梅会东
pytest 框架与自动化测试应用	房荔枝、梁丽丽
软件测试与面试通识	于晶、张丹
智慧教育技术与应用	[澳]朱佳(Jia Zhu)
敏捷测试从零开始	陈霁、王富、武夏
智慧建造——物联网在建筑设计与管理中的实践	[美]周晨光(Timothy Chou)著；段晨东、柯吉译
深入理解微电子电路设计——电子元器件原理及应用(原书第 5 版)	"[美]理查德·C. 耶格(Richard C. Jaeger)、[美]特拉维斯·N. 布莱洛克(Travis N. Blalock)著；宋廷强译"
深入理解微电子电路设计——数字电子技术及应用(原书第 5 版)	"[美]理查德·C. 耶格(Richard C. Jaeger)、[美]特拉维斯·N. 布莱洛克(Travis N. Blalock)著；宋廷强译"
深入理解微电子电路设计——模拟电子技术及应用(原书第 5 版)	"[美]理查德·C. 耶格(Richard C. Jaeger)、[美]特拉维斯·N. 布莱洛克(Travis N. Blalock)著；宋廷强译"